de Gruyter Lehrbuch
Leser · Feld- und Labormethoden
der Geomorphologie

Hartmut Leser

Feld- und Labormethoden der Geomorphologie

Walter de Gruyter · Berlin · New York 1977

Professor Dr. Hartmut Leser
Universität Basel
Geographisches Institut
Klingelbergstraße 16
CH-4056 Basel

Dieses Buch enthält 91 Abbildungen
und 28 Tabellen

CIP-Kurztitelaufnahme der Deutschen Bibliothek

Leser, Hartmut
Feld- und Labormethoden der Geomorphologie. – 1. Aufl. – Berlin, New York : de
Gruyter, 1977. –
  (De-Gruyter-Lehrbuch)
  ISBN 3-11-007032-4

Satz und Druck: Georg Wagner, Nördlingen
Bindearbeiten: Lüderitz & Bauer, Berlin

Vorwort

Die Geomorphologie spielt innerhalb der Geographie nach wie vor eine große Rolle. Das geht zunächst einmal auf die wissenschaftshistorische Entwicklung zurück, innerhalb derer die Geomorphologie lange Zeit synonym der Physischen Geographie war. Dies führte zur Spätentwicklung heute besonders aus praktischem Blickwinkel bedeutender physischgeographischer Teilgebiete wie der Landschaftsökologie, Hydrogeographie oder Bodengeographie. Die Vorrangstellung der Geomorphologie liegt zum anderen auch darin begründet, daß mit dem verstärkt ökologischen Arbeiten innerhalb der Geographie von heute die Funktion des Reliefs als Regelfaktor des Landschaftshaushaltes mit sukzessive fortschreitender geo- und biowissenschaftlicher Systemforschung immer deutlicher wird. Der klassischen geomorphogenetischen Geomorphologie wurde auf diese Weise etwas von ihrer Erstplacierung in der Physischen Geographie genommen. Mit der stärkeren Verwendung des *geomorphologischen* und des *geomorphologisch-ökologischen Ansatzes,* der innerhalb vieler geographischer Subdisziplinen und naturwissenschaftlicher Nachbardisziplinen ein wichtiges Einstiegs- und Arbeitsprinzip bildet, wurde aber dieser Bedeutungsverlust mehr als aufgewogen, zumal er sich auch auf die fachinterne Stellung der Geomorphologie bezog: Sie besaß bekanntlich vor dem Aufkommen des geomorphologisch-ökologischen Ansatzes außerhalb der Geographie für Nachbardisziplinen eine nur geringe Bedeutung – wenn von der Zeit um die Jahrhundertwende einmal abgesehen wird, als zwischen Geologie und Geomorphologie noch enge Berührungspunkte gegeben waren. Erst der geomorphologisch-ökologische Ansatz brachte der Geomorphologie wieder eine weiterreichende Wirkung – eine, die sich eben auch *außerhalb* der Geographie entfaltete.

Die Neubearbeitung der beiden Vorläufer-Bändchen dieses Buches, „Geomorphologie I: Bodenkundliche Methoden – Morphometrie und Granulometrie" (E. KÖSTER und H. LESER 1966) und „Geomorphologie II: Geomorphologische Feldmethoden" (H. LESER 1968 a), einzeln vorzunehmen war sachlich nicht mehr zu rechtfertigen. Damit wäre eine künstliche Trennung heute eindeutig zusammengehörender methodischer Perspektiven vorgenommen worden. Daß seinerzeit zwei Bändchen entstanden, hatte redaktionelle und technische Gründe. Die in der Rückschau sich abzeichnende Linie in der geomorphologischen Methodik war seinerzeit noch nicht so klar zu erkennen, obgleich damals in den beiden Bändchen Gedanken aufgegriffen wurden, deren Relevanz sich inzwischen herausge-

stellt hat. (Darauf wird auch noch weiter unten eingegangen). Die Neubearbeitung des Stoffes gibt zudem durch die Alleinverantwortlichkeit des
Autors Gelegenheit, eine gleichmäßige und abgewogene Stoffgestaltung
zwischen Labor- und Feldmethoden vorzunehmen und die im oben erwähnten Band I im Vordergrund stehende Grobsediment-Morphometrie
etwas in ihrem Umfang einzugrenzen, wie es ihrer heutigen Bedeutung
nach angemessen erscheint.

Bis zum Ende der fünfziger, Anfang der sechziger Jahre bestand die
geomorphologische Methodik im wesentlichen aus drei Methoden: Beobachten, Karteninterpretation und Grobsedimentmorphometrie. Wenn man
„Labormethoden" sagte, so setzte man damit die morphometrisch-mor-
phoskopischen Arbeitstechniken gleich. Bodenkundliche Arbeitsweisen
hatten in der Geomorphologie, trotz verschiedener bedeutender früher
Ansätze, mehr singuläre Bedeutung. Als seinerzeit die Bearbeitung der
beiden Bändchen erfolgte, wurde – in Anlehnung an damalige quartärgeo-
morphologische Arbeiten – thematisches Gewicht auf drei Richtungen der
geomorphologischen Methodik gelegt: (1) Intensive Feldbeobachtung einschließlich Aufschlußarbeit, (2) gründliche großmaßstäbliche geomorphologische Kartierung und (3) pedologisch-sedimentologische Labortechniken. Es kann an zahlreichen geomorphologischen Dissertationen der sechziger Jahre abgelesen werden, daß die mit den beiden Bändchen propagier-
te Art geomorphologischen Arbeitens durchaus keine Selbstverständlich-
keit war, sich aber allmählich durchzusetzen begann. Erst gegen Ende der
sechziger, Anfang der siebziger Jahre waren geomorphologische Labortechniken, als verfeinerte Fortführung der Beobachtung sowie der Quartärgeologie vergleichbares Beobachten, Denken und Feldarbeiten Allgemeingut der Geomorphologie geworden. Die Mitte der sechziger Jahre nur
andeutungsweise erkennbare moderne geomorphologische Methodik
wurde in den beiden Bändchen der „Arbeitsweisen" bewußt in dieser Form
und mit diesem Inhalt erarbeitet und propagiert. Im Rückblick stellte sich
dieses Vorgehen als grundsätzlich richtig heraus, auch wenn man vielleicht
im Nachhinein diesen oder jenen Akzent anders gesetzt hätte.

Die beiden Bändchen der geomorphologischen „Arbeitsweisen" zusammengefaßt gaben insofern methodisches Neuland wieder, als die Geomorphologie zu lange den an sich richtigen und auch heute noch vollkommen gültigen Satz, daß ihre Grundlage die Beobachtung sei, zu wörtlich
genommen hat. Vor lauter Streben nach globalen Hypothesen und Theorien vergaß man, daß schon S. PASSARGE exaktes, großmaßstäbliches Kartieren und Beobachten einführte, das viel später durch intensive Aufschlußarbeit verfeinert und vertieft wurde. Auch die bei A. PENCKs pleistozän-
geomorphologischen Untersuchungen so selbstverständliche Aufschlußarbeit verlor vor allem in den die Geomorphologie Mitteleuropas jahrzehnte-

lang beherrschenden vorzeitlich-morphodynamischen Flächendiskussionen an Bedeutung und mußte erst nach dem Zweiten Weltkrieg, quasi über den Umweg durch Nachbardisziplinen, wieder in die Geomorphologie eingeführt werden. Von einer über Jahrzehnte hinweg kontinuierlich fortschreitenden Entwicklung kann also nicht gesprochen werden: methodische Halte und Rückschritte sind unverkennbar. Auch innerhalb kürzerer Zeitabschnitte lassen sich beträchtliche Wechsel im geomorphologischen Arbeiten und Denken verzeichnen: Nachdem in den zwanziger, dreißiger und vierziger Jahren morphometrische Arbeiten durch Überstrapazierung des Prinzips einen wichtigen geomorphologischen Ansatz fast unmöglich gemacht hatten, kam erst wieder mit Beginn der sechziger Jahre verstärkt die Erkenntnis auf, sich auf die Reliefbeschreibung mit Maß und Zahl zu besinnen. Dem von einigen Autoren vorgetragenen Wunsch nach vermehrt morphographisch-morphometrischem Arbeiten wurde bisweilen mit Unverständnis begegnet. In diese Richtung zielende Kartierungsmethoden, die auf der Aufnahme der exakten *Reliefgestalt* – also der Form selber – basierten, wurden als Atomisierung des Reliefs (P. J. ERGENZINGER 1966) diffamiert. Mit dem allgemein-ökologischen Ansatz in der Geographie, dem ökologischen Denken innerhalb der Geomorphologie und der Tendenz innerhalb der Physischen Geographie, quantitativ zu arbeiten und dabei von exakt begrenzten Arealen auszugehen, gewann jedoch die morphographisch-morphometrisch gewichtete Kartierung neuerlich theoretische Bedeutung und darüber hinaus für die Nachbardisziplinen praktische Relevanz. Nicht von ungefähr nimmt das Konzept der in Arbeit befindlichen „Geomorphologischen Karte 1:25 000 der Bundesrepublik Deutschland", die als Schwerpunktprogramm von der Deutschen Forschungsgemeinschaft gefördert wird, ausdrücklich auf diese Ansätze Bezug. Damit zeigt sich einmal mehr, daß der seinerzeit in den beiden Bändchen der geomorphologischen „Arbeitsweisen" eingeschlagene Weg gangbar war. Wie neuere Studien zur landschaftsökologischen und geomorphologischen Methodik zeigen, stehen die verfeinerte Feldbeobachtung, mit Ausdehnung auf das sedimentologisch-pedologische Arbeiten, die daraus erforderlichen geomorphologischen Labormethoden und die großmaßstäbliche Kartierung im Mittelpunkt geomorphologisch-ökologischer Arbeit (K. HÜSER 1974; H. LESER 1976 a). Dies ist auch der Grund dafür, bei der Neubearbeitung von der ursprünglich erarbeiteten Konzeption nicht grundsätzlich abzuweichen, sondern die damals gewählte und o. a. Schwerpunktsetzung beizubehalten. Das schloß bei der Neubearbeitung eine inhaltliche Straffung, Abrundung nur angeschnittener Probleme, partielle Neuordnung und gleichmäßige Überarbeitung des Stoffes sowie Berücksichtigung der Inhalte neuerer geomorphologischer Regionalstudien nicht aus. Insofern kann beim vorliegenden Band durchaus von einem „neuen" Buch gesprochen werden, zumal die Vereinigung der beiden Einzelbände mit Feld- *und* Labortechniken eine konsequentere und einheitlichere Stoffdarstellung erlaubte. Inhaltliche Lücken der Erstauflage, soweit sie vom Autor bemerkt wurden, konnten beseitigt werden. Rezensionen der alten Auflage erbrachten in dieser Hinsicht keine Anregungen. Um so mehr ergeht die Bitte an die Leser des Buches, den Autor auf sachliche Fehler, thematische Lücken oder sonstige Mängel hinzuweisen: Auch die moderne geomorphologische Methodenlehre wurde, obwohl sie ein noch junges Gebiet ist, wenn man den Sachverhalt unter dem Aspekt der Behandlung und Einarbeitung moderner Arbeitsweisen in die geomorphologische Methodik sieht, infolge des breitgefächerten geomorphologischen Arbeitens zu einem kaum noch zu überschauenden Gebiet. Insofern sind sachliche Lücken durchaus wahrscheinlich. Hier erhofft sich der Autor Hinweise und konstruktive Kritik.

Wie immer ist der Autor einigen Helfern am Geographischen Institut der Universität Basel für unermüdlichen Einsatz dankbar. So fertigte Frau Susanne Bögli die Reinschrift des Textes und des Literaturverzeichnisses. Vorstufen und Textteile wurden im Zuge der Überarbeitung von Fräulein Ruth Niederhauser geschrieben. Einen Teil der Reinzeichnungen fertigte in gekonnter Manier Bruno Baur an. Korrektur las Dorothee Junack. Ratschläge und Literaturhinweise verdanke ich folgenden Kollegen: D. Barsch (Heidelberg), F. Fastabend (Hannover), K. Hüser (Karlsruhe), H. Kugler (Halle), F.-D. Miotke (Hannover), K.-H. Müller (Marburg), K. H. Pfeffer (Köln), G. Roeschmann (Hannover), A. P. Schick (Jerusalem), Günther Schweizer (Tübingen) und G. Stäblein (Berlin). Dem Georg-Westermann-Verlag sei für die Erlaubnis zur Weiterverwendung älteren Materials aus den beiden Bändchen der „Arbeitsweisen" gedankt, besonders Herrn Klaus Höller (Braunschweig). Für das Erscheinen des Buches in dieser Form möchte ich mich bei Herrn Dr. W. Tietze (Wolfsburg) bedanken. Dem Walter de Gruyter-Verlag danke ich für die Zusammenarbeit bei der Herstellung des Buches und die Möglichkeit der reichhaltigen Ausstattung.

Basel, März 1977   Hartmut Leser

Inhalt

Abbildungsverzeichnis

Tabellenverzeichnis

1. Einleitung

Grundlage geomorphologischen Arbeitens ist und bleibt die Beobachtung im Gelände. Dieser Tätigkeit muß ein intensives Literatur- und Kartenstudium vorausgehen, um alle geomorphologischen Objekte eines Arbeitsgebietes richtig werten und in die großräumigen Zusammenhänge einordnen zu können. Die Geländearbeit bedarf jedoch auch weiterführender Untersuchungen im geomorphologischen Laboratorium. Aufgesammelte Proben werden durch eingehende Analysen, die sich nach Zweck und Ziel der Untersuchung richten, zu Erkenntnisquellen höheren Ranges. Bei der Geländearbeit kann sehr rasch die Erfahrung gewonnen werden, daß viele Sedimenteigenschaften, die zur Bestimmung einer Form oder deren Alters herangezogen werden, nicht mehr visuell erfaßbar sind. Hier ist der Feldarbeit eine Grenze gesetzt, der man sich immer bewußt bleiben muß. Nur durch die Zusammenschau von vorhandenem Literaturmaterial, der Geländebefunde und der Analysendaten kann erfolgreich geomorphologisch geforscht werden. Fällt die eine oder die andere dieser Quellen aus, oder wird sie mit den anderen nicht gleichrangig behandelt, kann der gesamten Untersuchung der erhoffte Erfolg versagt bleiben.

Die Technik geomorphologischen Arbeitens ist erlernbar. Wie aber jeder Praktiker bestätigen wird, kann nur durch intensives und ständiges Praktizieren der Methoden ein großer Erfahrungsschatz gewonnen werden. Die gelegentlich vorschnell gering geschätzte arbeitstechnische und methodische Erfahrung spielt bei geowissenschaftlichen Feldarbeiten und den anschließenden Laborarbeiten eine immer größere Rolle, weil durch das Erfahrungswissen über rasch und rationell anzustellende Vergleiche neue methodische, praktische oder theoretische Einsichten gewonnen werden können. So ist es mit der Beherrschung von Einzelmethoden nicht getan. Erst nach längerer selbständiger Arbeit kann auf Anhieb festgestellt werden, daß hier eben diese Methode eingesetzt werden muß und die andere nicht. Auch die Auswertung von Beobachtungen und Meßdaten setzt Erfahrung voraus, die ebenfalls erst im Laufe der Zeit erworben werden kann.

Eine Reihe größerer und kleinerer wissenschaftlicher Werke beschäftigt sich mit der Beobachtung im Gelände. Diese Ausführungen sind zumeist dem allgemeinlandeskundlichen Beobachten gewidmet, weniger speziellen Fragestellungen. Für den Geomorphologen sind einige ältere Werke (F. v. RICHTHOFEN 1886; G. v. NEUMAYER 1906) sehr ergiebig, die auch heute noch gültige Ratschläge enthalten. Abgesehen von einigen stark auf Teildisziplinen der Geomorphologie abgestellten Arbeiten – als Beispiel sollen H. BRUNNER und H. J. FRANZ (1960, 1961) genannt sein –, entstanden erst nach dem Zweiten Weltkrieg moderne geomorphologische Methodenbücher (P. BIROT 1955; J. TRICART 1965; C. A. M. KING 1966). Ihr inhaltlicher Schwerpunkt liegt teilweise sehr auf Fragen der allgemeinen Geomorphologie. Als Handreichungen zu praktischer geomorphologischer Feld- und Laborarbeit sind sie bedingt verwendbar.

An diese Arbeiten anknüpfend wird mit der Ausgabe des vorliegenden Buches versucht, eine Einführung in die praktische Feld- und Laborarbeit zu geben. Vor allem erfolgt keine Erörterung terminologischer und allgemeingeomorphologischer Probleme. Diese Sachbereiche stehen *vor* der Feldarbeit: Ihre Kenntnis ist unerläßliche Voraussetzung für geomorphologisches Arbeiten im Gelände. Die allgemeine Geomorphologie schuf die Begriffe, mit denen heute im Gelände gearbeitet wird und die ständig auf ihre Gültigkeit hin zu untersuchen und gegebenenfalls zu verbessern sind. Geomorphologische Geländearbeit wird also nicht nur das Ziel haben, morphologische Regionalstudien zu erstellen, d. h. die geomorphologischen Verhältnisse bestimmter Räume zu untersuchen, zu schildern und zu deuten. Regionalstudien müssen sich darüber hinaus durch Einordnung der erarbeiteten Ergebnisse in einen größeren Rahmen auch am Weiterbau des Gesamtsystems der Geomorphologie beteiligen. Auf diese Weise bekommt jede Geländearbeit auch einen über das räumlich und auch sachlich zumeist engbegrenzte Arbeitsgebiet hinausgehenden Sinn. Zur Festigung der allgemein gültigen Regeln geomorphologischen Arbeitens müssen im Rahmen jeder Untersuchung auch die Weiterentwicklung und der Ausbau der geomorphologischen Methodenlehre versucht werden. Die Anwendung der Arbeitstechniken im Gelände und Labor, sowie das Experimentieren mit Geräten, sollten als Möglichkeiten zur Weiterentwicklung der geomorphologischen Methodik, aber auch der geomorphologischen Theorie wahrgenommen werden.

1.1 Grundüberlegungen zur geomorphologischen Methodik

Ein methodisch wichtiges Problem geomorphologischen Arbeitens besteht darin, daß *hochkomplexe* Formen untersucht werden müssen, die in der Regel unter *vorzeitlichen* Bedingungen entstanden. Daher können die formbildenden Prozesse nicht mehr beobachtet und gemessen werden (wenn von der in diesem Zusammenhang wenig bedeutungsvollen *rezenten* Morphodynamik einmal abgesehen wird), sondern sie müssen aus dem Relief „erschlossen" werden. Das methodische Vorgehen der Geomorphologie beruht daher auf der *erklärenden Beschreibung*. Die Geomorphologie gleicht darin anderen Geowissenschaften, die wegen des notwendigen Verzichts auf das Experiment Erfahrungswissenschaften mit weitgehend historischer Sichtweise sind. Dies leitete zuletzt, unter Berücksichtigung der deutschen klassischen Geomorphologie, K. HÜSER (1974) ab. Aus seinen Überlegungen resultierte ein Arbeitsgang für die *regional-geomorphologische Analyse* (Abb. 1), auf den bei einzelnen noch zu schildernden Arbeitstechniken immer wieder hingewiesen werden muß.

Arbeitsziel ist die regionale Beschreibung historischer Sukzessionen von Formengenerationen, ausgedrückt in einer Erosions- und Denudationschronologie der Landschaft (G. HARD 1973). Diese *historisch-morphodynamische* (= morphogenetische) Arbeit macht jedoch keineswegs allein die Geomorphologie aus, auch wenn diese Denkrichtung im deutschen und französischen Sprachraum ein deutliches Übergewicht hatte. Im Hinblick auf die praktische Anwendbarkeit der Geomorphologie und ihrer Grundlagenforschungen für die Landschaftsökologie, die Bodenkunde oder die Quartärgeologie, muß daneben die *morphographisch* und *rezent-morphodynamisch* gewichtete Geomorphologie erwähnt werden. Sie gewinnt, auch für den morphogenetischen Ansatz und die Theoriebildung der Disziplin, zunehmend an Bedeutung. Schrittmacher dafür waren die geomorphologischen Karten und damit verbundene oder auch isoliert durchgeführte morphometrische Arbeiten, von denen wichtige frühe bei H. WALDBAUR (1952, 1958) zitiert sind. Allmählich fand auch das sedimentologisch-pedologische Arbeiten Eingang in die Geomorphologie, besonders durch A. CAILLEUX, J. P. BAKKER und J. TRICART gefördert, auf deren Bedeutung C. TROLL (1969) hinwies. Dabei wird gleichzeitig betont, daß es sich bei solchen Arbeiten innerhalb der Geomorphologie keineswegs um Grundlagenforschung der Pedologie, der Mineralogie oder der Sedimentologie handelt. Dies ist nur gegeben, wenn die Methode selbst zum Forschungsgegenstand wird und/oder das geomorphologische Problem (= Relief als sich entwickelndes Systemelement der Landschaft) aus den Augen verloren wird, so daß schließlich eine sedimentgenetische, tonmineralogische oder geochemische Fragestellung dessen Platz einnimmt. Solch eine Erkenntnis der Nachbardisziplinen kann wesentlich für die Lösung des geomorphologischen Problems sein, doch wäre sie von den in diesem Fall kompetenten Nachbarwissenschaften zu lösen. – Durch das gleichzeitig von C. TROLL (1969) geforderte engere Zusammenrücken der Disziplinen ergibt sich zwangsläufig, daß auch (vor allem) die Geomorphologie des morphographisch-rezentmorphodynamischen Ansatzes den Nachbardisziplinen Grundlagenforschungsergebnisse zur Verfügung stellt, ohne aber innerhalb dieser Disziplinen deren oben umschriebene Grundlagenforschung zu leisten. Anders formuliert: Die Nachbardisziplinen der Physischen Geographie bzw. der Geomorphologie gehen bei bestimmten Fragestellungen von

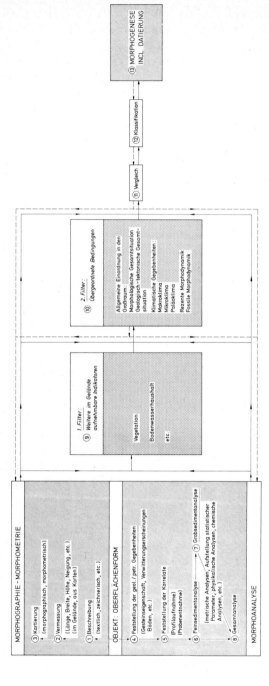

Abb. 1:   *Abfolge, innere Verflechtung und Zielsetzung der Arbeitsschritte einer regionalen geomorphologischen Untersuchung* als Beispiel
für die geomorphologische Denk- und Arbeitsweise (aus HÜSER, K.: Gedanken zum Objekt und zur Methodik der heutigen
Geomorphologie, Karlsruher Geogr. Hefte, H. 6, 1974, S. 19).

einem *geomorphologischen* bzw. von einem *geographischen Ansatz* aus und
verwenden dabei oder auch bei anderen Gelegenheiten Forschungsergebnisse der Geomorphologie (H. LESER 1974 a, b, c).

Von der Geomorphologie bestehen über das *Catena-Prinzip,* das in
der Reliefgestalt begründet liegt (= morphographischer Ansatz), und die
Substanz der Reliefformen (= sedimentologisch-pedologischer Ansatz) Zusammenhänge mit der Landschaftsökologie sowie zahlreichen, mit dieser
verbundenen Disziplinen. Der Zusammenhang manifestiert sich sichtbar in
der vielschichtigen Verwendungsmöglichkeit geomorphologischer Karten
der verschiedensten Maßstabsgruppen (H. KUGLER 1974 a, b; H. LESER
1974 c). – Dieser auf die Landschaftsökologie abzielende Gedanke soll hier
als Einstieg dienen, um die interdisziplinäre Stellung der Geomorphologie
zu zeigen und um auf die vielseitigen Einsatzmöglichkeiten der geomorphologischen Methodik hinzuweisen.

Die Erforschung von Klima, Boden, Relief oder Vegetation der
Erdräume kann mit Hilfe der klassisch-geographischen Methodik betrieben
werden, die deren Merkmale und die Stellung des Untersuchungsobjektes
in der Landschaft durch visuelle Beobachtung *physiognomisch* zu ergründen sucht. Ihr gegenüber steht die „landschaftsökologische Methode", die
das Zusammenwirken der Geofaktoren an einem Standort untersucht – und
zwar über die visuell-makroskopische Beobachtung hinausgehend mit Hilfe
von Zähltechniken und physikochemischen Untersuchungen. Ihr Ziel ist
die Bestimmung der räumlichen Feingliederung an einem Standort durch
Erfassung der prozessualen Merkmale der Geofaktoren, die als Systemelemente des landschaftlichen Ökosystems fungieren (H. LESER 1976 a). Die
räumliche Gestaltung und die *Ökofunktionalität* am Standort sollen dabei
möglichst mit Maß und Zahl gesichert dargelegt werden können. Die
bislang vorgenommene Feingliederung nach der Physiognomie eines Stand-
ortes konnte und kann nur in Gebieten durchgeführt werden, wo standort-
bestimmende Faktoren, etwa Boden oder Wasser, ganz eng an Eigenschaften und Merkmale des Reliefs gebunden sind und die prozessualen Aspekte
der Rauminhalte nicht besonders im Vordergrund zu stehen brauchen.
Gebiete mit reliefdeterminierten Geofaktoren finden sich im Jungmoränenland, im Mittel- und Hochgebirge, sowie in anderen Räumen mit
ausgeprägten Reliefverhältnissen (großmaßstäbliche Beispiele dieser Art
im „Handbuch der naturräumlichen Gliederung Deutschlands", E. MEYNEN
und J. SCHMITHÜSEN, 1953–1962; Ostfriesisch-Oldenburger Geestrücken
und Hunte-Leda-Niederung von H. LEHMANN; Mittlere Warthe von J.
SCHMITHÜSEN; Bergisches Land von C. TROLL; Kalkeifel von K. H. PAFFEN;
Rot-Tal bei Gutenzell von H. GRAUL; Isar- und Gleissentalaustritt in die
Münchener Ebene von O. MAULL; Mittlerer Wettersteingrat von O.
MAULL). Wie H. RICHTER (1964) darlegte, versagt die ökologische Feinglie-

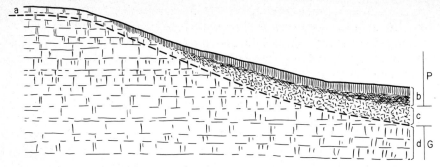

a oberflächennaher Untergrund   b Boden   c pleistozäne Schuttdecke   d anstehendes
Gestein   P Pedologie   G Geologie

Abb. 2:   *Boden, oberflächennaher Untergrund und Gestein:* Der oberflächennahe Unter-
                grund umfaßt alle ökologisch und geomorphologisch wichtigen Bereiche der
                äußeren Erdrinde. Er wird von der Geomorphologie bzw. der Landschaftsöko-
                logie untersucht, während der Boden von der Pedologie und das Gestein von
                der Geologie bearbeitet werden (Entwurf: H. Leser).

derung nach fast ausschließlich physiognomischen Merkmalen jedoch dort,
wo dem Relief nur eine geringe Rolle bei der standörtlichen Differenzierung zukommt. Das gilt vor allem für Gebiete mit präwürmzeitlichen
Ablagerungen, oder für jene, wo mächtige, morphologisch wenig gegliederte, ökologisch aber sehr differenzierte junge Sedimentdecken das ältere
Relief überdecken.
      Diese Erkenntnisse sind für die Geomorphologie und ihre Methodik
nicht unerheblich. So erkannte man bei der geomorphologischen Detailkartierung, daß dem *geologischen Substrat* und dem oberflächennahen Untergrund[1] (Abb. 2) für die Entwicklung des Reliefs hohe Bedeutung zukommt
– ja, bei der rezenten Formungsdynamik an den Gehängen (soil erosion
z. B.) eine dominierende Rolle zugestanden werden muß. Diese Erkenntnisse finden ihren Ausdruck in einer differenzierten Aufnahme des oberflächennahen Untergrunds in geomorphologischen Karten – vor allem bis zum
Maßstab 1 : 50 000. Um nun alle Feinheiten der Reliefentwicklung zu

---

[1] Der oberflächennahe Untergrund umfaßt das morphogenetisch und ökofunktional wesentliche geologische Substrat, Lockersedimentdecken in ihrer gesamten Mächtigkeit und die
Böden. Der Begriff umschreibt also auch jene Bereiche des erdoberflächennahen Untergrunds, die von der Pedologie nicht mehr und von der Geologie noch nicht untersucht
werden. Der oberflächennahe Untergrund steht in enger Beziehung zur Morphogenese,
weil sich aus ihm Indizien über die jüngste erdgeschichtliche Entwicklung ableiten lassen.
Seine ökofunktionale Bedeutung liegt in seinen Wasserhaushaltseigenschaften und in der
Tatsache, daß er das Ausgangsmaterial für die Bodenbildung darstellt.

erfassen und Klarheit über deren räumliche Verbreitung zu erlangen, müssen demnach pedologisch-sedimentologische und geomorphologisch-ökologische Sachverhalte bei der geomorphologischen Forschung verstärkt berücksichtigt werden. Im deutschen Sprachraum ging man erst in den sechziger Jahren in größerem Umfang dazu über (H. BOESCH 1964; H. LESER 1966 a).

Mit der Erkenntnis der großen Komplexität der Reliefformen und der Reliefentwicklung werden in verstärktem Maße die Ergebnisse und Arbeitstechniken[2] anderer Disziplinen für die Lösung geomorphologischer Fragestellungen herangezogen, wodurch eine Absicherung, Vertiefung und Ausweitung der geographischen Forschungsarbeiten erzielt werden kann. Selbstverständlich müssen diese Arbeitsweisen ausgewählt und modifiziert werden. Vor allem durch die Daten der pedologisch-sedimentologischen Analysentechniken erlangen die Aussagen zu einem geomorphologischen oder i. w. S. landschaftsökologischen Problem einen hohen Grad an Wahrscheinlichkeit.

Die Stellung der pedologisch-sedimentologischen Methodik gewinnt durch Ausbau mit weiteren Arbeitstechniken an Bedeutung. Dabei stellen sie nur einen Teil der geomorphologischen, bodengeographischen oder landschaftsökologischen Methoden dar. Es herrscht kein Zweifel, daß die klassisch-geographische Methode von ihrer Bedeutung nichts verloren hat: Die Beobachtung ist und bleibt die Grundlage jeder geographischen Arbeit (siehe dazu auch Abb. 1). *Allein* angewandt genügt die visuell-makroskopische Beobachtung der Geomorphologie aber nicht der Forderung, mit der Detailforschung auch Ergebnisse für praktische Arbeiten außerhalb der Wissenschaft zu liefern. Folgt man dieser Richtung nicht, bringen sich die Geographie und die Geomorphologie in die Gefahr, im wahrsten Sinne des Wortes „oberflächliche" Wissenschaften zu sein (H. LESER 1974 a, b).

Selbstverständlich ist die Anwendung der sogenannten „verfeinerten" Methoden auch eine Frage des Maßstabs. Bei großräumigen Arbeitsgebieten kann eine Methodik mit verfeinerten Arbeitstechniken nur dann Anwendung finden, wenn sie durch ein überregionales Amt – ähnlich den geologischen Landesämtern – getragen wird.[3] Vor allem analysentechni-

---

[2] Die Methodik ist eine auf die Lösung eines Problems gerichtete Aggregierung verschiedener Arbeitstechniken. Sie folgt einer „Methode", d. h. einer als Arbeitsprogramm verstandenen Theorie. – Zum Trennen der Begriffe „Arbeitsmethode – Arbeitstechnik" siehe H. CARSTENS u. a. (1975).

[3] Einen Umweg geht man bei der Geomorphologischen Karte 1 : 25 000 der BRD (= GMK 25), um auch ohne Amt auszukommen: Es wird anhand von Musterblättern aus dem gesamten Land eine Konzeption entwickelt, die bei Nachfolgearbeiten des Projekts (= GMK-Projekt) von möglichst allen Geomorphologen bei Kartierungsarbeiten befolgt werden sollte. Siehe dazu D. BARSCH (1976) und H. LESER (1976 b).

sches Arbeiten ist bei großräumigen Gegenständen vor Aussageprobleme gestellt – denn Einzelwerte haben keine, abgeleitete Durchschnittswerte nur bedingte Gültigkeit. Geht man vom Durchschnittswert auf räumlich spezielle Verhältnisse zurück, kann sich dieser Zahlenwert als falsch erweisen. Allerdings wird man bei der Betrachtung größerer Erdräume kaum so verfahren: Da ist das Ziel meist eine Betrachtung von grob umrissenen „Haupttypen", die einer anderen geographischen Betrachtungsdimension angehören (G. HAASE 1973; E. NEEF 1963 a, b). Daher muß an den Genauigkeitsgrad derartiger Aussagen ein anderer Maßstab gelegt werden. Faktisch können die Detailuntersuchungen sogar zu grundsätzlich anderen Ergebnissen kommen als die umfassendere, anders dimensionierte Betrachtung der Überschau, in der die Kriterien für die Raumkennzeichnung anders sein können. Damit sind auch die Grenzen in der Anwendung von Ergebnissen verfeinerter geomorphologischen Untersuchungen abgesteckt.

Zwischen Relief und Boden bestehen enge Zusammenhänge: das Relief ist nicht nur durch seine Gestalt an sich ein wesentlicher Bodenbildungsfaktor, sondern auch die morphogenetisch bedingten Substrattypen der Landschaften bestimmen die Ausbildung des Bodentyps. Besonders bei kleinräumigen Fragestellungen, wenn die klimatischen Differenzierungen der Bodentypen für die Betrachtung nicht mehr relevant sind, kommt dem Substrattyp für die Herausbildung der Eigenschaften und Merkmale der Böden überragende Bedeutung zu. Der Begriff „Bodenform" (I. LIEBE-ROTH 1966; 1971), der in sich bodentypologische und substantielle Merkmale vereinigt, nimmt auf diese Relation Bezug. Der Sachverhalt Boden-Relief ist jedoch nicht nur eine Angelegenheit zwischen Pedologie und Geomorphologie, sondern er geht auch die übrigen Teilgebiete der Physischen Geographie an, vorzugsweise Bodengeographie und Landschaftsökologie. Schon die Definition des Bodenbegriffes und die Kenntnis von den Bodenbildungsfaktoren als Systemelemente des landschaftlichen Ökosystems weisen auf die methodischen Verbindungen zwischen Pedologie und Geographie hin. So kann definiert werden: Der Boden ist die belebte, humose Verwitterungsrinde der festen Erdoberfläche, die in Aufbau und Dynamik durch ein vielfältiges Faktorengefüge bestimmt wird, dessen Einzelkomponenten sich zu den Gruppen Klima (wozu auch das Zuschußwasser gezählt wird), Lebewelt, Relief, Ausgangsgestein und Zeit (gleich Entwicklungsalter) zusammenfassen lassen. Nach O. FRÄNZLE (1965 a) läßt sich diese auch von R. GANSSEN (^{2}1972), E. MÜCKENHAUSEN (1962) und anderen in ähnlicher Weise gegebene Definition verändert in einer Funktionsgleichung wiedergeben: $B = f(k, r, g, v, t, w, m, \tau)$. Dabei bedeutet B keineswegs nur den Boden in seiner Gesamtheit, sondern B steht auch für einzelne Bodeneigenschaften, wie pH-Wert, Tongehalt, Humusmenge und -zusammensetzung, während k, v, t, r die bodeneigenen Ausprägungsformen des Klimas, der Pflanzen, der Tierwelt und des Reliefs darstellen. Sie bestimmen, zusammen mit dem Ausgangsgestein g, dem Zuschußwasser w, den anthropogenen Einflüssen m und dem Entwicklungsalter τ, das natürliche Bodensystem zu jedem Zeitpunkt. Daraus werden ebenfalls die Beziehungen Boden-Landschaft deutlich. Der Boden als integraler Bestandteil der Landschaft muß mit seinem Klima, seiner Lebewelt und seinem Mikrorelief zu den entsprechenden Geofaktoren nach Art einer wechselseitigen Steuerkausalität in enger Verbindung stehen.

Dieser sachlich untrennbare *Zusammenhang* zwischen *Boden und Landschaft* als den beiden Forschungsobjekten der Pedologie und der Geographie besteht auch bei den Untersuchungsmethoden. Einmal ähneln sich gewisse Ansätze, die z. B. der Genese-Gedanke, das Catena-Prinzip, die räumliche Verbreitung von Böden oder der Dimensionsbezug räumlicher Inhaltskriterien vorgeben. Zum andern sind zahlreiche Arbeitstechniken weitgehend identisch. Soweit diese nicht ohnehin schon Allgemeingut der Geographie waren, konnten sie aus der Bodenkunde bzw. der ihr arbeitstechnisch verwandten Sedimentologie übernommen werden. Dieser Trend setzte in den sechziger Jahren voll ein, wenn von zahlreichen Vorläufern abgesehen wurde. Zu diesem Zeitpunkt hatte die Geographie das Stadium der ausschließlichen Beobachtung überwunden. Die Detailforschung, die den Einsatz differenzierterer Methoden und verfeinerter Arbeitstechniken erlaubte, kam immer mehr zum Tragen. Seitdem gestalteten sich auch die Beziehungen zwischen den beiden Wissenschaften wieder viel enger. – Bodenkundliche Arbeitstechniken sind daher heute der Hauptbestandteil geomorphologischer Labortechniken. Sie lassen durch ihre Ergebnisse nicht nur eine Intensivierung der geomorphologischen Forschung zu, sondern fördern auch die anderen Subdisziplinen der Geographie, welche durch die Daten stärker als bisher quantitativen Charakter bekommen. Dazu gehören vor allem die Bodengeographie, die Quartär- und Tertiärgeomorphologie, die Aktualgeomorphologie und die Landschaftsökologie.

Der *Faktor Relief* besitzt in fast allen geographischen Betrachtungsbereichen erhebliche Bedeutung, und dem Faktor Boden kommt in zahlreichen Disziplinen geradezu grundlegender Charakter zu. Abgesehen von der Bodengeographie und der Geomorphologie selber sind es die Vegetationsgeographie, Hydrogeographie und die Landschaftsökologie. Das Relief gewinnt auch bei der landschaftsökologischen Kartierung an Bedeutung. Immer mehr solcher Arbeiten enthalten morphographische Karten, die wichtigsten Grundlagen der landschaftsökologischen Kartierung (H. KUGLER 1965; 1974 b). Infolge der *zentralen Stellung* von Boden und Relief können die mit bodenkundlichen Labortechniken gewonnenen Ergebnisse in den Subdisziplinen der Geographie vielseitigst benutzt werden. Unterschiedlich sind in diesen nur die Fragestellungen und die darauf eingestellten Interpretationen der Analysendaten.

Die geomorphologische Methodik muß nun noch mit physischgeographischen Teildisziplinen in Zusammenhang gebracht werden. Zuerst wäre da an die *Bodengeographie* zu denken, die innerhalb und außerhalb der Geographie lange Zeit nur als eine Verbreitungslehre der Böden aufgefaßt wurde und die heute vor allem bei der landschaftökologischen Forschung betrieben wird, als Paläobodengeographie auch von der Geomorphologie. Stellvertretend für regionale bodengeographische Arbeiten sollen die Untersuchungen von H.-P. BLUME (1968), H. RICHTER (1964), H. RICHTER, G. HAASE und H. BARTHEL (1966) und W. RIEDEL (1973) genannt sein. Aber auch in der großräumigen Betrachtung hat sich die Bodengeographie eindeutig von der reinen Verbreitungsdarstellung gelöst (R. GANSSEN 1961, 1964, 1965, 1970 und ²1972 sowie O. FRÄNZLE 1965 b). Die *paläopedologische* Variante der Bodengeographie wird innerhalb der Quartärgeologie und in der Quartärgeomorphologie betrieben, wo die fossilen Böden als absolute und relative Zeitmarken für die landschaftsgeschichtliche Entwicklung dienen und Indikatoren für den früheren Landschaftszustand und die ihn bedingenden Geofaktoren darstellen. Dieser Ansatz wurde möglich, weil die Bodenkunde das Schwergewicht wieder mehr auf die genetische, raumbezogene Betrachtungsweise verlagerte, wobei sich als eigenständige Sichtweise die Paläopedologie herausbildete. Vordergründig sind die fossilen Böden die Untersuchungsgegenstände. Die Ergebnisse dienten jedoch der Entwicklung einer paläoklimatologischen Betrachtungsweise, die für die Deutung der Landschaftszustände im Quartär immer mehr an Bedeutung gewinnt. Sie ebnet der *Paläogeographie* den Weg, deren Wert für die Geomorphogenese der jüngsten Abschnitte der Erdgeschichte immer mehr erkannt wird. Die kartierenden Geomorphologen tragen sich deshalb mit dem Gedanken, auch paläogeographische Spezialkarten als *Zusatzblatt* den regulären Karten (Morphographie und rezente Formungsdynamik; Morphographie; Morphogenese) beizugeben. Als Auswahl neuerer geomorphologisch-paläopedologischer Arbeiten wären neben schon zitierten A. BRONGER (1970), K. BRUNNACKER (1967), J. DEMEK und J. KUKLA (1969), K. HEINE (1971), H. ROHDENBURG und B. MEYER (1966), A. SEMMEL (1974) und H. RICHTER (1970) zu nennen.

Als ebenfalls grundlegend wichtige Subdisziplin gilt die *Landschaftsökologie*. Ihr Hauptziel sind Landschaftsgliederung und -systematik, die auf detaillierten Haushaltsuntersuchungen der Standorte beruhen, die sowohl empirisch, auf morphographischer Grundlage, als auch ökofunktional bestimmt werden können. Die besonders durch morphographische und pedologische Daten quantifizierten landschaftsökologischen Aussagen lassen der Geopgraphie auch Grundlagen für die Praxis liefern. Die Ergebnisse geomorphologisch-ökologischer und landschaftsökologischer Untersuchungen können z. B. für die landwirtschaftliche Standortbeurteilung oder andere planerische Zwecke genutzt werden (H. LESER 1974 b, 1976 a). Mit dem verstärkten Ausbau der Landschaftsökologie seit Anfang der sechziger Jahre, der mit der Verbesserung der geomorphologischen Arbeitsweisen parallel verlief, tritt die Geographie gleichberechtigt neben Bodenkunde und Geologie, deren Spezialkarten die Basis praktischer Wirtschaftsplanung bildeten. E. NEEF (1962) bemerkt dazu, daß die landschaftsökologischen Untersuchungen ein Schritt zur tieferen Erkenntnis einer geographischen Örtlichkeit sind, indem deren stofflicher Haushalt bestimmt wird. E. NEEF, G. SCHMIDT und M. LAUCKNER (1961) benennen drei ökologische Hauptmerkmale: Vegetation, Bodenwasserhaushalt und Bodentyp. Alle drei spiegeln bis zu einem gewissen Grade die hauptsächlichen statischen und dynamischen Merkmale und Eigenschaften einer geographischen Örtlichkeit wieder, die erst in ihrer funktionellen Gesamtheit den Standort ausreichend zu charakterisieren vermögen. Man denke nur an die Änderung der Geofaktoren durch die allmählich voranschreitenden Bodentypenwandlungen, an die etwas schnellere Änderung der Vegetation und an das rasche und fast sofortige Reagieren des Bodenfeuchtehaushaltes auf natürliche und künstliche Veränderungen seines Gleichgewichts. Als neuere pedologisch-geomorphologisch orientierte Arbeiten zur Landschaftsökologie sind zu nennen: L. FINKE (1971), G. HAASE (1961 a, b), H.-J. KLINK (1966), M. LAUCKNER (1964), R. MARTENS (1968) und D. J. WERNER (1973). Um die Schaffung der theoretischen Grundlagen haben sich hauptsächlich C. TROLL (u. a. 1950, 1968, 1971), J. SCHMITHÜSEN (u. a. 1942, 1974) und E. NEEF (u. a. 1964, 1968, 1970) bemüht. E. NEEF (1962) wies dabei auf die methodischen Probleme bei der Anwendung floristischer, bodenkundlicher und hydrologischer Arbeitstechniken in der Geographie hin. Sie können manchmal den Verlust der geographischen Problemstellung bedeuten: Die verfeinerten Techniken dürfen nie Selbstzweck, sondern nur Mittel zum Zweck sein, der in der Lösung der pedologischen, landschaftsökologischen oder geomorphologischen Fragestellung besteht.

Ein Beispiel soll den Gedanken E. NEEFS erläutern: Beim Bemühen um quasiquantitative geomorphologische Aussagen werden Boden-, Holz-, Pollen- oder Sedimentproben zur Problemlösung herangezogen. Abgesehen von der praktischen Notwendigkeit einer Einzelprobe wird gelegentlich, trotz bestehender Möglichkeiten, nicht auf weitere Proben zurückgegriffen. Das *Problem der Einzelprobe* deckt sich nämlich bis zu einem gewissen Grade mit E. NEEFS Hinweis auf die Gefahr des Sichverlierens in meßtechnische Einzelheiten. Schon durch die geographische Betrachtungsweise, die morphologische Entwicklung eines Gebietes in Zeit und Raum zu erfassen, verliert die Analyse einer Einzelprobe fast vollständig an Wert.

Besonders in der Geomorphologie, der Paläopedologie und der Landschaftsökologie erlaubt erst eine *Vielzahl* von Proben eine fundierte Aussage. Dabei ist wiederum zwischen einer Vielzahl Proben eines Aufnahmepunktes und der vieler Aufnahmepunkte zu unterscheiden. Die Probenserie eines Profils erlaubt in der Regel nur Aussagen über den Aufnahme*punkt*. Geographisch (auch paläogeographisch und historisch-morphogenetisch) relevant ist aber erst die Untersuchung einer Vielzahl solcher Punkte. Erst dann kann man, unter Hinzuziehung der klassischen visuellen Beobachtung, eine geomorphologische, paläopedologische oder ähnlich geartete Aussage über den Untersuchungs*raum* treffen. Findet man vom Aufnahme*punkt* auf den *Gesamtraum* seines Untersuchungsgebietes zurück, bleibt der für die geographische Wissenschaft notwendige Aspekt der raumbezogenen Aussage gewahrt. In dieser Janusköpfigkeit der Geographie, in der Notwendigkeit vom Zurückfinden aus dem unbedeutend erscheinenden lokalen Detail zur überschauenden räumlichen Betrachtung offenbart sich auch der Reiz der Anwendung von verfeinerten Arbeitsweisen in der Geographie.

Die methodischen und disziplinären Zusammenhänge zwischen den Teilgebieten der Geographie lassen ohne weiteres erkennen, daß die hier für die Geomorphologie gegebenen Methoden ohne Abstriche in der Paläopedologie, der Landschaftsökologie usw. anzuwenden sind. Wie bereits erwähnt, unterscheiden sich die Subdisziplinen („Fächer") der Geographie durch ihre fachspezifischen Fragestellungen. Die im einzelnen einzusetzenden Arbeitstechniken, ihre Funktionsabläufe, ihre Herkunft und ihre Verwendungsmöglichkeiten in Nachbarwissenschaften sind dabei unerheblich, sofern nur mit ihrer Hilfe das fachspezifische Problem gelöst wird und Aufwand und Aussagekraft in einem vertretbaren Verhältnis zueinander stehen. – Bei den hier darzustellenden Arbeitstechniken handelt es sich um eine Auswahl, die sich auf solche Analysen erstreckt, die häufig angewandt werden, die in vielen physischgeographischen Teilgebieten einsetzbar und die auch *geographisch aussagefähig* sind. Die Mehrzahl der pedologisch-sedimentologischen Arbeitstechniken mit physikochemischem Charakter, die in den Nachbarwissenschaften zur Anwendung kommen, hat in der Geographie wenig Bedeutung. Diese Techniken können am besonders dimensionierten Gegenstand, der eine geographisch bedeutsame Größenordnung hat (H. LESER 1976 a), oft nicht eingesetzt werden. D. h. ihre Ergebnisse sind nicht geographisch relevant, also auch für fachspezifische Zwecke nicht interpretierbar. Ihr u. U. hoher Wert für die Nachbarwissenschaften ist damit aber keineswegs in Frage gestellt. Über spezielle Techniken unterrichten die sogenannten *„Methodenbücher"*. Als wichtige wären zu nennen: H. J. FIEDLER und H. SCHMIEDEL (1973), H. J. FIEDLER u. a. (1965), K. H. HARTGE (1971), E. MÜCKENHAUSEN (1961), G. MÜLLER

(1964), G. Reuter ([2]1967), E. Schlichting und H.-P. Blume (1966), L. Steubing (1965), R. Thun, R. Herrmann und E. Knickmann ([3]1955).

1.2 Geomorphologische Feld- und Laborarbeit

Bei der Beobachtung können durch den im Feld arbeitenden Geomorphologen mehrere Wege beschritten werden. *Einmal* kann die Einzelform als Ergebnis geomorphologischer Prozesse, meist vorzeitlicher, studiert werden, d. h. die Terrasse, das Tälchen, die Tilke, der Schwemmkegel usw. Diese und andere Formen treten zu Formengesellschaften zusammen. Sowohl die Einzelformenbegriffe als auch die Begriffe von Formengesellschaften (z. B. Terrassentreppe, Schichtstufenland, Badlandrelief) schließen jedoch schon genetische Deutungen und damit nicht immer beweisbare Festlegungen ein. Die klassische geomorphologische Feldbeobachtung, die lange Zeit *allein* der morphogenetischen Erkenntnisgewinnung diente, führte automatisch zu einem vielfältigen, gleichwohl unübersichtlichen Begriffsapparat der Geomorphologie. Die zur Grundlage gemachte Formenanalyse setzte nicht tief genug an, sondern begann bei *Formenkomplexen,* die durch ihren polygenetischen Charakter nicht immer eindeutig auf die stattgehabten Prozesse ansprechbar waren. Das großzügige Vorgehen bei der Formenanalyse wurde durch den Brauch erleichtert, morphogenetische Hypothesen – aufgestellt am Formenschatz kleiner Räume – auf größere Areale zu übertragen und daraus quasi „verbindliche" geomorphologische Theorien zu formulieren. – Die *andere* Einstiegsmöglichkeit für die geomorphologische Feldarbeit wäre, die Analyse bei den *Formbestandteilen,* den Relief- oder Formelementen anzusetzen. Sie sind wegen ihrer Kleinheit meßbar. Die somit gewonnenen Daten stellen nicht nur morphographisch-morphometrische Werte an sich dar, sondern sie geben auch für die morphogenetische Theoriefindung eine zuverlässigere Basis ab als die auf einem höheren Abstraktionsniveau ansetzende morphogenetisch ausgerichtete „reine" makrogeomorphologische Beobachtung. Die *Reliefelemente* sind die kleinsten, in sich homogen gestalteten geomorphographisch sinnvoll faßbaren Einheiten, die erst zu mehreren eine Oberflächenform aufbauen (H. Kugler 1964, 1974 b). Formelemente sind beispielsweise der Talboden, der Hang, die Terrassenoberfläche oder die Terrassenkante. Da diese Formelemente die Bausteine des Reliefs sind, müssen sie auch die Träger der Eigenschaften und Merkmale der Formen sein. Eigenschaften und Merkmale sind durch das Ausmessen des Elements in Maß und Zahl festlegbar (Abb. 6). Abgesehen vom nicht „meßbaren", aber korrekt ansprechbaren Baumaterial, liegen damit für die Reliefeigenschaften Daten vor, die eine intersubjektive räumliche, habituelle und substantielle Reliefcharakterisierung zulassen. Dieses von hypothetischem Ballast freie Material kann aufgrund geeigneter Kartierungsverfahren[4] durch den Geomorphologen in morphographischen oder stark morphographisch gewichteten Karten niedergelegt werden. Sie besitzen *dokumentarischen* Wert, weil in ihnen auf die Darstellung von Art und Dauer der Genese sowie des Alters der Formen, die immer vom gerade aktuellen Kenntnis- und damit Theoriestand der Geomorphologie abhängig sind, weitgehend verzichtet wird. Feststellungen zur Morphogenese und Morphodynamik sowie zum Formenalter werden erst in einem *zweiten* Schritt getroffen. Er muß aber als *Interpretation* vom ersten, der nur das nichttheoretische Tatsachenmaterial schafft, getrennt sein. Beiden Schritten liegen unterschiedliche Prinzipien zugrunde, deren Mißachtung – durch Verwischen der Grenze zwischen intersubjektiven Fakten und Interpretation – den wissenschaftlichen Wert einer Untersuchung in Frage stellen kann. Dies darf sich die Geomorphologie in einer Zeit intensiver Wissenschaftskritik und verstärkter Beachtung des Einhaltens allgemeinwissenschaftsmethodischer Regeln nicht leisten.

Von der Feldarbeit abgesetzt erfolgt die *Laborarbeit*. Sie erfordert saubere Handhabung der Methoden, Beachtung des Verhältnisses zwischen Aufwand und Ergebnis, kritische Methodenauswahl und sorgfältige Interpretation der Analysendaten. Diese sind mit den Feldbeobachtungen in Beziehung zu setzen. Die Daten lassen Hypothesen, angestellt aufgrund der Beobachtung, bestätigen oder verwerfen (Abb. 1). Die Ergebnisse der Feldbeobachtungen können und sollen durch die Analysendaten nicht „richtiger" gemacht werden, aber die aus den Beobachtungen resultierenden Theorien lassen sich mittels Daten einer genaueren Prüfung auf ihre Richtigkeit hin unterziehen; sie sind „kontrollierbarer" (jedoch nicht völlig kontrollierbar) geworden. Hier muß in bezug auf die Geomorphologie das gleiche gesagt werden, was auch für andere Geowissenschaften gilt: sie ist streng genommen eine „unexakte" Naturwissenschaft, weil ihr Objekt Kontinuumcharakter besitzt, der schon eine äußerliche Abgrenzung erschwert. Hinzu kommt, daß die meisten der zu untersuchenden geomorphologischen Prozesse nur aus ihren Hinterlassenschaften in den Formen und nicht mehr direkt zu beobachten sind. Auch Labordaten können nur Hilfsmittel, also Mittel zum Zweck sein und dürfen in ihrer Bedeutung nicht überschätzt (aber auch nicht unterschätzt) werden.[5]

---

[4] Darauf wird ausführlich in den Kapiteln „Geomorphologische Kartierung" und „Geomorphologische Karten" eingegangen.

[5] Eine kritische Auseinandersetzung mit geomorphologischen Arbeitsweisen, die an Formen und Sedimenten des ariden Südwestafrika eingesetzt wurden, führten unter methodischem Aspekt H. BESLER, W.-D. BLÜMEL, K. HÜSER, U. RUST und F. WIENEKE durch. Enthalten in: H. LESER (Ed.) 1976 c.

Zusammengefaßt wäre festzuhalten, daß auch bei einem kleinen Untersuchungsraum die Feldarbeit methodisch verstanden und technisch gekonnt sein muß. Weder vorausgehende Literatur- und Kartenarbeit, noch nachfolgende Laboratoriumsarbeit kann im Gelände Versäumtes wettmachen: Gelände- und Laborarbeit ergänzen sich gegenseitig. Beide sind gleichwertig ernst zu nehmen. Durch *ständige Schulung* des Auges und Übungen im Erkennen und Deuten der Formen kann die – neben relativ leicht zu beherrschenden technischen Fertigkeiten bei Gelände- und Laborarbeit – schwerer anzueignende Beobachtung auch *erlernt* werden.

1.3 Nachbarwissenschaften: Theoretische, methodische und praktische Berührungspunkte mit der Geomorphologie

Für geomorphologisches Arbeiten ist die Kenntnis der Grundzüge einiger Nachbardisziplinen unerläßlich. An erster Stelle stehen die Geologie, die Petrologie, die Klimatologie und die Pedologie. – Entwicklung und Erscheinungsbild der Landformen sind eng mit dem *geologischen Bau* und dem *Gesteinscharakter* verknüpft („Tektovarianz" und „Petrovarianz"). Man denke nur an tektonische Gräben und ihre Sedimentfüllungen oder an gesteinsbedingte Differenzierungen der Landformen, wo etwa Buntsandstein-, Kalk- oder Kristallingebiete unterschiedliche Zertalungsdichten, Talformen, Hangprofile und Flächenbildungen aufweisen. Mit der Gesteinsbeschaffenheit verbunden sind auch die hydrographischen Verhältnisse. Grundwasser- und Quellhorizonte sind an Schichten unterschiedlicher Durchlässigkeit gebunden, Wasserführung der morphodynamisch aktiven Flüsse und Quelltypen ebenfalls. Durch das Zusammenwirken von tektonischen Verhältnissen, Gesteinsart und Wasser werden unterschiedliche Bedingungen für die Reliefgestaltung geschaffen: In quellenreichen Gebieten kann, bei tiefer Lage der Vorfluter, die Erosion stärker wirken. Eine intensivere Zerschneidung und erhöhter Materialtransport durch die Gewässer sind die Folge. Die Akkumulation des denudierten Materials erfolgt im engeren Bereich der Gewässer selbst, weiter unterhalb im Vorflutergebiet *oder* letztlich im Meer, wo an der Küste oder auch submarin neue Formen – Akkumulationsformen – entstehen können. Als reliefdifferenzierender Faktor tritt das *Klima* hinzu („Klimavarianz"). In den einzelnen Klimagürteln verläuft die Bildung des Formenschatzes unterschiedlich, auch bei gleichen geologischen und tektonischen Voraussetzungen. Das morphodynamisch bedeutsame Wasser beispielsweise wirkt am Äquator anders als in den gemäßigten Breiten oder im wechselfeuchten Mediterrangebiet. Doch ist das Klima nicht nur in seiner gegenwärtigen Ausprägung

für den Geomorphologen von Interesse, sondern auch als *Paläoklima.* Die
Anlage vieler Landformen geschah während des Tertiärs. Im nachfolgenden Quartär, besonders während des Eiszeitalters (Pleistozän), erfolgten
nicht nur die letzten bedeutenden tektonischen Bewegungen (Herausheb-
bungen der Gebirge, Einsenkungen von Gräben), sondern auch grundlegende morphodynamische Überformungen der vorgegebenen tertiären
Formen unter glazialen und periglazialen Bedingungen. Glücklicherweise
lassen sich die Klimabedingungen der erdgeschichtlichen Epochen seit dem
Tertiär genauer fassen. Mittelbare Spuren finden sich auch heute noch in
der Landschaft: Klimaschwankungen des Jungtertiärs und des Pleistozäns
sind durch Paläoböden (Tertiär: Roterden; Quartär: Steppenböden, Braunerden, Parabraunerden) nachweisbar, deren Vorkommen für die Datierung und Deutung der Reliefentwicklung von unschätzbarem Wert sind.
Mit ihrer Hilfe läßt sich nicht nur die Morphogenese schlechthin ermitteln,
sondern man kann aus den Böden Rückschlüsse auf den zur Bildungszeit
herrschenden ökologischen Gesamtlandschaftszustand ziehen. Der Boden
entwickelt sich durch das Zusammenwirken mehrerer landschaftseigener
Faktoren: Gestein, Klima, Lebewelt und Zeit. Da eine bestimmte Kombination der Bodenbildungsfaktoren einen ganz bestimmten Bodentyp bedingt, muß sich, wenn dieser fossilisiert wird, aus dem Bodentyp diese
Faktorenkombination erschließen lassen. – Mit den Klimagürteln decken
sich bei Betrachtung in der regionischen und geosphärischen Dimension
(G. HAASE, 1973; H. LESER, 1976 a) auch die *Bodenzonen* der Erde. Da
der Boden die oberste Schicht der Erdoberfläche bildet, hat sich der
Geomorphologe auch mit diesem zu beschäftigen. Der Boden unterliegt aus
klimatischen Gründen in den einzelnen Gürteln unterschiedlichen Abtra-
gungsbedingungen. Je nachdem, ob der Boden bzw. oberflächennahe Untergrund (Abb. 2) eine Vegetationsdecke trägt oder nicht, wird die Geschwindigkeit seiner Erhaltung oder Abtragung beeinflußt. Die Bodenerosion ist wegen des Vorherrschens in einer i. a. nur lichten Vegetationsdecke
in den meisten Landschaftszonen der Erde für viele Länder ein ernstes
Problem, so daß sich der Geomorphologe schon deswegen bei aktualgeomorphologischen Arbeiten immer und zuerst mit ihr beschäftigen wird.
Neben der *Pflanzendecke,* die als Bodenbildungsfaktor oder auch als Ero-
sionsschutz von Interesse ist, sollten bei der geomorphologischen Arbeit
auch die *Tiere* in einzelnen Landschaften Berücksichtigung finden. Land-
schaftsgestaltend wirken sie durch Tierbauten (Termiten), als Gesteinsbild-
ner (Korallen) und als Bodenzerstörer (Auslösung der Bodenerosion durch
Überweidung oder Zertreten der Vegetationsdecke). Gegenüber den anderen Faktoren tritt die geomorphologische Wirksamkeit der Tierwelt jedoch
zurück, doch darf auch sie nicht vernachlässigt werden. Im Gegensatz zu
den übrigen Kräften der Natur scheint der *Mensch* die Oberfläche nur in

bescheidenem Maße zu formen. Unüberlegte ackerbauliche Nutzungen vermögen aber auch über große Räume hinweg Reliefänderungen zu bewirken. Mit der Ausweitung der Ackerflächen in wechselfeuchten Klimazonen nehmen die Vorgänge der Bodenzerstörung flächen- und intensitätsmäßig rasch zu. Semihumide bis aride Gebiete mit kurzfristigen, aber starken Niederschlägen sind besonders davon betroffen. Demgegenüber ist der Abbau von Bodenschätzen und die Anhäufung von anthropogenem Schutt auf kleinere Räume konzentriert, dort aber hochgradig reliefverändernd wirksam.

Aus den vorgeführten Zusammenhängen der Geofaktoren wird das Erfordernis gründlicher Kenntnisse in den Grundlagen der *Nachbardisziplinen* deutlich. Wenn von der Überlegung ausgegangen wird, daß auch das vom Geomorphologen zu untersuchende Relief *ein* Faktor des landschaftlichen Ökosystems neben anderen ist, wird klar, daß eine isolierte, disziplinäre Betrachtung dem Gegenstand nicht gerecht wird. Auch wenn der Geomorphologe vordergründig das Relief untersucht, muß er eine Vielzahl von Randbedingungen der Genese kennen, die keineswegs immer innerhalb der Geomorphologie erarbeitet wurden und werden. Bei komplizierteren Sachverhalten, die bei zu vielen Randbedingungen und daher großer Komplexität des Problems zustandekommen, wird er zusammen mit Nachbarwissenschaftlern zu der von G. HARD (1973) auch für die Geographie geforderten *„Begegnung am Problem"* kommen. Solch eine intensive Zusammenarbeit ist jedoch nicht bei allen geomorphologischen Problemen erforderlich. Der Geomorphologe wird dann entweder gewisse spezielle Arbeitstechniken der Nachbardisziplinen übernehmen und diese selbst praktizieren oder ein Teilproblem dem Nachbarwissenschaftler zur Lösung übertragen. In der Mehrzahl der Fälle ist aber weder das eine noch das andere nötig: es reicht das Studium der nachbarwissenschaftlichen Literatur aus, sofern man über die bereits geforderten Grundkenntnisse in den Nachbardisziplinen verfügt. Sie finden sich in einer Reihe guter Lehrbücher dargestellt, von denen hier eine (sehr subjektive) Auswahl gegeben wird. Von diesen aus sind aber weitere Lehrbücher und Spezialarbeiten erschließbar.[6] Das klassische geologische Lehrbuch ist R. BRINKMANNS *„Abriß der Geologie"* (1. Bd. [9]1961, 2. Bd. [8]1959). Zu nennen wäre auch das ausführlichere, mehrbändige *„Lehrbuch der Allgemeinen Geologie"* (R. BRINKMANN [Ed.] 1964 ff.). Wichtige methodische Hilfen, auch für den Geomorphologen, bieten O. F. GEYER (1973) und D. HENNINGSEN (1969) an. Ebenfalls methodisch wertvoll ist das *Paläoklima*-Lehrbuch von M. SCHWARZBACH ([3]1974). Aus der

---

[6] Es werden bewußt nur geowissenschaftliche Fachbücher angeführt, weil zur Klimatologie und Vegetationskunde durch entsprechende Lehrbücher innerhalb der Klimageographie und Vegetationsgeographie genügend Einstiegsmöglichkeiten in diese Fächer bestehen.

Fülle gesteinskundlicher Arbeiten kann auf das didaktisch geschickt aufgebaute Werk von R. WEISSE (1968) verwiesen werden. Als bodenkundliches
Lehrbuch mit großer Aktualität ist F. SCHEFFER und P. SCHACHTSCHABEL
([8]1973) zu empfehlen. Eine inhaltsreiche, aber knappere Einführung in die
Bodenkunde bietet I. LIEBEROTH ([2]1969). Bodengeographie mit Darstellung von Grundlagen der Bodenkunde bringt R. GANSSEN ([2]1972). Das
Bodenkunde-Lehrbuch von E. MÜCKENHAUSEN (1975) hingegen gibt u. a.
eine breite Darstellung der für die Pedologie wichtigen Grundkenntnisse
aus den Nachbardisziplinen, so auch aus der Geomorphologie.

  Im vorliegenden Buch wurde schon angedeutet, daß die Nachbardisziplinen der Geographie sich des geographischen, des geomorphologischen
oder auch des landschaftsökologischen *Ansatzes* bei ihren Forschungen
bedienen. Dieser Zusammenhang resultiert aus dem i. w. S. gemeinsamen
Forschungsobjekt *„Erde"*, so daß die hier angezogenen Disziplinen zu
Recht als *„Geowissenschaften"* angesprochen werden. Der Gegenstand hat
zur Folge, daß man neben gewissen gemeinsamen Ansätzen auch gleiche
Methoden und Arbeitstechniken einsetzt, die zur Klärung der jeweils
disziplinspezifischen Fragestellungen dienen. Die Ergebnisse der einzelnen
Geowissenschaften beweisen, daß sie alle für die außerwissenschaftliche
Praxis Daten oder Karten zur Verfügung stellen können, die jeweils
unterschiedliche Aspekte des Gegenstandes „Erde" wiedergeben. Wie an
anderer Stelle dargelegt wurde (H. LESER 1976 a), geht es der Geographie
nicht um kleinliche Abgrenzung der Tätigkeitsfelder zu den Nachbarwissenschaften. Es muß jedoch immer wieder deutlich gemacht werden, daß
auch die Geographie, in diesem Falle die Geomorphologie, ihren Beitrag
zur Lösung praktischer Probleme außerhalb des eigentlichen Wissen-
schaftsbetriebes leisten kann. Die dafür im Zusammenhang mit der Geomorphologischen Karte der BRD genannten Beispiele (H. LESER 1974 c,
1976 b) sprechen für sich.

  Es muß also festgehalten werden, daß zu den Nachbardisziplinen der
Geomorphologie enge gedankliche Beziehungen bestehen, die einerseits
auf die gemeinsamen wissenschaftshistorischen Wurzeln, andererseits aber
auch auf den gemeinsamen Gegenstand zurückgehen, der auch künftig ein
möglichst vielseitiges Angehen verträgt. Das gilt sowohl für die theoretischen, mehr disziplininternen Forschungen, als auch für die mehr auf
praktische Belange gerichteten Kartierungen oder Auswertungen der disziplinspezifischen Daten. Von den Grundlagen und den Praktiken der Disziplinen her ist untereinander keine Konkurrenzsituation gegeben. Wenn sich
eine solche abzuzeichnen scheint, so ist dies in der Praxis und Öffentlichkeit
der Fall, wo infolge des immer stärkeren fächerübergreifenden Arbeitens,
wie es in den Geowissenschaften traditionell üblich ist, der einzelne Praktiker durch den anderen austauschbar wird.

2. Grundlagen geomorphologischer Feldarbeit

Die geomorphologische Feldarbeit bedarf gründlicher Vorbereitungen – sowohl auf technischem als auch auf wissenschaftlichem Sektor. Aus der Einleitung wurde bereits deutlich, daß die Beobachtung als Grundlage geomorphologischen Arbeitens durch technische Hilfen immer mehr verfeinert wird. Damit nähert sich die Arbeitsweise des Geomorphologen sehr stark der des Pedologen und des Geologen, was angesichts der ähnlichen methodischen Grundlagen und des geowissenschaftlichen Forschungsgegenstands auch nicht anders zu erwarten war.

Der Feldarbeit wird im Rahmen geomorphologischer Forschungen eine sehr große Bedeutung beigemessen. Dies zeigen z. B. die im GMK-Projekt (P. Göbel, H. Leser und G. Stäblein 1973; H. Leser und G. Stäblein 1975) oder bei anderen Gelegenheiten (H. Kugler 1965; H. Leser 1974 c) angesetzten Kartierungszeiten für ein Kartenblatt 1 : 25 000 von 12 bis 18 Monaten bis zur Erarbeitung der Feldreinkarte. Diese Zeiträume unterscheiden sich in nichts von der pedologischen oder geologischen Feldaufnahme gleichgroßer Areale. Die früher als selbstverständlich angenommenen „Schnellkartierungen" mancher Geomorphologen gehören allein schon wegen der zu befolgenden komplexeren Konzeptionen, z. B. der des deutschen GMK-Projekts, der Vergangenheit an. Im gleichen Sinne wird auch bei anderen geomorphologischen Feldarbeiten verfahren, die durch die Aufschlußarbeiten – im Vergleich zu den vierziger und fünfziger Jahren – äußerst langwierig und aufwendig geworden sind.

2.1 Ausrüstung

Geomorphologische Feldarbeit erfordert eine ebenso sorgsame Vorbereitung der Ausrüstung wie die Geländearbeit der Geologen, Pedologen oder Mineralogen. Die Ausrüstungsgegenstände gleichen sich, weil im Gelände in der Regel mit gleichen oder ähnlichen Techniken gearbeitet wird. Da der Geomorphologe einer inhaltlich umgrenzten Fragestellung nachgeht, die durch den Raum und die dort anzutreffenden Bedingungen bestimmt ist, muß die Ausrüstung je nach Zweck und Ziel einer Arbeit unterschiedlich zusammengestellt werden. Es gibt jedoch einen Grundbestand von Arbeitsgeräten, auf den sich diese Ausführungen beziehen.

Es gilt, daß einerseits ein großer Geräteaufwand noch keine bedeutenden Arbeitserfolge garantiert, daß aber andererseits eine unzureichende und unüberlegt zusammengestellte Ausrüstung den Fortgang der Arbeiten nicht nur hemmen, sondern unmöglich machen kann. Während man bei Arbeiten im europäischen Raum faktisch jedes Gerät nachträglich heranschaffen kann, liegen die Verhältnisse in Afrika, Asien und Südamerika ungünstiger. Hier sind apparative Ausrüstungsgegenstände auch in großen Städten kaum erhältlich. Selbst Artikel des täglichen Bedarfs oder Kleinigkeiten, deren Vorhandensein man gewöhnlich keine Beachtung schenkt, sind oft nur unter Schwierigkeiten zu beschaffen.

Feldausrüstungsgegenstände[7]

Hammer und Geologenhammer
Meißel
Klappspaten
Spaten
Schaufel
Picke
Pürckhauer (1 m und/oder 2 m)
    mit Holz-, Gummi- oder Plastik-
    hammer
Fahrtenmesser
Taschenmesser
Spachtel
Handschaufel
Munsell Soil Color-Charts
Bandmaß
Zollstock
Fotoapparate
Fotofarbtafel
Zifferntafel
Fernglas
Einschlaglupe (10-fache Vergröße-
    rung)
Fadenzähler (als Korngrößenmeß-
    lupe)
Aneroid
Böschungswinkelmesser („Necli")
Kompaß
Geologenkompaß
Planzeiger zur Punktbestimmung

Karten
    Übersichtskarte des Gebiets
    Topographische Karte
        1 : 25 000
    Vergrößerungen der TK 25 auf
        1 : 10 000 (für Feldkarte und
        Feldreinkarte)
    Sonstige thematische und topo-
        graphische Karten des Ar-
        beitsgebiets
Luftbilder
Feldbuch
Fototagebuch
Zeichen- und Schreibgeräte
    Bleistifte verschiedener Härten
    Buntstifte
    Zirkelbesteck
    andere Schreibutensilien
    Feldkartierungsrahmen
Probekarten
Probesäckchen (Leinen)
Probebeutel (Kunststoff)
Gummiringe
Tesakrepp
Schnur
Selbstklebeetiketten zum Beschrif-
    ten der Proben
Salzsäureflasche zur Kalkbestim-
    mung

---

[7] Die meisten der angeführten Gegenstände werden in den folgenden Kapiteln beschrieben bzw. in ihren Gebrauchsmöglichkeiten erläutert.

Kartenneigungsmaßstab
Thermometer
Uhr
Feldtasche
Rucksack
Kartentasche

Wasserflasche zur Bodenanfeuch-
tung bei Fingerprobe
Hellige-pH-Meter mit Indikatorlö-
sung
pH-Papier
Glas- und Blechröhrchen
Stechzylinderkasten mit Stechzy-
linderringen und -deckeln
Siegellack
Feuerzeug/Streichhölzer

Die meisten Ausrüstungsgegenstände können durch eine Person, die zu
Fuß unterwegs ist, allein transportiert werden. Bohrstock, Spaten, Schaufel,
Pickel und Stechzylinderkästen erfordern jedoch ein Fahrzeug, das für viele
Geländearbeiten inzwischen unentbehrlich geworden ist. Den meisten steht
ohnehin eines zur Verfügung. – Die aufgeführten Gegenstände bilden die
Grundausrüstung, die nach den jeweiligen Bedürfnissen und Transport-
möglichkeiten variiert sowie um weitere Stücke vermehrt werden kann.

Die sorgfältige Auswahl der Ausrüstung muß sich auch auf die
Kleidung erstrecken. Hier wird der einzelne jeweils das für seine Zwecke
am günstigsten Erscheinende auswählen. Mindestausstattung: wetterfeste
Kleidung und derbes Schuhwerk, beides wasserdicht sowie Kartentasche
und Kleinrucksack. Die Jacke muß möglichst viele Taschen besitzen; so
lassen sich viele der kleineren Ausrüstungsgegenstände unterbringen.
Gummistiefel sind in nassen Gebieten ratsam. Sie haben aber zahlreiche
Nachteile (Profil zu flach: kein fester Halt; kalte Füße; Schwitzen). Schnür-
oder Schaftstiefel aus Leder haben sich als Schuhwerk bestens bewährt. Es
entfällt dann das lästige Eindringen von Sand und Steinchen. Die Sohlen
sollten ein derbes Gummiprofil aufweisen. Glatte Ledersohlen müßte man
mit „Zwecken" (Nägel) beschlagen. Erst dann bieten sie ausreichend Halt.

Auf Karten, Luftbilder, Fototagebuch, Zeichengeräte sowie die Anlage und Führung des Feldbuches wird noch eingegangen. Zu den anderen
Ausrüstungsgegenständen sind jedoch noch einige Bemerkungen notwendig. Zunächst die Frage des *Hammers:* Sie kann zur „Weltanschauung"
werden, denn jeder glaubt, den richtigen zu besitzen. Für Geomorphologen
haben sich die aus einem Teil gefertigten Ganzmetallhämmer mit Nylon-
oder Ledergriff (US-Fabrikat) bewährt. Ein neuerdings erhältliches deut-
sches Fabrikat, ebenfalls Ganzmetall, ist aus zwei Teilen – jedoch sehr gut
– zusammengesetzt. Ob der Hammer eine Spitze oder eine Finne
(„Schneide") haben soll, richtet sich nach dem Arbeitsgebiet. Da der
Geomorphologe mehr bodenkundlich orientiert arbeiten wird, leistet der
Hammer mit Finne beim Abhacken von Löß-, Schotter- oder Sandwänden

gute Dienste. Zum Zerschlagen großer Gesteinsbrocken muß noch ein Hammer mit möglichst schwerem Kopf und langem Stiel aus zähem Holz (Hickory) mitgeführt werden. Eine Leder-Tragschlaufe und eine auf dem Stiel angebrachte Zentimetereinteilung vervollständigen ihn. *Meißel* und *Klappspaten* (Schraubgewinde hat sich nicht bewährt, besser ist eine gefederte Vierkantarretierung im Gelenk) sind für die Aufschlußarbeit ebenso wichtig wie *Spachtel, Handschaufel* oder Fahrtenmesser („Bodenmesser") mit breiter Klinge, die zur Feinbearbeitung der Aufschlußwand dienen. Grobe Aufschlußarbeit oder die Anlage der bewährten Bodengruben (Abb. 44) wird mit *Schaufel, Spaten* und *Picke* besorgt. Die *Munsell-Farbtafeln* benötigt man zur Farbbestimmung der Böden, die gesondert genannte *Farbtafel* beim Fotografieren geologischer, pedologischer oder geomorphologischer Objekte. Da durch Beleuchtung, Temperatur und lange Lagerung die Filmqualität und damit die Wiedergabe in Farbfotos (Papierbilder und auch Diapositive) beeinträchtigt wird, kann durch die jeweils mitfotografierte Farbtafel die Farbverfälschung abgeschätzt und bei der Bildauswertung einkalkuliert werden. Besonders pedologisch arbeitende Geomorphologen müssen dies berücksichtigen. Nebenbei kann diese Farbtafel auch als Ersatz für einen Maßstab verwandt werden (Mindestmaß: 6×15 cm; fünf Farbfelder: Blau, Grün, Gelb, Orange, Rot). Die Farben werden mit Buntstiften gleichmäßig und dick auf weißem Zeichenkarton aufgetragen (Aufkleben von Buntpapier ist ebenfalls möglich), die Flächen voneinander durch schwarze Tuschelinien getrennt, der Karton auf eine 2–3 mm dicke Pappe, Holz- oder Kunststoffplatte geklebt. Die gesamte Tafel wird mit durchsichtiger Selbstklebefolie überzogen. Zwei Durchbohrungen ermöglichen, die Tafel mit Hilfe langer Nägel in die Aufschlußwand zu drücken. Eine *Zifferntafel* mit auswechselbaren Zahlen (Holzkästchen; vorn eine Schiene zum Einschieben der auf folienbezogenen Papptäfelchen aufgeklebten oder gezeichneten Ziffern) wird ebenfalls mitfotografiert, um Fotos von Profilen später eindeutig identifizieren zu können. Der *Zollstock* (2 m) ist auf einer Seite im Abstand von 10 cm mit roter und weißer Ölfarbe anzustreichen, sofern er nicht von vornherein Farbfelderunterteilungen aufweist. Auch er kann beim Fotografieren als im Bild gut sichtbarer Maßstab dienen. Hier empfehlen sich ebenfalls Durchbohrungen. Auf die gute Befestigung des Maßstabes an der Aufschlußwand kann nicht oft genug hingewiesen werden: Nach mühseligem Aufstellen fällt er immer gerade vor dem oder im Augenblick des Fotografierens um. Außerdem täuscht ein nicht *lotrecht* aufgehängter Zollstock bei der Bildauswertung falsche Maßstabsverhältnisse vor.

Die feinmechanischen Geräte brauchen hier nur kurz erläutert zu werden. Die Fotoausrüstung wird noch näher beschrieben, ebenso der Gebrauch von Aneroid und Böschungswinkelmesser. Neben einem Taschenkompaß zur schnellen Orientierung muß ein *Geologenkompaß* mit Peilvorrichtung, Klinometer und Libelle mitgeführt werden. Erst er ermöglicht genaues Arbeiten. Nicht zuletzt ist er durch seine vielfältige Anwendbarkeit (Peilen, Winkelmessen, Lineal usw.) unentbehrlich. Wenigstens teilweise ist er durch den *Böschungswinkelmesser* ersetzbar, der für Neigungen genauere Werte (gleichzeitig in Prozent und Grad) liefert. Empfehlenswert sind die schnell und genau arbeitenden *Necli*, die umständliches Peilen ersparen, weil sie sich beim Durchblicken zum Meßpunkt hin selbst einpendeln. Auch das *Horizontglas* wird durch den Gefällsmesser entbehrlich. Bei der Kartenarbeit im Gelände werden der Metall-*Plananzeiger* zur Punktbestimmung und der nicht mehr allen topographischen Karten aufgedruckte *Neigungsmaßstab* (abfotografieren, auf Fotopapier oder Folie vergrößern; Fotopapier auf Pappe aufkleben und mit Selbstklebefolie überziehen) zur Neigungswinkelbestimmung (mit dem Stechzirkel aus der Karte) benötigt. – Die *Lupe* ist zu vielerlei Dingen nützlich, sowohl bei geologisch als auch bei pedologisch orientierter Arbeit. Beim Studium der Karte, des Luftbildes und gegebenenfalls beim Ablesen verschiedener Geräte (Aneroid, Thermometer) leistet sie gute Dienste. Sie sollte für Materialuntersuchungen mindestens eine zehnfache Vergrößerung besitzen. Am besten bewährt haben sich *Einschlaglupen*, die an einer Kordel um den Hals hängen und bei Nichtgebrauch in die Brusttasche gesteckt werden. *Fadenzähler* eignen sich besonders zur Korngrößenbestimmung. Die *Höhenmesser* (Aneroide) können, soweit es sich um Taschengeräte handelt, in der Brusttasche Platz finden. Sie sind dort vor plötzlichen Temperaturschwankungen sicher und schütterfrei untergebracht. Ihre Prüfung vor Antritt und nach Abschluß der Reise ist unerläßlich, damit im Fall von Beeinträchtigungen der Ganggenauigkeit, die während der Feldarbeiten auftreten, die Werte später entsprechend korrigiert werden können. Mindestens zwei dieser Taschenaneroide sollte man mitführen, zusätzlich aber ein großes Traggerät, das nach Art einer Tasche umgehängt wird. Gegenüber den Taschengeräten ist es nur wenig unhandlicher, doch erlaubt es wesentlich genauere Messungen (bis auf 1 m genau). Ein eingebautes Thermometer, das gleichzeitig abgelesen wird, ermöglicht feinere, die Ganggenauigkeit beeinträchtigende Temperaturschwankungen mitzuberücksichtigen. Ebenso unentbehrlich sind genau gehende Uhren. Bei Entfernungsbestimmungen im Rahmen geomorphologischer Kartierungen, bei den doch gelegentlich noch nötigen Routenaufnahmen im Ausland oder bei der Bestimmung der Dauer von Temperaturmessungen, z. B. am oder im Boden, leisten sie wichtige Dienste. – *Probekarten*, *-säckchen* und *-beutel*, Gummiringe, Tesakrepp oder Schnur benötigt der Geomorphologe ebenfalls, da er gleich Pedologen oder Geologen Boden- oder Gesteinsproben als Beleg oder zur weiteren Untersuchung ins Laboratorium bringen muß. Darauf wird im Kapitel

„Aufschlußarbeit" eingegangen. Stechzylinder, Glas- und Blechröhrchen müssen vor allem für Bodenfeuchtebestimmungen mitgenommen werden. Die Röhrchen werden in den entsprechenden Bodenhorizont hineingebohrt, ausgegraben, sofort verkorkt oder zugeschraubt und zusätzlich mit Siegellack luftdicht verschlossen. Die Beschriftung erfolgt auf Tesakreppaufkleber oder andere Selbstklebeetiketten, die direkt auf dem Röhrchen angebracht werden. – Die *Salzsäure* dient zur groben Bestimmung des Kalkgehaltes, *pH-Papier* oder das *Hellige-Pehameter* (mit Indikatorflüssigkeit) zur raschen und gleichfalls groben Bestimmung des pH-Wertes im Gelände. Bei der Ansprache vieler paläopedologischer Objekte oder des Substrats, das die heutige Erdoberfläche bildet, ist die Kenntnis von Ca-CO_3-Gehalt und pH-Wert sowohl für den Quartärgeomorphologen als auch für den kartierenden Geomorphologen bzw. Landschaftsökologen von Bedeutung. Verschiedene *Bohrstock*typen (Abb. 3) dienen bei der flächenhaften Kartierung der Substratansprache. Neben dem Handbohrstock mit Hammerkopf nach FUNKE, dem Peilstangenbohrer mit LINNEMANN-Spitze, dem Niederländischen Schraubenbohrer und dem Marschenlöffel ist das meistbenützte Gerät der *Schlagbohrstock* nach PÜRCKHAUER, kurz „Pürckhauer" geheißen. Auf dessen Gebrauch geht H. RICHTER (1957) ein. Der Pürckhauer hat normalerweise eine Länge von 1 m; schraubbare Modelle können auf 2 m verlängert werden. Bei diesen ergeben sich Schwierigkeiten beim Herausziehen aus dem Boden, so daß ein Hebelgerät erforderlich ist, das beim Einsatz der auf (je nach Substratcharakter) bis zu rund 10 m verlängerbaren LINNEMANN-Spitze unabdingbar ist. Der Pürckhauer wird mit einem Holz-, Gummi- oder Plastikhammer in den Boden geschlagen, wobei die Rinne vom Bearbeiter wegweist, dann bis zur freien Bewegung gedreht und schließlich herausgezogen. Das Material ist meist etwas verrutscht (besonders in Tonen und Mergeln) oder es kann herausfallen (bei trockenen oder grobkörnigen Substraten), so daß die Horizontansprache immer etwas problematisch ist. Trotzdem lassen sich Horizontmächtigkeiten, Bodenfarbe, Bodenfeuchtigkeit, Bodenart und andere Merkmale recht gut ermitteln. Das Bodengefüge ist am schwersten zu bestimmen, weil es durch das Drehen meist gestört wurde. Die Menge der Einschläge eliminiert jedoch Anspracheunsicherheiten. An repräsentativen Bodengruben (Abb. 44) sind zusätzliche „Eichungen" der Bohrstockeinschläge vorzunehmen.

2.2 Vorbereitung geomorphologischer Feldarbeit

Neben den technischen müssen auch *wissenschaftliche Vorbereitungen* getroffen werden. Da sich die Feldarbeit außerhalb des Studierzimmers

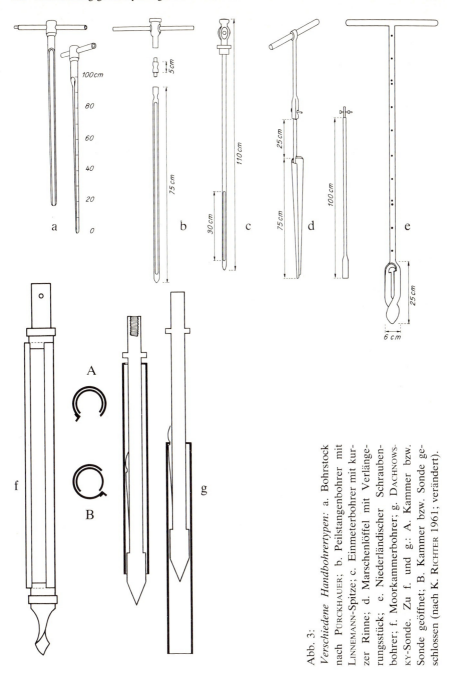

Abb. 3:
Verschiedene Handbohrertypen: a. Bohrstock nach Pürckhauer; b. Peilstangenbohrer mit Linnemann-Spitze; c. Einmeterbohrer mit kurzer Rinne; d. Marschenlöffel mit Verlängerungsstück; e. Niederländischer Schraubenbohrer; f. Moorkammerbohrer; g. Dachnowsky-Sonde. Zu f. und g.: A. Kammer bzw. Sonde geöffnet; B. Kammer bzw. Sonde geschlossen (nach K. Richter 1961; verändert).

abspielt, hat eine gründliche und vor allem umfassende Aufbereitung und Auswertung des Karten- und Literaturmaterials über den Untersuchungsraum vorauszugehen. Als Ergebnis muß am Ende dieser Vorbereitungen eine Konzeption für die Feldarbeit vorliegen, deren Verflechtungen und Ablauf am zweckmäßigsten in einem *Netzplan* dargestellt werden. Die Netzplantechnik sorgt für einen geregelten, d. h. leerlauffreien und terminierten Arbeitsablauf. Es wird sich dabei um einen umfassenden Plan handeln, der flexibel genug sein sollte, um ihn im Gelände ohne Schwierigkeiten den tatsächlichen – z. B. witterungsbedingten – Erfordernissen anzupassen.

Die Feldarbeit darf weder in das Studierzimmer verlegt werden noch soll der Erwerb des Grundwissens über das Arbeitsgebiet draußen im Gelände erfolgen. Leicht könnten die realen Verhältnisse verfälscht werden, weil sie der Geomorphologe nicht durchschauen kann bzw. werden Arbeiten durchgeführt, die sich beim nachträglichen Literaturstudium als unnötig erweisen, weil sie andere schon früher geleistet (und publiziert) haben. Andererseits steht in der Literatur viel methodisch Überholtes geschrieben, so daß in Sachen Arbeitsweisen mehr Verwirrung als Aufklärung bewirkt wird. Das erforderliche Maß zwischen Nötigem und Überflüssigem muß jeder selbst finden. – Die für viele Bereiche Mitteleuropas vorliegenden geomorphologischen Studien, die sehr guten topographischen, geologischen und pedologischen Karten verleiten zu oberflächlicher Geländearbeit. Andererseits wird die Arbeit, vor allem im außereuropäischen Bereich, gerade durch das Fehlen dieses Materials sehr erschwert, so daß als erstes brauchbare Kartenunterlagen kompiliert werden müssen. Schon bei der Vorbereitung ist die Problemstellung für die Geländearbeit dahingehend zu untersuchen, ob genügend methodische, regionale und kartographische Grundlagen vorhanden sind, auf denen weitergebaut werden kann, oder ob sie erst geschaffen werden müssen. Eine spezielle Fragestellung kann sich als unnütz erweisen, wenn keine über das Lokale hinausgehenden methodischen Anknüpfungspunkte gegeben sind: es sei denn, daß auf Grund großer Erfahrungen durch weltweiten Vergleich auch eine Spezialfrage geklärt werden kann. Dem Anfänger bleibt das in der Regel allerdings versagt.

Die *Wahl des Arbeitsgebietes* kann und darf aber nicht nur nach der Menge des vorliegenden Karten- und Literaturmaterials erfolgen. Gewöhnlich steht am Anfang einer Arbeit eine Frage, die ein bestimmtes sachliches, meist regionalisiertes Problem oder eine aufgestellte Arbeitshypothese beinhaltet. Nach genauem Literaturstudium läßt sich dann schon sagen, ob die Frage methodisch überhaupt relevant ist bzw. in welchem Gebiet man am ehesten mit der Lösung des Problems rechnen kann und in welchem nicht. Weiterführendes Kartenstudium läßt dann das Gebiet enger fassen, so daß auch von dieser Seite her eine Eingrenzung oder präzisere Fassung der Fragestellung möglich ist. Thematische Einengung kann aber für erfolgreiches Arbeiten eine ebenso große Gefahr bedeuten, wie die Wahl eines zu riesigen Untersuchungsgebietes, das vom Bearbeiter nicht bis in letzte Details durchdrungen werden kann. Steht am Anfang der Arbeit statt der Lösung eines theoretischen Problems die Forderung nach einer *Regionalstudie,* ist von vornherein eine räumliche Begrenzung gegeben. Diese kann thematisch weit oder eng gefaßt sein, sollte aber im Hinblick auf den dabei anfallenden großen Fächer sachlicher Fragen viel mehr zum Kleinen hintendieren. Gerade monographisch angelegte geomorphologische Studien lassen häufig eine gleichmäßige Behandlung aller im Untersuchungsgebiet anfallenden Probleme vermissen. Es ist weitaus schwieriger eine Monographie zu erstellen, als eine thematisch begrenzte Sachfrage zu klären. Für den Anfänger sind Gebietsmonographien daher kaum geeignete Aufgaben, weil sie Erfahrungen mit zahlreichen Ansätzen und vielen methodischen Problemen voraussetzen.

2.2.1 Literaturarbeit

Auch der Geomorphologe soll sich über sein Arbeitsgebiet landeskundliche Kenntnisse im weiteren Sinne verschaffen. Wie bei der Behandlung der Nachbardisziplinen angedeutet wurde, verdienen vor allem die physisch-geographischen Faktoren Beachtung. Der Schwerpunkt wird gewöhnlich auf dem Boden, dem Gestein und dem Wasser liegen. So muß neben der gesamten geomorphologischen Literatur über das Arbeitsgebiet auch das gesamte pedologische, geologische und hydrogeographische Schrifttum regionaler Orientierung gelesen werden. Erst auf dieser Basis lassen sich die Feinheiten der Probleme aufspüren und realistische Arbeitshypothesen für die Feldarbeit formulieren.[8] Die Beschaffung der oft weitverstreuten Literatur erweist sich gewöhnlich als schwierig (Fernleihe!). Zunächst liest man alle Handbuchartikel, die sachlich oder regional zum Problem etwas aussagen. Dort finden sich auch erste Hinweise auf Spezialarbeiten, die meist viele weitere Literaturangaben enthalten. Dann wendet man sich an eine Regionalbibliothek (Geographische oder Geologische Gesellschaft, Regionalinstitute usw.), die häufig über eine Fülle von Material verfügen, das in Katalogen großer Bibliotheken oder in Bibliographien oft nicht erfaßt ist. –

---

[8] Die endgültige Ausformulierung der Arbeitshypothese kann ohnehin erst im Gelände erfolgen, weil sich durch die lokalen Aufschlußverhältnisse – die vorher nicht bekannt sind – für das Problem völlig neue Perspektiven ergeben können. Das gilt in besonderem Maße für geomorphologische Forschungen in Übersee. – Siehe dazu auch die Erfahrungsberichte aus Südafrika in H. LESER (Ed.), 1976 c.

Die Lektüre von Zeitschriften der Nachbardisziplinen ist wegen der Literaturbeschaffung und der anderen methodischen Probleme zwar aufwendig, meist aber sehr lohnend – weil anregend – auch wenn oft zum abgefragten Sachverhalt direkt nichts zu finden ist.

2.2.2 Topographische Karten

Sowohl für die Vorbereitung als auch für die Durchführung der Feldarbeit sind topographische Karten eine unerläßliche Voraussetzung. In wenig erschlossenen Ländern wird man sich jedoch öfter mit kleinmaßstäblichen Karten behelfen müssen, während für die meisten europäischen Länder ausgezeichnete großmaßstäbliche Karten vorliegen. Grundsätzlich gilt natürlich: je größer der Kartenmaßstab, desto günstiger die Auswertungsmöglichkeiten.

Bekanntlich besitzen die topographischen Karten auf Grund ihrer Maßstäbe unterschiedliche Inhalte, somit auch einen unterschiedlichen Nutzwert, der sich an der Problemstellung orientiert. Bei einer mehr großräumig ausgerichteten Arbeit reichen kleinmaßstäbliche Karten aus; sie sollten jedoch mindestens der Gruppe der Übersichtskarten angehören. Wichtig ist dabei – wie in der Kartographie –, daß aus den Karten keine Fakten entnommen werden dürfen, deren Genauigkeit durch den Maßstab nicht abgesichert wird. Differenziertere Aussagen zu machen als sie vom Kartenmaßstab her möglich sind, bedeutet eine Verfälschung der realen Verhältnisse. In diesem Zusammenhang muß betont werden, daß der Geomorphologe die Karte zwar interpretieren soll, daß sie aber keinesfalls einen Geländeersatz darstellt: eine geomorphologische Sach- oder Regionalstudie ist keine Karteninterpretationsarbeit.

H. Louis (1958) geht bei einer Analyse und Klassifikation der Geländekarten auch auf die *Darstellung der geomorphologischen Erscheinungen* ein: Kleinstformen bis zur Größe von 1 m Ausdehnung hinab findet der Geomorphologe in den *topographischen Plankarten,* die Maßstäbe bis 1 : 10 000 umfassen. Der Höhenlinienabstand beträgt gewöhnlich 1 m. – *Topographische Spezialkarten* von etwa 1 : 20 000 bis 1 : 50 000 enthalten diese Kleinstformen nicht mehr oder nur in Auswahl und vergrößert dargestellt. Kleinformen des Reliefs mit Ausdehnungen von 5 bis maximal 20 m werden aber wirklichkeitsnah dargestellt. Der Höhenlinienabstand in solchen Karten beträgt 10 m oder weniger. – Die Karten der Maßstäbe um 1 : 100 000 bis 1 : 200 000 werden als *topographische Übersichtskarten* bezeichnet. Karten 1 : 100 000 erfordern schon eine stark vergröberte Darstellung der Kleinformen. Erst Formen, die größer als 100 m sind, erscheinen grundrißähnlich. Die Höhenliniendarstellung muß im Flachland einen anderen Abstand als im Bergland besitzen, wo eine dichtere Scharung zu Verschiebungen und damit zur Beeinträchtigung der dargestellten Geländegestalt führt. Im Flachland kann ein Abstand von 10 zu 10 m, im Bergland von 20 zu 20 m angewandt werden. Bei den topographischen Übersichtskarten 1 : 200 000 erfolgt die Darstellung der Kleinformen noch übertriebener. Formen bis 500 m Ausdehnung können nicht mehr sicher dargestellt werden, erst über diese Größe hinaus wird eine grundrißähnliche Darstellung möglich. – Die *Generalkarten,* welche Maßstäbe von 1 : 300 000 bis 1 : 1 Mill. umfassen, besitzen eine noch geringere Abbildfläche als die Übersichtskarten. So müssen auch Formen verschwinden, die u. U. noch darstellbar gewesen wären. Hier treten also neben regulären, an den Maßstab gebundenen Darstellungsproblemen auch solche der Generalisierung auf. Formen, die vom Maßstab her noch darstellbar wären, fallen anderen, für den Karteninhalt bedeutsameren Objekten zum Opfer: Ihre Darstellung wird unterdrückt. Es erfolgt also eine *freie Generalisierung,* bei der ein wirklichkeitsnäheres Gesamtbild angestrebt wird, auch wenn „die Eindeutigkeit einer vergleichenden Interpretation des Kartenbildes für die Einzelheiten" verlorengeht (H. LOUIS 1958). Die Darstellung der Höhenlinien erfolgt in unterschiedlichen Abständen (60 bis 200 m). Sie schließen aber erhebliche Abweichungen und Fehler ein. – Die *Regional- und Länderkarten* sowie die Erdteilkarten, die alle kleinere Maßstäbe als 1 : 1 Mill. aufweisen, bleiben für die Feldarbeit des Geomorphologen gewöhnlich außer Betracht. – Auch E. IMHOF (1965, [3]1968) und E. ARNBERGER (1966) geben zahlreiche Hinweise auf diese Fragen. In einer Tabelle stellte E. IMHOF (1965) die Äquidistanzen in Abhängigkeit vom Maßstab und dem Relief dar.

Zusammenfassend ist festzustellen, daß sich der Geomorphologe bei seinen Kartenauswertungen und Kartengrundlagen streng an den Maßstabverhältnissen der topographischen Karten orientieren muß. Isohypsen und geomorphologische Einzelerscheinungen, die für ihn von besonderem Interesse sind, unterliegen, wie die übrigen Inhaltselemente der Karten, den Gesetzmäßigkeiten des Maßstabs und den Regeln der Generalisierung. Dabei ist zu berücksichtigen, daß gerade Isohypsen und geomorphologische Erscheinungen häufig dem anderen Inhalt nachgestellt werden, so daß auch durch die Subjektivität des Kartographen die wahren Verhältnisse bewußt oder unbewußt verschleiert werden. – Selbst die amtlichen topographischen Karten im Maßstab 1 : 25 000 (= TK 25) können nicht ohne weiteres als Quelle geomorphologischer Erkenntnisse verwendet werden. Hier sind scharfe Grenzen zwischen geomorphologischer Auswertearbeit und der allgemeinen Karteninterpretation (Beispiele in: F. FEZER 1974; E. IMHOF [3]1968) zu ziehen. Aus diesem Unterschied resultiert bekanntlich die Notwendigkeit exakter morphographischer Karten, die – besser als eine topographische Karte – die wahre Formgestalt des Reliefs wiedergeben können (H. KUGLER 1974 b). Daß Meßtischblätter bezüglich einer realen Reliefdarstellung große Mängel aufweisen, kritisierte L. HEMPEL (1958). Er kam zu dem Schluß, daß es „nahezu unmöglich sein" dürfte, „Rumpfflächen, Trogflächen, Randniveaus u. ä. nur nach dem Meßtischblatt exakt abzugrenzen". Auch Talformen sind nicht immer einwandfrei dargestellt, ebensowenig Talasymmetrie, Hangknicke und andere für die Morphogenese wichtige Erscheinungen. Auf ähnliche Zusammenhänge im Hinblick auf Gestein *und* Relief weist G. SCHULZ (1974) hin. Auf Grund dieser Erkenntnisse bemühte sich der „Arbeitskreis topographisch-morphologische Kartenproben" um Versuche relieftreuer topographischer Karten 1 : 25 000 mit der Darstellung möglichst vieler geomorphologischer Details. Dafür wurden zahlreiche Beispiele aus charakteristischen geomorphologischen Landschaftstypen Deutschlands publiziert. Das Werk ist inzwischen abgeschlossen. (W. HOFMANN und H. LOUIS 1969–1975; H. LOUIS, W. HOFMANN und G. NEUGEBAUER 1974). Mit der Aussagekraft von topographisch-geomorphologischen Reliefdarstellungen in verschiedenen Maßstäben befaßt sich auch R. R. JANKE (1969). – Neben der besonders bei geomorphologischen Feldaufnahmen auffallenden problematischen Darstellung des Reliefs durch Höhenlinien oder Felssignaturen finden sich in den topographischen Karten 1 : 25 000 bis 1 : 100 000, die gewöhnlich als Grundlagen für geomorphologische Arbeiten herangezogen werden, folgende Inhaltselemente als Symbole und Signaturen, die dem Geomorphologen direkte Aussagen liefern: Klippen und Felsen (Grate und Einzelfelsen); Dolinen; Höhlen; Steilabfälle; kleine natürliche und künstliche Bodenformen, die nicht durch Höhenlinien dargestellt werden können (Ackerberge, Hügelgräber, Reche, Tilken, Steinriegel, Halden, Wassereinrisse und andere kleinere Talformen, Rutschungen, Dämme Gruben, Bruchfelder, Wegeinschnitte usw.); Sand- und Geröllfelder; Blockmeere; sandige Flächen mit Steinen; steinige Flächen; Sandgebiete; Bulten; Riffe; Sandbänke; Watten usw. Im Gegensatz zu modernen geomorphographischen und allgemeingeomorphologischen Karten sind diese Inhalte symbolhaft und daher ohne quantitative Aussage dargestellt. – Weniger aus dem Verbreitungsmuster der Vegetation, aber viel mehr aus den hydrographischen Verhältnissen läßt sich weiterer Aufschluß über das Relief gewinnen. Aus dem Zusammenhang Relief-Gestein-Wasser resultieren nicht nur viele Landformen schlechthin, sondern ihre typische Gestalt (Zertalungsart, -dichte, -richtung) erlaubt Schlüsse über Morphogenese und Untergrundbeschaffenheit. Es kommt bei der Kartenauswertung für geomorphologische Arbeiten immer auf die Zusammenschau aller Inhaltselemente der Karte an. Sie ist für den Geomorphologen ebenso wichtig wie für den Angehörigen einer andern geographischen Subdisziplin.

Die topographische Karte besitzt für den Geomorphologen aber noch weiteren Nutzwert, weil sie zahlreiche morphometrische Details liefern kann, die in ihrer Gesamtheit wichtiges Grundlagenmaterial sowohl für die Geländearbeit als auch für die geomorphologische Kartierung und die spätere Auswertung bzw. Ausarbeitung darstellen. So setzt sich J. I. CLARKE (1966) kritisch mit morphometrischen Methoden auseinander, indem er Gebrauch und Bedeutung von hypsometrischen, klinographischen und altimetrischen Häufigkeitskurven beschreibt. L. ELLENBERG (1969) und P. MEIER (1969) versuchen eine „objektive" mathematische Relieferfassung, ersterer mittels Computerprogrammen, letzterer durch Postulierung eines „Zerfurchungsindex". Dabei spielt jedoch die Größe der zu erarbeitenden Reliefeinheiten eine ebenso große Rolle wie die Qualität des zugrunde liegenden Kartenmaterials, worauf in ähnlichem Zusammenhang A. PANNEKOEK (1967) hinwies, der den Aussagewert der klassischen Gipfelflurkarten und der modernen morphographisch-morphometrischen Karten der Hüll- und Sockelfläche des Reliefs relativiert.

Der Vorbereitung der Geländearbeit dient z. B. eine am Schreibtisch angefertigte Neigungswinkelkarte und eine Höhenschichtenkarte. Bei der Arbeit im Gelände dient die Karte dann zur Orientierung selber und zur ersten Ermittlung der Höhenwerte. Die Karte muß auf jede Beobachtung hin überprüft werden und umgekehrt. Die Beobachtung wird dann in die Karte eingetragen – entweder als Objekt in Form einer Signatur, was im Rahmen der Kartierung erfolgen wird, oder als Nummer, um im Feldbuch langwierige und umständliche Ortsbeschreibungen zu vermeiden. Damit Karte und Eintragungen gleichermaßen gut lesbar bleiben, wird am gewünschten Punkt in der Karte ein kleines Kreuzchen gemacht. In dessen Mitte sticht man mit dem Zirkel ein Loch, um das auf der Kartenrückseite ein kleiner Kreis geschlagen wird. Dort hinein schreibt man die Feldnummer, die sich im Feldbuch wiederfindet. Da die im Gelände verwendeten Arbeitskarten, sofern sie nicht zur Kartierung benutzt werden, gewöhnlich nicht aufgezogen sind, läßt sich das Verfahren gut anwenden. Eine Eintragung auf die Vorderseite wird notwendig, wenn mit einem Kartierungsrahmen gearbeitet wird. Dann empfiehlt sich auch eine Extrakarte für Bohrnetz- und Beobachtungspunkte.

Wie bereits angedeutet, können *vor* der Geländearbeit verschiedene Auswertungskarten der TK 25 angefertigt werden. So leistet die topographische Karte besonders in Form der *Höhenschichtenkarte* für die Problemstellung (K. GRIPP und E. EBERS 1957) und die Praxis der Geländearbeit unschätzbare Hilfe. Mit einem Blick kann das gesamte Arbeitsgebiet überschaut werden, was in der Landschaft bei terrestrischer Arbeit nur selten möglich ist, weil dies Vegetation, Lufttrübung oder stark bewegtes Gelände verhindern. Vor Beginn der Geländearbeit legt man die Höhenschichten der topographischen Karten des Arbeitsgebietes (zumindest in Ausschnitten) farbig an. Gewöhnlich empfiehlt es sich, Meßtischblätter zu verwenden oder auch die topographische Karte 1 : 50 000. H. KLIEWE (1960) hat im norddeutschen Spätglazialgebiet Karten in den Maßstäben 1 : 50 000 bis 1 : 100 000 mit Erfolg verwenden können. H. SCHROEDER-LANZ (1964) stellt – wie auch andere Tieflandgeologen und -geomorphologen – fest, daß Meßtischblätter allein im Altmoränengebiet nicht genügend Überblick vermitteln. Die Zuhilfenahme der topographischen Karte 1 : 50 000 ist dann unerläßlich. Detailuntersuchungen begrenzter Räume kann natürlich das Meßtischblatt zugrunde gelegt werden. Kleinere Maßstäbe haben den Vorteil größerer Übersicht bei Höhenabstufungen von teilweise 5 zu 5 m oder noch geringeren Abstufungen, die im Tiefland Relevanz für die geomorphologische Aussage besitzen können. Maßstäbe unter 1 : 100 000 sind für die Anfertigung von Höhenschichtenkarten nur bedingt verwendbar. – In den Höhenschichtenkarten wird durch die Formgestalt die Morphogenese deutlich: Hoch- und Tieflagen, Niveaus, Gefällsbrüche, große Hohlformen und Kuppen sowie Verlauf und Richtung der Formen sind mühelos zu erkennen. Aus dem Kontext dieser wird, durch Vergleich und Erfahrung, die Reliefentwicklung ablesbar.

Stellt man sich eine Höhenschichtenkarte her, wird jede Höhenstufe koloriert – auch die z. B. in flacheren Bereichen eingetragenen 5-, 2,5- und 1,25-m-Niveaus. Man kann die unterschiedlichen Abstände bei der Wahl der Farbfolge berücksichtigen. Zunächst werden die Isohypsen, nachdem man den höchsten und niedrigsten Punkt des Blattes ausgemacht hat, mit den zugeordneten Farben nachgezogen. Dann werden die Zwischenräume ausgefüllt. Buntstifte eignen sich am besten dazu (H. BRUNNER und H.-J. FRANZ 1960). Mittelgebirgsblätter erschweren die Arbeit durch die lebhafteren Reliefverhältnisse, so daß der Buntstiftsatz meist zwei- bis dreimal verwendet werden muß, um alle Stufen kolorieren zu können. Abhilfe ist nur zu schaffen, wenn man die Abstände größer wählt, so daß nur alle 20 m ein Farbwechsel erfolgt. Das kann jedoch aus sachlichen Gründen unzweckmäßig sein. Die Abstände des Farbwechsels werden sich daher nach den jeweiligen Umständen richten. – Das Verfahren hat sich besonders beim Aufsuchen von Niveaus auf Flachhöhen und morphologischen Strukturen im Moränenland bewährt, wo durch die Höhenschichten Flächen, Moränenzüge oder auch Schwemmfächer gut hervortreten. Beim Suchen nach Flußterrassen hat diese Methode nur Sinn, wenn die Niveaus einigermaßen deutlich ausgeprägt sind und auch eine gewisse räumliche Ausdehnung aufweisen. Terrassenreste auf Hangschultern oder schmalen Talleisten kommen dabei kaum heraus. Allerdings geht es immer noch um die Vorbereitung der Geländearbeit. Eine Höhenschichtenkarte kann die Geländearbeit nicht ersetzen.

Auch *Reliefenergiekarten* können zur Vorbereitung der Geländearbeiten herangezogen werden. Hierzu gibt es eine umfangreiche Literatur, die weit in die Hangforschung (A. N. STRAHLER 1956; A. YOUNG 1964) und in die Kartographie (J. I. CLARKE, 1966; L. ELLENBERG 1969; P. MEIER 1969) hineinreichen kann. H. KLIEWE (1960) hat im Jungmoränenland mit der *Gitterfeldmethode* gute Erfahrungen gesammelt, andere im Mittelgebirge (H. LESER 1966 b), obwohl man häufig geneigt ist, sie wegen der groben Grenzziehung abzulehnen. Am besten eignet sich dazu das Meßtischblatt, „wo für jedes Gitterfeld in der üblichen Weise die maximale Höhenspanne zwischen Höchst- und Tiefstpunkt als Maß für die Reliefenergie" zu bestimmen ist (H. KLIEWE 1960). Anschließend wird eine Stufung der Werte vorgenommen, um die Darstellung in verkleinertem Maßstab – wiederum in Gitterfeldern – vorzunehmen (schwarzweiß oder farbig; geringe Reliefenergie hell, starke Reliefenergie dunkel). Über diese Art morphometrischer Analyse lassen sich durch Vergleich und Wertung der Reliefenergiestufen *Reliefeigentümlichkeiten* erschließen. Gegenseitige Zuordnung und Größe dienen dabei als Kriterien und geben für die Geländearbeit Zielpunkte. Auch die auf der *Kreismethode* (W. THAUER 1955) beruhende Darstellung der Reliefenergie verspricht gute Erfolge bei der Ermittlung der Zusammengehörigkeit von Formen, z. B. von Endmoränenzügen. Bestimmte Formen lassen im allgemeinen charakteristische Werte erkennen. Es sind aber nur grobe, mit großer Vorsicht verwendbare Durchschnittswerte. Die *maximale Höhenspanne* wird hier auf Basis einer Kreisfläche berechnet, deren Mittelpunkt auf die Schnittstellen der nochmals unterteilten Gitterfelder der Meßtischblätter gelegt wird. Aus den einzelnen, auf die Schnittpunkte der Linien eingetragenen Höhendifferenzwerten konstruiert man eine Isolinienkarte. H. BRUNNER und H. J. FRANZ (1960) schlagen Isolinienabstände von 2,5–5 m im Tiefland und von 5–10 m in stärker reliefiertem Gelände vor. Die Anlage erfolgt wieder in schwarzweißen Rastern oder in Farben.

Relativ leicht lassen sich auch *Böschungswinkelkarten* konstruieren, die über die größte Aussagekraft von allen morphometrischen Karten verfügen, weswegen sie auch vielen geomorphologischen Detailkarten zugrundeliegen (N. V. BASHENINA u. a. 1968; H. LESER und G. STÄBLEIN 1975). Das einfachste Verfahren ist der Einsatz von Zirkel und Neigungswinkeldiagramm, das sich noch manchen topographischen Karten aufgedruckt findet. Die Spanne für die gewünschte Neigungswinkelgruppe wird in den Zirkel genommen und auf der Karte an den Isohypsenabständen abgegriffen. Die ermittelten Punkte werden gekennzeichnet, mit einer Linie umfahren und die Areale zum Schluß koloriert. Ein Beispiel für eine farbige Neigungswinkeldarstellung in einer geomorphologischen Karte findet sich bei H. LESER (1975 b). Während die vorstehende Methode zu

Neigungswinkeln in Graden führt, gibt M. BLENK (1960 a, 1963) eine Technik an, die zu Prozentwerten führt und die für Hangtypisierungen gute Dienste leistet. Die Technik findet sich in E. HEYER u. a. (1968) beschrieben. Eine Kreismethode mit dem „Steigungsgrad in %" innerhalb des Kreises verwendete G. LÜTTIG (1968 a) zur Konstruktion von Isolinien, die Flächen gleichen Neigungsgrades voneinander abgrenzen. Die Δ Er-Werte erlauben grobe Alterseinschätzungen von Moränen. – Die Verfahren zur Ermittlung von Neigungswinkelarealen erscheinen auf den ersten Blick unökonomisch und recht grob. Tatsächlich ist aber die Stechzirkelmethode mit anschließender Geländekontrolle immer noch billiger als computergedruckte Karten, die zudem nicht genauer („richtiger") als die zugrundegelegten Isohypsendarstellungen des Reliefs sein können, die – aus geomorphologischer Sicht – bekanntlich zahlreiche Wiedergabeschwächen aufweisen. – Ähnlich den Reliefenergiekarten ergeben die Böschungswinkelkarten ein differenzierteres Bild des Formenschatzes als die reine Isohypsendarstellung, so daß Flachformen, Steilhänge oder sonstige Gestaltmerkmale des Reliefs in Ausdehnung und räumlicher Zuordnung rasch erkannt werden. Gegenüber Höhenschichten- oder Reliefenergiekarten haben Böschungswinkelkarten den Vorzug, Schlüsse auf die neigungsbedingten rezenten morphodynamischen Prozesse ziehen zu lassen, vor allem auf die Bodenerosion als dem augenblicklich wichtigsten flächenhaft wirkenden morphodynamischen Faktor. Hinzu kommt, daß die Neigungswinkel auch für landschaftsökologische und geländeklimatische Fragestellungen Bedeutung besitzen und in ihrer Aussage über die geomorphologische Sachverhalte hinausgehen (H. LESER 1976 a).

Ähnliche Aussagekraft besitzen Profile, die nicht nur Darstellungsmittel, sondern auch Arbeitshilfen sind, die vor Beginn der Feldarbeit angefertigt werden können. Sie lassen sich aus allen topographischen Karten mit Isohypsen entnehmen. Querprofilserien durch Flußtäler, Bergrücken, ganze Gebirgszüge oder Hochflächen verdeutlichen die Hang- und Flächengestaltung. Flußterrassenniveaus oder Altflächenreste in Bergländern lassen sich damit ausmachen, sofern sie eine einigermaßen große Ausdehnung besitzen. Allerdings kann dies nur dem Überblick oder der Demonstration von Einzelsachverhalten dienen. Bei Geländearbeiten fallen oft Detailbeobachtungen an, die in diese großzügigen Überblicke nicht hineinpassen. Dann darf nicht übersehen werden, daß die den Profildarstellungen zugrunde gelegten Isohypsenkarten ein bereits generalisiertes Reliefbild sind, dessen Feinheiten gerade die Geländearbeit nachgehen möchte. Trotzdem soll hier auf einige Variationsmöglichkeiten der schlichten Profildarstellung hingewiesen werden: Profilserien können entweder mehr oder weniger dicht hintereinander gestaffelt gezeichnet werden, wobei der Winkel zwischen der Horizontallinie in der Papierebene und der

Linie, an der die gestaffelten Profile beginnen, unterschiedlich groß gewählt werden kann. Je steiler die Hänge des dargestellten Profils, desto größer muß auch der Winkel sein, weil sich sonst flachere und steilere Hangpartien der einzelnen Profile überschneiden. *Überhöhungen* sowie *Heraussetzen* der Profile nach links oder rechts ermöglichen zusätzliche Effekte, wodurch dieses oder jenes Merkmal des Profils stärker hervortreten kann. Auch hier gilt: je dichter die Aufeinanderfolge der Profile, desto klarer die Darstellung der wahren Formen. Daneben können diese parallel zueinander verlaufenden Querprofile bei rasch wechselnden Höhen auch auf eine Ebene projiziert werden. Hier ergeben sich zwar häufiger Überschneidungen der Profile, doch können mit dieser Methode vor allem die Grundzüge des Gebirgsbaus, etwa die Massenerhebung um eine bestimmte Achse, intramontane oder randliche Flachformen usw. gut veranschaulicht werden (siehe auch Kap. 5.3.1.1).

2.2.3 Geologische Karten

Für den im Feld arbeitenden Geomorphologen können geologische Karten von höchstem Nutzen sein. Allerdings müssen auch hinsichtlich ihres Wertes Einschränkungen gemacht werden, zunächst bezüglich des *Maßstabs*. Hier gilt das gleiche, was für die Darstellungen in topographischen Karten gesagt wurde. Darüber hinaus kann eine geologische Karte selbstverständlich nicht besser sein als ihre topographische Unterlage. Viele neuere geologische Übersichtskarten und Spezialkarten außerhalb der Landesaufnahmen weisen nur eine dürftige Topographie auf. So konnten neue Übersichtskarten das alte, wenn auch sehr lückenhafte geologische Kartenwerk 1 : 200 000, das auf der ausgezeichneten Topographischen Übersichtskarte des Deutschen Reiches 1 : 200 000 beruht, nicht ersetzen. Das gilt erst recht für internationale geologische Erdteilkarten oder für viele Übersichtskarten zahlreicher Länder. Karten ohne gute Situationsdarstellung sind leider fast wertlos, vor allem für die Arbeit im Gelände, aber auch für den sonstigen Gebrauch, weil der Zusammenhang zwischen geologischen Inhalten und der Realität infolge Orientierungs- und Zuordnungs*un*möglichkeit nicht hergestellt werden kann. Eine weitere Einschränkung ist grundsätzlicher Natur. Hierzu sei G. Frebold (1951) zitiert, der feststellt, „daß jede geologische Karte nicht mehr und nicht weniger sein kann als eine kartenmäßige Übersicht über den Stand der geologischen Forschung in dem auf ihr dargestellten Gebiet". Diese relative und nur zeitweise Gültigkeit gilt grundsätzlich für bodenkundliche und – wie sich noch zeigen wird – vor allem für geomorphogenetische Karten, die – vergleichbar den geologischen – allenfalls den aktuellen Stand der theoretischen Diskussion dokumentieren können. In einem etwas geringeren Umfang gilt das für die inhaltlich und terminologisch abgesicherteren pedologischen Karten und fast gar nicht für die „Bestandsaufnahmen" der geomorphographischen Karten.

Der Geomorphologe wird die geologischen Karten aus zweierlei Gründen heranziehen. Einmal zur Klärung der *tektonischen Verhältnisse*, die gelegentlich für sein Arbeitsgebiet relevant sein können. Hierbei ist er vollständig auf die geologische Karte angewiesen. An Hand neuerer Bohrergebnisse kann er jedoch teilweise ihre Angaben überprüfen. Die aus der Karte entnommenen tektonischen Linien sind nur mit Vorsicht zu verwenden, weil gelegentlich großräumige Hangrutschungen tektonische Störungen vortäuschen, die als „echte" Verwerfungen kartiert worden sind. Wichtiger für den Geomorphologen und auch wesentlich eindeutiger in der Darstellung sind die *Gesteinsverhältnisse*. Gewöhnlich interessiert mehr die petrographische Beschaffenheit als die Zuordnung zu den Formationen. Die geologischen Karten geben auch, sofern sie nicht „abgedeckt" sind, für den Aktualgeomorphologen zahlreiche Hinweise auf Verwitterungsbildungen, Schuttdecken und sonstige junge Sedimente, so daß von dieser Seite her Arbeitserleichterung geboten wird (Andererseits bilden geomorphologische Karten bei der geologischen Aufnahme eine bedeutsame Arbeitshilfe, wozu sich neben anderen H. SCHROEDER-LANZ (1964) und H. LESER (1974 d) äußerten: wird doch von den Geologen vielfach „morphologisch" kartiert). Hingewiesen werden soll auch auf die Erläuterungshefte, die den meisten geologischen Karten beigegeben sind. Da dort zahlreiche Details geschildert werden (Sedimentanalysen, hydrologische Verhältnisse, Böden, Bohrergebnisse, Paläogeographie, Paläobodenentwicklung usw.), die nicht in der Karte selbst enthalten sind, ist ihr Studium ebenso wichtig wie das der Karten. Eine gründliche Anleitung zur Arbeit mit geologischen Karten gibt H. FALKE (1975). Arbeitshilfen zum Auffinden von deutschen geologischen Karten und Erläuterungen bietet H. SCHAMP (1960, 1961).

2.2.4 Pedologische Karten

Seltener liegen dem Geomorphologen für sein Arbeitsgebiet pedologische Karten vor. Ihr Wert kann für ihn noch größer sein als der von geologischen Karten, besonders, wenn man an die kleinräumig arbeitenden Aktual- und Quartärgeomorphologen denkt. Im Gegensatz zur Geologie gibt es für die Bodenkundekarten ein weitgestreutes themakartographisches Schrifttum, das sich besonders der Auswertungsproblematik zuwendet, die den Geomorphologen und Geographen genauso interessiert wie die Aufnahmeproblematik, da er durch die Kartierung des oberflächennahen Untergrunds mit den gleichen Problemen wie der Pedologe konfrontiert wird. Zudem arbeiten beide an *einem* Gegenstand von unterschiedlichen Seiten her. Methodische Aspekte der Bodenaufnahme behandeln M. ALTERMANN u. a. (1970), F. BAILLY (1972), G. HAASE (1971), G. ROESCHMANN (1972) und J. F. SADOWNIKOW (1958). Ähnlichen Fragestellungen geht G. LÜTTIG (1968 b) für Lockersedimentdecken nach. Reine Aufnahmetechnik, vergleichbar der geomorphologischen Kartenaufnahme (P. GÖBEL, H. LESER und G. STÄBLEIN 1973; H. LESER und G. STÄBLEIN 1975) behandelt F. KOHL ([2]1971) für bodenkundliche Meßtischblätter. Auswertungsprobleme werden z. T. in o. a. Arbeiten auch erörtert, speziell bei M. ALTERMANN (1973), G. HAASE (1956) und J. F. SADOWNIKOW (1958). Dabei stellen sich für die Bodenkartierung oft die gleichen Probleme wie für die geomorphologische Aufnahme, besonders im Hinblick auf die topographische Unterlage: Die Bodenkartierung stößt bei den Isohypsendarstellungen der topographischen Karten »auf Schwierigkeiten, weil die Vielgestaltigkeit der Böden nur von dem Mikrorelief, d. h. von kleineren Erhebungen und Senken bestimmt wird, deren Eigenart auf der topographischen Karte nicht zum Ausdruck kommt.« (J. F. SADOWNIKOW 1958). – Als *Kartierungseinheiten* werden die *Bodentypen* oder die *Bodenformen* verwandt. Die Bodenformen geben den Bodentyp *und* die Bodenart an. Für praktische Zwecke erweist sich der Bodenform-Begriff am brauchbarsten, auch innerhalb der Geographie.[8a] Den Kartierungseinheiten sind in der Legende fast immer Angaben über das Ausgangsgestein beigegeben. Daneben werden mit Signaturen, Buchstaben oder durch kurze Beschreibung in der Legende auch Angaben über die Bodenart (Kies, Sand, Lehm, Ton) gemacht. Zusätzlich kann gekennzeichnet sein, ob die Böden ein Schichtprofil besitzen, Steine im Oberboden aufweisen (als Hinweise auf Schuttdecken und Schotterstreu wichtig) oder welches geologische Substrat ihnen zugrunde liegt. In einzelne Karten oder in die Legende sind auch Profilsäulen hineingestellt, die Auskunft über die *Abfolge* der Bodenartenkombinationen oder auch der Horizonte sowie Kalk- oder Humusgehalte geben. Anthropogen verursachte Aufschüttungen sind in neueren pedologischen Karten ebenso verzeichnet wie ausgewählte Angaben zur *Bodenerosion*. Oftmals ist aber nur zwischen starker oder schwacher Bodenerosion und Rinnenerosion unterschieden, wobei die Begriffe z. T. mit wechselnder Bedeutung gebraucht werden, was aber auf allgemeine terminologische Unsicherheiten in der Bodenerosionsforschung zurückgeht, die noch der Klärung bedürfen. Man gibt auch Gebiete an, die bei Nutzungswechsel gefährdet wären. Da es jedoch nicht Aufgabe der pedologischen Karte ist,

---

[8a] Auf Bodenart, -typ und -form wird unter Angabe von Definitionen im Kap. 3.2.2.2 „Ansprache der Böden" eingegangen.

die Bodenerosion und ihre Formen bzw. für Bodenerosion disponierte Gebiete darzustellen, darf und kann keine Vollständigkeit erwartet werden. Damit ergibt sich eine deutliche Grenze zwischen aktualgeomorphologischen (bzw. morphographisch-rezentmorphodynamischen) und pedologischen Karten. Der Geomorphologe darf sich deshalb nicht durch die schon »pedologisch« kartierten Formen der Bodenerosion davon abhalten lassen, bei der geomorphologischen Kartierung diese nochmals aufzunehmen. Einmal entwickeln sich diese Formen ständig weiter, so daß sich Vergleichsmöglichkeiten zwischen beiden Kartierungen ergeben, auch wenn die Formen in ähnlicher Weise meist am gleichen Platz wieder auftreten – selbst wenn sie zugepflügt oder zugeackert werden. Zum anderen verfügt der Geomorphologe über eine andere Terminologie und Konzeption: Er nimmt *alle* Formen und morphodynamisch wesentlichen Sachverhalte auf (also neben dem oberflächennahen Untergrund auch die Hangneigungen, die Wölbungen u. a. morphographische Sachverhalte) und versucht, aus dem Geoteilsystem Relief und seinen Systemelementen die Genese der Bodenerosion und die Prozesse der rezenten Morphodynamik zu bestimmen.

2.2.5 Luftbilder

Das Luftbild kann für den Geomorphologen sowohl zur Arbeit im Gelände selbst dienen, d. h. zusammen mit der Karte oder als Ersatz für diese verwendet werden, als auch die Originalquelle für geomorphologische Studien bilden (H. Bobek 1941; F. Fezer 1969, 1971; S. Schneider 1974; H. Th. Verstappen 1963 a, b). Es wird in ähnlicher Weise wie in der Fotogeologie eingesetzt. Gegenüber der Karte weist das Luftbild eine ganze Anzahl Besonderheiten und Vorzüge auf, die hier nicht behandelt werden, weil darüber zahlreiche Arbeiten unterrichten (u. a. H.-G. Gierloff-Emden und H. Schroeder-Lanz 1970). Grundsätzliches zur geowissenschaftlichen Arbeit in der Luftbildforschung (einschließlich Interpretationsschlüssel) bringen auch V. C. Miller (1968) und A. P. A. Vink (1968). Gute arbeitstechnische Hinweise, die nicht nur für die Geologie gelten, finden sich bei P. Kronberg (1967) und R. Mühlfeld (1964, 1969). Neben der Arbeit mit dem Luftbild ist die Luftkrokierung, auf Karten und Luftbilder oder auch als Faustskizze, ein mögliches Hilfsmittel (H. P. Kosack 1957 a, b).

Das Luftbild dient vordergründig dem Erkennen von sichtbaren *Strukturmerkmalen* der Landschaft, die dann Hinweise auf den geologischen Bau und die feinere Reliefgestaltung geben, aber auch auf die Gewässer (A. M. J. Meyerink 1970). Aus solchen Bestandsaufnahmen lassen sich dann auch morphogenetische Schlüsse ziehen, die aber einer Nachprüfung am Boden – dem *groundcheck* – standhalten müssen (F. K. LIST, D. HELMCKE und N. W. ROLAND 1974). »Für die Geländearbeit bleibt die Detailmorphologie und -geologie, die Ergänzung der paläontologischen und petrographischen Verhältnisse, insbesondere bei Vegetationsbedeckung des Reliefs« (H.-G. GIERLOFF-EMDEN und H. SCHROEDER-LANZ 1971). Damit ist gleichzeitig auf eines der Haupthindernisse der Luftbildarbeit in der Geomorphologie hingewiesen: die Vegetationsdecke kann den Formenschatz so sehr verschleiern, daß ein falscher Eindruck vom Relief entsteht, der nur durch *Begehung* beseitigt werden kann. – Die Auswertemöglichkeit hängt nicht nur von der Bildqualität schlechthin ab, sondern auch von der Bodenbedeckung und vor allem vom Maßstab des Luftbildes. Es lassen sich – je nach Maßstab – Groß- und Kleinformen erkennen, die sogar in eine morphometrische Analyse eingebracht werden können (P. W. WILLIAMS 1971). Auf den ersten Blick werden Gebirgs-, Tal- und Gewässer*richtungen* deutlich, ebenso deren Dichte, also Strukturnetze, die vom Gestein, von Formen und Gewässern gebildet werden und deren komplexes Muster sowohl geologische als auch geomorphologische Sachverhalte ausdrücken kann. – Wie schon erwähnt, sind für das Erkennen der Formen Art und Dichte der *Vegetationsdecke* von Bedeutung. In ariden und semiariden Gebieten (D. STEINER 1963), in der intensiv genutzten Ackerbaulandschaft (W. HASSENPFLUG und G. RICHTER 1972), an der Küste (W. WRAGE 1958) und im Hochgebirge sind in der Regel mit Luftbildern die besten Ergebnisse zu erzielen, weil diese Landschaften zeitweise oder dauernd eine lichte oder keine Bodenbedeckung haben. Selbstverständlich wirkt sich die Vegetationsdecke vor allem auf das Erkennen der Kleinformen störend aus, während sie die Erscheinungen des Meso- und Makroreliefs u. U. betont. So treten in den gemäßigten Breiten Schichtstufenhänge besser hervor, wenn sie bewaldet sind. Besonders bewährt hat sich das Luftbild beim Registrieren der jungen Reliefentwicklung und der damit verbundenen Vorgänge: so bei der Schneedeckenverbreitung und ihren Änderungen, Laufveränderungen von Flüssen, ihrer Uferentwicklung und Sedimentführung oder auch Dünenbildungen und -bewegungen. Auch Gletscherbewegungen sind gut erfaßbar: H. SCHROEDER-LANZ (1970) untersuchte Gletscherstandsaufnahmen, die in Zehnjahresabständen gemacht wurden. Die im normalen Stereoskop gerade noch erkennbaren feinen Strukturen von Jahresmoränen sind im Interpretoskop auch bei kleineren Luftbildmaßstäben (unter 1 : 25 000) deutlich zu erkennen. Die Arbeit enthält zahlreiche methodische und arbeitstechnische Details. Ein ähnlich gutes Beispiel des glazialen Formenschatzes bringt A. A. DE VEER (1972).

Ein Kapitel für sich ist die geomorphologische *Küstenforschung* mit Hilfe des Luftbildes, zu der H.-G. GIERLOFF-EMDEN (1961, 1974),

W. WRAGE (1958) und H. Th. VERSTAPPEN (1964, 1972) Beiträge leisteten. Ein Anwendungsbeispiel geben C. TROLL und E. SCHMIDT-KRAEPELIN (1965). Das amphibische, für geomorphologische Feldarbeit nur schwer zugängliche Land mit ständigen morphologischen und sedimentologischen Veränderungen ist mit dem Luftbild am ehesten zu erfassen: so die Küsten-entwicklung, Vorgänge im Seichtwasserbereich (Sediment- und Trübstoff-wolken und ihre Bewegungen) und die anthropogenen Einflüsse auf die Formentwicklung an der Küste (Damm- und Deichbau, Landgewinnung). H.-G. GIERLOFF-EMDEN (1961) hält bei küstengeomorphologischer For-schung Bildmaßstäbe von 1 : 3 000 bis 1 : 5 000 für am besten geeignet.

Auch die *Bodenerosion* kann mit Hilfe des Luftbildes erfolgreicher erforscht werden (K. STÜBNER 1953): Ihre Spuren werden oft über das mitabgebildete Pflanzenkleid (Zerstörung der Feldpflanzen; Wachstums-unterschiede) sichtbar. Viele Kleinschäden lassen sich im Gelände bei flüchtiger Begehung zunächst gar nicht ausmachen, weil der Überblick fehlt. Hier kann das Luftbild überblickhafte Hinweise auf Schadenverbrei-tung und -intensität geben. Durch Aufnahmen zu verschiedenen Jahreszei-ten oder zu fixen Zeitpunkten mit gleichbleibenden Intervallen kann nicht nur der Landschaftszustand als solcher registriert werden, sondern es lassen sich auch Kleinst- und Kleinreliefveränderungen festhalten. Selbst die Dispositionen zur Erosionsgefährdung kann aus Multispektralfotos ermit-telt werden, wie es sich bei der Herstellung von Computerkarten nach spektral unterscheidbaren Bodenklassen mitherausstellte (H. L. MATHEWS u. a. 1973). – Ähnlich der Bodenerosionsansprache nach Luftbildern er-folgt das Aufsuchen ehemaliger Hohlwege, Tilken usw., die im Zuge der Flurbereinigung häufig zugeschüttet wurden, vom Luftbild her, wodurch Farbänderungen des Bodens oder Wachstumsdifferenzierungen der Pflan-zen infolge Substrat-, Bodenwasser- und Volumenunterschiede erkannt werden können.

An vielen Stellen entstehen durch Steinbruch- oder Bergbaubetrieb anthropogene Landschaftsformen. Hier kann das Luftbild zur Festlegung des ursprünglichen und des späteren, durch den Abbau verursachten Zu-standes dienen bzw. der rezenten Morphodynamik an diesen Formen. Die großen Halden der mittel- und westdeutschen Braunkohlenreviere (S. SCHNEIDER 1957) unterliegen intensiven Massenselbstbewegungen und Bodenerosionsprozessen, deren rasche Veränderungen und Ausmaße nur mit Hilfe von Luftbildern erfaßbar sind (H.-D. GROSSE 1954).

H.-P. KOSACK (1957 a, b) empfiehlt bei Zeitmangel und in schwer begehbarem Gelände *Luftkrokierungen* vorzunehmen. Diese Möglichkeit ist heute auch preislich niemandem mehr verschlossen. Die Notwendigkeit dazu besteht in Entwicklungsländern und Staaten, in denen nur wenig detaillierte Karten vorliegen, wie ja überhaupt der Wert der Luftbildarbeit und Luftkrokierung steigt, „je großzügiger das Gebiet topographisch aufgenommen worden ist" (F. Fezer 1969). Voraussetzung für Luftkrokierungen ist allerdings, daß eine topographische Karte vorliegt (z. B. wurde von H.-P. Kosack im zentralen Nordgriechenland der Maßstab 1 : 100 000 benutzt), in die sofort hineinkartiert wird. Nebenbei muß stenographisch ein Feldbuch geführt oder ein Tonband (Kleingerät) mit umgehängtem Mikrophon besprochen werden. Bei Rekognoszierung von Terrassen, badlands, Moränen oder Mooren ist eine niedrigere Flughöhe angebracht als bei Flügen zum Zweck des Erkennens größerer Strukturen. – Neben den geomorphologischen Verhältnissen lassen sich Beobachtungen zur Hydrographie (Quellhorizonte, Feuchtstellen) und zur Geologie (Gesteins- bzw. Bodenfarbe) anstellen. Eine Skala einfacher morphographischer Zeichen, die sich rasch kombinieren lassen, um Mischformen auszudrücken, bildet die Basis der Kartierung (Gerundete Bergformen, Bergformen mit scharf ausgeprägten Grenzen, davon vier Mischformen; Grenzwerte des Hanges: Ebene, Wand; Schräghang steil, flach, Hang mit Terrassen usw., so die „reinen Formen" H.-P. Kosacks. Daneben gibt es noch geomorphologische Zeichen für „zusammengesetzte Formen": Fußebene; Hochebene; Riedel, flach, spitz; Mulde, flach, spitz; usw.). Das Ergebnis ist eine „morphologische analytische Karte", die natürlich einen kleineren Maßstab aufweisen muß als die Kartierungsgrundlage. – Beim Luftkrokieren ist eine vorausgehende oder nachträgliche *Geländeerkundung* erforderlich. Luftkrokierungen eignen sich also sowohl für die Vorbereitung der Geländearbeit als auch zu einer zusammenfassenden Übersicht ihrer Ergebnisse. Der Vorteil des Verfahrens liegt auf der Hand: rasche Übersicht bei einem – an der Sache gemessen – überraschend hohen Grad an Genauigkeit. Vorausgesetzt ist jedoch Sicherheit im Erkennen und Ansprechen von Formen, die man sich zweckmäßigerweise zunächst bei terrestrischer Arbeit aneignet.

Es bedarf kaum des Hinweises, daß die Luftbildarbeit eine *Ergänzung und Überprüfung im Gelände* erfahren muß. Luftbilder sind kein Geländeersatz, sondern nur eine Möglichkeit der Rationalisierung geomorphologischer Arbeiten. Auch bei großräumigen Geländeuntersuchungen müssen Stichproben gemacht werden, ob die aus dem Luftbild gezogenen Schlüsse auch richtig sind. Es wird erforderlich sein Profile aufzunehmen und Gesteins- oder Bodenproben zu gewinnen sowie die Luftbilder durch terrestrische Fotografien zu ergänzen (Gegenüberstellungen von Senkrecht- bzw. Schrägaufnahmen und terrestrischen Ansichten; Beispiele u. a. in K. Stübner 1953).

Die Forderung nach dem groundcheck gilt erst recht für die *Satellitenaufnahmen,* über die eine umfangreiche geomorphologisch-fototechnische Literatur existiert. Einen Einstieg in die Grundlagen vermitteln H.-G. Gierloff-Emden und H. Schroeder-Lanz (1971). F. Wieneke und

U. RUST (1972) messen dem Satellitenfoto große Bedeutung bei der Hypo-
thesenfindung für die Geländearbeit zu. Die Geländebegehungen erbrachten jedoch bei den von ihnen untersuchten Beispielen, daß alle Hypothesen
verworfen werden mußten. Der Vor- und Nachteil der Satellitenbilder geht
aus einer Reihe von Spezialarbeiten hervor, u. a. B. MESSERLI (1967/69),
H.-G. GIERLOFF-EMDEN und U. RUST (1971) J. POUQUET (1969), R. O.
STONE u. a. (1973) oder H. Th. VERSTAPPEN und R. A. VAN ZUIDAM
(1970). Diese Arbeiten zeigen, daß die technischen Voraussetzungen (Auf-
nahmezeitpunkt, kleiner Maßstab, geringe Farbtondifferenzen, Reprotech-
nik, Verzerrungen am Bildrand) noch nicht so beschaffen sind, daß absolut
einwandfreie geomorphologische und geomorphologisch-kartographische
Aussagen aus Satellitenbildern bezogen werden können. Eine von H.-
G. GIERLOFF-EMDEN und U. RUST (1971, S. 48-49) aufgestellte Tabelle
zeigt an einem guten Beispiel die Möglichkeiten und Grenzen der Satellitenbildinterpretation. Das zweidimensionale Bild informiert bekanntlich
durch Farbton und Textur. Beide stellen jedoch – von der Bildqualität jetzt
ganz abgesehen – das Relief nicht direkt dar, sondern *sämtliche* Bestandteile der Erdoberfläche in ihrem visuellen Erscheinungsbild zum Zeitpunkt
der Aufnahme aus großer Höhe. Damit erscheint neben dem wahren oder
vermeintlichen Relief auch ein Pseudorelief infolge Schattenplastik, Bo-
den- und Gesteinsfarben in teilweiser Reliefabhängigkeit, geoökologisch-
morphologisch bedingte Vegetationsverbreitung etc. Aus deren Gesamt-
eindruck wird dann der geomorphologische Sachverhalt *interpretiert.* – Alle
Autoren betonen jedoch, daß dem Satellitenfoto hoher Wert zum Auffinden von Lokalitäten, Einordnen überregionaler Zusammenhänge und Erkennen von großräumigen Strukturen zukommt. Daher spielt auch das
Satellitenfoto für die geomorphologische *Geländearbeit* eine untergeordne-
te Rolle, so sehr es Bedeutung in der chorischen und regionischen Dimension der geographischen Forschung haben mag. Die Bedeutung wächst
sicher, wenn die Aufnahme- und Reproduktionstechniken noch weiter
gediehen sind und wenn vermehrt in kleinen und kleinsten Maßstäben
gearbeitet wird. Diese liegen aber gewöhnlich außerhalb des arbeitstechnischen und methodischen Bereichs der geomorphologischen Feldarbeit.

2.3 Zusammenfassung: Methodik der Feldarbeitvorbereitung

Die Vorbereitung der Feldarbeit setzt sich aus einem technischen und
einem wissenschaftlichen Teil zusammen, die beide sachlich in Verbindung
stehen. Sie gehören in *einen* großen Arbeitsablauf hinein, von dessen
Durchorganisierung der Erfolg der Feldarbeit abhängt. – Innerhalb der
wissenschaftlichen Vorbereitung steht die Sichtung des Materials der Geo-

morphologie und der Nachbardisziplinen im Vordergrund. Bei den thematischen Karten der Nachbardisziplinen und den Luftbildern zeigte sich die Notwendigkeit der Kenntnis methodischer Ansätze, Sachinhalte und Arbeitstechniken aus nichtgeomorphologischen Bereichen. Werden diese Nachbarbereiche sehr gründlich angegangen, muß sich der Geomorphologe bewußt bleiben, daß er ein *geomorphologisches Thema* zu bearbeiten hat, bei welchem die geologischen Karten, die Luftbilder oder ein anderes Werkzeug nicht in das Zentrum der Arbeit geraten dürfen. Sie stellen *Arbeitshilfen* dar, die durch den mit ihnen verbundenen technischen Aufwand leicht von der geomorphologischen Thematik ablenken können. Es sollte außerdem erkannt werden, daß die beschriebenen Hilfsmittel nicht nur Möglichkeiten haben, sondern bereits bei der Anwendung innerhalb ihrer Herkunftsdisziplin Grenzen aufweisen. Diese müssen vom Geomorphologen, der sich nachbarwissenschaftlicher Methodiken und Arbeitstechniken bedient, besonders beachtet werden.

3. Technik und Durchführung geomorphologischer Feldarbeit

Technik und Durchführung geomorphologischer Feldarbeit sind ein komplexer Sachverhalt, weil hier technische *und* wissenschaftliche *Fertigkeiten* ineinander übergehen. Die Feldarbeit reicht von der schlichten (sogenannten „reinen", d. h. ohne technische Hilfsmittel durchgeführten) Beobachtung bis zur komplizierten Boden- und Sedimentansprache und der methodisch schwierigen Erfassung von rezent ablaufenden morphodynamischen Prozessen. Dazwischen liegen verschiedene Intensitätsstufen der *Dokumentationsarbeit* (Notiz, Foto, Skizze, Karte), die immer wieder zu leicht genommen wird und Ursache zahlreicher Interpretations- und Aussageprobleme – mit Wirkungen bis in die allgemeinen geomorphologischen Theorien hinein – bildet. Daher wird bei der Behandlung der geomorphologischen Feldarbeit zunächst mit dem *Feldbuch* begonnen: es ist der einfachste und zugleich wichtigste Gegenstand der geomorphologischen Forschungsarbeit. Wenn sein Dokumentcharakter gelegentlich unterschätzt wird, dann nur von denjenigen, die noch nie zu korrekter Feldbuchführung imstande waren. Alle anderen Techniken der Feldarbeit *liefern* dem Feldbuch Material *zu* – auch, was andere Dokumentationstechniken angeht wie Kartieren, Fotografieren und Skizzieren. Die *Aufschlußarbeit* stellt das andere Ende der mit der „reinen" Beobachtung beginnenden Feldarbeit dar. Dort wird die Beobachtung verfeinert und vertieft, auch wenn die Technik von der klassischen abzuweichen scheint. Es muß noch zum Allgemeingut werden, daß auch die klassische *Beobachtung der Mesoform* und die Beobachtung im Aufschluß zusammengehören. Die Beobachtung der Mesoform hat lange Zeit allzu sehr die Geomorphologie beherrscht. Den Sedimenten, den Böden und dem oberflächennahen Gestein sowie den rezentmorphodynamischen Prozessen und den Kleinformen wurde gleichzeitig nur geringe Bedeutung für die Erklärung geomorphologischer Probleme beigemessen. Gerade diese Gegenstände der Feldarbeit sind es aber, die nicht erst seit heute den Nachbarwissenschaftler und den Praktiker interessieren und die daher auch den Geographen außerhalb der Geomorphologie in Zukunft stärker interessieren *sollten*. Bei letzteren bilden nur die Landschaftsökologen eine Ausnahme. – Diese Hinweise sind erforderlich, um die thematischen Gewichtungen des Kapitels 3. zu verstehen. Weitere Begründungen für die Themenwahl wurden bereits in der Einleitung im Kapitel 1. gegeben.

3.1 Feldbuch und Feldbuchführung

Der wichtigste Gegenstand bei der Geländearbeit ist das *Feldbuch*. Hier werden alle Beobachtungen, Gedanken und Skizzen eingetragen, die mit der Geländearbeit in Verbindung stehen. Grundsatz muß sein, jede Beobachtung am Relief oder im Aufschluß schriftlich oder zeichnerisch zu protokollieren. Die Hoffnung, sich ohne Notiz später an dieses oder jenes erinnern zu können, wird sich nicht erfüllen. Nach Abschluß der Geländearbeit werden viele Einzelheiten miteinander verschmelzen oder ganz aus dem Gedächtnis entschwinden. Meist erfolgt das bei sehr intensiver und ununterbrochener Geländearbeit schon im Felde, weil zu viele Eindrücke auf den Beobachter wirken. Diese Erfahrungstatsache kann nicht oft genug mitgeteilt werden. Auch „gestandene" Geomorphologen sollten sie sich ab und zu ins Gedächtnis zurückrufen. – Abgesehen von solchen in den psychologischen Bereich gehenden Äußerlichkeiten ist das Feldbuch ein *Dokument*. Anlage und Führung sind darauf auszurichten. Das Feldbuch muß mit Selbstdisziplin und Verantwortungsbewußtsein geführt werden, wenn wissenschaftliche Glaubwürdigkeit angestrebt wird. Nachträglich darf nur etwas hinzugefügt werden, wenn eine Kennzeichnung erfolgt, daß es sich um keine Originalbeobachtung handelt. An Profilen und Skizzen darf jedoch nicht „herumgezeichnet" werden, da jeder Strich, der nicht im Gelände getan wurde, das Original verfälscht. Manchmal würde das dem Inhalt zwar keinen Abbruch tun; doch die Tatsache, daß dadurch gelegentlich Fehlinterpretationen ausgelöst werden, sollte den Geomorphologen von nachträglichen Veränderungen Abstand nehmen lassen.

Das Feldbuch hat einen festen Einband, die Buchdeckel bestehen aus dickem Karton. So können sich weder Seiten lösen noch herausfallen. Der dicke Deckel erlaubt, daß ohne feste Unterlage (z. B. Feldrahmen) gezeichnet und geschrieben werden kann. Erfahrungsgemäß leiden bei der Feldarbeit der Deckel und der aus Leinen bestehende Buchrücken sehr. Man bezieht das Buch daher mit einer stabilen, durchsichtigen Selbstklebefolie. Über das Format können die Meinungen auseinandergehen. Größer als DIN A5 sollte das Feldbuch nicht sein, da es immer griffbereit in der Tasche stecken muß. Es kann natürlich auch ein Feldbuch auf Durchschreibbasis geführt werden: Die Zweitblätter werden nach Beschreibung herausgetrennt, gesammelt und bei längeren Auslandsaufenthalten gegebenenfalls nach Hause geschickt. Heute wird das kaum noch praktiziert, weil auch bei Auslandsarbeiten meist sicher gereist werden kann und das Risiko des Verlustes auf dem Postweg erheblich größer ist. – Die Papierbeschaffenheit solcher Bücher erschwert das Zeichnen sehr. Wenn man bedenkt, welche Bedeutung der wissenschaftlichen Skizze bei der Feldarbeit zukommt, darf dieser Punkt nicht vernachlässigt werden. Das Papier darf weder rauh noch zu glatt sein, weil nicht nur mit Kugelschreiber geschrieben werden soll, sondern eben auch Bleistiftzeichnungen in das Buch hineinkommen. Kugelschreiber sind zum Schreiben am geeignetsten. Kopier-, Blei- oder Buntstifte eignen sich schlecht, ebenso Tinte: Die Stifte müssen immerzu gespitzt werden, Buntstifte und Tinte verwischen. Zum Zeichnen sind die weder zu weichen noch zu harten HB-Bleistiftstärken am besten geeignet. Die wichtigsten Zeichen- und Schreibutensilien (Bleistifte, Mehrfarbenkugelschreiber, Zirkel, kurzes Lineal, Filzschreiber für Markierungen) werden in einem kleinen Täschchen um den Hals getragen, um immer griffbereit zu sein (Abb. 4). Solche Behältnisse kann man sich aus weichem Leder (z. B. Fensterleder) auf der Nähmaschine selbst nähen. – Das Papier des Feldbuches muß unliniert sein. Die Seiten werden fortlaufend numeriert und nur einseitig beschrieben, damit Raum gelassen ist für nachträgliche kurze, als solche aber auch gekennzeichnete Notizen, gegebenenfalls mit andersfarbigem Kugelschreiber. Dort können auch Fotos zur Ergänzung eingeklebt werden. Alle Seiten sollen einen nicht zu schmalen Rand haben, dessen Breite sich nach der Schriftgröße des einzelnen richtet (Abb. 5).

Am Seitenkopf wird die Wegstrecke oder die Lokalität vermerkt, wo die Beobachtungen gesammelt werden. Dazu kommen das Datum und – falls erforderlich – die Uhrzeit. Am Rand wird immer die *„Feldnummer"* eingetragen: Jede einzelne, auch kleine Beobachtung wird damit *fortlaufend* versehen, beginnend bei 1. Die Nummer wird gegebenenfalls auf der

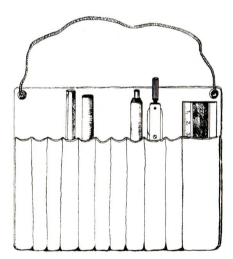

Abb. 4:   *Umhängetasche* aus weichem Leder für Schreibgeräte. Umhängeschnur verkürzt gezeichnet (Entwurf: H. Leser).

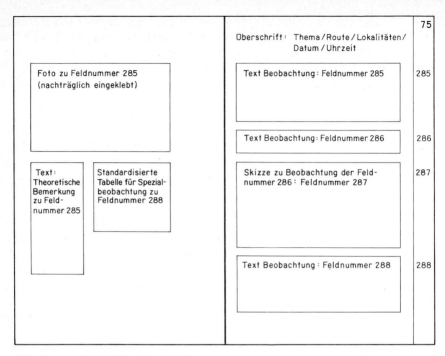

Abb. 5:   *Beispiel für die Aufteilung einer Seite im Feldbuch.* Rechts: Seite mit den
           fortlaufenden Erhebungen; links: Seite für nachträgliche Arbeit oder zusätz-
           liche theoretische Erörterungen (Entwurf: H. LESER).

Kartenrückseite vermerkt (siehe Kap. 2.2.2). Die Funktion der Nummern:
Kompliziertes Wiederholen von Beschreibungen, Lokalitätenhinweisen
und Bemerkungen bei Querverweisen entfällt, weil nur die Nummer aufgeführt wird. Beim Auswerten des Feldbuches lassen sie sich ebenfalls einsetzen: Bei der Ausarbeitung von Themen werden als erster Arbeitsschritt
einfach und ohne größere Schreibarbeiten die passenden Feldnummern
zusammengestellt. Danach kann die Textbearbeitung erfolgen, ohne daß
eine zu einem umfangreicheren Thema gehörende Einzelheit verloren geht.
– Auf dem Rand des Feldbuches oder auf der freien Nachbarseite werden
zudem stichwortartige Gedanken zur Sache niedergeschrieben oder Lokalitäten, besondere Objekte, Hinweise auf Kartenmaterial, das Fototagebuch
(siehe Kap. 3.4), gesammelte Proben oder auch nur Zwischenüberschriften
vermerkt, die eine spätere Ausarbeitung der Feldbeobachtungen erleichtern können. So werden die reinen Fakten von theoretischen Erörterungen
oder Gedanken, die nicht eine Beobachtung beschreiben, freigehalten. Der
dokumentarische Charakter wird damit am ehesten gewahrt.

Neben den Beobachtungen werden auch Zeichnungen in das Feldbuch aufgenommen, um den Gedanken des Beobachtungsgangs in seinem Ablauf nicht zu unterbrechen. Es wird davon ausgegangen, daß die Skizze logischer Bestandteil des dokumentierten Beobachtungsprozesses ist. Ein gesondertes Skizzenbuch wird nur geführt, wenn darin Objekte erscheinen, die nicht in unmittelbarem Zusammenhang mit der Feldarbeit und den dabei erfolgenden Beobachtungen stehen. Die Papierqualität des Feldbuches sollte so beschaffen sein, daß auch aus diesem Grunde ein gesondertes Skizzenbuch überflüssig ist. Die Skizzen werden nur mit Bleistift angefertigt, weil damit am besten gearbeitet werden kann. Es handelt sich um Landschaftsskizzen, Profile und Detailzeichnungen geomorphologischer Objekte. Auf die Anfertigung von aussagekräftigen Landschaftsskizzen wird in Kapitel 3.5 eingegangen.

Zusammenfassend sei bemerkt, daß ein Feldbuch als wichtigste Quelle für die *Ausarbeitung* eine sorgfältige Führung erfordert, die sich nicht nur auf eine sachliche einwandfreie Darstellung beschränken soll, sondern sich auch auf Äußerlichkeiten wie saubere Schrift, sorgfältige Zeichnungen und gut verständlichen Text erstrecken muß. Nur auf diese Weise erlangt es dokumentarischen Charakter. – Einen heute durchaus noch lesenswerten Aufsatz über die Feldbuchführung schrieb K. BURK (1918).

3.2 Grundlagen der Beobachtung und geomorphologischen Aufnahmen im Felde

Auf welche Weise gelangt nun der Geomorphologe zu seinen Beobachtungen? Hier muß mit einem Banalsachverhalt begonnen werden: der *Fortbewegung im Gelände*. Wie aus der Ausrüstungsliste (siehe Kap. 2.1) schon hervorging, kann auf ein Kraftfahrzeug wegen der schwereren Geräte und der abzutransportierenden Proben nicht immer verzichtet werden. Trotzdem kann die geomorphologische Feldarbeit auch in größeren Arbeitsgebieten nicht vom Auto aus betrieben werden, sondern sie ist zu Fuß abzuleisten. Bei der Fußwanderung sieht der Geomorphologe „mehr". Einzelheiten entgehen ihm schon deswegen nicht, weil er versucht ist, häufiger anzuhalten. Dies kommt der Reichhaltigkeit des Feldbuchinhaltes und der Genauigkeit der Beobachtungen zugute. Der Einsatz des Kfz soll *dosiert* geschehen, d. h. es wird zur „Anfahrt", jedoch nicht zur eigentlichen Feldarbeit benutzt: Standortwechsel sind mit dem Auto leichter vorzunehmen, Material kann darin deponiert werden, es läßt sich als Wetterschutz verwenden. Es bedarf kaum des Hinweises, daß Kartieren vom Auto aus nur zu zweitrangigen Ergebnissen führt, weil der Flüchtigkeit Vorschub geleistet wird. Um die zu Fuß durchgeführte Beobachtungs- und Aufschlußarbeit kommt der gründliche Feldgeomorphologe nicht herum. Dafür bleiben ihm Interpretationsschwierigkeiten infolge lückenhafter Beobachtungsunterlagen erspart, denn sein Kontakt mit der Realität war intensiver.

Das geomorphologische Faktenmaterial selber wird mit Hilfe von *Beobachtung* und *Messung* gewonnen. Beide Vorgänge ergänzen sich: Möglichst jede Beobachtung sollte durch Messungen, gleich welcher Art, ergänzt und vertieft werden, sofern dies vom Gegenstand „Kontinuum Relief" her methodisch möglich ist. „Reine", lediglich visuell vorgenommene Beobachtungen werden nicht dadurch wertlos, daß sie keine Ergänzung durch Messungen erfahren. Doch gewinnt eine Beobachtung und damit die gewöhnlich daran anschließende Deutung des Reliefs (Gestaltbestimmung und Formenentwicklung), denn zu diesem Zweck stellt der Geomorphologe seine Beobachtungen ja an, durch Maß und Zahl einen höheren Wahrscheinlichkeitsgrad. Während der Geomorphologe sich bei der „reinen" Beobachtung nur auf die Wahrnehmungen durch seine Sinnesorgane stützen kann, wobei die Wahrnehmungen erst auf Grund von subjektiven Erfahrungen möglich werden, ist die Messung weitaus objektiver und nur von der Kenntnis der Meßtechnik abhängig. Diese darf sich durchaus auf ein im „Schnellsieder"-Verfahren erworbenes Verständnis stützen (J. R. Ravetz 1973), um die Meßtechnik nicht zu sehr in den Vordergrund der Arbeit geraten zu lassen. – Allerdings ist in der Geomorphologie nicht alles meßbar und obendrein sind nicht alle meßbaren (Teil-)Gegenstände morphogenetisch aussagekräftig. So muß man vor allem wissen, was man messen könnte und ob diese Messungen für die jeweils konkrete Thematik Aussagewert haben. Eines kommt noch hinzu: Zweifellos bestehen auch bei der Durchführung von Messungen Möglichkeiten zu Irrtümern und Fehlschlüssen. Sie liegen begründet in der Unzulänglichkeit der Geräte oder in deren fehlerhafter Ablesung, daneben jedoch auch in der Landschaft selbst: Standpunkt, Nähe oder Ferne des Objektes, Beleuchtung, Witterung und verschiedene andere Faktoren behindern oder beeinträchtigen das Ergebnis der Messungen. Hinzu kommt der schon mehrfach unterstrichene Sachverhalt, daß geowissenschaftliche Disziplinen streng genommen „unexakte" Naturwissenschaften sind, deren Gegenstände wegen ihres spezifischen Charakters (offene Systeme, Fließgleichgewicht, Dynamik und Prozeßhaftigkeit) sich nur in beschränktem Umfang „messen" lassen. Hier bestehen neben arbeitstechnischen Grenzen auch methodische.

Was kann *beobachtet* werden? Alles (soweit es nicht den Blicken entzogen ist), was zum Gegenstand Relief, seiner Beschaffenheit und seiner Entwicklung gehört. Der Geomorphologe hat aber seine Beobachtungen abzuwägen, da viele Erscheinungen, die mit der Entstehung der Landformen verbunden sind (tektonische Verhältnisse, Bau und Gesteine des tieferen Untergrundes) nicht unmittelbar in der Landschaft registriert werden können. Gerade da er auch auf – vielleicht unsichere – Ergebnisse von Nachbarwissenschaften angewiesen ist und weil seine eigene Methodik aus nun bekannten Gründen eine endgültige Entscheidung im Sinne von „falsch" oder „richtig" vielfach nicht zuläßt, darf er *seine* Beobachtungen und Interpretationen nicht überschätzen und zu leichtfertigen Schlüssen neigen. Beispielsweise kann eine Landstufe eine sehr unterschiedliche Entwicklung durchgemacht haben: Sie kann tektonisch, gesteinsmäßig oder klimatisch-morphodynamisch bedingt sein, die hydrologische Situation kann ebenso eine dominierende Rolle spielen wie die zentrale oder periphere Lage des Gebietes.

Um den großen Kreis der Ansprachemöglichkeiten einzuengen, geht der Geomorphologe vermehrt zur *Messung* über. Die Frage nach dem zu messenden Objekt ist dahingehend zu beantworten, daß faktisch jedes geomorphologische Objekt gemessen werden *kann*. Das bezieht sich auf die *Formgestalt,* die eindeutig und objektiv erfaßbar ist. Problematischer ist es schon mit den ebenso wichtigen *Prozessen.* Die *rezent* ablaufenden Vorgänge können, trotz großer meßtechnischer Schwierigkeiten infolge einer Vielzahl von Randbedingungen, fast alle einigermaßen genau gemessen werden – abgesehen einmal vom apparativen Aufwand, der selbst schon wieder zum wissenschaftlichen und methodischen Problem wird. Wesentlich schwieriger ist es mit den *vorzeitlichen* Prozessen. Sie repräsentieren, als „Geomorphogenese", immer noch den Hauptgegenstand der Geomorphologie[9], sind gleichzeitig aber nur über Indizien erfaßbar und somit gar nicht meßbar. Andererseits will das vorliegende Buch u. a. zeigen, daß viele der noch zu schildernden Labortechniken (siehe Kap. 4.) „Meßcharakter" haben und auf die Abstützung des Indizienbeweises für geomorphologische Prozesse der Vorzeit (einschließlich ihrer altersmäßigen Einordnung) abzielen. Die methodologisch noch wesentlich komplexere Thematik der geomorphologischen Meßmethodik kann hier nicht in extenso dargelegt, sondern nur angedeutet werden. Eines ist jedenfalls sicher: Der Geomorphologe muß Geräte und Meßmethoden kennen und er muß über genügend allgemein-geomorphologische und technische Erfahrungen verfügen, um festzustellen, welche Methode für seine Fragestellung geeignet ist und welche nicht. Damit verbunden ist die Frage nach dem Erfolg: Stehen die bei der Messung aufzuwendende Zeit, die Apparate und Materialien in

---

[9] Den geomorphologischen Ansatz der Geographie unterzieht G. HARD (1973) einer strengen Prüfung, die mindestens von einem Teilaufgeben der Physischen Geographie ausgeht. An anderer Stelle wurde jedoch gezeigt (H. LESER 1976 a), daß die geomorphologische Problematik durchaus allgemeine Relevanz besitzt, wenn ihre Schwerpunkte nicht allzu einseitig auf der geomorpho*genetischen* Betrachtungsweise liegen.

einem angemessenen Verhältnis zum Ergebnis? Das heißt nicht, daß der Geomorphologe einen großen Arbeitsaufwand scheuen soll, um ein bescheidenes Faktum zu gewinnen. Es gibt jedoch sehr aufwendige Methoden, deren Aussagewert häufig gleich null ist und deren Daten mehr oder weniger den Charakter wissenschaftlicher Zahlenspielereien haben. Im Zweifelsfall sollte der Geomorphologe aber auch das Risiko eingehen, eine vielleicht im Augenblick ungeeignet erscheinende und wenig Erfolg versprechende Arbeitstechnik anzuwenden. Das ist eine Funktion der räumlichen Entfernung und Erreichbarkeit des Arbeitsgebietes und/oder der Neuheit von Fragestellung bzw. Methodik. Methodischer und damit arbeitstechnischer Fortschritt sollten nicht durch mangelnde Risikofreudigkeit gehemmt werden.

Wenn von Messungen gesprochen wurde, so sind hierunter Messungen im Gelände, und zwar am Reliefelement oder an der Form, zu verstehen. Zum geomorphologischen Messen im weiteren Sinne gehören auch alle die Methoden, die man zur verfeinerten Untersuchung von Böden und Sedimenten heranzieht und die in Kapitel 4. abgehandelt werden. Auf ihre grundsätzliche Bedeutung als Fortführung und Vertiefung der Felduntersuchungen mit anderen Mitteln wird weiter unten noch eingegangen.

3.2.1 Reliefelemente und Reliefeigenschaften als Grundlage von Messung und Beobachtung

J. Dylik (1957) bezeichnet die Relief*formen,* die korrelaten *Sedimente* und die geomorphologischen *Prozesse* als *die* Gegenstände der Geomorphologie. Dabei muß zwischen „Formen" und „geomorphologischen Erscheinungen" unterschieden werden. Formen und „Erscheinungen", wie Solifluktions- und Lößdecken, die ja nicht im strengen Sinne eine „Form" bilden, sind materiell vorhanden und meß- bzw. beobachtbar. Diesen bei formaler Betrachtung statisch erscheinenden Gegenständen stehen die Prozesse gegenüber, die als *rezente* über einen dynamischen Charakter verfügen. Sie sind meist meßbar. Die *vorzeitlichen* Prozesse hingegen drücken sich in den Formen und Erscheinungen aus – sie sind direkt nicht mehr beobachtbar und somit auch nicht meßbar.

Der Gegenstand „Relief" kann auch anders angegangen werden. In zahlreichen Arbeiten (u. a. 1964, 1968, 1974 b) hat H. Kugler dargelegt, daß die Charakterisierung des Reliefs

räumlich,
habituell,
substantiell und
genetisch/dynamisch

erfolgen kann (Tab. 1). Die Reliefeigenschaften *Lage, Gefüge, Gestalt, Größe* und *oberflächennaher Untergrund* dienen der räumlichen (Lage, Gefüge), der habituellen (Gestalt, Größe) und der substantiellen (Gestein) Charakterisierung des Reliefs. Die dynamische bzw. genetische Charakterisierung ist auf das Erkennen von Art (Prozeß) und Zeit (Alter) der Genese ausgerichtet. – Hier bleibt aus der Betrachtung bewußt ausgeschlossen, daß es auch möglich ist, das Relief geometrisch exakt zu umschreiben, wie die Methoden von J. Krcho (1973) und F. Mayr (1973) zeigen. Dabei wird ähnlich der Geologie (M. P. Gwinner 1965) versucht, geometrische Grundregeln in den sehr heterogen gestalteten Reliefformen aufzuspüren, sowie deren Reliefmerkmale für unterschiedliche Formengrößenordnungen geometrisch zu beschreiben, wie A. F. Pitty (1969) es für verschiedene Hangeigenschaften und K. Hormann (1971) es für größere Bereiche der Erdoberfläche zeigte. Dies geschieht unter Einsatz möglichst umfassender quantitativer Methoden (R. H. Charlier 1968). Gewisse Übergänge zwischen „klassischen" Reliefkennzeichnungen und „modernen" Reliefquantifizierungen zeichnen sich bei den Autoren ab, welche die Erdoberflächenformen nicht ausschließlich als physikalisch und mathematisch faßbares Objekt im Sinne der „Theoretischen Geomorphologie" A. Scheideggers (²1970) verstehen, sondern sie als raumzeitliches Kontinuum begreifen.

Tab. 1: Aspekte der Reliefbetrachtung und Reliefuntersuchung (nach H. Kugler 1968).

Art der Charakterisierung		Merkmalgruppen	
räumlich	Reliefeigenschaften	LAGE	Situation Position
		GEFÜGE	(oder „Reliefstruktur" oder „Vergesellschaftung der Reliefeinheiten.")
habituell		GESTALT	Neigung (oder „Neigungsstärke") Exposition (oder „Neigungsrichtung") Wölbung Grundriß („Figur") Aufriß („Profil")
		GRÖSSE	
substantiell		GESTEIN	(oder „Baumaterial")
genetisch und dynamisch (historisch-genetisch, aktualdynamisch- -prognostisch)	Genese	GENESE	(kausal; Genese i. e. S.)
		ALTER	(chronologisch, Zeit der Genese)

H. Kugler (1974 b) betont jedoch gegenüber diesen Autoren, daß die Methoden z. Zt. noch ungeeignet sind, eine *geographisch relevante Unterscheidung* der Reliefmerkmale und eine Typisierung der Reliefeinheiten vorzunehmen, „da sie neben einem hohen Aufwand zur Gewinnung des entsprechend dichten Höhenpunktenetzes einen hohen rechnerischen Aufwand zur Bestimmung aller jener Merkmale erfordern, die durch direkte Ermittlung und Ansprache rascher erfaßbar sind." Am erfolgversprechendsten dürfte sich der quantitativ-morphodynamische Ansatz erweisen, der sehr deutlich Bezug auf die reale Erscheinung des Reliefs und der daran ablaufenden Prozesse nimmt (z. B. G. H. Dury 1971).

Verschiedene Bildungsfaktoren, Medien und Kräfte, die sich ebenfalls an der Entwicklung der Relieformen beteiligen, sind nicht Gegenstände der geomorphologischen Forschung, sondern sie werden von Nachbarwissenschaften der Geomorphologie innerhalb oder außerhalb der Geographie erforscht (z. B. Geophysikalische Voraussetzungen, Gestein, Tektonik, Klima, Gewässer, Vegetation, Tier, Mensch). Wegen des ökologischen, d. h. systemorientierten Ansatzes der Geomorphologie ist die Kenntnis des Einflusses der Faktoren auf die Entwicklung des Reliefs aber unerläßlich. Teilweise werden sie auch, wegen der fächerübergreifenden Arbeit in den Geowissenschaften, innerhalb der Geomorphologie soweit miterforscht als es die jeweilige Fragestellung erfordert. Einzig und allein die habituelle und räumliche Charakterisierung der Reliefeigenschaften, nämlich die Untersuchung der *Reliefmerkmalsgruppen* Lage, Gefüge, Gestalt und Größe, werden von der Geomorphologie untersucht. Für die substantielle Charakterisierung des Reliefmerkmals „Gestein" gilt das bedingt, sofern das Modell „Oberflächennaher Untergrund" (Abb. 2) der Arbeit unterlegt wird. Ganz klar muß gesagt werden, daß die in der geomorphologischen Forschung und Lehre im Vordergrund stehende „Genese" und „Zeit der Genese" (= Alter des Formenschatzes) nur *indirekt* durch die Beobachtung und Messung der *Reliefeigenschaften* erfaßbar sind, während sich die Vergesellschaftung und andere Reliefeigenschaften *direkt* und *objektiv* ermitteln lassen. Die auch für die Ansprache der Genese wesentliche Vergesellschaftung besteht im Zusammentreten der Reliefelemente zu Relieformen und dieser wieder zu Einheiten höheren Ranges. Eine ausführlich begründete Taxonomie gibt H. Kugler (1974 b).

Aufbauend auf Überlegungen zahlreicher älterer Autoren (zit. in H. Kugler 1964, 1974 b) und besonders im Hinblick auf die moderne, morphographisch orientierte Geomorphologische Kartographie (dazu: H. Leser 1975 a, b) entwickelt, stellte H. Kugler in mehreren Arbeiten eine *Klassifizierung der Relieformen* unter *gefügetaxonomischen* Gesichtspunkten vor. Sie beruht auf der Erkenntnis, daß die Relieformen in kleinere Bausteine zerlegbar sind: z. B. das Tal in die Talsohle, die Talflanken, gewisse Terrassenflächen und ihre Abhänge, die gewölbten Kanten zur angrenzenden, nicht fluvial geformten Hochfläche usw. Auch kleinere Formen, z. B. einen Rain, eine Tilke oder eine Delle kann man in solche Formbestandteile zerlegen. Die *Haupttypen der Formbestandteile sind*[10]:

Relief- oder Formfazette (Z)
Relief- oder Formelement (E)
Relieform (F).

Folgende Definitionen werden angegeben:

Fazetten (Z):   einfachste geomorphologische Reliefeinheiten, die nach Wölbung, Neigung und Exposition homogen sind, d. h. die Neigungs-(= n) und Expositionswerte (= e) schwanken nur innerhalb eines Gradbereichs. Die n- und e-Homogenität bedingt gleichzeitig eine homogene Morphodynamik. Z sind morphologisch einphasig und gehen meist auf die rezente Morphodynamik zurück. Wegen der Beteiligungsmöglichkeit von mehreren Prozessen an ihrer Genese (z. B. Abspülung + Windwirkung + Hangkriechen) können sie mono- oder polygenetisch sein. Die Z sind die kleinsten, unteilbaren Bausteine des Reliefs.

Formelemente (E):   einem einheitlichen Wölbungstyp angehörende Reliefeinheiten, die nur in Z untergliederbar sind. E sind homogen nach der Tendenz der horizontalen und vertikalen Wölbungskomponenten und deren beider Wölbungsstärken. Der absolut homogene Charakter der Z fehlt den E. Trotzdem weisen sie eine hochgradige skulpturelle, genetische und dynamische Homogenität auf. Die Mordphodynamik ist weitgehend homogen, in sich aber neigungs- oder expositionsdifferenziert. Sie können mono- oder polygenetisch sein.

Relieformen (F):   nur in Z und E teilbar. F sind homogen nach dem Figurtyp, dem sie zuzuordnen sind (Aufriß- und Grundrißtyp); sie sind heterogen nach Neigung, Exposition und Wölbung. Unterschieden werden Fm (= monomorphe F) und Fp (= polymorphe F). Fm liegen vor,

---

[10] Aus praktischen Gründen wird darauf verzichtet, die gesamten Möglichkeiten der Gruppierungen unter verschiedenen Gesichtspunkten anzuführen. Hier muß auf die Originalarbeit von H. KUGLER (1974 b) verwiesen werden. Für die Behandlung im Rahmen dieses Methodenbuches kann die Problematik nur innerhalb bestimmter Grenzen verfolgt werden.

wenn keine Voll-, Stufen-, Gesimse- oder Hohlform
eingeschaltet ist. Treten subordinierte Formen innerhalb einer einem Figurtyp zuzuordnenden Form auf,
liegt eine Fp vor. – Fm sind mono- oder polygenetisch,
aber meist einphasig. Fp sind polygenetisch und poly-
phasig. F sind morphodynamisch heterogen und treten
in allen Größenordnungen auf.

Das Prinzip der Untergliederung einer Form in ihre Formelemente
zeigt Abb. 6.

Für die Unterteilung der Formen in die Formelemente spielt die
Wölbung eine große Rolle, weil sie auch die Reliefelemente untergliedern
und typisieren läßt und „damit auch das geeignete Mittel zur Abgrenzung
der Reliefformen" (H. KUGLER 1974 b) ist. Ausgehend von zahlreichen bis
in die Mitte des vorigen Jahrhunderts zurückreichenden Vorarbeiten, wobei in neuerer Zeit ein terminologisch und methodisch wichtiger Vorstoß
von H. RICHTER (1962) unternommen wurde, definiert H. KUGLER „die
Wölbung der Georelieffläche als deren ein- oder auswärts gerichtete Abweichung von einer ebenen Fläche als Folge des Ausmaßes der Neigungs-
und Expositionsänderung innerhalb einer der betrachteten Reliefeinheit
liegenden Meßflächeneinheit." Theoretisch ist die Wölbung wie in Abb.
7 darstellbar. Praktisch wird die Wölbung im Gelände ermittelt, wobei die
Art der Wölbungskartierung stark vom Maßstab und damit der Aufnahme-
und Darstellungsmöglichkeit der jeweiligen Karte abhängt. Ein brauchba-
res Verfahren schlagen P. DOMOGALLA, G. MAIR und R.-G. SCHMIDT (1974)
vor (siehe dazu auch P. GÖBEL, H. LESER und G. STÄBLEIN 1973; H. LESER
und G. STÄBLEIN 1975). Einer von vielen Vorteilen der Wölbungsaufnahme

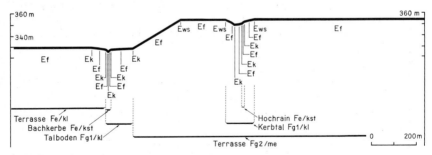

Abb. 6:   *Vergesellschaftung der Bauteile des Reliefs:* Flächenhafte (Ef), kantige (Ek) und
            stark gewölbte (Ews) Reliefelemente setzen die Formen bzw. die Formgesell-
            schaften zusammen. fe = Formelement, Fg = Formengruppe; kst = Kleinst-
            form, kl = Kleinform, me = Mesoform (nach H. KUGLER 1964).

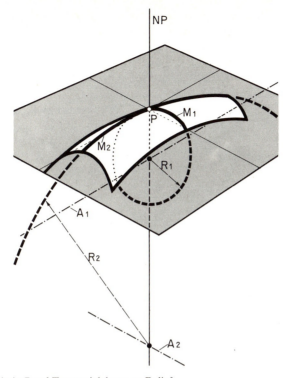

NP   Normale in P auf Tangentialebene zu Relief
M_1 Maximalwölbung M_2 Minimalwölbung
A_1 Achse der Maximalwölbung A_2 Achse der Minimalwölbung
R_1 Radius max. R_2 Radius min.

Abb. 7:   *Wölbungserfassung* nach H. KUGLER: Dargestellt ist die Minimal- und Maximal-
           wölbung eines Reliefelements (weiß), die auf der geomorphologischen Karte
           durch die Wölbungslinien ausgedrückt werden (nach H. KUGLER 1974 b).

und -darstellung ist die Kennzeichnung jener Areale in der geomorphologischen Karte, die nach den konventionellen Verfahren immer ohne quantitative Aussage über die Relief*gestalt* blieben mangels markanter Formen,
die auch anderweitig (z. B. durch Stufen- und Kantensignaturen) – d. h.
ohne Wölbungscharakterisierung – nicht darstellbar waren.

   Bei den *Reliefelementen* lassen sich drei *Grundtypen* unterscheiden:
kantenartige (Wölbungsradius 0 m $\leqq$ r $\leqq$ 5 m: z. B. Ränder von Erosions-
einrissen, Terrassen), flächenartige (Wölbungsradius r > 600 m; z. B. aus-
gesprochene Flächen im Sinne des Wortes) und zwischen beiden Typen die

große Gruppe der stark gewölbten Reliefelemente (Wölbungsradius 5 m $\leqq$ r $\leqq$ 600 m; dazu gehören z. B. Hochflächenränder der deutschen Mittelgebirge und sehr viele andere Formen des morphologisch enggekammerten Mitteleuropas). Bei praktischer Feldarbeit können sowohl die Wölbungstypen als auch die Radiusschwellenwerte noch weiter differenziert bzw. anders gesetzt werden (Abb. 8).

Dieses *Prinzip geomorphologischen Arbeitens,* die miteinander vergesellschafteten Formen in ihre Bestandteile aufzulösen und von den dann gewinnbaren Meßwerten auszugehen, besitzt Vorteile: 1. Die Vergesellschaftung der Formen ist auf allen Stufen dieses Systems direkt erkennbar. 2. Durch die Möglichkeit, die durch Wölbungen u. a. flächenhafte Kennzeichnungen charakterisierten Reliefelemente gegeneinander an Wechsellinien *abzugrenzen,* lassen sich nun auch die Reliefeigenschaften messend erfassen, weil die Reliefelemente deren Träger sind. – Solch eine vordergründig scheinbar rein morphographische Betrachtung kann von der spekulativen Erfassung der Formen und der daraus abgeleiteten Genese und des Alters zu einer objektiven Gewinnung geomorphologischen Materials führen. D. h. aus dem Zusammenhang Reliefeigenschaft-Morphodynamik, der sich auch aus den o. a. Definitionen der Begriffe Fazette, Element und Form ergibt, geht hervor, daß auch die Bestimmung der Morphogenese von ihrem spekulativen Charakter weitgehend befreit werden kann. Dazu tragen natürlich auch andere Methoden bei, wie das Prinzip des Korrelats (siehe Kap. 3.22) und die großmaßstäbliche geomorphologische Kartierung. Erst dieses mit verschiedenen Methoden gewonnene und teilweise eben auch quantifizierte Material sollte den chronologischen und genetischen Deutungen als Grundlage dienen. Zwischen beiden – Beobachtungsbzw. Meßmaterial und Deutung – ist streng zu trennen. Der Geomorphologe findet sich heute in die Lage versetzt, die Reliefeigenschaften beschreibend und/oder kartographisch objektiv zu erfassen. Kaum etwas bleibt noch dem Zufall überlassen, weil klar definierte Begriffe und saubere eindeutige Methoden (und die dazugehörenden Arbeitstechniken) der Betrachtung zugrunde liegen.

Die Reliefeigenschaften, d. h. letzthin die Eigenschaften der Reliefelemente bzw. -fazetten, welche die Formen charakterisieren, gehen aus Tab. 1 hervor. Gegenüber allen bisher angewendeten geomorphologischen Methoden ist von diesem morphographischen Ansatz die Möglichkeit zu einwandfreier Formenansprache und -messung gegeben. Selbstverständlich folgen Messungen eigenen Regeln und Gesetzmäßigkeiten, die generell zwar befolgt und eingehalten werden müssen, die aber mit der Geographie bzw. Geomorphologie nur in lockerem methodischen Zusammenhang stehen. Erst das Zusammenfinden der einzelnen Zahlenwerte zu Resultaten höherer Ordnung (– die Dimensionen sind im Augenblick unerheblich –)

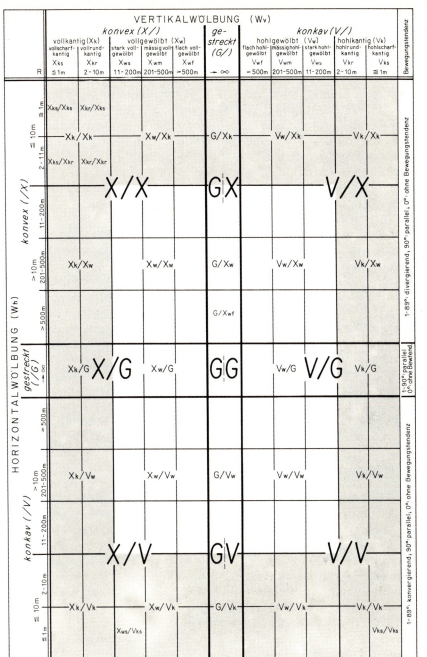

Abb. 8: *Hauptypen, Typen und Subtypen der Wölbung* (Horizontal- und Vertikalwölbung) mit Angabe der Bewegungstendenz nach H. RICHTER (1962) und Radiusschwellenwerten (nach H. KUGLER 1974 b).

und deren Einbau in die geomorphologische Methodik erhebt diese Meßergebnisse über das Niveau einfacher, nur dem Selbstzweck dienender Zahlenwerte. Die Einfachheit der Meßtechniken darf nicht zu dem Schluß verleiten, daß solche Messungen für geomorphologische Arbeiten absolut ohne Vorkenntnisse möglich sind. Abgesehen von der Tatsache, daß erst nach Anleitung oder auf Grund von Erfahrungen die dem jeweiligen Objekt adäquate Methode eingesetzt werden kann, gehören schon bedeutende Grundkenntnisse dazu, die Objekte, an denen gearbeitet werden soll, als solche überhaupt erst zu erkennen. Das heißt, die Beobachtung muß der Messung (weiterhin) vorausgehen. Die Moräne, die Terrasse, der Erosionseinriß, die Mure müssen als Form in ihrer Umgebung (und Formengesellschaft) zunächst erkannt werden, gegebenenfalls auch mit Hilfsmitteln (Reliefenergiekarten, Höhenschichtenkarten, Profilen u. ä. Siehe Kap. 2.2). Gewiß ist mit der Verwendung dieser Begriffe schon eine genetische Ansprache verbunden. Andererseits braucht man terminologisch nicht so weit zu folgen, sondern kann eine morphographische Ansprache im strengen Sinne des Wortes vornehmen, wie es bei der geomorphologischen Kartierung in den meisten Fällen ohnehin geschieht, z. B. bei der GMK 25 BRD (H. LESER und G. STÄBLEIN 1975). Eine Terrasse ließe sich morphographisch so ansprechen: Eine höhere, wenig geneigte Fläche, Kante als vordere Begrenzung, mehr oder weniger steiler Abfall zu einem niedrigeren Niveau, Kantenverlauf gerade (oder vor- und zurückspringend). – Die Fähigkeit, solche einfachen, von morphogenetischen Aussagen unbelasteten morphographischen Ansprachen vorzunehmen, ist die Grundvoraussetzung geomorphologischen Arbeitens. Einen Beitrag zur Schulung leistet die hier vorgeschlagene Methodik bzw. die morphographische Kartierung nach der Methode H. KUGLER (H. LESER 1975 a, b). Die Erfahrung, durch ständige Schulung des Auges gewonnen, bringt dann mit sich, daß die „ideale" fluviale Terrasse auch in der intensiv genutzten Kulturlandschaft oder unter anderen, die Beobachtung erschwerenden Bedingungen erkannt wird. Das soll ja auch das Ziel geomorphologischer Feldarbeit sein, da diese nicht unter lehrbuchbeispielhaften Bedingungen abgewickelt wird, sondern gewöhnlich zerstörte oder wenigstens teilweise zerstörte Formen vorliegen.

Durch *Messung* im Gelände kann die morphographische Ansprache genauer werden. *Längen- und Winkelmessungen* bilden die Grundlage. Sie sind teils mit einfachen Geräten durchzuführen, teils mit Hilfe von komplizierteren Vermessungstechniken. Hinzu kommt die Messung auf der Karte, dem Luftbild oder der terrestrischen Aufnahme. Die *Wölbung* beispielsweise ermittelt man durch Messen des Radius des Kreises, dessen Kreisbogenstück den Schnitt durch die gewellte Fläche darstellt. Die *Neigung* wird bestimmt durch Messung der Reliefelemente mit Hilfe des Böschungswinkelmessers. Die *Exposition* wird durch die Himmelsrichtung angegeben, die aus der Karte oder mit Hilfe des Kompasses ermittelt wird. Die *Figur* oder Grundrißgestaltung (Projektion der wahren Gestalt der Formen auf der Kartenebene) wird durch Messung im Gelände oder in der Karte bestimmt, desgleichen der *Aufriß* (das „Profil"). Die *Größe* legt man fest durch Längen-, Breiten- und Höhenmessung der Formen, die *Lage* und das *Gefüge* durch Messung des vertikalen und horizontalen Lageverhältnisses von Formelementen oder Formen zueinander bzw. zu ihrer Umgebung im weiteren Sinne. Das *Gestein* (bzw. der oberflächennahe Untergrund) schließlich wird nach Festigkeit und chemischem Grundcharakter eingestuft, als den beiden für die geomorphologische Situation eines Gebiets wichtigsten Eigenschaften.

3.2.2 Grundprinzipien der Aufnahme: Korrelate

Die Merkmalsgruppen *Reliefeigenschaften* (Lage, Gefüge, Gestalt, Größe, oberflächennaher Untergrund) und *Genese* sind aus methodischen Gründen scharf voneinander zu trennen. Die erste Gruppe umfaßt die relativ leicht und objektiv zu ermittelnden Reliefeigenschaften. Hierbei werden die üblichen, mit Kompaß, Böschungswinkelmesser und Metermaß leicht auszuführenden Meßmethoden angewandt. Hinzu kommen die Methoden zur Bestimmung des Materials. Der Begriff Material kann sehr weit gefaßt sein, auch im Rahmen der Geomorphologie. Zu seiner Erfassung sind geologische (im weiteren Sinne), petrographische und pedologische Kenntnisse notwendig (Abb. 2), über die in den entsprechenden Hilfswissenschaften unterrichtet wird. Auch bei der lithologischen Ansprache kann man sich einer Reihe von Meßmethoden bedienen, die aber außerhalb des Betrachtungskreises der geomorphologischen Feldarbeit stehen und erst in Kapitel 4. behandelt werden. – Die Merkmalsgruppe *Genese* ist, wie bereits angedeutet, von Gesichtspunkten der Interpretation bestimmt. Die Ansprache der vorzeitlichen morphodynamischen Prozesse, deren zeitlichen Ablaufs und des Alters der Formen, die zusammen die *morphogenetische Betrachtung* des Reliefs ausmachen, baut auf den Bestimmungen der Merkmalsgruppe *Reliefeigenschaften* auf. Hierzu sind vor allem durch die Substrate des oberflächennahen Untergrundes methodische Einstiegmöglichkeiten gegeben (Abb. 9). Die Materialien erlauben zunächst nur *eine,* wenn auch sehr differenzierte Ansprache der an den vorzeitlichen Formungsprozessen beteiligten Substanzen. Daraus wiederum lassen sich, durch Erfahrungswerte mit rezenten Prozessen und den dabei anfallenden Sedimenten sowie deren Zuordnung zu den Reliefformen der Landschaften, Rückschlüsse auf die vorzeitlichen Prozesse ziehen, die sich im Formenschatz ausgeprägt haben. Aus der Anordnung der Reliefformen ergibt sich dann eine mög-

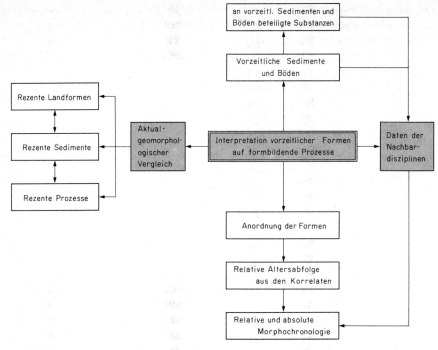

Abb. 9:   *Ansprache und Deutung der Formen und ihrer Genese:* Grundprinzip des
             Vorgehens (Entwurf: H. LESER).

liche relative Altersabfolge der Formen, die teilweise mit dem Sedimentcharakter und dem daraus ableitbaren vorzeitlichen Klimaablauf korrelierbar ist, der z. T. aus den Nachbardisziplinen (Geologie, Quartärgeologie,
Paläontologie, Geobotanik, Ur- und Frühgeschichte) bekannt ist. Diese
stellen auch Techniken zur *absoluten Altersbestimmung* gewisser Ablagerungen bereit, die auch in der Geomorphologie eingesetzt werden können.
Außerdem lassen sich entsprechende Daten den Forschungsergebnissen der
Nachbardisziplinen entnehmen.
Das hier geschilderte Vorgehen beruht zum großen Teil auf dem *Prinzip
der korrelaten Sedimente,* wobei es nicht nur auf die Materialansprache als
solche ankommt. Der Begriff „korrelate Sedimente" hebt die Forschungen
der Geomorphologie über die der Hilfswissenschaften hinaus, die z. T. mit
den gleichen Techniken, aber von anderen Ansätzen ausgehend, am gleichen Objekt arbeiten. Ausgehend vom Begriff „korrelate Sedimente" leitet
K. HÜSER (1974) den Begriff *„Korrelat"* ab, der „ein materiell oder visuell
faßbares Zeugnis ablaufender oder abgelaufener morphologischer Prozes-

se" umschreibt. Das Korrelat kann sowohl die Form selbst sein als auch geomorphologische Erscheinungen und Bestandteile des oberflächennahen Untergrundes umfassen. K. Hüser führt als ein Beispiel die Prozesse der periglazialen Formungsdynamik an, die auf dreierlei Weise repräsentiert sein können:

(1) Dellen = *Formen*
(2) Kryoturbationen in einem Terrassenkörper = *materielle Eigenschaft des korrelaten Sediments*
(3) Buntes Schotterspektrum als Hinweis auf mangelnde chemische Verwitterung = *materielle Eigenschaft des korrelaten Sediments.*

Der Begriff des Korrelates wird durch K. Hüser (1974) im gleichen Sinne wie in dem Vorläufer dieses Buches (H. Leser 1968 a) verwendet, allerdings nun in präziserer Fassung. Es muß darauf Wert gelegt werden, daß Korrelate vor allem dort aufgesucht und bestimmt werden, wo die vorzeitlichen Vorgänge sich am wenigsten gestört abgespielt haben, so daß auch die Sedimente und Formen in möglichst „reiner" Ausprägung vorhanden sind. Daraus wird deutlich, daß es bei der Untersuchung der Korrelate nicht um die Formen schlechthin gehen kann, sondern daß eine ebensolch große methodische Bedeutung die Analyse der Sedimente und Böden des oberflächennahen Untergrundes besitzt. Das hat zur Konsequenz, die Merkmale „Gestalt" und „Material" unter diesen Aspekten im vorliegenden Band gesondert und ausführlicher darzustellen. In der Verwendung dieser beiden geomorphographisch und geomorphogenetisch wesentlichen Parameter dokumentiert sich ganz besonders der Charakter und der Wert der geographischen Betrachtungsweise in der Geomorphologie. Sie führt über ein reines Lokalisieren und Ausmessen, wie es für die Reliefeigenschaften Lage, Gefüge und Größe notwendig ist, hinaus zu einem höheren Grad der Erkenntnis, dessen Wesen in der Kombination und Überschau einer Vielzahl von Einzelwerten und -erkenntnissen liegt. So betrachtet erfordern die Reliefeigenschaften Lage, Gefüge und Größe keine gesonderte Behandlung. Das Gefüge soll mit den Methoden der geomorphologischen Feldarbeit erst erkannt werden, Lage- und Größenerfassung würden in den Bereich der Topographie und Vermessungskunde führen (N. De Cassan 1969). Die genannten Reliefeigenschaften sind für den Geomorphologen in viel höherem Maße einfaches Grundlagenmaterial als „Gestalt" und „Material", die schon integrativen Charakter besitzen. Trotzdem sind *alle* Reliefeigenschaften notwendig, um zu einer einwandfreien geomorphographischen Ansprache und Aufnahme der Landformen – und schließlich zu ihrer geomorphogenetischen Deutung – zu kommen.

3.2.2.1 Niveauvergleich

„Die Methode der Untersuchung der Niveaus wird in weitem Umfang in der Geomorphologie angewandt, wenn es darum geht, Entstehung und Entwicklung des Reliefs festzustellen. Sie enthält eine Anzahl von Spezialmethoden, wie die Methode der Untersuchung und Verfolgung von Fluß- und Meeresterrassen und Verebnungsflächen sowie ihrer Verknüpfung miteinander." Diese Feststellung A. I. SPIRIDONOWS (1956 a) soll zum Ausdruck bringen, daß die Erforschung der Niveaus die Grundmethode der Geomorphologie darstellt. Ohne diese theoretischen Überlegungen hier ausführen zu wollen, sei festgestellt, daß die Grundlage des Erkennens der morphographisch und morphogenetisch relevanten Reliefeigenschaft „Gestalt" das Prinzip des *Niveauunterschiedes* ist. Niveauunterschiede werden immer als erste, auffällige Merkmale bei Reliefelementen oder Formen erkannt. Der Niveauunterschied dient als Einstieg in die Ansprache des Reliefs.

Wenn bei der Feldarbeit von Niveauunterschieden gesprochen wird, geht es nicht nur um Höhenunterschiede. Der Terminus „Niveau" wird vielmehr im Sinne von *Fläche* gebraucht, die streng genommen einen „Flächen*körper*" repräsentiert, da Flächen im geomorphologischen Sinne dreidimensionale Gebilde darstellen. Niveauunterschiede sind aber auch Höhenunterschiede, aber eben zwischen einer Anzahl von Flächen, die gleiche, ähnliche oder unterschiedliche Genese und Feingestaltung aufweisen können. Der Niveauvergleich wird hier also als übergeordneter Begriff verstanden und als geomorphogenetischer *Flächenkörpervergleich* durchgeführt (Abb. 10).

Ein wichtiges Prinzip geographischer Arbeit ist die *vergleichende Beobachtung,* die jedoch über die visuelle „Ansprache" der geographischen Objekte hinausgeht und sowohl in der Geomorphologie als auch in der geographischen Landschaftsökologie weitgehend quantifiziert durchgeführt werden kann (H. LESER 1974 a, 1976 a). A. I. SPIRIDONOW (1956 a) bezeichnet die klassische vergleichend-historische Methode der Geomorphologie, die heute nur mit anderen Mitteln durchgeführt wird (K. HÜSER 1974; siehe auch Abb. 1), als eine *allseitig vergleichende und historische Untersuchung,* die auf dem Vergleich und der Bewertung des in der *Gegenwart* vorliegenden, aber eben weitgehend vorzeitlich determinierten Formenschatzes basiert. Er nennt sie auch „vergleichende morphologische Methode". Diese Methode kann aber nur im weiteren Sinne so verstanden werden: ist sie einerseits die Ausgangsbasis für weiterführende Untersuchungen, andererseits wieder das Ziel – nämlich Vergleich der nunmehr exakt beschriebenen Formen miteinander zum Erkennen der Genese oder übergeordneter grundlegender Strukturen, die beide aus der Einzelformen-

Abb. 10:   *Reliefgenerationen und Niveauvergleich:* Ausgangspunkt und Grundlage geomorphologischen Beobachtens ist der Niveauvergleich, der erste Aufschlüsse
über die korrelaten Formen gibt. Von diesen aus wird dann mit korrelaten
Sedimenten bzw. Böden weitergearbeitet. Beispiel: stark zerriedelte Rumpf-
treppe im Apennin nördlich von Sapri. Davor befinden sich niedrige pleistozäne Flußterrassen, in welche das trockenliegende rezente Torrentebett einge-
senkt ist (etwas schematisiert, nach Originalzeichnung von H. Leser
17. 09. 1965).

analyse allein nicht erarbeitet werden können. Das bedeutet: der Niveauvergleich im weiteren Sinne erfordert die Anwendung einer *Vielzahl von
Methoden* und Arbeitstechniken, da er über das einfache Erkennen von
Niveauunterschieden hinausgehen muß. Da festgestellt wurde, daß Flächen
bzw. deren Niveaus als Objekten der geomorphologischen Forschung großer Aussagewert zukommt, gleichzeitig auch die Bestimmung der Reliefeigenschaften und ihr Wert unterstrichen wurde, wird sich die Feldarbeit zu
einem nicht unwesentlichen Teil mit der Bestimmung von Lage, Vergesellschaftung, Gestalt, Größe und oberflächennahem Untergrund von Flächen-
körpern zu befassen haben.

Allgemeine Feststellungen über Niveaus. Um Niveaus erfassen zu können,
muß von der Überlegung ausgegangen werden, daß es sich bei ihnen um
komplexe Erscheinungen handelt. Ausgangspunkt sind die unterschiedlichen Dimensionen der Niveaus, wobei der Höhenlage als definitorischem
Merkmal eine besondere Bedeutung zukommt.

    Endogene und exogene Prozesse lassen die Niveaus entstehen und
gestalten sie. Voraussetzung ist das Vorhandensein bestimmter Materialien,
an welchen sich diese Prozesse auswirken können. Das Ergebnis sind die
Formen der Erdoberfläche, die in einer ganz bestimmten Vergesellschaf-

tung auftreten können, die wiederum von zahlreichen Faktoren und ihren Konstellationen abhängig ist. Da die Prozesse ständig ablaufen und Ruhephasen im strengen Sinne nicht existieren – es gibt allenfalls Phasen, in denen die Aktivität der Prozesse gemindert ist, so daß H. RHODENBURG ([2]1971) von morphodynamischen Aktivitäts- und morphodynamischen Stabilitätszeiten spricht – befindet sich auch das Relief in einem *stetigen Umwandlungsprozeß*. – Verschiedene Stadien solch einer Entwicklung können aber fossilisiert werden: Sedimentüberdeckung kann ein älteres Relief ebenso konservieren wie die Verkarstung die Formen einer Kalktafel. Diese älteren *Reliefgenerationen* sind faktisch nur in Form von Flächen oder Flächenresten sowie deren Mesoformendifferenzierung (Täler, Terrassen, Schwemmkegel etc.) erhalten. Dies sind dann feinere Reliefierungen. Genetische Deutung und Altersansprache dieser Flächen oder Niveaus erfolgen auf Grund von Vergleichen mit rezenten Verhältnissen, die auf der *morphographischen* Erfassung sowohl des jungen als auch des alten Formenschatzes beruhen müssen, wobei der Begriff „morphographisch" i. w. S. auch Sedimente, fossile Böden u. ä. mitumschließt. Auch einen Vergleich der Vergesellschaftung und der relativen Abfolge des Formenschatzes wird man vornehmen müssen.

Bestimmung von Niveaus. Die gedanklich durchgeführte Zergliederung von Niveaus in *Reliefelemente* bildet die Voraussetzung für die Anwendung von Meßmethoden. Daneben sind aber auch allgemeine Beobachtungen unerläßlich, die den Flächencharakter an sich betreffen. Es gilt, an einem Flächenverband oder einer Fläche möglichst *zahlreiche Beobachtungen* anzustellen, die auch solche Sachbereiche umfassen, die aus Maßstabsgründen oder wegen technischer Probleme nicht kartiert oder gemessen werden können, wobei die Sedimente (o. ä.) zunächst außer Betracht bleiben. Von großer Bedeutung ist die Oberflächengestaltung, die Kleinstformen umfassen kann, die in der Karte nicht mehr annähernd lagegetreu dargestellt werden können. Dieses Phänomen der Unstetigkeiten der Oberfläche des Reliefs wird bei H. KUGLER (1964) und H. RICHTER (1962) als *Rauheit* bezeichnet. Kleine wannenartige Hohlformen, höckerige Flächen mit kleinen eingeschalteten Hohlformen, ein dichtes Spülrinnennetz am Gehänge u. ä. Formen würden unter diesen Begriff fallen. Allgemeine Beobachtungen wären weiterhin, welche Nutzung durch Land- oder Forstwirtschaft erfolgt und ob Siedlungen oder andere anthropogene Hinterlassenschaften in der Landschaft den natürlichen Meso- und Mikroformenschatz der Fläche verschleiern. Aussagen über Dichte und Verlauf des Gewässernetzes sind gleichfalls notwendig, um die morphogenetische Beschaffenheit der Fläche zu charakterisieren. Diese Beobachtungen sind unerläßlich für die Deutung der Reliefentwicklung und des Erhaltungszustandes der Formen.

Sie allein der topographischen Karte zu entnehmen, ist auch bei den guten mitteleuropäischen Kartenwerken großen Maßstabs wegen mangelnder Kartenqualität nicht zu empfehlen. Für außereuropäische Gebiete, für die erst in jüngster Zeit partiell großmaßstäbliche Karten vorliegen, gilt dies in noch stärkerem Maß.

Die aktuelle Flächenbeschaffenheit hängt natürlich auch mit der Beschaffenheit des oberflächennahen Untergrundes zusammen. Die Fläche kann im anstehenden Gestein gebildet sein: Es kann selbst die Oberfläche bilden oder eine Decke aus subrezenten bis rezenten Sedimenten bzw. Verwitterungsresiduen tragen. Die Fläche müßte dann daraufhin untersucht werden, welche Mächtigkeit die Decke besitzt und ob diese vielleicht teilweise vorzeitlicher Entstehung ist (erkennbar durch Farb-, Schichtungs- und/oder Lagerungsunterschiede).[11] In beiden Fällen kann das visuell auszumachende Niveau sowohl an der Oberfläche der Decke und/oder an der Oberfläche des anstehenden Gesteins liegen. Der letztgenannte Fall wäre nur durch Grabungen, Sondierungen, Bohrungen oder geophysikalische Methoden feststellbar. Die zuerst genannte und direkt zu beobachtende Fläche stellt dann die in ein höheres Niveau projizierte Fläche im Anstehenden dar. Eine weitere Möglichkeit wäre, wenn die Sediment- oder Verwitterungsdecke (sie kann im Durchschnitt sehr mächtig oder geringmächtig sein) ein lebhaftes Relief im *anstehenden Gestein* verhüllt. Dessen Merkmale wären ebenfalls mit den genannten Hilfsmitteln zu bestimmen. Zusätzlich sind daher in Aufschlüssen Angaben über Schüttungsrichtungen, Schichtfolgen u. ä. zu gewinnen. Derartige begrabene Konfigurationen lassen sich allerdings nur kleinräumig und dann mit großem Arbeitsaufwand ausmachen. Wenn nicht zufällig ein großer Aufschluß (Steinbruch, Tagebau o. ä.) vorhanden ist, bleiben Aussagen über die Flächenbeschaffenheit begrabener Niveaus oft hypothetisch. Der Einsatz geophysikalischer Methoden, über die H. CLOSS u. a. (1961) und D. DOHR (1974) einen Überblick geben, ist aus Kostengründen leider nur selten möglich. Trotzdem sei auch auf sie ausdrücklich hingewiesen. So zeigte O. R. WEISE (1972) die Möglichkeit der Anwendung der *Refraktionsseismik* („Hammerschlagseismik") bei der Bestimmung von Schuttdeckenmächtigkeiten (Abb. 11). Der Refraktionsseismik liegen gegenüber der *Reflexionsseismik* Registrierentfernungen zugrunde, welche die Teufe der zu untersuchenden Schichtgrenzen um ein Mehrfaches übertreffen. Auch die gerätetechnisch

---

[11] Der stark spekulative Charakter der geomorphogenetischen Betrachtung in der „Flächengeomorphologie" beruht u. a. darauf, daß die Sedimentüberdeckungen der Flächen nicht genügend genau analysiert wurden und der aktuelle Anteil an deren Bildung sowie die dazu führenden Prozesse kaum oder gar nicht untersucht wurden. Viele Ergebnisse der vorzeitlich orientierten geomorphogenetischen Forschung könnten dann anders aussehen.

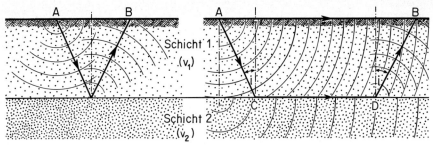

a   Reflexion   Refraktion ($v_2 > v_1$)   b

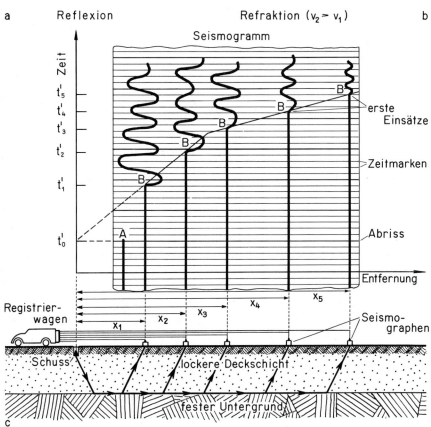

Abb. 11:   *Untersuchungen des oberflächennahen Untergrundes durch Reflexions- und Refraktionsseismik:* Wellenverlauf bei Reflexion (a.) und Refraktion (b.). c. Schematische Darstellung der Aufnahme eines Seismogramms für fünf Meßstellen (nach E. SCHULTZE und H. MUHS [2]1967).

davon nicht unterschiedene Reflexionsseismik wird *vor allem in Sedimenten* angewandt. In ihnen weisen die Schichtgrenzen unterschiedliche Elektrizitätskonstanten auf, welche die ausgeschickten Wellen in verschiedenen Zeiträumen reflektieren. Über methodische und arbeitstechnische Einzelheiten unterrichten ausführlich A. BENTZ (Ed., 1961) und A. BENTZ und H. J. MARTINI (Ed., 1969). Eine Ausnützung des Prinzips erfolgt auch mit dem sogenannten *„Geosonar"*, das gegenüber der Reflexionsmethode wesentlich vereinfacht ist (H. W. FRANKE 1967; P. HENNE und B. KRAUTHAUSEN 1966). Auch die *Geomagnetik* zielt auf das Erkennen von Vorkommen und Ausdehnung (bzw. auch Mächtigkeit) von Sedimentkörpern – auch wenn sie in Festgesteine eingeschaltet sind – ab. Die *Mikromagnetik* verfolgt gleiche Ziele, besonders in Lockersedimenten, und ist daher vor allem für den Geomorphologen beachtenswert (G. FRÖHLICH, O. LUCKE, H. SCHMIDT und H. WIESE 1960). Über geologisch-geomorphologische Beispiele unterrichten mehrere Arbeiten von R. LAUTERBACH (1953/54 a, b; 1955/56; Ed., 1959). – Es ist also zu beachten, daß ein flächenhaft erscheinendes und visuell gut auszumachendes Niveau einen äußerst verwickelten Bau aufweisen kann. Er wird bei einer Beurteilung der Fläche nach äußerlichen Merkmalen nicht immer erkannt; daher ist der Einsatz z. T. aufwendiger Techniken erforderlich.

Die *Reliefeigenschaften* sind direkt wenigstens teilweise mit Meßgeräten zu bestimmen. Beim Niveauvergleich im weiteren Sinne – und damit bei der Erfassung der Reliefeigenschaft *Gestalt* – handelt es sich in erster Linie um die Feststellung der Dimensionen der Neigungen und der Exposition. Die Kombination der die Gestalt prägenden Reliefmerkmale ergibt drei *Grundtypen der Formen,* die – aufbauend auf Erkenntnissen anderer Autoren (z. B. A. PENCK 1894) – von H. KUGLER (1964) wie folgt definiert werden:

(1) *Hohlformen:* Hänge von mehreren Seiten, mehr oder weniger stark geneigt und allenfalls engräumig durch Verebnung oder Steigungen unterbrochen, auf eine Fläche, Linie oder einen Punkt zufallend.

(2) *Vollformen:* Hänge nach mehreren Seiten, mehr oder weniger stark geneigt und höchstens engräumig durch Verebnungen oder Steigungen unterbrochen, von einer Fläche, Linie oder einem Punkt aus abfallend.

(3) *Flachformen:* Neigungsrichtung und -stärke (Grenzfall: O-Grad-Neigung) ordnen sich mehr oder weniger vollständig einer generellen Neigungsrichtung und -stärke unter. Flächenartige Formen können nur als Gruppenformen auftreten, da eine ungegliederte, morphographisch völlig einheitlich gestaltete Fläche ein Reliefelement darstellt.

Aufgrund der Möglichkeit, den gesamten Formenschatz der Erde auf die genannten drei Grundtypen zu reduzieren, wird klar, daß die formale quantitative Kennzeichnung ihrer Eigenschaften schon mit Hilfe einfacher Messungen durchführbar sein muß. Grundsätzlich muß aber die Form (bzw. müssen die sie aufbauenden Reliefelemente) erkannt und angesprochen werden, um mit den Messungen und feineren Registrierungen einsetzen zu können. Einfache Definitionen, wie die drei gegebenen, erleichtern die erste Formansprache. H. KUGLER (1974 b) legt eine umfängliche Formensystematik vor, die aus dem Weiterverfolgen der Einfachklassifizierung resultieren würde. Sie ist für den Anfänger noch nicht geeignet. Er sollte jedoch, durch konsequente Anwendung des morphographischen Prinzips, letzthin auch zu dieser ausgefeilten Klassifikation gelangen und sie in Zusammenhang mit morphogenetischen Deutungen bringen können.

Messungen der Dimension. Bei Messung der Dimensionen wird im allgemeinen die Reliefeigenschaft »Größe« bestimmt, die sich in den Parametern Länge, Breite und Höhe ausdrückt. Die in der Literatur häufig vorgenommenen Ansprachen nach der Größenordnung (Kleinst-, Klein-, Mittel-, Groß- und Größtformen sowie weitere Unterteilungen) gehen in der Regel von den spezifischen Verhältnissen eines bestimmten Erdraumes aus. Die ihnen gleichwertigen Benennungen Nano-, Mikro-, Meso-, Makro- und Megaformen werden ebenfalls nicht einheitlich verwendet. Man sollte bei ihrer Anwendung die von H. KUGLER (1974 b) angegebenen Größenordnungsabstufungen verwenden (Abb. 12). Siehe dazu auch die ähnliche Einteilung der Formen nach den Kartenmaßstäben in Kapitel 2.2.2.

Wenn hier der einfachste Fall der Bestimmung der Reliefeigenschaft „Größe" als Beispiel für „Messung" aufgeführt wird, so ist zu bedenken, daß es sich nur um eine Vorstufe des Messens handelt: die *Schätzung*. Sie geht dem Meßvorgang voraus, um das dem Objekt adäquate Meßgerät einzusetzen. Wenn es aus methodischen Gründen nur um die ungefähre Bestimmung der Dimensionen geht, können Messungen auch z. T. durch Schätzungen ersetzt werden. Solche Werte müssen aber als Schätzwert gekennzeichnet sein. Zur Schätzung gehört Erfahrung, die sich der Geomorphologe durch Übung mit anschließendem Überprüfen aneignen kann.

Sofern man *Entfernungen schätzen* will, die quer zur Blickrichtung liegen, entstehen kaum Schwierigkeiten. Eine bekannte Strecke (Baum-, Haus-, Telegrafenstangenhöhe) wird durch Peilung über einen mit der Hand ausgestreckten Bleistift o. ä. „festgehalten" (Höhe wird durch Daumen markiert) und diese auf dem Bleistift festgehaltene Höhe dann auf die Querstrecke im Gelände übertragen. Das ermittelte Vielfache des bekannten Wertes (Höhe) ergibt ungefähr die gewünschte Querstrecke. – Soll die

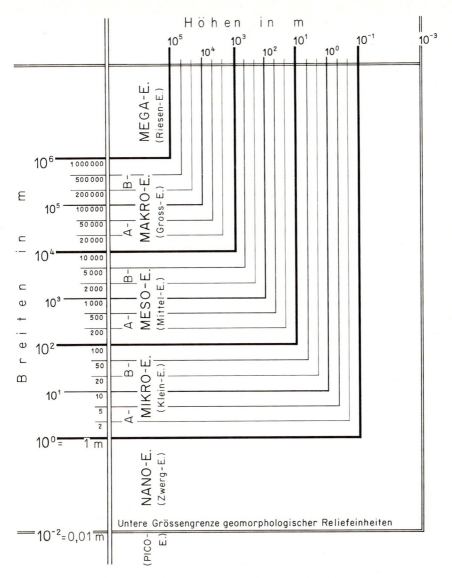

Abb. 12: *Größentypen der Reliefeinheiten:* Die Begriffe Nano- bis Megaformen werden hier nach Breite und Höhe festgelegt. Die Einordnung beruht auf statistischen Untersuchungen und den Einteilungen anderer Autoren (nach H. Kugler 1964, 1974 b).

in Blickrichtung liegende Strecke bestimmt werden, so wird das mit Hilfe des „Daumensprunges" getan. Wird ein Punkt über den Daumen – bei ausgestrecktem Arm – erst mit dem linken Auge angepeilt, dann mit dem rechten, so „springt" der Daumen auf einen links vom ersten liegenden Punkt. Die Entfernung zwischen beiden Punkten wird geschätzt. Mit 10 multipliziert, ergibt sie die Entfernung Standpunkt – Linie zwischen den angepeilten Punkten. Voraussetzung ist aber, daß letztere in einer Ebene liegen.

E. Imhof ([3]1968) gibt Entfernungen an, auf die von einem gesunden Auge ohne Fernglas bei normaler Sicht (klare Luft) noch folgende Unterschiede ausgemacht werden können:

50 m   Augen und Mund des Menschen; Silhouetten von Blättern der Laubbäume gegen hellen Himmel
100 m   Augen des Menschen erscheinen als Flecken
300 m   Einzelheiten der Bekleidung
500 m   Kopf, Hals, Rumpf des Menschen; Farbe der Bekleidung
800 m   Bewegungen der Beine des Menschen, Fahnenstange vor hellem Himmel
1200 m   Telegrafenstange vor hellem Himmel
5000 m   Kamine der Häuser

Der *Meßvorgang* selbst kann mit mehreren *Hilfsmitteln* durchgeführt werden. Kaum noch von Bedeutung ist die Bestimmung längerer Wegstrecken mit Marschzeiten. Auch die Schrittzähler, die in mehreren Ausführungen auf dem Markt sind, besitzen kaum Wert, da der Geomorphologe häufig stehenbleiben muß und der Rhythmus des Gerätes gestört würde. – Häufiger angewandt wird das Abschreiten kurzer Strecken (bis 50 m empfehlenswert). Hier kann einmal mit Meterschritten gearbeitet werden, die vorher an einer genau vermessenen Strecke „eingeübt" werden, ebenso die Geschwindigkeit beim Schreiten. Die zweite Möglichkeit ist die Anwendung des individuellen Schrittmaßes. Die Schrittlänge ist von der Körpergröße, dem Gelände, der Bekleidung und anderen Faktoren abhängig. Zweckmäßigerweise bestimmt man das Schrittmaß vor Beginn der Geländearbeit.

Zu Schätzungen und groben Messungen wird der Geomorphologe aber nur im Notfall greifen. Bei Kartierungen im Maßstab 1 : 50 000 und größer werden ohnehin genaue Messungen mit Hilfe von Zollstock, Bandmaß oder Meßrad nötig. Sofern es sich nicht um Objekte in der Größenordnung von B-Mesoformen (Abb. 12) handelt, reichen diese Geräte aus. Schließlich muß auch der Arbeitsmaßstab der Untersuchung oder Kartierung beachtet werden. Gewöhnlich werden Messungen nur bei räumlich begrenzten Regionalstudien angewandt, etwa bei Untersuchungen von

Ausschnitten der Glaziallandschaften oder der Terrassen eines Flußgebietes, dann aber im ganz großen Umfang bei verschiedenmaßstäblichen geomorphologischen Kartierungen. Schon bei größerer Ausdehnung der zu untersuchenden Niveaus, etwa in Form weitgespannter Rumpfflächen oder Schichtstufendachflächen, wird man zu anderen Hilfsmitteln greifen, um die Ausdehnung der Flächen zu bestimmen, sofern dies das Thema überhaupt erfordert.

Das Stahl- oder Stoffbandmaß wird für *Streckenmessungen* am häufigsten verwandt. Seine Handhabung ist einfach, wenn zwei Personen die Messung vornehmen. Ist der Geomorphologe allein, wird das Band an Zählnadeln, Pfosten o. ä. befestigt, dann ausgerollt und horizontal gehalten. Eine gute Alternative ist das Meßrad, von welchem genau abgelesen werden kann und das sich besonders für Einmannarbeit eignet. Eine Möglichkeit für Streckenmessungen an Hängen bildet die „Schrägmessung", wobei gleichzeitig der Neigungswinkel β bestimmt wird. Der Horizontalabstand kann dann Tabellenwerken entnommen werden. Schließlich sind noch „Staffelmessungen" möglich, wobei immer horizontal gemessen und der Endpunkt auf die Erdoberfläche gelotet und markiert wird (Stein, Zählnadel). Erleichtert wird diese Arbeit durch den Einsatz von Fluchtstäben. An der Markierung wird erneut angesetzt und weitergemessen. Die Horizontalteilstrecken setzen die Gesamthorizontalstrecke zusammen. – Da der Geomorphologe bei großmaßstäblichen Arbeiten ohnehin alle Unstetigkeiten des Reliefs zu erfassen sucht, wird diese Methode nur bei Flächenmessungen (Dimensionen der Oberfläche eines Niveaus) oder der Bestimmung der Grundrißbreite eines ganzen Tales oder einer anderen Form herangezogen. Durch das Zerlegen der Form in Reliefelemente ergeben sich kürzere Strecken, die zu messen sind und wozu die erstgenannten Techniken ausreichen. Es muß aber beachtet werden, daß in Räumen mit weitergespannten Formen auch die Formelemente andere Ausmaße aufweisen können, beispielsweise in Afrika, Amerika und Australien. Dann wird die Staffelmessung u. U. schon bei Reliefelementen angewandt werden müssen. – Dem Begriff *Figur* kommt sowohl in der geomorphologischen als auch in der geomorphogenetischen Betrachtung grundlegende Bedeutung zu. Einmal ist eine *komplexe* Kennzeichnung einer Form durch Neigung, Exposition und Wölbung nur schwer möglich, so daß eine Ansprache nach dem Figurentyp erfolgen muß, wobei *Aufriß* (Profil, Figuraufriß, Vertikalumriß) und *Grundriß* (Figurgrundriß, Horizontalumriß) als Figurenmerkmale dienen. Die *Figur* beschreibt „in generalisierender Weise die detaillierend kennzeichnenden Merkmale Neigung, Exposition, Wölbung und Position" (H. KUGLER 1974 b). – Zum anderen ist die Figurtypisierung die Grundlage von Ordnung und gestaltlicher Typisierung der Reliefformen. Weil in der Geomorphogenetik die Erklärung der Relieformenentwicklung aufgrund der genetisch bedingten typischen Figur erfolgt, ist die figürliche Typisierung der Formen keine Sache der Morphographie allein. Das Gestaltmerkmal „Figur" stellt im einfachsten Fall die Projektion der Form auf die Kartenebene oder in irgendeine Horizontale dar. Das Prinzip gewinnt im Rahmen von Aufnahme und Kartierung ebenfalls eine Bedeutung, nämlich als *„Horizontalentfernung"* oder *„Grundrißbreite"*. Diese ist bei der Bestimmung jedes Flächenverbandes, gleich welcher Genese, von Bedeutung. Da mehrere Flächen, die übereinander liegen, fast immer einen mehr oder weniger breiten Hang aufweisen, der von der Vorderkante bis zur Oberkante der nächstniedrigeren Stufe reicht, ist dessen Größe von besonderer Bedeutung. Hier erfolgte oder erfolgt zumeist die Zurückverlegung der Fläche. An diesem Hang spielt sich gewöhnlich auch die Mehrzahl der aktualgeomorphologischen Prozesse ab. Da solche Flächen nur selten völlig horizontal sind, kann ihre Grundrißbreite nicht mit der Breite der Oberfläche identisch sein. Die Horizontalentfernung kann direkt oder indirekt gemessen werden. Bei geringer Neigung der Fläche, deren Grundrißbreite bestimmt werden soll, wird vom höheren Punkt zum niedrigeren gemessen, wobei das Bandmaß horizontal gehalten und über dem niedriger gelegenen Punkt bis zum Boden gelotet wird. Die indirekte Messung erfolgt durch Messung der schrägen Entfernung zwischen den beiden Punkten und der Messung des Neigungswinkels β, der von schräger und horizontaler Entfernung eingeschlossen wird. Seine Messung erfolgt z. B. in einem quer zum Hang liegenden Aufschluß direkt. Bei indirekter Bestimmung wird der Winkel zwischen dem Lot über dem niedrigeren Punkt und dem Hang gemessen und von 90° subtrahiert.

Bei den *Höhenmessungen* im Rahmen geomorphologischer Arbeit geht es nicht nur um die Bestimmung der absoluten und relativen Höhen der Reliefelemente und Formen allein, sondern auch um Höhenmessungen, die im Zusammenhang mit sedimentologischen und petrographischen Untersuchungen stehen, etwa die Bestimmung der Auflagerungsflächen von Sedimenten oder Verwitterungsdecken. Auch bei der Messung der Mächtigkeiten von Sedimenten oder Lockergesteinen kann auf die gleiche Weise vorgegangen werden. Hinzu kämen die geophysikalischen Methoden, wie sie in Kapitel 3.2.2.1 erwähnt wurden.

Auch Höhen lassen sich durch *Schätzung* ermitteln, wobei mehrere Verfahren anwendbar sind, die gleichfalls Übung voraussetzen. Für Geomorphologen ist die Frage der Höhenbestimmung in zahlreichen Fällen akut, vor allem bei der Kartierung, wo an Steilufern, Stufen, Abfällen, Kanten sowie in Steinbrüchen und anderen Aufschlüssen oder bei Flächenstudien Niveauunterschiede ermittelt werden müssen. Die einfachste Technik ist das „Absetzen": An einem Steilabfall wird ein bekanntes Maß

(Zollstock, Körpergröße) abgetragen. Mit einem Bleistift wird aus einer Entfernung, die das geschätzte Zwei- bis Fünffache der zu ermittelnden Höhe beträgt, das abgetragene Maß anvisiert und auf dem Bleistift mit dem Daumen „festgehalten" (Peilung und Spitze nach oberer Begrenzung, über Daumen nach Fußpunkt des abgetragenen Maßes). Diese festgehaltene Strecke wird durch weitere Peilungen bis zur Oberkante des Steilabfalls „abgesetzt". Das ermittelte Vielfache des abgetragenen Maßes ist die ungefähre Höhe des Steilabfalls. – Genauer wird dieses Verfahren, wenn statt des Bleistiftes ein Lineal benützt wird. Dann tritt man so weit von dem Abfall zurück, bis Fußpunkt, markierte Höhe und die Oberkante des Steilabfalls gleichzeitig angepeilt werden können. Am Lineal werden jene Zahlen abgelesen, über die die Peillinie hinweggehen. Die wahre Höhe des Abfalls wird errechnet: abgetragene Strecke dividiert durch Zahlenwert des entsprechenden Abschnittes auf dem Lineal, Quotient multipliziert mit Zahlenwert, der auf dem Lineal für die Höhe des Steilabfalls abzulesen ist. – Noch einfacher ist das „Umlegen" einer Höhe und deren Nachmessung in der Horizontalen: Ein Steilabfall wird über die Bleistiftspitze angepeilt und der Fußpunkt mit dem Daumen durch Peilung „festgehalten". Dann wird der Bleistift um den unteren Peilpunkt um 90° gedreht und über die Spitze die Verlängerungslinie des Fußpunktes in der Horizontalen angepeilt und gemerkt. Die Strecke Fußpunkt-Peilpunkt in der Horizontalen wird ausgemessen. Sie ergibt die Höhe des Steilabfalles.

Neben diesen „Quasihöhenmessungen", die relativ genaue Ergebnisse erbringen, kann man *Freihandnivellements* durchführen oder mit *Höhenmessern* eine direkte Bestimmung der Höhen vornehmen: An einem Hang wird von einer Basisfläche aus ein in Augenhöhe liegender Punkt anvisiert. Dieser wird gemerkt und als Standpunkt für die nächste Peilung benützt. Die Zahl der Teilhöhenstücke bis zum Niveau der nächsten Fläche addiert ergibt die relative Höhe der Kante des oberen Flächenstückes. Ein Böschungswinkelmesser kann zusätzlich eingesetzt werden. Er bietet die Gewähr, daß die Peilungen tatsächlich in der Horizontalen erfolgen (verlängerte 0°-Linie und Geländepunkt müssen sich schneiden). Auch mit Hilfe von Fünfseitprismen kann durch einfache Peilung die Horizontale eingehalten werden.

Hingewiesen sei auch auf die trigonometrischen Höhenbestimmungen von Kanten höher liegender Flächenstücke. Je nach Reliefverhältnissen wird die Horizontalentfernung oder die schräge Strecke gemessen, dazu der Winkel β.

Am häufigsten werden zur Höhenbestimmung *Aneroide* verwandt; die Höhe wird also barometrisch gemessen. Am Ausgangspunkt wird das Gerät auf die Ortshöhe eingestellt, am Zielpunkt kann direkt der Wert in Metern abgelesen werden. Man sollte jedoch erst 10–15 Minuten nach

Erreichen des Zielpunktes ablesen, da dann das Trägheitsmoment berücksichtigt ist. Vor der Ablesung kann auch vorsichtig auf das Glas des Gerätes geklopft werden, um die mechanisch verursachte Gangbeeinträchtigung auszuschalten. Ein gleichzeitiges Ablesen der Temperatur (in Traggeräten) und ein häufiges Überprüfen an kotierten Punkten ist erforderlich, um an den Meßwerten nötigenfalls Korrekturen vorzunehmen. Bewährt haben sich die Tragegeräte der Firma LUFFT mit Ablesemöglichkeit bis zu 1 m Höhenunterschied (unterschiedliche Skalen bis 8000 m) und die bis 5000 m – mit einer Ablesegenauigkeit von ± 10 m – reichenden Taschenhöhenmesser von THOMMEN.

Auch bei der Höhenmessung wird der Grad der Genauigkeit vom Ziel der Untersuchung bestimmt sein. Je kleiner das Areal und je geringer die Höhenunterschiede, desto präzisere Arbeit ist erforderlich. Dies kann erreicht werden, indem zunächst alle Vorschriften, die bei der Behandlung des Gerätes zu beachten sind, eingehalten werden. Außerdem müssen mindestens zwei Geräte Verwendung finden. Zudem sollten die Messungen zwei- bis dreimal durchgeführt werden, und zwar an verschiedenen Tagen. Nur so sind Zufälligkeiten, die witterungs- oder gerätetechnisch bedingt sind, auszuschalten. Dieses Verfahren kann durch Nivellements ergänzt werden. Neben vielen anderen Gelegenheiten bietet sich diese Arbeitsweise vor allem in Aufschüttungslandschaften an, wo Sedimentmächtigkeiten oder verschiedene Niveaus bestimmt werden müssen. Beispiele für solche Untersuchungen lassen sich in fast allen Studien über die europäischen Glazial- und Periglazialgebiete mit ihren Terrassen- und Moränenplatten finden. Dort müssen zudem Verlauf der Kanten, Länge und Breite der Flächen sowie der Charakter des Lockergestein- oder Sedimentkörpers bestimmt werden.

Andere Möglichkeiten der Höhenmessung stellen die geophysikalischen Verfahren dar (siehe Kap. 3.2.2.1). Mit Hilfe mikromagnetischer Methoden kann die Auflagerungsfläche jüngerer Aufschüttungen ebenso bestimmt werden (damit gleichzeitig die Sedimentmächtigkeit der Aufschüttung) wie mit Hilfe seismischer Methoden. Anwendungsgebiete dieser Verfahren sind z. B. gleichfalls die Moränenlandschaften und fluvial gestalteten Gebiete des norddeutschen und süddeutschen Vereisungsgebietes. – Bei ganz geringer Mächtigkeit von Lockersedimenten können diese Untersuchungen auch mit einer einfachen Sonde durchgeführt werden, deren Eindringtiefe festgestellt wird. Dazu ist eine Vielzahl von Untersuchungspunkten notwendig um Zufallswerte auszuschalten. Das Untersuchungspunktnetz wird an das Wegenetz oder entlang anderer, gut bestimmbarer Punkte „aufgehängt". Nach einer großabständigen Sondierung kann das Netz je nach Bedarf verdichtet werden. Auf diese Weise wird bei einer einheitlich gestalteten Basisfläche von vornherein ein zu großer Arbeitsaufwand infolge eines zu dichten Primärpunktnetzes vermieden. Der große Arbeitsaufwand rechtfertigt diese Methode nur bei kleinräumigen Untersuchungen. Andererseits fallen diese Daten ohnehin bei der Ansprache des oberflächennahen Untergrundes durch „Pürckhauer"-Einschläge mit dem 1– oder 2 m-Bohrstock an. Das von der Sedimentmächtigkeit bzw. der Tiefenlage und Gestalt der Basisfläche mittels Sondentechnik gewonnene Bild ist ziemlich genau. Nach dem gleichen Prinzip wird auch mit kleineren Bohrgeräten vorgegangen.

Messung der Hangneigungsstärke. Der *Hangneigungsstärke* oder *Neigung* kommt bei der Betrachtung des Reliefs eine fundamentale Bedeutung zu. Sowohl für die Vorgänge der rezenten Formung als auch die Charakterisierung der Reliefentwicklung allgemein ist die Kenntnis der Böschungs- oder Neigungswinkel notwendig. Wenn zunächst von „Niveau" gesprochen und nur der Höhenunterschied als wichtiges Merkmal herausgestellt wurde, so muß die Neigung als ein ebenso wichtiges Merkmal danebenstehen. Eine Fläche (auch „Flachform"; siehe Kap. 3.2.2.1) im Sinne von *Niveau* ist eben dadurch charakterisiert, daß die Neigung ihrer Oberfläche innerhalb bestimmter Grenzwerte bleibt und eine bestimmte Richtung (Neigungsrichtung, Exposition) aufweist. Wenn in der Geomorphogenetik allgemein von Flächen gesprochen wird, denkt man im allgemeinen an eine möglichst eben gestaltete Oberfläche. Um diese Prämisse zu erfüllen, müssen die Neigungswinkel möglichst klein sein. Diese Winkel sind ebenso Gegenstand der Neigungsmessungen wie jene am Abfall einer Stufe oder eines Hanges gegen die nächste Fläche. Das gilt auch für „verhüllte" Flächen, wie Auflagerungsflächen im weiteren Sinne und Oberflächen fossiler Bodenhorizonte. Allerdings hängt die Aussagekraft der Werte bei letzteren in hohem Maße von den Aufschlußverhältnissen ab. Sondierungen oder Bohrungen, die die Höhe einer Auflagerungsfläche zu ergründen suchen, können jedoch mit Neigungs- und Höhenmessungen im Aufschluß selbst kombiniert werden.

Die *Hangneigungsstärke* definiert H. KUGLER (1974 b) in Anlehnung an verschiedene andere Autoren: sie „ergibt sich als in Hangfallrichtung orientierte Winkeldifferenz zwischen Horizontalebene und Hangfläche und ist das Ergebnis der Kippung des Hanges in Hangfallrichtung um die Kippungsachse des Hanges" (Abb. 13). Angegeben wird die Neigung in Winkelgraden oder in Promillewerten bzw. als Steigungsverhältnis 1 : x:

$$\textit{Promillewert} = 10 \cdot \text{Prozentwert} = 100 \cdot \text{Tangenswert des Winkelgradmaßes}$$

$$\textit{Steigungswert} = 1 : \frac{1}{\text{Tangens des Winkelgradmaßes}}$$

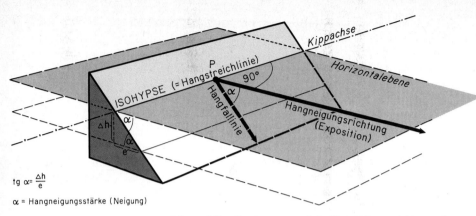

$$tg\ \alpha = \frac{\Delta h}{e}$$

α = Hangneigungsstärke (Neigung)

Abb. 13:   *Hangneigungsstärke und ihre Bestimmung* und die Hangneigungsrichtung oder
            Exposition (nach H. KUGLER 1974 b).

Quellen für die Neigungswerte sind Schätzungen und Messungen im
Gelände, oder Messungen auf der Karte und im Luftbild. Wie aus zahlreichen Abhandlungen über Meßtischblätter hervorgeht, sind die aus der
Karte entnommenen Neigungswinkel zu verwenden, jedoch mit etwas
Vorbehalt. Angaben, die Gradbruchteile enthalten, sind nur mit äußerster
Vorsicht zu betrachten. Solange Kartenwerke, Papierqualität, Generalisie-
rungs- und Zeichenarbeit im Hinblick auf die Isohypsendarstellung keine
internationale Normierung erfahren – und das wird wahrscheinlich niemals
der Fall sein –, muß bei Verwendung von Meßwerten aus der Karte eine
ausreichende Zahl Neigungswinkel im Gelände überprüft werden. Erst
dann zeigt es sich, ob die Angaben aus der Karte stimmen oder nicht. Die
praktische Erfahrung zeigt, daß die Werte aus der Karte noch innerhalb der
Fehlergrenze geomorphologischen Arbeitens liegen. Trotzdem wäre von
Fall zu Fall die Verwendungsfähigkeit solcher Werte am Arbeitsziel, der
angestrebten Aussagegenauigkeit, dem Aufnahme- und Publikationsmaßstab geomorphologischer Karten etc. zu messen. Die geomorphologischen,
landschaftsökologischen und geländeklimatischen Karten stellen bekanntlich die Hauptanwendungsgebiete flächendeckender Hangneigungsstärke-
angaben dar, für die sich die rationelle Gewinnung der Daten aus der Karte
anbietet – natürlich mit Geländekontrolle (siehe Kap. 2.2.2). Aber auch die
Messung der Neigungswinkel im *Gelände* bietet keine ausreichende Gewähr für absolut einwandfreie Werte. Das gilt sowohl für die Neigungsmesser (Böschungswinkelmesser) als auch für die Messung mit Hilfe von
Fluchtstäben. Datenquellen, Zahl der Meßwerte und die den Winkeln
zugeschriebene Aussagekraft für Text oder Kartendarstellung werden sich
jeweils nach Ziel und Zweck der Arbeit zu richten haben. Bei morphogene-

tisch orientierten Detailuntersuchungen, in denen Neigungswinkel eine große Rolle spielen (Solifluktionsbewegungen, Rumpfflächen- und Schichtstufenabdachungen, Sanderflächen etc.) sollte selbstverständlich mit Geländemeßwerten gearbeitet werden. – Bei in der Literatur angegebenen *Schwellenwerten in Böschungswinkelskalen* ist immer streng darauf zu achten, daß diese oft als repräsentativ bezeichneten Werte nur für ein bestimmtes Land oder den Teil eines solchen gelten. Auch die häufig im Zusammenhang mit Neigungswinkelangaben verwandten Bezeichnungen „sehr steil", „eben", „flacher Hang" erfordern eine Überprüfung.

Auf Grund umfangreicher statistischer Untersuchungen und vergleichender Literaturstudien kommt H. KUGLER (1964) für Mitteleuropa zu acht, durch charakteristische Eigenschaften ausgezeichnete Neigungsbereiche (unwesentlich verändert)[12]:

0°	Ebenen, Flußauen, Terrassenflächen, Hochebenen, Plateaus; außerdem Gebiete, die eventuell alte Rumpfflächenreste darstellen.
1°– 2°	Im waldlosen Gebiet beginnende rezente Abspülung; z. T. periglazial-solifluidal vorgeformt; Hochflächenränder.
3°– 7°	Hänge mit verstärkter rezenter Abspülung und linearer Erosion im Ackerland; beginnende Abspülung unter Wald; meist periglazial-solifluidal vorgeformt. Großmaschineneinsatz zur Beackerung noch möglich.
8°–15°	Beginn rezenten Bodenkriechens; Abspülung sehr kräftig; beginnende Rutschungen. Kein Einsatz von Großmaschinen bei Beackerung; Straßen- und Hochbau gewöhnlich noch bis 15°.
16°–35°	Kräftige Abspülung unter Wald; Bodenkriechen und Rutschungen häufiger; Beackerung mit Pferdegespannen bis 35° möglich.
36°–60°	Heftige rezente Abtragungsprozesse; ackerbaulich kaum nutzbar; kaum befahrbar; Bewaldung in dieser Gruppe noch möglich; waldfreie Gebiete; Übergang zu typischen Prozessen der Wandabtragung.
61°–90°	Stärkste rezente Abtragung, häufige Gravitationsprozesse. Waldlos.
90°	Überhänge.

---

[12] In seiner Arbeit von 1974 (b) kommt H. KUGLER zu einer viel weitergehenden Differenzierung der Neigungsbereiche und zu sehr ausführlichen Beispielnennungen für deren praktische Relevanz. Für angewandt-geomorphologisches Arbeiten stellt die von ihm gegebene Zuordnung Winkelgruppe-Anwendungsbereich die bedeutendste Grundlage dieser Art dar. – Aus thematischen Gründen kann an dieser Stelle jedoch darauf nicht eingegangen werden.

Eine ebenfalls von H. KUGLER (1974 b) vorgeschlagene Klassifikation der Neigungen nach 6, 9, 12 und 18 Gruppen erlaubt den Einsatz der für niedrige oder hohe Neigungen jeweils adäquaten Skala (Abb. 14).

Die *Schätzung* von Böschungswinkeln ist nur vorzunehmen, wenn eine erste grobe Ermittlung nötig ist. Da auch die einfachsten Verfahren der Schätzung in jedem Fall kleine Berechnungen nötig machen, wird hier auf ihre Schilderung verzichtet. Der Aufwand steht in keinem vertretbaren Verhältnis zum Ergebnis, zumal genügend handliche, wenn auch sehr teure Meßgeräte auf dem Markt sind.

Auf die *Horizontalvisur* wurde schon eingegangen. Sie kann mit Hilfe von Böschungswinkelmesser oder Pentagon durchgeführt werden. Dabei geht es nur um die einfache Bestimmung von Niveaus, die bei Trennung durch eine größere Hohlform, etwa ein Tal, auf Höhengleichheit hin untersucht werden sollen. In solchen Fällen läßt sich auch das *Horizontglas* anwenden: Von einem erhöhten Standort aus werden die umliegenden Höhen anvisiert. Wird das Gerät genau horizontal gehalten, wird im Glas eine eingespielte Libelle sichtbar. Da die Höhenlage des Standpunktes bekannt ist (gegebenenfalls Aneroidmessung), lassen sich die Höhen der umgebenden Berge gut abschätzen. Bei Vergleichen von Terrassenhöhen, Rumpfflächen und anderen markanten Niveaus haben sich diese einfachen Geräte gut bewährt.

Horizontalwinkelmessungen werden im Rahmen geomorphologischer Forschung kaum durchgeführt, sind aber für den Topographen von größter Bedeutung. Auf sie braucht hier nicht eingegangen zu werden (W. HOFMANN 1971; E. IMHOF [3]1968; R. KOITZSCH u. a. 1957; R. SCHWEISSTHAL 1966).

Die meistverwandten Geräte zur Winkelmessung bei geomorphologischen Aufnahmen sind die *Handgefällsmesser,* von denen verschiedene Fabrikate existieren, die aber alle auf dem gleichen Bauprinzip beruhen. Es ist am besten so zu verdeutlichen: Ein Halbkreistransporteur („Winkelmesser") wird im Mittelpunkt mit einem an einem Faden befestigten Lot versehen. Wenn man die gerade Seite als Visurkante benutzt, zeigt das Lot den Neigungswinkel β zwischen der Horizontalen und dem gesuchten (angepeilten) Punkt P (Abb. 13). – Auch das im Geologenkompaß eingebaute *Klinometer* beruht auf diesem Prinzip. Man benützt die gerade Kompaßseite als Visurkante. Eine Arretiervorrichtung für den Zeiger gestattet ein müheloses Ablesen nach der Peilung. – Die im Handel erhältlichen „Baumhöhen-", „Gefälls-", „Neigungswinkel-" oder „Böschungswinkelmesser" sind ähnlich konstruiert und variieren allenfalls das Grundprinzip. Meist enthalten sie mehrere Skalen, mindestens jedoch Prozent- und Gradskala. Die einfachsten von ihnen weisen eine kardanische Aufhängung und ein Lot auf. Man hält das Gerät vor das Auge und

Hangtypen	Neigungswinkelgruppierung (Standardgruppierungen)[1]				Benennung der Neigungsstärke	
	18 Gruppen	6 Gruppen	12 Gruppen[3]	9 Gruppen[4]		
EBENE	0° [2] 0 -0,9%	0° 0 - 0,9%	0° 0-0,9%	0° 0-0,9%	eben	
FLACHHANG	1° 1,0 - 2,6%		1° 1,0 -2,6%	1-3° 1,0- 6,0%	sehr	flachhängig oder flachgeneigt
	2° 2,7 - 4,3%		2-3° 2,7 - 6,0%			
	3° 4,4-6,0%	1- 7° 1,0-13,1%				
	4 - 5° 6,1 - 9,6%		4-7° 6,1 - 13,1%	4-7° 6,1- 13,1%	mässig	
	6 - 7° 9,7 - 13,1%					
MITTEL- geneigter HANG	8 - 11° 13,2 -20,3%		8 -11° 13,2-20,3%	8 - 15° 13,2-27,7%	mässig	mittelhängig oder mittelgeneigt
	12 -15° 20,4-27,7%	8 - 25° 13,2-47,6%	12-15° 20,4-27,7%			
	16 -20° 27,8-37,3%		16-25° 27,8-47,6%	16-25° 27,8-47,6%	stark	
	21 - 25° 37,4 -47,6%					
STEILHANG	26 - 30° 47,7 - 58,8%		26 - 35° 47,7 - 71,3%	26-35° 47,7-71,3%	mässig	steilhängig oder steilgeneigt
	31 -35° 58,9 -71,3%					
	36 -40° 71,4 - 85,3%	26-60° 47,7-176,7%	36-45° 71,4- 101,7%			
	41 -45° 85,4- 101,7%			36-60° 71,4-176,7%	sehr	
	46 -50° 101,8-121,3%		46-60° 101,8-176,7%			
	51 - 60° 121,4-176,7%					
WAND	61-90° ≧ 176,8%	61-90° ≧176,8%	61-90° ≧176,8%	61-90° ≧176,8%	wandig	
ÜBERHANG	>90°	>90°	>90°	>90°	überhängig	

Abb. 14:   *Klassifikation der Hangneigungsstärke nach verschiedenen Neigungswinkelgruppen,* Bezeichnung der neigungswinkelabhängigen Hangtypen und Begriffe für die Neigungsstärke (nach H. KUGLER 1974 b).

läßt es auspendeln. Danach wird der Geländepunkt neben der Skala angepeilt und eine gedachte Verlängerungslinie zur Skala gezogen, wo der Wert abgelesen wird. Am einfachsten ist der im Gegensatz zum eben beschriebenen Gerät vom Wind (weil er das Auspendeln stört) nicht beeinflußbare Handgefällsmesser „Necli" von BREITHAUPT zu handhaben, durch den nur durchgeblickt, das Einspielen der Skala abgewartet und dann abgelesen wird. Bei ihm braucht auch nicht mehr auf freie Aufhängung geachtet zu werden.

Um eine einwandfreie Ermittlung der Werte zu ermöglichen, müssen bei allen Geräten und Verfahren *Regeln* beachtet werden. Zunächst darf die Nadel nicht klemmen (Klinometer) bzw. muß das Gerät frei hängen (Böschungswinkelmesser). Beim Ablesen des Klinometers darf nur senkrecht auf die Nadel geschaut werden. Beim Meßvorgang selbst ist bei *allen* Verfahren beim Anpeilen eines Punktes die Körpergröße zu berücksichtigen. Der Zielpunkt wird immer in Augenhöhe gesucht, da beim Anpeilen des Erdbodens der Neigungswinkel größer oder kleiner als der wahre Winkel ist, je nachdem, ob bergab oder bergauf gemessen wird. Es soll ja die Neigung der Fläche und nicht die einer imaginären Linie zwischen Augenhöhe und Peilpunkt am Boden gemessen werden. Man visiert daher einen aufragenden Gegenstand in Augenhöhe an, so daß die Fläche aus ihrer Ebene in die Ebene der Augenhöhe verlegt wird. Um diesen Fehler zu vermeiden, kann auch die Messung am Boden liegend oder in der Hocke vorgenommen werden. Bei kurzen Strecken in flachem Gelände macht sich dieser Meßfehler am ehesten bemerkbar; je länger die Meßstrecke ist, desto geringer wird der Falschbetrag. Da aber der Geomorphologe zumeist sehr großmaßstäblich arbeitet (vor allem auch kartiert), die Strecken in der Regel also kurz sind, muß auf diese Fehlerquelle besonders geachtet werden.

In zahlreichen *Tabellenwerken* werden *natürliche Böschungswinkel* von Geröll, Kies, Sand usw. angegeben, die verschiedene Feuchte- und Mischungsgrade berücksichtigen. Mit Hilfe dieser Angaben lassen sich ebenfalls die Böschungswinkel ermitteln. Das Verfahren erbringt nur gute Ergebnisse, wenn im frischen Aufschluß gearbeitet wird. Da dem im Felde arbeitenden Geomorphologen nur in Ausnahmefällen frisches Material begegnet, d. h. solches ohne Vegetationsdecke und ohne stattgehabte Umlagerung, und nur selten eine Sortierung nach Korngrößen vorliegt, ist diese Technik für seine Zwecke wenig geeignet.

Neben der Bestimmung von Länge, Breite und Höhe der Niveaus sowie deren Hangneigungsstärke spielen auch die Sedimente für die Flächenbeschaffenheit eine bedeutende Rolle. Wie bei der Schilderung der einzelnen Meßverfahren deutlich wurde, lassen diese sich vielfach auch im Zusammenhang mit sedimentologischen Untersuchungen anwenden; dies dabei nicht nur aus der Perspektive „Fläche-Decksediment" oder „Fläche im Sediment", sondern auch losgelöst davon bei der Feststellung von Lagerungsart und Mächtigkeit der Schichten. Da den Sedimenten eine große Bedeutung bei der Altersbestimmung und genetischen Deutung von Flächen zukommt, erfolgt ihre Behandlung gesondert im nächsten Kapitel.

3.2.2.2 Korrelate Formen, Sedimente und Böden

Neben Lage, Gefüge, Gestalt und Größe ist auch die Reliefeigenschaft *„Baumaterial"* (Gestein; oberflächennaher Untergrund) zur Charakterisierung der Formen notwendig. E. J. Yatsu (1968) hält diesen Zusammenhang für so wesentlich, daß er eine „Landform Material Science" postuliert, innerhalb derer den Substanzen eng umrissene geomorphologische Aussagen und darauf abgestellte Arbeitsweisen zugeordnet werden. Dies ist insofern berechtigt, als – im Gegensatz zum Geologen – den Geomorphologen nur ganz bestimmte Gesteinsmerkmale interessieren, vor allem die Widerstandsfähigkeit gegen die Einflüsse der Verwitterung und die chemischen Eigenschaften der Gesteine. Bis zu einem gewissen Grade spielen auch die Lagerungsverhältnisse eine Rolle; dies ganz besonders bei den Lockergesteinen, in etwas geringerem Maße auch bei den Festgesteinen. Speziell die Altflächen-Geomorphologie hat ihr Augenmerk auf Gestein und Tektonik zu lenken. Siehe dazu auch Abbildung 2.

Die schon in ihrer Bedeutung herausgestellten Niveaus werden nicht allein im Mittelpunkt geomorphologischen Arbeitens stehen können (Abb. 15). Mindestens ebenso wichtig sind die von ihnen methodisch nicht zu trennenden korrelaten Sedimente: Entweder sind die Flächen im oder auf dem Sediment angelegt oder sie tragen eine Sedimentdecke. Geht man über diese einfache Beobachtungstatsache hinaus, wird man zu der Erkenntnis von der Korrelation zwischen Denudations- und Akkumulationsprozessen sowie ihren Formen kommen. Auf diesen Zusammenhang nimmt der aus dem Begriff „korrelate Sedimente" hervorgegangene *Korrelat*-Begriff (K. Hüser 1974; siehe Kap. 3.2.2) Bezug. Ausgehend von den korrelaten Sedimenten lassen sich auf Grund von Fazies, Mächtigkeit und Lagerung weitreichende Schlüsse hinsichtlich Alter und Entstehungsweise der Landformen ziehen. Dabei wird unter anderem auch von deren Formengestalt und ihrer Einordnung in die allgemeine Typologie der Relieffiguren ausgegangen, wobei als Grundlage u. a. auf die quantitative Formbestimmung im Rahmen der modernen Geomorphologie zurückgegriffen wird, die das Basismaterial für eine objektive Reliefformenbeschreibung liefert, aus der dann – im Zusammenhang mit den Sedimenten, oberflächennahen Gesteinen sowie den rezenten, relikten und fossilen Böden –

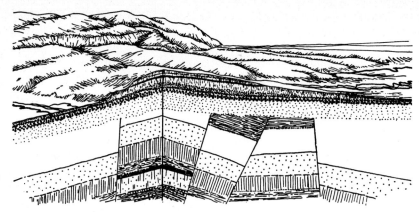

Abb. 15:   *Korrelate Formen und Sedimente als Grundlage geomorphologischen Arbeitens:*
Über die äußerliche Niveaubestimmung hinaus kann nach dem Prinzip der
Korrelate die Formengenese genauer angesprochen werden. Dies setzt jedoch
die Anwendung eines breiten Methodenspektrums voraus. – Beispiel: Pfälzer
Wald, Rheintalgrabenrand und Vorderpfälzer Tiefland. Mehrere grabenrand-
parallele Verwerfungen begrenzen die geomorphologischen Raumeinheiten.
Der Rand des Pfälzer Waldes ist ein stark zerschnittenes Stufenland, vor
welchem sich die Riedel mit den dazwischengeschalteten Schwemmfächern
ausbreiten. Im Anschnitt: mesozoische und tertiäre Schollen, gegeneinander
verkippt. Darüber: pliozäne Sande, von pleistozänen Flußschottern überdeckt.
Über den Schottern: Lösse mit fossilen Böden (schematisiert, nach Originalzeichnung von H. LESER 07. 09. 1963).

genetische Schlüsse gezogen werden. Dabei ist der *Formenkonnex,* wie er
sich im *Gefüge,* der Vergesellschaftung der Reliefformen ausdrückt, gleichfalls eine wesentliche Erkenntnisgrundlage, auf die auch das *„Prinzip von
den Korrelaten"* Bezug nimmt. Die angedeuteten Relationen gehen in der
Methode und im Ergebnis weit über die Ergebnisse hinaus, die aus dem
Studium der Akkumulations- und Erosionsformen allein resultieren, wobei
der Begriff „korrelate Sedimente" zunächst nur in Verbindung mit diesen
bzw. den damit verbundenen Prozessen gebraucht wurde. Die Grundge-
danken dieser geomorphologischen Methode, zuletzt ausführlicher bei P.
BIROT (1955) und O. MAULL (1958) behandelt, erfahren heute unter dem
Aspekt verfeinerter geomorphologischer Methoden eine Aufwertung. Wie
schon vor Jahrzehnten durch W. BEHRMANN angeregt wurde, muß die
Betrachtungsweise des Geomorphologen über die korrelaten Sedimente
hinaus zu *„korrelaten Landschaftsformen"* führen: Sedimente und Formen
müssen dabei durch den Einsatz der Theorie von den *Korrelaten* zueinander
in Beziehung gesetzt werden.

Das *Prinzip der Korrelate* hat einen weiten Anwendungsspielraum. Da kein Verwitterungsvorgang erfolgt, ohne daß nicht irgendwie Material abgetragen wird, muß immer eine Ablagerung(sform) in mehr oder weniger weiter Entfernung vom Ort der Denudation zu finden sein, an welchem sich Denudationsformen bilden. Da viele Punkte der Erdoberfläche mit alten und/oder jungen Sedimenten bedeckt sind, läßt sich faktisch für fast jedes Gebiet der Erde die geomorphologische Entwicklung unter diesen Aspekten sehen. Wenn das aber bisher bei zahlreichen Gelegenheiten noch nicht erfolgte, so muß die Ursache einerseits in den mangelhaften Aufschlußverhältnissen gesucht werden, andererseits in der geomorphologischen Methodik, die sich lange Zeit gegen den Einsatz verfeinerter Arbeitstechniken und die Verwendung anderer Ansätze (z. B. des geomorphologisch-ökologischen oder des geomorphologisch-sedimentologischen) sperrte. Arbeitet der Geomorphologe heute im Felde nach dem Prinzip der Korrelate, so muß er auch die geologischen, petrographischen und pedologischen Arbeitsweisen kennen.

Die verstärkte Anwendung des Prinzips der Korrelate, ausgehend von den „korrelaten Sedimenten", hatte die Herausbildung einer *pedologisch-sedimentologischen Arbeitsrichtung* innerhalb der Geomorphologie zur Folge, die inzwischen in alle Spezialfächer der physischgeographischen Subdisziplin Eingang gefunden hat – von der Karstforschung bis zur Rumpfflächengeomorphologie (von der traditionell ohnehin schon auf diese Weise arbeitenden Quartärgeomorphologie einmal abgesehen). Man erkannte bald, daß morphogenetische Ansprachen und morphochronologische Deutungen dadurch sicherer waren und daß die Untersuchung von Sedimentcharakter und Lagerungsverhältnissen des oberflächennahen Untergrundes es ermöglichen, paläogeographisch sauberer zu arbeiten, d. h. auch die vorzeitliche Morphogenese in einer der Geologie angenäherten Methodik und Arbeitstechnik zu verfolgen. Andererseits wird durch K. KAISER (1961) und andere Autoren nachdrücklich von einer *Überbewertung* sedimentpetrographischer und schotteranalytischer Untersuchungen gewarnt, auch wenn sie in vielen Fällen Hilfen sind, wo die sogenannte „morphologische Analyse" – die rein visuelle Beobachtung nach Figur und Gefüge – versagt. Unberücksichtigt bleiben oftmals Ungleichheiten in der vertikalen und horizontalen Sedimentverteilung, die die Verwendung von *Einzelprofilen bedenklich* erscheinen lassen. Erst Durchschnittswerte aus *Profilreihen* berechtigen, eine geomorphologische Einheit stratigraphisch und genetisch einzuordnen.

Mehr als die schon beschriebenen morphographischen Beobachtungen erfordern Aussagen zum oberflächennahen Untergrund eine Mithilfe von Nachbardisziplinen. Erst aus der Zusammenschau von Einzelfakten aus allen Bereichen erwächst die Aussage des Geomorphologen. Er wird allerdings nicht umhin können, gewisse grundlegende Untersuchungen aus dem Methodenkatalog der Nachbardisziplinen selbst durchzuführen. Eine kompilative Geomorphologie läßt sich heute nicht mehr betreiben: die selbst durchgeführte Analyse bestimmt die Arbeit des Geomorphologen. Zwar wird er bei ganz speziellen Techniken die Hilfe des Geologen, Mineralogen oder Pedologen in Anspruch nehmen müssen, doch kann er die Qualität von deren Untersuchungsergebnissen nur bewerten, wenn er einen Einblick in deren Arbeitsweisen besitzt (W. F. SCHMIDT-EISENLOHR 1966).

Das *Prinzip der Korrelate* (mit korrelaten Sedimenten und korrelaten Landformen) hat in hohem Grade *geographischen* Charakter, weil es raumbezogen ist, da die Formgestalten und ihre genetisch bedingten Vergesellschaftungen als raumzeitliche Phänomene untersucht werden. Selbstverständlich wird das Prinzip auch von Nachbarwissenschaften der Geomorphologie angewendet, wenn sie sich des geographischen oder auch des geomorphologischen Ansatzes bedienen. Dies ist legitim. In der Regel erfolgt die Anwendung durch diese jedoch unvollkommen, weil bestimmten Grundsätzen der geographischen Betrachtungsweise (z. B. dem systemaren und raumzeitbezogenen, d. h. im weiteren Sinne ökologischen Denken) nicht Genüge getan wird.

Allgemeine Feststellungen über korrelate Sedimente. Mehrfach schon wurde auf den komplexen Charakter der korrelaten Sedimente und Formen hingewiesen. Die angedeutete Tatsache, daß zu ihrer Bewertung und Deutung die geographisch-ökologische Betrachtungsweise eingesetzt werden muß, offenbart die zentrale Stellung der korrelaten Sedimente innerhalb des umfassenderen „Prinzips der Korrelate" und damit in der geomorphologischen Forschung. Der geographisch-ökologische Ansatz im „Prinzip der Korrelate" dokumentiert sich wie folgt: Zunächst werden sich die *Umweltbedingungen* im *Sedimentcharakter* widerspiegeln: Reliefverhältnisse vor und während der Sedimentation, Klimabedingungen in der Zeit der Denudation und während der Akkumulation, die aus dem Transportmedium ableitbaren Wasserverhältnisse und viele andere Einzelheiten sind erschließbar. Zum anderen die Frage des Herkunftsgebietes: sie ist aus der petrographischen Zusammensetzung teilweise deutbar. Hier muß eine Auslese des Materials durch Verwitterung, etwa im Zuge einer Klimaänderung oder während des Transportes, mitberücksichtigt werden. Außerdem kann aus den Denudationsformen und den Sedimenten erschlossen werden, wieso es zur Denudation kam, damit überhaupt erst Material angeliefert und akkumuliert werden konnte. Sowohl tektonische als auch klimatische Ursachen können dafür in Frage kommen. Erstere sind aus dem Reliefgefüge, letztere aus dem Sedimentcharakter erkennbar. Paläogeographische

Hinweise lassen sich aus dem Transportweg entnehmen, wo Sedimentspuren die räumlich-funktionale Verbindung zwischen Herkunfts- und Sedimentationsgebiet herstellen. Es können auch durch topographische Hindernisse (Formgestalt! Formengefüge!) oder durch Klimaänderungen verursachte Wandlungen in der Sedimentführung und damit der Materialzusammensetzung auftreten: Bestimmte Komponenten im Material werden auf diese Weise verkleinert oder vergrößert, angereichert oder beseitigt.

Ein zweiter Komplex der Betrachtung korrelater Sedimente umfaßt die Ablagerungen und das *Sedimentationsgebiet* selbst. Die Vorformung des Untergrundes ist häufig unter der Sedimentdecke noch auszumachen; dies ist oft eine Frage der eingesetzten Arbeitstechniken. Das gilt auch für die Feststellung des Charakters der Auflagerungsfläche: Besteht der Untergrund aus anstehendem Locker- oder Festgestein? Vielleicht sind auch mehrere Sedimentstockwerke auf dem Anstehenden ausgebildet. Das Sedimentations*medium* entscheidet über die Art der Lagerung, daneben auch nachträgliche Störungen, die die verschiedensten Ursachen haben können: solche tektonischer Art, auch solche durch nachträgliche Aufdeckung, Verschüttung oder klimatisch bedingte Umlagerung (siehe dazu besonders D. HENNINGSEN 1969).

Ansprache der Lockersedimente und Gesteine. Die Ansprache des Materials ist ebenso wichtig wie die Feststellung der übrigen Reliefeigenschaften, da der oberflächennahe Untergrund (Abb. 2) die Formen erst aufbaut. Der Schwerpunkt liegt eindeutig auf den Sedimenten (i. w. S.), weil die Gesteine vollkommen von der Geologie und ihren Nachbarwissenschaften untersucht werden (Petrographie, Mineralogie, Geochemie). Gewöhnlich wird eine erste Materialansprache im Gelände vorgenommen (siehe Kap. 3.6). Weitere Untersuchungen allgemeiner und spezieller Art können sich im Laboratorium anschließen (siehe Kap. 4). Dort sollten aber nur Fragen geklärt werden, die nicht in unmittelbarem Zusammenhang mit den Geländebeobachtungen stehen. Geländebeobachtungen lassen sich im Labor nicht mehr nachholen. Die Ergebnisse der Feldarbeit bilden bei der Ausarbeitung vielfach erst den Ausgangspunkt für Vertiefungen und Ausweitungen von entsprechend angesetzten Laboruntersuchungen. Eine sinnvolle Abstimmung von Gelände- und Laborarbeit aufeinander ist erforderlich. Schon bei Planung und Durchführung der Geländearbeit ist die Konzeption für die Laborarbeit zu bedenken und in den Ablaufplan (siehe Kap. 2.2) einzubauen.

Die Materialansprache kann nach petrographischen bzw. geologischen (Abb. 16) und pedologischen Gesichtspunkten erfolgen. Widerstandsfähigkeit oder Festigkeit und Chemismus der Gesteine stellen die zwei geomorphologisch wichtigsten Gesteinsmerkmale dar. Vom oberflächennahen Untergrund i. w. S. sind es die genetisch bestimmten Primäreigenschaften „stoffliche Zusammensetzung", „Grobgefüge" und „Feingefüge", welche geomorphologisch und geomorphologisch-ökologisch am bedeutsamsten sind (Abb. 17).

FESTGESTEIN

Chemismus		Genese	Art
anorganisch	schwer löslich	Magmatite sauer	Granite, Quarzporphyre, Liparite, Syenite, Porphyre, Trachyte u. a.
		intermediär	Diorite, Porphyrite, Andesite u. a.
		basisch	Gabbro, Diabas, Basalt, Peridotit, Pikrit u. a.
		Metamorphite	Gneise i. e. S.
			Quarzit, Hornfels, Amphibolite, Kieselschiefer
			Glimmerschiefer, Phyllit
		Sedimentite	Konglomerate, Brekzien
			magmatische Tuffe und Tuffbrekzien
			paläozoische, feste Sandsteine und Arkosen, Grauwacken
			mesozoische Sandsteine
			feinkörnige, dünnplattige Sandsteine, Letten, Schiefertone, Mergelschiefer, Tonschiefer
	leicht löslich	Metamorphite	Marmor
		Sedimentite	Dolomit, Kalkstein, Gips, Kalktuff
organisch			Kohlen

LOCKERGESTEIN

Klassifikation nach Eigenschaften Gesteinsarten						Klassifikation nach der Genese (Beispiele)			
Chemismus	Korngröße (mm)	Reine Fraktionen bzw. Bodenhauptarten			Gemische	Reine oder annähernd reine Fraktionen		Gemische	
		Kornrundung	Art			Genetischer Prozeß	Gesteinstyp	Genetischer Prozeß	Gesteinstyp
anorganisch / schwer löslich	> 200	I > 25 < 25	Blöcke	rund eckig	Löß, Lößlehm } Lehme { Mergel	marin glazigen	Strandblock Findling	periglazial-solifluidal	Soliflук-tionsschutt
	> 20	I > 25 < 25	Steine	Geröll, Schotter Schutt		glazial (äolisch)	Windkanter		
	> 2	I > 25 < 25	Kies	Kies Grus		fluvial	Flußkiese		
	> 0,5 > 0,2 > 0,05 > 0,02		Sand	Grobsand Mittelsand Feinsand Staubsand		äolisch	Dünensand		
								äolisch	Löß
	> 0,002			Schluff		limnisch	Seeton		
	≤ 0,002			Ton					
	leicht löslich	Einteilung wie oben bei hohem Gehalt an Kalk-, Dolomit- oder Gipsmaterial, z. B. Kalkschotter, Kalkton, Gipsschluff							
organisch		Moor Torf							

Abb. 16:   *Klassifikation der Gesteine für die geomorphologische Kartierung* (nach H. KUGLER 1964).

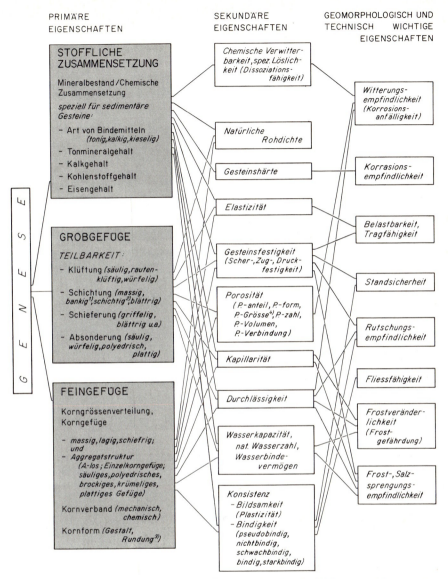

Abb. 17:   *Geomorphologisch wichtige Eigenschaften des oberflächennahen Untergrundes:* die von der Petro-, Tekto- und Pedogenese bestimmten primären Eigenschaften, die nach stofflicher Zusammensetzung sowie Grob- und Feingefüge unterschieden werden, haben chemische und physikalische (sekundäre) Materialeigenschaften zur Folge, aus denen sich wiederum geomorphologische und technische Konsequenzen ergeben (nach H. Kugler 1974 b).

Um den Ansatz anzudeuten hier nur soviel: aufgrund geologischer Vorkenntnisse, die vor allem sedimentologisch vertieft sein sollten, müssen vom Geomorphologen die wichtigsten Eigenschaften und Merkmale des oberflächennahen Untergrundes angesprochen werden können, weil sowohl Locker- als auch Festgesteine an der Formbildung beteiligt sind. Dabei geht es nicht um eine vordergründige „geologische" Materialansprache, sondern auch um weiterführende Erkenntnisse. So werden die Lockergesteine angesprochen auf Korngrößenverhältnisse, Zurundungsgrad, Schichtung und Lagerung. Diese Fakten geben Auskünfte über *weitere,* morphodynamisch und geomorphologisch-ökologische Eigenschaften (Porosität, Wasserdurchlässigkeit, Wasseraufnahmefähigkeit usw.), die Rückschlüsse auf das Verhalten gegenüber exogenen Prozessen (bzw. die Beteiligung an diesen) in der Vor- und Jetztzeit zulassen. So sind die Lockergesteine für den sedimentologisch arbeitenden Geomorphologen wichtige geomorphogenetische Erkenntnisquellen. Als Schotter, Löß oder Geschiebe sagen sie über Herkunft, Transportart und -weg sowie über die Klimabedingungen der Vorzeit etwas aus. Sie können aber auch als Sedimente vorliegen, so daß sie wieder Festgesteine bilden. Aber auch dann sind viele geomorphogenetisch wichtige Feststellungen möglich, die im Prinzip den Ausdeutungen der Lockersedimente stark ähneln. Ausführlich setzt sich D. HENNINGSEN (1969) mit der paläogeographisch-morphodynamischen Interpretation von Sedimenten auseinander. Bei den Festgesteinen ist das Prinzip der korrelaten Sedimente für den Geomorphologen komplizierter geworden, weil er sich damit in Bereiche der Geologie begibt, die ihm methodisch und arbeitstechnisch oft verschlossen sind. Die paläogeographische Arbeit mit Festgesteinen für die Formationen bis einschließlich Tertiär leisten in der Regel die Geologen. Allerdings wird der Geomorphologe auf diesen Untersuchungen aufbauen müssen, z. B. bei Arbeiten über das Altquartär. Er sollte sich aber darüber im klaren sein, daß er dann in sachlichen Bereichen arbeitet, die der klassischen Geomorphologie sehr nahe stehen, die sich durch einen engen Kontakt zur Geologie auszeichnete. Vom geomorphologisch-ökologischen Ansatz ist der Geomorphologe dann relativ weit entfernt. Hier entscheidet wohl auch die persönliche Interessenlage über die Schwerpunkte der geomorphologischen Forschung.

Ansprache der Böden. Die Böden spielen in vielen physischgeographischen Subdisziplinen als Gegenstand oder Indikator für Landschaftszustände eine große Rolle (G. HAASE 1969; E. MÜCKENHAUSEN 1975). Auf die funktionale Bedeutung des Bodens im Landschaftshaushalt und damit auch im Zusammenhang mit dem Georelief war schon hingewiesen worden (siehe Kap. 1.1). Der Boden ist zudem in methodischer Hinsicht interessant, weil zahlreiche geomorphologische Feld- und Laborarbeitsweisen im weiteren

Sinne sich mit dem Landschaftshaushaltsfaktor Boden, seiner Genese sowie seinem vor- und jetztzeitlichen Zustand, beschäftigen. Gute Beispiele für den methodischen Zusammenhang Boden-Relief bringen G. K. RUTHERFORD (1969) und R. L. WRIGHT (1973), welche die theoretische Relevanz geomorphologischer Einheiten zeigen, die in ihren ökologischen Umweltbeziehungen und in der Meßbarkeit der Oberflächenformen liegt.

Für modernes geomorphologisches Arbeiten ist die Kenntnis von Boden*art,* Boden*typ* und Boden*form* unerläßlich. Dabei erweist sich die Bodenartansprache am einfachsten, die der Bodenform am schwierigsten. Zunächst einige Definitionen:

Bodenart = ein durch eine bestimmte vorherrschende Korngrößengruppe und eine bestimmte mineralisch-petrographische Zusammensetzung gekennzeichnetes Bodenmaterial, aus dem der Boden unter anderem besteht.

Die Korngrößengruppen werden in das *Bodenskelett* (über 2 mm ⌀) und den *Feinboden* (unter 2 mm ⌀) unterteilt. Im einzelnen scheidet man aus (nach F. KOHL [2]1971):

Tab. 2: Korngrößengruppen des Bodenskeletts über 2 mm ⌀

eckig-kantige Formen (Steine, Schutt, Grus)		gerundete Formen (Kies, Gerölle, Geschiebe)		Korngrößen in mm ⌀
Grus	ffX	Feinkies (Grand)	fG	2 – 6
Feinsteine	fX	Mittelkies	mG	6 – 20
Mittelsteine	mX	Grobkies	gG	20 – 63
Grobsteine	gX	Gerölle		63 – 200
Blöcke		Blöcke		> 200

Tab. 3: Korngrößengruppen des Feinbodens unter 2 mm ⌀

Fraktion	Unterfraktion	Abkürzung	Äquivalentdurchmesser in μ		in mm	
Ton*	Feinton	fT		< 0,2		
T	Mittelton	mT	0,2 –	0,6		
	Grobton	gT	0,6 –	2		
Schluff	Feinschluff	fU	2 –	6	0,002	– 0,0063
U	Mittelschluff	mU	6 –	20	0,0063	– 0,02
	Grobschluff	gU	20 –	63	0,02	– 0,063
Sand	(Feinstsand	ffS	63 –	100	0,063	– 0,1)
S	Feinsand	fS	63 –	200	0,063	– 0,2
	Mittelsand	mS	200 –	630	0,2	– 0,63
	Grobsand	gS	630 –	2000	0,63	– 2

* Unterteilung der Tonfraktion bei Spezialuntersuchungen zweckmäßig.

Das Korngrößendreieck (Abb. 18) läßt die Ansprache und Unterscheidung von Korngemischen zu. Eine sehr brauchbare *Fingerprobe*-Technik bringt ebenfalls F. KOHL ([2]1971; auch in: H. LESER und G. STÄBLEIN 1975).

Bodentyp = das Ergebnis der Bodenentwicklung unter bestimmten ökologischen Bedingungen, die zur Ausbildung einer größeren Anzahl gemeinsamer Eigenschaften und Merkmale sowie einer charakteristischen Horizontabfolge führte, die den Bodentyp des Profils ausmacht.

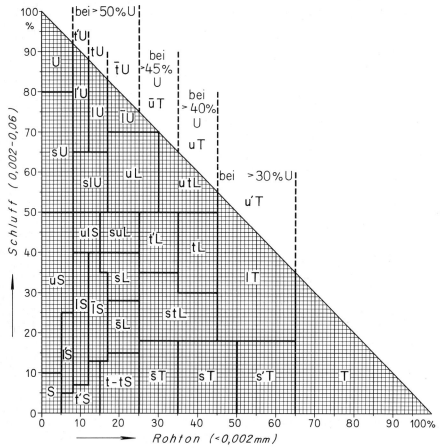

Abb. 18: *Korngrößendreieck zur Darstellung der Hauptbodenarten und ihrer Kombinationen. – Die Einteilung erfolgte auf Grund von Vergleichs-Fingerprobenansprachen und Korngrößenmessungen mit der KÖHN-Pipette (nach F. KOHL [2]1971).*

Diese Definition ist vor dem Hintergrund der allgemeinen Bodendefinition zu sehen, wie sie von verschiedenen Autoren (u. a. R. GANSSEN ^{2}1972; E. MÜCKENHAUSEN 1975; F. SCHEFFER und P. SCHACHTSCHABEL ^{8}1973) gegeben wird und die sich auch in der Funktionsgleichung B = f (Bodenbildungsfaktoren) (siehe Kap. 1.1) darstellen läßt.

Ein *Bodentyp* ist an seiner charakteristischen Horizontabfolge festzustellen, deren Physiognomie und pedogene Merkmale der Geomorphologe erkennen und ansprechen muß. Physiognomie und Pedofunktionalität werden von den ökologischen Bedingungen am jeweiligen geographischen Ort bestimmt, an welchem sich der Boden unter vor- und/oder jetztzeitlichen Verhältnissen entwickelt(e). Das hat zur Konsequenz, daß die Ansprache der Bodentypen nicht nur für die *rezenten* (= unter jetztzeitlichen ökologischen Bedingungen entstandenen) Böden relevant ist, sondern daß die gleichen Eigenschaften und Merkmale auch bei den *relikten* (= an der Erdoberfläche befindlichen und gegebenenfalls auch bewirtschafteten, jedoch nicht unter heutigen ökologischen Bedingungen entstandenen, wohl aber unter diesen *erhaltenen* Böden) und den *fossilen* (= begrabenen, d. h. nicht unter heutigen, sondern unter vorzeitlichen ökologischen Bedingungen entstandenen und dann durch Sedimente überdeckten Böden) von Bedeutung sind. Auch die fossilen Böden werden wie die rezenten auf die üblichen Horizontmerkmale angesprochen. Die Horizonte und ihre Beschreibung enthalten alle bodenkundlichen Lehrbücher (u. a. R. GANSSEN ^{2}1972; F. KOHL ^{2}1971; I. LIEBEROTH ^{2}1969; E. MÜCKENHAUSEN 1962, 1975; F. SCHEFFER und P. SCHACHTSCHABEL ^{8}1973; E. SCHLICHTING und H.-P. BLUME 1969; D. SCHROEDER 1969). Eine Auswahl wichtiger Horizonte wird F. SCHEFFER und P. SCHACHTSCHABEL (^{8}1973) entnommen:

0		organische Horizonte auf dem Mineralboden aufliegend
0_1	A_{00}	(l: von litter = Streu) Laub- und Nadelstreu-Auflage, nicht zersetzt
0_f	A_{01}	(f: von fermentation layer) Auflage von sich zersetzenden Pflanzenresten mit makroskopisch erkennbaren Pflanzenstrukturen
0_h	A_{02}	(h: von Humus) Auflage stark zersetzter organischer Substanzen (Feinhumus) ohne erkennbare Pflanzenstrukturen
A		ein im oberen Teil des Solums gebildeter, humoser oder eluierter Horizont
(A)		sehr schwach entwickelter, belebter A-Horizont ohne sichtbare Humusfärbung
A_p		durch Pflugarbeit beeinflußter Teil des A-Horizontes
A_h	A_1	(h: von Humus) durch organische Substanz dunkel gefärbter Mineralbodenhorizont

A_e A_2 (e: von Elution) gebleichter, meist hellgrauer Eluvialhorizont der Podsole; bei der Zahlenindizierung auch Bezeichnung eines im A-Horizont auftretenden zweiten Subhorizontes ohne Bleichung (z. B. A_1 und A_2 der Schwarzerde)

A_l A_3 (l: von lessivé = ausgewaschen) aufgehellter, an Ton verarmter Horizont in Parabraunerden

     B   verbraunter, zum Teil illuierter Horizont unter dem A-Horizont

B_v (B)   (v: von verwittert) durch Mineralverwitterung verbraunter Horizont, zum Teil mit Tonneubildung, aber ohne Fließstrukturen und Illution, Bodenkolloide aggregiert (typisch für Braunerde)

B_t (t: von Ton) B-Horizont mit Fließstrukturen und Tonillution (typisch für Parabraunerde)

B_h B_1 (h: von Humus) Subhorizont des B-Horizontes mit starker Illution von Huminstoffen (typisch für Podsol) und Sesquioxiden, deren Farbe vom Humus überdeckt wird

B_s B_2 (s: von Sesquioxid) Subhorizont des B-Horizontes mit starker Färbung durch angereicherte Sesquioxide (typisch für Podsol)

     C   Ausgangsgestein, aus dem der Boden entstand (Untergrund);

C_v C_1 (v: von verwittert) durch physikalische Verwitterung meist im Pleistozän gelockertes Gestein (bei festen Gesteinen) oder entkalkter, aber noch nicht verbraunter Löß

C_n C_2 (n: von novus = frisch, unversehrt) unverwittertes Gestein

     D   Gestein des Untergrundes dicht unterhalb des Solums, das anders beschaffen ist als das Gestein, aus dem das Solum hervorgegangen ist

     G   (G: von Gley) durch Grundwasser beeinflußter Horizont

G_o (o: von Oxydation) Oxydationshorizont im Schwankungsbereich der Grundwasseroberfläche

G_r (r: von Reduktion) Reduktionshorizont im Bereich ständigen Grundwassers

g,S   (g: von gleyartig; S: von Stauwasser) durch Stauwasser beeinflußter Horizont

ca   (ca: von Calciumcarbonat) mit $CaCO_3$ angereicherter Horizont

sa   (sa: von Salz) mit Salz angereicherter Horizont

T   (T: von Torf) Torfschicht

P	(P: von Pelosol) entkalkter, aufgeweichter Verwitterungshorizont unter dem A-Horizont von Tonböden, oft auch als C_v-Horizont bezeichnet
M	(M: von migrare = wandern) am Hangfuß als Kolluvium oder in Auen als Hochflutablagerung sedimentiertes Material erodierter Böden
f	(f: von fossil) Symbol, das zur Kennzeichnung fossiler Bodenhorizonte der Horizontbezeichnung vorangestellt wird, z. B. fA_h.

Bodenhorizonte sind nur in den seltensten Fällen von einem Merkmal bestimmt. Meist kommen mehrere miteinander vor, so daß die Zuordnung des Horizontes zu dem einen oder anderen Symbol nicht ohne weiteres möglich ist. Das gilt auch für »Übergangshorizonte« zwischen zwei verschiedenen Horizonten. Die Horizontsymbole werden bei solchen Gelegenheiten kombiniert, wobei der Horizont mit den dominierenden Merkmalen erst *nach* dem Symbol des Horizontes aufgeführt wird, dessen Merkmale zurücktreten. Wenn z. B. bei zwei verschiedenen Horizonten C- und B_t-Merkmale dominieren, Ca- und B_v-Merkmale hingegen zurücktreten, ordnet man die Symbole wie folgt an: CaC; B_vB_t.

Bodenform = auf die Bedürfnisse der Bodenkartierung und der Praxis zugeschnittene spezielle bodensystematische Einheit, die alle lokal oder regional verbreiteten Böden umfaßt, die in ihren bodensystematischen und praktisch wichtigen Eigenschaften soweit übereinstimmen, daß sie sowohl dem gleichen Bodentyp angehören als auch für Nutzung, agrotechnische Behandlung und Melioration als im wesentlichen gleichartig angesehen werden können.

Die von I. Lieberoth (1966; 1971) gegebene Definition unterscheidet zusätzlich noch Haupt- und Lokalbodenformen. Bei den Hauptbodenformen sind lokale oder regionale Differenzierungen *un*berücksichtigt geblieben: „Die Hauptbodenform bringt die gemeinsamen Merkmale von Böden zum Ausdruck, die dem gleichen Substrattyp und dem gleichen Bodentyp oder -subtyp angehören und damit im Substrat sowie in der Horizontabfolge innerhalb der oberen 8 bis 12 dm weitgehend übereinstimmen." – Die Boden*formen*ansprache wird speziell bei *geomorphologisch-ökologischen* Arbeiten vorgenommen. Sie ist, wegen der Kennzeichnung von Substrattyp *und* Bodentyp, universell auswertbar. Für die reguläre geomorphologische Feldarbeit reicht die Bodenart- und Bodentypbestimmung aus, während die Landschaftsökologie ohne Bodenformenansprache nicht mehr auskommt.

Der *Bodentyp* besitzt, wegen seines Charakters als definitorisches Merkmal für den rezenten und/oder vorzeitlichen Landschaftshaushalt, überragende Bedeutung für die geomorphologische Methodik. Deswegen muß auf ihn unter diesem Aspekt noch eingegangen werden.

Es ist bekannt, daß eine Reihe von Faktoren die *Bodenbildung* beeinflußt. Es kommt zum Zusammenwirken von Ausgangsgestein (= oberflächennahem Untergrund), Relief, Klima (mit Zuschußwasser), Lebewelt und Zeit (siehe Kap. 1.1). Dieser Faktorenkomplex, der in der Bildung von Bodentypen seinen Ausdruck findet, läßt sich auf methodischem Wege wieder auflösen, so daß aus dem Bodentyp auf die Substrat-, Relief-, Klima-, Wasserhaushalts- und Vegetationsverhältnisse zur Bildungszeit des Bodens geschlossen werden kann. Weil nun Bodentypen auch fossilisiert vorkommen, kann man die Bodenbildungsbedingungen für die Vorzeit, hauptsächlich Quartär und Tertiär, erschließen. Neben verschiedenen paläogeographischen Sachverhalten ist aus diesen Böden in der Regel das Bildungsalter ableitbar, wobei sich auf mineralogische, geologische, palynologische, vorgeschichtliche und geobotanische Tatsachen mitabgestützt werden muß. Unter Beachtung des „Prinzips der Korrelate" und der Beziehung Boden-Relief bieten die fossilen Böden eine wichtige Datierungsmöglichkeit für die Landformen. – Liegen *Vorzeitböden* an der rezenten Oberfläche, so spricht man von *Reliktböden*. Sie unterliegen den klimatischen Einflüssen der Jetztzeit. Sie verlieren dabei allmählich ihren ursprünglichen Charakter. Manchmal machen sie aber auch nach Degradationsphasen eine Regradationsphase durch, so daß sich die ursprünglichen Eigenschaften wieder einstellen. Erhalten konnten sich Reliktböden nur an wenigen, begünstigten Stellen, wie die aus der postglazialen Wärmezeit stammenden Schwarzerden in den auch heute noch trockenen und steppenartigen Börden und Gäuen des sonst feuchten Mitteleuropas. Lassen sich solche differenzierten Boden- und damit Klima- bzw. Landschaftswandel in Beziehung zu den Reliefformen und ihrer Genese setzen, kann selbst für kurze Zeiträume – wie das Postglazial – eine fein gegliederte Rekonstruktion der geomorphologischen Entwicklungsphasen gegeben werden. Leider sind die lokalen Aufschlußverhältnisse und die Erhaltungsbedingungen der Böden nicht überall so beschaffen, daß eine lückenlose Abfolge der Morphogenese erarbeitet werden kann.

Wegen der Bedeutung der Bodentypen für die geomorphologische Arbeit sollen einige von ihnen durch charakteristische Horizontsymbolabfolgen dargestellt werden. Dazu ist zu bemerken, daß bei fossilen Böden gelegentlich die *gleiche* Abfolge der Horizonte wie bei rezenten Bodentypen auftreten kann. Durch postpedogenetische und postsedimentäre Prozesse (siehe Kap. 3.2.2.2.4) ist jedoch häufig nur noch ein Horizont aus dieser Abfolge erhalten. Dadurch kann es Schwierigkeiten bei der Rekonstruktion des Bodentyps geben, da gewisse Horizonte in *verschiedenen* Bodentypen in zumindest ähnlicher, manchmal sogar gleicher Ausprägung auftreten können. Der sachliche Kontext, methodisch aufgeschlossen durch das „Prinzip der Korrelate", engt die in Frage kommenden Bodentypen dann aber doch wieder stark ein, so daß meist gute Sicherheiten auch für die Ansprache von Einzelhorizonten gegeben ist. Das Verfahren setzt natürlich eine gründliche Kenntnis der rezenten Bodentypen voraus. Typische Profile europäischer Bodentypen wären folgende Horizontabfolgen (u. a. nach W. KUBIËNA 1953; E. SCHLICHTING und H.-P. BLUME 1966; F. SCHEFFER und P. SCHACHTSCHABEL [8]1973):

Terrestrische Böden

(A)–C oder (A)–C_v–C_n	Syrosem	Rohboden*)
A_h–C oder A_h–C_v–C_n	Ranker	silikatisch(kieselig)
A_h–C oder A_h–C_v–C_n	Rendzina	kalkig, humusreich
A_h–B_v–C oder A_h–B_{av}–C	Terra fusca	tonig über kalkig
A_h–C	Pararendzina	mergelig
A_h–C oder A_h–A_{hc}–C		
oder A_h–A_hC–CaC–C	Tschernosem	mergelig
A_h–B_v–C oder A_v–B_v–C_v–C_n		
oder A_h–B_v–CaC–C	Braunerde	meist silikatisch
A_h–A_l–B_t–C oder		
A_h–A_{vl}–B_{vt}–C_{cv}–C	Para-	Tonverlagerung
	braunerde	
A_h–A_{el}–B_t–B_v–C	Fahlerde	Tonverlagerung stark
O–A_h–A_e–B_h–B_s–C oder		
O_l–O_f–O_h–A_h–A_e–B_h–B_s–C	Podsol	Bleichung über Anreicherung
A_h–C_a–C_n oder A_h–B_a–C		
oder A–C oder A–P–C	Pelosol	tonig, mergelig
A_h–S_w–S_d oder A_h–B_g–C		
oder A_h–g–C	Pseudogley	Fe-, Mn- und Al-Verlagerung
O–A_h–A_{eg}–B_g–C	Stagnogley	Fe-, Mn- und Al-Verlagerung
oder Ag–g–C		stark

Semiterrestrische Böden

A_h–G_o–G_r oder A_h–G_o	Gley	stark wasserbestimmt
A_h–G_{ck}–G_r	Mullgley	Ca- und O_2-reiches Grundwasser

---

*) In dieser Kolumne: Ausgewählte Besonderheiten des Profils in Mineral- und Humuskörper oder besondere pedogene Merkmale.

$O–A_h–G_o–G_r$	Modergley	Oberbodenvernässung
$O–A_hG_oG_r$ oder $AG_o–G_r$	Anmoor(gley)	humusreich/anmoorig
$A_h–G_oC–CG_r$	Jungmarsch	silikatisch, Küsten-sedimente
$A_h–G_o–G_r$ oder $D/G_o–D/G_r$	Altmarsch	tonig, Küstensedimente
$(A)–C$ oder $(A)–CG_o$	Rambla	Auesediment, Rohboden
$A_h–GC$ oder $A_h–C$	Paternia	Auesediment, kalkhaltig
$A_h–GC$ oder $A_h–C$	Borowina	Auesediment, stark kalk-haltig, rendzinaartig
$A_h–B_v–CG$ oder D/B_v oder		
$A_h–B_v–G_o$	Vega	Auesediment, Fe–oxide
$A_h–C$ oder $A_h–Ca–C$	Smonitza	tonig, kalkreich
$T_h–G_r$	Niedermoor	stark humos, nährstoff-reich
$T_f–T_{hf}$	Hochmoor	nährstoffärmer

Ein wichtiges Merkmal für die Bodenansprache, speziell die Bestimmung der Bodentypen, ist die Feldansprache des *Bodengefüges* (H. KOEPF 1963). Es repräsentiert die räumliche Anordnung der bodenbildenden Gemengeteile im Boden. Unterschieden wird zwischen *Makro-* und *Mikrogefüge.* Ersteres wird im Gelände bestimmt (Abb. 19), letzteres bei Dünnschliffuntersuchungen unter dem Mikroskop (W. KUBIËNA 1967; W. L. KUBIËNA, W. BECKMANN und E. GEYGER 1961). H.-J. FIEDLER und H. SCHMIEDEL (1973) beschreiben die wichtigsten Gefügeformen, E. SCHLICHTING und H.-P. BLUME (1966) geben in Anlehnung an E. MÜCKENHAUSEN (1963) folgende Tabelle zur Bestimmung der Gefügeform (Tab. 4).

Beispiele für den Zusammenhang Korrelate-Genese und die Probleme der Materialerhaltung. Formen, Sedimente und Böden bilden einen *genetischen Zusammenhang,* der sich als wichtiges Prinzip geomorphologischen Arbeitens erweist. Diese „Korrelate" resultieren aus der Entwicklung der landschaftlichen Ökosysteme der Erde, die sich auch unter dem Aspekt „Geomorphogenese" betrachten lassen. Als Einstieg in die genetische und chronologische Ansprache der Formen dienen die Böden und Sedimente. Entscheidendes Kriterium, vor allem auch für die flächendeckende Aussage über die Formengestaltentwicklung, die daran beteiligten Prozesse und das Alter dieser, bilden in erster Linie die Sedimente. Ihre Zuordnung zu morphogenetischen Prozessen kann meist eindeutig erfolgen, wozu neben der Feldbeobachtung auch die weiterführenden Labortechniken kommen (siehe Kap. 4). Im Feld wird der Geomorphologe zuerst die Frage nach der *Entstehung der Sedimente* stellen, um dann darauf aufbauend seine morphogenetischen und morphochronologischen Untersuchungen durchzufüh-

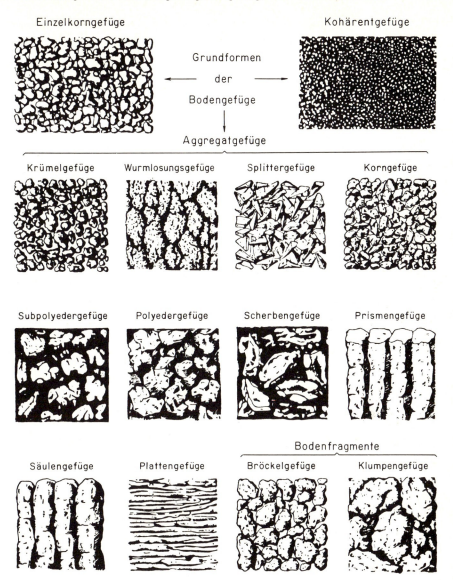

Abb. 19:   Wichtigste Gefügeformen des Bodens (nach F. KOHL ²1971)

Tab. 4: Bestimmung der Gefügeform im Gelände nach Vorhandensein, Form, räumlicher Anordnung und Gefügebesonderheiten (nach E. SCHLICHTING und H.-P. BLUME 1966).

Diagnostische Merkmale	Gefügeform	Aggregat-größe (in mm)	

1. Vorhandensein von Aggregaten
  a. Keine Aggregate

Primärpartikel (z. B. Sandkörner) lose gelagert	Einzelkorn – (sin)		
Primärpartikel (z. B. Sandkörner) zusammenhängend	Kohärent – (koh)		
b. Primärpartikel allseitig von gefällten Stoffen umhüllt	Hüllen – (hül)		
c. Boden aggregiert s. 2.			

2. Form der Aggregate

a. Aggregate abgerundet, oft traubig-nierig Ø 1 bis mehrere mm	Krümel – (krü)		
Krümel zu größerem Aggregat verklebt	Schwamm – (schw)		
b. Aggregate gerinnselartig, Ø < 0,5 mm	Feinkoagulat – (gri)		
c. Aggregate ± scharfkantig, s. 3.			

3. Räumliche Orientierung der Aggregate

		fein	grob
a. Aggregate nicht orientiert (Breite = Länge)			
mit rauhen Flächen	Subpolyeder – (sub)	<5	>20
mit glatten Flächen	Polyeder – (pol)	<5	>20
b. Aggregate vertikal orientiert (Breite < Länge)			
mit rauher Kopffläche	Prismen – (pris)	<20	>50
mit gerundeter Kopffläche	Säulen – (säul)	<50	>50
C. Aggregate horizontal orientiert (Breite > Länge)	Platten – (plat)	dünn <2	dick >5

4. Besonderheiten des Gefüges

a. In Aggregaten oder kohärenten Massen			
Kalk-, Gips-, Eisen- und/oder Manganklümpchen	Konkretionen (ko)		
Tierschalen, Ziegelbrocken, Holzkohle usw.	Einschlüsse		
b. Auf Aggregatoberflächen			
Eingeregelte Eisenoxid-, Ton- und/oder Humus-überzüge	Wandbeläge (Häu)		

Diagnostische Merkmale	Gefügeform	Aggregat-größe (in mm)
Körnige Kalk-, Gips-, Kochsalz-, Eisenoxid- und/ oder Kieselsäure-Überzüge	Krusten (Kru)	
Hauchdünne, stengelige Kal-, Gips- und/oder Kochsalzanflüge	Pseudomycelien (My)	

ren. C. A. M. KING (1966) nennt folgende morphogenetisch relevante Sedimentkategorien: Restablagerungen, organische Ablagerungen, äolische Ablagerungen, Ablagerungen durch Massenbewegungen, periglaziale und nivale Ablagerungen, glaziale Ablagerungen, fluvio-glaziale Ablagerungen, ästuarine und Deltaablagerungen, marine Küstenablagerungen und submarine, küstenferne Ablagerungen. Diese Sedimente gehen auf charakteristische morphodynamische Prozesse zurück und sind, bei rezenter Ablagerung, in den Konnex des Formengefüges der Landschaften eingegliedert, sofern sie nicht ohnehin die Formen selber bilden. Handelt es sich um vorzeitliche Sedimente, gelten die gleichen Prinzipien – nur, daß die Ansprache infolge des fossilen oder reliktischen Charakters der Formen bzw. Sedimente die gegenseitige räumliche Zuordnung, die Deutung der abgelaufenen Prozesse und die Alterseinstufung erschwert sind. – Fünf der einfachsten Fälle von Sedimentbildung werden im folgenden im Hinblick auf ihre morphogenetische Wertigkeit kurz charakterisiert: fluvial, limnisch, glazial, äolisch und marin.

Beim Arbeiten auf dem Festland wird der Geomorphologe allerorten mit *fluvialen Sedimenten* konfrontiert, die als Schotter- und Kiesbänke und aus ebensolchem Material aufgebaute Flächen und andere Formen, z. B. als Schwemmkegel oder als Terrassen, auftreten können. Auch Auesedimente gehören hierher. Fluviale Sedimente sind in der Regel an der Gestalt ihrer Grobkomponenten über 2 mm ⌀ zu erkennen, die über den Zurundungsgrad mit Hilfe der morphometrischen Schotteranalyse ermittelt wird. Auch die Feinanteile lassen einen typisch fluvialen Bearbeitungsgrad erkennen. Die Verteilung der in der Grob- und Feinsedimentanalyse ermittelten Korngrößen- und Zurundungsklassen gibt dann Auskunft über die Art des Transports. Lagerung und Schichtung der Sedimente im Aufschluß ermöglichen Rückschlüsse auf Transportrichtung, Agens[13] und Fließgeschwindig-

---

[13] H. KUGLER (1974 b) schlägt aus sachlichen und sprachlichen Gründen die Verwendung des Begriffes „Agens" anstatt „Medium" vor, der in geomorphologischen Lehrbüchern immer wieder gebraucht wird. Agenzien *wirken auf* Objekte bzw. Medien. Medien sind Bereiche, in bzw. an denen sich Prozesse abspielen: „Medium der Reliefbildung ist somit stets die Geodermis [= Erdhülle]."

keit. – Schuttkegel bilden sich, wenn das Material mehr stürzt als fluvial transportiert wird. Man unterscheidet dann nach dem Zurundungsgrad: Schuttkegelmaterial ist eckig, Schwemmkegelmaterial zugerundet. Werden alte Talböden oder Schwemmkegel zerschnitten, entstehen Flußterrassen. Sie können von anderen Sedimenten (Solifluktionsschutt, äolischer Löß, Schwemmlöß, Sturzschutt etc.) überlagert werden. Ging dieser Überdeckung, die geobotanische und vorgeschichtliche Zeitmarken einschließen kann, noch eine Zeit der Bodenbildung voraus und werden die Böden durch die Überdeckung fossilisiert, steht ein klimatisch, ökologisch und chronologisch sowie morphodynamisch zu interpretierendes Material bereit, das in der Aussage weit über die Schlüsse aus der einfachen Ordnung der Terrassenflächen nach Niveaus hinausgeht. – Die fluviale Morphodynamik kann auch für geologisch-geomorphologisches Arbeiten als Ansatz dienen, z. B. bei der sukzessiven Abräumung von Gesteinsserien und deren Akkumulation in einem bestimmten Gebiet. Hier lassen sich die Zeitpunkte der Entblößung des jeweiligen Liegenden gut bestimmen. Klassisches Beispiel dafür: Abräumen der aufsteigenden Randgebirge des Oberrheingrabens und Sedimentation des denudierten Materials, nach fluvialem Transport, im Grabenbereich. Dies ist sowohl ein Beispiel für korrelate Sedimente als auch für korrelate Formbildung (Abb. 15).

Im Ufer- und Wasserbereich von Seen kommen die *limnischen Sedimente* vor. Es sind meist durch mechanische Verwitterung entstandene klastische Sedimente. Von Kalk-, Eisen- und organischen Sedimenten im limnischen Bereich besitzen hauptsächlich Moorbildungen Bedeutung, da sie Pollen enthalten können, deren Sequenz für die Bestimmung der pleistozänen und postglazialen Vegetations- und Klimaphasen wichtig ist. – Klastisches Material wird den Seen durch die fließenden Gewässer zugeführt. Es kommt zu Deltabildungen, die eine charakteristische Materialsortierung aufweisen. Feinere Partien am Seegrund können darüberhinaus jahreszeitlich geschichtet sein. Sie bilden Zeitmarken sowohl für die postglaziale als auch für die pleistozäne Chronologie (Warven). Geomorphologisch aussagekräftig sind Seeufergerölle, die auf Brandungsplattformen unterschiedlicher Höhe (Seeterrassen) liegen können. Verwitterungs- und Zurundungsgrad sowie Matrixbeschaffenheit der Sedimente geben über die morphogenetischen Prozesse Auskunft. Auch hier können fossile Böden auftreten, deren genetische Funktion und stratigraphischer Wert solchen auf Flußterrassen gleichen.

Vielfältig sind die *glazialen Sedimente*, die durch Gletscherarbeit entstehen. Die in verschiedenen Formen vorliegenden Moränen setzen sich aus unsortiertem Material zusammen, das meist eckig fazettiert, gekritzt oder schwach kantengerundet ist. Das Zwischenmittel, die Matrix, bildet der tonige bis sandige „Geschiebelehm". Aussagekräftig ist die petrographische Zusammensetzung: Die Geschiebe der Moränen lassen deutlich jeweils ein oder mehrere Herkunftsgebiete erkennen. „Leitgeschiebe" haben Wege über große Gebiete hinweg zurückgelegt; „Lokalgeschiebe" sind regionalen Ursprungs und räumlich nur beschränkt verbreitet. Auch an glazialen Grobsedimenten werden Einregelungsmessungen und Rundungsgradbestimmungen vorgenommen, um Feinheiten von Transportart und -weg zu ermitteln. Kompliziert wird das klare Bild der Gletscherablagerungen durch die Verschachtelung mit fluvialen Sedimenten, die im Gletschervorland auftreten, wo die Schmelzwässer erodieren und akkumulieren. Typische glazifluviale Sedimente sind die Sanderflächen. Fossile Böden und verschiedene Decksedimentarten (Lösse, Frostschutt, Solifluktionsschutt, Flugsand) haben die schon erwähnte stratigraphisch-morphochronologische Bedeutung auch im glazialen Akkumulations- und Erosionsbereich. – Unter kaltzeitlichen Klimabedingungen ist selbstverständlich die Verwitterungsauslese durch das Zurücktreten der chemischen Prozesse schwächer; es kommen also auch sonst leicht verwitternde Kalke, Sandsteine, Konglomerate und Schiefer als Geschiebe vor.

In Gebieten mit schütterer oder fehlender Vegetation (Küsten, Wüsten, Steppen, Periglazialbereich) wird die Formenbildung durch Wind möglich. *Äolische Sedimente* zeugen u. a. davon. Charakteristisch sind die strengen Sortierungen nach Korngrößen. Die Materialien, etwa Quarzkörner, weisen dann mikroskopisch feststellbare Mattierungen auf. Gleichzeitig können die Komponenten auch charakteristische Zurundungen zeigen, die auf fotografischen Vergrößerungen des Mikroskopbildes – ähnlich der Schotterzurundungsmessung bei der Grobsedimentanalyse – ausgemessen werden können. Die als Dünen unterschiedlichster Gestalt anzutreffenden äolisch akkumulierten Sande bestehen hauptsächlich aus Quarz, weniger aus Kalk oder anderen Gesteinen. Eine zumeist scharfe Verwitterungsauslese führt zu hohen Quarzanteilen der Sande. Quarz bildet auch den Hauptanteil der äolisch transportierten Staubsedimente, von denen der Löß das wichtigste ist. Je nach Korngrößenverteilung und Mineralzusammensetzung, die sich durch Analysen ermitteln lassen, kann man den Löß auf Transportweg und Herkunftsgebiet hin bestimmen. Die im Löß häufig enthaltenen fossilen Böden verschiedenen Typs gehören mit zu den besten Datierungshilfen der morphochronologischen Arbeiten, zumal sie im Zusammenhang mit dem ihnen zugrundeliegenden Löß zahlreiche Schlüsse auf den vorzeitlichen Gesamtlandschaftszustand ermöglichen. Lösse und darauf entwickelte fossile Böden bilden beste Grundlagen für paläoökologisches Arbeiten. Das rasche Reagieren auf Wasser (Schwemmlöß) und Solifluktion (Solifluktionslöß) macht den Löß, auch wenn er keine fossilen Böden enthält, zu einem wichtigen Indikator der Klima- und Landschaftsgeschichte. Auch Pollenanalysen von Lößsedimenten können mit Erfolg durchgeführt werden.

Viele Möglichkeiten bestehen, um rezente *marine Sedimente* zu gewinnen. In den meisten Fällen ist dazu ein großer technischer Apparat erforderlich, über den die Ozeanographen verfügen. Unter normalen Umständen arbeitet der Geomorphologe an der Küste ohnehin paläogeographisch, d. h. vorzeitlich orientiert. Im Uferbereich oder im Meer selbst treten Küstenterrassen auf, wo sich marine Gerölle finden lassen. Meist sind sie sehr gut abgerundet. Entstanden sie bei submarinen Rutschungen, sind die Kanten eckig. Schotteranalysen lassen Trennung des marinen Sediments vom fluvialen Material zu, die gelegentlich miteinander verzahnt auftreten. Matrixart und -mengen sowie deren Lagerungstyp sind sehr verschieden. Der Matrixanteil ist bei vorzeitlichen marinen Sedimenten meist gering. Auch marine Sande können durch Korngrößenanalysen bestimmt werden. Morphoskopische Untersuchungen unterrichten über die Ablagerungsbedingungen: Quarze von Küstensanden sind glänzend und kantengerundet. Das Mineralspektrum der marinen Sande läßt auf die Transportdauer schließen. Tone, als weiterer mariner Sedimenttyp, werden tonmineralogisch auf Herkunft und Zusammensetzung untersucht.

Die hier beschriebenen Sedimenttypen kommen selten in „reiner" und ungestörter Form vor. Meist wurden sie postsedimentär verändert. Nach dem „Prinzip der Korrelate" haben jedoch die *postsedimentären Veränderungen* von Ablagerungen oder auch die *„Überprägungen"* von Böden durch andere Klimaverhältnisse oder auch deren Umlagerung und Fossilisation ebenfalls morphogenetische Aussagekraft. Wenn oben zunächst (siehe Kap. 3.2.2) „reine" Bedingungen für die Feldanalyse gefordert wurden, so muß jetzt betont werden, daß diese Forderung postsedimentäre Veränderungen selbstverständlich miteinschließt: diese gehören zum „Normalablauf" der Sediment-, Boden- und Morphogenese. „Rein" bedeutete klare Aufschlußverhältnisse mit der „richtigen Versuchsanordnung der Natur" (J. BÜDEL 1971). Die Frage der postsedimentären Veränderungen ist übrigens auch ein Betrachtungs- und Maßstabsproblem. Was vielleicht für den Geologen, mit der anderen Zielrichtung seiner Arbeit und seinem weit in die Erdkruste hineinreichenden Gegenstand Gestein „unverändert" bedeutet, kann für den an der Erd*hülle* arbeitenden Geomorphologen das Gegenteil sein. Schon geringfügige Änderungen, die für die geologische Entwicklung eines Gebietes belanglos sind, liefern für die Deutung der geomorphologischen und landschaftlichen Verhältnisse u. U. wichtige Aussagen. Möglich wird das durch eine umfassende, d. h. ökologische Betrachtung der Wechselbeziehungen zwischen den einzelnen am landschaftlichen Teilsystem „Relief" beteiligten morphodynamisch relevanten Systemelementen.

Postsedimentäre Veränderungen bedeuten immer eine Komplizierung des Verhältnisses Sedimente/Formenschatz. Sie bringen methodische und arbeitstechnische Probleme mit sich. Die Korrelate können durch verschiedene Vorgänge in Habitus bzw. Lagerung beeinträchtigt werden. Das Prinzip kann also auch im einfachsten Fall der Morphogenese nicht auf die Beziehung Erosionsgebiet-Akkumulationsgebiet reduziert werden, sondern es ergeben sich darüber hinaus weitere genetische Aspekte. Das ist beispielsweise der Fall, wenn das Akkumulationsgebiet zum Erosionsgebiet wird. Man spricht bei diesem Vorgang von Umlagerung. Sie tritt häufig bei den pleistozänen Sedimenten im Periglazialgebiet auf. Schotter können erneut transportiert und akkumuliert werden, wenn eine Terrasse wieder durch fluviale Erosion abgebaut wird. Dann werden sich durch weitere Auslese die Schotterzusammensetzung und die Matrixanteile ändern und die Zurundungsgrade der Grob- und Feinkomponenten vergrößern. Ebenso kann auch Solifluktionsschutt oder Moränenmaterial post- oder synsedimentär fluvial transportiert werden. Hier allein mit Schotteranalysen zu arbeiten erweist sich als zu eingeengt. Stratigraphische Untersuchungen haben hierbei methodisch größeres Gewicht. Eine ähnliche Umlagerung können auch feinere Korngrößen erfahren: Lösse weisen durch Schichtung, Einschaltung von Kiesbändchen (Komponenten sind morphoskopisch zu untersuchen) und Molluskenreste (im Wasser lebende Arten) auf fluvialen Transport hin (Schwemmlöß). Bei Solifluktionslöß sind es im günstigsten Falle Fließstrukturen, die auf solifluidale Umlagerung deuten. Unreinheiten, wie kleine Gesteinsbruchstücke und zerdrückte Schalen von Lößgastropoden sowie fehlende Merkmale des äolischen Lösses sind gleichfalls Kriterien für seine solifluidale Umlagerung. Für Sande gelten im wesentlichen die gleichen Kriterien. Dem Kalkgehalt (Verringerung durch Transport) darf nicht zu hohe Bedeutung beigemessen werden, da auch Solifluktions- und Schwemmlösse postsedimentär „aufgekalkt" werden können, sofern z. B. kalkhaltiges Substrat, etwa äolischer Löß, im Hangenden sedimentiert wurde. Die weite Verbreitung der Lösse über die Erde (Karten bei P. WOLDSTEDT 1961; R. BRINKMANN 1964) wurde von den Geomorphologen im außereuropäischen und außernordamerikanischen Bereich als Hilfe bei morphogenetischen und morphochronologischen Arbeiten bisher nur wenig herangezogen. – Die im Löß vorkommenden Bodenbildungen können allein oder im Zuge der Umlagerung ihres Ausgangsgesteines gleichfalls umgelagert werden. Als Ursachen dafür kommen indirekt Klimaänderungen, direkt jedoch gravitative, solifluidale und (weniger) äolische Prozesse in Frage. Die Böden liegen in solch einem Fall als „Bodensediment" vor. Sie weisen dann die schon für den umgelagerten Löß genannten Eigenschaften auf. Ihre Struktur wird teilweise zerstört und ihre mineralische und chemische Zusammensetzung verändert. Die Korngrößeneigenschaften werden dabei nicht immer modifiziert. Abhängig ist dies von Transportagens[14] und Länge des Transportweges. Bodensedimente sind an der scharfen Grenze gegen Hangendes und Liegendes zu erkennen, die meist auch Fließstrukturen oder Erosionsspuren aufweist.

Ein anderer häufiger Fall postsedimentärer Veränderungen ist die *Überdeckung* mit weiterem Sediment, und zwar mit gleichem Material oder mit Fremdmaterial. Abfolge und eventuell auftretende Schichtlücken lassen in diesem Fall korrelater Sedimentation weitreichende genetische Schlüsse zu. Durch fortwährende Denudation infolge tektonischer Heraushebung von Gebirgen, welche z. B. die fluviale Abtragungsarbeit intensiviert, können Decksedimentserien systematisch abgeräumt werden, während die Akkumulation an anderer Stelle erfolgt. Hierbei wird aber das zuerst abgetragene oberste und gewöhnlich jüngste Schichtglied zuunterst erscheinen. Solche Verhältnisse sind in der Umgebung der jungen Gebirge häufig, besonders um das Oberrheingebiet (Abb. 15). Sie treten auch im kleinen Maßstab auf, etwa bei der Abtragung von Flußterrassenserien oder Moränen. Derartige Sedimentdecken werden gelegentlich teilweise oder völlig abgetragen, so daß sie oberflächlich als Form oder geomorphologische Erscheinung nicht mehr in Erscheinung treten. In Gesteinsklüften, Dolinen und anderen Hohlformen, die als Sedimentfallen fungieren, sind sie, manchmal vermischt mit anderen älteren oder jüngeren Sedimenten, oft noch erhalten. Nachweisen kann man sie dann nur mit verschiedenen Techniken der physikalischen Sedimentanalyse oder mit Hilfe von Tonmineral- und Schwermineralanalysen. Restgerölle, die sich ebenfalls in Sedimentfallen finden, sind morphoskopisch, mit An- und Dünnschliffen sowie mineralogisch auf Verwitterungs- und Umlagerungsspuren hin zu untersuchen.

Der zuletzt geschilderte Fall wird als *Aufdeckung* eines zunächst von Sedimenten überlagerten „Altreliefs" bezeichnet. Sie kann soweit gehen, daß keinerlei Sedimentreste mehr vorliegen. Dann ist in der Abfolge der Formen und Sedimente eine Lücke („Hiatus") vorhanden, die methodisch nur schwer schließbar ist. In solchen Fällen ist der Geomorphologe allein auf die Feldbeobachtungen angewiesen, deren Interpretation besondere Vorsicht erfordert. Auch die temporäre Ablagerung einer Sedimentdecke auf bestimmten Flächen gibt Anlaß zu Fehlschlüssen, weil kaum Sediment infolge Weitertransports zurückbleibt. Daher müssen scheinbar sedimentfreie Zwischengebiete besonders sorgfältig untersucht werden.

Sedimente können auch nach eingestellter Akkumulation *Materialveränderungen* erfahren, die sich in *Verfestigung* (Verkittung, Verbackung) oder *Verwitterung* äußern: Sie werden „überprägt" und können dabei ihre

---

[14] Siehe Anm. 13.

ursprünglichen chemischen, physikalischen und mineralogischen Eigenschaften einbüßen. Für den Geomorphologen sind die *Überprägungen* bedeutsam, weil sie ursächlich durch klimatische Veränderungen ausgelöst werden, die sich auch auf andere Faktoren des landschaftlichen Ökosystems (Wasserhaushalt, Pflanzen- und Tierwelt usw.) erstrecken, die wiederum als Bodenbildungsfaktoren wirken (siehe Kap. 1.1 und 3.2.2.2). Der Extremfall der Überprägung eines bodenfreien Sediments ist die Bodenbildung, deren Bedeutung als Datierungshilfe und landschaftsgeschichtliches Merkmal schon mehrfach unterstrichen wurde. Böden können sich auf allen Sedimenten bilden, natürlich auch auf anderen Substraten des oberflächennahen Untergrundes, z. B. Festgesteinen oder schon vorhandenen Böden, die teilweise oder ganz ihre ursprünglichen bodentypologischen Merkmale verlieren. Bodenbildungen trifft man nicht nur auf Lockersedimenten kleiner Korngrößen an, etwa Auelehm, Lössen oder Sanden, sondern auch auf den Grobsedimenten von Moränen und Terrassen, d. h. in jeder nur möglichen topographischen und geomorphologischen Position, sofern vom Klima her die grundsätzliche Möglichkeit zur Bodenbildung gegeben ist. Bei intensiver Einwirkung von Klima, Wasser und Vegetation können Moränen und Terrassen so tiefgründig verwittern, daß vom Ausgangsmaterial nichts Sichtbares mehr übrigbleibt; das richtet sich aber nach der Mächtigkeit. Andererseits kann sich eine schwache Überprägung lediglich in einer Verlagerung von Kalk, Ton, Humus, Eisen, Mangan oder anderen mineralischen Bestandteilen auswirken. Auch Frostwirkungen an der Oberseite von Terrassen brauchen sich z. B. nur in einer mechanischen Zerkleinerung der Komponenten zu äußern. Frostspalten oder Eiskeile mit Fremdmaterialfüllungen sowie Verbiegungen der Straten sind relativ häufig, doch hängt ihre Beobachtung von vielen Zufällen ab. Ständige Aufschlußkontrolle und räumlich ausgedehnte Aufgrabungen erweisen sich als notwendig, da je nach Anschnitt ein anderer Eindruck von Gestalt, Verlauf und Größe der Frostbodenerscheinung gewonnen wird.

Überprägungen dürfen in ihrer Bedeutung nicht überschätzt werden. Man ist bei morphogenetischen Interpretationen der Korrelate sehr leicht geneigt, aus Überprägungen der Sedimente und Böden auf allgemeine Klimaschwankungen zu schließen. Es müssen aber immer mehrere Kriterien vorliegen, um zu diesem Schluß zu kommen. Rezente Bodenbildungen zeigen, daß sehr unterschiedliche nichtklimatische Ursachen zu deutlichen und raschen Veränderungen des Bodentyps führen können. In der Mehrzahl der Fälle von Überprägungen muß besonders gründlich geprüft werden, inwieweit ihnen klimageomorphologische Relevanz zukommt. Der Einstieg über das „Prinzip der Korrelate" und die Beachtung des „ökologischen Ansatzes" der Geomorphologie sollten jedoch vor einer zu einseitigen Einschätzung der Befunde bewahren.

Glazialeustatische, glazialisostatische und *tektonische Bewegungen* können die Lagerung der Sedimente beeinflussen. Mit der Herausbildung oder Versenkung ganzer Küstenabschnitte kommt es zur Bildung von Küstenterrassen im Fels oder Sediment. Diese Terrassen können nachträglich aus den gleichen Ursachen verbogen oder verstellt werden, wobei die tektonischen oft lokal beschränkt sind. Hier wären wieder die Sedimentanalysen im weiteren Sinne und die Grundsätze von den Korrelaten einsatzfähig, um die ursprünglichen Verhältnisse zu rekonstruieren oder die verstellten Niveaus einander zuzuordnen. Auch Flußterrassen weisen häufig tektonische Verstellungen auf, die nur unter Einsatz einer komplexen Methodik zu klären sind. Gerade in tektonisch stark gestörten, petrographisch aber mehr oder weniger einheitlichen Terrassenlandschaften gelangt man bei alleinigem Einsatz der Beobachtung zu Fehlschlüssen. Niveaubestimmungen reichen dort als methodisches Prinzip und Arbeitstechnik nicht aus. Nur eine Untersuchung des Zusammenhangs zwischen Formen und Decksedimenten, sowohl makroskopisch im Gelände und im Aufschluß als auch sedimentologisch-pedologisch im Labor, kann hier zu relativ befriedigenden Deutungen führen.

Die vorgeführten Beispiele sollten zeigen, daß weder durch eine Verteufelung der durch Decksedimentanalysen verfeinerten geomorphologischen Methodik noch durch eine Herabsetzung der Feldbeobachtung ein Beitrag dazu geleistet wird, die komplexe Problematik der Morphogenese auch nur einen Schritt ihrer Lösung näher zu bringen. Die Geomorphologie kann ihrem komplexen Gegenstand nur durch eine pluralistische Methodik gerecht werden.

3.2.3 Aufnahme rezenter geomorphologischer Prozesse

Viele Formen und geomorphologische Erscheinungen stammen aus der Vorzeit, haben aber eine mehr oder weniger starke rezente *Überformung* erfahren. Um Modelle für die Genese der Vorzeitformen zu haben, ist das Beobachten geomorphologischer Prozesse erforderlich, die heute noch im Gang sind. Diese Prozesse laufen in allen Klimazonen unter den verschiedensten tektonischen, petrographischen, hydrologischen und vegetativen Bedingungen ab, so daß sich für die meisten vorzeitlichen Prozesse ein aktuelles Pendant finden läßt. Allerdings ergeben sich aus äußerlichen Gründen für die angestrebten Vergleiche mehrere Schwierigkeiten: einmal sind durchaus nicht alle Prozesse der rezenten Morphodynamik in allen Klimazonen in ihren Einzelabläufen bekannt (Dabei wird einmal davon abgesehen, daß beim geomorphologischen Arbeiten auch vom ökologischen Ansatz ausgegangen werden sollte und demzufolge sämtliche beteiligte Faktoren einer Analyse auf ihre Funktion im System „Georelief" unterzogen werden müßten). Zum anderen wurden die bekannten Prozesse meist nur visuell registriert und nicht in Ablauf und Funktion gemessen. Daß dies in vermehrtem Umfang geschehen könnte, sollen die Ausführungen dieses Kapitels zeigen: der Einsatz der benötigten Mittel ist nicht immer sehr groß – trotzdem sind zahlreiche, wenn auch einfache quantitative Bestimmungen möglich (J. TRICART und P. MACAR Ed., 1967), die viele morphographische und morphogenetische Aussagen abzusichern vermögen. – Die Beobachtung von Prozessen der rezenten Morphodynamik ist jedoch noch aus einem weiteren Grunde wichtig. Aufgabe der Geomorphologie ist es heute mehr denn je, auch solche Arbeitsergebnisse zu liefern, die „praktische" Bedeutung besitzen, d. h. die außerhalb des Faches in den anderen Subdisziplinen der Geographie und in den Nachbarwissenschaften der Geographie angewandt werden können (H. LESER 1973, 1974 a, b, c,). Gerade manche Nachbarwissenschaften sind methodische Schrittmacher für rezentmorphodynamische Aufnahmen. In erster Linie ist da die Ingenieurgeologie zu nennen (E. HABETHA 1969; Q. ZÁRUBA und V. MENCL 1961). Die Geomorphologie wird der Praxis vor allem Karten des rezenten Reliefs (morphographische Verhältnisse und aktuelle Formungsdynamik; siehe Kap. 3.3.2.2 und 5.2.5.1 sowie H. LESER 1976 a) und Meßergebnisse von Ablauf und Intensität aktualgeomorphologischer Prozesse liefern. In der geomorphologischen Forschung, einschließlich der Bodenerosionsforschung, muß zunächst eine gründliche Erfassung der Formen erfolgen (H. MORTENSEN 1963; H. KUGLER 1974 b). Diese morphographische Bestandsaufnahme ist Grundlage für die Untersuchung von Mechanismus und Intensität der geomorphologischen Prozesse. Formen und Formungsdynamik zusammen sind die wesentlichen Sachverhalte der Geomorphologie, die den Praktiker außerhalb der Disziplin interessieren. Unter diesem Aspekt erscheint die vorzeitlich-morphodynamische (= morphogenetische Aussage) vor allem für die Geomorphologie selbst, die Geologie und die Regionale Geographie von grundlegendem Wert. Indirekt besteht ihr Nutzen auch für die Regionale Bodenkunde.

Aktualgeomorphologie wird auf den Gebieten Hangforschung i. e. S., Bodenerosionsforschung und Erforschung der fluvialen, glazialen und nivalen Morphodynamik betrieben. Für alle Arbeiten dieser Art wird der Geomorphologe am ehesten zuständig sein, auch wenn die Erforschung der rezenten Morphodynamik innerhalb der großräumig und vorzeitlich orientierten Geomorphologie des deutschsprachigen Raumes sowie (teilweise) der osteuropäischen Länder nicht die zentrale Stellung innerhalb der Disziplin einnimmt, über die sie eigentlich verfügen sollte. So ist die Erforschung der rezenten fluvialen Morphodynamik fast völlig an verschiedene Bereiche der Gewässerkunde übergegangen, die mit großem apparativen Aufwand moderne „Flußmorphologie" betreiben, die zweifellos nicht nur praktische Zwecke verfolgt, sondern die auch theoretische Grundlagen über Geröllbetrieb, Erosionsleistung und Sedimentationsvorgänge für die Geomorphologie liefert.[15] Petrographie, Hydrologie, Klimatologie, Pedologie, Geologie usw. treten aus der Sicht des Geomorphologen immer nur als Hilfswissenschaften auf. Die Geomorphologie hat jedoch zu beachten, daß von Seiten der Geologie und Pedologie z. B. Bodenerosionsforschung, von der Hydrologie und Ozeanographie z. B. fluß- und küstenmorphologische Forschungen betrieben werden. Wie aus der umfassenden Studie G. Richters (1965) hervorgeht, bleibt deren Betrachtungsweise in den meisten Fällen einseitig orientiert. Davon legen auch die meist lückenhaften Angaben über Bodenerosion in pedologischen Karten Zeugnis ab (siehe Kap. 2.2.4). Dabei ist sicher auch in der Pedologie bekannt, daß bei diesen Vorgängen zahlreiche Faktoren zusammenwirken, die auch in ihren gegenseitigen Beziehungen berücksichtigt werden müssen, soweit das aus methodischen Gründen möglich ist. Auch das Resultat dieser Vorgänge ist komplexer Natur: Es wird sich nicht nur um *eine* Form bestimmter Größe handeln, sondern um eine gestalt- und größendifferenzierte (Klein- und Kleinst-)Formengesellschaft als Ausdruck kompliziert ablaufender morphodynamischer Prozesse. Es bedarf daher keiner Begründung, daß sowohl bei der Erforschung der rezenten Bodenerosion als auch bei anderen Prozessen der rezenten Morphodynamik in Methode und Arbeitstechnik *komplexes, systemorientiertes Vorgehen* erforderlich ist. Das heißt, die schon genannten allgemeinen Methoden und noch aufzuführende speziellere Arbeitsweisen sind, je nach Untersuchungsobjekt und Arbeitsziel, *kombiniert* einzusetzen. Die Methoden zur Erforschung von Bodenbewegungen und fluvialer Dynamik müssen daher auf Grund ihrer fundamentalen Bedeutung und vielseitigen Anwendungsmöglichkeiten, auch im Hinblick auf die große praktische Bedeutung ihrer Ergebnisse, im Mittelpunkt der Betrachtung stehen. – Die vorgenommene Sortierung der Methoden und Arbeitstechniken nach Prozeßgruppen erfolgte pragmatisch, weil – trotz möglicher Wiederholungen – die Ausrichtung am Untersuchungsobjekt sachlich am ehesten gerechtfertigt erscheint.

---

[15] Die US-Hydrologie, die organisatorisch und fachlich stark mit der Geologie verbunden ist, wobei von beiden aus Geomorphologie im europäischen Sinne betrieben wird, ist noch viel mehr als die europäische Gewässerkunde auf morphodynamische Probleme fixiert. Nicht von ungefähr sind die amerikanischen Hydrologen in theoretischer und arbeitstechnischer Hinsicht führend in der Flußgeomorphologie (L. B. Leopold, M. G. Wolman und J. P. Miller 1964; aber auch: K. J. Gregory und D. E. Walling 1973).

3.2.3.1 Allgemein aquatischer Abtrag, Bodenerosion und fluviale Dynamik

Das Wasser wirkt bei fast allen Abtragungsprozessen mit. Einmal in Form der fluvialen Erosion und des allgemeinen aquatischen Bodenabtrags (Abspülung), zum anderen in Form von Eis und den damit verbundenen hydrologischen Prozessen. Auch bei der Arbeit des Windes besitzt das Wasser Einfluß: Durchfeuchtetes Substrat verhält sich gegenüber dem Agens Wind anders als trockenes. Bei Gesteinen bestimmter petrographischer Zusammensetzung kann das Wasser Lösungserscheinungen hervorrufen. Bei Massenselbstbewegungen, z. B. Rutschungen, spielen Anteil des Wassers am Substrat und Wasserform eine bedeutende Rolle.

Die für den *Bodenabtrag* ausschlaggebenden Faktoren sind Hangneigungsstärke, Hangform (Mikro- und Mesorelief), Tendenz zur gravitativen Bodenbewegung, Bodenbedeckung (Vegetation), Widerstandsfähigkeit des Bodens (verschiedene physikalische und mineralogische Bodeneigenschaften), Exposition, Makrorelief, Niederschlag, Versickerung, Abfluß, sowie Wirtschaftsweise des Menschen (Landnutzungsart sowie Intensität, Ablauf und räumliche Orientierung der agrotechnischen Maßnahmen). Diese Faktoren sind teils durch geomorphologische Reliefanalyse im Sinne einer großmaßstäblichen morphographischen Kartierung (einschließlich Aufnahme des oberflächennahen Untergrundes und der rezenten Morphodynamik) zu erfassen, im übrigen durch klimatologische und hydrologische Messungen sowie geomorphologische und sonstige Beobachtungen.

Die einfachste Methode ist die *Messung des Bodenabtrags* an Grenzsteinen, Zaunpfählen und Telegrafenmasten. Angebrachte Markierungen oder sonstige fixe Punkte erlauben, Menge und Zeitraum des Abtrags zu bestimmen. In bewaldeten Gebieten können die Abtragbeträge durch Messung der Sprunghöhe von Waldrandstufen am Oberhang bestimmt werden, wenn der Zeitpunkt der Rodung (Vergleich von historischen und heutigen Karten) und der Beginn der Beackerung (Gemeindeakten, Steuerlisten) bekannt ist (Abb. 20, 21). Auf die zahlreichen Fehlerquellen dieser Verfahren wies G. RICHTER (1965) mehrfach hin. Methodisch wichtige Beiträge leisteten G. HARD (1970) sowie R. MACHANN und A. SEMMEL (1970), die einen komplexen Ansatz wählen und so zu ziemlich gesicherten Aussagen gelangen. – H. MORTENSEN (1964) empfiehlt eine einfache Methode zum Bestimmen der Abtragsrate: hinter Waldbäumen, die am Hang stehen, akkumuliert sich Material, unterhalb der Bäume bildet sich jedoch eine kleine Hohlform. An beiden Stellen sind nur einfache Messungen erforderlich, um Abtragswerte am Hang zu erhalten, die in Beziehung zur Dicke und zum Alter der Bäume gesetzt werden müssen. Auch K. HUECK (1951) beschreibt eine *„biologische"* Methode, die zumindest in semihumi-

Abb. 20:   *Schema eines typisch anthropogenen Mikroreliefs an einem von gullies zer-*
            schlitzten Hang (in zwei Varianten) a. ohne Tieferschaltung des Ackerlandes
            nach der Zerschluchtungsphase. b. Tieferschaltung des Ackerlandes hielt nach
            der Zerriedelung und Zerschluchtung an (nach G. HARD 1970).

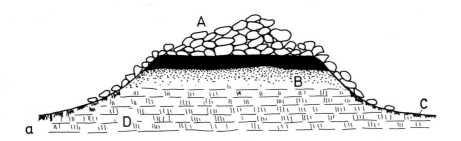

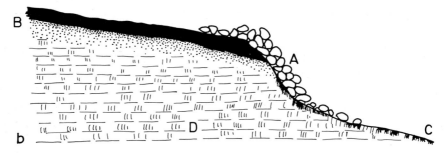

Abb. 21:   *Mittelalterliche Bodenerosionsformen an Steinriegeln und Stufenrainen:* Boden-
            profile werden durch Überdeckung mit Lesesteinen vor der weiteren Abtra-
            gung bewahrt. Auf dem angrenzenden und zeitweise starker Abtragung unter-
            liegenden Ackerland haben sich auf dem freierodierten Anstehenden Anfangs-
            stadien neuer Bodentypen entwickelt. Beispiel: Wüstung Dürrnitz (TK 25
            6228, Wiesentheid). a. Steinriegel; b. Stufenrain. A. Lesesteinsammlungen, B.
            Braunerde aus Decksediment, C. Ranker oder Ranker-Peolosol aus Keuper-
            Tonstein, D. Keuper-Tonstein (nach R. MACHANN und A. SEMMEL 1970).

den bis ariden Gebieten brauchbare Ergebnisse verspricht. Die Länge der freien Wurzelhälse der Sträucher und die Höhe der freierodierten Erdhügel, auf denen sie stocken, werden addiert und die Summe in Beziehung zum Alter der Sträucher gesetzt. Dadurch läßt sich sehr leicht der jährliche flächenhafte Abtrag (vor allem durch Wind, aber auch durch Wasser – je nach ökologischen Standortbedingungen am Aufnahmepunkt) ermitteln. – Andere Autoren empfehlen das Einsetzen von *Pfählen,* an denen die Abtragsraten bestimmt werden. Diese Techniken schildern S. A. SCHUMM (1967) und T. GERLACH (1967 a). Ein *„Erosimeter"* beschreiben N. J. KING und R. F. HADLEY (1967). – Eine technisch sehr ausgereifte Technik zur Abtragsmessung mit einer statistischen Aufbereitung der gewonnenen Daten, die methodisch interessant und für andere Landschaftstypen als den beschriebenen sicher noch ausbaufähig ist, stellt W. HASSENPFLUG (1969, 1971) dar. Der damit verbundene Aufwand ist viel größer als bei den o. a. Methoden, dafür entfallen jedoch zahlreiche Fehlerquellen und die Ergebnisse haben echt quantitativen Charakter.

Selbstverständlich besteht die Möglichkeit, an den Hängen oder an deren Fluß Sediment- bzw. *Schuttfangkästen* aufzustellen und zu arretieren (Boden aus Metall, Seitenwände schräg-keilförmig, deshalb nur eine Wand, offene Seite zum Hang hin), für die P. A. SCHICK (1967 a) und T. GERLACH (1967 b) Bauhinweise geben. Um Einflüsse anderer Hangpartien auszuschalten, können seitlich in angemessenem Abstand, um die Abspülungsvorgänge nicht zu beeinträchtigen, auch „Leitplanken" angebracht werden (Abb. 22). Die Aufstellung kann entweder auf Testflächen und/oder über das Untersuchungsgebiet verteilt erfolgen. Untersuchungen auf Testflächen beschreiben A. P. SCHICK und D. SHARON (1974), J. M. SOONS (1971) sowie A. YAIR und M. KLEIN (1973). Inzwischen langjährig erprobte Testflächenanlagen entwickelten H. KURON, L. JUNG und H. SCHREIBER (1956). Solche Anlagen wurden erfolgreich nachgebaut (G. RICHTER 1974, 1975; R.-G. SCHMIDT 1975). Die Maße der Testflächen wurden durch R.-G. SCHMIDT (1975) gegenüber H. KURON et al. so verändert, daß mit ihnen besser gerechnet werden kann. Das Prinzip geht aus der Abb. 23 hervor. Kleinere Feldsedimentfallen wurden – allerdings ohne Maßangabe – von K. ILLNER (1955) vorgeschlagen, die sich in verbesserter Form ebenfalls im Felde bewährt haben (Abb. 24). Aus methodischen Betrachtungen (L. JUNG 1973) geht hervor, daß die Problematik der Bodenerosion – auch bei genauen Messungen – nicht vollkommen zu erfassen ist. Es bleibt aus geographisch-ökologischen Gründen festzustellen, daß Ergebnisse von Einzelmessungen nicht zu räumlich relevanten Daten und Aussagen führen können. Daher müssen Testflächenuntersuchungen und die Messungen mit Feldsedimentfallen eingebunden sein in ein hydrologisch-klimatologisch-pedologisches Beobachtungssystem. Dies bedeutet, daß an den jeweiligen

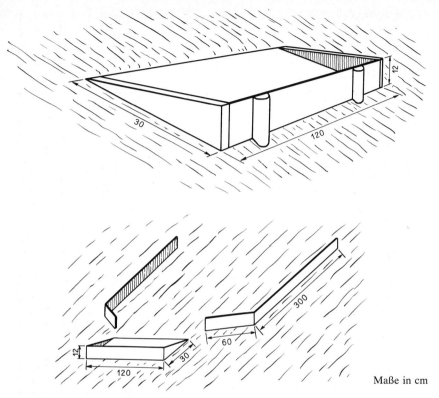

Maße in cm

Abb. 22:   *Schuttfangkästen für einfach quantitative Bestimmungen des Bodenabtrags* (Entwurf: H. LESER).

Standorten gleichzeitig hydrologische Messungen (z. B. Bodenfeuchte, Oberflächenabfluß) sowie die Ermittlung der lokalen Witterungsbedingungen durchzuführen sind, weil auf selbst kleinstem Raum die Randbedingungen für den Bodenabtrag außerordentlich rasch wechseln. Als *permanente Kartierungen* haben zudem die Landnutzungsaufnahme und die geomorphologische Erfassung der flächenhaft verbreiteten Bodenerosionserscheinungen im Untersuchungsgebiet außerhalb der Testfläche zu erfolgen. Obwohl sich Erosionsformen meist immer wieder an den gleichen Stellen und in der gleichen oder ähnlichen Form einstellen, ist doch deren langjährige Beobachtung erforderlich, um repräsentative Daten für die Praxis und Grundlagenforschung zu gewinnen. Erst die Verbindung von Testflächenwerten mit den flächenhaften Bodenerosions- und sonstigen Kartierungen führt zu praxisrelevanten und geographisch-räumlich aussagefähigen Er-

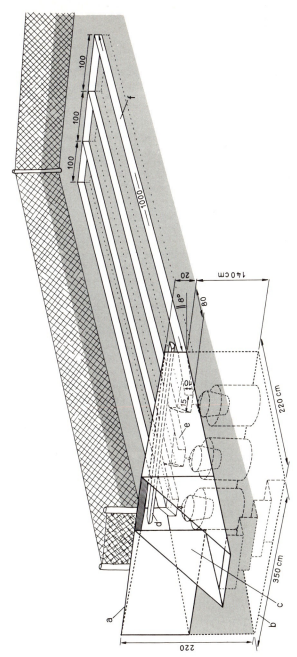

Abb. 23:   *Anlage zur Bestimmung des oberflächenhaften Abflusses und des Bodenabtrags* nach H. KURON, L. JUNG und H. SCHREIBER (1956) und R.-G. SCHMIDT (1975): Die drei Testparzellen werden in unterschiedlicher Richtung bearbeitet (quer und senkrecht zum Gefälle) sowie unbearbeitet gelassen. Das Material wird in Eimern bzw. Tonnen aufgefangen und quantitativ und qualitativ im Labor bestimmt. Die hier von R.-G. SCHMIDT (1975) übernommenen Maße beruhen auf Verbesserungen der KURON-Anlage. Die von R.-G. SCHMIDT verwendeten Werte von 1 mal 10 m für Breite und Länge sind z. B. für die flächenhaften Berechnungen günstiger als die Werte 2 mal 8 m. Die gesamte Anlage wird durch meteorologisch-hydrologische Meßeinrichtungen ergänzt und ist zum Schutz mit einem (hier nicht vollständig abgebildeten) Maschendrahtzaun umgeben. a. oberirdischer Teil mit schrägem Dach; b. unterirdischer Teil; c. Eingangstür; d. Dachrinne, damit das Wasser vom Dach nicht auf die Ablaufbleche (e.) läuft; f. teilweise in die Erde eingegrabene Parzellenumgrenzung aus Plastik (Entwurf: H. LESER).

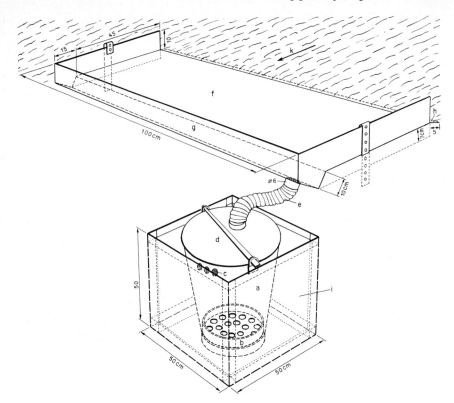

Abb. 24:   *Feldstation zur Bestimmung des Bodenabtrags:* Das von K. ILLNER (1955)
            gegebene Prinzip wurde durch R.-G. SCHMIDT (1975) verbessert. a. 20 l-Eimer
            mit einem von einem Klemmring (b.) festgehaltenem, auf dem durchlöcherten
            Eimerboden liegenden Filter; oben (c.) mit kleinen Überlauflöchern mit Sieb-
            gaze davor und aufgespanntem Deckel (d.) mit Einlaufstutzen (e.), der ab-
            nehmbar ist; f. an den Seiten arretierter Fangkasten aus Zinkblech mit von
            unten rostgeschütztem Boden (Anstrich), Ablaufrinne (g.) und geknicktem
            Vorderrand (h.), um einen nahtlosen Übergang zwischen Ackerfläche und
            Fangkasten zu schaffen; Eimer steht in einer ausgeschachteten Grube, die mit
            einem hier nur teilweise gezeichneten Metallkastenrahmen (i.) aus DEXION-
            Winkeln stabilisiert ist. – Die Abdeckung der Eimergrube ist hier nicht wieder-
            gegeben, ebenso nicht die des Sedimentfangblechs, die nötig ist, weil vom Blech
            zuviel Niederschlagswasser gesammelt wird, das nichts mit dem Abfluß auf dem
            Hang zu tun hat und den Eimer überlaufen lassen könnte (Entwurf: H. LESER).

gebnissen. Gerade bei der Bodenerosionsmessung können punkthafte Erhebungen zu Fehlschlüssen verleiten. Es ist selbstverständlich, daß außerdem eine großmaßstäbliche Substrataufnahme sowie eine Kartierung des Reliefs im Maßstab von mindestens 1 : 10 000 Voraussetzungen für die korrekte Arbeit auf den Testflächen und in deren Umkreis sind. Auf diese Methodik wird in Kap. 3.2.2.2 sowie 3.3 eingegangen.

Zusätzlich empfehlen sich *Sonderbeobachtungen* bei extremen Witterungsverhältnissen (plötzliche Schneeschmelzen, Starkregen, Dauerregen). Die Sonderbeobachtungen umfassen einmal das Bodenverhalten auf den Testflächen, das sich während des Niederschlageinkommens von den Meßunterständen aus beobachten läßt und zum anderen die Formenentwicklung im übrigen Gelände, die nach Ende des Witterungsereignisses, aber noch *vor* dem Beseitigen der Erosionsspuren durch die landwirtschaftliche Feldbearbeitung kartiert, gemessen und fotografiert wird. Als Methode für Kartierungen und Aufnahmen von *Schadenfällen* direkt nach dem Niedergehen von Starkniederschlägen gibt E. F. Flohr (1962) folgenden Arbeitsgang an (verändert): 1. Lokalisierung der Schadenstelle, 2. Zeichnung und Fotografie anfertigen, 3. Feststellung der Geländeform und -beschaffenheit (Relief; Neigungen; wirtschaftliche Nutzungsform); 4. Bestimmung der Art der Bodenzerstörung (Abspülung; Zerspülung; Sedimentation) sowie Beschreibung der Formen, 5. Ausmessen der Rinnenquerschnitte (Breite, Tiefe) an möglichst zahlreichen Stellen, 6. Aufnahme von Bodenprofilen (Pürckhauer-Einschläge; Aufgrabungen; Probenahme) am gesamten Hang, 7. Materialproben aus den Akkumulationen der Schadenstelle, 8. Befragung der Landwirte, 9. Bestimmung der Niederschlagsmenge (private und amtliche Messungen sofort erkunden). Von den Proben sind im Laboratorium pedologisch-sedimentologische Analysen anzufertigen, um über die Eigenschaften des erodierten und akkumulierten Materials Aufschluß zu erlangen. – Für rasche akute Schadenkartierungen muß auch die großmaßstäbliche Luftaufnahme vom Modellflugzeug aus erwähnt werden (O. Stehlik 1967).

Die Bodenerosion läßt sich auch mit Hilfe der dafür sehr aufwendigen pflanzensoziologischen Methoden bestimmen (A. Krummsdorf und W.-D. Beer 1962) oder durch die Verwendung von Markierungsstoffen, etwa zermahlenem Fluoreszenzglas oder wasserlöslichen Uransalzen, die über Wanderungen des Materials und Wassers (Versickerungsgeschwindigkeit und -mengen) Auskunft geben (R. Flegel 1959). Mit dieser Technik sind jedoch zahlreiche Schwierigkeiten verbunden, auf die – in anderem Zusammenhang – in den folgenden Kapiteln noch eingegangen wird. Legt man eine dichte Profilfolge über Testflächen oder Schadenstellen hinweg, kann man durch Volumenberechnungen das Ausmaß der Abtragung quantitativ bestimmen (O. Schmitt 1955). Als eine weitere Möglichkeit zur

Feststellung des Abtrags gibt es die Erkundung der Mächtigkeit des humosen Oberbodens, die B. GROSSE (1950, 1955) darstellt. Auf sie wird bei G. RICHTER (1965) ausführlich Bezug genommen (Abb. 25). Methodische Mängel des Verfahrens: es wird nur der A-Horizont berücksichtigt und nicht das gesamte Profil, was jedoch wegen der Bearbeitungsmaßnahmen der Böden (Aufpflügen von Unterbodenmaterial) zu falschen Werten führt. Außerdem wird als Vergleichsbasis das ungestörte Profil des gleichen Bodentyps ebener Nachbarschaftslage angenommen, das jedoch nicht immer gefunden und/oder bestimmt werden kann, zumal die Testflächenuntersuchungen lokal sehr differenzierte Bodenerosionsleistungen zeigen.

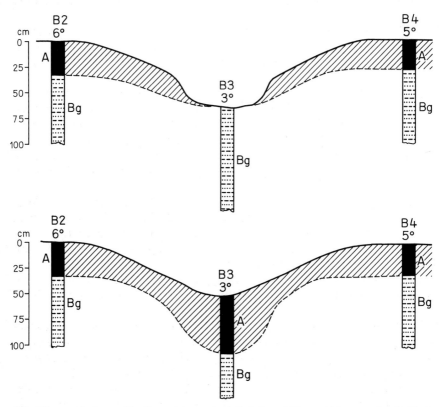

Abb. 25:   *Bodenprofil, Abtragsleistung und Reliefentwicklung:* Abtragung des A-Horizontes einer pseudovergleyten Braunerde in der Umgebung einer Delle in einem Lößhang südöstlich von Oelber a. w. W. (Kreis Wolfenbüttel). a. Delle und Bodenprofile am 20. 06. 1961 kurz nach der Ausräumung durch einen Starkregen; b. Delle am 27. 03. 1963 mit Füllung kolluvialen A-Materials (nach G. RICHTER 1965).

Andererseits fallen bei einer gründlichen Substrataufnahme im Rahmen von geomorphologischen oder landschaftsökologischen Kartierungen die A-Mächtigkeiten und somit die Bodenerosionswerte immer indirekt an. Zudem werden die methodischen Fehler durch die großmaßstäbliche und flächenhafte Kartierung des oberflächennahen Untergrundes wesentlich reduziert. In diese Richtung zielt auch die methodisch weiter entwickelte Kartierungstechnik von H. KURON und L. JUNG (u. a. 1961; weitere Arbeiten zit. bei G. RICHTER 1965), die Bezug auf das gesamte Bodenprofil nimmt und auch Gefährdungsstufen für die Bodenerosion ausscheidet. Die Methode GROSSE ist, vorsichtig und unter o. a. Prämissen eingesetzt, trotzdem brauchbar. B. GROSSE (1955) kommt zu folgenden sechs Stufen für die Bodenerosion:

Stufe I: Kein nennenswerter Bodenabtrag, weniger als $^{1}/_{10}$ des Oberbodens abgetragen, oder Flächen mit Bodenauftrag. Profil nicht oder nur unbedeutend verstümmelt. Ackerland mit unwesentlichem Gefälle oder mit kaum erodierten Bodenarten.

Stufe II: Durchschnittlicher Abtrag des Oberbodens an den Hängen bis $^{1}/_{3}$ im Vergleich zum ungestörten Profil. In geschlossenen Senken mäßiger Auftrag von Humus- und Bodenfeinteilchen, teilweise Sandaufschlämmung am Hangfuß.

Stufe III: An den oberen Hängen der Oberboden bis zu $^{2}/_{3}$ im Vergleich zum ungestörten Profil abgetragen. Stärkerer Auftrag von Bodenteilchen in den geschlossenen Senken.

Stufe IV: Über $^{2}/_{3}$ des Oberbodens im Vergleich zum ungestörten Profil an den oberen Hängen abgetragen. In geschlossenen Senken noch stärkere Aufschüttung von Humus- und Feinerde.

Stufe V: Rohboden an den Hängen anstehend und erodiert. In den Senken mächtige Ablagerungen von Schwemmboden.

Stufe VI: Oberboden und Rohboden weitgehendst abgetragen. Gesteinsschutt bereits an der Oberfläche. In den Senken mächtige Ablagerungen von Schwemmboden.

Bodenerosion ist ein flächenhaft auftretendes geomorphologisches Phänomen, das meist quantifizierbar ist und sich daher zur Darstellung in Karten besonders eignet. Die *Bodenerosionskartierung* kann nicht losgelöst von der Kartierung des Mikro- und Mesoreliefs und des oberflächennahen Untergrundes betrieben werden. Die Kartierung bedarf hinsichtlich der Erosionsformenterminologie und -systematik noch Verbesserungen, um zu einer ähnlich korrekten Ansprache dieser Nanoformen zu kommen wie es heute schon bei Mikro- und Mesoformen nach der Methode H. KUGLER der Fall ist. Bestandsaufnahmen der Bodenerosion allein nützen wenig. Sie sind zwar für die Schadenbekämpfung von gewissem Belang, nicht jedoch für die Prophylaxe. Dazu müßten die Karten der *Erosionsgefährdung* von H.

KURON und L. JUNG (1961) weiterentwickelt werden, die *zusammen* mit der Bestandsaufnahme der Schäden in synthetischen Karten darzustellen wären, um den Zusammenhang zwischen aktueller Schadenentstehung und potentieller Gefährdung von Boden und Relief zu zeigen. Auch Regionalisierungen (O. STEHLIK 1970) können dann von gesicherterer Basis aus vorgenommen werden. In der Methodik müßte grundsätzlich der Zusammenhang Boden-Bodenerosion-Relieftyp-rezente Morphodynamik stärker betont und herausgearbeitet werden.

Neben der Bodenerosion an den Gehängen ist auch die *fluviale Morphodynamik* für die rezente Gestaltung der Landformen von Bedeutung. Nur eine Zusammenschau von Bodenerosion, gravitativer und aquatischer Hangabtragung und Flußarbeit ermöglicht die vollständige Erfassung der rezenten Formungsdynamik (A. RAPP 1960). Grundsätzlich ist dabei, neben der Beobachtung der Profilentwicklung durch fluviale Dynamik, auch die Materialführung der Flüsse von Bedeutung, die mit dem Hangabtrag durch die Vorfluterfunktion der Flüsse und ihrer Funktion als Leitlinien der Abtragung in Verbindung steht (K. J. GREGORY und D. E. WALLING 1973). Selbstredend wirkt die fluviatile Dynamik auch direkt formbildend (L. B. LEOPOLD, M. G. WOLMAN und J. P. MILLER 1964).

Voraussetzung ist eine erweiterte geomorphologische Aufnahme durch Angaben zur Flußmorphologie und wassertechnischen Verbauungen (W. TILLE 1967), die Einfluß auf die Prozesse der fluvialen Dynamik besitzen. Dazu würden auch Schotterbettuntersuchungen gehören, die mit refraktionsseismischen Profilen (A. SCHNEIDER 1973) durchgeführt werden können (siehe Kap. 3.2.3.2). Die Flußbettsohle kann auch in Höhenschichtenkarten zu verschiedenen Zeitpunkten dargestellt werden. Die Karten werden manuell aus Peilplänen entwickelt (H.-G. GIERLOFF-EMDEN 1953 a) oder aufgrund von Echolotaufzeichnungen. – Die Beobachtung der Flußarbeit kann durch Ufermarkierungen (in den Boden gesteckte Nägel oder Pfähle) quantitativ unterbaut werden. Die Arbeit des Schottermaterials selbst kann nur am Ufer (bei Hochwässern) mit Hilfe von Filmaufnahmen bzw. Sichtkästen oder durch Unterwasserfernsehaufnahmen (H.-H. HANISCH 1971; H. HINRICH 1973) direkt beobachtet werden. H. MORTENSEN und J. HÖVERMANN (1957) entwickelten eine Methode, den Ablauf von Schotterbewegungen auch am Grunde von Gewässern in Filmaufnahmen festzuhalten.

Die Untersuchungen des Feststofftriebs in Gewässern (J. BOGÁRDI 1971) und der *Geröllführung*[16] (siehe auch H.-H. HANISCH u. a. 1971)

---

[16] In der Hydrologie wird bei (Fluß-)*Geröllen* immer von „Geschieben" gesprochen. Dieser Ausdruck ist in der Geomorphologie, genetischen Sedimentologie und Geologie jedoch auf das glazigene Moränenmaterial beschränkt. Daran wird sich auch hier gehalten.

wurde zu einem apparatetechnisch aufwendigen Spezialgebiet, das vorzugsweise von der Hydrologie und dem Wasserbau erforscht wird. Der Gerölltrieb ist die Masse des Gerölls, die sich innerhalb einer Zeiteinheit durch einen Flußquerschnitt bewegt. Das Gerölltransportvermögen kann man berechnen (E. MILLER 1972). Die über Transportweg, Verlustgrößen und zwischenzeitliche Sedimentationen beim fluvialen Transport auskunftgebende *radioaktive Markierung* von Sanden weist viele technische und methodische Probleme auf, die H. MUNDSCHENK (1971, 1972) ausführlich erörtert. Mit *fluoreszierenden Farben überzogener Sand* kann ebenfalls verwendet werden (P. A. SCHICK 1967 b). Er erbringt Angaben über die Sedimentwanderung. Voraussetzungen sind aber gleichbleibender Abfluß und starke Materialbewegung. Methodische Fehler resultieren auch aus der Entfernung zwischen Eingabe- und Entnahmestelle der fluoreszierenden Sandproben. *Farbmarkierte Gerölle* sind vor allem in Wildbächen mit zeitweise trockenliegenden Schotterfeldern und in größeren Tälern und Gewässern mit episodischer oder periodischer Wasserführung (Mediterrangebiete; semihumide Subtropen und Tropen) anzuwenden. In perennierenden Gewässern besteht nur dann die Möglichkeit die Gerölle wiederzufinden, wenn die Wasserführung stark und der Abfluß zeitweise so gering ist, daß die Flußsohle vollkommen beobachtet werden kann. Gesichtspunkte, die bei der Markierung beachtet werden müssen, sind petrographische Zusammensetzung der Geröllgruppe, Größe, Gewicht, Gestalt. – *Geröllzählungen* mit Berücksichtigung der genannten Punkte können auch mit *unmarkierten* Schottern an verschiedenen Punkten des Flußlaufes vorgenommen werden. Zurundungsmessungen, unter gleichen Bedingungen, sind ebenfalls erfolgversprechend (siehe Kap. 4.2.1 ff.).

Die Bestimmung der *Geröllführung* von Flüssen erfolgt mit Hilfe von Geröllfallen, die mit der Öffnung der Strömung zugekehrt entweder auf den Boden des fließenden Gewässers für längere Zeit aufgestellt (K. J. GREGORY und D. E. WALLING 1973; P. A. SCHICK 1967 c; A. P. SCHICK und D. SHARON 1974) oder die kurzfristig zu Vielpunktmessungen eingesetzt werden (z. B. 15 min bei Mittelwasser, 5 min bei Hochwasser). Die Messung erfolgt in kastenförmigen Geröllfängern, wobei sich deren Abmessungen nach der Breite und Tiefe des Gewässers richten (Abb. 26). Die Messungen müssen räumlich und zeitlich so verteilt sein, daß verschiedene Wasserführungen und Intensitäten des Gerölltriebs erfaßt werden, z. B. auch Flutwellen. Die Methodik wird ausführlich u. a. bei H. HINRICH (1972) und M. TIPPNER (1972) dargestellt (Abb. 27). Empfohlen werden, ähnlich W. TILLE (1967), Zusatzerhebungen, hier von Wasserstand und Abfluß am Meßquerschnitt sowie Schwebstoffführung und Gestalt des Meßquerschnitts. Wie bei allen Untersuchungen zum geomorphologischen Prozeßablauf gilt auch in diesem Fall, daß erst durch langfristige (meist mehrjäh-

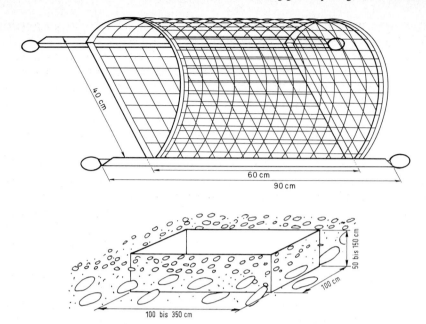

Abb. 26:   *Sedimentfallen zur Erfassung des Gerölltriebs:* a. Einfache Geröllfrachtfalle, die auf dem Gewässerboden mit Eisenstäben arretiert wird. Die Öffnung weist gegen die Strömung (nach A. P. Schick 1967 c). b. Einfache Geröllfrachtfalle, die in die Flußsohle eingelassen ist. Diese Falle eignet sich für stark strömende Gewässer mit engem Bett. Sie erlaubt auch die Erfassung von Sedimenten bei Hochwasserdurchgängen (nach H.-H. Hanisch 1971).

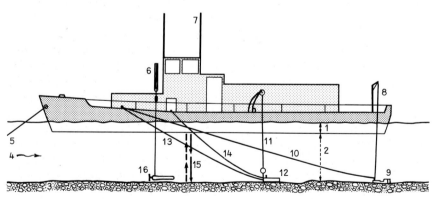

Abb. 27:   *Geröllfrachtmessung durch Geröllfänger und durch akustische Erfassung des Gerölltriebs* (nach H.-H. Hanisch 1971 und H. Hinrich 1972).

rige) Messungen sämtliche Einzelheiten, so auch die morphodynamisch, ökologisch und wirtschaftlich wichtigen Extreme, erfaßt werden. – Durch Drift und Störung der Strömungen können zahlreiche meßtechnische und methodische Fehler auftreten, auf die E. KÖSTER (1964) aufmerksam macht. Bohrungen oder Probenahmegeräte, die ebenfalls zur Sedimentgewinnung dienen, arbeiten nicht immer einwandfrei. Neuerdings können Geröllmenge und -betrieb auch mit *Hydrophonen* (Abb. 27) ermittelt werden, die Rollen, Gleiten und Springen beim Gerölltransport deutlich unterscheiden lassen.

Auch das Feinmaterial der Flüsse kann gemessen werden. *Schwebstoffmessungen* sind als Gewichtsbestimmungen und als Trübungsmessungen möglich. Sie führt man einmal an engen Durchlässen von Staumauern durch (J. CORBEL 1964), um das Einzugsgebiet oberhalb zu erfassen. Überhaupt eignen sich begrenzte Einzugsgebiete als Modellräume für hydrologische, sedimentologische und geomorphologische Tests (R. GERSON und A. YAIR 1975; E. JORDAN 1974; R. KELLER, G. LUFT und G. MORGENSCHWEIS 1973). Zum anderen sind Probenahmen in den Flußläufen selbst möglich (L. BAUER und W. TILLE 1966; G. RICHTER 1965, 1970; W. TILLE 1965). Entnommen werden gewöhnlich 0,5-, 1,0- und (oder) 1,5-l-Proben in Oberflächennähe (ca. 30–50 cm), und zwar im Stromstrich. Als Entnahmegerät dienen *Handschöpfer* oder der standardisierte Wasserschöpfer nach WOHLDENBERG. *Probensammler* beschreiben K. J. GREGORY und D. E. WALLING (1973) sowie P. A. SCHICK (1967 d). Im Laboratorium werden Filterungen (Papierfilter; teilweise Vorbehandlung erforderlich) durchgeführt. Anschließend werden die Proben 20 min lang bei 60–90 °C getrocknet, im Exsiccator abgekühlt und gewogen. Mit den Schwebstoffproben können auch Korngrößen- und mineralische Analysen angestellt werden. Die Materialentnahme wird je nach Zweck und Ziel der Untersuchung in Stunden-, Tages- oder Wochenabständen erfolgen. Bei Hochwässern muß sie möglichst häufig durchgeführt werden, um den *Gang* der Schwebstoffkonzentration zu erfassen. Grundsätzlich gilt auch hier, möglichst oft und an möglichst vielen Punkten des Flußlaufes zu messen. Feststellen lassen sich nach L. BAUER und W. TILLE (1966) damit z. B. Sinkstoffbelastung (Gewicht der Sinkstoffe in einer bestimmten Wassermenge, in g/m^3 oder mg/l), Sinkstoffführung (Gewicht der Sinkstoffe, die in einer bestimmten Zeiteinheit durch einen Abflußquerschnitt treiben, in g/sec), Sinkstofffracht (Gesamtgewicht der Sinkstoffe, die in einer bestimmten Zeitspanne einen Abflußquerschnitt passiert haben, in t/Jahr) und Sinkstoffabtrag (Sinkstofffracht, die von einer bestimmten Flächeneinheit – 1 km² – geliefert wird, in t/km^2 · Jahr, m^3/km^2 · Jahr, mm/Jahr). – Ein modernes Verfahren ist die photometrische *Trübungsmessung* mit Trübungsmeßgeräten. Zwischen Trübung in Prozent und Schwebstoffgehalt in mg/l besteht eine Relation, auf denen das Prinzip dieser Photometer beruht. Methodische Fehler können durch kurzfristige Schwankungen der Schwebstofführung, die Wassertemperatur und die Meßpunktposition entstehen (H.-H. HANISCH u. a. 1971).

Neben diesen speziell auf die Geomorphodynamik und ihre Prozesse gerichteten Beobachtungen und Messungen müssen zur Erfassung aquatischer und fluvialer Prozesse Pegelwerte und Niederschlagszahlen herangezogen werden. Dazu reichen die amtlichen Stationen nicht aus, sondern es sind eigene, engmaschige und auf die lokalen ökologisch-geomorphologischen Bedingungen bezogene Meßnetze anzulegen (E. JORDAN 1974; R. KELLER u. a. 1973; R.-G. SCHMIDT 1975). Für flußmorphologisches Arbeiten reichen die aktuellen geomorphologischen Karten trotz ihrer großmaßstäblichen Angaben nicht aus. Daher sind Flußlaufvermessungen der Wasserbauämter und Hydrologischen Dienste (Längsprofile und Querprofilserien) heranzuziehen, die Folgerungen über die Entwicklung der Tiefen- und Seitenerosion zulassen, besonders, wenn sie in größeren zeitlichen Abständen vorgenommen wurden (H. BREMER 1959; H.-G. GIERLOFF-EMDEN 1953 a). Flußmorphologische Messungen dieser Art reichen nicht mehr aus, um die Dynamik der fließenden Gewässer und die Zusammenhänge mit der Formenentwicklung korrekt zu bestimmen. Ohne die Untersuchung der Sedimente auf Menge, Bewegungsart, zeitliche Schwankungen im Anteil, physikalische sowie (soweit möglich und erforderlich) chemische Eigenschaften ist rezentmorphodynamisches Arbeiten schwer möglich. Nur der Einsatz einer Vielzahl von Methoden und Arbeitstechniken kann den komplexen geomorphologischen Prozessen gerecht werden. Das gilt sinngemäß auch für die im folgenden beschriebenen Techniken zur Erforschung anderer geomorphologischer Prozesse.

3.2.3.2 Eistätigkeit und Solifluktionsprozesse

Die Erscheinungen des Frostbodens und die daraus resultierenden Formen und Ablagerungen können in den Hochgebirgen der Erde sowie in den Subpolar- und Polargebieten beobachtet werden. Ihre Bedeutung darf man nicht unterschätzen, da die Kenntnis der rezenten *Frostboden- und Solifluktionsformen* nötig ist, um den vielgestaltigen glaziären Formenschatz der pleistozänen Periglazialgebiete ansprechen zu können. Auch das Eis, der Forschungsgegenstand der Glaziologie (F. WILHELM 1966, 1975), spielt als geomorphologischer Faktor eine wichtige Rolle. Dabei ist nicht nur an seine großartigen Wirkungen als (pleistozänes) Inlandeis gedacht, sondern auch an die Wirkungen der rezenten Gletscher, des Permafrostes und des Firnschnees. Der Firnschnee kann kleine Moränen bilden oder Lawinengassen an den Hängen schaffen. Die Beteiligung von Eis, Schnee, Wasser oder Felsstürzen ist jedoch nicht immer klar zu unterscheiden. Im Gegensatz zu den Aufnahmen der Frostbodenerscheinungen und -formen wurden von der Geomorphologie für die Eistätigkeit noch keine spezifischen und allgemein gültigen Methoden entwickelt (siehe auch die zahlreichen Methodikhinweise bei F. WILHELM 1975). Durch den disziplinübergreifenden Gegenstand „Eis" und die intensive Beschäftigung der Glaziologie mit Eis und Gletschern, sowie dem allmählichen Herausrücken der Beobachtung des rezenten Eisverhaltens aus den Forschungsgebieten der Geomorphologen, entstand eine ähnliche Situation wie in der Flußmorphologie, die weitgehend von der Hydrologie betrieben wird (siehe Kap. 3.2.3.1), obwohl enge Zusammenhänge zwischen Massenhaushalt der Gletscher, Eisbewegung und glazialer Erosion gegeben sind. In der Geomorphologie wird demzufolge ein Katalog von Methoden verwandt, der von der Luftbildforschung (S. SCHNEIDER 1974) und Photogrammetrie (K. SCHWIDEFSKY und F. ACKERMANN [7]1976) bis zur glaziologisch-meteorologischen Gletschermassenhaushaltsbestimmung (H. HOINKES 1970; H. SLUPETZKY 1967; F. WILHELM 1975) reicht, wobei letztere heute kaum noch innerhalb der Geomorphologie durchgeführt wird. Immerhin sind, wegen des bedeutenden glazigenen Formenschatzes auf der Erde, aus der Erforschung der rezenten Eistätigkeit zahlreiche Sachverhalte für die morphogenetisch arbeitende Geomorphologie wichtig.

Auf grundlegende Arbeitstechniken und Arbeitsorganisation für geomorphologisch-glaziologisches Arbeiten weist L. MAYER (1964) hin. O. REINWARTH und G. STÄBLEIN (1972) zeigen methodische Ansätze für die Erforschung der Kryosphäre, ebenso F. WILHELM (1975). Als Beispiel für die komplexe Methodik bei der Gletschererforschung sei die Arbeit G. VORNDRAN (1968) genannt, die auch abwägende, kritische Wertungen des zugrundeliegenden Materials vornimmt. Beispiel für eine Arbeit zur postglazialen Morphodynamik im Gletscherumland: L. KING (1974 a).

Die Grundtatsache vom Vorrücken und Zurückweichen des Eises macht sich der Geomorphologe bei Deutung und Datierung des glazigenen und glaziären Formenschatzes zunutze. *Gletscher- und Blockgletscherbewegungen* und die Formenentwicklung in deren Umkreis können durch Karten- und Fotovergleich, photogrammetrische Aufnahme oder Vermessung in größeren Zeitabständen festgestellt werden (u. a. D. KELLETAT 1972). Auch die morphographisch-morphogenetische Kartierung kann Bewegungsstudien dienen, sofern sie in sehr großem Maßstab und exakt durchgeführt wird. J. SZUPRYCZYNSKI (1963) setzte die Kartierung als Haupttechnik ein. R. FINSTERWALDER (1953) und W. PILLEWIZER (1957 a, b; 1969) sowie L. MAYER (1964) äußerten sich auch über andere Techniken von Bewegungsstudien an Gletschern bzw. Blockgletschern. Ein gut dokumentiertes

Beispiel geben B. MESSERLI und M. ZURBUCHEN (1968). Damit verbunden sind *Datierungsfragen:* Holzfunde im Rückzugsbereich lassen sich mit Hilfe der ^{14}C-Methode (M. A. GEYH 1971; W. F. LIBBY 1969) datieren. Die Werte dienen der Festlegung nacheiszeitlicher Minimalstände. Auch unter Bändertonen finden sich organische Reste, die zu signifikanten ^{14}C-Daten führen (H. FELBER 1971). Die Gletscherbewegung kann auch mit der Flechtenverbreitung (R. BESCHEL 1950, 1957) datiert werden, obwohl die *Lichenometrie* umstritten ist, weil viele methodische Fehler auftreten können, z. B. durch die Wahl der Flechtenart und der repräsentativen Moränenblöcke (M. JOCHIMSEN 1966; L. KING & R. LEHMANN 1973). Zahlreiche lichenometrische Werte gibt H. HEUBERGER (1966) an. Auch das Eis selber kann direkt mit der [210]Pb-, [32]Si-, [14]C- und der ^{3}H-Methode sowie indirekt mit der [18]0-Methode datiert werden. Dazu dienen Eisbohrkerne (in Oberflächennähe bis zu mehreren Metern Tiefe mit Handbohrer zu entnehmen; Lagerung und Aufbewahrung bei $-24\,°C$) die meist über verschiedene physikalische und sedimentologische (seltener biologische) Leithorizonte verfügen. Solche Leithorizonte können Pollenlagen sein (S. BORTENSCHLAGER 1970), Literaturhinweise darauf bringen O. REINWARTH und G. STÄBLEIN (1972). Möglich ist auch das Auszählen von Sommer- und Winterschichten des Eises, ähnlich der Dendrochronologie. Bis rund 30 m Tiefe können Jahresschichten visuell erfaßt werden, darunter sind sie über das ^{18}O/^{16}O-Verhältnis (oder andere Isotopenverhältnisse) ermittelbar. Als methodische Probleme treten auf: man geht von gleichbleibenden jährlichen Niederschlagsverhältnissen über lange Zeiträume aus; mit zunehmender Tiefe nimmt die Mächtigkeit der einzelnen Jahresschichten auf Grund der Fließeigenschaften des Eises ab. Beim Auszählen bzw. Messen treten dadurch Fehlerquellen auf. – *Markierungen* auf der Gletscheroberfläche (das gilt gleicherweise auch für Solifluktionsdecken der Blockgletscher (D. BARSCH 1969; G. FURRER 1972; A. RAPP 1960, 1967), die in gewissen Zeitabständen eingemessen werden, geben nicht nur über Bewegungen des Eiskörpers Auskunft, sondern auch über Materialverhalten und -transport auf der Gletscheroberfläche. Die winterlichen Gletschergeschwindigkeiten lassen sich grob durch eine fixierte Kamera mit Schaltuhr (alle 48 Std. ein Foto einer eingemessenen Eisenstange auf der Gletscheroberfläche) ermitteln (H. KINZL 1971). – Nach Neuschneefällen kann Felssturzschutt gut lokalisiert, quantitativ bestimmt und morphodynamisch interpretiert werden (A. RAPP 1960).

Im Grenzgebiet zwischen Glaziologie und Geomorphologie liegen *Abflußmessungen* der Gletscherbäche, die mit *Tracermethoden* (W. KÄSS 1972) unter Verwendung des Fluoreszenzfarbstoffes *Rhodamin WT* durchgeführt wurden und die gleichgute Werte wie Flügelmessungen brachten, die in Gletscherbächen wegen des wechselnden Fließquerschnitts und der turbulenten Strömung nur schwer einsetzbar sind (H. BEHRENS u. a. 1971). Wassermengen, Strömungsgeschwindigkeiten und Materialführung, in Abhängigkeit von den klimatischen Bedingungen, sind für geomorphologische Fragestellungen von Wichtigkeit (N. LARSEN 1959). Diese Arbeiten leiten zu Gletscherhaushaltuntersuchungen über, die von mehreren Methoden her angegangen werden können. Der *Massenhaushalt* eines Gletschers läßt sich auf terrestrisch-photogrammetrischem Wege *("geodätische Methode")* aus den Veränderungen genauer Höhenlinienpläne, die in größerem zeitlichen Abstand von ein und derselben Gletscheroberfläche aufgenommen wurden, errechnen (R. FINSTERWALDER 1953). Auf methodische Fehler weisen M. F. MEIER (1966) und O. REINWARTH und G. STÄBLEIN (1972) hin. *Hydrologisch-meteorologische Messungen* führen ebenfalls zur Massenhaushaltsbestimmung, sofern korrekte Werte für Gebietsniederschlag, -verdunstung und den Abfluß vorliegen. Zusammen mit glaziologischen Haushaltsgliedbestimmungen bringt diese Methode gute Ergebnisse, weil sie alle am Massenumsatz beteiligten Größen erfaßt (H. HOINKES und H. LANG 1962). Die *„glaziologische Methode"* (Abb. 28) für die Massenhaushaltsbestimmung geht vom Gletscher und seiner Oberfläche selber aus, indem Schneeschächte zur Bestimmung der Nettoakkumulation und Ablationspegel (Meßstangen) zur Messung der Nettoablation an repräsentativen Punkten der Gletscheroberfläche eingerichtet werden (H. HOINKES 1970). Die daran anschließende kartographische Umsetzung der Einzelmeßwerte in moderne großmaßstäbliche Höhenlinienkarten (z. B. 1 : 10 000), die weitere kartierbare nivale und glaziale Erscheinungen und Formen des Gletschers enthält (Altschneegrenze, Aper- und Rücklagefiguren), erbringt eine Isolinienkarte der Nettomassenbilanz. Auf die Auswertung dieser Karten und den Meßaufwand gehen O. REINWARTH und G. STÄBLEIN (1972) ein. – Die Untersuchungen lassen sich durch weitere Techniken verfeinern und im Aussagewert steigern. Viele Autoren betonen mit R. FINSTERWALDER (1960), daß nur die Kombination der Methoden zum Ziel führt. – Untersucht werden können zusätzlich die *Eistiefen* (Abb. 29) durch Bohrungen, seismoglaziologische Messungen (ausführlich mit ausdrücklich geomorphologischem Bezug: O. FÖRTSCH und H. VIDAL 1968) und über Berechnungen aus den Oberflächenneigungen und -geschwindigkeiten des Eiskörpers. Auch die Höhe der Grundmoränenoberfläche unter dem Gletscher oder die des Felsuntergrundes, die beide morpho- und glaziodynamische Folgerungen zulassen, werden am leichtesten mit der seismo-glaziologischen Technik untersucht. *Absorption* und *Reflexion* der Strahlung sind durch Fotozellen und ähnliche auf dem Gletscher installierte Geräte meßbar. R. FINSTERWALDER (1960) hält auch gleichmäßig über die Oberfläche verteilte Schnee- und Eispegel für zweckmäßig, die bei ganzjähriger und langfristiger Beobachtung direkt den Schneeauftrag im Firngebiet und die

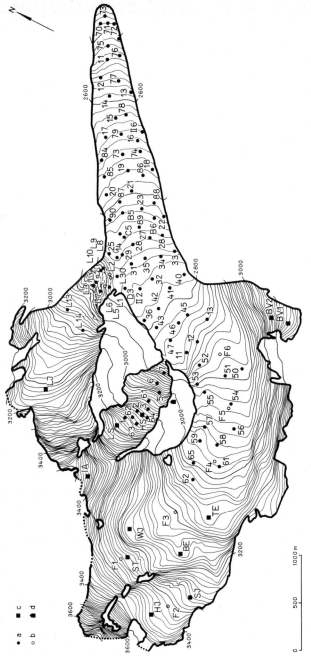

Abb. 28:   *Bestimmung des Massenhaushaltes eines Gletschers mit der direkten glaziologischen Methode.* Beispiel: Hintereisferner. Die Karte der Zunge des Hintereisferners zeigt die Höhenlinien der Eisoberfläche nach einer photogrammetrischen Aufnahme von 1967. Auf dem Gletscher befinden sich die Einrichtungen für die Massenhaushaltsbestimmung. a. Pegel, b. Firnpegel, c. Schneeschacht, d. Station Hintereis 3026 m (nach H. HOINKES 1970).

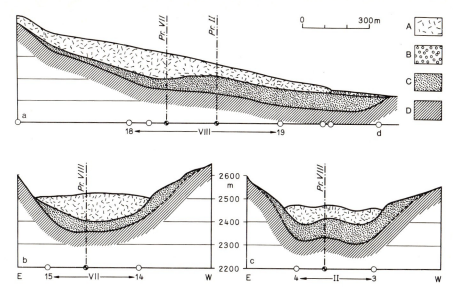

Abb. 29: *Bestimmung des subglazialen Untergrundes durch Auswertung von Seismogram-men:* Aus einer der hier nur auszugsweise dargestellten größeren Zahl von Längs- und Querprofilen durch den Sulztalferner und seinen Untergrund lassen sich massenhaushaltliche und glaziomorphologische Aussagen machen. a. Längsprofil mit Lage von zwei Querprofilen; b. und c. Querprofile mit Lage des Längsprofils; d. Sprengpunkte. – A. Eis; B. Glazifluviale Schotter; C. Grund-moräne; D. Felsuntergrund (nach O. FÖRTSCH und H. VIDAL 1968).

Ablation auf der Gletscherzunge bestimmen lassen (siehe auch E. KROPAT-SCHEK 1973). Sie sind ohnehin Bestandteil der glaziologischen Methode der Massenhaushaltsbestimmung, können aber auch für andere Zwecke einge-setzt werden. *Altes* und *junges Gletschereis* kann im Dünnschliff unter polarisiertem Licht mikroskopisch auseinander gehalten werden. – Der Einsatz einer *Trend surface analysis* durch F. MÜLLER, T. CAFLISCH und G. MÜLLER (1973) zeigt Möglichkeiten zur quantitativen Erfassung der räum-lichen Verteilung von Gletscherparametern auf und weist auf weitergehen-de rechnerische Behandlungen von Meßwerten hin. Dabei ist jedoch zu bedenken, daß bereits den Datenbestimmungen zahlreiche methodische Fehler anhaften, die weiterführende, allein rechnerisch gehaltene Aufarbei-tungen der Werte kritisch sehen lassen müssen.

Der Bodenfrost und die geomorphologischen Wirkungen des Frost-bodens sind gegenüber den Massenhaushaltsbestimmungen der Gletscher und deren Folgeuntersuchungen traditionell geomorphologisches For-schungsgebiet. Auch hier halten neue Arbeitstechniken Einzug, wie die geophysikalischen Methoden zur Bestimmung von Verbreitung und *Auf-*

tautiefe des Dauerfrostbodens zeigen (M. K. SEGUIN 1974). Wie W. HAEBER-
LI (1975) ausdrücklich darauf hinweist, kann nur mit einem jahreszeitlich
zu variierenden Methodenkatalog gearbeitet werden. Dabei haben die
Einzelmethoden je nach Substratcharakter (z. B. Grob- oder Feinschutt)
unterschiedliche Ergebnisqualitäten. Als Einzelmethoden kommen in
Frage: Luftbildauswertung, Basis-Temperaturmessung der winterlichen
Schneedecke, hydrologische Beobachtungen, Bestimmung der sommerlichen Auftautiefe (Messung von Temperaturgradienten), Refraktionsseismik, Grabungen und Bohrungen. – Mittels elektrischer Widerstandsmessungen können die Permafrostvorkommen in der Übergangszone von der
geschlossenen zur dispersen Verbreitung genau lokalisiert werden (M.
HOCHSTEIN 1965; A. M. TALLMAN 1973). Die Ergebnisse der Widerstandsmessungen sind jedoch nicht mit den Sedimenttypen korrelierbar. Deren
Kenntnis wird vielmehr vorausgesetzt.[17] Die Auftauschicht des Permafrost-
bodens braucht keineswegs immer geoelektrisch bestimmt zu werden (G.
ANDREAS 1966). Auch klassische geomorphologische Feldmethoden, wie
Aufgrabungen und Sondierungen entlang von Profilen, führen bei räumlich
begrenzter und komplexer Anwendung zu guten Ergebnissen (G. STÄBLEIN
1970 a). – Der Bodenfrost hat zahlreiche *Bodenstrukturen* zur Folge, die in
ihrer klimatischen und ökologischen Bindung erkannt werden sollen. Als
Verfeinerung der klassischen Methode empfehlen G. FURRER und G.
DORIGO (1972) *Routenkartierungen* zur Erfassung der potentiellen Verti-
kalverbreitung von Solifluktionsformentypen unter Berücksichtigung der
Hangneigungsstärke (alle Hänge unter 30°; darüber treten keine „reinen"
Solifluktionsformen mehr auf) und der petrographischen Eigenschaften der
Landschaften. Die mathematische Aufbereitung der Beobachtungen (Abb.
30) führt zu einem generalisierten, aber quantitativen überregionalen Vergleich von Solifluktions-, Wald- und klimatischer Schneegrenze. – *Materialbewegungen* lassen sich mit ähnlichen Methoden wie in der Bodenabtragsmessung feststellen: Am verbreitetsten sind Bewegungsmessungen mittels
markierter Steine, ausgelegter Steinkreise, eingemessener Steinlinien und
eingesteckter Pfähle oder Nägel (G. FURRER 1972; A. RAPP 1960, 1967)
(Abb. 31). Die Frosthebung kann mittels eines Stabes mit Klemmeinrich-
tung (Abb. 32) gemessen werden (J. SCHMID 1955; E. ZUBER 1968).
Größerräumige Bewegungen, z. B. von Blockgletschern, können sogar aus

---

[17] Entgegen der harschen Kritik an verfeinerten Methoden der Geomorphologie (z. B. J.
BÜDEL 1971, u. a. S. 110–112 und S. 136–138, sind sich die Geomorphologen selbst beim
Einsatz extremer geophysikalischer Methoden der Tatsache bewußt, daß es diese nicht
allein tun. So erklärt A. M. TALLMAN (1973, S. 82) lapidar: „In a geomorphological study,
the worker usually has a general knowledge of the underlying sediments." Hier kommt der
generalistische, nicht auf eine Arbeitstechnik fixierte Aspekt der Geomorphologie deutlich
zum Tragen.

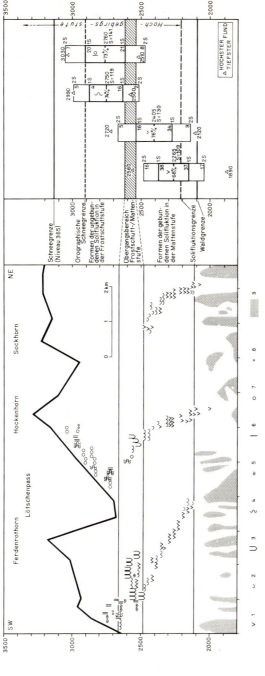

Abb. 30: *Routenkartierungen zur Aufnahme des solifluidalen Formenschatzes und deren mathematische Auswertung zur Abgrenzung der Hochgebirgsstufe.* Beispiel: Lötschental (Wallis). Aufnahme der Formen in 10 m-Vertikalabstand und Wiedergabe durch – je nach Menge – ein bis drei Symbole. Rechter Abbildungsteil: Auswertungsschema. Kernzonen der Formen (mittlere Höhenlage +/– Streuung S) und relative und absolute Zahl der Vorkommen errechnet unter Annahme einer Normalverteilung. Solifluktionsgrenze: arithmetisches Mittel der Kernzonenuntergrenzen von Wanderblöcken und Girlanden; orographische Schneegrenze: Obergrenze der Kernzonen von Großformen der Strukturböden (nach G. FURRER und G. DORIGO 1972).

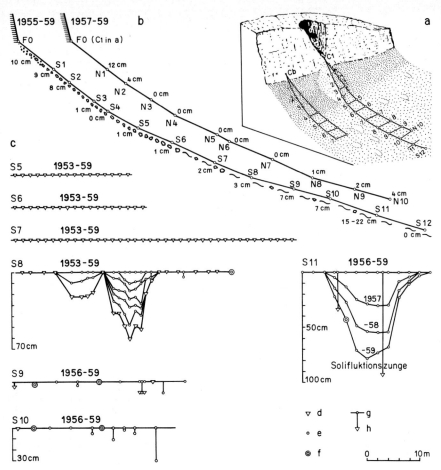

Abb. 31: *Bodenbewegungsmessungen an einem Schuttkegel und einem Solifluktionshang.*
Beispiel: Kärkevagge (Nordschweden). a. Lage der Meßstellen; b. Längsprofile
mit durchschnittlicher Bodenbewegung in cm pro Jahr mit Angabe der Meßzeiträume; c. Querlinien und Bewegungen auf diesen in cm innerhalb der
angegebenen Meßzeiträume; d.–f. Meßmarken; d. Farbmarkierter Stein; e.
kleiner hölzerner Markierungspfahl (15–20 cm im Boden); f. großer hölzerner
Markierungspfahl (30–40 cm im Boden); g. ursprüngliche Position des bewegten Objekts; h. Endposition des bewegten Objekts (nach A. RAPP 1967).

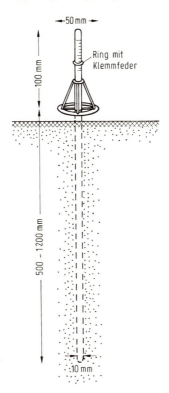

Abb. 32:   *Gerät zur Messung vertikaler Bodenbewegungen,* z. B. durch Frosthub. Ein leicht gängiges Metall- oder Plastikgestell schiebt infolge seiner Vertikalbewegung an einem in den Boden versenkten Metallstab, der eine Maßeinteilung aufweist, einen Klemmring auf die Maximalhöhe innerhalb des jeweiligen Meßzeitraums (nach J. Schmid 1955).

relativ kleinmaßstäblichen Luftbildern abgelesen werden (D. Barsch 1969). – Die *Frostmusterböden,* die im Gefolge der Bodengefrornis der polaren und subpolaren Breiten sowie der subnivalen und nivalen Stufe der Hochgebirge auftreten, werden in ihrer Gestalt und Anordnung durch Einregelungsmessungen erfaßt. Diese *Situmetrie* wird sowohl bei rezenten als auch bei fossilen Grobsedimenten der Korngrößen 2–20 cm (soweit die Komponenten eine eindeutig bestimmbare Längsachse aufweisen) eingesetzt (siehe Kap. 4.2.1). Bestimmt werden die Bewegungsrichtung eines an sich bekannten „Transportagens" oder die Transportart (wenn die Transportrichtung bekannt ist) oder die inneren Strukturmerkmale morphologischer Kleinformen, z. B. die Solifluktionsformen (G. Furrer und F. Bach-

MANN 1968). Die *Situgramme,* in denen die Ergebnisse dargestellt werden (siehe Kap. 4.2.1 und 5.2.4), lassen Schlüsse auf das Transport- bzw. Bewegungsverhalten der an der Form beteiligten Komponenten zu (Abb. 33). Als möglicher methodischer Fehler muß die Gesteinsabhängigkeit der Situgrammform einkalkuliert werden (D.-C. BRENNER 1971). Charakteristische Solifluktionsformen, Einregelungstypen und Kriterien für die Unterscheidung von Solifluktionsformen aufgrund eines überregionalen Vergleichs führt K. GRAF (1973) vor. Daraus resultieren eindeutige Ansprachemöglichkeiten, die zu einer einwandfreien Anwendung der Terminologie zwingen (Abb. 34 und 35). Die Kleinformen des subnivalen Formenschatzes kann man auch mit *Granulogrammen* unterscheiden, weil die Kinematik der Kleinformen von der Korngrößenzusammensetzung (siehe Kap. 4.2.2.4) abhängt (G. FURRER und R. FREUND 1973). Kleinsträumige Solifluktionsbewegungen im cm-Bereich können *mikrophotogrammetrisch* fest-

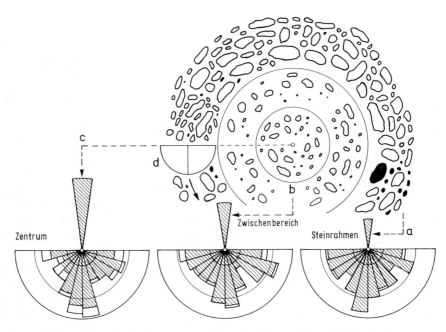

Abb. 33:   *Situmetrische Messungen an einem Steinring und dazugehörige Situgramme:* a. Steinrahmen; b. Zwischenbereich; c. Zentrum; d. zeigt das Anlegen des Situmeters. Die Situgramme weisen Abnahme des Anteils steilgestellter Komponenten vom Zentrum zum Steinrahmen nach. Allerdings zeigt sich auch schon im Zentrum des Steinringes die für Strukturbodenformen charakteristische Einregelung der Komponenten (nach G. FURRER und F. BACHMANN 1968).

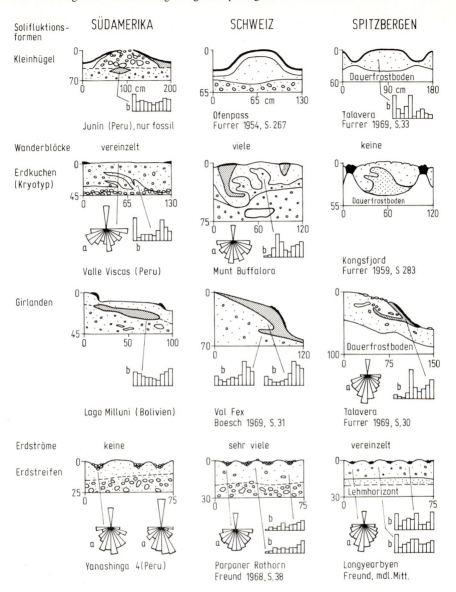

Abb. 34:   *Überregionaler Vergleich von Formen der gebundenen und gehemmten Solifluk-*
            tion und Strukturboden-Kleinformen in unterschiedlicher Breitenlage. Beispiele:
            Anden, Alpen, Polargebiet. a. Situgramm; b. Histogramm des Feinbodens bis
            2 mm ⌀; c. Legende für Profile, Situgramme und Histogramme siehe Abb. 35
            (nach K. GRAF 1973).

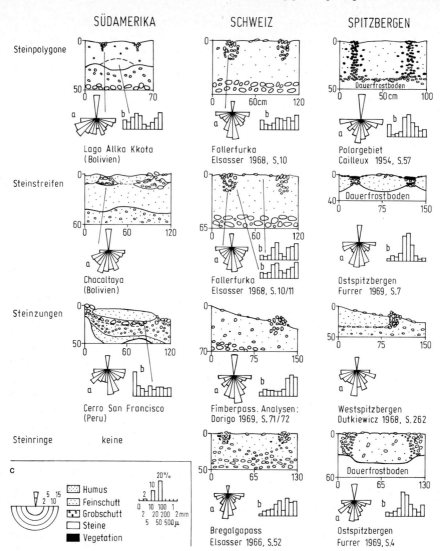

Abb. 35:   *Überregionaler Vergleich von Strukturböden-Großformen in unterschiedlicher Breitenlage.* Beispiele: Anden, Alpen, Polargebiet. a. und b. wie in Abb. 34 (nach K. GRAF 1973).

gestellt werden. Materialsortierungen auf kleinen Flächen sind durch *Stereofotovergleiche* mehrjährig beobachteter Testflächen registrierbar (A. E. CORTE und A. O. POULIN 1972). – Wie sich zeigt, ähneln die erwähnten Techniken einmal den Bodenabtragsmessungen *und* sie ähneln sich untereinander, wobei lediglich Dimensionsunterschiede im Gegenstand bestehen, die allerdings auch Konsequenzen für die Arbeitstechniken haben. Durch die neuerdings erfolgte Anwendung von Makrotechniken (z. B. der Photogrammetrie) in Mikrobereichen werden der geomorphologischen Feldmethodik neue Wege eröffnet.

3.2.3.3 Küstennahe submarine Prozesse

Wie in Kapitel 2.25 gezeigt wurde, spielt für die geomorphologische Erforschung des küstennahen Wasserraumes das *Luftbild* eine große Rolle, das untermeerische Sedimentströme und Formen erkennen läßt, aus welchem aber auch die Entwicklung des Küstensaumes selber hervorgeht (J.-Y. DESDOIGTS 1973; H.-G. GIERLOFF-EMDEN 1974; C. TROLL und E. SCHMIDT-KRAEPELIN 1965; H. Th. VERSTAPPEN 1964, 1972). Eine grobe Aussage über die langfristige Küstenformenentwicklung erlauben auch (historische) Kartenvergleiche (A. BANTELMANN 1967; G. DE BOER und A. P. CARR 1969). – Während die rezenten geomorphologischen Prozesse an der Küste, z. B. an Steilufern, Stränden, Lagunen, direkt beobachtet und die Verfahren der geomorphologischen Gestalterfassung (Messen, Kartieren) eingesetzt werden, ist das bei submarinen Prozessen allenfalls indirekt möglich. So konnte F. WIENEKE (1971) durch die Kombination konventioneller geomorphologischer Methoden zu Aussagen über die küstennahen submarinen Prozesse kommen. – Spezielle Methoden sind sehr aufwendig, weil es bei küstenmorphologischen Arbeiten in erster Linie um den Sedimenttransport geht, der sich in einem Agens abspielt, in welchem Beobachtungen und Messungen nur schwer möglich sind. In seichten Gewässern erfolgt die Beobachtungspunktifixierung durch *eingemessene Stangen,* die netzartig das Untersuchungsgebiet überziehen. Ihre Standpunkte sind durch Peilungen zu kontrollieren. Um Sedimentbewegungen zu messen und den Strömungsverlauf festzustellen, werden *radioaktiv markierte, fluoreszierende* oder sonstwie markierte Sande eingegeben. Fluoreszierende Sande sind billiger als radioaktives Material und leichter anwendbar: z. B. kann durch die Verwendung mehrerer Farben eine größere Zahl von Sandfraktionen gleichzeitig untersucht werden. Vorgegangen wird wie folgt: Das Material wird an einer Stelle, die als Ausgangspunkt der Untersuchung zweckmäßig scheint, in größerer Menge in das Wasser geschüttet. Die Probenahmestellen sollen bei Ästuaren keilförmig-flächenhaft, im Schelf-

gebiet flächenhaft liegen. Bei Küsten-Sandwanderungen genügt ein Längsprofil von unterschiedlicher Breite, die von Wellenstärke und Strömung
abhängt. Aus den geborgenen Proben wird das Verhältnis des präparierten
Materials zum übrigen Sediment ermittelt, woraus sich Schlüsse über den
Umfang und die Stärke der Wanderung ergeben. Es kommen drei Methoden in Frage: Ausstreuen gefärbter Indikatoren des im Untersuchungsgebiet anstehenden Sediments, Ausstreuen sedimentfremder Indikatoren und
Ausstreuen von radioaktiv gemachten sedimentgleichen oder sedimentfremden Indikatoren. – Vorteil der ersten Methode ist, daß das am Ausgangspunkt der Untersuchung dem Boden entnommene Material die natur-
gegebene Korngröße aufweist: die Sandwanderung findet unter natürlichen
Bedingungen statt. Die Farbstoffe müssen so haltbar sein, daß sie einen
u. U. monatelangen Transport in Süß- und Salzwasser überstehen. Die
bisher benutzten sedimentfremden Körner bestehen meistens aus Glas,
Erz, Ziegelmehl, Muschelschill, Schwermineralen oder Kohlepulver. Sie
sind billiger als das gefärbte Material. Da sie aber nicht der Schwere-,
Größen- und Formfamilie des anstehenden Materials entsprechen, kann
ihre Verwendung zu Fehlergebnissen führen. – Die Verwendung radioaktiv
markierter Substanzen hat den Vorteil, daß bei manchen Untersuchungen
der entnommenen Proben die Zählung entfällt, weil lediglich die Stärke der
Strahlung zu messen ist.

Als technische Probleme stellen sich die Eingaben und Entnahmen
der Proben und sowie die aufwendigen Auszählungen der Körner (J. C.
INGLE JR. 1966; O. KOLP 1970). Die Untersuchungen geben über den
Verlauf der Ausbreitung *gewisser Sandfraktionen* sowie deren Geschwindigkeit Auskunft. Bodenströmungen in seichten Küstengewässern lassen
sich auch mit *Driftkörpern* erfassen, deren Wege und Zeiten gemessen
werden. Zur Materialbestimmung von suspendierten Feststoffen in den
Küstengewässern gibt es auch spezielle Geräte (H. GÖHREN und H. LAUCHT
1972). – Küstensedimentologische Untersuchungen, wie sie z. B. J. DAVIDS-
SON (1963) oder O. KOLP (1970) durchführten, geben über küstenhydrolo-
gische und geomorphologische Prozesse sowie deren Formen Auskunft. O.
KOLP (1970) führt u. a. an: Gliederung und Form der Schorre, Sedimentzo-
nen, Lage der Brecherzonen. Bei seiner Methode, die nach allgemeinen
Prinzipien des geomorphologischen Arbeitens abläuft, ließen sich gute
Übereinstimmungen von Reliefgestaltaufnahmen, sowie den Beobachtungen des Strömungsfeldes und der Sediment- bzw. Farbsandverteilung feststellen. – Vor diesem Hintergrund der methodischen bzw. meßtechnischen
Schwierigkeiten ist eine zu weitgehende statistische Aufbereitung der Daten außerordentlich problematisch: W. HARRISON (1970) versucht, z. B.
physikalisch relevante Variable in multivariaten statistischen Analysen
aufzubereiten, um signifikante Beziehungen zwischen den Variablen der

küstenformenden Prozesse und den Variablen der Formenentwicklung herauszufinden. Hierbei sind sehr rasch die Grenzen erreicht, die von erdwissenschaftlichen Gegenständen aus methodischen und sachlichen Gründen gesetzt werden.

3.2.3.4 Äolische Prozesse

Die Tätigkeit des Windes zeigt sich in zahlreichen fossilen und rezenten Formen und Erscheinungen. Dünen, Lößablagerungen, Sandlöß- und Flugsandvorkommen sind die wichtigsten. Um ihre Genese zu deuten, ist das Studium der durch den Wind verursachten rezenten Lockersedimentbewegungen erforderlich. Möglichkeiten bieten sich in Wüsten-, Halbwüsten und Steppengebieten, an den Küsten und in großräumigen Agrargebieten, d. h. in Bereichen, die mindestens zeitweise keine Vegetationsdecke tragen. – Einen breiten Raum nimmt bei der Erforschung äolischer Prozesse die *Bestimmung des Materials* ein. Die Zusammensetzung des Materials nach Korngrößen, Korngestalt und Oberflächenbeschaffenheit sagt über den Bearbeitungs- und Transportgrad aus.

Die *Oberflächenbeschaffenheit* der Körner als Kriterium der Transportverhältnisse wird von W. WALTER (1950, 1951) in Frage gestellt. Seine Untersuchungen zeigten, daß der Mattierungsgrad kein Kriterium für äolischen Transport darzustellen braucht. Mit Hilfe von reibungselektrischen Untersuchungen, für die W. WALTER (1950) auch ein Feldgerät entwickelte, lassen sich sowohl Flugsandschichten einzeln ausgliedern (was auch auf andere Weise möglich ist, wie die „Warvenmethode" K. RICHTERS (1966) zeigte) als auch äolisch transportierte Sande von andersartig bewegtem Material unterscheiden. Zusätzlich können systematisch ausgewertete Siebanalysen herangezogen werden, um Windstärke und -richtung aus den Sedimenten zu erschließen. Beide Methoden sind möglichst zu kombinieren. Demgegenüber konnte H.-J. PACHUR (1966) durch experimentelle Untersuchungen die zahlreichen Arbeiten von A. CAILLEUX (u. a. 1961) bestätigen, daß tatsächlich je nach Transportart eine *bestimmte* Kornoberflächenbeschaffenheit auftritt. Da die Körner den Transportprozessen meist mehrfach unterlegen haben, treten die Merkmale auch kombiniert, gleichwohl gut identifizierbar auf. Selbstverständlich ist der letztwirkende Prozeß in der Regel am deutlichsten ausgeprägt. Äolisch transportierte Körner weisen häufig auch „nicht-äolische" Merkmale auf, die auf vorausgehende oder nachfolgende andere Agenzien zurückgeführt werden müssen. Die morphoskopische Sandanalyse kann man sogar zur Ausscheidung von Höhenstufen der Akkumulation heranziehen (H.-J. PACHUR 1967). Es gibt jedoch auch zusätzliche Kriterien zur Ansprache: Autoren wiesen nach, daß beim Windtransport charakteristische Kornauslesen nach *Form* und *Größe* erfolgen (K.-H. Sɪɴᴅᴏᴡꜱᴋɪ 1956). Durch Feststellen der Beziehung Rundung/Sortierung eines Sandes läßt sich die Zuordnung zum aquatischen oder äolischen Sedimentationsmilieu vornehmen (H. Kᴜʜʟᴍᴀɴɴ 1959; K.-H. Sɪɴᴅᴏᴡꜱᴋɪ, F.-J. Eᴄᴋᴇʀʜᴀʀᴅᴛ, H. R. ᴠ. Gᴀᴇʀᴛɴᴇʀ und H. Gᴜɴᴅʟᴀᴄʜ 1961) (Abb. 36).

In Dünengebieten werden außer den genannten Beobachtungen Dünenverlauf, Grundriß, Neigung und Schichtung bestimmt (M. Bʀᴏᴏᴋꜰɪᴇʟᴅ 1970; H. Kᴜʜʟᴍᴀɴɴ 1958, 1959; E. D. McKᴇᴇ 1966). Dünentypen können nach einer Kreuzschichtungsklassifikation ausgeschieden werden, wozu jedoch umfangreiche Schürfungen – mit großen Längs- und Quergräben – erforderlich sind (E. D. McKᴇᴇ 1966). Auch Luftbilder sind beim Studium der geomorphologischen Windtätigkeit von Nutzen (G. Rᴀꜱᴍᴜꜱꜱᴏɴ 1962). Grad und Dichte der Bewachsung geben ebenfalls über äolisch transportiertes Material Auskunft, so daß wieder pflanzensoziologische

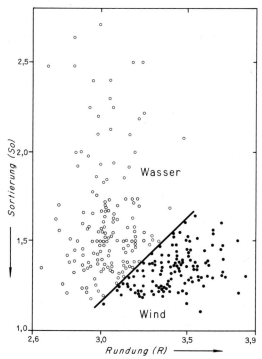

Abb. 36:   *Darstellung der Beziehung Kornrundung/Kornsortierung zur Unterscheidung von äolischem oder aquatischem Sedimentationsbereich* (nach K. H. Sɪɴᴅᴏᴡꜱᴋɪ u. a. 1961).

Methoden anwendbar sind. Auch die „biologische Methode" K. Huecks (1951) zur quantitativen Abtragsbestimmung wäre hier anzuführen (siehe Kap. 3.2.3.1).

Den Windrichtungen und -stärken kommt für die äolische Formbildung grundlegende Bedeutung zu. Viele geomorphologische Aussagen sind nur durch Windmessungen begründbar, wie M. Brookfield (1970) und S. Y. Landsberg (1956) zeigten. Bei den Windmessungen muß auf die dafür vorgesehenen meteorologischen Methoden verwiesen werden (Anemometer und Anemographen). – Der Geomorphologe interessiert sich natürlich auch für die Menge des äolisch bewegten Materials. Dazu werden, ähnlich der Geröllgewinnung, *Sedimentfallen* verwandt. Am einfachsten ist die Erfassung des unmittelbar in Bodennähe transportierten Sandes: Hier wird eine Flasche als Materialfalle in den Boden vergraben (Abb. 37 a) und ihr ein Stutzen aufgesetzt, dessen obere Öffnung mit der Bodenoberfläche in einer Ebene liegt. Zu beachten ist, daß der Stutzen aus Gründen der Vergleichbarkeit der Ergebnisse bestimmte Ausmaße besitzen muß (b = 0,75 cm, l = 3,8 cm. Flaschenboden in etwa 25 cm unter der Erdoberfläche; Maße nach K. Horikawa und H. W. Shen 1960). Dieses Prinzip läßt sich für alle möglichen Arten des Sandtransportes variieren. Eine andere einfache Bodenfalle schlägt M. Seppälä (1974) vor (Abb. 37 b). Die *Kastenfallen* können große und kleine Öffnungen besitzen, die im Niveau der Bodenoberfläche oder darüber liegen (Abb. 37 c, d). *Etagenfallen* weisen mehrere Sedimentbehälter übereinander auf, in denen der in verschiedenen Höhen über dem Boden transportierte Sand dort auch abgefangen werden kann (Abb. 37 e). H. Uggla und A. Nozynski (1962) schlagen eine vom Wind drehbare Etagenfalle vor, die großen Bauaufwand erfordert (Abb. 37 f). – Korngrößenanalysen (absolute und relative Anteile der Korngruppen) und morphoskopische Untersuchungen des gewonnenen Materials, im Zusammenhang mit Windgeschwindigkeitsmessungen (Stärke, zeitlicher Gang), lassen Betrachtungen über Transportweg, Abtragsleistung und Akkumulation des äolisch bewegten Materials zu. Auch Bodenfeuchtemessungen können dazu in Beziehung gesetzt werden.

Über Staubmessungen allgemeiner Art wird bei E. Köster (1964) ausführlich referiert. Sie spielen für die Geomorphologie auch im Rahmen des äolischen Transports eine geringe Rolle. Die Verfahren wurden bisher kaum für geomorphologische Zwecke angewandt. Von Bedeutung und als ausbaufähig erweisen sich Auffangtrichter und präparierte Filterpapiere oder Folien, an denen das Material haften bleibt. Sie können auch in mehreren Höhen über dem Boden, ähnlich den Sandfallen, installiert werden. – Die Methodik der Bestimmung äolischer Prozesse bedarf im Hinblick auf die intensive und schonende Nutzung der bevölkerungsstarken Trockengebiete noch der Vertiefung und Ausweitung.

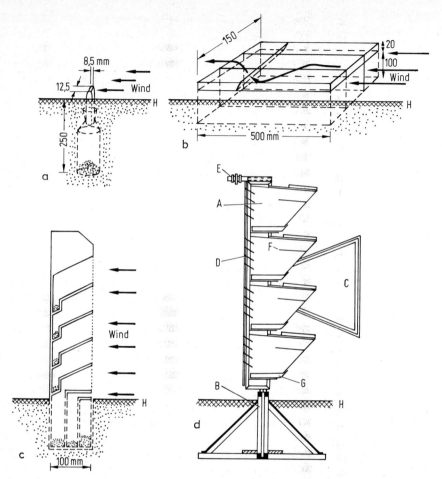

Abb. 37:   *Sandfallen zur Bestimmung der äolischen Fracht:* a. Bodenfalle für punktuelle
Messungen in Bodennähe; b. Kastenfalle für flächenhafte Messungen in Bodennähe; c. Etagenfalle für punktuelle vertikale Messungen in der Hauptwind-
richtung; d. drehbare Etagenfalle nach H. UGGLA und A. NOZYNSKI (1962) für
vertikale Messungen in allen Windrichtungen: A. Auffangkasten; B. Veranke-
rung, Mitte Achswelle; C. Flügel; D. Jalousieblättchen mit Scharnier; E.
Ausgleichsgewicht; F. Gitterscheidewand; G. mit aqua dest. gefüllte heraus-
ziehbare Wanne am Kastenboden; H. Erdbodenoberfläche (Entwurf: H.
LESER).

3.2.3.5 Reliefwirksame Lösungsprozesse

Bei den geomorphologisch wirksamen Lösungsprozessen steht das Wasser im Mittelpunkt der Betrachtung. Wie zahlreiche Autoren betonen, haben neben Klimaverhältnissen auch die physikalischen Eigenschaften der Gesteine (Klüftung, Porosität), der Gehalt an Bodenluft und der Chemismus Einfluß auf die Verwitterungsvorgänge, hier auf die Lösung. Den komplexen Ansatz der Karstforschung demonstriert auch D. G. Ford (1969) der mindestens fünf Hauptarbeitsrichtungen fordert: Karbonatlösungsforschung, Grundwassermarkierung, Gesteinsartregelung, Höhlenmorphogenese und Karstformenforschung an sich. A. Gerstenhauer und K.-H. Pfeffer (1966) weisen analytisch nach, daß der Gesteinseinfluß auf die Kalklösung weitaus vielgestaltiger ist als bisher angenommen. In jüngster Zeit konzentriert sich das Interesse stark auf den CO_2-Gehalt der Bodenluft, der den des Wassers mitregelt und damit dessen Kalklösungsfähigkeit bestimmt (F.-D. Miotke 1974).

Für die Formenentwicklung in Karstgebieten ist die Kenntnis der Größenordnung des *aktuellen Kalkabtrages* durch Lösung von großer Bedeutung. Es ist bekannt, daß der Kalkabtrag von vielen Faktoren abhängig ist (A. Bögli 1960; F.-D. Miotke 1974; K. Priesnitz 1974), die alle klimatisch differenziert werden und so zu unterschiedlichen Abtragsraten in verschiedenen geomorphologisch-geologischen Landschaftstypen führt (A. Bögli 1971). Welche methodischen Probleme die (komplexe) geomorphologische Karstforschung mit sich bringt, zeigen z. B. die gründliche Regionalstudie von F.-D. Miotke (1968) und die Folgearbeiten (a. u. F.-D. Miotke 1972). – Um über Einzelmessungen – z. B. mit dem ,,Limestone erosion micrometer" (D. G. Ford 1969) – hinauszukommen, werden von F. Bauer (1964) vier einfache, quasiexperimentelle Methoden vorgeschlagen, um vergleichbare Werte zu erhalten. Erweist sich doch gerade der Karst – wegen der einigermaßen überschaubaren Randbedingungen – als experimentgeeignet: 1. Bestimmung der ursprünglichen Kalklösungsfähigkeit von Regen-, Schneeschmelz- und Bodendurchflußwässern (Marmorversuch); 2. Erfassung von Vergleichswerten der Kalklösungsfähigkeit von Niederschlags- und Bodenwässern durch die lösungsbedingte Gewichtsabnahme von Marmorkörpern gleicher Größe, Form, Struktur und Zusammensetzung, die langfristig den Niederschlägen (Auslegen) bzw. den Bodendurchflußwässern (Eingraben) ausgesetzt werden; 3. Bestimmung der Härte von Oberflächenabflußwässern unter Berücksichtigung des Charakters der Abflußflächen und der Niederschlagsverhältnisse; 4. Bestimmung der Härte von Karstquellwässern. Wie A. Gerstenhauer & K.-H. Pfeffer (1966), M. M. Sweeting (1964, 1965, 1972) und andere Autoren jedoch zeigten, sind die Unterschiede des Kalkabtrags durch lokale Faktorenkonstellationen so groß, daß *überregionale* Vergleiche auf Grund von Kalkgehaltsbestimmungen der Wässer noch nicht möglich sind. Mit der Bestimmung des *CO_2-Gehaltes der Bodenluft* (F.-D. MIOTKE 1974) scheint jedoch eine Methode gefunden zu sein, welche die Karstforschung noch stärker in quantitative Bereiche hineinführt unter gleichzeitiger Lieferung von größerräumig vergleichbaren Daten. Allerdings gibt es auch hier Einschränkungen: A. GERSTENHAUER (1972) betont, daß die Menge des gelösten Kalkes zu allererst von der Menge des karstmorphologisch wirksamen Wassers abhängt (wegen des geringen oberirdischen Abflusses im Karst entspricht diese der Differenz aus Niederschlag und Gebietsverdunstung), weniger von der zur Verfügung stehenden CO_2-Menge, die zudem jahreszeitlichen Schwankungen unterliegt, die an die Vegetationszeit gekoppelt sind. Für die Messung des CO_2-Gehaltes der Bodenluft entwickelte F.-D. MIOTKE (1972) einen CO_2-Meßstab (Abb. 38), dessen Technik und meßtechnische Einzelheiten dort beschrieben werden.

Möglichkeiten, Messungen der von F. BAUER (1964) genannten Größen durchzuführen, können durch einfache Versuchsanordnungen geschaffen werden. Oberflächlicher Abfluß auf geneigten Felsflächen kann bestimmt werden, indem man Areale mit Paraffinwällen umgibt. Das Wasser wird an einem angelegten Ausfluß in geschlossenen Gefäßen (verdunstungssicheren Sammlern) aufgefangen und im Labor untersucht (Chemismus, Mengen; Zeiteinheiten berücksichtigen). Bodenkörper können im Labor oder im Gelände untersucht werden. Die Schwierigkeiten im Gelände sind wesentlich größer, da hier Faktoren mitwirken, die umständliche Bilanzrechnungen erfordern. Durchflußgeschwindigkeiten in Abhängigkeit von Gestein, Boden und Vegetationsdecke sowie von Dauer und Intensität des Niederschlags lassen sich nach dem *Lysimeter*-Prinzip durch gleichzeitige Niederschlagsmessung und Wassergewinnung unter dem Bodenkörper bestimmen (Eingraben der Gefäße; berücksichtigen, daß kein seitlicher Abfluß erfolgt). Nachträglich wird je nach örtlichen Verhältnissen der gesamte Bodenkörper oder ein Teil davon pedologisch und petrographisch im Labor untersucht. Als weitere Möglichkeit ist eine gleiche Anordnung des Versuches im Labor angezeigt, wo unter gleichen Randbedingungen oder bewußt durchgeführten Variationen die Vorgänge in der Natur simuliert werden (Vergleich oder Kontrolle). Selbstverständlich sind auch hier die Härte-, pH- und Temperaturbestimmungen der Durchflußwässer vorzunehmen. – Zur karsthydrographisch-geomorphologischen Arbeit gehören auch Versuche mit Färbungen oder der Eingabe von radioaktiven oder nicht echt gelösten (= aufgeschlämmten) Markierungsmitteln um Weg, Dauer und Gang des Wassers unter Tage festzustellen, wie es z. B. W. KÄSS (1965, 1970), G. STRAYLE (1970) oder E. VILLINGER (1969) im süddeutschen Juragebiet durchführten. Ausführliche methodische Beiträge zur

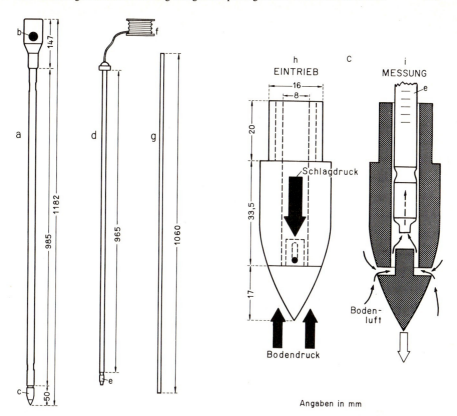

Abb. 38:   *Meßstab zur Bestimmung des CO_2-Gehaltes der Bodenluft mit dem DRÄGER-Gerät:* a. Bohrstock mit abschraubbarem Schlagkopf (b.) und abschraubbarer Meßspitze (c.); d. Meßstab, der in den hohlen Bohrstock eingeschoben wird; e. DRÄGER-Prüfröhrchen; f. Balgengerät; g. Stab, der in den Bohrstock eingeführt wird, bevor der Meßstab (d.) verwendet wird, um den Lufteinlaß zu öffnen; h. und i.: Funktionsweise der Meßspitze (c.): h. Eintrieb; i. Messung (nach F.-D. Miotke 1972).

Wassermarkierung finden sich bei W. Käss (1972). – Ein Teil der Arbeiten führt schon wieder von der rezenten Karsthydrographie und -morphologie weg zur Datierung und Einordnung subrezenter bis vorzeitlicher Formen. Dazu würden auch Altersbestimmungen nach Jahresschichten in Anschliffproben von Höhlensintern (K.-H. Pielsticker 1970), die nachträgliche Bestimmung der Fließgeschwindigkeit von Höhlenflüssen (R. L. Curl 1975) oder ^{14}C-Bestimmungen von Sinterproben (H. W. Franke und M. A. Geyh 1970, 1972; M. A. Geyh und B. Schillat 1967) gehören, ebenso sedimentologische Untersuchungen von Höhlen- und Dolineninhalten. Hohlformen der Karstlandschaften wirken als „Sedimentfallen": dabei ist aber zu berücksichtigen, daß z. B. Dolinenfüllungen nicht immer mit der ausgebildeten Landoberfläche korrelat zu sein brauchen, weil sie aus einer anderen Zeit stammen und in anderer Zeit fossilisiert wurden. Andererseits können Dolinen auch der Landoberfläche korrelat sein, wenn die Einsturzfüllung das Decksediment mitenthält.

3.2.3.6 Gravitative Hangbewegungsprozesse

Für die *Hangentwicklung* sind neben der aquatischen Erosion die Vorgänge gravitativer Bodenbewegungen von ausschlaggebender Bedeutung. Dabei wird einmal davon abgesehen, daß praktisch *alle* geomorphologischen Prozesse schwerkraftgesteuert sind – allerdings gibt es solche, bei denen die Schwerkraftwirkung überwiegt, z. B. bei den Rutschungen. Neben dem Substrat, seiner Lagerung und seinem Wassergehalt spielen noch viele andere Faktoren eine Rolle (Vegetation, Verwitterungsintensität, Frostwirkung etc.). So sind die verschiedenen Vorgänge auch beim methodischen Angehen nicht ganz zu trennen. Bei der von H. MORTENSEN (1964) vorgeschlagenen Methode der Bodenabtragsmessung (siehe Kap. 3.2.3.1) wird allgemein von „Abtrag" gesprochen, der sowohl durch Schwerkraft als auch durch oberflächliche Abspülung oder beide zusammen bedingt sein kann.

Unter „Bodenbewegungen" wird hier die Bewegung von Material auf Grund von Fall- bzw. Sturzvorgängen, gravitativ-solifluidaler Prozesse im weiteren Sinne und durch Rutschungen verstanden. Sie stellen *allgemeine Gravitationsprozesse* dar. Ihre Beobachtung und Messung schließt an die allgemeinen geomorphologischen Methoden und die zur Erfassung des Bodenabtrags an. Grundlagen sind deshalb auch hier die Beobachtungen am Objekt, d. h. an der Form oder der geomorphologischen Erscheinung, sowie im Aufschluß oder Schürfgraben. Die Beobachtungen müssen, da es oft um die Erfassung von Vorgangsabläufen geht, in zeitlichen Abständen wiederholt werden. Das gilt auch für die Vermessung von frischen Abstürzen, Rutschungen, Halden, Schwemmkegeln und anderen Sedimentdecken, die sich nach gewisser Zeit wieder bewegen, weil es meist keine definitiven Ruheformen sind. Die Wahl der Zeitpunkte für die Messungen kann frei erfolgen, sie richtet sich am Ziel und Zweck der Untersuchung aus. Meßreihen mit gleichmäßigen Intervallen sind am vorteilhaftesten. Zusatzmessungen erscheinen in Zeiten besonderer Aktivität der formwirksamen Prozesse angebracht, so bei Überschwemmungen, Hochwässern, Dauer- und Starkregen, Erdbeben, Vulkanausbrüchen oder in Tauperioden.

Ergänzungen der Beobachtung und Messung von Bodenbewegungen sind möglich durch Karten- (H. Mortensen 1960; H. Mortensen und J. Hövermann 1956) oder Fotovergleich (Situation vor und nach der Materialbewegung), sowie durch photogrammetrische Messung (J. Töppler 1957) und durch Bestimmung der Materialeigenschaften gesammelter Proben mit Hilfe der Labortechniken (Korngrößenklassen, Wassergehalt, Mineralbestandteile usw.).

Aus dieser Aufzählung wird ersichtlich, daß gegenüber den Methoden zur Erfassung der fluvialen und aquatischen Prozesse an dieser Stelle nur noch Ergänzungen zu bringen sind, um die besondere Bewegungsart des Materials und die damit verbundenen Erscheinungen (dazu gehören etwa die Gleitflächengestalt und die Tiefe von Rutschungen) selbst zu erfassen. Die Methoden sind aber, wie schon mehrfach erwähnt, möglichst kombiniert anzuwenden. Grundprinzip der Erfassung von horizontalen *Bewegungsvorgängen* des Materials ist die Beobachtung an einer markierten Stelle des Objektes. Die Oberfläche des bewegten bzw. gerutschten Gebietes wird mit einem Netz von Marken überzogen (Holzpfählen, Eisenstäben, Kunststoffstangen), die an Fixpunkte im benachbarten nicht gerutschten Gelände, z. B. Felswänden oder Gebäuden, angeschlossen werden. Die trigonometrischen Einmessungen oder die photogrammetrischen Aufnahmen haben zu festen Terminen oder beim Eintritt von Singularitäten (s. o.) zu erfolgen. Neben solchen oberflächenhaften Messungen lassen sich einmal Vertikalbewegungen der Erdoberfläche (siehe Kap. 3.2.1.1 und Abb. 32) und zum anderen auch *Bodenbewegungen im Untergrund* feststellen, indem feste Gegenstände (Plastik- oder Betonklötze) durch Bohrungen, Schürfgräben oder sonstige Aufgrabungen in den Untergrund eingebracht werden. Bei späteren (vorsichtigen) Aufgrabungen lassen sich aus den Lageveränderungen der Gegenstände Rückschlüsse auf die Bodenbewegungen unter der Erdoberfläche ziehen. Gleiche Ziele haben in den Erdboden versenkte Bleistreifen (b = 10 mm, h = 2–3 mm, l = 450–1000 mm), die sich mit der hangab gerichteten Bewegung des Bodens oder des oberflächennahen Untergrundes verbiegen (Abb. 39 a), wie es beim „Hakenwerfen" der Festgesteine erfolgt. Die Streifen werden in Löcher gesteckt, die mit einer Eisensonde in den Boden getrieben wurden. Die Sonde muß die gleiche Gestalt wie die Bleistreifen haben. Die Streifen haben im übrigen ca. 40 mm aus dem Boden zu ragen. Je nach Jahreszeit und Beobachtungsabständen kann man Frostbodenbewegungen, oberflächliche Abspülung oder andere Materialbewegungen – wie gravitativ bedingtes Schuttwandern – beobachten, indem die Stäbe vorsichtig seitlich aufgegraben werden, so daß die Abweichung von der Senkrechten gemessen werden kann. Mit ähnlichen Streifen lassen sich auch Bewegungen größerer Blöcke und Steine bestimmen. Ähnliche Ziele verfolgen die Arbeitstechniken

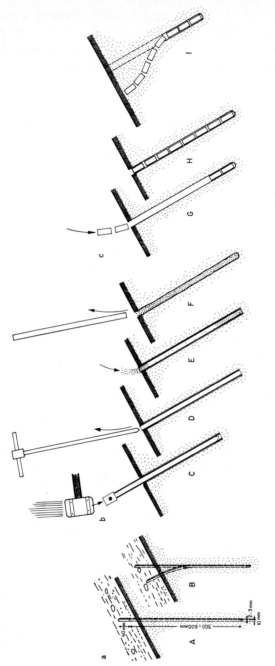

Abb. 39: *Messung der Hangbewegungen auf kleinem Raum durch Bleistreifen, Farbsandfüllungen von künstlichen Röhren und Holz- oder Betonklötzchen:* a. Bleistreifen vor (A.) und nach (B.) den Bodenbewegungen. b. Schaffen einer künstlichen Röhre durch (c.) Einschlagen eines Bohrstocks mit einer Hülse; D. Herausziehen des Bohrstocks; E. Füllen der Hülse mit Farbsand; F. Entfernen der Hülse. Funktionsweise bei Bodenbewegungen wie bei a. oder c., c. 5 cm lange Holz- oder Betonklötzchen werden in ein Bohrloch (G.) geschoben (H.). Nach der Bodenbewegung hat sich die Lage in charakteristischer Weise (I.) verändert (nach J. Schmid 1955; R. F. Hadley 1967; A. Jahn und M. Cielińska 1974).

anderer Hangforscher (R. F. Hadley 1967; A. Jahn und M. Cielińska 1975; J. Pelisek 1967; S. Rudberg 1967; J. Rybar 1967; E. Stocker 1973), wobei die mit farbigem Sand gefüllten Bohrlöcher eine besonders originelle Technik repräsentieren (Abb. 39 b). – Die *Beobachtungen* zur gravitativen Hangbewegung müssen aber auch auf allgemeine Merkmale des Geländes (Reliefgestalt und Formenvergesellschaftung) ausgerichtet sein. Sie werden in der Regel jedoch schon bei der geomorphologischen Kartierung (siehe Kap. 3.3) erfaßt oder durch generelle Beobachtung ermittelt. Rutsch- und bodenbewegtes Gelände ist am unruhigen Relief erkennbar. Bei Baumvegetation weisen die Schiefstellungen der Bäume oder zusätzlich der charakteristische Säbelwuchs der Stämme auf die rezente Morphodynamik hin. Aus dem Wuchsverhalten der Bäume kann sogar das Alter der Rutschungen und Bodenbewegungen erschlossen werden, wie Q. Záruba und V. Mencl (1961) demonstrierten (Abb. 40). – Die pflanzensoziologische Methode zur Kartierung rutschgefährdeter Hänge (P. Seibert 1968) ist eine indirekte Methode, die nur den Feuchtezustand der obersten Bodenschicht anspricht, nicht jedoch die auslösenden Faktoren im gesamten oberflächennahen Untergrund. – Sind Rutschungen schon längere Zeit zur Ruhe gekommen, treten – wegen der Zerstörung der geschlossenen Bodendecke – junge fluviale und aquatische Erosionsspuren auf, die sich in Zerschneidungen der Rutschungen und jungen Schwemmkegelbildungen äußern. Hier liegt also wieder ein Beispiel für das *„Prinzip der Korrelate"* vor. Sinngemäß gilt es auch für den Formenzusammenhang Rutschung (oder andere junge Bodenbewegung) / datierbare Form, z. B. Lößdecke, Solifluktionsdecke oder Terrasse.

M. J. Crozier (1973) analysiert Massenselbstbewegungen auf Grund von sieben morphometrischen Werten, die genetischen Bezug haben sollen. (Bewegungen der Massen in allen Richtungen; seitliche Bewegungskomponente; Ausmaß des Sedimenttransports; plastische Bewegung; Längserstreckung der Bewegung; Grad der Plastizität). Die statistische Prüfung ergab, daß zwischen morphometrischen Meßwerten und genetisch relevantem Massenselbstbewegungsvorgang eine Kausalbeziehung besteht. Dieser Ansatz leitet von der praktischen Meßarbeit im Gelände zur theoretischen Kennzeichnung der Hangformen und Hangdynamik über.

3.2.4 Zusammenfassung: Methodik der geomorphologischen Feldbeobachtung

Ein großer Teil der geomorphologischen Feldarbeit ist Technik und Organisation, die beherrscht werden müssen, um auf rationelle Weise zu korrekten Ergebnissen zu gelangen. Als gedankliche Leitlinie der geomorphologi-

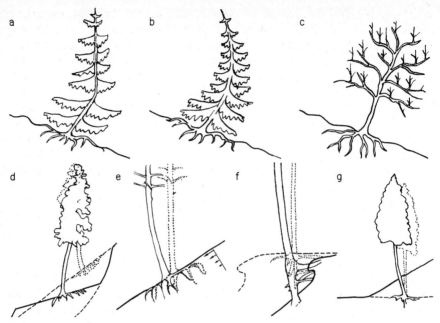

Abb. 40:   *Beobachtung rezenter Hangbewegungen und geomorphologischer Prozesse an Bäumen:* a.–c. aus der Stammverkrümmung und der Richtung der Sprosse läßt sich der Zeitpunkt der Bodenbewegung ermitteln: a. Bodenbewegung einmal während des Wachstums; b. Bodenbewegung hielt während des gesamten Wachstums an; c. Bodenbewegung nach abgeschlossenem Wachstum und vor Ausbildung der jüngsten Sprosse. d. zunächst Stammverbiegung durch Bodenkriechen, danach Rutschung mit Schrägstellen des Baumes; e. Baumneigung durch Wurzelkrümmung infolge Bodenkriechens; f. Neigung und Freilegung der Wurzeln infolge einseitig gerichteter Erosion; g. Stammneigung und -krümmung infolge einseitig gerichteter Akkumulation (nach Q. ZÁRUBA und V. MENCL 1961 sowie J. ALESTALO 1971).

schen Methodik erweist sich das *„Prinzip der Korrelate"*, in das Formen *und* Sedimente eingehen. Grundprinzip ist das Erkennen der räumlichen Zuordnung von miteinander funktional korrespondierenden Formen und Ablagerungen, die zunächst nur formal beschrieben bzw. kartiert werden, die dann aber genetisch im räumlichen Konnex zu interpretieren sind. Innerhalb der „Korrelate" sind es vor allem die *Sedimente,* welche über die morphogenetischen Prozesse rückschauend Auskunft geben. Dies setzt voraus (1) deren korrekte Ansprache und Untersuchung und (2) die Fähigkeit, Reliefgestalt und Formenentwicklung miteinander in Zusammenhang bringen zu können. Zur Interpretation der Reliefgenese bietet sich, wie auch in anderen Bereichen der Geographie, der *ökologische Ansatz* an. Er führt von der spekulativen und selektiven morphogenetischen Betrachtung des Reliefs zu einer systematischen, methodisch fundierten und die Ergebnisse und Erfahrungen der Nachbardisziplinen berücksichtigenden Charakterisierung des landschaftlichen Teilsystems „Relief" sowie dessen Entwicklung und deren Prozesse. Die vorzeitlich-morphodynamisch gewichtete Betrachtungsweise der Geomorphologie darf nicht einer Unterschätzung der rezentmorphodynamischen Prozesse Vorschub leisten, weil diese wichtige *Vergleichsmaterialien* für heute nicht mehr beobachtbare vorzeitliche Vorgänge bereitstellen. Die Arbeitsweisen zur Erfassung der rezenten Morphodynamik beruhen auf Arbeitstechniken der Geomorphologie und mehreren Nachbardisziplinen. Die Techniken aggregieren sich – unter der geomorphologischen Problemstellung – zur *geomorphologischen Methodik*. Der verspürbare Trend, die Arbeitstechniken weiter zu verfeinern und in Nano- und Mikrodimensionen der geomorphologischen Betrachtung vorzustoßen, stellte keine Flucht ins technische, methodische und »außerfachliche« Detail dar. Vielmehr handelt es sich um die methodischen Methodik. Der verspürbare Trend, die Arbeitstechniken weiter zu nicht in globalen oder regionalen Dimensionen erfolgt, sondern immer nur über kleinräumige Prozesse abläuft, die nur „vor Ort" beobachtet werden können. Damit wird offenkundig, daß das auf Erkennen von Systemfunktionsweisen gerichtete räumlich-ökologische Denken in der Geomorphologie wieder Bedeutung gewinnt.

3.3 Geomorphologische Kartierung

Die geomorphologische Karte ist Aufnahme- *und* Darstellungsinstrument. In ihr können räumliche, komplexe geomorphologische Sachverhalte auf sehr rationelle und übersichtliche Weise wiedergegeben werden. Die Karte ist gegenüber verbalen Beschreibungen des Georeliefs anschaulich und auch für den Nichtgeomorphologen lesbar, sofern er sich in die Konzeption der Karte und die Legende eingelesen hat. Auf die Gliederung der geomorphologischen Karten in Maßstabs- und Inhaltsgruppen wird im Kapitel 5.3.5 eingegangen. Bei der *geomorphologischen Kartierung* geht es um die Aufnahmetechnik *großmaßstäblicher* geomorphologischer Karten, wie sie vom Feldgeomorphologen für wissenschaftliche und praktische Zwecke erstellt werden.

Ziel jeder geomorphologischen Arbeit muß die Darstellung des Problems in der Karte sein. Dabei darf es sich jedoch nicht allein um die

Wiedergabe der erarbeiteten Spezialergebnisse handeln, z. B. in „karstmorphologischen" oder „periglazialmorphologischen" Karten, sondern der gesamte Untersuchungsraum oder ein typischer Ausschnitt (bei zu großem Areal) muß auf seine morphographischen und morphogenetischen Eigenschaften und Merkmale hin *vollständig* dargestellt werden. Spezialprobleme können nur dann richtig gewertet werden, wenn sie im räumlichen und sachlichen Zusammenhang dargestellt sind. Darauf hat die „geographische" Geomorphologie gegenüber ähnlich interessierten Nachbardisziplinen (z. B. Quartärgeologie oder Ingenieurgeologie[18]) ja auch immer besonderen Wert legt, ohne daß jedoch die Konsequenzen für die Darstellungsmethodik gezogen werden. Die Aufnahme der Geländeformen unter geodätisch-topographischen Aspekten (W. HOFMANN 1971; R. SCHWEISSTHAL 1966) gehört nicht zum Aufgabenkreis des Geomorphologen, abgesehen von der Tatsache, daß die topographische Karte keine geomorphologische ersetzen kann, weil sie völlig anderen Zielen nachgeht. Eine topographische Karte (oder gegebenenfalls ein Luftbild) bildet jedoch die Kartierungsunterlage für die geomorphologische Aufnahme. Im übrigen besitzt die geomorphologische Kartierung auch erheblichen praktischen Nutzen, der in manchen Ländern voll anerkannt ist. Dort steht die geomorphologische Landesaufnahme gleichberechtigt neben pedologischer und geologischer Kartierung oder sie wird statt derer oder im Zusammenhang mit diesen durchgeführt (z. B. Belgien, Canada, Niederlande, Polen).

Es gibt mehrere Wege, die zur geomorphologischen Karte führen. Nach Maßstab und Konzeption haben sich Kartierungssysteme herausgebildet, die alle Vor- und Nachteile besitzen. Zusammenfassende Bewertungen geben E. ARNBERGER (1966), S. GILEWSKA (1967), H. LESER (1967 a), J. TRICART (1965), H. J. VAN DORSER & A. I. SALOMÉ (1973) und H. WILHELMY (1966).

Aus schon mehrfach betonten praktischen und theoretischen Gründen (siehe Kap. 1 und 3.2–3.2.2) sollte bei der Kartierung entweder eine rein morphographische Kartierungsmethode oder eine solche mit deutlichem Übergewicht der morphographischen Inhalte bevorzugt werden. Erstere würde durch die Kartierungsmethoden H. KUGLER (1964, 1965, 1968, 1974 b), R. A. G. SAVIGEAR (u. a. 1965) und M. C. VANMAERCKE-GOTTIGNY (1967), letztere würde durch die Legende zur GMK 25 der Bundesrepublik Deutschland (P. GÖBEL, H. LESER und G. STÄBLEIN 1973; neue Fassung: H.

---

[18] Die Ingenieurgeologie arbeitet bei manchen ihrer Kartierungen inzwischen stark angenähert der Geomorphologie (G. BACHMANN, F. REUTER und A. THOMAS 1963). H. KUGLER (1963) konnte zeigen, daß seitens der Geomorphologie, vor allem mit morphographisch orientierten Karten, ein bedeutender Beitrag zur Verbesserung der ingenieurgeologischen Kartierungstechnik geleistet werden kann.

LESER und G. STÄBLEIN 1975) sowie die Methoden J. TRICART (1972 a)
sowie H. TH. VERSTAPPEN und R. A. VAN ZUIDAM (1968) repräsentiert
werden. Die meisten Methoden basieren auf dem Baukastenprinzip. Sie
können dadurch vielseitig angewandt werden, worauf bei H. LESER
(1974 a) eingegangen wird.

Aus methodischen Gründen wird in diesem Buch bewußt zwei Methoden
der Vorzug gegeben: der Methode H. KUGLER und der GMK 25 BRD-Me-
thode, weil beide auf vielen Vorarbeiten anderer geomorphologischer
Kartierungskonzeptionen beruhen und derzeitig das Optimum großmaßstäblicher geomorphologischen Kartierungstechnik darstellen. – Um weitgehend unbelastet von genetischen Deutungen kartieren zu können, muß
zunächst morphographisch orientiert vorgegangen werden. Bekanntlich
kann jede Form in ihre Reliefelemente zerlegt werden. Auf dieser Basis
entwickelte H. KUGLER (1964, 1965) sein System, das eine einwandfreie
und erschöpfende Ansprache aller Reliefelemente erlaubt. Es ist so aufgebaut, daß sowohl großmaßstäbliche als auch Übersichtskarten damit aufgenommen werden können. Die gleiche Konzeption verfolgt, wenn auch in
darstellerischer Einheit mit der Genese, die Legende der GMK 25 BRD.
– Durch die Auflösung der Formen in Reliefelemente kann die gesamte
Karte *flächendeckend* gefüllt werden. Aussagen werden auch für jene
Bereiche gemacht, die bei älteren Konzeptionen „weiß" blieben. Das
kartographisch bisher schwer in den Griff zu bekommende Berg-Tal-
Scheinproblem (wo fängt das Tal an und wo hört der Berghang auf?) wird
ebenfalls mit dieser Methode gelöst (H. LESER 1975 a). Bislang entzogen
sich die Hänge immer der Darstellung, weil es nur Signaturen für Mulden-,
Sohlen-, Kerb- und andere Talformen gab, bei welchen die seitlichen
Begrenzungen willkürlich irgendwo auf das Hangareal gezeichnet wurden.
Der Hang wird – im Zusammenhang mit Hangfuß und Hangscheitel
– durch das Baukastensystem graphisch direkt zur Darstellung gebracht.

Die großmaßstäbliche geomorphologische Kartierung hat die Aufgabe, das Relief in seiner Formgestalt und Entwicklung umfassend, d. h.
möglichst vollständig, quantifiziert und wirklichkeitsnah darzustellen. Die
Ergebnisse sollten in Meßtischblättern niedergelegt und in der Praxis
verwertbar sein. Diese Verwertung kann direkt geschehen, d. h. ohne
Umsetzung der Karteninhalte oder Teilinhalte, oder indirekt, indem Bewertungskarten auf Grund der geomorphologisschen Spezialkarten geschaffen werden (H. LESER 1974 a, c). Zu diesem Zweck muß die Bestandsaufnahme, und um eine solche handelt es sich bei der großmaßstäblichen
geomorphologischen Karte, in einer Weise vonstatten gehen, daß die
Weiterverwendung des Materials ohne Qualitätsverlust und ohne große
technische und gedankliche Schwierigkeiten möglich ist. Als Voraussetzung
dafür wird die Verwendung des Baukastensystems der Signaturen angese-

hen. Die Bestandsaufnahme umfaßt folgende Sachverhalte (H. LESER und
G. STÄBLEIN 1975):

(1) Morphographische Verhältnisse
(2) Oberflächennaher Untergrund
(3) Rezente Morphodynamik
(4) Morphogenese.

Die großmaßstäbliche geomorphologische Karte (es wird sich vorzugsweise um den Maßstab 1 : 25 000 handeln) stellt mit solch einer
Konzeption das Relief – als landschaftshaushaltlich steuernden Faktor
– einzeln und in seiner Komplexität, im gegenwärtigen Zustand und in der
bisherigen Entwicklung dar. Diese Art von Reliefdarstellung wird von der
gleichmaßstäblichen topographischen Karte in diesem Umfang und in
dieser Genauigkeit nicht erreicht und bekanntlich auch nicht angestrebt.
Geomorphologische Karten sind also weder durch topographische noch
durch andere geowissenschaftliche Karten zu ersetzen. Letztere stellen
völlig andere Sachverhalte des geosphärischen Systems dar, die *nicht* Gegenstand der Geomorphologie sind (siehe Kap. 1., 1.3 und 1.4). Solche
Karten sind nicht durch geomorphologische zu ersetzen. Umgekehrt ist dies
aber auch nicht möglich. Vielmehr stellen *alle* geowissenschaftlichen Karten
jeweils bestimmte Erscheinungen oder Teile der Geosphäre dar, die zwar
funktional miteinander im räumlichen Zusammenhang stehen, jedoch For-
schungsobjekte der Einzelwissenschaften sind (Gestein: Geologie/Petrolo-
gie; Boden: Pedologie; Relief: Geomorphologie). Zur Erweiterung des
geowissenschaftlichen Weltbildes und zur Lösung zahlreicher praktischer
Probleme des täglichen Lebens besitzen diese Karten für den jeweiligen
Teilaspekt großen Wert.

Bei der geomorphologischen Kartierung wird entsprechend den Vorbereitungen zur geomorphologischen Feldarbeit verfahren (siehe Kap. 2.2).
Zunächst sind sämtliche verfügbare Karten heranzuziehen:

(1) Topographische Karten
(2) Geologische Karten
(3) Bodenkundliche Karten
(4) Bodenschätzungskarten
(5) Karten der forstlichen Standorterkundung
(6) Pflanzensoziologische und vegetationskundliche Karten
(7) Luftbildkarten und Luftbilder.

Es ist darauf zu achten, daß von den Unterlagen möglichst *große*
Maßstäbe gesucht werden und daß beim Vorliegen mehrerer Ausgaben *alle*
Ausgaben des jeweiligen Blattes herangezogen werden. Dies gilt insbeson-
dere für topographische, geologische und bodenkundliche Karten. Über-

sichtskarten erleichtern die Einordnung des Arbeitsgebietes in den umgebenden Raum. Die Luftbilder der gängigen Maßstäbe haben für die *groß-maßstäbliche* geomorphologische *Kartierung* relativ wenig Wert. *Größt-maßstäbliche* Luftbilder leisten besonders in vegetationsarmen Gebieten bedeutende Hilfe. Trotzdem müssen Luftbilder wegen der Übersichtlichkeit, der durch sie möglichen Einordnung des Gebietes, ihres Aussagewertes für die Ansprache des oberflächennahen Untergrundes (Farbluftbilder, Äquidensitenbilder) und ihrer Bedeutung als Arbeitshilfe bei der Kennzeichnung der Morphogenese verwendet werden. Der Wert des Luftbildes für die Herstellung *kleinmaßstäblicher* geomorphologischer Karten ist unbestritten. An dieser Stelle geht es jedoch nur um die *größtmaßstäbliche* geomorphologische Aufnahme, für die spezielle Voraussetzungen nötig sind.

3.3.1 Kartierungsgrundlagen

Als Kartierungsgrundlage kann nur eine Karte verwandt werden, deren Maßstab *größer* als der vorgesehene Publikationsmaßstab ist. Bei den meisten geomorphologischen Karten sollte es, auch wegen der Vergleichbarkeit, 1 : 25 000 sein. Daher kommen als Kartierungsunterlagen in Frage:

(1) Deutsche Grundkarte 1 : 5000 (oder vergleichbare Kartenwerke anderer Länder)
(2) Verkleinerung der Deutschen Grundkarte 1 : 5000 auf 1 : 10 000
(3) Topographische Karten 1 : 10 000 (liegen in Deutschland in verschiedenen Sonderausgaben vor, z. B. Großraum Hannover vom Großraumverband; daneben auch als amtliche Übersichtspläne verschiedener Kantone der Schweiz)
(4) Vergrößerungen der Topographischen Karte 1 : 25 000 auf 1 : 10 000 oder 1 : 5000 (z. T. in amtlicher Fertigung).

In jedem Fall muß eine *vollständige* Situation in der Kartierungsunterlage vorhanden sein, d. h. neben Höhenlinien, Siedlungen, Gewässern auch Nutzungsarten, Verkehrswege und die üblichen topographischen Sonderangaben. Erst der Kontext aller Inhaltselemente erlaubt eine lagegerechte und genaue Kartierung der geomorphologischen Objekte. Orohydrographische Ausgaben der o. a. Kartierungsgrundlagen haben sich weder für die Geländeaufnahme, noch für die Reinzeichnung oder gar für die Auswertung bewährt, weil die exakte räumliche Einordnung der Objekte kaum möglich ist. Auch Nutzungsartengrenzen (Wald/Ackerland, Grünland/Rebland etc.) stellen Orientierungshilfen dar. Leider bieten die genannten Kartenwerke nicht immer *alle* Inhaltselemente *gleichzeitig*. Die in Grundkartenausgaben gelegentlich fehlenden Höhenlinien erschweren die Arbeit so sehr, daß oft aus diesem Grund auf diese Unterlage verzichtet werden muß. Als Hilfe haben sich bei den Vermessungsämtern vorliegende *Kotenkarten* erwiesen, aus denen man sich Höhenlinien konstruieren kann. Andere Möglichkeit: Vergrößerung der TK 25 auf 1 : 5000 und Eintragen der Höhenlinien in die Grundkarte oder die Karte 1 : 10 000. Zweifellos am besten geeignet ist die Verkleinerung einer vollständigen Grundkarte auf 1 : 10 000, weil dann bei einem Höchstmaß an inhaltlichem Reichtum und Genauigkeit auf eine generalisierungsfähige bzw. verkleinerungsfähige Unterlage kartiert werden kann. Ebenso zweckmäßig sind Karten 1 : 10 000 mit Höhenlinien. Sehr praktisch ist die Vergrößerung der TK 25 auf vier Blätter 1 : 10 000, die gegenüber der TK 25 mehr Zeichenplatz bieten und in einer der Publikationsausgabe nahen Situation arbeiten lassen. Außerdem verführt der Maßstab nicht zu einer zu detaillierten Aufnahme, für die sich bei der Umsetzung in die Reinzeichnung meist Generalisierungsprobleme ergeben. Aufnahmen 1 : 5000 lassen sich jedenfalls nur schwer in 1 : 25 000 umsetzen.

Die Kartenunterlagen werden in *Grau-* oder *Braundruck* verwendet. In Schwarzdrucken sind Bleistifteintragungen kaum möglich. Die Karten oder Kartenvergrößerungen werden auf handliche Formate zugeschnitten (z. B. Viertel der Vergrößerung der TK 25 auf 1 : 10 000, so daß sich für ein Meßtischblatt in der Vergrößerung 16 Sektionen zu 30,5 mal 28,0 cm ergeben). Diese werden auf gleichformatige Pappen aufgezogen, die auf der Hälfte zu knicken sind (Anreißen mit dem Messer notwendig!) und die dann zusammengeklappt werden können (Abb. 41), um bei der Geländearbeit Verschmutzen oder Vernässen zu verhindern. Eine weitere Möglichkeit bildet wasserfeste, bezeichenbare Folie. Diese kann über die aufgezogenen Karten gelegt werden bzw. spannt man Karte und Folie in den Feldrahmen. Die maßhaltige Folie wird mit Bleistift bezeichnet und ist in diesem Zustand sogar pausfähig. Beim Feldrahmen entfällt natürlich das Aufziehen der Karte auf Pappe, die ja sonst als feste Kartierungsunterlage gedacht ist. Wegen der notwendigen Exaktheit darf nicht auf losen, unaufgezogenen oder unaufgespannten Karten gearbeitet werden.

Grundvoraussetzung für die Kartierung wäre eine am Schreibtisch angefertigte Böschungswinkelkarte (siehe Kap. 2.2.2), die im Gelände durch Messung überprüft und korrigiert werden muß. Die Schreibtischwerte sind infolge mangelnder Reliefwiedergabe durch Höhenlinien in der TK etwas korrekturbedürftig. Fehler liegen aber oft außerhalb der Darstellungsmöglichkeiten. Probleme ergeben sich nur in Talreliefs, wo die Isohypsendarstellung zu grob und zu ungenau für Böschungswinkel ist. Dabei

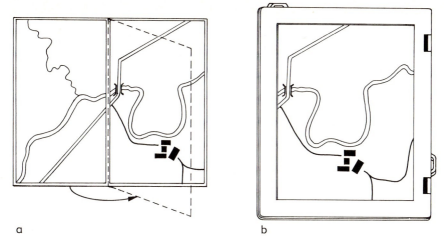

a   b

Abb. 41:   *Hilfen bei der Kartierungsarbeit im Gelände:* a. auf Pappe aufgezogene Karten-
            viertel oder -achtel. Die Rückseiten der zusammengeklappten Kartenhälften
            dienen für die Karte bzw. die Zeichnung als Witterungsschutz; die Pappen
            bilden gleichzeitig eine feste Arbeitsunterlage; b. käuflicher Feldrahmen aus
            Holz- oder Metall, in welchen die Kartenstücke eingespannt werden (Entwurf:
            H. LESER).

wird einmal davon abgesehen, daß ohnehin an vielen, in der TK grundsätzlich nicht dargestellten Teilformen Messungen vorgenommen werden müssen (z. B. an Talhängen). Diese Arbeitsunterlage geht später, in der verbesserten Form, auch in die Endausgabe der geomorphologischen Karte mit
ein. Ihre Bedeutung bei der Vorbereitung der Geländearbeit liegt u. a.
darin, daß sich bei ihrer Anfertigung ein erster räumlicher Überblick über
das Arbeitsgebiet verschafft werden kann.

3.3.2 Durchführung der Kartierung

Von der technischen Durchführung der Kartierung hängt direkt die Qualität der zu erstellenden geomorphologischen Karte ab. Die Kartierung
beginnt mit der Übersichtsbegehung, umfaßt die Vorbereitung und Führung von Feldbuch (siehe Kap. 3.1) und Feldkarte (siehe Kap. 3.3.2.1)
sowie das Beherrschen und Anwenden der Relief- und Substratansprache
(siehe Kap. 3.2.2). Weiterhin gehören die Herstellung von Fotodokumen-
ten (siehe Kap. 3.4) und die wissenschaftliche Reinzeichnung der Karte
(siehe Kap. 3.3.2.4) dazu.

Vor der Kartierungsarbeit wird eine *Übersichtsbegehung* durchgeführt. Dabei wird sich an Hand des Luftbildes, der topographischen, geologischen und ggf. pedologischen Karten sowie der Neigungswinkelkarte ein Überblick über das Kartierungsgebiet verschafft. *Ziel* der Übersichtsbegehung ist es, das Gesamtrelief des Raumes zu begreifen, seine Gliederung in morphologische Einheiten unterschiedlicher Größenordnung zu erkennen und den Ablauf der Kartierung festzulegen (Netzplan!). Die Übersichtsbegehung erfolgt mit einem Motorfahrzeug, nur gelegentlich werden Abstecher zu Fuß unternommen. Aussichtstürme eignen sich ebenfalls zur Übersicht. Bei den Abstechern zu Fuß, etwa in morphologisch besonders differenzierte Gebiete oder in Bereiche intensiver rezenter Morphodynamik, zeigt sich, daß die Kartierungsarbeit in zeitlich sehr unterschiedliche Teilarbeiten zerfällt. Vor allem die Aufnahme von Formen der rezenten Morphodynamik erfordert ein gutes Organisieren der Kartierungsarbeit.

In einem *Arbeitsplan* wird der Gang und der Zeitaufwand für die Kartierungsschritte überschlägig festgelegt. Man bedient sich dabei der Netzplantechnik, deren graphische Darstellungen eine hervorragende Übersicht über Gang und Stand der Arbeiten geben können. Der Arbeitsplan ist aus mehreren Gründen erforderlich: Geomorphologisches Kartieren – besonders mit Schwerpunkt rezente Morphodynamik, Morphographie und oberflächennaher Untergrund – ist nur zu bestimmten Jahreszeiten möglich. Die Aufnahme des oberflächennahen Untergrundes erfolgt flächendeckend, daher müssen auch die Felder begangen werden, was aber nur nach der Ernte möglich ist (Bohrungen, Bodenprofilgruben). Zum anderen sind die Wirkungen der rezenten Morphodynamik, vor allem in der vegetationsarmen Jahreszeit, besonders intensiv. Daher empfehlen sich grundsätzlich die Herbst-, Winter- und Frühjahrsmonate – solange kein Frost herrscht – zur geomorphologischen Aufnahme. Der Arbeitsplan wird auf das landwirtschaftliche Jahr abgestimmt. Die rezente Morphodynamik wird manchmal nur in *mehreren* Kartierungsdurchgängen vollständig zu erfassen sein, z. B. in niederschlagsarmen Jahren. Daher müssen während der Zeit der morphographischen und morphogenetischen Aufnahme Perioden für ergänzende Aufnahmen der rezenten Morphodynamik vorgesehen sein. Dies alles zu koordinieren, die Gerätebenutzungsmöglichkeiten in den Instituten wären z. B. ebenfalls mit zu berücksichtigen, ist Aufgabe eines Arbeitsplanes.

3.3.2.1 Feldkarte

Auf die technische Herrichtung der *Feldkarte* wurde bereits in Kapitel 3.3.1 eingegangen. Hier müssen noch inhaltliche Bemerkungen folgen. Die Feldkarte ist ein *Dokument.* Daher sind die Eintragungen nur im Gelände vorzunehmen, die später auch nicht verändert werden dürfen. Theoretische Überlegungen, besonders im Hinblick auf die morphogenetischen Teilinhalte der Karte, können auf einem zweiten Blatt niedergelegt werden, das äußerlich wie die Original-Feldkarte vorbereitet und gestaltet werden kann bzw. im Feldbuch. Die Eintragungen in die Feldkarte erfolgen mit scharf gespitzten Stiften, um ein leserliches Kartenbild zu erzielen, das im weiteren Sinne reproduktionsfähig ist. Beim Zeichnen sollte nicht zu stark aufgedrückt werden, weil bei ggf. anzubringenden Korrekturen auf dem z. T. dicken und leicht rauhen Papier (z. B. den Vergrößerungen der TK 25 auf 1 : 10 000) die alten Zeichenspuren erhalten bleiben sowie das Papier bei zu starkem Radieren zerstört werden könnte. Diese Schwierigkeiten entfallen beim Aufspannen von Kartengrundlage und Klarsichtfolie auf den Feldrahmen. Sollten sich bereits im Gelände Darstellungsschwierigkeiten infolge mangelnden Zeichenraums ergeben, ist für die ganze Karte im Aufnahmemaßstab in eine größere Maßstabsklasse heraufzugehen bzw., wenn es sich nur um engbegrenzte morphologisch-differenziertere Räume handelt, nur in Ausschnitten. Dies kann meist schon bei der Übersichtsbegehung und beim Festlegen des Arbeitsplanes bestimmt werden. Weitere Möglichkeiten, die Zeichenraumprobleme zu umgehen, bildet das Auflösen in *Teilinhaltskarten:* Die Aufnahme der rezenten Morphodynamik kann auf einem anderen Blatt erfolgen als die Aufnahme der morphographischen Verhältnisse. Den oberflächennahen Untergrund nimmt man ohnehin meist gesondert auf einem Blatt auf, dem noch ein Blatt mit den Bohrpunkten und der Lage der Profilgruben beigegeben wird. Für die genaue Lokalisierung der Punkte in der Feldkarte des oberflächennahen Untergrundes wurde bereits vorgeschlagen, den Punkt auf der Karte zu markieren, Durchstechen mit dem Zirkel, Kreisschlagen um den Punkt auf der Kartenrückseite, darin Feldnummer oder sonstige Angaben zum Aufnahmepunkt eintragen. Bei der „Feldkarte" handelt es sich in der Regel um eine *Kartenserie,* in welcher die verschiedenen Teilinhalte dargestellt sind. Diese inhaltliche Trennung erweist sich später für die Reinzeichnung (siehe Kap. 3.3.2.4), die Druckvorbereitung und die praktische Auswertung als hilfreich.

3.3.2.2 Legende und Kartierungsobjekte

Als *Legende* wird, wegen der modernen Konzeption und dem allgemeinen Bestreben, ein geomorphologisches Kartenwerk 1 : 25 000 für die Bundesrepublik Deutschland (= GMK-Projekt der GMK 25 BRD) zu schaffen, die Legende des „Arbeitskreises Geomorphologische Karte der BRD" empfohlen (H. LESER und G. STÄBLEIN 1975).[19] Dies geschieht vor dem Hintergrund, daß eine breitgestreute Anwendung der Legende erfolgen soll, um möglichst viele *vergleichbare* Karten zu erhalten. Dies bringt dann auch Fortschritte für die geomorphologische Theorie. Gerade die deutschen Karten zeichneten sich in der Vergangenheit durch große Heterogenität in Inhalt und Maßstab aus (H. LESER 1968 b, 1974 a). Es ist zu hoffen, daß Nachbarländer, in denen noch keine *neue* Konzeption entwickelt worden ist (u. a. Österreich, Schweiz, Dänemark, DDR, ČSSR), sich dieser Legende anschließen oder doch deren Grundzüge beachten. Da die Legende sehr leicht zu beschaffen ist und in allen Geographischen Instituten (auch der Nachbarländer) vorliegen dürfte, wird auf ihre vollständige Wiedergabe verzichtet (Abb. 42). Auf einige inhaltliche Aspekte von Aufnahme und Darstellung bestimmter Sachverhalte dieser Legende muß hier jedoch eingegangen werden.

Abb. 42:   *Überblick über die Inhalte der Legende des Arbeitskreises für geomorphologische Kartierung* in der Bundesrepublik Deutschland: wichtigste Signaturen und Symbole (nach H. LESER und G. STÄBLEIN 1975).

Neigung der flächenhaften Reliefelemente
(B >100 m, in Ausnahmefällen bis 25 m)

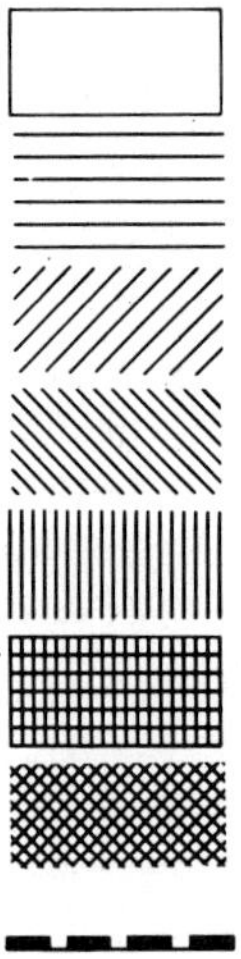

	Rastergrade	Flachland	Mittelgebirge	Hochgebirge
	0 %	0°—0,5°	0°—0,5°	0°— 2°
	10 %	> 0,5°—2°	> 0,5°—2°	> 2°—15°
	20 %	> 2°— 4°	> 2°— 7°	> 15°—25°
	30 %	> 4°— 7°	> 7°—11°	> 25°—35°
	40 %	> 7°—11°	> 11°—15°	> 35°—45°
	50 %	> 11°—15°	> 15°—35°	> 45°—60°
	60 %	> 15°	> 35°	> 60°
		60°—90°	(B = < 100 m)	

[19] Siehe dazu die fortlaufend erscheinenden GMK-Mitteilungen (D. BARSCH Ed., 1975 ff.) und die publizierten Arbeitsberichte (D. BARSCH 1976; H. LESER 1976 b).

Wölbungslinien auf Reliefelementen. Verfeinerung je nach Gelände und morphogenetischer Aussagekraft.
(B > 100 m)

konvex	konkav	Radius des Krümmungskreises
———	– – – –	6—< 300m (s = 0,4)
═══	═ ═ ═	300—600 m (s = 0,2)
··········		Wechsellinie (Grenze zwischen Konvex- u. Konkavbereich)

Stufen, Kanten und Böschungen
(B < 100 m der an der Konstitution beteiligten Reliefelemente)

Darstellung der Stufenhöhe durch Variation des Zahnabstandes:

⊥_⊥_⊥_⊥_⊥	0—1 m
⊥⊥_⊥⊥_⊥⊥_⊥⊥	> 1—2 m
⊥⊥⊥_⊥⊥⊥_⊥⊥⊥	> 2—5 m
⊥⊥⊥⊥⊥⊥⊥⊥⊥⊥	> 5 m

Darstellung der Grundrißbreite der Stufe durch Zahnlänge

⊥_⊥⊥_⊥⊥_⊥⊥⊥⊥	1— 5 m
⊥_⊥⊥_⊥⊥_⊥⊥⊥⊥	> 5—10 m
⊥_⊥⊥_⊥⊥_⊥⊥⊥	> 10 m
⊤⊤⊤⊤⊤⊤⊤	mit Fußknick

Darstellung der Böschungsneigungen durch die Form der Zähne
(B < 25 m)

■■■■■■■■	Flachböschung < 15°
▲▲▲▲▲▲	Steilböschung 15°—60°
■■■■■■	Wandstufe > 60°

Täler und Tiefenlinien
(B < 100 m, breitere Talformen werden in die Reliefelemente aufgelöst dargestellt)

← Fließrichtung

)==)==)==)==)   Muldental

    ==⊐==⊐==⊐=   Sohlental

    :)=)=)=)=)=   Kerbtal

    =)=)=)=)=)   Darstellung hangasymmetrischer Täler durch Kombina-
    ⊐ ⊐ ⊐ ⊐ ⊐   tion der o. a. Talsignaturen

Kleinformen (B < 25 m)

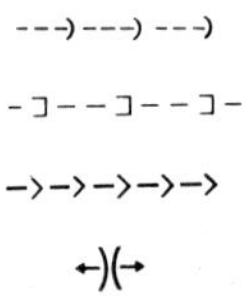

    --→---→---→   muldenförmige Tiefenlinie

    -⊐--⊐--⊐-   kastenförmige Tiefenlinie

    -→-→-→-→-→   kerbförmige Tiefenlinie

    ←)(←   Wasserscheide, Talwasserscheide

Kleinformen und Rauhheit
Kleine Einzelformen, die nicht mehr in Reliefelemente auflösbar sind. Hierfür entfällt auch die Wölbungsdarstellung.
(B < 100 m)

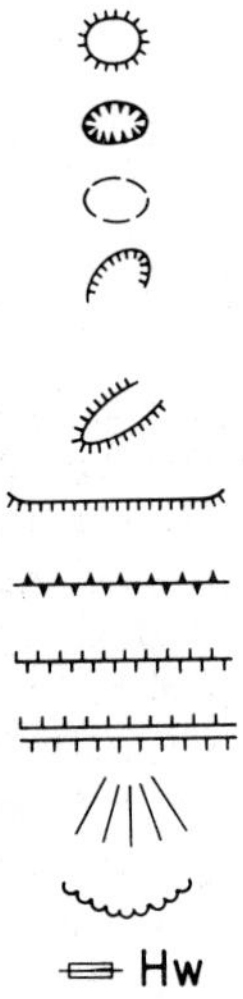

    Kuppe

    Kessel

    Schale

    Nische

    Sporn

    Gesims

    Grat

    Wall ⌒

    Flachrücken, Damm ⌒

    Fächer und Kegel

    Spalten

    Hw   Hohlweg

Rauheit der flächenhaften Reliefelemente

(B > 100 m, wobei die Mikroformen B < 1 m)

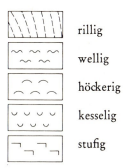

rillig

wellig

höckerig

kesselig

stufig

Formen und Prozeßspuren, die in Aufschlüssen beobachtbar sind

    Würgeboden

    Frostmusterformen

    Eiskeile

    Glaziale Stauchung

    Karstschlotten

Oberflächennaher Untergrund

Autochthones und allochthones Fest- und Lockergestein werden genetisch und substantiell in der Regel ab 50 cm, in Ausnahmen ab 20 cm Mächtigkeit bis 100 cm Tiefe unter Flur erfaßt. Die Verbreitungsareale (B > 100 m) werden mit gerissener schwarzer Linie abgegrenzt. Das Material wird rötlich-braun dargestellt. – In ausgewählten Fällen können auch kleinere Verbreiterungsareale des oberflächennahen Untergrundes dargestellt werden. – Wo formbestimmend bedeutsam, kann auch der tiefere Untergrund mit ähnlichen Darstellungsmitteln wie das Oberflächengestein unter klarer Kennzeichnung in der Legende als Untergrundgestein dargestellt werden. Der Untergrund nach stratigraphischen und tektonischen Einheiten, wie er in der geologischen Karte wiedergegeben wird, kann auf einer Übersichtsnebenkarte beigefügt werden.

8 *Körnung, Zusammensetzung und Charakterisierung des Lockermaterials*

Der formbestimmende Prozeß ist der kartographisch vorrangigere. Unter- und Überlagerungen werden durch Materialsignaturen in der jeweiligen Prozeß-farbe darüber gezeichnet und durch die Anordnung ausgedrückt

Körnungskennzeichnung

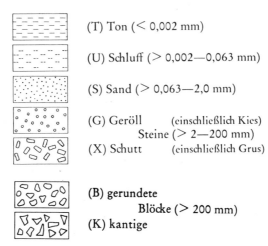

(T) Ton (< 0,002 mm)

(U) Schluff (> 0,002—0,063 mm)

(S) Sand (> 0,063—2,0 mm)

(G) Geröll   (einschließlich Kies)
     Steine (> 2—200 mm)
(X) Schutt   (einschließlich Grus)

(B) gerundete
      Blöcke (> 200 mm)
(K) kantige

Charakterisierung des Lockermaterials

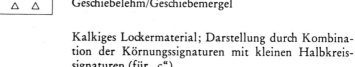

Geschiebelehm/Geschiebemergel

Kalkiges Lockermaterial; Darstellung durch Kombina-tion der Körnungssignaturen mit kleinen Halbkreis-signaturen (für „c")

Bsp.

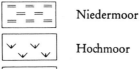

Kalkiges, sandiges Geröll

Organisches Substrat

Niedermoor

Hochmoor

Ortstein

Lagerung des Lockermaterials

 geschichtet

eingeregelt (Transportrichtung)

homogen (ungeschichtet und nicht eingeregelt)

in situ (nicht verlagert)

Schichtigkeit und Mächtigkeit des Lockermaterials

 Deckschichten können mit einer schwarzen waagerechten Schraffur in Streifen im Wechsel mit der Hauptschicht angegeben werden.

 Geröllbedeckung über Sand

 Unterlagernde Schichten können mit einer schwarzen senkrechten Schraffur in Streifen im Wechsel mit der Hauptschicht angegeben werden.

 Geröll, das von Ton unterlagert ist

Gestein

Oberflächengestein

Stärkere Differenzierungen der Oberflächengesteine nach lithologischen und stratigraphischen Verhältnissen bleiben den einzelnen Kartenautoren überlassen, die bei einer verfeinerten Darstellung sich nach den geländegegebenen Notwendigkeiten richten müssen.

 (SD) Sandstein

 (QZ) Quarzit

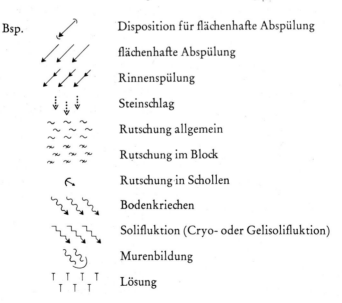

(KL) Kalkstein

(DM) Dolomit

(MG) Mergel

(SF) Schiefer (nicht metamorph)

(MT) Metamorphit

(ET) Effusit/Ergußgestein

(PT) Plutonit/Tiefengestein

(BZ) Brekzie

(KG) Konglomerat

Morphodynamik und Morphogenese

Geomorphologische Prozesse in ausgewählter Darstellung, wo zugehörige
Formen aus Maßstabsgründen nicht wiedergegeben werden können

Bsp.

Disposition für flächenhafte Abspülung

flächenhafte Abspülung

Rinnenspülung

Steinschlag

Rutschung allgemein

Rutschung im Block

Rutschung in Schollen

Bodenkriechen

Solifluktion (Cryo- oder Gelisolifluktion)

Murenbildung

Lösung

↴↴↴↴	Setzung
Y	Sackung
⟍⟍⟍⟍	Suffusion
⇨	Seitenerosion
⇩	Tiefenerosion
⇧	Akkumulation
⤷	Unterspülung und Kehlenbildung
⇔	Abrasion
‿‿	Deflation
⌒	Bildung von Frostaufbrüchen
↔	Planierende Wirkung des Pflügens / anthropogene Planation
⊤⊤	Bildung von Viehtritten

Geomorphologische Prozeß- und Strukturbereiche
(den Signaturen, Symbolen und flächenhaften Reliefelementen zuzuord-
nende Farben für Prozesse und Genese bei Arealen mit B > 100 m jeweils
nach dem vorherrschend formbestimmenden Prozeß)

		(Stabilofarbstifte)
weinrot	tektonisch/magmatisch	(8750 carmoisin)
blau	marin/litoral/lakustrisch/limnisch	(8731 kobaltblau)
gelb	äolisch	(8724 zitronengelb) [=Dünen]
		(8734 strohgelb) [= Löß]
blaugrün	karstisch/subrosiv/korrosiv	(8751 türkisblau)
violett	glazial/nival	(8755 violett)
lila	cryogen/gelid	(8727 erika)
grün	fluvial	(8733 maigrün)
dunkelgrün	glazifluvial	(8713 eisgrün)
ocker	denudativ	(8739 golddocker)
rotbraun	strukturell	(8738 rötel)
braun	gravitativ	(8735 sepiabraun)
oliv	organogen/biogen	(8724 olivgrau)
dunkelgrau	anthropogen	(8749 dunkelgrau)
orangerot	aktuell	(8730 vermillon)

Hydrographie

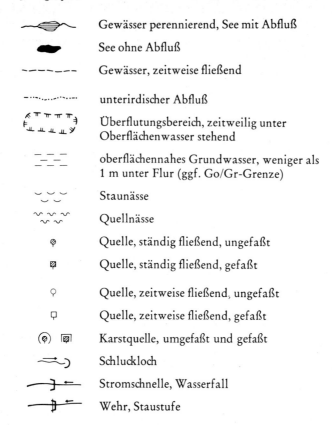

Gewässer perennierend, See mit Abfluß

See ohne Abfluß

Gewässer, zeitweise fließend

unterirdischer Abfluß

Überflutungsbereich, zeitweilig unter
Oberflächenwasser stehend

oberflächennahes Grundwasser, weniger als
1 m unter Flur (ggf. Go/Gr-Grenze)

Staunässe

Quellnässe

Quelle, ständig fließend, ungefaßt

Quelle, ständig fließend, gefaßt

Quelle, zeitweise fließend, ungefaßt

Quelle, zeitweise fließend, gefaßt

Karstquelle, umgefaßt und gefaßt

Schluckloch

Stromschnelle, Wasserfall

Wehr, Staustufe

Situation wird durch die in Graudruck unterlegte topographische Karte
1 : 25 000 dargestellt. Diese ist jedoch hinsichtlich des Gewässernetzes durch
die geomorphologische Aufnahme zu korrigieren.

Die Hauptinhalte der geomorphologischen Karte 1 : 25 000 – Relief,
rezente Morphodynamik und oberflächennaher Untergrund – sind als
Aufnahmegegenstände scharf definiert. Grundsätzlich gilt bei der Kartie-
rung, daß *alle* Formen (Kanten, Flächen, Täler etc.), geomorphologischen
Erscheinungen (Lößdecken, Solifluktionsschutt, Blockmeere etc.) und
Vorgänge der rezenten Morphodynamik (Bodenerosion, Uferabbrüche,
Seitenerosion usw.) kartiert werden. Eine genetische Differenzierung die-
ser erfolgt durch Prozeßfarben. Schwierigkeiten und Grenzen können sich

durch den *Maßstab,* jedoch nicht aus der Methode selber ergeben. Der *Aufnahme*maßstab ist vom Kartierer so groß zu wählen, daß alle Klein-, Kleinst- und Rauheitsformen erfaßt werden. Im Hinblick auf die praktische Verwertbarkeit der großmaßstäblichen geomorphologischen Karten ist dies unbedingt erforderlich.

Der starke morphographische Unterbau der empfohlenen Legende erfordert exaktes Ansprechen und genaue Wiedergabe der Formen. Grundprinzip ist dabei die Erkenntnis, daß die Formen aus Formenbestandteilen oder Reliefelementen aufgebaut sind, die man in Länge, Breite, Höhe und Hangneigung messen kann (Abb. 6) und deren Wölbung bestimmbar ist (Abb. 7 und 8). Dieses Prinzip wird bei *allen* Formen angewandt.

Während die größeren Formen alle über ihre Formenbestandteile dargestellt werden, gehen die besonders für die Praxis wichtigen *Kleinstformen* nach unten zu in die „Rauheitsformen" über. Das ist der Formenschatz, der nicht mehr sinnvoll über Länge, Breite, Höhe, Neigung und Wölbung zu erfassen ist. Diese Unstetigkeiten des Reliefs werden durch Signaturen dargestellt. Die Obergrenze der Formen solcher welligen Flächen, Höckerareale, Mulden- und Kesselgebiete liegt bei einer Breite von 1–2 m und einer Höhe von 0,5–1 m (H. KUGLER 1964).

Die aus vielen praktischen Gründen (Grenzen von Neigungswinkelarealen, Formen oder reliefgebundenen hydrographischen Erscheinungen; Ausscheidung der Morphotope) wichtigen Krümmungen oder *Wölbungen* des Reliefs wurden bisher nur empirisch durch Schätzung entsprechend den sehr weit gefaßten Wölbungsradiengruppen aufgenommen (0–1 m, 2–5 m, 6–300 m, 301–600 m, über 600 m) oder durch Anlegen einer Schablone an die Höhenlinien, wobei von der Tatsache ausgegangen wird, daß zwischen Reliefdarstellung in der Karte und der tatsächlich vorhandenen Wölbung ein Zusammenhang besteht. Genauer ist eine Feldmethode (P. DOMOGALLA, G. MAIR und R.-G. SCHMIDT 1974): Die Wölbung wird, wie bisher, zunächst visuell ermittelt. Auf den Wölbungsscheitel wird eine Meßlatte gesteckt. Das untere und obere Ende der gedachten Wölbungslinie markiert man ebenfalls mit einer Meßlatte. (Wegen des Versetzens der Meßlatten arbeiten am besten zwei oder drei Kartierer bzw. ein Kartierer und zwei Hilfskräfte zusammen. Dies ist rationeller, weil von einem Punkt aus die Wölbung nicht richtig beobachtet werden kann und von mehreren Standorten aus die Meßlatten rascher an die richtige Stelle gelangen). Anschließend werden die Strecken und Winkel zwischen den drei Meßlatten ermittelt. Aus einer Tabelle (P. DOMOGALLA et al. 1974 bzw. H. LESER und G. STÄBLEIN 1975) werden die Radiusschwellenwerte der Wölbungen bestimmt. Das Verfahren ist praktisch und genau und bedeutet eine weitere echte Quantifizierung des Reliefs in geomorphologischen Karten, die in dieser Weise in topographischen Karten nicht enthalten ist. Mit den Wölbungslinien werden alle jene Formen dargestellt, die wegen ihrer mangelnden Auffälligkeit nicht durch Zeichen dargestellt oder von den Isohypsen allenfalls indirekt ausgedrückt werden. Vor allem in großen Maßstäben sind die Wölbungen nicht ohne weiteres mit dem Verlauf der Scheitellinien der Isohypsen identisch, weil die Isohypsen nicht die wahre Formgestalt des Georeliefs wiederzugeben in der Lage sind.

Ein besonderes Problem ist die Aufnahme des *oberflächennahen Untergrundes*. Die in manchen geomorphologischen Karten schon hergestellte Beziehung Gestein-Relief umfaßt nur einen Teilsachverhalt der Problematik. Ebenso wenig können die Böden *allein* ausreichende Erklärungen für morphogenetische Prozesse geben. Gestein und Böden als solche sind daher in der Regel *kein* Gegenstand der geomorphologischen Kartierung. Während Bodenkarten nur den Boden als Bodenart, Bodentyp und/oder Bodenform darstellen und die meisten geologischen Karten „abgedeckt" sind, bleibt dazwischen der sogenannte oberflächennahe Untergrund, der nicht nur das Ausgangsmaterial für die Bodenbildung umfaßt, sondern jene oberste Schicht der Erdrinde, die in die Reliefbildung einbezogen ist (Abb. 2). Dazu gehören Schutt- und Feinsedimentdecken, Moränen- und Terrassenakkumulationen etc. Diese Sachverhalte sind Gegenstand der geomorphologischen Kartierung. – Scheidet die Möglichkeit aus, bereits vorliegende Substrataufnahmen (Forstliche Standorterkundung, geologische oder bodenkundliche Aufnahmen)[20] zur Teilgrundlage des Inhaltes „oberflächennaher Untergrund" zu machen, müssen im Rahmen der geomorphologischen Spezialkartierung *eigene Substrataufnahmen* durchgeführt werden. Über technische und methodische Einzelheiten gibt die Legende Auskunft. Es wäre noch anzuführen, daß die eigene Aufnahme mindestens die obersten 100 cm (= Pürckhauer-Länge) des Substrates zu umfassen hat. Dieser Wert muß jedoch in manchen Gebieten aus methodischen Gründen erheblich überschritten werden. Das gilt weniger für die Mittelgebirge, sofern nicht mächtige Schuttdecken vorliegen, als für die Lockersedimentdeckenbereiche des Norddeutschen Tieflandes und der Buchten in der Mittelgebirgsschwelle bzw. für die Beckenlandschaften des süddeutschen Raumes oder die Aufschüttungslandschaften des Alpenvorlandes. Die Daten werden mit dem Bohrstock oder leichten Bohrgeräten ermittelt bzw. in Aufschlüssen aufgenommen. Infolge der Reliefdifferenziertheit auch in sogenannten morphodxnamisch wenig aktiven Bereichen,

---

[20] Wie vielfach in benachbarten Geowissenschaften üblich, werden gelegentlich – also nicht immer – *auch* Angaben zum oberflächennahen Untergrund gemacht bzw. sehr detaillierte und weitgehende geologische und bodenkundliche Aufnahmen durchgeführt, die den oberflächennahen Untergrund mitumfassen.

wie beispielsweise dem Norddeutschen Tiefland, wird das Bohrnetz sehr dicht sein müssen. 100 Einschläge bzw. Bohrungen pro Hektar gelten als grober Richtwert. In die *Erläuterungen* zur Karte gehören auch Bemerkungen über die Substrataufnahmemethodik bzw. über die Quellen für übernommene Werte aus Bohrungen, Standortaufnahmeprotokollen usw.

3.3.2.3 Feldreinkarte

Aus den zumeist in *mehreren* Kartenblättern vorliegenden Teilinhalten der geomorphologischen *Feldkartierungsaufnahme* („Feldkarte") werden vom kartierenden Geomorphologen noch im Geländequartier die Teilblätter der *Feldreinkarte* erstellt. Man zeichnet sie im Maßstab der Kartierungsunterlage, d. i. in der Regel 1 : 10 000 bei einem beabsichtigten Publikationsmaßstab von 1 : 25 000. Diese korrekt gezeichneten Unterlagen[21] werden direkt vor Ort noch einmal auf ihre Richtigkeit geprüft. Die Feldreinkarte bzw. ihre Teilkarten (z. B. für morphographische Verhältnisse, Hangneigungswinkel, oberflächennahen Untergrund, rezente Morphodynamik u. a.) bildet die Grundlage für die „wissenschaftliche Reinzeichnung".

3.3.2.4 Wissenschaftliche Reinzeichnung und Kartendruck

Die Herstellung der *wissenschaftlichen Reinzeichnung* sollte der Bearbeiter der Blätter selbst vornehmen, weil nur er allein viele der dabei auftretenden Probleme lösen kann. Allerdings fehlt es dem Nichtkartographen beim Zeichnen meist an Zeichenplatz, um graphisch eindeutig zu sein. So wird im Feld (sowohl bei getrennt aufgenommenen Teilinhalten aus auch bei komplexerer Aufnahme) wegen des größeren Maßstabs der Kartierungsunterlage gewöhnlich mehr, d. h. detaillierter kartiert als in der Reinzeichnung kartographisch einwandfrei dargestellt werden kann. Daraus ergibt sich eine schwierige Auswahl- und Generalisierungsarbeit, die man nicht dem Kartographen überlassen kann, weil sich ständig Rückfragen ergeben und obendrein die Homogenität des geomorphologischen Karteninhalts nicht gewahrt wird. Sachliche Homogenität zu erreichen ist allein aus der Lokalkenntnis und der Erfahrung des landschaftlichen Kontextes heraus möglich. Beim Zeichnen wird vom Geomorphologen Präzisionsarbeit erwartet, weil die wissenschaftliche Reinzeichnung als Zeichenvorlage für die Druckunterlagen dient.

---

[21] Es muß immer wieder der weit verbreiteten Meinung entgegen getreten werden, daß die Feldkarte nur eine „Schmierkarte" sei. Auch in der Feldkarte muß sauber und eindeutig gezeichnet werden. Im Gegensatz zur Feldreinkarte weist sie jedoch Arbeitsspuren (Korrekturstellen, witterungsbedingte Verschmutzung usw.) auf.

Bei der Anfertigung der wissenschaftlichen Reinzeichnung aus den Teilblättern der Feldreinkarte bieten sich, je nach Karteninhalt und Schwierigkeitsgrad des Geländes, zwei Arbeitsrichtungen an: (1) Generalisierung der größermaßstäblichen Feldreinkarte und (2) reprotechnische Verkleinerung des Gesamtkarteninhalts ohne Generalisierung. – (1) Die inhaltsreicheren Feldreinkartenteile können auf eine gleichmaßstäbliche Grundlage (z. B. Vergrößerung der TK 25 auf 1 : 10 000) *generalisiert* und vereinigt gezeichnet werden. Danach erfolgt die fotomechanische Verkleinerung auf den Maßstab 1 : 25 000 der wissenschaftlichen Reinkarte. Bei Karten aus geomorphologisch wenig differenzierten Landschaften mit einem weitgehend einheitlichen oberflächennahen Untergrund und damit auch weniger komplexen Inhalten der Feldreinkartenteile ist eine Umzeichnung auf einen Braun- oder Graudruck der TK 25 möglich, wobei erst beim Umzeichnen generalisiert wird. – (2) Die Feldreinkarten können auch, *ohne* irgendwelche Generalisierungen der Inhalte, in die Vergrößerung der TK 25 übertragen und danach auf den Maßstab der wissenschaftlichen Reinkarte verkleinert werden. Schließlich besteht noch die Möglichkeit des indirekten Umzeichnens, ohne Generalisierung von den Feldreinkartenteilen 1 : 10 000 auf die wissenschaftliche Reinzeichnungsunterlage 1 : 25 000. Das letztgenannte Vorgehen der *nichtgeneralisierten* Umzeichnung der Feldreinkarten auf 1 : 25 000 ist nicht empfehlenswert, weil viele zeichentechnische Probleme auftreten und ein ständiges Umdenken von großen zu kleinen Signaturen erforderlich ist. Dadurch können neue Fehler entstehen.

Praktisch ist die fotomechanische Verkleinerung der generalisierten wissenschaftlichen Reinzeichnung (1 : 10 000 in 1 : 25 000). Dabei besteht der arbeitserleichternde Vorteil der Gleichmaßstäblichkeit von Vorlage (= Feldreinkarten 1 : 10 000) und Grundlage der wissenschaftlichen Reinzeichnung (1 : 10 000 = Vergrößerung der TK 25). Gleichzeitig wird mit den gleichen topographischen Situationen gearbeitet. Dadurch bleibt die Lagerichtigkeit der geomorphologischen Sachverhalte gewahrt. Bekanntlich muß bei allen diesen Arbeitsstufen auf Maßstäblichkeit geachtet werden, weil von der wissenschaftlichen Reinkarte die Reinzeichnungen für die Druckplatten durch den Kartographen „abgenommen" werden.

Ähnlich geologischen Karten erfordern geomorphologische Karten ein Höchstmaß an kartographischer Präzision, weil die Darstellung meist mehrschichtig ist und mit zahlreichen Farben gearbeitet wird. Schon beim Zeichnen ist auf Deckungsgleichheit der Folien zu achten, damit später ein naht- und randloser Druck zustande kommt. Die geomorphologischen Inhalte der Karte sind außerdem in genaue Übereinstimmung mit der topographischen Grundlage des Blattes zu bringen, die vom Bearbeiter meist erst auf den neuesten Stand gebracht werden muß, weil der Kartengrundriß infolge fortschreitender Überbauungen – zwischen Nachführungstermin der topographischen Sachverhalte und geomorphologischer Kartenaufnahme – verändert wurde. Die Situation ist ein vollständiger, aktualisierter Graudruck (sehr zweckmäßig: blaugrau oder graugrün) der TK 25; die Vorlagen dazu liefern die Landesvermessungsämter.

Kartendruck ist ein technisches Problem. Der Drucker sorgt für maßhaltiges Papier und die richtige Verwendung der Farben, die vom Autor vorgeschlagen worden sind und die sich an der allgemeinen Legende orientieren. Letzte Korrekturmöglichkeiten bietet der Probedruck, der zum ersten Mal die Karte im vielfarbigen Druck der vorläufigen Endfassung zeigt. Dabei kann sich herausstellen, daß einzelne Farbtöne nicht richtig ausgefallen sind. Zusammen mit Kartograph und Drucker wird der Autor über die Veränderung der Farbtöne beraten. Aus Kostengründen wird gewöhnlich eine Farbkopie und nur selten ein Probedruck (z. B. eines Ausschnittes) vorgenommen, so daß darüber hinaus keine Korrekturen der Farben mehr möglich sind. Inhaltliche Korrekturen entfallen ohnehin, weil sie spätestens beim Anfertigen der wissenschaftlichen Reinzeichnung anzubringen waren.

3.3.2.5 Erläuterungen zur geomorphologischen Karte

Um die Zusammenhänge des Reliefs mit der tektonischen und petrographischen Entwicklung des Untersuchungsraumes darzustellen und um jene geomorphologischen Sachverhalte darzulegen, die sich kartographisch nicht ausdrücken lassen, ist ein Erläuterungstext erforderlich. Er sollte einem einheitlichen Schema folgen, ohne daß damit Variationsmöglichkeiten ausgeschlossen werden. Ein Schema von Inhalt und Form der Erläuterungstexte ist notwendig, um den einheitlichen Charakter der Karten zu betonen und die Vergleichbarkeit der kartographischen und verbalen Darstellung zu erleichtern. Da Kartenblätter willkürliche Ausschnitte der Erdoberfläche repräsentieren, kommt dem Text als Bindeglied zwischen Nachbarblättern, als Vermittler überregionaler Zusammenhänge und als Kontaktmittel zur nichtgeographischen Praxis überragende Bedeutung zu. Für Nichtfachleute und den mit der Region Nichtvertrauten wird durch den Text der geomorphologische Karteninhalt erst aufgeschlossen.

Der *Umfang* der Erläuterungen orientiert sich an den damit vergleichbaren geologischen Spezialkartenerläuterungen. Er darf weder zu knapp geraten – damit der Einblick in das Gebiet auch wirklich vermittelt wird –, noch soll er zum geomorphologischen Handbuch des Gebietes werden. Rund 80–120 Schreibmaschinenseiten genügen in der Regel.

Der *Inhalt* des Erläuterungstextes darf sich aus naheliegenden Gründen nicht nur auf das Relief beschränken, sondern muß auch folgende

Sachverhalte im Überblick behandeln, um die Zusammenhänge zwischen den Geofaktoren sichtbar werden zu lassen: Räumliche Einordnung, Stand der Aufnahme und Bearbeitung des Gebietes, geologische und tektonische Bestandsaufnahme, Reliefbeschaffenheit und Reliefentwicklung, geomorphologische Gliederung des Gebietes, Klima, Wasser, Böden, Vegetation, Landnutzung, Planungsaspekte. – Im Hinblick auf die praktische Verwendung geomorphologischer Karten durch Nichtgeomorphologen dürfen die praxisbezogenen Kapitel nicht zu kurz geraten. Erst durch ausführliche Hinweise auf praktische Nutzungsänderungen, Herstellen der Zusammenhänge zwischen Landnutzung und Relief, Aufschlüsselung des Karteninhalts auf rezentmorphodynamische Prozesse sowie deren Einflüsse auf Wasserhaushalt, Boden- und Vegetationsentwicklung etc. bekommt eine geomorphologische Spezialkarte auch für Fachgebiete außerhalb der Geomorphologie Bedeutung.

Als Orientierungshilfe für die Anfertigung eines Erläuterungstextes kann folgender möglicher *Gliederungsentwurf* dienen, dessen Grundaufbau eingehalten werden sollte, der aber entsprechend den lokalen Verhältnissen modifiziert werden kann. Nachstehende Gliederung hat dafür die Funktion einer Check-Liste:

0 Vorwort

1 Geographisch-topographische Übersicht

   11 Topographische und administrative Einordnung

   12 Einordnung in die naturräumliche Gliederung Deutschlands und deren Untereinheiten

2 Stand der geomorphologischen Bearbeitung des Gebietes

   21 Geomorphologisch-geologischer Forschungsstand und seine Entwicklung

   22 Vorliegende geomorphologische, geologische und bodenkundliche Kartierungen

   23 Stand der topographischen und aerophotographischen Aufnahme des Gebietes

3 Geologische und tektonische Grundlagen der Reliefentwicklung

   31 Geologische Verhältnisse

      311 Gesteine und Erdgeschichte bis zum Tertiär

      312 Pleistozäne Entwicklung

      313 Holozäne Entwicklung

   32 Tektonische Verhältnisse

4 Formenbestandsaufnahme und Reliefentwicklung

   41 Bestandsaufnahme des Formenschatzes in morphographischer und morphometrischer Kennzeichnung

      411 Formenschatz und Formengrößenklassen

      412 Morphographische Regionalisation

42 Reliefentwicklung
  421 Grundzüge der Zusammenhänge zwischen geologischer und geomorphologischer Entwicklung des Gebietes
  422 Entwicklung des Formenschatzes
    422 1 Altformen und Grundlagen der Reliefentwicklung bis zum Beginn des Tertiärs
    422 2 Altformen und Grundlagen der Reliefentwicklung während des Tertiärs
    422 3 Entwicklung des Reliefs und des oberflächennahen Untergrunds während des Pleistozäns
    422 4 Entwicklung des Reliefs und des oberflächennahen Untergrundes während des Holozäns
    422 5 Formen und Prozesse der rezenten Morphodynamik und der Bodenerosion
  423 Morphogenetische Regionalisation
    423 1 Paläogeomorphologische Einheiten
    423 2 Rezentmorphodynamische Einheiten
5 Klima
  51 Makroklimatische Einordnung des Gebietes
  52 Meso- und mikroklimatische Verhältnisse als Funktion der morphographischen Situation
6 Wasser
  61 Geohydrologische Verhältnisse des Gebiets
  62 Zusammenhänge zwischen hydrologischer Situation sowie morphographischen Einheiten und den Einheiten des oberflächennahen Untergrundes
7 Böden
  71 Bodengeographische Verhältnisse des Gebiets
  72 Zusammenhänge zwischen oberflächennahem Untergrund, Reliefenergie (morphographischer Situation) und Bodendynamik (Bodenentwicklung)
  73 Zusammenhänge zwischen oberflächennahem Untergrund, Reliefenergie (morphographischer Situation) und Bodenerhaltung bzw. -zerstörung
8 Vegetation
  81 Vegetationsgeographische Verhältnisse des Gebiets
  82 Vegetationsgeographische Einheiten und morphographische Regionalisation
9 Landnutzung
  91 Nutzungsarten des Gebietes
  92 Zusammenhänge zwischen Nutzungsarten, Reliefenergie und oberflächennahem Untergrund

10 Planungs- und Raumordnungsprobleme aus geomorphologischer Sicht
11 Literaturverzeichnis
12 Anhang
   (1) Bemerkungen zur geomorphologischen Aufnahmemethodik
   (2) Bemerkungen zur Aufnahmemethodik des oberflächennahen Untergrundes
   (3) Analysenergebnisse

Im Erläuterungstext sind den einzelnen Kapiteln, besonders denen mit Praxisbezug, kleine Karten(-ausschnitte) (ca. 1 : 50 000 bis 1 : 200 000) beizugeben, die eine räumliche Darstellung der „angewandten" Sachverhalte im Bereich des bearbeiteten Kartenblattes enthalten. Auch Profile (Relief, oberflächennaher Untergrund) sollten in möglichst großer Zahl beigegeben werden, um den dokumentarischen Charakter der geomorphologischen Aufnahme zu verdeutlichen. Aus der vorgeschlagenen Gliederung kann je nach Bedarf der eine oder andere Punkt herausgelassen werden. Ergänzungen sind selbstverständlich auch möglich.

3.3.3 Zusammenfassung: Geomorphologische Kartierungsmethodik

Die *geomorphologische Kartierungsmethodik* setzt sich aus einer Reihe einfacher Beobachtungs- und Meßtechniken zusammen, die gleichzeitig alle Bestandteil der geomorphologischen Feldforschungsmethodik sind. Die Aufnahme einer großmaßstäblichen geomorphologischen Karte gehört jedoch genauso zur geomorphologischen Methodik wie irgendwelche anderen Methoden. Wie die Aufschlußarbeit (siehe Kap. 3.6) erweist sich auch die geomorphologische Kartierung als eine einfache Sache für den, der die Techniken und die allgemeine geomorphologische Methodik beherrscht. Der Anfänger jedoch wird infolge der Komplexität des Georeliefs meist vor großen Schwierigkeiten in der Aufnahme und Darstellung des Formenschatzes stehen.
       Durch die hier und auch allgemein bevorzugten stärker *morphographisch* orientierten Kartierungstechniken ist aber auch der Anfänger in die Lage versetzt, kompliziertere Reliefformen und geomorphologische Erscheinungen anzusprechen – vorausgesetzt, er richtet sich am methodischen *„Prinzip der Korrelate"* und den daraus resultierenden geomorphologischen Aufnahmetechniken aus. Die sogenannten *„neuen"* Methoden in der Geomorphologischen Kartographie erfordern ein sachlich vollständiges, räumlich deckendes und auch den oberflächennahen Untergrund einschließendes Beobachten und Arbeiten. Der in der Diskussion um die geomor-

phologische Methodik gelegentlich in den Vordergrund geschobene „Er-messensspielraum" in der Ansprache vorzeitlicher Formungsprozesse – wie er sich im Begriff des „logisch-historischen Indizienbeweises" (J. BÜDEL 1971) repräsentiert – ist aber gar nicht so groß, wenn man den vorgeschrie-benen Arbeitstechniken folgt. Als Konsequenz ergibt sich daraus, daß auch der Anfänger zu einer weitgehend objektiven bzw. intersubjektiven „An-sprache" der Relieformen*gestalt* kommt. Diese Grundlagen für morphoge-netische Interpretationen sind mit einem Mal in hohem Maße vergleichbar, was man von den Ergebnissen der früheren spontanen Beobachtungen und Kartierungen nicht immer sagen konnte.

Durch die großmaßstäbliche geomorphologische Karte besteht ein Zwang zum flächendeckenden und dreidimensionalen geomorphologischen Arbeiten – beides übrigens Grundprinzipien der Geographie. Dazu müssen aber jene Kartierungstechniken eingesetzt werden, die eine vollkommene, zunächst „nur" morphographische, später – über den oberflächennahen Untergrund – auch morphogenetische Kennzeichnung der Formen und Prozesse gewährleisten. Die zahlreichen, in inhaltlich sehr heterogenen Karten dokumentierten Irrwege der Geomorphologischen Kartographie beweisen, welche Probleme die geomorphologische Methodik in den ver-gangenen Jahrzehnten zu bewältigen hatte.

3.4 Fotografieren

Ein Teil des Formenschatzes ist weder in der Karte darstellbar, noch im Text ausreichend beschreibbar. Dies betrifft z. B. die Kleinstformen sowie die Meso- und Makroformen, deren räumlicher und genetischer Zusam-menhang aus Karten der Maßstäbe 1 : 25 000 oder 1 : 50 000 nicht immer erkennbar ist. Die geomorphologische Spezialkartierung und die übrige geomorphologische Feldforschung müssen als dokumentarische Aufgaben aufgefaßt werden. Vermeintliche oder tatsächliche Darstellungslücken in dieser Dokumentation schließen die Fotos, die das Feldbuch und/oder die Feldkarte ergänzen und welche in Auswahl in die auszuarbeitende Studie oder auch in die Kartenerläuterungen aufzunehmen sind.

Die Fotografie stellt für den Geomorphologen einen *weitgehend objektiven Beleg* dar. Natürlich sind auch hier Manipulationen möglich, weil auch unbewußt Fehler in das Bild gelangen können, so daß diesen „Fotodo-kumenten" gegenüber kritische Distanz angebracht erscheint: Witterung, Sichtweite, Beleuchtung, Lufttrübung, Dunst sowie tages- und jahreszeit-liche Verhältnisse können optische und visuelle Täuschungen verursachen, die morphologische Sachverhalte verschleiern oder auch hervorheben, ohne daß dies absolute Realität zu sein braucht. Tiefe Schatten „verschlukken" unter Umständen wichtige Formen, oder gleiche Tonwerte können völlig unterschiedliche Objekte scheinbar als Einheit erscheinen lassen. Wie E. IMHOF (1965) feststellt, stehen die Tonwerte des Fotos mit den Formen des Georeliefs gar nicht in Beziehung. Die Tonwerte und damit die Abbildungsweise der Gegenstände unterliegen vielmehr der Augenblickskonstellation der oben genannten Faktoren. Diese Vorbehalte gilt es zu bedenken, wenn in geomorphologischen Studien der Belegwert von Fotografieren angeführt wird (Abb. 43).

Solche Einschränkungen wären daher beim Anfertigen und Verwenden von Fotos besonders zu berücksichtigen. Die o. a. Einflußgrößen sind sowohl für den Bildinhalt als auch für eine gewisse technische Qualität entscheidend (J. BLÜTHGEN 1951; W. HÜTT 1963; S. SCHNEIDER 1951). Auch das beste Objekt und der überzeugendste Aufschluß lassen sich nicht mit einem Foto belegen, das unscharf ist, zu viele oder überhaupt keine Schatten aufweist, oder auch – infolge Fehlbelichtung oder zu weit fortgeschrittener Tageszeit – zu dunkel ist.

Objekte bzw. *Motive* sind so zahlreich, daß es sich erübrigt, hierzu Angaben zu machen. Sie reichen vom Kleinstobjekt, etwa einem frostgesprengten Quarz in pleistozänen Sedimenten, über Bodenprofile oder ganze Aufschlußwände bis zum Landschaftsfoto, das hier unter geomorphologischen Gesichtspunkten aufgenommen sein muß. Dabei können bei der Motivwahl andere Erscheinungen in der Landschaft, wie Siedlungen, Industrieanlagen u. ä., zurücktreten. Ziel ist immer, möglichst nur *das* Objekt als Motiv auszuersehen, das den Gegenstand der Untersuchung oder der gerade anfallenden Beobachtung ausmacht, d. h. die „Dokumentation der objektiven Landschaftscharakteristika" und nicht die Darstellung von „Stimmungsgehalten". Zu betonen ist jedoch, daß auch das gute wissenschaftliche Foto „bildmäßig und darum ästhetisch" wirkt (W. HÜTT 1963). Auf psychologische und logische Aspekte der Fotobetrachtung (M. GUY 1970) kann hier nicht eingegangen werden. – In allen Bildern müssen *Maßstäbe* erscheinen, wie die auch aus Gründen des Farbvergleichs wichtige Fotofarbtafel (siehe Kap. 2.1), die Zifferntafel, der bereits erwähnte rotweiße Zollstock oder andere Objekte, die Rückschlüsse auf die wahren Farb- und Größenverhältnisse zulassen. Hammer, Spaten, Picke usw. sollten nur dann verwandt werden, wenn sie im Foto gut sichtbare Maßeinheiten tragen. Die Maßstäbe müssen senkrecht hängen oder stehen (nicht schräg an die Aufschlußwand lehnen!), um die wahren Verhältnisse abschätzen zu können. Bei größeren Objekten (z. B. Landschaftsfotos), wo sich kein Maßstab sinnvoll anbringen läßt, kann nachträglich in den Fotos mit schwarzer oder weißer Tinte eine Markierung, lokale Kennzeichnung, Niveaueintragung o. ä. vorgenommen werden, so daß dem Betrachter die Auswertung des Bildes erleichtert wird.

Abb. 43: *Beispiel für Fotos als geomorphologische Beweisstücke:* Südufer des Vansees zwischen dem Krater von Incekaya (Pur) und der Bucht von Paşaelmali. Im Bild befindet sich ca. 4 mm über der Uferlinie die „55-m-Strandmarke", „auf die auch die Schwemmfächer in der Bucht von Paşaelmali und Tekaçli (Kurtikan) eingestellt sind". – Von der Ferne erscheinen verschiedene Landschaftselemente (Formen, Substratfarben, Vegetationsbedeckung) als Niveau. Beim Begehen der Lokalitäten ist jedoch, trotz eindeutigen Gesamteindrucks, nicht überall im 55-m-Niveau ein zweifelsfreier Hinweis auf limnische Formen und strandbildende Prozesse zu finden (nach G. SCHWEIZER 1975).

Selbstverständlich sollten eigentlich ausführliche *Bilderläuterungen* sein. Sie umfassen einmal technische Angaben (Aufnahmeort, Datum, Uhrzeit, Standpunkt und Blickrichtung), zum anderen eine ausführliche Beschreibung und Erläuterung des aufgenommenen Objektes, die über die im Foto wiedergegebenen Sachverhalte hinausgehen muß. Wie die meisten wissenschaftlichen Arbeiten (auch außerhalb der Geographie) zeigen, wird das Lichtbild als didaktisches Instrument nicht richtig eingesetzt. Die inhaltlich meist dürren „Einzeiler" der Bilderläuterungen lassen es geraten erscheinen, auf die Beigabe des Bildes besser ganz zu verzichten, weil bei derartig kurzen „Erläuterungen" allenfalls ein „Aha-Erlebnis" vermittelt wird. Nur wenige der Geomorphologie-Lehrbücher und geomorphologischen Monographien enthalten so gründliche Fotoerläuterungen wie das Lehrbuch von H. Louis (^{3}1968).

Sorgfalt ist auf die Niederschrift der Bildtitel im Gelände zu verwenden. Unabhängig vom Feldbuch wird deshalb ein *Fototagebuch* geführt, das der Geomorphologe immer bei sich führen wird – entweder in der Jackentasche oder in der Fotokombitasche. Für das Buch, mit festem Kartondeckkel und Leineneinband, hat sich das Format DIN A 6 bewährt. Ist das Papier kariert, erspart man sich das Spaltenziehen. Auf der Kopfleiste erscheinen folgende Rubriken: Filmkennzeichen, laufende Nummer, Bildnummer, Titel, Ort/Standpunkt, Datum, Uhrzeit. Erweitert werden kann diese Folge um Spalten für aufnahmetechnische Daten, etwa Filmmaterial, Blende, Belichtungszeit, Meterzahl (Entfernung), Objektiv, Filter, Gegenlichtblende, Sonstiges (Stativ usw.). Bei einiger Übung lassen sich diese Angaben rasch und mit geringer Mühe eintragen. Sie sind für fototechnische Auswertungen des Materials von Wert. Als *Minimum* der Eintragungen ist in jedem Fall die erste Kolonne aufzuzeichnen, da ohne diese Angaben ein Foto keinen Anspruch auf wissenschaftlichen Wert erheben kann. – Im übrigen muß jedes Bild, z. B. auch eine mißglückte Auslösung, verzeichnet werden, um ein lückenloses Protokoll zu haben, zumal die Sequenz der Bilder nicht immer so eindeutig ist, daß ein späteres Zuordnen von Bild und Bildnotiz möglich wird. Zur Erleichterung der Auswertearbeit wird (unabhängig von der Notiz im Fototagebuch) die laufende Fotonummer auf den Rand des *Feldbuches* geschrieben, und zwar zur Beobachtung, zu welcher das Foto angefertigt wurde.

Eine *Fotoausrüstung* würde sich wie folgt zusammensetzen: Kamera (mit Wechselmagazinen oder ein Zweitapparat für Schwarzweißbilder) mit eingebautem Entfernungs- und Belichtungsmesser, Teleobjektiv, Weitwinkelobjektiv, Zwischenringe oder Vorsatzlinsen für Nahaufnahmen, Filter (UV für Color bzw. Gelbgrün oder Gelb-2-Mittel für Schwarzweiß als die gebräuchlichsten ihrer Art), Gegenlichtblende (möglichst Metall), Drahtauslöser, Stativ. Für Aufnahmen in schattigen Aufschlüssen, Profilgruben oder unter Felsüberhängen ist ein Blitzlichtgerät erforderlich. Das Filmmaterial muß in ausreichender Menge vorhanden sein und sollte, vor allem beim Arbeiten in feuchtwarmen Klimaten, möglichst bald entwickelt werden. Autorisierte Colorentwicklungsanstalten gibt es in fast allen Ländern der Erde. Man sollte bei längeren Reisen seine Filme dort entwickeln lassen – schon um Schwierigkeiten beim Zoll oder Posttransport aus dem Wege zu gehen. Außerdem kann man bei fehlgegangenen Aufnahmen diese wiederholen. Bei kürzeren Reisen nimmt man die unentwickelten Filme mit nach Europa, weil der z. T. schleppende Postversand in Übersee die entwickelten Filme u. U. erst dann eintreffen läßt, wenn sich der Geomorphologe schon wieder auf der Rückreise befindet. In Trockengebieten mit hohen Temperaturen können die belichteten und unbelichteten Filme vor Temperaturschwankungen bewahrt werden, indem man sie mitten in Wäschekoffer oder -kisten steckt. Das ist die auch einzig notwendige Vorsichtsmaßnahme für die Filmaufbewahrung bei Feldarbeiten, denn die meisten modernen Filme sind „tropentauglich".

3.5 Zeichnen

„Das Beobachten und Zeichnen von Geländeformen ist eine der besten Einführungen in deren Genesis, in die Geomorphologie" (E. IMHOF 1965). Zeichnen zwingt zum genauen *Beobachten*, zum Erfassen der Formen auch in Einzelheiten und zum Herausarbeiten der charakteristischen Züge des Reliefs. Alle o. a. Zufälligkeiten, die den Wert der Fotografie beeinträchtigen, fallen bei der Zeichnung weg, obwohl extrem ungünstige Witterungsbedingungen das Landschaftszeichnen ebenfalls behindern können (E. IMHOF 1974). Die Zeichnung gilt zwar als weitgehend subjektiv, doch ist sie das in nicht größerem Maße als das Foto. Eine Skizze oder Zeichnung sagt gewöhnlich mehr aus als eine Fotografie, da für die Sache unwesentliche Objekte herausgelassen werden können. Diese Auswahl, die natürlich eine (zulässige) Wertung der Objekte darstellt, erfordert ein ebensolches Verantwortungsbewußtsein wie die klassische Ansprache der Formen durch Beobachtung. Die Auswahl darf sich jedoch nicht auf Erscheinungen erstrecken, die eine vorgefaßte Meinung bzw. Deutung sein oder die Skizze aus ästhetischen Gründen „stören" könnten: Die Zeichnung kann nur als wissenschaftliches Dokument anerkannt werden, wenn eine möglichst wirklichkeitsnahe und objektive Wiedergabe angestrebt worden ist. Geomorphologisch höchst aussagekräftige Landschaftszeichnungen findet man bei E. IMHOF (H. HAURI u. a. 1970; E. IMHOF 1968, 1974).

Gezeichnet wird möglichst gleich in das *Feldbuch* oder gegebenenfalls in das *Skizzenbuch*. Die Arbeit im Feldbuch ist vorzuziehen, weil die

Zeichnung dann in den Ablauf der Beobachtungen integriert ist und so an der „richtigen" Stelle erscheinen kann, während ein gesondert geführtes Skizzenbuch nur Mehrarbeit zur Folge hat (Suchen, Ordnen, Registrieren). – Das Zeichenpapier muß fest und glatt sein, darf aber nicht glänzen. Spitze Bleistifte sind nicht immer das richtige Instrument. Bewährt haben sich vielmehr schräg-keilförmig angespitzte Stifte. Sie ermöglichen ohne zeitraubende Bleistiftwechsel dünne und dicke Striche zu ziehen. Am zweckmäßigsten ist ein ganzer Satz Stifte, die sich um die HB-Stärke gruppieren. Härtere Stifte werden für helle, weichere für dunkle Striche benützt. Weitere Möglichkeiten der Darstellung sind durch Pinsel- und Federzeichnungen sowie Aquarelle gegeben. Ihre erfolgreiche Anwendung erfordert aber schon ein gewisses Können, das nur durch ständige Übung erzielt werden kann. Sie stellen schon den Übergang von der wissenschaftlichen Skizze zum künstlerischen Werk dar, den vor allen anderen E. Imhof meisterhaft beherrscht.

Wie von vielen Autoren betont wird (R. Koitzsch u. a. 1957; E. Imhof 1965), bestehen dem *Landschaftszeichen* gegenüber zahlreiche Vorurteile. Nicht zuletzt ist immer wieder zu hören, daß man „nicht zeichnen könne" und sich daher Versuche von vornherein verbieten würden. Hier wird übersehen, daß es weniger auf die zeichnerische Form als auf den *Bildinhalt* ankommt. Wird richtig und genau beobachtet, dann kann diese Beobachtung auch in der Zeichnung festgehalten werden. Praktisch geht man so vor, daß zunächst von einem günstigen Standpunkt aus der Ausschnitt gewählt wird und Begrenzungslinien dafür gesucht werden. Danach erfolgt eine Betrachtung des Ausschnittes und seine in Gedanken vorgenommene Ordnung und Gliederung. Man wird feststellen, daß sich eine Staffelung der Objekte vom Vordergrund zum Horizont ergibt. Der routinierte Zeichner wird danach sofort ans Werk gehen, der Anfänger sich jedoch auf dem Blatt Fixpunkte angeben, deren ungefähre Abstände er durch Visuren (Bleistift in der Faust, Arm ausstrecken) ermittelt. Maßstäblichkeit wird nicht angestrebt, doch müssen die Proportionen der Gegenstände gewahrt bleiben, um keine Verfälschungen zu bewirken. Mit Hilfe der Fixpunkte wird ein „Gerippe" der Landschaft gezeichnet, das die Hauptmerkmale der Formen schon erkennen läßt. Erst dann werden die Zwischenräume ausgefüllt, was je nach zeichnerischen Fähigkeiten mit oder ohne Schattierungen erfolgen kann.

Grundsätzlich darf nur mit *klaren Linien* gearbeitet werden, auf Schattierungen und Tönungen soll der Anfänger verzichten, da sie – bei unrichtigem Einsatz – die Eindeutigkeit der Zeichnung stören können. Die Linie zwingt den Zeichner, sich festzulegen. „Übergänge" verschleiern die Formen. Sollte eine Linie nicht gleich „sitzen", darf sie nicht wegradiert werden, sondern sie wird durch Parallelführungen solange wiederholt, bis man glaubt, den tatsächlichen Verhältnissen am nächsten zu sein. Radieren kann sehr leicht unterbleiben, wenn man die Stifte nicht zu fest über das Papier führt. Zahlreiche zeichentechnische Hinweise bringt E. IMHOF (1965, ³1968).

Dem zeichnenden Geomorphologen bieten sich zahllose *Objekte* an. Das Einzelprofil, die Aufschlußwand, Klein- und Großformen (Abb. 44) oder ganze Landschaftspanoramen können zu Papier gebracht werden. Grundsatz sollte sein, möglichst viel zu zeichnen: Die wissenschaftliche Zeichnung erspart langatmige Schilderungen von Lokalitäten oder Dingen, die sich nur schwer in Worte kleiden lassen. Für die Zeichnung, d. h. also für die Beobachtung, muß man sich Zeit lassen. Eine zu flüchtige Skizze kann zwar als Gedächtnisstütze dienen, aber nur bedingt Anspruch auf dokumentarischen und wissenschaftlichen Wert erheben. Jede Zeichnung trägt – wegen ihres dokumentarischen Charakters –, ähnlich der Notiz im Fototagebuch, Nummer und Titel, sowie Datum, Standpunkt, Blickrichtungen und den Namen des Autors. Erinnert sei daran, daß die Geographen der Zeit des klassischen Forschungsreisens Zeichnungen aus dem Feld mitbrachten, die nicht nur von größter Präzision in wissenschaftlicher Hinsicht waren, sondern die darüber hinaus künstlerischen Wert besaßen. Über dem „schnellen" Fotoapparat wird in der Gegenwart die Kunst des Zeichnens allzu rasch vergessen. Damit beraubt sich der Geomorphologe aber einer bedeutenden Möglichkeit gründlicher Raumbeobachtung.

Abb. 44:   *Landschaftsskizze mit geomorphologischer Aussage:* Beispiel: Vado-Schlucht am Hochpolje von Rocca di Mezzo (Abruzzen). Blick nach Westen. Vor den zerschnittenen Bergländern breitet sich ein Sanderkegel aus, der in der Tal-schlucht wurzelt. Er überdeckt den Rand des Poljebodens. Links eine an den Hangfuß des (dunkleren) Berges angeschüttete Moräne (Originalzeichnung von H. LESER 23. 09. 1965).

3.6 Aufschlußarbeit

Um die feinere Gestaltung des Reliefs und seine Entwicklung zu erfassen, muß der Geomorphologe, gleich dem Pedologen und Geologen, *Aufschluß-arbeit* leisten. Nach dem *„Prinzip der Korrelate"* (siehe Kap. 3.2.2) stehen die Formen der Erdoberfläche als Untersuchungsobjekte des Geomorphologen in enger Beziehung zu oberflächennahem Untergrund bzw. Gestein und Böden sowie Lagerungstypen und Tektonik. Möglich ist das methodische Aufschlüsseln dieses Komplexes nur, wenn er in natürliche oder künstliche Aufschlüsse hineingeht oder selbst solche anlegt, um über den Materialcharakter und die Lagerungsbedingungen des oberflächenahen Untergrundes hinaus die Entwicklungsprozesse des Georeliefs zu deuten.

Natürliche Aufschlüsse finden sich vor allem an steil abfallenden Felswänden oder in Abriß- und Rutschgebieten sowie an Stellen, wo das Wasser erosiv tätig war (Flußufer, Kliffs). *Künstliche Aufschlüsse* sind Bahn- oder Wegeinschnitte, Baugruben und Abbaustellen von Fest- oder Lockergesteinen. Der Geomorphologe kann aber auch selbst längere Schürfgräben und Gruben ausheben (Abb. 45), daneben sich auch mit

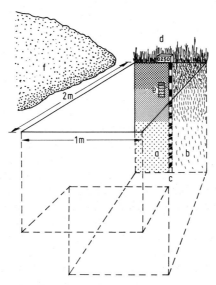

Abb. 45:   *Anlage und Aufbereitung einer Grube für Bodenprofilaufnahmen:* aufbereitete Wand, geglättet (a.) und gerauht (b.). c. Maßstab; d. Zifferntafel mit der Profilnummer; e. Fotofarbtafel. Der Aushub (f.) wird seitlich abgelagert, damit er nicht die Vegetation auf der Profilseite der Grube überdeckt und keine Schatten wirft, die beim Arbeiten und Fotografieren störend sein könnten (Entwurf: H. Leser).

Handbohrungen Aufschluß über den Untergrund verschaffen (siehe Kap. 2.1 und Abb. 3). Weitere technische Hinweise bringen E. MÜCKENHAUSEN (1961) und K. RICHTER (1961).

3.6.1 Allgemeine Grundsätze der Aufschlußarbeit

Zuerst wird der Geomorphologe die Situation klären: Die Umgebung des Aufschlusses wird auf ihre allgemeine und besondere Oberflächengestaltung hin untersucht, wofür H. J. FIEDLER und H. SCHMIEDEL (1973) und D. KOPP (1965) Richtlinien angeben, die mit der allgemeinen geomorphologischen Feldarbeit korrespondieren. Der Aufschluß wird dahingehend eingeordnet. Dabei sind sowohl die Beziehungen zu den Großformen herzustellen (Lage am Schichtstufenhang; auf Trogschulter; auf Sanderfläche usw.), als auch zu den kleineren Formen. Es wäre zu prüfen, ob der Aufschluß eine Doline anschneidet, das Liegende eines Terrassenkörpers erfaßt, in einer Rutschnische angelegt ist etc. Auch die Hangposition (Ober-, Mittel- oder Unterhang) muß registriert werden. Anschließend wird die Lage des Aufschlusses, der Bohrung oder der Grabung an Hand der topographischen Karte geprüft (Rechts- und Hochwert notieren) sowie die Dimensionen und die Beschaffenheit der Grube festgestellt (Streichrichtung der Wände, Neigungswinkel, Verschüttung, Abbau eingestellt oder noch im Gang). Sämtliche Angaben werden im Feldbuch vermerkt, weil sie für die später folgende Aufbereitung und Auswertung des Materials von Belang sind.

Der zweite Arbeitsschritt wendet sich der Sache selbst zu, d. h. er umfaßt die *Ansprache des Profils* und des aufgeschlossenen *Materials*. Zunächst wird sich nach Äußerlichkeiten ein Überblick verschafft, um den Arbeitsgang im Aufschluß festzulegen. Dann erfolgt eine grobe, provisorische *Gliederung* in Schichten und/oder Horizonte. Kriterien dafür wären Farbunterschiede der Sedimente und Böden, Sedimentcharakter, -schüttungsrichtung und -lagerung, Gefügeunterschied, etwaiger Steingehalt und sonstige Besonderheiten wie Einregelungen, Frostbodenerscheinungen, Wasserverhältnisse u. ä. Bei Lockersedimenten ist eine erste Materialansprache möglich, wenn unterschieden wird nach der Korngröße (über 20 mm Steine, 6–20 mm Grobkies, 2–6 mm Feinkies, 0,2–2 mm Grobsand) oder nach Bodenarten mit der Fingerprobe (Sand, Lehm und Ton). Mit einfachen Geräten lassen sich durch Sedimentationsverfahren die Korngrößen einer Probe auch im Gelände grob ermitteln (Waldschlämmanalyse nach ADRIAN oder nach v. KRUEDENER). Kalk-, Humus- und pH-Wert-Bestimmungen sind mit bescheidenen Hilfsmitteln ebenfalls im Gelände durchführbar. – Beobachtet werden kann auch die Art und Weise der *Lagerung:* gestörte oder nicht gestörte Lagerung, Einregelung der

Komponenten, Diskordanzen, Fallwinkel der Schichten, Sortierungen. Alle Beobachtungen werden im Feldbuch niedergelegt, ebenso alle möglichen theoretischen Aspekte, die im Zusammenhang mit dem Aufschluß Beachtung verdienen, in Erwägung gezogen und auf der linken, freigelassenen Feldbuchseite notiert (Abb. 5). Im Angesicht des Aufschlusses fallen zahlreiche Gedanken an, die sich bei späteren Überlegungen am Schreibtisch nicht immer wieder einstellen. Da der Geomorphologe oft keine Gelegenheit mehr hat, sein Arbeitsgebiet mehrfach aufzusuchen (viele Aufschlüsse in Mitteleuropa werden sehr rasch mit anthropogenem Schutt verfüllt, so daß auch sie der weiteren Bearbeitung entzogen werden), muß die Aufnahme *lückenlos* sein und auch scheinbar unbedeutende Details umfassen. Neben der Beobachtung ist selbstverständlich auch zu zeichnen und zu fotografieren (siehe Kap. 3.4 und 3.5).

3.6.2 Probengewinnung

Entsprechend dem *„Prinzip der Korrelate"* (siehe Kap. 3.2.2) wird die Aufschlußarbeit des Geomorphologen zum großen Teil aus sedimentologischen und bodenkundlichen Untersuchungen bestehen, weil Sedimente und Böden wichtige Bestandteile des oberflächennahen Untergrundes sind und weil sie als *Korrelate* für die genetische Deutung der Landformen eine große Rolle spielen. Nur sekundäre Bedeutung besitzen Proben von Festgesteinen, auf deren Entnahme bei W. F. SCHMIDT-EISENLOHR (1966) sowie bei A. BENTZ und H. J. MARTINI (Ed., 1961) eingegangen wird. Die Technik der Gewinnung und Aufarbeitung von Bohrproben ist jedoch auch für den Geomorphologen interessant (F. PREUL 1969).

Bei der Probengewinnung durch den Geomorphologen geht es vor allem um die Schaffung von Untersuchungsmaterialien für die *bodenkundlichen Labortechniken* (i. w. S.), d. h. um die Gewinnung von Feinsedimenten und Böden. Bodenkundliche Labormethoden sind vielfältig einsetzbar, weil sie die Untersuchung von Böden, anderen lockeren Verwitterungsmaterialien und Lockersedimenten ermöglichen. Zu den Lockersedimenten sind z. B. Löß, Flottsand, Sand, Geschiebemergel sowie umgelagerte mesozoische Tone und Mergel, die tertiären Sande und Tone sowie die holozänen Talauen- und Küstenbildungen zu rechnen. Sie tragen sehr häufig Bodenbildungen, die wie das Ausgangssediment Untersuchungsgegenstände von Geomorphologie, Paläopedologie, Bodengeographie oder Landschaftsökologie sein können. – Hinzu kommt die Entnahme von Grobsedimenten für Schotter- und Schuttanalysen, für die besondere Techniken bestehen (siehe Kap. 4.2.1). Da für eine erfolgreiche Laborarbeit und damit auch die übrige Arbeit des Geomorphologen eine ordnungsgemäße

Entnahme, Lagerung und ein Transport der Proben die Voraussetzungen sind, muß zunächst hierzu etwas gesagt werden.

3.6.2.1 Probenahme

Die *Probenahme* erfolgt in der Regel an einer Gruben- oder Aufschluß-wand. Die Wand wird dort, wo das Profil aufgenommen werden soll, von der oberflächlichen Lage und den Schmutztapeten befreit, so daß das frische Boden- und Lockersedimentmaterial ansteht. Wichtig für die Probe-nahme ist die *frische* Beschaffenheit des Profils. Eine weitere Voraussetzung zur Entnahme ist die *Horizontierung*. Sie ist ein Teil der Geländear-beit. Erst nachdem die Horizonte bestimmt und markiert sind sowie das gesamte Profil protokolliert, gezeichnet und fotografiert ist (man muß ja wissen, *was* entnommen werden soll), erfolgt die Entnahme der Proben. Grundsätzlich sollte man noch weitere 20 cm in die Wand hineingehen, um die Proben völlig sauber zu erhalten. In dieser Tiefe sind z. B. die Boden-feuchteverhältnisse weniger von der Witterung beeinflußt, während sonst „von der Seite her" das Material durch Stofftransporte und Witterungsein-flüsse verändert sein kann. Schon bei der Bestimmung der Bodenfarbe (siehe Kap. 4.2.2.1) machen sich diese Einflüsse negativ bemerkbar. An einer längere Zeit freiliegenden Aufschlußwand, z. B. in einer Lößgrube, kann die Verwitterung ebenfalls wirken. Dieses Material ist dann nicht mehr „rein".

Entnommen wird die *Probe* mit einer kleinen Handschaufel oder einem Messer mit kurzer breiter Klinge. Dabei wäre zu beachten, daß das Gerät nach der Entnahme jeder Probe mit einem (billigen) tuchartigen Zellstoff zu säubern ist. Da das Substrat in den meisten Fällen trocken ist, reicht diese Maßnahme aus. Vernachlässigen sollte man dieses Gerätesäu-bern jedoch nicht, da sich später im Labor, vor allem beim Arbeiten mit kleinen Mengen, Fehler in den Analysenergebnissen einstellen können.

Das Material der Probe wird auch bei geringer Schicht- bzw. Hori-zontmächtigkeit aus nur einer Strate entnommen. *Mischproben,* wie sie u. a. von K. H. HARTGE (1971) für die bodenkundliche Untersuchung beschrieben werden, nützen beim geomorphologisch-stratigraphischen Ar-beiten nach dem „Prinzip der Korrelate" wenig oder nichts. Versuchen sollte man daher auch immer, das Substrat mehr aus der Horizontalen als aus der Vertikalen zu entnehmen, da eine zu weite Vertikalerstreckung der Entnahmestelle schon den hangenden oder liegenden Horizont miterfassen könnte. Um derartige Verfälschungen zu vermeiden, treibt man am besten eine flache, aber weite Höhlung in die Wand und füllt von dort aus die Substanz in Behälter (siehe Kap. 3.6.2.2). Die Abstände zwischen den Horizonten können aber auch so groß sein, daß *eine* Probe je Horizont kein repräsentatives Ergebnis verspricht, weil in sehr mächtigen Horizonten oder Schichten u. U. visuell nicht wahrnehmbare chemische und physikalische Differenzierungen enthalten sind, deren stratigraphischer, paläoökologischer oder morphogenetischer Wert im voraus nicht abschätzbar ist. Um solche Differenzierungen innerhalb der vorher schon makroskopisch festgelegten Horizonte zu erfassen, muß der Abstand der Proben stark verringert werden. Er wird sich immer nach dem jeweiligen Profil richten. Man kann in einem mächtigen, einheitlichen Sediment mit wenigen Proben auskommen, andererseits kann ein einheitlich erscheinendes Profil differenzierter gestaltet sein und Horizonte enthalten, die makroskopisch nicht in Erscheinung treten. Dann oder in einem wichtigen Großprofil kann der Probenabstand bis auf 10 cm verringert werden. Eine schematische Entnahme von Proben in Abständen von 10 cm erscheint vor allem bei nicht sofort zu klärenden Horizontverhältnissen angebracht.

Die vorher beschriebene Art der Probenahme erbringt immer *gestörtes* Material. Für bodenkundliche, landschaftsökologische und geomorphologische Spezialuntersuchungen wie Bestimmung von Porenvolumen, Porengrößenverteilung, Wasserleitfähigkeit, Luftleitfähigkeit, Wärmeleitfähigkeit, Lagerungsdichte und Kompressibilität von Böden (K. H. HARTGE 1971) werden *ungestörte Proben* benötigt. Zu deren Entnahme sind besondere Techniken einzusetzen, die Spezialgeräte erfordern, mit denen vor allem im Oberboden leicht gearbeitet werden kann, während für die Arbeit im Unterboden dafür Gruben angelegt werden müssen. Dazu gehören der *Bodenprobenstecher* (Abb. 46 a) und *Schlaggeräte* (Abb. 46 b, c) für die Entnahme mit dem *Stechzylinder* (Abb. 46 d), der meist in einem ganzen Satz (mit eingestanzten Nummern) verwendet wird. In Gruben kann leichter mit dem Stechzylinder gearbeitet werden, wenn man den *Probenheber* (Abb. 46 e, f) einsetzt. Die Stechzylinder lassen sich auch an Bohrstöcke ansetzen (Abb. 46 g). Die Stechzylinder werden, noch im Bodenverband befindlich, aus dem Boden herausgelöst. Das geschieht, indem man mit einer kleinen flachen Schaufel (bzw. Handspaten) den Zylinder „unterfährt". Danach bleibt er zunächst auf der Schaufel liegen, um die obere Öffnung mit einem Messer zu glätten und mit dem Deckel zu versehen. Anschließend kann die bislang auf der Schaufel befindliche Unterseite in gleicher Weise bearbeitet werden. Problematisch ist nicht nur das Herauslösen des Zylinders, sondern auch das Hineintreiben in den Boden, was vorsichtig mit einem Holz- oder Gummihammer geschehen muß, um den Stechzylinder ganz gleichmäßig in den Boden zu treiben und ein Verschieben oder Verdrücken des Materials zu verhindern.

Das Grundprinzip des Stechzylinders findet sich bei einigen anderen Behältnissen für die Probenahme wieder: So kann der zugeschärfte Rand mit breiten Zähnen versehen sein, um ein Eindringen in gefrorenen Boden

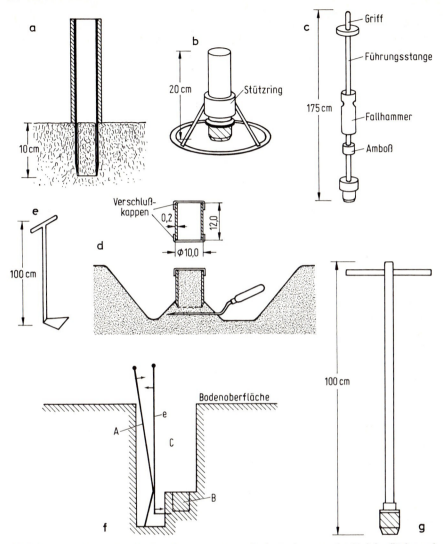

Abb. 46: *Geräte für die Entnahme ungestörter Bodenproben von der Erdoberfläche und aus Profilgruben:* a. Bodenprobenstecher im Querschnitt. Länge des im Boden steckenden Teils 10 cm, Handgriff schraffiert; b. Schlaggerät zur Entnahme mit dem Stechzylinder (schraffiert), oben auf dem Stützring Schlaghaube; c. Stechzylinder unter Schlaghaube mit aufgesetztem Fallhammergerät; d. Stechzylinder und Entnahme von Stechzylinderproben an der Bodenoberfläche; e. Probenheber; f. Einsatz des Probenhebers e. (A. Spaten als Widerlager; B. Stechzylinder; C. Bodengrube 40 mal 40 cm); g. Stechzylinder am Bohrstock (nach K. H. HARTGE 1971; E. SCHULTZE und H. MUHS [2]1967).

zu ermöglichen. Quadratische *Stechkästen* erlauben die Entnahme von würfelförmigen Bodenklötzen. Solche Stechkästen sind wegen des Kraftaufwandes bei der Probenahme nur in lockeren Böden und Sedimenten zu verwenden. Bei der Entnahme von Kleinproben aus Tonen oder Feinsanden kann einfach ein Glasröhrchen in die Aufschlußwand hineingebohrt werden. Wenn das Röhrchen anschließend ganz dicht verschlossen wird (Deckel, Siegellack), bleibt auch der Bodenfeuchtegehalt erhalten. Für Dünnschliffe des Bodens (W. L. KUBIËNA Ed., 1967) benötigt man ebenfalls ungestörte Proben, wenn auch nur in kleinen Mengen. Sie brauchen nicht mit dem Stechzylinder entnommen werden, sondern dazu reichen kleine Metallhülsen aus. Für Dünnschliffuntersuchungen muß die Probe allerdings *lageorientieri* entnommen und entsprechend markiert werden. Größere Boden-, Löß- oder Auesedimentklötze, die als „Rahmenproben" genommen werden, benötigt man zur Humusbestimmung und zur Fossilgewinnung, die schon weit außerhalb der „geomorphologischen" Aufschlußarbeit liegt und in den Bereich der Paläontologie (O. F. GEYER 1973) hineingehört.

Infolge der räumlichen Begrenzung der Feinsedimente und Böden durch Schichten und Horizonte ist bei ihnen die Probenahme relativ einfach, denn das Material ist – verglichen mit den Grobsedimenten über 2 mm Korndurchmesser – makroskopisch homogen. Schwieriger wird die Probenahme für die *Grobsedimentanalyse,* weil der repräsentative Charakter der Probe infolge Heterogenität durch Formen- und Gesteinsvielfalt beeinflußt werden kann. Rezentes Material wird mittels *Sedimentfallen, Probengreifern* (siehe Kap. 3.2.3) oder durch *Aufschlußarbeit* gewonnen. Die Sedimentfallenproben sind oft mit Fehlern behaftet wegen nicht genau kontrollierbarer Aufstellung der Fallen (z. B. unter Wasser an der Flußsohle) oder zufälliger Zusammensetzungen der Komponentengarnitur infolge morphodynamischer oder hydrologischer Singularitäten. Hier kann man nur mit Doppel- oder Vielfachproben zu repräsentativen Entnahmen gelangen.

Eine Probe muß repräsentativ sein. Sie soll eine Zusammensetzung aufweisen, die für das Sediment der zu analysierenden Fläche oder Schicht allgemein gültig ist, also „dem allgemeinen Erscheinungsbild des ganzen Vorkommens" entspricht (G. STÄBLEIN 1970 b). Dies ist bei unübersichtlichen Sedimentvorkommen durch Schürfungen zu überprüfen. Wird die Grobsedimentprobe nicht im Gelände untersucht, kann bei der Entnahme und bei der Verminderung des meist in zu großer Menge geborgenen Materials durch Selbstsortierung die Zusammensetzung verändert werden. Die Aufteilung von pelitischem und psammitischem Material geschieht durch mechanische Probenteiler oder weniger genau durch manuelle Viertelung (Abb. 48). Bei der Entnahme von Proben für morphometrische

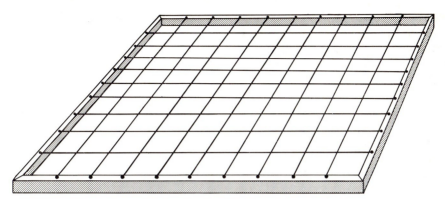

Abb. 47:   *Zählgitter für die Grobsedimentanalyse.* Gleichzeitig als Zeichenrahmen für die exakte Übertragung von Bodenerosionsspuren der Testparzellen auf Millimeterpapier (siehe Abb. 23) geeignet. Der Rahmen hat die gleiche Breite wie die Einzelparzelle und kann dort den Parzellenbegrenzungsstreifen aufgelegt werden (Entwurf: H. LESER).

Analysen darf man sich nicht durch besonders markante Gesteinsgruppen, Formen oder Zusammensetzungen beeinflussen lassen. Daher sollte, unabhängig von der Zielsetzung der Grobsedimentanalyse im einzelnen (siehe Kap. 4.2.1), folgender Weg bei der Probenahme beschritten werden: Abstecken von Stichprobenbereichen durch Auslegen eines *Holz- oder Metallrahmens* („Zählgitter") mit Seitenlängen von 1 m (Abb. 47). Dieses Quadrat wird durch Schnüre in vier Viertelstreifen oder vier Viertelquadrate unterteilt. Das von W. E. BLUM und P. BURWICK (1971/72) beschriebene Plastiktuch mit 5 bzw. 10 cm²-Einteilung bei 1 m² Gesamtgröße ist insofern unpraktisch, als man nicht direkt am Material arbeitet. Da es sich um eine Schätzmethode handelt, mag dies angehen. Um einigermaßen vergleichbare Daten zu erhalten, sollte die (an sich schon sehr grobe) traditionelle Meßtechnik der Grobsedimentanalyse beibehalten werden. – Die Gesamtprobe muß immer mindestens 100 Komponenten umfassen, die zu vier mal 25 aus jedem Streifen oder Quadranten entnommen werden. Zu beachten ist ferner, daß die Komponenten der Probe alle innerhalb der allgemeinen Grobsedimentgröße zwischen 2 und 15 cm Durchmesser liegen und alle der *gleichen Gesteinsart* angehören. – Danach wird die Lage der Grobsedimentstücke mit dem *Situmeter* (Abb. 62) bestimmt (siehe Kap. 4.2.1.4); anschließend erfolgt die Längsachsenmessung und die Bestimmung des Krümmungskreises der einzelnen Handstücke mittels Schublehre und Polarkoordinatenpapier. Die verwendeten Komponenten werden außerhalb des Zählrahmens abgelegt. Danach entnimmt man dem Zählrahmen weitere 100 Stücke für die Bestimmung der petrographischen Zusammensetzung der Probe.

3.6.2.2 Verpackung und Kennzeichnung

Abgesehen von den schon erwähnten Metallbüchsen, Glasröhrchen oder Stechzylindern für Böden und Feinsedimente wird das Substrat in *Beuteln* verpackt. Da als eine der wesentlichen Voraussetzungen für die pedologisch-sedimentologische Analysentechnik eine ausreichende Materialmenge gilt, empfiehlt es sich, mindestens etwa 1000 g Substanz mitzunehmen.

Grundsätzlich sollten Plastikbeutel verwendet werden. Sie sind billig, beanspruchen wenig Raum und sind meist stabil genug (Qualität prüfen). Wenn sie zu stark verschmutzen, was bei Tonen allgemein oder bei stark färbenden Böden, wie terra fusca oder terra rossa, sehr häufig vorkommt, kann man sie nach Gebrauch wegwerfen. Ist das Bodenmaterial sehr eckig, wie z. B. die scharfkantigen Polyeder einzelner B-Horizonte von Parabraunerden oder die Prismen von manchen Aueböden, besteht die Gefahr, daß der Beutel durchstoßen wird. Man hilft sich dann, indem man den Beutel in einen zweiten steckt oder über den Plastikbeutel ein Leinensäckchen zieht.

Die Beutel sollten *ohne* Zugverschluß sein, da dieser nicht dicht schließt. Besser ist das Verschließen mit Gummiringen, mit Tesafilm, der um den am Hals zusammengedrehten Beutel geklebt wird, oder mit einem Heftklammergerät. Nachteilig im letzteren Fall ist, daß der Beutel im Labor aufgeschnitten und die Öffnung nach Entnahme der benötigten Menge anderweitig geschlossen werden muß. Vorteil der Verschlüsse gegenüber einem Plastikbeutel mit Fadenzug ist die Sicherung gegen Verunreinigung oder Verluste. Außerdem sind die Beutel ohne eingesetzten Fadenzug billiger.

Jede Probe wird im Feldbuch vermerkt und ausführlich gekennzeichnet. Keinesfalls reichen flüchtig beschriebene Zettel aus, die *in* den Beutel hineingelegt werden. Sie werden dadurch unleserlich und verunreinigen die Substanz, vor allem bei längeren Transporten im Auto oder von Übersee her. Für die Kennzeichnung bereitet man gedruckte *Probekarten* vor (Abb. 48). Dazu eignen sich dünne Karton-Karteikarten im Format DIN A7. Die Beschriftung sollte enthalten: Probe-Nummer, Profil-Nummer, Fundort, Meereshöhe, Datum, Feldbuch-Seite (auf welcher die Probe vermerkt ist), Schicht oder Horizont, Entnahmetiefe, Ausgangsgestein, Oberflächenverhältnisse in der Umgebung des Profils und Wasserverhältnisse. Diese Karten kann man selbst mit einem Druckkasten herstellen oder sich drucken lassen. Die beschriebenen Karten werden mit den Probenbeuteln so verbunden, daß ein Vertauschen oder Verlieren unmöglich wird (Anheften, Ankleben oder zwischen Beutel und Leinensäckchen stecken).

Dunkelbrauner Boden auf Schutt

PROBE-NR.	*2170*
PROFIL-NR.	*0211* m über NN *~1'100*
ORT	*Palen / SWA*
DATUM	*26.09.1976*
FELDBUCH S.	*92/3406*
SCHICHT	*X1*
ENTNAHMETIEFE	*30-40*
AUSGANGSGESTEIN	*Quarzt; Kalksteine*
OBERFLÄCHENGESTALT	*Talrand-Flächen, Steifenrand*
WETTER	*heiß, trocken*

Abb. 48:   *Beispiel für eine Probekarte:* Sie wird während der Probenahme ausgefüllt und
              setzt im Labor die Probenkartei zusammen, die man für zahlreiche Ordnungs-
              arbeiten benötigt. „Herausschreiben" von Angaben zur Probe aus dem Feld-
              buch entfällt dann (Entwurf: H. LESER).

Zur Absicherung sollte die Probenummer mit einer Selbstklebeetikette
zusätzlich auf dem Plastikbeutel angebracht werden.

3.6.2.3 Transport und Lagerung

Probematerial, das weder für Porenvolumenmessungen noch zur Gewinnung von Fossilien bestimmt ist (siehe Kap. 3.6.2.1), erfordert relativ wenig
Aufmerksamkeit beim *Transport*. Gut gefüllte Plastikbeutel lassen sich
leichter schichten und passen sich allmählich der Form des Transportbehäl-
ters an. Man wählt dazu stabile Pappkartons für je 10–12 Beutel. Größere
Behälter sind wegen des hohen Gewichtes unzweckmäßig: die Kästen oder
Kartons lassen sich dann nur mühevoll tragen. Beim Einpacken versucht
man, Hohlräume zwischen den Beuteln mit Papier oder Holzwolle auszu-
stopfen. Die Proben werden in der Reihenfolge der laufenden Probenummern eingepackt, die Kartons von außen mit den Probenummern in gut
lesbarer Form beschriftet (Filzschreiber oder Signierstift). Das erspart im
Labor zeitraubendes Suchen. Gute Dienste leistet auch ein Verzeichnis der
Kartons, die *zusätzlich* fortlaufend numeriert werden, *und* der Probenum-

mern: z. B. 3/418–430 (= Karton 3, Probe-Nr. 418 bis 430). – Bei Auslandsarbeit stehen im allgemeinen als Transportbehältnisse Holzkisten oder zusammenlegbare Aluminiumkästen zur Verfügung. Auch sie sollten möglichst klein gewählt werden.

Besondere Vorsicht beim Transport erfordern jene Proben, die für die Untersuchung des Porenvolumens, der Porengrößenverteilung sowie anderer physikalischer Boden- und Feinsedimenteigenschaften, die mit der natürlichen Lagerung des Substrats zusammenhängen, vorgesehen sind. Sie müssen schütterfrei transportiert werden. Zu den Stechzylindern liefert man zumeist passende, flache Metall- oder Holzkästchen mit, die im Innern gepolstert sind. Trotzdem ist das Werfen oder Schütteln der Kisten dem Material nicht zuträglich. Man legt sie am besten auf eine feste, nicht zu harte Unterlage, z. B. den Autositz. So ist auch mit dem Lockersediment-material für die Fossiliengewinnung u. a. zu verfahren. Größere Metall-büchsen oder Rahmenproben müssen besonders sorgsam transportiert werden. – Die Stechzylinder sowie andere Metallgefäße tragen meist eine eingestanzte Nummer, die zur Probenummer im Feldbuch hinzugesetzt wird.

Bei der *Lagerung* der Proben ist darauf zu achten, daß die Kisten oder Kartons trocken stehen. Ein Keller empfiehlt sich nur, wenn er luftig und völlig trocken ist. Gelegentlich stehen auch „Trocken- und Lagerungs-räume" zur Verfügung, die optimale Lagerungsbedingungen bieten. Pro-ben, die in feuchten Kellern lagern oder feuchte Substanzen, die zu lange in den verschlossenen Plastikbeuteln bleiben, beginnen zu schimmeln. Daher sollte man die Proben möglichst bald trocknen. Danach sind sie praktisch unbegrenzt haltbar (siehe Kap. 4.1.1).

3.6.3 Zusammenfassung: Methodik der Aufschlußarbeit bei der geomorphologischen Feldarbeit

Die *Aufschlußarbeit* für Boden- und Sedimentuntersuchungen im Rahmen der geomorphologischen Feldarbeit unterscheidet sich grundsätzlich nicht von der geologischen oder bodenkundlichen Aufschlußarbeit. Allerdings fällt bei einem Vergleich auf, daß bereits gewisse Feldtechniken und Probenahmearten in der „geomorphologischen" Aufschlußarbeit wegfallen – vor allem solche, die mit großem technischem Aufwand verbunden sind und die zu Materialarten führen, die praktisch außerhalb des engeren und weiteren Forschungsbereichs der Geomorphologie sehen. Die *Grundtech-niken* der Aufschlußarbeit der Geologen und Bodenkundler reichen für die Fragestellung des Geomorphologen und die daraus erforderlichen Analy-sen und die dazu benötigten Böden und Sedimente aus. Sollte darüber hinaus tatsächlich einmal eine tiefere Bohrung usw. erforderlich sein, darf der Geomorphologe sicher auf die Hilfe der Nachbardisziplinen rechnen.

Gleichzeitig wird deutlich, daß der dem „*Prinzip der Korrelate*" folgende Geomorphologe mit seiner klassischen Feldbeobachtungstechnik allein nicht mehr auskommt, sondern auch geologische und bodenkundliche Methodiken und Techniken beherrschen muß. Für die Anwendung des beschriebenen Prinzips ist das vor allem die pedologisch-sedimentologische Aufschlußarbeit. Die in der Geologie und Pedologie üblichen Aufschlußpraktiken erweisen sich beim näheren Zusehen als einfach zu handhaben. Da man sie trotzdem immer wieder und z. T. in großer Ausführlichkeit beschrieben findet, beweist, daß sie durchaus noch keine Selbstverständlichkeiten sind – auch nicht für die Nachbardisziplinen, wie z. B. das „Lehrbuch der Angewandten Geologie" (A. Bentz Ed., 1961; A. Bentz und H. J. Martini, Ed., 1969) zeigt. Die Techniken der Aufschlußarbeit erfordern – trotz vermeintlicher oder tatsächlicher Einfachheit – beträchtliche Übung, sollen sie mit Erfolg praktiziert werden. Das Erlernen der gesamten Aufschlußarbeit erweist sich, wegen des gleichzeitigen Praktizierens der allgemeinen geomorphologischen Feldmethodik, als eine mühselige Sache, die erst nach langer Praxis leicht fällt. Um nicht in Routine zu verfallen, müssen die Arbeitstechniken immer wieder kritisch geprüft und ggf. verbessert werden. Wegen der zentralen Funktion der Aufschlußarbeit bei der Beschaffung des Grundlagenmaterials für die Deutung der Geomorphogenese (aber auch für die Bearbeitung bodengeographischer und landschaftsökologischer Fragestellungen) ist ihr gründliches Studium erforderlich.

4. Geomorphologische Analysentechnik und Laborarbeit

Die *Laborarbeiten* in der geomorphologischen Methodik sind nur *Mittel zum Zweck*. Sie sollen die Geländearbeit nicht ersetzen, sondern sind – als reguläre Arbeitsschritte der geomorphologischen Untersuchung (Abb. 1) – Verfeinerungen der Geländebeobachtungstechniken mit anderen Mitteln, die nur an einem anderen Platz eingesetzt werden: am Ziel der Geomorphologie ändert sich damit nichts. Unter dem Aspekt des *„Prinzips der Korrelate"*, nach welchem den Böden und Sedimenten hoher Aussagewert für die morphogenetische Interpretation zukommt, besteht die Notwendigkeit des Einsatzes von Labortechniken der Bodenkunde und Sedimentologie. Die meisten Techniken dieser Art sind – verglichen mit vielen Feldbeobachtungstechniken – recht aufwendig und erbringen, gemessen an der Gesamtfragestellung eines geomorphologischen Problems, nur ein schmales Ergebnis, das dann auch noch nur *indirekte* Aussagen zum Problem zuläßt: Korngrößenanalysen, pH-Wert- oder $CaCO_3$-Bestimmungen sagen selten etwas direkt zum vorzeitlichen geomorphologischen Prozeß (manchmal auch kaum etwas zum rezenten) aus, um den es ja im Hinblick auf die zu erforschende *Genese der Landformen* geht. Allerdings wird durch eine größere Zahl von Daten der Grob- und Feinsediment- bzw. Bodenanalyse von *vielen* Proben ein Beitrag zur *Absicherung der Beobachtungen* an der Reliefgestalt und am Reliefgefüge geleistet. Ist der Ansatz richtig gewählt worden und wurde eine Hypothese aufgestellt, die im Bereich der geomorphologischen Problemlösungsmöglichkeiten liegt, dann kann in der Tat aufgrund des „logisch-historischen Indizienbeweises" (J. BÜDEL 1971) eine *vielseitig abgesicherte* „erklärende Beschreibung" (K. HÜSER 1974) für die Morphogenese gegeben werden. Es wurde nie behauptet, daß durch den Einsatz von Labortechniken in der Geomorphologie die Ergebnisse „richtiger" werden (J. BÜDEL 1961). Daß allerdings die Hypothesen mit einem höheren Wahrscheinlichkeitsgrad als bisher bewiesen oder verworfen werden können, bleibt wohl unbestritten. Daran haben die Daten aus den geomorphologischen Laborarbeiten einen nicht unwesentlichen Anteil.

4.1 Vorbereitung der Proben zur Analyse

Zunächst erfolgt eine *allgemeine* Vorbereitung der Proben, um einen analysengerechten Zustand zu erreichen. Für manche Analysen ist zusätzlich eine Spezialvorbehandlung notwendig, die bei der Schilderung der Analysen in Kapitel 4.2.2 angegeben wird. Entsprechend den Bemerkungen bei der Probenahme von Grobsedimenten (siehe Kap. 3.6.2.1) handelt es sich bei der allgemeinen Vorbereitung um die von Feinsediment- und Bodenproben.

4.1.1 Trocknen

Wenn kein *Trockenraum* vorhanden ist, muß man sich mit bescheideneren Möglichkeiten behelfen. Es ist möglich, im Labor einen entsprechenden Platz vorzusehen. Da im Labor meistens ziemlich konstante Temperaturen herrschen, ist eine wichtige Voraussetzung gegeben. Die in gleichmäßig zentralbeheizten Räumen weitgehend trockene Luft trocknet das Probegut rasch. Auch im Trockenschrank kann das Probegut getrocknet werden; Erhitzung ist jedoch zu vermeiden. Man füllt die Proben in flache, ca. 3 cm hohe *Pappschachteln* und breitet sie darin aus. Diese *gekennzeichneten* Schachteln stellt man nebeneinander in Regale. Zweckmäßig erweist sich das Abdecken mit Papier um Verstauben oder andere zufällige Verunreinigungen zu vermeiden. Nach wenigen Tagen Lufttrocknung ist das Probegut trocken. Die den Laborverhältnissen angepaßte Lufttrockenheit des Materials reicht zur Weiterverarbeitung für Standardanalysen aus.

Von einem separaten Trockenraum – z. B. mit einer Klimaanlage – dürfen zum Analysenraum keine Luftfeuchtigkeits- und Temperaturunterschiede bestehen.

4.1.2 Mörsern und Sieben

Sind die Proben lufttrocken, erfolgt das Auslesen der größeren Steine. Danach wird die Probe vorsichtig mit einem Hartgummi- oder Holzpistill im Porzellanmörser zerkleinert, damit die natürlichen Korngrößen nicht zerstört werden. Anschließend werden die Steinkomponenten über 2 mm Durchmesser durch ein Handsieb mit einer Maschenweite von 2 mm abgesiebt. Der Auffänger für das Siebgut sollte direkt zum Sieb gehören. Staubentwicklung wird damit unterbunden. Sowohl die Grobkomponenten über 2 mm Korndurchmesser als auch die ausgesiebten Proben, die nun ausschließlich Feinsedimentcharakter haben, werden je in eine *verschließbare* und gekennzeichnete Pappschachtel oder in Plastikbecher mit Deckel gefüllt. So ist dauerhafte Aufbewahrung (selbstverständlich in temperierten trockenen Räumen) möglich. Die Grobkomponenten über 2 mm werden später häufig zu ergänzenden Untersuchungen benötigt (Feststellung der

Zurundung; Einflüsse der Verwitterung etc.). Mörser, Pistill, Sieb und Auffangbehälter werden sorgfältig gereinigt. Zumeist genügt das Auswischen mit einem stets sauberen und trockenen Tuch, das nur diesem Zweck vorbehalten sein sollte. Werden die Geräte stärker verschmutzt oder durch stark färbende Böden verunreinigt, muß man sie auswaschen, abtrocknen und nachträglich noch lufttrocknen, um alle Feuchtigkeitsspuren (besonders zwischen den Siebmaschen) zu beseitigen.

Bei dem häufigen Um- und Abfüllen im Zuge der Analysenvorbereitung kommt es meist zu einer *Selbstsortierung* des Materials, besonders weil gewöhnlich nicht die gesamte Substanz einer Probe getrocknet wird. Die Gefahr der Selbstsortierung vergrößert sich nach der Trocknung weiter. *„Viertelung"* vermeidet eine zufällige Neusortierung des Materials: Man schüttet es auf einer sauberen Papierunterlage zu einem Kegel auf, der mit einem sauberen breiten Blech- oder Kunststoffstreifen geviertelt wird. Zwei gegenüberliegende Viertel werden gemischt, zu einem Kegel aufgeschüttet und wieder geviertelt (Abb. 49). Der Vorgang wird solange wiederholt, bis eine adäquate Menge Probengutes vorliegt. *Mechanische Probenteiler*, z. B. gekammerte Zylinder, arbeiten zuverlässiger und schneller. Neuerdings gibt es auch mechanische Wasser-Sediment-Teiler, die mit 2% Genauigkeit Proben in *drei* gleich große Teile zerlegen (W. G. Flemming & R. A. Leonard 1973).

4.2 Grob- und Feinsedimentanalysen[22]

Die Unterscheidung der Sedimente erfolgt in erster Linie durch ihre *Korngrößen,* die mit einer logarithmischen Skala nach ihren mittleren

[22] Der Verfasser ist sich darüber im klaren, daß mit der Grobsedimentanalyse ein geomorphologischer Arbeitsbereich vorliegt, der sowohl zur Labor- als auch zur Feldarbeit gehören kann. Gerade die morphometrische Grobsedimentanalyse oder die Situmetrie werden überwiegend im Feld durchgeführt. Aus praktischen Gründen wurde in diesem Buch aber bewußt darauf verzichtet, Grob- und Feinsedimentanalyse voneinander zu trennen, weil dann mehrfach inhaltliche Wiederholungen notwendig geworden wären. Außerdem hätte die Gliederung des Teils 3.2 an einigen Stellen logische Brüche erfahren müssen, wenn die Grobsedimentanalyse dort aufgeführt worden wäre. Die Anordnung der Kapitel unter 4.2.1 „Grobsedimentanalysen" *vor* den streng auf das Labor ausgerichteten „Feinsedimentanalysen" soll diese Übergangsstellung der Grobsedimentanalyse zwischen Feld- und Laborarbeit andeuten. Einige Techniken der Grobsedimentanalyse lassen sich, unter Beachtung der anderen Dimensionen und einiger technischer Probleme, auch auf Feinsedimente anwenden. Dazu gehört beispielsweise die Morphoskopie, die morphometrische Grobsedimentanalyse und die Situmetrie. Diese Gegenstände werden jedoch nur selten und dann bedingt in der Geomorphologie untersucht wie das Lehrbuch „Methoden der Sedimentuntersuchung" (G. Müller 1964) zeigt.

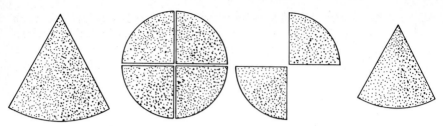

Abb. 49: *Vierteln und Mischen des Probegutes* bis zur gewünschten Probemenge, um Fehler durch Selbstsortierungen zu vermeiden (nach E. SCHULTZE und H. MUHS [2]1967).

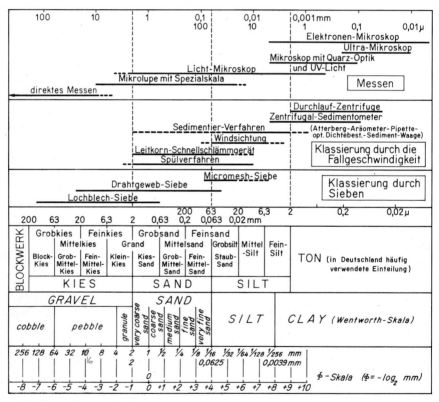

Abb. 50: *Korngrößenklassifikationen,* die in Deutschland und den USA verwendet werden, sowie Möglichkeiten der Erfassung verschiedener Korngrößenbereiche (nach G. MÜLLER 1964; verändert).

Korndurchmessern in Klassen (= Fraktionen) geteilt werden. Die Skala mit den durch DIN festgelegten Größenordnungen wurde durch verschiedene Autoren erweitert, so u. a. von G. STÄBLEIN (1970 b). Er gibt folgende Korngrößenklassifikation und damit Einteilung in Grob- und Feinsedimente an (Tab. 5).

Die Grenze zwischen Grob- und Feinsedimenten liegt bei 2 mm Korndurchmesser. Für die einzelnen Fraktionen gibt es verschiedene Möglichkeiten der Korngrößenbestimmung, die G. MÜLLER (1964) darstellt (Abb. 50).

Als günstigste Anwendungsbereiche von Techniken der *Korngrößen*bestimmung (Korngrößenbezeichnungen wie in Abb. 50) für voll aufbereitbare Sedimente sieht G. MÜLLER (1964) folgende Einteilungen an (verändert; Tab. 6).

Aus dieser Aufstellung geht hervor, daß die Bereiche der klassischen geomorphologischen *Grobsedimentanalyse* alle von der direkten *Messung am Einzelstück* einer Probe abgedeckt werden. Die Lochblechsiebung kommt praktisch nicht in Frage, weil sie einen großen Arbeitsaufwand erfordert und geomorphologisch wenig relevante Ergebnisse erbringt. Ab gewissen Komponentengrößen oder bei starker Verfestigung grobklastischer Sedimente muß man ohnehin zu anderen Größenbestimmungsverfahren kommen, wie z. B. durch Aufschlußfoto-Auswertung (P. NEUMANN-MAHLKAU 1967), ohne daß jedoch die visuelle Sedimentansprache verfeinert wird. Die Grobsedimentanalyse mißt die Achsenlängen der Komponenten; die Ergebnisse werden in Anteilsprozenten an der Stückzahl der Probe dargestellt. Während sich die Grobsedimentanalysen mit der petrographischen Zusammensetzung der Probe, der Formgestalt und der Längsachseneinregelung befassen, sind die Feinsedimentanalysen differenzierter.

Feinsedimentanalysen sind – wie verschiedene Handbücher zeigen (E. KÖSTER 1964; G. MÜLLER 1964 – allein schon bei der Korngrößenbestimmung auf verschiedene Weise möglich (Abb. 50). Trotzdem gibt es für die einzelnen Korngrößenklassengruppen optimale Techniken (Tab. 6). Darüber hinaus sind jedoch noch weitere physikalische und auch chemische Feinsedimentanalysen möglich, die – neben der Geomorphologie – vor allem in der Pedologie und der Landschaftsökologie sowie in der Bodengeographie angewandt werden. Das Spektrum der Arbeitsweisen ist hier also ungleich breiter als in der Grobsedimentanalyse, so daß bei der Untersuchung der Feinsedimente und Böden auch differenziertere Ergebnisse zu erwarten sind, deren Aussagekraft weit über die der Grobanalyse hinausgeht. Für beide gilt aber, daß ihre Ergebnisse erst im Zusammenhang mit den Feldbeobachtungen geomorphologischen, speziell aber geomorphogenetischen Aussagewert erlangen.

Tab. 5: Logarithmische Korngrößenklassifikation nach DIN 4188/1957: erweiterte Skala mit logarithmisch äquidistanten Fraktionsgrenzen (nach G. STÄBLEIN 1970 b).

Tab. 6: Anwendungsbereiche der Korngrößenbestimmungstechniken

Korngröße in mm	Korngrößen-bezeichnung	Technik der Korngrößen-bestimmung	erforderliche Probemenge
100	Blöcke und Brocken	direktes Messen	100 bis 300 Einzelstücke
100 – 20	Grobkies + Feinbrocken	Sieben mit Lochblech-Sieben (direktes Messen)	300 Einzelstücke 100 bis 300 Einzelstücke
20 – 0,63	Sand + Feinkies	Sieben mit Drahtgewebesieben	Sand 100 g (20–300 g) Feinkies mehrere kg
0,063 – 0,002	Silt	Sedimentation im Schwerefeld	1–10 g
0,002	Ton	Sedimentation im Zentrifugalfeld Messen im Elektronenmikroskop	1–5 g 0,1–0,5 g

Tab. 7: Transport- und Formarten von Lockersedimenten und Formarten von Sedimentgesteinen als diagenetische Varianten der Lockersedimente

Transportart	Formgestalt	Locker-sedimente	Sediment-gesteine*
gravitativ oder kurzzeitig fluvial oder solifluidal oder kein Transport	kantig	Schutt	Brekzie
glazial geschoben und nicht gerollt	kantengerundet mit Schubflächen	Geschiebe	Tillit
kurzzeitig fluvial gerollt und geschoben	kantig bis grob kantengerundet	Fanger	Fanglomerat
fluvial gerollt	gerundet	Geröll	Konglomerat

* durch Diagenese aus den zugehörigen Lockersedimenten entstanden.

4.2.1 Grobsedimentanalysen

Von grundlegender Bedeutung für die Grobsedimentanalyse ist die Erkenntnis, daß – über die mögliche Größenklassifizierung hinaus (s. u.) – auch die *Formgestalt* der Komponenten und ihre Lagerung sowie die petrographische Zusammensetzung der Probe zu *genetischen Aussagen* verhelfen (A. V. JOPLING 1969; Z. KUKAL 1971). Es wird dabei immer vorausgesetzt, daß einer dieser genetisch interpretierbaren Sachverhalte mit einiger Sicherheit bekannt ist. Die Relation Genese-Formgestalt ergibt sich aus einigen petrographischen Grundtatsachen, die der Einfachheit halber in Tab. 7 dargestellt werden (z. T. nach G. STÄBLEIN 1970 b).

Nach der Genese der Grobsedimente, auf deren Aufhellung die Grobsedimentanalysen abheben, können die in situ entstandenen *autochthonen* und die transportierten *allochthonen* Grobsedimente unterschieden werden. G. STÄBLEIN (1970 b) gibt folgende Einteilung (Tab. 8):

Die große genetische Vielfalt der Grobsedimente verhinderte bisher und wird auch künftig verhindern, daß auf Grund der gegebenen Komponentenmerkmale *eindeutige* Zuordnungen zu einem (oder mehreren) geomorphologischen Prozess(en) erfolgen können. Die Bedeutung der Grobsedimentanalyse wurde lange Zeit überschätzt – ja, sie war den „modernen" (= ‚neueren') Arbeitsweisen" bzw. den Labormethoden in der Geomorphologie gleichgesetzt (H. BRUNNER und H.-J. FRANZ 1960, 1961; E. HEYER u. a. 1968; W. KULS 1959). Erst seit Mitte der sechziger Jahre zeichnet sich eine Relativierung ab, nachdem die bodenkundlichen Methoden der Feinsedimentanalyse in der Geomorphologie Vorrang erhalten haben (H. LESER 1966 a).

Unabhängig von der Zielrichtung der Grobsedimentanalysentechniken müssen einige methodische Grundtatsachen berücksichtigt werden, die an die Bemerkungen über die Probenahme (siehe Kap. 3.62 1) anschließen und auf die auch E. KÖSTER (1962) in einem zusammenfassenden Aufsatz eingeht:

Die zuverlässigsten, weil eindeutigsten Ergebnisse erzielt man mit einem Material, das nur einem einmaligen Verwitterungsvorgang, einem einmaligen Transport oder einem lange Zeit unveränderten Klima ausgesetzt war. Besonders eignet sich für derartige Untersuchungen ein extremen Klimagebieten entstammendes Material, das meist sehr intensiv bearbeitet wurde, so daß Spuren früherer geomorphodynamischer oder Verwitterungsprozesse nicht mehr vorhanden sind. Schon daran zeigt sich, daß die Auswertung der späteren Meßdaten nicht schematisch erfolgen darf. Kaum ein genetischer Vorgang läßt sich mit Sicherheit ergründen. Erfolgversprechende Untersuchungen sind möglich an verfestigten und unverfestigten Trümmergesteinen magmatischen, metamorphen und sedimentären Ur-

Tab. 8: Autochthone und allochthone Grobsedimenttypen (nach G. STÄBLEIN 1970 b).

1. autochthone Typen

1.1 Verwitterungs-Schutt
    Frostschutt
    Eisrindenschutt
    Insolationsschutt
    Desquamationsschutt
    Tafonischerben
    Karstscherben
1.2 Wollsack-Blöcke
    phanerogene, z. B. Felsenburgen, Wackelsteine
    kryptogene, z. B. Grundhöckerblöcke
1.3 Wind-Kanter
1.4 Wüstenpflaster
1.5 Frost-Pflaster
1.6 Konkretionsknollen
1.7 Acker-Scherben (= Kultur-Schutt)

2. allochthone Typen

gravitative, aktive Massenselbstbewegung

2.1 Steinschlag-Schutt, Hang-Schutt
2.2 Wander-Schutt, Wander-Blöcke, Blockströme
2.3 Solifluktions-Geschiebe

mediale, passive Transportbewegung

2.4 Moränen-Geschiebe
2.5 Schwemm-Schutt (periglazialer und arider)
2.6 Fußflächen-Schutt
2.7 Fußflächen-Fanger (Glacis- und Pediment-Gerölle)
2.8 (Fluß-)Schotter:
    glazi-fluviale (= glazigene, fluvioglaziale)
    periglazifluviale (= nicht glazigene, periglaziale)
    fluviale (= außerkaltzonal fluviatile)
2.9 Brandungsgerölle

sprungs. Kalkstein und Dolomit gestatten die Analyse nur, wenn ihre Haltbarkeit und Härte einem Transport oder sonstigen angreifenden Einflüssen gewachsen waren bzw. nur ein kurzer Transportweg zurückgelegt wurde. Die Untersuchung kristallisierter Sedimente kann außerdem an der Bindeart ihres Kornmaterials scheitern.

Die Stärke der Einwirkungen von geomorphodynamischen und Verwitterungsprozessen hängt bei Mineralien von deren *Widerstandsfähigkeit* gegen chemische und mechanische Beanspruchung ab, bei Mineralkombinationen zusätzlich von der räumlichen Anordnung der Mineralien im Gestein (Textur), den Größenverhältnissen der Gemengeteile, ihrer Form und Gestalt (Struktur) und von der Beschaffenheit des Kornverbandes (z. B. Festigkeit des Aneinanderhaftens der Körner im Gestein).

Form- und Größenbestimmungen sind besonders gut an Quarzit und Quarz durchführbar. Quarz ist von den gesteinsbildenden Mineralien am widerstandsfähigsten; da er am häufigsten vorkommt, ist er sowohl für Grobsediment- als auch für Feinsedimentuntersuchungen am besten geeignet.

Als *Grundzüge der Grobsedimentanalyse* lassen sich folgende Sachverhalte angeben: Die *Formverschiedenheiten* von Geröllen und Mineralien werden zwei- oder dreidimensional mit Hilfe von Meßeinrichtungen oder visuell festgestellt. Formeigenarten lassen auf das Transportagens, auf Weglänge und auf den Umfang des Transportes schließen. Derartige Untersuchungen werden an fluvialen, marinen, glazialen, periglazialen und äolischen Sedimenten durchgeführt.

Die Lage von Grobsedimenteinzelkomponenten wird mit Hilfe von Kompaß oder Einregelungstafel nach der Orientierung ihrer Längsachsen bestimmt. Deren Lage läßt Schlüsse auf das Transportagens und sein Milieu (glaziales, fluviales, litorales, marines oder äolisches), auf seine Transportkraft und ihre periodischen oder episodischen Änderungen zu. Vorhandene Schichtlagen sind bei den Untersuchungen streng voneinander zu trennen, weil für einen heute allenfalls geschichtet erscheinenden, aber sonst einheitlichen Sedimentkörper nicht unbedingt homogene Ablagerungsbedingungen anzunehmen sind.

Für die *petrographische Sortierung* der Grobsedimentvorkommen ist – nach dem „Prinzip der Korrelate" – die Kenntnis des Gesteinsmaterials im Abtragungs- *und* Ablagerungsgebiet erforderlich. Die Anzahl der petrographischen (und auch der mineralischen) Verschiedenheiten wächst mit der Größe des Einzugsgebietes. Extremumfang erreicht sie mit den Ablagerungen im Einflußgebiet der Inlandeise. Bei fluvialem Transport erstreckt sie sich auf die Umgebung ihres jetzigen oder früheren Flußeinzugsgebietes, bei äolischem Transport wiederum über größere, meist schwer abgrenzbare Räume. Eine Auswahl des Materials nach *Leitgesteinen* vereinfacht die Analyse und erbringt in vielen Fällen brauchbare Vergleichswerte, die eine Rekonstruktion von Herkunftsort und Transportweg ermöglichen.

Schichtungsverschiedenheiten entstehen bei fluvialen, litoralen und äolischen Ablagerungen infolge Änderung von Bewegungsrichtung und Stromstärke. Sie werden durch Einmessen von Streich- und Fallrichtung zwischen Millimeter- und Zentimeterstärke mit Kompaß und Klinometer festgestellt. Vielfach kann man mit Hilfe des Streichens und Fallens der Sedimentschüttungen Ablagerungsvorgänge rekonstruieren.

Die Grobsedimente treten fast ausschließlich als Masse auf, die in ihrer Gesamtheit nicht erfaßt werden kann. Der genetische Zusammenhang mit den Landformen erfordert aber ihre Untersuchung. Es wird daher mit *Stichproben* gearbeitet, die aber auf Grund des „Prinzips der Korrelate" genetisch abgesichert werden können. Die Stichproben werden von den 100 bis 300 Einzelstücken der einzelnen „*Proben*" repräsentiert (siehe 3.6.2.1). Statistische Untersuchungen zur Grobsedimentanalyse haben ergeben, daß dieses Vorgehen berechtigt ist (G. STÄBLEIN 1970 b). Zahlreiche Anwendungen der Grobsedimentanalyse in verschiedenen Geowissenschaften erbrachten gute Ergebnisse. – Die Grundlage der statistischen Ermittlungen innerhalb der Grobsedimentanalyse ist natürlich die Erfassung einer möglichst *großen* Anzahl von Individuen. Sie werden nach ihrer Beschaffenheit klassifiziert. Die Klassen sollen sich auf wenige, deutliche Charakteristiken beschränken. Die Erfahrung lehrt, daß ein Zuviel an erfaßten Eigenarten die Fraktionierung verwischt. Aus statistischen Gründen sollten nicht mehr als 20 und nicht weniger als sechs Klassen verwandt werden, wobei die größte etwa 25% der Gesamtheit an der Stückzahl betragen sollte. Die untere Grenze von sechs muß jedoch aus Gründen der natürlichen Probenzusammensetzung häufig unterschritten werden.

Die *Sortierung nach Klassen* erfolgt durch Zählen der Stücke. Die Anzahl der Individuen soll bei Auszählungen einerseits so groß sein, daß sich Fraktionen mit einem klaren Maximum herausbilden. Wegen der aufwendigen Zählarbeit bei Anwendung der verschiedenen Formeln darf sie andererseits nicht zu groß sein. Bei psammitischem (Sand) und psephitischem (Kies, Stein) Material ist ein Maximum meistens zwischen 100 und 300 Exemplaren erreicht.

Entsprechend dem systemaren ökologischen Ansatz der Geomorphologie und dem „Prinzip der Korrelate" dürfen keine Einzel-, sondern nur *Reihenuntersuchungen* durchgeführt werden. Entsprechend dem Catena-Prinzip werden Längs- und Querprofile gelegt sowie – wegen der geographisch-räumlichen Aussage – Flächenuntersuchungen durchgeführt. *Längsprofile* sind erforderlich bei der Analyse fluvialer Schotter, mariner Sedimentwanderungen im Küstengebiet, glazialer Ablagerungen beim Übergang von der Endmoräne und Grundmoräne zu Schmelzwasserablagerungen und bei subglazialen Rinnen. *Querprofile* sind notwendig bei fluvialen, limnischen oder marinen Terrassenablagerungen und bei schuttbedeckten, periglazial oder gravitativ geformten Hängen. Die rechtwinklig zum vermuteten früheren oder jetzt bestehenden Flußlauf oder Seeufer angelegten Profile müssen in der Sache angemessenen und aus der Lokalkenntnis heraus zu bestimmenden Abständen wiederholt werden. Das Ziel *flächen-hafter Untersuchungen* ist es, Veränderungen in der Zusammensetzung innerhalb größerer Areale zu ermitteln. Sie werden durchgeführt bei fluvialen, periglazialen, glazialen und marinen Ablagerungen. Die flächenhaften Grobsedimentanalysen von Aufschlüssen, Lesesteinhaufen und Grobsedimentstreu leiten schon zur flächenhaft betriebenen großmaßstäblichen geomorphologischen Kartierung über, innerhalb derer sie gezielt und daher sinnvoll für die geomorphogenetische Interpretation eingesetzt werden können.

Verbunden mit der Frage der Reihenuntersuchungen ist die nach der *Entfernung der Probenahmestellen* voneinander. Sie ist abhängig von den kartierten und in den Aufschlüssen sichtbaren Änderungen im Lockermaterial und der Reliefgestalt. An den Nahtstellen von Sedimentänderungen sind vermehrte Probenahmen erforderlich. Fehlen sichtbare Änderungen über größere Strecken, müssen Entnahmepunkte zwischengeschaltet werden. Jeder Punkt ist einzumessen und auf einer großmaßstäblichen Karte zu verzeichnen, die ein Pendant zur Bohrnetzkarte darstellt.

Um *Zufallsfehler* auszuschalten, sollten an jeder Entnahmestelle zwei nahe beieinander liegende Proben entnommen werden. Stimmen beide Ergebnisse annähernd überein, ist ihr Ergebnis der Untersuchungsreihe einzufügen. Die Zuverlässigkeit der beiden Analysen erhöht sich, wenn sie von verschiedenen Analytikern durchgeführt werden könnte. – Visuelle Fraktionierungen werden nach Testbildern vorgenommen. Da sich diese erfahrungsgemäß im Gedächtnis verwischen, sollte man sie von Zeit zu Zeit an Hand der Tafeln rekapitulieren.

Zur rationellen Durchführung der Grobsedimentanalysen kann man das von G. Stäblein (1970 b) entworfene Formblatt (Abb. 51) verwenden, durch welches korrektes Arbeiten und systematisches Auswerten erleichtert werden.

4.2.1.1 Bestimmung der Formeigenarten von Grobsedimenten (Grobsedimentmorphometrie)[23]

Formanalysen von Grobsedimenten versuchen, aus der *Abnutzung* von Kanten und Ecken im Vergleich mit anderen Körpermaßen oder aus Länge, Breite und Dicke des einzelnen Handstücks aus einer Probe Wertzahlen zu erhalten, aus denen die Beanspruchung des Materials unter Berücksichtigung seiner Struktur und Textur hervorgeht. Daraus werden Schlüsse auf die vermutliche Ausgangsgestalt gezogen und aus dieser wiederum auf die Beanspruchung durch Transportagenzien und Verwitterungsprozesse geschlossen.

[23] Siehe Anm. 22)

GROBSEDIMENTANALYSE
(100 STEINE ⌀ 20 – 150 mm)   Proben-Nº

ZEIT: ORT: ZUSAMMENSETZUNG:

SORTIERUNG   SCHICHTUNG   EINREGELUNG   ZURUNDUNG

Nº	Gest.	L↑A↓R	L	L'	l	E	2r	z	R	ρ	π	δ	Z	A	D	S	P	p
0	1	2	3	4	5	6	7	8	9	10	11	12	13	14	15	16	17	18

Spaltenbeschreibungen:

- 0 — Zählung von 1 – 100
- 1 — GESTEIN und GEOLOGISCHE SCHICHT
- 2 — ABWEICHUNGSWINKEL der Längsachse von der Transportrichtung (nach J. Schichtungen I–III links u. rechts und ab die Klasse IV der steilen Steine) — nach POSER-HÖVERMANN 1952 und BACHMANN 1966
- 3 — LÄNGE des Steins in mm
- 4 — LÄNGE des Steins bis zur größten Breite in mm
- 5 — BREITE des Steins in mm
- 6 — DICKE des Steins in mm
- 7 — 2×RADIUS des kleinsten Krümmungskreises in der Lxl-Ebene in mm
- 8 — $z = \frac{z \cdot r}{l} \cdot 1000$ ZURUNDUNGS-INDEX, Verhältniszahl von kleinstem Krümmungsradius zu Breite — nach KUENEN 1956
- 9 — RUNDUNGSGRAD (1=eckig, 2=kantengerundet, 3=gerundet, 4=stark gerundet) — nach REICHELT 1961
- 10 — $\rho = \frac{c}{l} \cdot 100$ ABROLLUNGS-WERT, %-Satz der konvexen Teile des Umfangs
- 11 — $\pi = \frac{L}{E} \cdot 100$ ABPLATTUNGS-WERT — nach LÜTTIG 1956
- 12 — $\delta = \frac{L}{l} \cdot 100$ SYMMETRIE-WERT, Länge in % der Breite
- 13 — $Z = \frac{z \cdot r}{l} \cdot 1000$ ZURUNDUNGS-INDEX, Verhältniszahl von kleinstem Krümmungsradius zu Länge
- 14 — $A = \frac{L+l}{2E} \cdot 100$ ABPLATTUNGS-INDEX, Verhältniszahl von Länge u. Breite zu Dicke — nach CAILLEUX 1952
- 15 — $D = \frac{l'}{l} \cdot 1000$ DISSYMMETRIE-INDEX, Verhältniszahl von Achsenabschnitt zu Länge
- 16 — $S = \frac{l}{L} \cdot 1000$ SCHLANKHEITSGRAD, Verhältnis von Breite zu Länge — nach POSER-HÖVERMANN 1952
- 17 — $P = \frac{E}{L} \cdot 1000$ PLATTHEITSGRAD, Verhältnis von Dicke zu Länge — BLENK 1960
- 18 — $p = \frac{E}{l} \cdot 1000$ PLATTHEITSGRAD, Verhältnis von Dicke zu Breite des Steins

Entwurf: STÄBLEIN

Abb. 51: *Formblatt für grobsedimentologisches Arbeiten:* Meßwerte und aus diesen berechnete Indices für 100 Grobsedimentkomponenten können in das Blatt eingetragen werden (nach G. STÄBLEIN 1970 b).

Als Problem der *Formuntersuchungen* erweist sich die Tatsache, daß die Form einer Grobsedimentkomponente als Ganzes weder genau beschrieben noch gemessen werden kann – jedenfalls nicht mit noch arbeitsökonomisch sinnvollen Techniken, weil immer eine größere Anzahl der Stücke untersucht werden muß. Um geeignete Wertzahlen zur Klassifizierung zu erhalten, sind folgende Bedingungen ganz oder teilweise zu erfüllen: Einhaltung von Maximal- und Minimalgrößen, Unterteilung nach Größengruppen, Gruppierung nach gleichem Gestein sowie Ermittlung von Meßwerten nach verschiedenen Formeln. Trenduntersuchung von G. Stäblein (1970 b) zeigten, daß „in der Regel kein signifikanter Unterschied in der Formindexverteilung zwischen Größenklassen" des bei Grobsedimentanalysen bevorzugten Größenintervalls 2–15 cm ⌀ besteht.

Bei Geröllen sind mit geeigneten Geräten die Messungen in allen Dimensionen verhältnismäßig einfach durchzuführen: der Stein, aus seiner natürlichen Lagerung herausgenommen, ermöglicht die Messung von Länge, Breite, Dicke, Rundung und sonstiger Werte. Die Eigenart der Individuen werden durch folgende Werte bestimmt: Korngröße *(size)*, Form, Kugeligkeit *(shape, sphericity)* und Rundung, Zurundung *(roundness)*.

Zur Wahrung einer einheitlichen Methodik für die Erfassung der Verschiedenheiten des Transportes muß die Größe für die Auswertung begrenzt werden. Die untere Grenze sollte generell bei 2 cm (= Grenze Grob-/Feinsediment; siehe Tab. 5), die obere bei 15 cm Länge liegen. T. Kubiak und A. Cailleux (1963) bevorzugen jedoch ausnahmsweise bei metamorphen und eruptiven Gesteinen eine Ausdehnung zwischen 10 und 50 cm, bei Quarzen zwischen 2 und 20 cm, bei Kalksteinen zwischen 5 und 10 cm, bei Sandsteinen zwischen 8 und 20 cm. J. M. Graulich (1951) arbeitet mit Geröllen zwischen 1,5 und 8 cm. – Grobsedimentkomponenten mit über 15 cm Größe sollten nicht zur Untersuchung verwandt werden, weil sie infolge ihrer Schwere nicht die gleichen Bewegungen durchmachen wie leichtere Gerölle und besonders beim glazialen Transport wegen ihrer Größe durch eine zweite Scherfläche in ihrer Bewegung beeinflußt sein können. Wie verschiedene Autoren zeigen, schwanken bei Größen von über 15 cm ⌀ die Einzelmeßwerte stärker, so daß eine Größenabhängigkeit der Formgestalt eintritt, die den Wert geomorphodynamischer und -genetischer Aussagen einschränkt.

Allgemeine Betrachtungen zu Formeigenarten von Grobsedimenten. G. Stäblein (1970 b, 1972) kommt auf Grund eigener Untersuchungen und der Auswertung der Literatur zu vier *Grundsätzen der morphometrischen Grobsedimentanalyse,* die sich auf Auswertung der Achsenverhältnisse (Plattheit, Schlankheit) und Symmetrieeigenschaften sowie der Zurundungsverhältnisse der Grobsedimentkomponenten stützen. Die Sätze lauten:

    (1) Von einer gleichen Formindikation bei zwei Grobsedimentproben kann noch nicht auf eine gleiche morpho-genetische Entstehung geschlossen werden.

    (2) Verschiedene Formcharakteristik von Grobsedimenten wird

nicht immer in absoluten Werten von Mittelwert und Dispersion deutlich, sondern ist besonders durch eine verschiedene Mischung der individuellen Formwerte der Einzelstücke gegeben, wie sie im Gestalttypus des Histogramms zum Ausdruck kommt.

(3) Eine genetische Differenzierung von Grobsedimenten aufgrund von Parametern und Funktionen der Form-Indexverteilungen ist nur im regionalen, nicht aber im überregionalen Vergleich möglich.

(4) Die Unterschiede der Morphogramme genetisch verschiedener Proben reichen auch bei einer petrographischen Relativierung nicht aus, um überregional allgemeingültige Histogramm-Typen für unterschiedliche Sediment-Genese anzugeben.

Diese vier Grundsätze bedeuten alle eine Relativierung der Bedeutung grobsedimentanalytischer Untersuchungsergebnisse, ohne daß deren Wert für die Geomorphologie damit nun vollkommen eingeschränkt ist. Mit den Sätzen soll lediglich gesagt sein, daß von der morphometrischen Grobsedimentanalyse nur Ergebnisse erwartet werden können, die sachlich und räumlich *begrenzte* Aussagekraft haben. Vor allem die von ihnen erhoffte genetische Aufklärung kann nur gegeben werden, wenn aus dem landschaftlichen Kontext noch weitere Kriterien für bestimmte geomorphodynamische Prozeßabläufe aufscheinen. Unter diesem Aspekt wird auch verständlich, weshalb von der großen Anzahl Formindices hier nur wenige Beispiele gebracht werden und weshalb die Autoren immer wieder zu neuen Indices gelangten: sie sehen die Methodik der Formgestaltbestimmung (zu Recht) aus *regionaler* Perspektive und wandeln die Methoden entsprechend dieser ab, um zu Ergebnissen zu gelangen, die in *ihrem* Untersuchungsraum Aussagekraft haben: Daher kann auch nicht *die* Methode der Formbestimmung und auch nicht *der* Formindex angegeben werden. Praktisch ist daher so zu verfahren, daß aus der Literatur für die eigene Untersuchung geeignete Verfahren ausgewählt werden, um zu vergleichbaren Ergebnissen zu gelangen. Die Verfahren müssen modifiziert werden, wenn sich die Methode für die jeweilige regionale Situation nicht als vollkommen genug erweist.

Methodik der Gestaltsmessung und gängige Formindices. Die *Abplattungsmessung* dient zur Formgestaltbestimmung der Grobsedimentkomponenten zwischen 2 und 15 cm ∅. Sie soll über Sedimentations- und Transportbedingungen Auskunft geben, wobei aber berücksichtigt werden muß, daß *verschiedene* Transport- und Abtragungsprozesse zu *gleichen* oder ähnlichen Formgestalten der Steine führen. Auch die Gesteinsart kann Einfluß auf die Werte haben. Grundlage der Abplattungsmessungen sind die von C. K. WENTWORTH (1922) und A. CAILLEUX (1945) gegebenen Formeln, die

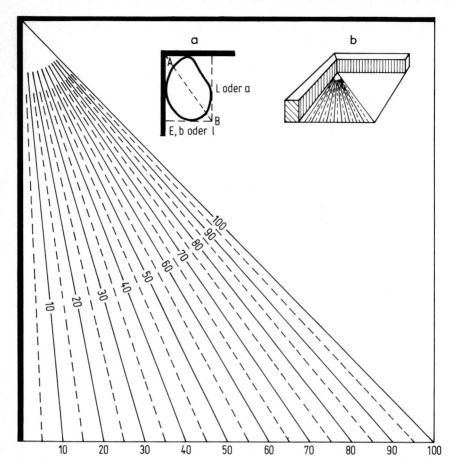

Abb. 52:   *Strahlentafel zum Bestimmen von Abplattungs- und Symmetriewert.* a. Beispiel
für die Einpassung von Grobsedimentkomponenten in die Strahlentafel: Das
Gesteinsstück wird zur Messung des Symmetriewertes so aufgelegt, daß die
größte Breite E senkrecht auf der Tafelebene liegt. Die größte Länge L liegt
parallel zum 0%-Strahl. Die Tangenten parallel zu L und E schneiden sich in B.
Punkt B kommt dann irgendwo auf den Prozentstrahlen zu liegen: der Symmetriewert kann dort direkt abgelesen werden. – Zur Ermittlung des Abplattungs-
wertes wird genauso vorgegangen: das Grobsedimentstück wird lediglich um
90° – in der gleichen Achsenebene wie vorher – gedreht. – b. Für die Praxis
empfiehlt sich, die Tafel auf Blech oder Holz aufzuziehen und die dicken
schwarzen Ränder der Strahlentafel mit einigen cm hohen Holz- und Blechbor-
den zu versehen, um das Anlegen der Steine zu erleichtern (nach G. LÜTTIG
1956).

auf zwei- oder dreidimensionalen Messungen der Formgestalt beruhen. Die Formeln wurden von zahlreichen anderen Autoren verbessert. Die Messungen ermitteln L = größte Länge, l = größte Breite und E = größte Dicke, gemessen senkrecht zu l und L. l ist in manchen Formeln auch identisch mit E. Gearbeitet wird mit der Schublehre oder mit einer Strahlenfigur nach G. Lüttig (1956) (Abb. 52).

Folgende Formindices wurden bisher häufiger angewandt:

C. K. Wentworth (1922)	: Flachheitsverhältnis	F	$= (L + l) : 2E$
A. Cailleux (1945)	: Abplattungswert	Ai	$= (L + l) : 2E \leqq 1$
A. Cailleux (1952)	: Abplattungsindex	A	$= (L + l) : 2E \cdot 100$
J. Goguel (1953)	: Abplattungsindex	G	$= E : \sqrt{L \cdot l} \leqq 1$
H. Poser & J. Hövermann (1952)	: Schlankheitsgrad	S	$= (l : L) \cdot 1000$
H. Poser & J. Hövermann (1952)	: Platthcitsgrad	P	$= E : l \leqq 1$
G. Lüttig (1956)	: Abplattungswert	π	$= L : E \cdot 100$
M. Blenk (1960 b)	: Plattheitsgrad	p	$= (E : l) \cdot 1000$
M. Blenk (1960 b)	: Plattheitsgrad	P	$= (E : l) \cdot 1000$
N. Konzewitsch (1961)	: Abplattungsgrad	A	$= E : l \leqq 1$

Als Ausgangsmodell dient eine Kugel, die den Wert 1 haben würde. Mit zunehmender Abplattung steigen die Werte auf maximal 4 bis 5 an. A. Cailleux (1952) gibt folgende Mittelwerte für die Abplattung von Grobsedimentkomponenten an (verändert):

Tab. 9: Abplattungswerte bei verschiedenen Transportagenzien bzw. Sedimentvorkommen

Transportagens oder Sedimentvorkommen	Abplattungswerte
Riesentöpfe im Strombett	1,2–1,6
Grundmoräne	1,6–1,8
Fluvioglazialer Transport	1,7–2,0
Meeresstrand	2,3–2,8
Binnenseestrand	2,3–4,4
Frostschutt	2,0–3,1
Fluvialer Transport im gemäßigt-warmen Klima	2,5–3,5

Die dicht beieinander liegenden Werte für sehr unterschiedliche Transportarten weisen auf die Grenze der Aussage bei alleiniger Anwendung dieser Methode hin.

Das gilt sinngemäß auch für die *Dissymmetrie-* bzw. *Symmetriewerte*, wobei sich „trotz geringer Variation der Mittelwerte deutliche Unterschie-

de im Typus der Histogramme der Häufigkeitsverteilungen" zeigen können
(G. STÄBLEIN 1970 b):

A. CAILLEUX (1945)	: Dissymmetriewert	$Di = (100 \cdot AC) : L$
A. CAILLEUX (1952)	: Dissymmetriewert	$Id = AC \cdot 1000 : L$
I. VALETON (1955)	: Achsenverhältnis	$A = a : b : c$ bei $b = 1$
G. LÜTTIG (1956)	: Symmetriewert	$\delta = L : l$

In den Indices sind L die größte Länge, l die größte Breite und AC die
Strecke zwischen den Kreuzungspunkten der Achsen L/l und dem entfern-
testen Achsenpunkt L der Grobsedimentkomponente. Da es in diesen
Indices um das *Achsenverhältnis* geht, wie übrigens beim Abplattungsindex
auch, kann die Ermittlung wieder mit der „Strahlenfigur" (Abb. 52)
erfolgen. G. LÜTTIGS Wert ist durchaus brauchbar, besonders *zusammen* mit
seinem Abplattungswert. Am aussagekräftigsten scheint der Wert des
Achsenverhältnisses nach I. VALETON (1955) zu sein (hierbei ist a = L,
b = l und c = E). Es ist gleichzeitig die methodisch bedeutsamste Arbeit
dieser Art.

Gegenüber den Abplattungs- und Dissymmetriewerten ist der *Zurundungsgrad* von Grobsedimentkomponenten genetisch deutlich aussagekräftiger. Es wird von der Überlegung ausgegangen, daß bei geomorphologischen Transportprozessen das bewegte Grobsediment durch Reibung
i. w. S. (Material/Agens, Material/Material und Material/Untergrund) an
Substanz verliert. Dabei werden die *Kanten* der Komponenten abgerundet.
Dies erfolgt zwar nicht, wie vielleicht zu erwarten wäre, in ganz agenstypi-
scher Weise, auch nicht bei gleichen Transportwegen und gleichem Gestein.
Doch es ergibt sich immerhin ein charakteristisches Mischungsverhältnis
der zugerundeten Stücke je Agens. – Die Zurundung kann sowohl *gemessen* als auch *visuell* bestimmt werden. Die *visuelle Bestimmung* erfolgt nach
Formeigenarten auf Grund von Testbildern, die von zahlreichen Autoren
entwickelt wurden (E. KÖSTER in E. KÖSTER und H. LESER 1967). Aufbauend auf den visuellen Zurundungsbestimmungen von W. C. KRUMBEIN
(1941) entwickelte G. REICHELT (1955, 1961) eine als Feldmethode außer-
ordentliche bewährte Vergleichstafel (Abb. 53), mit der auch im alpinen
Bereich (K. FISCHER 1966) und in Trockengebieten (U. RUST und F.
WIENEKE 1973) gute Ergebnisse erzielt werden können, abgesehen davon,
daß sie eine große Zeitersparnis gegenüber den „Meß"methoden bringt.
Die Rundungsklassen[24] werden von G. REICHELT (1961) wie folgt beschrieben (verändert):
1 = *Kantig* (kt): Schotter plump, gestreckt oder abgeplattet, unregelmä-

---

[24] Obwohl von „Schotter" und „Schotteranalyse" gesprochen wird, meint G. REICHELT (1955,
    1961) natürlich „Grobsedimente" und „morphometrische Grobsedimentanalyse".

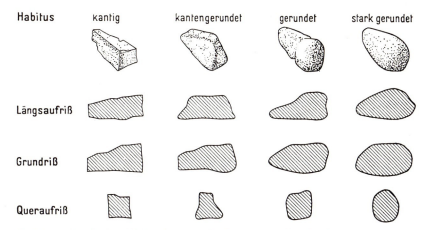

Habitus	kantig	kantengerundet	gerundet	stark gerundet

Längsaufriß

Grundriß

Queraufriß

Abb. 53: *Vergleichstafel für die visuelle Bestimmung des Rundungsgrades* nach vier Grobsedimentkomponenten-Klassen. Diese Anspracheform hat sich insofern bewährt, als bei vier Klassen eine ganz eindeutige Zuordnung der Formgestalt zu einer Klasse möglich ist, was bei fünf aus optischen Gründen schon bedeutend schwieriger ist (nach G. Reichelt 1961).

ßig, über die Hälfte der Kanten und Ecken scharf; Oberfläche ist höckerig, muschelig oder körnig rauh. Der entsprechende Zurundungsindex nach A. Cailleux (1945) liegt zwischen 1 und 60.

2 = *Kantengerundet* (kg): Schotter plump, gestreckt oder abgeplattet; über die Hälfte der Kanten und Ecken sind leicht abgerundet bei deutlich erkennbaren Kanten; Stücke sind noch nicht durchgehend konvex; Oberfläche noch unregelmäßig und nur andeutungsweise geglättet. Der entsprechende Zurundungsindex nach Cailleux liegt zwischen 81 und 160. Der Zwischenbereich 61–80 ist teils kantig, teils kantengerundet.

3 = *Gerundet* (grd): Schotter deutlich konvex; Schotterumriß in mindestens einer Ebene mit nur kleinen Unregelmäßigkeiten rundlich, ei- oder linsenförmig; Kanten sind teilweise nur noch angedeutet; Oberfläche ist geglättet, jedoch noch einige Unregelmäßigkeiten. Der entsprechende Zurundungsindex nach Cailleux liegt zwischen 221 und 380. Der Zwischenbereich 161–220 ist teils kantengerundet, teils gerundet.

4 = *Stark gerundet* (sgr): Schotter regelmäßig konvex; Schotterumriß in mindestens zwei Ebenen deutlich rund, ei- oder linsenförmig; Oberfläche (außer bei Verwitterung) glatt. Der entsprechende Zurundungsindex nach Cailleux liegt über 420. Der Zwischenbereich 381–420 ist teils gerundet, teils stark gerundet.

Zur genaueren Analyse empfiehlt G. REICHELT (1955, 1961) eine Unterteilung mit folgenden Größen: erbs- bis eigroß, ei- bis faustgroß, faust- bis kopfgroß und über kopfgroß. Außerdem hat man sich bei der Analyse an den Grundgrößen für morphometrische Grobsedimentanalyse – 2 bis 15 cm ⌀ – zu orientieren. Es ergeben sich bei der Anwendung der REICHELT-Einteilung nach Rundungsklassen folgende genetisch bedingte Grobsedimenttypen:

Solifluidale Ablagerungen: über 70% kantige Komponenten; gerundete selten, stark gerundete fehlen.

Moränische Ablagerungen: Maximum bei den kantengerundeten Komponenten (über 40%), kantige Komponenten unter 40%, stark gerundete unter 10%. Bei Endmoränen liegt der mittlere Rundungsgrad höher als bei Grund- oder Seitenmoränen.

Fluviale Ablagerungen: über 50% gerundete und stark gerundete Schotter; kantengerundete und kantige Schotter sind meistens auf Zerbrechen oder seitliche Sedimentzufuhr durch Bäche mit kurzem Transportweg zurückzuführen.

Fluvioglaziale Ablagerungen: vermutlich Mittelstellung zwischen Moränen und Flußschottern.

Schuttkegelablagerungen: 50–60% kantige Komponenten, Rest kantengerundet und wenig gerundet (Bisher wenige Analysen vorliegend).

Die Erfahrung lehrt, daß die visuelle Analyse gute Ergebnisse liefert. Vorteilhaft ist das Vermeiden umständlicher Aufmessungen und Berechnungen. Sie eignet sich daher nicht nur für Expeditionen, sondern für alle im Feld durchzuführenden Feststellungen, bei denen eine Bergung von

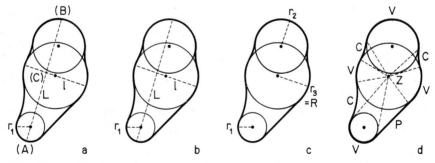

Abb. 54:   *Formbestimmungen an Grobsedimentkomponenten aus Radien, Achsen sowie Längen- und Breitenwerten nach verschiedenen Autoren:* a. A. CAILLEUX; b. C. K. WENTWORTH; H. WADELL; d. E. v. SZADECZKY-KARDOSS. – Es zeigt sich, daß die Grundparameter der Formbestimmung von Grobsedimentkomponenten (z. B. L, E und r) im Prinzip immer wieder auftreten und daß lediglich deren Bezeichnungen wechseln.

Proben zur Bearbeitung im Laboratorium zu langwierig wäre oder keine Gelegenheit besteht, die Zählungen und Messungen im Gelände ungestört durchzuführen. Das Ergebnis wird verbessert, wenn die Analyse doppelt, d. h. von zwei getrennt arbeitenden Geomorphologen durchgeführt wird.

Für die Bestimmung der *Zurundung* durch Messung wurde eine große Zahl Indices entwickelt, von denen sich vor allem der A. CAILLEUXS (1945) durchgesetzt hat. Die zahlreichen Methoden der Zurundungsbestimmung liefern Ergebnisse, die kaum miteinander vergleichbar sind (P. SCHNEIDERHÖHN 1954), obwohl die Indices in der Regel auf denen von C. K. WENTWORTH, H. WADELL oder A. CAILLEUX aufbauen. Als brauchbarste erscheinen in der Literatur (Abb. 54):

C. K. WENTWORTH
(1919, 1922)   : Rundungsindex $r_l : R_x$
                      R_x = mittlerer Radius = $(L + l + E) : 6$
                      r_l = r der kleinsten Zurundung

H. WADELL (1932)   : Rundungsgrad $\Sigma (r_x : R) : N$
                      r_x = r der Ausbuchtungen
                      R = r des größten eingeschriebenen Kreises
                      N = Anzahl der Außenkrümmungen

A. CAILLEUX (1945)   : Zurundungsindex I_e = $2r : L \cdot 1000$
K. H. KAISER (1956)   : Zurundungsindex   Z = $4r : (L + l)$
P. H. KUENEN (1956)   : Zurundungsindex   Z = $2r : l$

Der am weitesten verbreitete I_e A. CAILLEUXS (1945) wurde von verschiedenen Autoren kritisiert, ohne daß diese Methode durch eine grundlegend bessere ersetzt werden konnte. Zahlreiche von ihnen vergrößern lediglich den Meßaufwand, während kein höherer Genauigkeitsgrad in der Aussage erreicht wird. K. RICHTER (1954) und H. BRAMER (1962) verwandten zur Verfeinerung des Verfahrens von A. CAILLEUX neben der kleinsten Zurundung r auch die größte Zurundung r_{max} oder r_m. Sie gehen von der Voraussetzung aus, daß viele Grobsedimentkomponenten klüftigen Sedimenten entstammen, die bei rein mechanischer Beanspruchung in der Formgestaltung zu Würfeln oder Quadern neigen. Die Kanten dieser Körper bilden meistens die großen Zurundungen, während aus den ehemaligen Ecken die kleinen Zurundungen entstehen. Eine gleichsinnige Diagramm-Entwicklung bei Gegenüberstellung von r und r_m würde schließen lassen, daß eine ältere Abrollungsform nicht vorliegt.

Kritiker der Methode A. CAILLEUXS (1945), u. a. H. BARSCH und H. BRUNNER (1963), M. BLENK (1960 b), P. H. KUENEN (1956), G. REICHELT (1961) und I. VALETON (1955) bemerken u. a.:

(1) Die zugrunde gelegte Vorstellung von der Kugel als Endprodukt

der Abrollung ist falsch, weil in Wirklichkeit ein dreiachsiger Ellipsoid entsteht.

(2) Bei längerem Transport nimmt der Zurundungsindex nicht zu sondern ab, weil bei länglicher Ausgangsgestalt und/oder vorwiegend fluvialem Transport das Geröll um seine Längsachse gerollt wird. Je länger das Geröll ist, desto kleiner wird der Zurundungsindex.

(3) Sobald sich 2r und L im gleichen Verhältnis ändern, bleibt der Zurundungsindex konstant.

(4) Die Ermittlung des Geröllumfangs ist zufällig. Dieser Wert wird mit L zur Indexberechnung verwendet. Grobsedimentkomponenten mit gleichem Zurundungsindex können daher eine sehr unterschiedliche wahre Zurundung aufweisen.

(5) Ein Zerbrechen der Grobsedimentkomponenten parallel zur Ebene der größten Breite und Länge beeinflußt zwar die Zurundung, wird jedoch nicht im Zurundungsindex erfaßt.

(z. T. nach H.-J. FRANZ, in E. HEYER u. a. 1968).

Bei der völlig anders angelegten Methode E. v. SZADECZKY-KARDOSS (1933) führt der größere Meßaufwand in der Tat zu besseren Ergebnissen. Dort wird der *Abrollungsgrad* bestimmt, indem die prozentualen Verteilungen von konkaven (= c), konvexen (= v) und ebenen (= p) Flächen an den drei Achsenebenen ermittelt werden. Es werden sechs Abrollungsgrade unterschieden:

O: c = 100%; keine Abrollung; ausschließlich unabgerollte, konkave
     Flächen
1: Konkave Flächen herrschen vor
   1a: c > (v + p), v< p
   1b: c > (v + p), v> p
2: Kein Überwiegen eines der beiden Krümmungstypen, jedoch c > v
   2a: (v + p) > c > v, (c + v) > p
   2b: (v + p) > c > v, p > (c + v)
3. Kein Überwiegen eines der beiden Krümmungstypen, jedoch v > c
   3a: (c + p) > v > c, p > (c + v)
   3b: (c + p) > v > c, (c + v) > p
4. Konvexe Flächen herrschen vor
   4a: v > (c + p), c > p
   4b: v > (c + p), p > c
5. Der gesamte Geröllumriß wird durch konvexe Rundungen bestimmt.

Dieses Verfahren haben H. BARSCH und H. BRUNNER (1963) zu einem Schätzungsverfahren vereinfacht, das recht genaue Ergebnisse bringt (siehe dazu auch H.-J. FRANZ in E. HEYER u. a. 1968). Auch G. LÜTTIG (1956) machte einen Vereinfachungsvorschlag, der zu guten Ergebnissen führt.

Der *Messungsvorgang* sei am Zurundungsindex von A. CAILLEUX (1945) erläutert:

Die Zurundungsformel $2r : L \cdot 1000$ verwendet bekanntlich den Radius der kleinsten Zurundung (r_1 oder r) in der Ebene der Längsachse und die größte Länge (L) des Gerölls (Abb. 50). Verfeinerungen sind möglich durch (1.) *zusätzliche* Verwendung weiterer Radien (r_2, r_3, r_4) in der Ebene L/l, wobei l = E = die größte Dicke ist, (2.) durch den Wert r_{min}, der der absolut kleinsten Rundung ohne Rücksicht auf die Achsen entspricht (Abb. 55), und (3.) den Wert r_{max} oder r_m, der der absolut größte Rundungsradius ist. Bei Feldbeobachtungen wird nur r_1 festgestellt, die anderen Werte dienen lediglich Spezialauswertungen.

Die *Messung* der Zurundung erfolgt also generell, je nach abgeforderten Werten, nach Längen, Breiten und Radien (manchmal auch Winkeln) direkt am Stein, jedoch in unterschiedlichen Ebenen (Abb. 55). Die Werte mißt man mit der Schublehre und/oder einer Tafel mit konzentrischen Kreisen (Abb. 56), mit einer Radienlehre oder der WENTWORTH-Schablone (Abb. 57). Wird also nach der Methode A. CAILLEUX gearbeitet, lassen sich die Zurundungswerte aus einer Tafel (Abb. 58) entnehmen, die der von A. CAILLEUX und J. TRICART (1963–1965) gleicht. Die Bestimmung der *Radien* nach Abb. 56 ermöglicht relativ grobe, jedoch ausreichend genaue und vor allem rasche Ablesungen bis auf 1 mm, durch Schätzung auch auf 0,5 mm. Sie ist für die Feldarbeit recht brauchbar, weil sie nach ausreichender Übung gute Werte liefert. Die Radienlehre ermöglicht bis

Abb. 55:   *Schematische Darstellung des Umrisses eines Grobsedimentstückes mit Krümmungen verschiedener Radien:* Die Bestimmung der Radien ist für mehrere Formindices Voraussetzung. In der Mehrzahl der Fälle läßt sich der oft benötigte kleinste Radius r visuell mit einiger Sicherheit ermitteln. Wie die Abbildung zeigt, kann aber die Entscheidung schwerfallen, wenn zahlreiche ähnliche Radien auftreten. Hiermit soll gleichzeitig der relative Wert der Formbestimmungen dokumentiert werden: trotz der Messungen handelt es sich bei der Formbestimmung von Grobsedimentstücken um eine empirische Methode mit vielen Fehlermöglichkeiten (nach E. HEYER u. a. 1968).

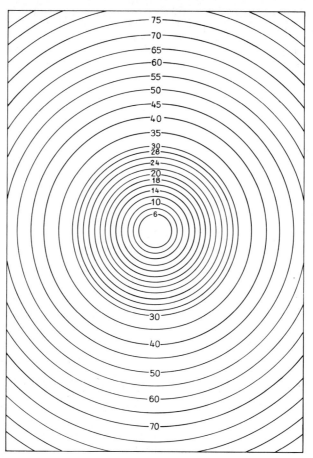

Abb. 56:   *Polarkoordinatenpapier zur Bestimmung der Radien bei Zurundungsmessungen*
nach A. CAILLEUX (Entwurf: H. LESER).

zum Radius von 3,0 mm Zwischenablesungen auf 0,25 mm, bis zum Radius
von 7,0 mm Zwischenablesungen auf 0,5 mm und bis zum Radius von 14,0
mm Zwischenablesungen auf 0,5 mm und bis zum Radius von 14,0 mm
Zwischenablesungen auf halbe oder volle Millimeter. Ihr Vorteil ist, trotz
langsamer Messung, die äußerst genaue Radienbestimmung bei Vermeidung von Parallaxenfehlern, wie sie bei Einsatz der Tafel mit den konzentrischen Kreisen auftreten können. Die Schablone nach WENTWORTH gestattet Radien zwischen 1 und 14 mm ohne Unterteilung zu bestimmen. Sie
übertrifft damit nicht die Genauigkeit der Tafel.

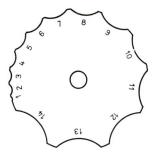

Abb. 57:   Wᴇɴᴛᴡᴏʀᴛʜ-*Schablone zum Bestimmen der Zurundungsradien* (hier unmaß-
              stäblich wiedergegeben): die Grobsedimentkomponenten werden mit den Ein-
              muldungen der Schablone, die man sich aus Blech, Holz oder Plastik herstellen
              kann, auf ihre Radien hin „abgetastet" (nach E. Köster 1964).

Die aus Tafel Abb. 58 erhaltenen Werte werden in Intervallen von je
50 Einheiten zusammengefaßt. Sie verteilen sich also zwischen 0 und 1000
(nach ihrer Multiplikation mit 1000) auf 20 Gruppen, von denen die
unterste Gruppe 0-50 die durch äußere Einwirkung am wenigsten, die
oberste Gruppe 951–1000 die durch äußere Einwirkung am meisten beeinflußten Objekte umfaßt. Ein Körper ohne jegliche Zurundung hat also den
Wert 0, eine Kugel den Wert 1000.

Die Zurundungen werden in Rechteck- oder Säulendiagrammen
dargestellt (siehe Kap. 5.3.4). Sie sind übersichtlich, lassen Doppelmaxima
erkennen und geben damit Aufschluß über Transport- und Agensänderun-
gen. Ihr Nachteil ist die Unübersichtlichkeit bei Reihenuntersuchungen,
weil sich mehrere Analysen in einem Diagramm nicht vereinigen lassen.
– G. Sᴛäʙʟᴇɪɴ (1970 b) hat in Anlehnung an L. Kʀʏɢᴏᴡꜱᴋᴀ und B.
Kʀʏɢᴏᴡꜱᴋɪ (1968) Gestalttypen der Morphogramme für eine *Histogramm-
Klassifikation* entworfen (Abb. 59). Diese Typen beschreibt er wie folgt:

Zunächst werden vier *Grundtypen* unterschieden:

    I. die hohen Histogramme,
   II. die kurzen Histogramme,
  III. die flachen Histogramme,
  IV. die kombinierten Histogramme.

Bei diesen werden weitere *Untertypen* von Histogrammen unterschieden:

Ia   hohe säulige (mit 66% und mehr in der Modalindexgruppe),
Ib   hohe doppel-säulige (mit 80% und mehr in den zwei größten Index-
      gruppen, Verteilung über 4 Indexgruppen),

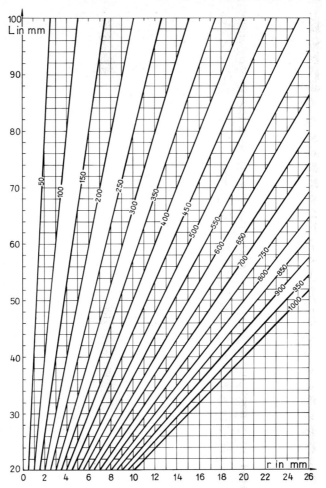

Abb. 58:   *Tafel zum Bestimmen des Zurundungsindexes* nach A. CAILLEUX: Mit dem Wert
            der gemessenen größten Länge L und dem auf dem Polarkoordinatenpapier
            (Abb. 56) oder mit der WENTWORTH-Schablone (Abb. 57) ermittelten Radius
            r wird in die Tafel hineingegangen und am Schnittpunkt der x- und y-Achsen-
            werte der Zurundungsindex des jeweiligen Grobsedimentstückes abgelesen
            (nach E. KÖSTER 1967).

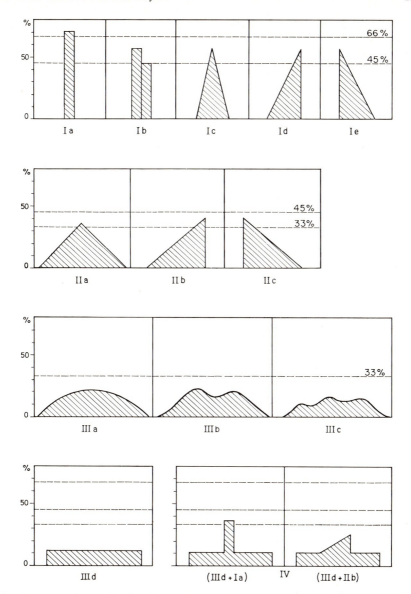

Abb. 59: *Schematische Gestalttypen für eine nicht parameterabhängige Histogramm-Klassifikation:* Dieses formale Vorgehen war erforderlich, nachdem parametrische Klassen nach unterschiedlicher Varianz und Momentgrößen keine genetische Relevanz ergaben (nach G. STÄBLEIN 1970 b).

Ic   hohe symmetrisch-dreieckige (45–66% in der Modalindexgruppe, Verteilung über 6 Gruppen),

Id   hohe linksflach-dreieckige (wie Ic),

Ie   hohe rechtsflach-dreieckige (wie Ic),

IIa   kurze symmetrisch-dreieckige (33–45 % in der Modalindexgruppe, Verteilung über 8 Indexgruppen),

IIb   kurze linksflach-dreieckige (wie IIa),

IIc   kurze rechtsflach-dreieckige (wie IIa),

IIIa   flache konvexe (33% und weniger in der Modalindexgruppe),

IIIb   flache bimodale (wie IIa),

IIIc   flache polymodale (wie IIIa),

IIId   flache rechteckige (keine Modalindexgruppe, bis 20% in den einzelnen Indexgruppen, Verteilung über mehr als 8 Indexgruppen).

Nach der Auszählung der Häufigkeiten der Histogrammtypen in den verschiedenen genetischen Gruppen ergibt sich keine eindeutige Zuordnung. Es bleibt also bei der Feststellung, daß allenfalls eine *regional-genetische Aussage* aus den Zurundungsmessungen bzw. deren Morphogramm-darstellungen möglich ist. Überregional repräsentative Gruppierungen von Grobsedimenten unterschiedlicher Genese lassen sich nicht herausarbeiten, auch wenn partiell Übereinstimmungen da sind, wie K. RICHTER (1958) mit seiner graphischen Kombination von Abplattungs- und Zurundungsindex nach A. CAILLEUX zeigen konnte (Abb. 60). – Die Vielzahl der Randbedingungen und ihr starker räumlicher Wechsel erlauben keine generellen Angaben über typische Zurundungswerte. Allein schon die vielfältigen Abhängigkeiten des Zurundungscharakters von den Transportagenzien und dem zurückgelegten Weg lassen allenfalls Erfahrungswerte angeben, die sich recht gut mit der Zusammenstellung bei G. STÄBLEIN (1970 b; dort: Tab. 7) decken:

Solifluktionsschutt	: Gruppe	0– 50 = 75%
Periglazialschutt i. w. S.	: Gruppe	0– 50 = Maximum<100
Moränengeschiebe	: Gruppe	101–250 = Maximum
Glazifluviale Schotter	: Gruppe	151–300 = Maximum
Fluviale Schotter	: Gruppe	151–300 = Maximum
Marine Gerölle	: Gruppe	251–300 = Maximum

So können bei allen glazialen Sedimenten wegen der verschiedenen Ablagerungsformen und des Transportweges starke Wechsel auftreten: Seitenmoränen: Maximum 251 bis 300, Grundmoränen: Maximum 0–150, sehr verschieden. Fluviale Sedimente haben folgende mögliche Abweichungen vom o. a. Durchschnittswert: 151–400, 200–250, 100–200, 350–400, 200–400. Diese verschiedenen Maxima werden bedingt durch Variabilitä-

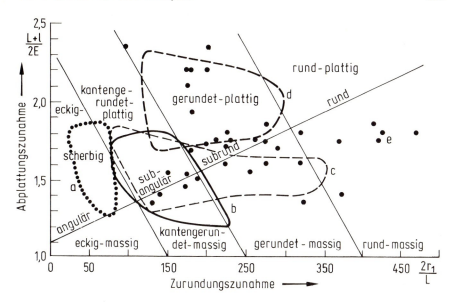

Abb. 60: *Genetische Bereiche von Sandstein-Grobsedimentkomponenten nach Bestimmung von Zurundungs- und Abplattungsindex* (Sandsteinstücke neigen nicht zur Plattigkeit; Quarz und Quarzit eignen sich ebenfalls hervorragend zur morphometrisch-genetischen Analyse) a. solifluidal; b. grundmoränal; c. glazifluvial; d. fluvial; e. marin-litoral. – Aus dem Diagramm wird deutlich, daß eine absolut zuverlässige Zuordnung der Grobsedimenttypen nach genetischen Bereichen unmöglich ist. Gerade kritische Bereiche, bei denen eine Trennung besonders interessant wäre (wie zwischen glazifluvial und grundmoränal) überlappen sich ziemlich stark (nach K. RICHTER 1958).

ten von Untergrund, Geröllmenge, Fließgeschwindigkeit und Weglänge. Der höchste und am besten erkennbare Rundungswert der marinen Gerölle liegt in dem allgemein gleichmäßigen Abrollen in der Brandungszone begründet.

Über das erreichbare Maximum der Zurundung in Abhängigkeit vom Transportweg bestehen verschiedene Auffassungen. Angaben über Granithöchstzurundung nach 5 km stehen andere Angaben mit 20–30 km gegenüber. Daher ist zweifelhaft, ob das sog. „reife" Morphogramm mit einem gleichbleibenden Z-Index nach einem nach Kilometern zu bestimmenden Transportweg erlangt werden kann, oder ob eine kontinuierliche Veränderung bei entsprechendem Untergrund möglich ist.

Den Wert derartiger „Messungen" darf man nicht überschätzen. Weder zweidimensionale Messungen mit oder ohne Sonderfaktoren noch dreidimensionale Messungen geben die Möglichkeit, die Formvielfalt von

Grobsedimenten exakt zu erfassen. Die Formgestalt ist nicht das Produkt eines einmaligen Bearbeitungsvorgangs, sondern neben vielfältigen (ursprünglichen) Formerscheinungen eine Folge unterschiedlichster Beanspruchungen, die schon mit der Bildung der Gesteine einsetzten und nicht erst mit dem Angriff der exogenen Kräfte im Zuge der geomorphogenetischen Transportvorgänge. – Der naheliegende Gedanke, die Zahl der Meßwerte zu erhöhen – etwa durch mehrere Längen-, Breiten- und Dickenbestimmungen an verschiedenen Stellen – ist abwegig, weil die Erfassung zu vieler Einzelwerte nach statistischen Erfahrungen das Aufbauschema der Masse der Individuen verwischt und keine klaren Maxima herausarbeiten läßt.

M. BLENK (1960 b) setzt sich, wie manche andere Autoren, kritisch mit einem Teil der angeführten Formindices auseinander. Sie hebt den Wert der Verwendung von gekoppelten zweidimensionalen Achsenverhältnissen hervor, wie sie von ihr, I. VALETON (1955) oder T. ZINGG (1935) angestrebt werden, weil hierbei die Form unter Verwendung von je zwei Quotienten in ihrem Verhältnis zueinander tabellarisch oder diagrammatisch besser erfaßt werden kann. Damit ist der Wert anderer Methoden – vor allem nicht der A. CAILLEUXS (1945, 1952) – keineswegs geschmälert, die z. T. den Vorzug einer weltweiten Erprobung haben, wenn auch mit jeweils nur lokal oder regional begrenzter geomorphogenetischer Aussage.

4.2.1.2 Bestimmung der Längsachseneinregelungen von Grobsedimenten (Situmetrie)[25]

Grobsedimente weisen bestimmte Lagerungseigenschaften auf, bei denen zwischen der *Schichtung* (Art, Neigungsstärke und -richtung) des *Gesamt*sedimentkörpers (siehe Kap. 4.2.1.3) und der *Einregelung* der *Einzel*grobsedimentkomponenten unterschieden wird. Einzelkomponenten weisen eine Orientierung ihrer Achsen *in* der Horizontalen und eine Neigung der Achsen *zur* Horizontalen (= „Inklination") auf. Dies beruht darauf, daß gerichtete Kräfte an gestreckten Grobsedimentkomponenten, d. h. solchen mit einer deutlich ausgebildeten Längsachse, Drehmomente erzeugen. Dadurch werden die Komponenten in eine bestimmte Ordnung gedrängt, die auch dann beibehalten wird, wenn das Agens nicht mehr mobil ist und das passiv transportierte Material sedimentiert wird (F. BACHMANN 1966; J. SCHMID 1955). Die Bewegungsart des Transportagens kann sehr unterschiedlich sein: Gleiten, Schieben, Rollen, Springen und Schweben, wobei sich der Transport in Eis und beim Bodenfließen auf das Gleiten und

---

[25] Siehe Anm. 22.

Schieben beschränkt, während beim Transport in fließendem Wasser (und auch in der Luft – allerdings selten bei Grobsedimentkomponenten) alle Bewegungsarten vorkommen. Es scheint, daß der Grad der Heftigkeit des Transportes bei der Einregelung der Achsen den stärksten Faktor darstellt, denn die deutlichsten Einregelungen sind beim heftigen fluvialen Transport zu beobachten: Die Gerölle ordnen sich mit ihrer Längsachse in Fließrichtung an, während sie bei Flachlandflüssen senkrecht dazu stehen, so daß eine dachziegelartige Lagerung zustandekommt. Je nach Dynamik des strömenden Agens erfolgt eine typische Einregelung der Sedimente (Abb. 61). Demgegenüber zeigen eistransportierte Geschiebe nur geringe Neigung, eine bestimmte Achsenrichtung einzunehmen; immerhin kann man in manchen Fällen ein Maximum feststellen, wie bei den Grobsedimentkomponenten der Grundmoräne. Wesentlich deutlicher ist dies bei Solifluktionsprozessen oder vom Bodenfrost ausgelösten Grobsedimentbewegungen, wobei die Längsachsen meist in Bewegungsrichtung eingeregelt sind.

„Aus der Bewegung resultiert die Einregelung, d. h. die einer bestimmten Transportart gemäß sich einstellenden Regel- oder gar Gesetzmäßigkeiten in der Orientierung der Steinlängsachsen" (G. FURRER und F. BACHMANN 1968). Als *Situmetrie* wird die Methode bezeichnet, mit welcher die quantitative Bestimmung der Grobsedimentkomponenten-Einregelung erfolgt und aufgrund derer dann die geomorphogenetische Interpretation erfolgt. F. BACHMANN (1966) sieht die Einregelung „als ein *charakteristisches inneres Strukturmerkmal* bestimmter morphologischer Formen" an und nicht nur als eine Technik zur Bestimmung der Bewegungsrichtung eines an sich bekannten sedimentierenden Agens bzw. bei bekannter

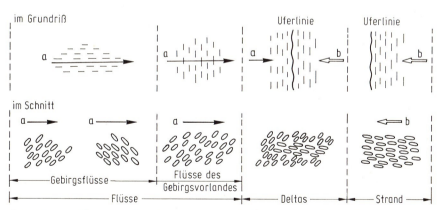

Abb. 61:   *Haupttypen der Ausrichtung von Geröllen im fluvialen und litoralen Bereich:* Die Pfeile geben die Richtung der Strömungen an: a. Flußströmung; b. Wellenbewegung (nach L. B. RUCHIN 1958).

Transportrichtung zur Bestimmung der Transportart. Es wird also, wenn man von den verdienstvollen Anfängen der Situmetrie bei K. RICHTER (1932, 1933) und seinen Nachfolgern absieht, letzthin wieder nach dem *„Prinzip der Korrelate"* verfahren, wobei zwischen Transportagens, Sediment und Erosions- bzw. Akkumulationsformen ein Zusammenhang hergestellt wird.

Allgemeine Betrachtungen zu Längsachseneinregelungen von Grobsedimenten. Bei der Situmetrie gelten ähnliche *Grundprinzipien,* auch was die Aussage angeht, wie bei der Grobsedimentmorphometrie, wenngleich die Frage der genetischen Einordnung meist eindeutiger zu beantworten ist. Zahlreiche meßtechnische Probleme, die mit der Ermittlung der Formgestalt von Grobsedimentkomponenten verbunden sind, fallen durch das eindeutig vorhandene Merkmal der Längsachse und ihrer Einregelung weg. Problematisch wird die situmetrische Methode, wo die Längsachsen der Komponenten undeutlich ausgebildet sind und wo mehrfache, intensive Umlagerungen stattfanden. Dort kann selbstverständlich keine Einregelungsmessung erfolgen bzw. können nur zweifelhafte Ergebnisse erwartet werden. – Bestimmt wird einmal die Transportrichtung, wozu jedoch andere Prozeßmerkmale bereits bekannt sein müssen. Ist die Transportrichtung bekannt, läßt sich aus der Schichtneigung die *Genese* der Grobsedimentakkumulation ermitteln.

Die *Einregelung* von Längsachsen erfolgt selbstverständlich nur bei ausreichend großen Komponenten. Auch hier wird daher wieder die Klasse 2 bis 15 (maximal 20) cm ∅ als Untersuchungsgegenstand bevorzugt. Kleinere Bestandteile von Sedimentakkumulationen ergeben kein klares Bild, obwohl die Situmetrie gelegentlich auch bei Mineralkörnern von unter 2 mm ∅ eingesetzt wird. Hierbei ist zu beachten, daß solche Kleinkomponenten sich gegenüber dem Agens anders verhalten als große unter den gleichen Bedingungen: sie sprechen auf mikromorphologische Verhältnisse z. B. der Gerinnebetten an und orientieren sich auch an Besonderheiten der Strömung, die von den Grobkomponenten im Kleinstbereich durch Staus, Turbulenzen oder Leewirkungen geschaffen werden. Nicht nur von der Sache her (Korngrößenklasse), sondern auch vom Verhalten des Agens her kommen demnach für die Situmetrie nur Grobkomponenten in Frage.

Methodik der Längsachseneinregelungsmessung. Für die *Situmetrie* sind einige technische Grundregeln wichtig, die zunächst aufgeführt werden sollen. Zwei Geräte werden immer benötigt, wenn von den regulären Meßgeräten (Meßrad, Bandmaß, Neigungsmesser) sowie Hilfsmitteln – wie Markierungsnägeln und Schnüren – abgesehen wird: es sind dies der Kompaß und die *„Einregelungstafel".* Mit dem Kompaß könnte eine umständliche Einzeleinmessung der Grobsedimentkomponenten vorgenommen werden. Rationeller ist die – ebenfalls unter Beachtung der Himmelsrichtung – einzusetzende Einregelungstafel nach H. POSER und J. HÖVERMANN (1951) bzw. deren Varianten (Abb. 62), die methodische Verbesse-

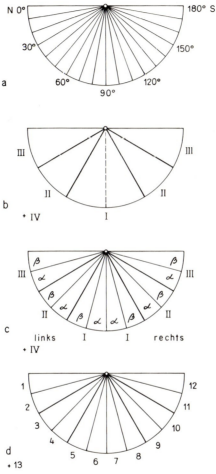

Abb. 62: *Situmeter mit verschiedenen Einteilungssystemen:* a. K. RICHTER; b. H. POSER und J. HÖVERMANN; c. G. FURRER; d. F. BACHMANN. Die Entwicklung führt von der genauen, aber unpraktischen Winkeleinteilung zu einfachen, später verfeinerten Sektoreneinteilungen. Letztere stellen, aus methodischen Gründen, ein Maximum in der Einteilungsdifferenzierung dar. Weitere Einteilungen sind schon wegen des Lagerungs- und Sedimentcharakters nicht sinnvoll und führen nicht zu genaueren Ergebnissen (nach F. BACHMANN 1966).

rungen bringen. Das Grundmodell (Abb. 62 b) ist wie folgt aufgebaut: Auf der Tafel befindet sich ein Halbkreis mit sechs Abschnitten zu 30°. Erfahrungen haben gezeigt, daß die Zusammenfassung der Achsenrichtungen auf je 30° für die Analyse genügt. Das Ziel der Analyse ist bekannt, aus dem Maximum der Längsachseneinregelungen Transportagens *oder* Transportrichtung festzustellen. Bei diesen Untersuchungen ist daher streng auf den Wechsel der Schichtungen zu achten. Basalablagerungen sollte man möglichst nicht auswerten, weil sie oft durch den Übergang von einer Fließrichtung zur anderen beeinflußt wurden. – Die Schichten lassen sich am besten an einer *Schürfung* mit senkrechten Wänden oder an einer natürlichen Abschlußwand erkennen. Ist die Wand nicht ausgedehnt genug, um eine genügend große Anzahl von Steinen zu erfassen, ist das Hangende soweit horizontal abzutragen, bis die nötige Zahl von Individuen erreicht wird.

Die *Einregelungstafel* wird horizontal mit dem Durchmesser an die markierte und mit dem Kompaß eingemessene horizontale oder vertikale markierte Meßbasis (Grundmeßlinie) gelegt. An dieser werden die Längsachsen der in der Wand steckenden Grobsedimentkomponenten gemessen. Dabei haben die Abschnitte links und rechts der Mittelsenkrechten auf dem Durchmesser je nach ihrer Winkelstellung gleiche Bedeutung: also die Gruppen I links und rechts, die Gruppen II links und rechts und die Gruppen III links und rechts müssen annähernd die gleiche Anzahl von Geröllen aufweisen. Tun sie es nicht, ist die Basis falsch gewählt und durch Verschieben des Halbkreises bei der Auswertung, wie im gleich folgenden Beispiel erläutert wird, zu verbessern. Hinzu kommt noch eine Gruppe IV, welche die steilschrägen Gerölle enthält.

Für die Ermittlung des Transportagens und der Bewegungsrichtung mit Hilfe der Einregelungstafel gibt E. KÖSTER (in: E. KÖSTER und H. LESER 1967) ein Beispiel. Schotterkegel am Gearhameen in den Macgillycuddy's Reeks in Westirland: Es war zu klären, ob der Kegel fluvialen oder gemischt fluvial-solifluidalen Ursprungs ist. Die Aufmessung mußte in Richtung N 65° vorgenommen werden. Sie ergab (linke Tabelle):

Gruppe	links	rechts	zusammen	Gruppe	links	rechts	zusammen
I	15	27	42	I	8	6	14
II	6	32	38	II	12	15	27
III	8	12	20	III	32	27	59
IV	–	–	–				
	29	71	100		52	48	100

Die Zusammensetzung zeigt, daß die Messungsgrundlinie *nicht rechtwinklig* zur Bewegungsrichtung steht. Eine Verschiebung der Segmente wird nach Beispiel Abb. 63 vorgenommen. Danach ergibt sich obige

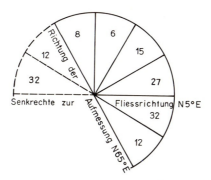

Abb. 63: *Verschieben des Situmeters zur Bestimmung der wirklichen Fließrichtung:* dies
wird erforderlich, weil die Grundmeßlinie nicht immer rechtwinklig zur ursprünglichen Bewegungsrichtung liegt. Daher müssen die Segmente des Situmeters nach der Einregelungsmessung verschoben werden. Die Notwendigkeit
dafür wird daran erkannt, daß die Gruppen links und rechts nicht annähernd
die gleichen Werte aufweisen. Die Abbildung zeigt, auf welche Weise in einem
hier willkürlich ausgewählten Beispiel die Segmente des Situmeters nach der
Messung anders gruppiert werden müssen (nach E. KÖSTER 1967).

Zusammensetzung (rechte Tabelle). Daraus kann ein *fluvialer* Transport
ohne Beteiligung von Solifluktion gefolgert werden. Die senkrecht zur
Transportrichtung liegende Messungsbasis würde dann N 5° E liegen. Die
Fließrichtung des Flusses beträgt z. Zt. in der Nähe des Schwemmkegels
ungefähr gleich verlaufend N 272° W.

Die Idee der Einregelungstafel (Abb. 62 a) stammt von K. RICHTER
(1932). Damit lassen sich sehr genaue, aber zeitraubende Messungen
durchführen. Die entscheidende Verbesserung geht auf H. POSER und J.
HÖVERMANN (1951) zurück, welche die Tafel vereinfachten und von 100
Messungen ausgingen, die gleichzeitig die Prozentanteile der einzelnen
Gruppen sind (Abb. 62 b). Eine Verfeinerung sah G. FURRER (1965) als
erforderlich an, als er die Methode auf die Strukturböden übertrug. Die
Tafel hat nun 12 Sektoren zu je 15° (Abb. 62 c). Sie dürfte in der
Winkelunterteilung die Untergrenze darstellen, weil bei noch kleineren
Sektoren keine genaue Zuordnung der Komponenten mehr möglich ist. Die
feinere Unterteilung ist jedoch aus der Sicht der Strukturbodenuntersu-
chungen gerechtfertigt, während sie bei Schotter- und Moränensedimenten
wegen der i. a. gröberen Komponenten nicht notwendig erscheint. F.
BACHMANN (1966) verbesserte die FURRERsche Tafel durch eine Vereinfa-
chung der Bezeichnungen (Abb. 62 d). – Die Meßtafel kann man aus Holz
oder Kunststoff (z. B. durchsichtigen) aussägen. Entsprechend den Angaben bei F. BACHMANN (1966) ist sie mit Handgriff, Löchern, Ösen oder

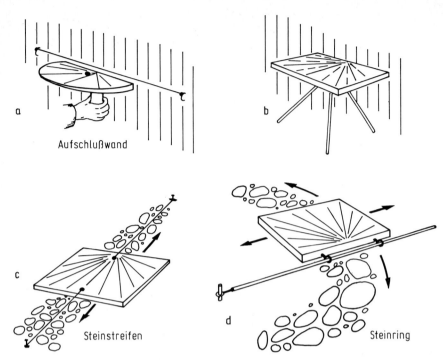

Abb. 64:   *Einsatz und Handhabung des Situmeters unter verschiedenen Aufschlußbedin-*
            gungen: Gearbeitet werden kann an der Aufschlußwand mit (a.) einem Halte-
            griff- oder (b.) Stativ-Situmeter und bei Steinstreifen (c.) mit einer entlang
            einer Schnur beweglichen Einregelungstafel. Ähnlich funktioniert das an einer
            Stange arretierte, in vier Richtungen bewegliche Situmeter (d.). Vom genauen
            Anlegen des Situmeters an die Aufschlußwand oder an das geomorphologische
            Objekt hängt der Genauigkeitsgrad der ermittelten Werte wesentlich ab (nach
            F. BACHMANN 1966).

Stativ zu versehen, um an den unterschiedlichen Aufschlüssen und Gegenständen (Schotter- und Schuttdeckenwänden, Steinstreifen, Steinringen)
korrektes Arbeiten zu ermöglichen (Abb. 64).

Wie bei anderen grobsedimentologischen Arbeiten empfiehlt sich der
Einsatz von zwei Bearbeitern – einem der mißt, einem der protokolliert. F.
BACHMANN (1966) schlägt für das situmetrische Arbeiten spezielle Proto-
koll- und Karteikarten vor, die das Arbeiten im Felde und die langfristige
Registrierung der Befunde erleichtern sollen (Abb. 65 a und b).

Die Halbkreis-*Situgramme,* in denen man – neben Säulendiagramm,
Dreieckkoordinaten, Zyklo-Situgramm und SCHMIDTschen Netz, die alle
lediglich den Wert von Vergleichsbildern haben – die Ergebnisse darstellen

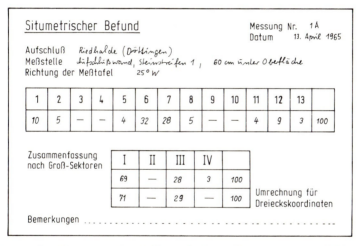

Abb. 65:   *Formblätter zum Protokollieren der Einregelungsmessungen* im Felde (a.) und
           der situmetrischen Befunde in einem Karteiblatt (b.). Durch Registrieren der
           systematisierten Notizen wird die Auswertung rationalisiert (nach F. BACHMANN
           1966).

kann, zeigen bei Vergleichen untereinander z. T. sehr signifikante Unterschiede (Abb. 66 a und b). Andererseits geben die meisten Autoren auf
Grund von Messungen an vielen Objekten zu bedenken, daß trotz genetisch
einwandfrei gleicher Sedimente unterschiedliche Längsachseneinrege-

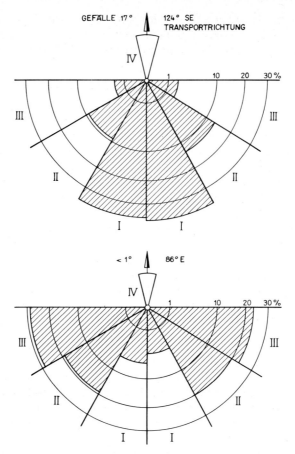

Abb. 66:   *Beispiele für Inhalt und Form von Situgrammen:* Aus der bekannten Transportrichtung und den Einregelungsverteilungen der Längsachsenabweichungswin-
kel ergeben sich Hinweise auf die Transportverhältnisse und die Sedimentgenese, vor allem auf die Transportdynamik: a. Situgramm eines Hangschuttsedi-
ments vom Pfälzischen Rheintalgrabenrand (350 m NN.); b. Situgramm einer
rißzeitlichen Flußschotterakkumulation des Klingbaches (Pfalz) in 10 m ü. T.
und 173 m NN. (nach G. Stäblein 1970 b).

lungen auftreten. Dies wird von der jeweiligen sedimentologisch relevanten
Faktorenkombination der Lokalität bestimmt, in erster Linie vom Unter-
grundrelief, dem Untergrundgestein, der Größe der transportierten Grob-
sedimentkomponenten, der (Ausgangs-)Form der Komponenten und den
Fließeigenschaften des Agens. Beispiele und kritische Bewertungen von
Meßergebnissen finden sich bei G. Stäblein (1970 b).

Als grobe Richtwerte lassen sich folgende Maxima der Längsachsen-einregelungen von genetisch unterschiedlichen Grobsedimenten für die einzelnen Gruppen der Einregelungstafel nach H. POSER und J. HÖVER-MANN geben:

1. *Fluviale Gerölle:* Maximum 40 bis 60% in Gruppe III, Minimum in Gruppe IV.
2. *Moränen:* Schwaches Maximum von ca. 30% in Gruppe I. Das Maximum schwankt sehr und hängt von der Länge des Transport-weges, der Schnelligkeit des Eisschmelzens und der Zufuhr durch Solifluktionsmaterial ab. Stauchmoränen weisen einen hohen Anteil der Gruppe IV auf (über 50%). Die Verkantung ist wahrscheinlich auf wälzende Bewegungen zurückzuführen.
3. *Solifluktionsschuttdecken:* Maximum 55 bis 75% in Gruppe I, der Anteil der Gruppen III und IV ist z. T. sehr gering.
4. *Blockschutthalden:* Maximum 30 bis 40% in Gruppe I, Gruppe III weist einen schwachen Anteil auf.
5. *Solifluktionssteinstreifen:* Maximum über 50% in Gruppe I, kleines Maximum in Gruppe III, Minimum in Gruppe II.
6. *Brandungsgerölle:* Gleichverteilung auf die Gruppen I bis III mit niedrigen Zufallsmaxima.

Nach dieser Verteilung scheint es, als ob Gerölle von der Strömung mehr oder weniger quer geschoben und in dieser Lage – der günstigsten Angriffsstellung – weiter geschoben oder gerollt werden. Bei Solifluktions-, Schutt- und Moränenmaterial ist dagegen der Stein nach seinem geringsten Widerstand in eine Grundmasse eingebettet worden und hat in dieser Stellung unverändert den Transport mitgemacht (siehe auch Abb. 66 a und b).

Aus Längsachseneinregelungen Schlüsse auf die Transportrichtung zu ziehen, ist in solchen Fällen schwierig, in denen das Transportagens in seinem Abfluß gehemmt war. Dies tritt besonders bei Transport durch Wasser und Eis auf. Im Wasser kommt die Behinderung vor durch Geröll-bänke, die sich durch Stromstärkenänderung an mäandergefährdeten Stellen bilden, durch das Untergrundrelief oder die Uferbankbeschaffenheiten. Beim Eistransport ist zu unterscheiden, ob sich das Eis über eine ebene Fläche ausbreitete, oder ob Hindernisse – wie ältere glaziale Ablagerungen oder präglazialer Untergrund – den Eisstrom lenkten. Bei flächenhafter Eisausbreitung ist meist eine kontinuierliche Bewegungsrichtung vorhanden. Kommt bei derartigen Ablagerungen eine Änderung der Geschiebe-achsenrichtung vor, deutet dies auf eine andere chronologische Phase hin. Abweichungen bis zu 5° sind unwesentlich, weil sie meistens auf dem Druckwiderstand bei Gefällsänderungen beruhen. Derartige Untersuchungen müssen daher über größere Flächen ausgedehnt werden. – Ändern sich jedoch in den vom Eis überfahrenen Gebiet die topographischen Verhältnisse, wird die Fließrichtung hierdurch stark beeinflußt. Dies trifft besonders zu bei Teilung eines Gletschers durch Nunatakker, bei vorgefundenen Talsystemen und sonstigen den Eisstrom lenkenden Hindernissen. Solche sich auf die Sedimentation und damit die Längsachseneinregelungen auswirkenden Gegebenheiten sind lokaler Art und müssen bei genetischen Deutungen mitberücksichtigt werden. Schlüsse auf Hauptfließrichtungen lassen sich aus ihnen nicht ziehen.

In diesem Zusammenhang sei auch auf die Geschiebeschrammen (Kritzen, Riffeln) hingewiesen, die das vom Eis mitgeführte Geschiebe in den felsigen Untergrund zeichnet. Auch sie geben die zur Zeit des Eistransportes herrschende Bewegungsrichtung wieder, wie K. RICHTER (1932) u. a. nachwiesen. Bei stark voneinander abweichenden oder sich kreuzenden Schrammsystemen kann auf ein Überfahren des Gebietes in verschiedenen Phasen geschlossen werden. Da die jüngeren Kritzen die älteren durchschneiden, können die Einregelungsmessungen für eine chronologische Einordnung benutzt werden (G. JOHNSSON 1956).

4.2.1.3 Schichtungsbestimmungen an Grobsedimenten[26]

Die *Genese* von Grobsedimentdecken kann, bevor aufwendige Einregelungsmessungen oder Formgestaltbestimmungen angestellt werden, bereits physiognomisch – nach der Schichtung – grob erfolgen. Die geomorphologisch bedeutsamen Flußschotter weisen die konkordante Parallel- und die wechselnd einfallende Kreuz-(Diagonal-)schichtung auf. Sie geht in den litoralen Sedimentationsräumen in die ebenfalls diagonal geschichtete, aber schräge (submarine) Deltaschichtung über. Man findet die Diagonalschichtung auch in anderen Flachwasserbereichen und bei den äolisch geformten Dünen (wo allerdings Feinsedimente bewegt werden). Die marinen Brandungssedimente weisen allenfalls eine schwache Parallelschichtung auf. Der flächenhaft weitverbreitete Solifluktionsschutt (rezent und vorzeitlich) zeigt Pseudoschichtung durch hangabwärts gerichtete Bodenbewegungen. Hangschutt an sich ist ungeschichtet. Das gilt auch für Moränen, sofern sie nicht fluvioglaziale Einflüsse zeigen.

Fluviale, marine und äolische Strömungen ordnen das transportierte Material nach der Korngröße (siehe auch die weiter unten beschriebene Gradierung) und bewirken seine Schichtung: Ändert sich nämlich die Stärke des Transportagens' oder die Transportrichtung, dokumentiert sich

[26] Siehe Anm. 22.

dies in der Schichtung des abgelagerten Materials. Die Parallelschichtung gibt lediglich die Stärke der Transportwirkung zu erkennen, die Kreuzschichtung läßt auch Schlüsse zu auf die Änderung der Bewegungsrichtung.

Fallrichtung der Sedimente und Streuung der Fallrichtung erlauben bei Reihenuntersuchungen morphogenetische Schlüsse zu ziehen. Erforderlich ist, im Gebiet von vermuteten Reliefänderungen mehrere oder sogar viele Aufmessungen der Schichtungsverhältnisse durchzuführen, weil Richtungsänderungen bei unregulierten Flüssen und äolischem Transport auch innerhalb kurzer Zeiträume vorkommen, so daß nur Mittelungen zwischen vielen Beobachtungen eine allgemeine Strömungsrichtung erarbeiten lassen. Diese Methode kann an allen Grobsedimentvorkommen (und auch an Feinsedimenten) angewandt werden. Es empfehlen sich sowohl Profillinien, an denen in Aufschlüssen Schichtungsmessungen durchgeführt werden, als auch flächenhafte Untersuchungen. Die Dichte der Profillinien, ihre Lage (Längs- und/oder Querprofile) sowie die Dichte der Beobachtungspunkte in der Fläche richten sich nach der Fragestellung und der Größe des Untersuchungsgebietes – viel öfter aber nach den gerade bestehenden Aufschlußverhältnissen, die nicht immer eine sachgerechte Auswahl der Meßpunkte zulassen.

Allgemeine Grundlagen der Schichtungsbestimmungen. Bei Schichtungsbestimmungen ist als erste Frage zu klären, ob es sich um eine *gestörte* oder *ungestörte* Schichtung handelt. Störungen der Schichtungen treten auf durch die endogene Tektonik und/oder durch exogene Kräfte (Denudations- und Erosionsprozesse sowie Pseudotektonik). Erstere erscheinen als Rupturen, letztere meist als Diskordanzen. Eine weitere Störung des Schichtverbandes ist die Stauchung, vor allem in Glazialgebieten. Ungestörten Schichten fehlen diese Merkmale. Gestörte wie auch ungestörte Schichten werden auf Mächtigkeit, Fazies, Form, Deutlichkeit sowie Abfolge untersucht. Der Geomorphologe versucht natürlich, möglichst ungestörte Schichtkomplexe zu untersuchen. Die Störungen können aber genauso gut zur Morphogenese der Landschaften gehören. Sie müssen dann ebenfalls untersucht werden. Dies ist von Fall zu Fall zu entscheiden, zumal *geologisch bedeutsame* Lagerungsstörungen teilweise aus Maßstabsgründen aus der Betrachtungsdimension des Geomorphologen herausfallen, teils auch mit den ihm zur Verfügung stehenden Mitteln nicht untersucht werden können. – Über das auch für die Geomorphologie wichtige Gebiet der Sedimente und Sedimentite unterrichten u. a. folgende *Lehrbücher:* E. T. DEGENS (1968), W. v. ENGELHARDT (1973), H. FÜCHTBAUER und G. MÜLLER (1970), F. J. PETTIJOHN (^{2}1957), F. J. PETTIJOHN und P. E. POTTER (1964), F. J. PETTIJOHN, P. E. POTTER und R. SIEVER (1972), P. E. POTTER und F. J. PETTIJOHN (1963) und A. VATAN (1967).

Die *Schichtung* gibt, wie bereits angedeutet, Auskunft über die Sedimentationsverhältnisse, d. h. über die ökologische Situation (i. w. S.) im Ablagerungsraum. Je unruhiger und gröber eine Schichtung erscheint, um so bewegter war das Agens, welches sedimentierte. Feinkörnige, gebänderte und gleichmäßig geschichtete Sedimente weisen auf ruhige Bildungsbedingungen hin. Unter solchen Bedingungen entsteht die *Parallel- oder Horizontalschichtung*. Sie tritt meist in Feinsedimenten auf, seltener in Grobsedimenten, die bei geringen Fließgeschwindigkeiten bekanntlich nicht transportiert werden. L. B. RUCHIN (1958) gibt folgende Einteilung (verändert):

(1) *Lineare Horizontalschichtung:* Abfolge dünner Lagen, die im gesamten Profil durchgängig auftreten und gleich mächtig sind; allenfalls geringe Mächtigkeitsschwankungen.
(2) *Intermittierende Horizontalschichtung:* gegenüber (1) Lagen undeutlich voneinander angegrenzt.
(3) *Wiederholungstyp der Horizontalschichtung:* Lagen unterschiedlicher Mächtigkeit, Korngrößenzusammensetzung und Farbe wechseln im Profil mehrmals miteinander ab.
(4) *Linsenförmige Horizontalschichtung:* Lagen keilen rasch aus.

Der gleiche Autor gibt auch *Mächtigkeitsunterscheidungen* an (verändert):
(1) *Bankig:* Schichtpakete über 50 cm mächtig. Innerhalb der einzelnen Pakete jedoch auch feinere Lagen geringerer Bedeutung
(2) *Grobschichtig:*   5 bis 50 cm
(3) *Mittelschichtig:*   2 bis 5 cm
(4) *Feinschichtig:*   0,2 bis   2 cm
(5) *Feinstschichtig:*   unter 0,2 cm

Die oft synonym verwandte *Schräg-, Kreuz-* oder *Diagonalschichtung* ist bei Sedimenten unterschiedlicher Genese und Korngrößen weitverbreitet. Die Schrägschichtung interessiert vor allem wegen der Möglichkeit, die ursprüngliche *Fließrichtung* des Agens' zu bestimmen, weil die Fallrichtung der Sedimente der Bewegungsrichtung entspricht. K. PICARD (1953) trennt scharf zwischen *Fließ-, Fluß-* und *Schüttungsrichtung:* Fließrichtung ist der vorherrschende Wert in einem Schichtkomplex, die Flußrichtung setzt sich aus mehreren Fließrichtungen zusammen, während die Sedimentationsrichtung den gemittelten Wert mehrerer Flußrichtungen darstellt, wie sie in einer Stromaue durch das Mäandrieren auftreten können. Der Sedimentationsrichtung stellt er noch die *Schüttungsrichtung* gegenüber, die sich durch die „Anhäufung gleicher Fallrichtungen" ergibt. Für die Fließrichtungsbestimmungen sind die einzelnen Schichtungstypen unterschiedlich verwend-

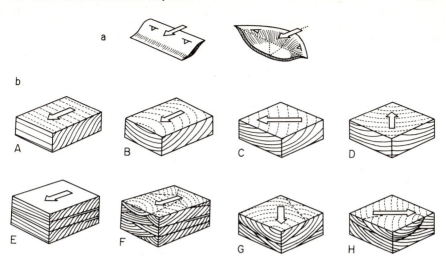

Abb. 67:   *Beispiele für Schrägschichtungstypen im Raumbild:* a. zwei einzelne Grundformen von Schrägschichtungsblättern; b. Beispiele für verschieden geschüttete
Schrägschichtungsserien (A.-D.); c. Beispiele für verschieden geschüttete
Schrägschichtungsfolgen (E.-H.). Die Pfeile zeigen in die Schüttungsrichtung
(nach G. EINSELE 1960).

bar. Am aussagekräftigsten scheinen Diagonalschichtung und bogige
Schrägschichtung zu sein, weniger geeignet ist die Kreuzschichtung (siehe
unten). – Unterschieden wird zwischen *tafeligen* und *löffelförmigen Schräg-
schichtungen,* deren Gestalt auf die Strömungsverhältnisse im Agens zurückgehen. Die Einfallsrichtung ist in Bewegungsrichtung der Strömung
orientiert (Abb. 67). „Die Möglichkeit, aus dem Erscheinungsbild von
Schrägschichtungskörpern Rückschlüsse auf das Bildungsmilieu zu ziehen,
sind gering" (D. HENNINGSEN 1969), jedoch nicht unmöglich. Einen gewissen Hinweis erlauben die *Schüttungswinkel* der Schrägschichtungslamellen:

Fluviales Milieu		15°–30°, max. 40°
Litorales Milieu		unter 15°–30°, max. 40°
Äolisches Milieu	min. 5°	30°–35°, max. 40°

Die Streuung der Werte differiert noch nach den Schrägschichtungstypen (s. u.) und ist ebenso groß wie bei der genetischen Interpretation der
Formeigenschaften von Grobsedimenten. Demzufolge bleibt hier wie dort
die Aussage kritisch.

H. ILLIES (1949, 1951) unterscheidet folgende *Schrägschichtungstypen* (verändert):

(1) *Rippelschichtung:* aus Horizontalschichtung hervorgehend bei

leichter Materialvergröberung; vorwiegend bei Schluffen und Feinsanden. – Fluviales, litorales und äolisches Milieu.

(2) *Diagonalschichtung:* (= Schrägschichtung i. e. S): parallele Schrägschichtung sehr markant, ebenso zwischengeschaltete Luvschichten; Fallwinkel der Leeschichten konstant; einheitliche Korngröße; meist Sande. – Fluviales, litorales und äolisches Milieu.

(3) *Bogige Schrägschichtung:* in gröberen Sandsedimenten ausgebildete größere Rippelschichtung (1); bogiger Verlauf der Lagen, die sich zum Hangenden und Liegenden hin verflachen; insgesamt Spezialfall. – Fluviales, litorales und äolisches Milieu.

(4) *Kreuzschichtung:* wie (2), jedoch stark variierende Fallrichtungen und Fallwinkel; dadurch im Profil auch entgegengesetzt einfallende Schichtpakete, die kurz, keilförmig und wirr durcheinander lagern; Korngrößen stark variierend. – Marines, litorales oder äolisches Milieu.

Die *Gradierung* ist als weiteres Charakteristikum der Sedimente erwähnenswert. Diese Sortierung nach Korngrößen tritt in der Horizontalen und in der Vertikalen auf. Beide Sortierungsarten gehen auf sich räumlich und zeitlich verändernde Strömungsbedingungen zurück. Die großräumige *horizontale* Gradierung erfolgt zwischen Liefergebiet (grob) und Sedimentationsraum (fein), weil die Kraft des transportierenden Agens meist zum Akkumulationsbereich hin abnimmt. Die *vertikale* Gradierung, die Abnahme der Korngröße vom Liegenden zum Hangenden innerhalb einer Profillokalität geht auf Seigerungsvorgänge und abnehmende Energie im transportierenden Agens zurück. Die vertikale Gradierung ändert sich jedoch auch in der Horizontalen: sie ist in der Nähe des Liefergebiets schlecht, in Entfernung zu diesem besser.

Lagerungsstörungen der Sedimente treten in geomorphologisch relevanten Ausmaßen vor allem in Glazialgebieten und in Bereichen mit junger Tektonik auf. Es handelt sich um *Einengungs-* und *Ausweitungsstrukturen.* Zu ersteren gehören die Faltungen, Schuppungen und Stauchungen in Endmoränenbereichen, zu letzteren kleine Verwerfungen, die im Gefolge des Toteisabtaus oder der Neotektonik sowie der Salztektonik auftreten. Ausführlicher äußert sich dazu H.-J. FRANZ (in E. HEYER u. a. 1968).

Methodik der Schichtungsbestimmungen. Die *Schichtungsbestimmung* erfolgt an der aufbereiteten Aufschlußwand. Das Profil ist zu zeichnen, die Schichtungstypen sind visuell zu bestimmen bzw. auf ihre Fallwinkel auszumessen. Bei den als Beispiel für die *Horizontalschichtung* zu nennenden Warwen werden lediglich die Warwengrenzen auf einen Papierstreifen übertragen, der an die Wand geheftet wird. Darauf erfolgen die Ausmessungen und im Anschluß die Konstruktion des Warwendiagramms. Bei der *Rippelschichtung* wird das Streichen mit dem Kompaß bestimmt, um die Fließrichtung zu ermitteln. Bei der *Diagonalschichtung* interessieren besonders die Fallwinkel, ebenso bei bogiger Schrägschichtung und Kreuzschichtung. Sie werden mit dem Klinometer (besser: den Baumhöhen- oder einem anderen genauen Winkelmesser) im Aufschluß oder in (zusätzlich) angelegten Schürfgräben gemessen.

Der *Meßvorgang* läuft wie folgt ab: Bestimmen der Streichrichtung der Aufschlußwand; Messen des Fallwinkels; Bestimmen der Einfallsrichtung. Danach gleichen Vorgang wiederholen in einem Schürfgraben rechtwinklig zur Aufschlußwand. Die Messung erfolgt an den Lagen *innerhalb* der Schichtpakete, *nicht* auf den Schichtfugen zwischen den Paketen. Jedes Schichtpaket wird einmal gemessen, sofern es geringmächtig ist. Messungen erfolgen – wie Probenahmen – von unten nach oben, um bei der Bearbeitung der Hangendschichten die Liegendschichten nicht zu zerstören. Die ermittelten Daten trägt man in eine Tabelle (Tabellenkopf siehe unten) ein, die auch für die Ermittlung des wahren Fallwinkels und der wahren Fallrichtung dient:

Streichen Wand	Fallen Wand	Fallen Wand	Höhe Meß- punkt u.F.	Wahrer Fallwinkel	Wahre Fallrichtung

Die Ermittlung des wahren Fallwinkels erfolgt mittels einer Tabelle, die als Kurzfassung in Tab. 10 wiedergegeben ist (Ausführliche Tabelle in: E. HEYER u. a. 1968, Beiheft).

Eine graphische Methode zur Bestimmung des wahren Fallens und der wahren Fallrichtung ist das *Kreisnetz* (Abb. 68) nach H. ILLIES (1949). – Die für die genaue Bestimmung erforderlichen Messungen innerhalb eines Aufschlusses gibt H. ILLIES (1949) mit 30 für Diagonalschichtung und mindestens 50 für Kreuzschichtung an. Die Messungen lassen sich nur in Aufschlüssen ab einer gewissen Größe durchführen. Dargestellt werden die Ergebnisse der Fallrichtungsbestimmungen in Kreisdiagrammen mit *Richtungsrosen*. Die gemeinsame Darstellung von Fallrichtung *und* Fallwinkel hingegen muß im „SCHMIDTschen Netz" erfolgen.

Bei *Lagerungsstörungen* werden die gleichen Schichtbestimmungsmessungen durchgeführt wie in ungestörten Sedimenten. Die Datengewinnung kann schwieriger sein, weil die Störungen nicht immer ausreichend aufgeschlossen sind. Allerdings genügen bei Lagerungsstörungen zumeist auch wenige Einzelmessungen, weil es nicht um die Ermittlung von Durchschnittswerten geht, sondern um die Beziehung zwischen Lagerungsstörung, Sedimentcharakter und Morphogenese. Dieser Zusammenhang

Tab. 10: Ermittlung des wahren Fallwinkels einer geneigten Schicht und der wahren Streichrichtung

| | | Neigungswinkel an der Aufschlußwand in° | | | | | | | | |
		5	10	15	20	25	30	35	40	45
	5	7	11	16	21	26	31	35	40	45
		45	27	18	13	10	8	7	6	5
	10	11	15	18	22	27	32	36	40	45
		63	45	33	26	20	16	14	12	10
	15	16	18	22	24	28	33	37	41	45
		72	57	45	37	29	24	20	16	15
20	21	22	24	27	30	34	38	42	47
		77	64	53	45	37	32	27	24	20
	25	26	27	28	30	33	36	40	44	48
		80	70	61	53	45	38	34	29	25
	30	31	32	33	34	36	39	43	46	49
		82	74	66	58	52	45	41	36	30
	35	35	36	37	38	40	43	45	48	51
		83	76	70	63	56	49	45	40	35
	40	40	40	41	42	44	46	48	50	53
		84	78	74	66	61	54	50	45	40
	45	45	45	45	47	48	49	51	53	55
		85	80	75	70	65	60	55	50	45

(Zeilenbeschriftung links: Neigungswinkel senkrecht zur Aufschlußwand in°)

drückt sich ja gerade im Abweichen der Lagerungsstörung vom (durchschnittlichen) Allgemeinbild aus.

2.2.1.4 Petrographische Sortierung von Grobsedimenten

Die petrographische Materialansprache ist sowohl bei Grob- als auch bei Feinsedimenten einzusetzen: neben der petrographischen Sortierung der Grobanteile von Moränen, Flußterrassen, periglazialen oder glazifluvialen Akkumulationen kann auch die Sortierung nach Mineralien untersucht werden. Meist wird die Untersuchung aus technischen Gründen vom Geomorphologen nicht allein ausgeführt werden, weil dazu schon stark spezialisierte mineralogische Kenntnisse und die genaue Kenntnis mineralogischer Arbeitsweisen nötig sind. Die Untersuchung der petrographischen Verhältnisse im Rahmen geomorphologischer Arbeiten hat gewöhnlich das Ziel, Areale mit gleichen *Leitgesteinen* (Geschieben, Geröllen) bzw. Leitmineralien abzugrenzen sowie den Wanderweg und die Herkunftsgebiete dieser zu ermitteln. Daneben sollen die Sedimentkörper aus einer Vielzahl Einzelauszählungen von Sedimentproben auf ihre allgemeine gesteinsmäßige Zusammensetzung untersucht werden. Neben der Problematik des Her-

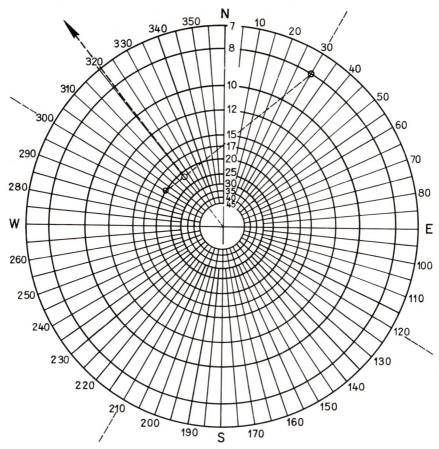

Abb. 68: *Kreisnetz zur graphischen Bestimmung des wahren Schichtfallens nach Auf-schlußmeßwerten.* Beispiel: Messung an zwei beliebigen Stellen einer Auf-schlußwand. Wert 1: Wand streicht 30/210°, Schichtfallen an dieser Stelle der Wand 8° NE. Wert 2: Wand streicht 120/300°, Schichtfallen an dieser Stelle der Wand 20° NW. Eintragen der Werte in das Polarkoordinatendiagramm. Werte durch Linie verbinden. Darauf Lot errichten. Lotlinie schneidet die Skala an den Sektorenaußenseiten des Diagramms: hier den wahren Schichtneigungs-wert (im Beispiel: 321°) ablesen. Fußpunkt des Lots auf der (inneren) Radius-skala gibt das wahre Schichtfallen an (im Beispiel: 22°) (nach H. ILLIES 1949).

kunftsgebiets des Materials lassen sich auf diese Weise, nach dem „Prinzip der Korrelate", räumliche Beziehungen zwischen den Einzelvorkommen von Sedimenten untereinander und Beziehungen zu den Formen bzw. zur Morphogenese herstellen.

Die in einem *Petrogramm* dargestellte gesteinsmäßige Zusammensetzung einer Probe wird von zahlreichen Faktoren bestimmt, von denen folgende die wichtigsten sind:

(1) *Gesteinseigenschaften:* Widerständigkeit gegenüber den exogenen Kräften (Verwitterungs-, Transport- und Umlagerungsprozesse), jenachdem, ob das Gestein geomorphologisch „hart" oder „weich" ist.

(2) *Gesteinsvorkommen:* Beschaffenheit des oberflächennahen Untergrundes entscheidet über das Vorkommen einer Gesteinsart in der Probe.

(3) *Transport- und Verwitterungsprozesse:* Beanspruchung der Gesteine bewirkt eine Auslese; widerständige Gesteine reichern sich indirekt in der Probe an, weniger widerständige „verschwinden".

Aufgrund dieser Erkenntnisse können durch das Auszählen der Gesteinsanteile in einer Lockersedimentprobe geomorphodynamische und räumlich-funktionale Schlüsse auf die vorzeitlichen und rezenten morphogenetischen Prozesse gezogen werden.

Allgemeine Grundlagen der petrographischen Untersuchung von Grobsedimenten. Innerhalb der Geomorphologie werden zumeist die „bunten" fluvialen und glazigenen Grobsedimente auf ihre *petrographische Zusammensetzung* untersucht, weil diese Materialien in der Regel längere Transportwege zurückgelegt haben und daher eine genetisch signifikante Sortierung durch Auslese erfolgen konnte. – Die *fluvialen Ablagerungen* enthalten oft charakteristische Geröllgarnituren (Beispiele verschiedener Autoren bei G. STÄBLEIN 1970 b). In Landschaften mit einem komplizierten geologischen Bau und zahlreichen unterschiedlichen Gesteinsvorkommen auf kleinem Raum kann erst nach einigen Zehner Kilometern Entfernung vom Liefergebiet etwas über das Verhalten des fließenden Wassers gegenüber den Gesteinsarten gesagt werden. Je nach Fazies und Beanspruchung brauchen z. B. die „weichen" Kalk- und Sandsteingerölle nicht unbedingt aus den Terrassenakkumulationen verschwunden zu sein. Das Auslesebild ist gewöhnlich umso klarer, je älter die Schotter sind und je weiter sie sich vom Liefergebiet entfernt befinden, weil beim Transport die wenigwiderständigen Gesteine meistens zermahlen werden. Allerdings ist bei alten Schottern auch die postsedimentäre Verwitterungsauslese mitzuberücksichtigen, vor allem bei oberflächenhafter oder oberflächennaher Lagerung der Schotter. Unter gemäßigt-humiden Klimabedingungen der mittleren Breiten kommt es zu einer relativen Anreicherung widerstandsfähiger Gesteine, vor allem der Quarze, die aber eben zusätzlich noch mit den sonstigen

Verwitterungsbedingungen – außerhalb des fluvialen Transports – in Beziehung zu setzen wären. W. ANDRES (1967) relativierte die Aussage, daß der Quarzgeröllanteil mit zunehmendem Terrassenalter ansteigen müsse. Derartige Aussagen dürfen wegen der unterschiedlichen Entfernung der Schotter von Vorkommen z. B. anstehender Quarzkiese nur lokal bewertet werden.

Die petrographische Zusammensetzung der *glazigenen Ablagerungen* ist wegen des teilweise sehr weiten Transportweges typischer Gesteinsarten (d. h. von räumlich begrenzter Herkunft) eine aussagekräftige Methode für quartärgeologisches und glazialgeomorphologisches Arbeiten. Für die Gliederung der Moränenablagerungen und die Deutung der Glazialmorphogenese ist die *geschiebekundliche Methodik* unentbehrlich (K. HUCKE und E. VOIGT 1967; P. WOLDSTEDT und K. DUPHORN [3]1974). Selbst eine „Grobgeschiebestatistik", eine großmaßstäbliche Kartierung von starken Anreicherungen nordischer Geschiebe und deren kleinmaßstäblicher Zusammenfassung, kann neue Hinweise auf die räumliche Verbreitung glazialer Prozesse geben (E. TH. SERAPHIM 1966). Auch A. A. DE VEER (1968) konnte durch Geschiebevorkommen in formenarmen Gebieten die Grenze zwischen Stauchendmoränenarealen und Sandergebieten festlegen.

Wesentlich schwieriger ist es, *periglaziale* Sedimente nach petrographischen Merkmalen zu untergliedern und zu räumlich aussagekräftigen Ergebnissen zu kommen, weil solche Bildungen selten größere Entfernungen zurückgelegt haben und die einwirkenden Randbedingungen kaum noch überschaubar sind (H. WIEFEL 1969). Petrographische Untersuchungen periglazialer Sedimente haben in erster Linie auf kleinem Raum Bedeutung, wo z. B. die Genese der *Hänge* interessiert. Es wird hierbei vor allem nach dem Catena-Prinzip gearbeitet, das kleinräumig orientiert ist.

Methodik der petrographischen Untersuchung von Grobsedimenten. Hinweise auf Arbeitstechniken und Prinzipien finden sich bei K. BEURLEN und W. WETZEL (1937), J. HESEMANN (1930 a), K. HUCKE und E. VOIGT (1967), G. LÜTTIG (1964), K. MILTHERS (1962), V. MILTHERS (1934), H. VOSSMERBÄUMER (1969) sowie P. WOLDSTEDT und K. DUPHORN ([3]1974). – Das Material kann entweder in den Aufschlüssen direkt bestimmt werden, indem man Zählrahmen auslegt und die Grobsedimentkomponenten herausnimmt (siehe Kap. 3.6.2.1 und Abb. 46), oder indem man Proben des Gesamtsediments entnimmt, wozu jedoch große Materialmengen erforderlich sind: Es werden 10 bis 50 kg Material (je nach Grobsedimentanteil am Sedimentkörper) durch ein Sieb mit 6 mm Maschenweite gespült. Aus methodischen Gründen muß die Größe des verwendeten Siebes im Untersuchungsbericht angegeben werden, vor allem, wenn mit der sogenannten „Siebzahl" bei geschiebekundlichen Arbeiten stratigraphisch operiert wird.

Standardsiebgrößen wären 33 × 30 × 8 cm oder 30 × 28 × 7 cm. Allein Komponenten mit 6 bis 40 mm $\emptyset^{27}$ werden für die petrographische Bestimmung verwandt, während gröbere als 40 mm $\emptyset$ unberücksichtigt bleiben. Bei den einzelnen Autoren wechseln die ausgezählten Stücke beträchtlich. Insgesamt sollten mindestens 300 bis 500 Komponenten ausgezählt werden. Die Zahl 300 gilt als absolute Untergrenze, 500 wäre normal, 1000 Stücke stellen das Maximum dar. Die für die übrigen Grobsedimentanalysen immer angegebenen 100 Komponenten als Untergrenze genügen für die petrographische Bestimmung *nicht*. – Die Probennahme nimmt man – im Sinne von J. BÜDELS (1971) „richtigen Versuchsanordnungen der Natur" – dort vor, wo möglichst keine postsedimentären Umlagerungen stattgefunden haben, so daß keine Mischung mit anderen Sedimenten möglich war. Die Stichprobe muß außerdem aus dem Bereich des Zählrahmenfeldes entnommen werden und darf nicht aus mehreren Schichten zusammengeklaubt sein. Das gilt auch für die Gesamtprobe, die geschlämmt wird.

Der Geschiebe- und Geröllanalyse geht es im Prinzip immer darum, Gebiete gleicher petrologischer Zusammensetzung durch Sortieren und Auszählen von Gesteinen in horizontaler und/oder vertikaler Ausdehnung abzugrenzen.

Um das *Herkunftsgebiet* zu bestimmen, sind petrologische Kenntnisse des vermuteten Herkunftsgebietes erforderlich, d. h. bei Arbeiten im Norddeutschen Tiefland Kenntnisse der geologischen Verhältnisse Skandinaviens und des Ostseeraumes. Die von Flüssen transportierte oder den Lokalvergletscherungen Mitteleuropas entstammenden Steine haben nur ein begrenztes Ursprungsgebiet und sind daher verhältnismäßig leicht zu klassifizieren.

In der *Geschiebeanalyse* wird im wesentlichen nach zwei Methoden gearbeitet: der Erfassung der Geschiebezusammensetzung nach leicht erkennbaren und im Ursprungsland leicht abzugrenzenden wenigen Repräsentanten *(Leitgeschiebe)* oder der Erfassung möglichst *aller* erkennbaren Geschiebe, wozu jedoch eine gründliche Kenntnis der petrologischen Verhältnisse in den Ursprungsländern und der Geschiebe selbst gehört. Erfahrungsgemäß genügen für die vom Inlandeis beeinflußten zentralen Gebiete lediglich die Leitgeschiebe. In den Vereisungs*randgebieten* sollten jedoch alle erkennbaren Geschiebe bestimmt werden, weil sie dort häufig mit einheimischem Material gemischt vorkommen und dadurch für die Bestim-

---

[27] Für Geschiebeuntersuchungen besteht seit 1967 die Vereinbarung, mindestens 200 Stücke der Größe 4 bis 40 mm $\emptyset$ auszuzählen. Lokalgeschiebe dürfen nicht vorherrschen. Auf die Berücksichtigung von Besonderheiten der petrologischen Zusammensetzung weisen A. LUDWIG und S. HEERDT (1969) hin.

mung skandinavischer Geschiebe eine größere Anzahl und eine differenziertere Auswertung erforderlich ist.

Bei der Erfassung aller Geschiebe ist es sinnvoll, diese zu *Gebietsgruppen* zusammenzufassen. Die räumliche Unterteilung des skandinavischen Vereisungsgebietes umfaßt vier Abschnitte, nämlich

(1) *Gruppe 1:* Ostfennoskandia mit hauptsächlich Granit, Rapakivi, Porphyr und Sandstein aus Lappland, Ångermanland, den Ålandinseln, Finnland, dem nördlichen und mittleren Ostseeuntergrund und dem Baltikum.

(2) *Gruppe 2:* Mittelschweden mit Granit, Porphyr, Gneis, Diabas, Kalk aus Jämtland, Dalarne, Värmland, Västmanland, Uppland, Södermanland, Närke und der Umgebung von Stockholm.

(3) *Gruppe 3:* Süd- und Südwestschweden mit Granit, Gneis, Diabas, Diorit, Porphyr, Hälleflint, Glimmerschiefer, Schiefer, Sandstein, Kalk aus Schonen, Västergötland, Kalmar, Blekinge, Gotland, Bornholm und dem südlichen Ostseeuntergrund.

(4) *Gruppe 4:* Südnorwegen und Kattegat mit Granit, Diorit und Rhombenporphyr.

Die Gesteine treten dabei in zahlreichen Fazien auf, welche recht genau die Herkunftsgebiete voneinander abgrenzen lassen.

Eine weitere Möglichkeit zur Gruppierung der Geschiebe schuf G. Lüttig (1958) durch das sogenannte *Theoretische Geschiebezentrum* (TGZ). Es handelt sich um die Summe der Heimatzentren der Leitgeschiebe – gemäß ihrer Beteiligung am Geschiebeinhalt einer Glazialablagerung – durch Bildung des Durchschnitts. G. Lüttig stellte eine Liste mit ca. 230 nordischen Geschieben und Angaben ihrer Vorkommen nach geographischen Längen und Breiten auf. Die Anzahl der gesammelten und sortierten Geschiebe eines Untersuchungsgebietes wird mit den geographischen Längen und Breiten multipliziert, dann die Summe der Produkte durch die Gesamtzahl der gesammelten Geschiebe dividiert; dadurch ergibt sich eine mittlere geographische Position, die Ausgangsraum des Geschiebetransportes sein muß. Petrologische Fehlbestimmungen oder verschiedenzeitlichen Geschiebetransport kann man durch dieses Verfahren verhältnismäßig leicht erkennen.

Zu den einfachen Methoden der petrologischen Grobsedimentanalyse gehört die Bestimmung des *Flintkoeffizienten*. Man erhält ihn, indem man die Gesamtzahl der Flinte durch die Gesamtzahl aller nordischen kristallinen Geschiebe der Probe dividiert. Voneinander abweichende Flintkoeffizienten lassen in räumlich begrenzten Gebieten (horizontal oder vertikal) Schlüsse auf verschiedene Ablagerungsperioden zu. – Ähnlich geht man mit dem von J. Tricart (1960) errechneten *Quarzfaktor* vor: der

Anzahl der Quarze dividiert durch die Anzahl der kristallinen Gesteine und der Quarze. – G. LÜTTIG (1958) arbeitet in Vereisungsrandgebieten mit dem *NPM-Verhältnis*, wobei von den drei Hauptgruppen nordischer Geschiebe ausgegangen wird: N repräsentiert den Anteil der nordischen Geschiebe in %, P den Anteil der einheimischen paläozoischen Geschiebe in % und M den Anteil der einheimischen mesozoischen Geschiebe in %. Die daraus von M. BLENK (1960 b) entwickelte *NPM-Zahl* erhält man, indem die drei Werte durch 10 dividiert werden, so daß das Verhältnis durch eine dreiziffrige Zahl mit der Quersumme 10 dargestellt wird. Beide Methoden ermöglichen eine Gliederung der glazigenen Sedimente nach räumlichem Verteilungsmuster und Alter. – Auch die sogenannte HESE-MANN-*Zahl* ist so aufgebaut. Sie entsteht aus den Prozenten der vier Gruppen skandinavischer Geschiebe, die durch 10 dividiert eine vierstellige Kennzahl ergeben (J. HESEMANN 1930 b, 1931, 1932).

Die petrologischen Auszählungen der Gesteinsanteile der Proben ergeben gewisse Gruppen, die regional oder überregional charakteristisch für den jeweiligen geomorphologischen Landschaftstyp sein können. Die Zahl der Gruppen darf weder zu groß noch zu klein sein. H.-J. FRANZ (in: E. HEYER u. a. 1968) gibt in Anlehnung an andere Autoren 8 bis 15 an. Die Gruppen werden gebildet, nachdem die prozentualen Anteile der Gesteinsarten ausgezählt sind. Die Gruppen können dann zueinander in sachlich-logische Beziehungen gebracht werden, indem man gewisse Koeffizienten bildet.

4.2.1.5 Zusammenfassung: Methodik der Grobsedimentanalysen

Die aus Sicht der Quartärgeologie und Geomorphologie zu betreibenden *Grobsedimentanalysen* gehen von der Gesteinsarten-Zusammensetzung der Proben sowie den Größen-, Formgestalts- und Richtungsverhältnissen der einzelnen Grobsedimentkomponenten aus. Schon von der Art des Materials her – es handelt sich gewöhnlich um große Mengen, aus denen nur Stichproben entnommen werden – muß mit anderen Verfahren als bei der Feinsedimentanalyse vorgegangen werden. (Hierbei wäre noch zu erwähnen, daß ein Teil der Verfahren der Grobsedimentanalyse auch bei Feinsedimenten anwendbar ist, wenngleich unter Zuhilfenahme anderer Techniken). Die sowohl im Felde als auch im Labor durchzuführenden Grobsedimentanalysen gelangen wegen der Unschärfe der Meßverfahren nur zu Ergebnissen von beschränktem Aussagewert. Dies liegt weniger an den Meßtechniken als am Objekt selber, das in seiner Vielgestaltigkeit und Fülle sich einer absolut exakten und gleichzeitig rationellen Erfassung durch Messung entzieht. Trotzdem gelangen die Grobsedimentanalysen zu Zahlenwerten und zu anschaulichen Diagramm- und Kurvenbildern, die

jedoch nur in Verbindung mit anderen geomorphologischen Feld- und
Laborbefunden verwendet werden dürfen. Die Grobsedimentanalysen stellen sich als Hilfsmittel im strengen Sinne dar, denen kein alleiniger, und
schon gar kein absoluter Gültigkeitswert zukommt. Grundsätzlich zielen
die Grobsedimentanalysen darauf ab, die Genese (oder deren Feinheiten)
von Sedimenten oder Formen aus Sedimenten zu erschließen, um die
vorzeitlichen morphodynamischen Prozesse zu bestimmen. Diese Rekon-
struktionsarbeit läßt sich jedoch nur in Verbindung mit der geomorphologischen Kartierung und den übrigen Feldbeobachtungen und Aufschlußun-
tersuchungen durchführen. (Ein gutes Beispiel für den Einsatz dieser
Methodik ist die Arbeit von A. HERRMANN 1971). Im System der geomorphologischen Methodik (Abb. 1) stellt die Grobsedimentanalyse nur einen
Teilaspekt dar. Eine zentrale Stellung kommt der Grobsedimentanalyse in
der Geomorphologie einfach deshalb nicht zu, weil es weitaus sicherere und
leichter zu handhabende Techniken gibt, die Morphogenese zu deuten. Sie
besitzt *lokal* für die geomorphologische Forschungsarbeit große Bedeutung,
kann aber auch dort immer nur im Zusammenhang mit anderen Arbeitsweisen eingesetzt werden.

4.2.2 Physikalische Feinsedimentanalysen

Eine inhaltlich-sachliche Fortsetzung der Grobsedimentanalysen sind die
physikalischen Feinsedimentanalysen. Jenen Teil der Sedimente und Böden,
der eine Korngröße unter 2 mm $\varnothing$ aufweist, erfaßte die Grobsedimentanalyse bekanntlich nicht. Wegen der differenzierten Materialbeschaffenheit
der Feinsedimente und Böden und den daraus resultierenden Möglichkeiten, auch feinere physikalische und chemische Eigenschaften der Böden
und Sedimente zu untersuchen, setzen sich die Feinsedimentanalysen aus
einem breiten Arbeitsweisenspektrum zusammen. Es muß betont werden,
daß Böden und Feinsedimente streng physikalisch durch die Dichten aller
chemischen Bestandteile in allen Phasen (fest, flüssig, gasförmig) beschreibbar sind (V. SCHWEIKLE 1975). Mit dieser Betrachtungsweise wäre
man jedoch eindeutig aus dem Bereich der geomorphologisch relevanten
Substanzdimensionen heraus – so korrekt dieser Ansatz aus der Perspektive der Bodenphysik auch sein mag.

Die physikalischen Feinsedimentanalysen umfassen z. B. die Korn-
größen- und Kornformbestimmungen, wie sie schon aus der Grobsedimentanalyse bekannt sind (siehe Kap. 4.2.1) – allerdings unter Einsatz *verfeiner-*
ter Techniken. Hier besteht ein direkter methodischer und sachlicher Zusammenhang (siehe auch Abb. 50). Viele Sedimente enthalten sowohl
Grob- als auch Feinbestandteile, die aus methodentechnischen Gründen

getrennt untersucht werden müssen – auch wenn am Ende der Sedimentanalyse eine einheitliche Aussage stehen soll. Aber selbst innerhalb der Feinsedimentanalyse sind, aus gleichen Gründen, solche Unterschiede in der Erfassung bestimmter Korngrößenklassen erforderlich.

Im Gegensatz zur Grobsedimentanalyse, die in ihren Aussagen unmittelbar an die Geländebeobachtung des Reliefs anschließt und ohne diese auch nicht ansatzweise korrekte genetische Aussagen zuläßt, lassen sich aus den Ergebnissen der Feinsedimentanalysen viel umfassendere Schlüsse über die Substrat- und Bodengenese ziehen, weil zahlreiche weitere, über die Korngrößen- und -formanalyse hinausgehende und genetisch zu interpretierende Einzeldaten anfallen. Die Feinsedimentanalyse geht natürlich ursächlich aus der Geländebeobachtung hervor und sie dient deren Verfeinerung. In der genetischen Aussage ist sie jedoch vielseitiger als die Grobsedimentanalyse, weil die zahlreichen in der Feinsedimentanalyse beschriebenen Merkmale von Sedimenten und Böden eine weitergehende, mehr *ökologisch-standörtlich* orientierte Interpretation der Landschaftsgenese erlauben. Dies hängt auch damit zusammen, daß in der Feinsedimentanalyse meistens *Böden* untersucht werden, die innerhalb der Landschaftsentwicklung und der Morphogenese eine zentrale Stellung als Indikatoren der Umweltbedingungen einnehmen (siehe Kap. 1.1 und 3.2.2.2).

Aus der Fülle sedimentologisch-bodenkundlicher Labortechniken werden in diesem Buch nur diejenigen dargestellt, die innerhalb der Geographie vielfältig nutzbar sind. Daß diese Auswahl beschränkt sein muß, zeigen u. a. die in Kapitel 1.1 erwähnten „Methodenbücher". Standarduntersuchungen, wie Korngrößenanalysen, Bodenfeuchte- und Porenvolumenermittlung sowie die Bestimmung von Bodenfarbe und Bodengefüge stehen daher im Vordergrund. Alle anderen hier und ein Teil der in Kapitel 4.2.3 beschriebenen Methoden werden nur bei bestimmten Zielsetzungen und Fragestellungen angewandt. Dies mindert nicht ihre Bedeutung, sondern soll nur unterstreichen, daß bei bestimmten Sedimenten bzw. Böden nur eine ganz spezifische Technik zu Aussagen führt. Die beschriebenen Untersuchungsmethoden und -techniken reichen aber unter normalen Umständen aus, die geomorphologischen, landschaftsökologischen, paläopedologischen oder bodengeographischen Probleme mit Maß und Zahl lösen zu helfen.

Die Untergliederung der Feinsedimentanalysen in physikalische und chemische Analysen ist rein formaler Natur und erfolgt aus Gründen der Übersichtlichkeit.

4.2.2.1 Bodenfarbansprache

Die *„Boden"farbe* wird gewöhnlich an frischem bis feuchtem Feinsediment im Gelände bestimmt. Da der Boden dort aber immer einen unterschiedlichen Feuchtigkeitsgrad besitzt, wird der Farbton bei jeder Bestimmung anders ausfallen. Man sollte daher nicht versäumen, neben der Farbbestimmung im Gelände eine im Labor mit getrocknetem Bodenmaterial vorzunehmen. Das Vorgehen ist in den Profilbeschreibungen anzugeben.

Naheliegend ist die Ansprache nach dem natürlichen Farbempfinden. Aber selbst geübte Bodenkundler weichen bei der Farbbestimmung ein und desselben Bodens voneinander ab. Man nimmt deshalb Farbtafeln zu Hilfe, wie die MUNSELL *Soil Color Charts* (1954) oder die *Standard Revised Color Charts* (M. OYAMA und H. TAKEHARO 1967), die eine einwandfreie Bestimmung ermöglichen. Die Farbtafeln enthalten eine große Anzahl stark differenzierter, gelochter Farbmusterkärtchen, unter die eine geringe Menge frischen oder getrockneten Probengutes gehalten wird. Die Farbe wird in einer Ziffern-Buchstaben-Kombination angegeben, wie z. B. die häufig vorkommende Lößfarbe „10 YR 7/4", ein blaßbräunlicher bis gelblicher Farbton. Die Buchstabenkombination gibt den Farb*ton* an, die davorgestellte Zahl (0 bis 10) das Zu- oder Abnehmen des anderen Farbanteils. Die Ziffernkombination gibt einesteils den Farb*wert* (von 0 bis 10) und anderenteils den Farb*sättigungswert* (von 0 bis 5) an. Der Unterschied zwischen Feucht- und Trockenbestimmung äußert sich in einer Veränderung der Ziffernkombination um drei Einheiten für den Farbwert und um zwei Einheiten für den Farbsättigungswert. Die Farbtonbestimmung hingegen bleibt unverändert.

Ursachen von Boden- und Sedimentfarben können die Mineralgehalte (R. FABRY 1950; P. SCHEFFER und P. SCHACHTSCHABEL [8]1973) sein. Die Farben zeigen aber auch Eigenschaften und Bildungsbedingungen der Böden an:

Grauschwarz, Dunkelbraun, Schwarz	Organische Substanz
Grünblau, Grau	Reduzierendes Milieu
Braun, Rot, Rotbraun, Gelb	Oxydierendes Milieu
Helle Farben allgemein	Bleichung und Sauerung, Humusarmut

4.2.2.2 Gravimetrische Bodenfeuchtegehaltsbestimmung

E. NEEF (1960) betont, daß Messungen des Bodenfeuchtegehaltes für die landschaftsökologische Forschung von großem Wert sind. Das *Bodenwasser* und mit ihm die über dem Grundwasser im Boden befindliche *Bodenfeuchte* ist eines der ökologischen Hauptmerkmale. Das Bodenwasser umfaßt *alle* im Boden unterirdisch auftretenden Wasserformen (E. MÜCKENHAUSEN und H. ZAKOSEK 1961). Es steht mit vielen Ökofaktoren in einem naturgesetzlichen Zusammenhang: Für Entwicklung und Eigenschaft der Böden und die Existenz der Vegetation kommt ihm eine hohe Wirkung zu. Der Gang der Boden*feuchte* steht mit den Niederschlägen, der Verdunstung von der Landoberfläche, der Evaporation, der produktiven Verdunstung durch den Pflanzenkörper, der Transpiration, dem oberflächlichen Abfluß und den übrigen unterirdischen Wasserbewegungen im Zusammenhang. Gegenüber den stabilen Faktoren Vegetation und Boden reagiert die Bodenfeuchte als labiler Faktor spontan. Ebenfalls im Gegensatz zu den beiden anderen ökologischen Hauptmerkmalen Vegetation und Boden stehend ist die Bodenfeuchte exakter meßbar.

Neben der Bodenfeuchtebestimmung nach der Abbrennmethode (mit Alkohol), der Calciumcarbidmethode, mit elektrischen Widerstandsmessungen, der Neutronensonde und anderen mehr oder weniger aufwendigen Methoden[28] besteht die Möglichkeit, den Feuchtegehalt durch Bestimmung der Wasserabgabe zu ermitteln. Dies ist mit einem hohen Grad an Genauigkeit ziemlich einfach durchzuführen und hat sich bei landschaftsökologischen und bodengeographischen Untersuchungen gut bewährt.

Die Proben werden mit Stechzylindern entnommen. Man läßt sie in den Stechzylindern oder füllt sie in Plastikbeutel um. Werden die Proben mit dem Pürckhauer entnommen, kann man das Probegut gleich in Gläser oder Plastikfläschchen füllen, mit denen im Labor weitergearbeitet wird. Das ist bei Reihenuntersuchungen wichtig. Die Behältnisse werden im Gelände *dicht* verschlossen und umgehend ins Labor gebracht.

Die Wassergehaltsbestimmung erfolgt durch Messung der *Gewichtsdifferenz* Frischgewicht/Trockengewicht. Zunächst werden die Gefäße einschließlich Inhalt gewogen. Sie sind dann sofort in den Trockenschrank zu bringen und bei 105 °C zu trocknen. Das Abkühlen kann im Trockenschrank oder im Exsiccator erfolgen. Es schließen sich Wiegen und Bestimmung des Trockengewichtes an.

Der Bodenfeuchtegehalt wird in Gewichts- oder Volumenprozenten berechnet, dabei kann auf das Bodenfrisch- oder Bodentrockengewicht bezogen werden. L. STEUBING (1965) gibt dafür als Gleichungen an:

---

[28] Methodische Details sind den „Methodenbüchern" zu entnehmen. Als Hinweis auf eine chemische Schnellbestimmungsmethode siehe die Arbeit E. L. MEREK und G. C. CARLE (1974). Auf die Problematik der recht weit verbreiteten Neutronensondenmessung weisen G. C. CANNEL und C. W. ASBELL (1974), A. SÜSS und G. SCHURMANN (1967) sowie H. HANUS, A. SÜSS und G. SCHURMANN (1972) hin.

$$W = \frac{F - T}{F} \cdot 100 = \text{Wassergehalt in \% des Bodenfrischgewichts,}$$

$$W = \frac{F - T}{T} \cdot 100 = \text{Wassergehalt in \% des Bodentrockengewichts}$$

$$W = \frac{F - T}{V} \cdot 100 = \text{Wassergehalt in \% des Bodenvolumens.}$$

Eine sehr praktische aber kostspielige Methode der Bodenfeuchtegehaltsbestimmung stellt die Messung mit der *Neutronensonde* dar, die u. a. bei H. J. FIEDLER und H. SCHMIEDEL (1973) beschrieben wird. Die Messungen werden jedoch von physikalischen und biologischen Bodeneigenschaften beeinflußt.[29]

4.2.2.3 Porenvolumenbestimmung

Das *Porenvolumen* wird als die Summe aller Hohlräume eines Bodens definiert. Es besitzt für landschaftsökologische und paläopedologische Untersuchungen Bedeutung: Temperaturhaushalt, Durchlüftung und Wasserbeweglichkeit in Böden und Lockersedimenten werden direkt oder indirekt vom Porenvolumen determiniert. Es unterliegt aber Schwankungen durch Niederschlags- und Verdunstungsgang. Geringere Durchwurzelung, fehlende Beackerung und Auflast des Hangenden lassen das Porenvolumen nach der Tiefe hin im allgemeinen abnehmen. Das Porenvolumen wird zudem durch die einzelnen Bodenarten variiert. So kann das Porenvolumen im Oberteil von Sandböden um 50% betragen, in Tonböden um 60% und in Moorböden fast 80% (Abb. 69).

Das Porenvolumen (PV) ist *rechnerisch* zu ermitteln, indem man sich der Formel

$$PV \% = (1 - \frac{D_1}{D_2}) \cdot 100$$

bedient (F. SCHEFFER und P. SCHACHTSCHABEL [8]1973), wobei D_1 das Volumengewicht des Bodens und D_2 die Dichte seiner festen Teilchen darstellt. – L. STEUBING (1965) und andere Autoren bestimmen zuerst das Volumentrockengewicht

$$V_t = \frac{\text{Trockengewicht des gewachsenen Bodens in g}}{\text{Volumen des gewachsenen Bodens}},$$

[29] Siehe Anm. 28.

dann das spezifische Gewicht

$$s = \frac{\text{Gewicht des trockenen Bodens in g}}{\text{Volumen des trockenen Bodens in ml (ohne Hohlräume)}}$$

$$PV = 100 - \frac{V_t \cdot 100}{s} \; .$$

Zur *Bestimmung des Volumens* des trockenen Bodens werden bei vier Kontrollmessungen 20 g trockener Boden in einen 50 ml-Meßkolben gegeben. Dieser wird aus einer 50 ml-Bürette bis zur Hälfte mit Xylol oder Methanol gefüllt und anschließend kräftig umgeschüttelt, bis keine Luftblasen mehr aufsteigen. Dann wird der Kolben bis zum Eichstrich weiter aufgefüllt. Das in der Bürette verbliebene Xylol bzw. Methanol entspricht dem Volumen von 20 g trockenem Boden.

Die *direkte Bestimmung* des Porenvolumens hat die Entnahme der Proben mit Stechzylindern zur Voraussetzung. Dabei ist auf Schütterfreiheit zu achten, ebenso beim Transport in das Labor. Zunächst wird der Wassergehalt in Prozent des Bodenvolumens bestimmt (siehe Kap. 4.2.2.2). Die trockene Probe untersucht man dann mit dem *Luftdruckpyknometer* auf ihr Gesamtvolumen: Die Probe wird in eine dicht zu verschließende Kammer gebracht. Durch Druck auf die Flüssigkeitssäule kann ein Gleichstand in den beiden Teilröhren erzielt werden. Der gesuchte

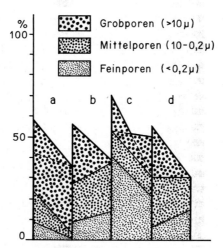

Abb. 69:   *Porenvolumina in Prozent des Gesamtporenvolumens in wichtigen Böden und deren Aufteilung in Porengrößenbereiche:* a. Sandböden; b. Schluffböden; c. Tonböden; d. Geschiebelehmböden, Geschiebemergelböden und Böden auf Solifluktionsmaterial (nach K. H. HARTGE 1971).

Wert wird dann an der Skala abgelesen, anschließend die Flüssigkeitssäule allmählich entlastet. Erst wenn der Verzweigungspunkt der beiden Säulenarme von der Flüssigkeitssäule unterschritten ist, wird die Probe wieder aus der Kammer entfernt. Für korrektes Arbeiten mit dem Luftpyknometer ist Temperaturgleichheit von Gerät und Probe erforderlich, erreichbar durch Temperaturkonstanz im Laborraum. Bekannt sind oder bestimmt werden das Zylindergewicht (a), das Feuchtgewicht (b), das Feuchtvolumen (c) und das Trockengewicht (d). Daraus errechnet werden: der Wassergehalt (e) = (b)–(d) in g = Vol.-%, das Substanzvolumen (f) = (c)–(e) und der Luftgehalt, der sich aus der Differenz zwischen Wassergehalt plus Substanzvolumen und dem ursprünglichen Bodenvolumen (Volumen des Zylinders) errechnen läßt. – Im Zusammenhang mit dem Porenvolumen ist auch die Porengrößenverteilung für viele pedogenetische und ökologische Prozesse wesentlich. Sie wird aus anderen Analysendaten errechnet (K. H. HARTGE 1965, 1971; M. RENGER 1971).

4.2.2.4 Korngrößen- und Kornformanalysen

Innerhalb der pedologisch-sedimentologischen Arbeitsweisen der Geomorphologie, Bodenkunde und Landschaftsökologie, aber auch in der Geologie und Ingenieurgeologie (E. SCHULTZE und H. MUHS [2]1967), spielt die Korngrößenanalyse eine zentrale Rolle (Abb. 70). Wesentlich geringere Bedeutung besitzen die Korn*formgestalt*bestimmungen, die an die Methodik der Grobsedimentanalyse anschließen. Deswegen und wegen der geringeren Bedeutung wird die Kornformanalyse nur peripher behandelt, zumal in Kapitel 3.2.3.4 teilweise bereits darauf eingegangen wurde.

Die *Korngrößenanalyse* oder granulometrische Analyse stellt die Zusammensetzung eines Gesteins, eines Lockersediments oder eines Bodens, d. h. eines Mineralkörnergemischs, nach Größengruppen fest. Die Bedeutung der Korngrößenanalyse beruht darin, daß die Korngrößenverteilung die wichtigste Eigenschaft eines Bodens oder Sediments ist, weil weitere Bodeneigenschaften unmittelbar davon abhängen. K. H. HARTGE (1971) spricht ihr den Wert einer „Materialkonstante" zu. H. FASTABEND (1965) weist allerdings darauf hin, daß aus chemischen und physikalischen Gründen die Ergebnisse von Korngrößenanalysen stark voneinander abweichen und daher eine Vergleichbarkeit nicht immer gewährleistet sei. Ihm erscheint der Analysengang nicht genügend detailliert festgelegt, so daß sich zahlreiche methodische Fehler einschleichen können. Für die Zwecke der Geomorphologie, Bodenkunde und Landschaftsökologie reicht jedoch die Beachtung der Standardbedingungen aus, wie auch Methodenbücher aus anderen Sprachräumen zeigen (Ch. F. ROYSE 1970; F. VERGER 1963).

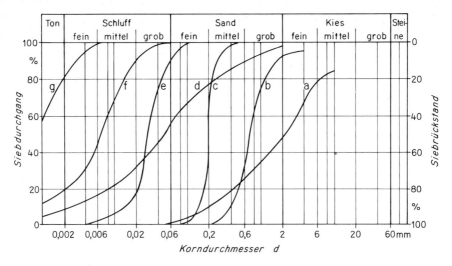

Abb. 70:   *Kornverteilungskurven häufiger Bodenarten:* a. Sand und Kies; b. Grobsand, mittelsandig; c. Mittel- und Feinsand; d. Grobschluff (Mehlsand, schluffig); e. Schluff, tonig; f. Ton; g. Geschiebemergel (nach E. SCHULTZE und H. MUHS [2]1967).

Aus praktischen Gründen trennt man die Hauptkorngrößengruppen voneinander und bestimmt die Korngrößenzusammensetzung der Teilmengen an der Menge der Gesamtprobe. Aus dem Verhältnis der Größengruppen zueinander lassen sich in manchen Fällen Schlüsse auf pedogenetische Prozesse und Vorgänge der exogenen Dynamik ziehen. Darauf weisen auch morphoskopische und mineralische Analysen hin.

Korngrößenermittlungen bewegen sich gewöhnlich zwischen 1 oder 2 μ (als Grenze) und der größten Maschenweite des benutzten Siebsatzes. Die Korngrößen unter 2 μ werden bei geomorphologischen Untersuchungen nur in Ausnahmefällen geborgen, ihre weitere Unterteilung ist meistens nicht erforderlich. – Als Methodenbereiche bei der Korngrößenermittlung (siehe auch Abb. 50) gelten nach E. KÖSTER (1960):

(1) *direktes Messen* : oberhalb der vorhandenen größten Maschenweite

(2) *Siebung* : unterhalb der vorhandenen größten Maschenweite bis 0,06 mm

(3) *Schlämmen und Zentrifugieren* : unterhalb 0,06 mm.

Das *Gewicht* der zur Analyse verwendeten Proben wird entsprechend ihrer Hauptkorngröße gestaffelt. Für kleine Korngrößen, die im indirekten Meßverfahren separiert werden, genügen kleine Mengen. Gröbere Korngrößen, die man im direkten Meßverfahren ermittelt, erfordern größere Materialmengen. So enthält 1 g Schluff der Korngröße zwischen 0,02 und 0,03 mm $\emptyset$ etwa 38 Mill. Körner, während 1 g Kies zwischen 2,0 und 3,56 mm $\emptyset$ etwa 40 Körner enthält. Daraus resultiert eine Staffelung der Probemenge: Sie schwankt je nach angewandtem Separierungsgerät bei Ton zwischen 5 und 10 g, bei Schluff zwischen 10 und 50 g, bei Sand zwischen 50 und 500 g und bei Kies zwischen 300 und 1000 g. Während in der Bautechnik und Industrie größere Mengen verwandt werden, kann in den Erdwissenschaften darauf verzichtet werden, weil diese aus vielen kleinen Einzelmengen ein Bild von der Genese gewinnen möchten, während die Technik aus einer größeren Menge ein Bild über die Zusammensetzung technisch verwertbarer Sedimente erhalten will.

Eine *direkte Messung* der Korngrößen erfolgt im Rahmen der Feinsedimentanalyse für geomorphologisch-ökologische Zwecke nicht. Auf Möglichkeiten dazu geht G. MÜLLER (1964) ein.

Vorbereitung der Korngrößenanalysen. Neben der *allgemeinen Vorbereitung* der Proben für die Laborarbeit (siehe Kap. 4.1) ist eine *Aufbereitung* der Proben speziell für die Korngrößenanalysen erforderlich. Diese differiert je nach eingesetzter Analysentechnik. Ein Teil der Aufbereitungsverfahren bleiben jedoch gleich.

Lockermaterial muß vor der Analyse gereinigt werden, wenn die Körner von Fremdbestandteilen überzogen sind. Außerdem sind die Aggregate (nicht jedoch die natürlichen Korngrößen!) zu zerstören. Dies ist notwendig, um Meßfehler durch Zusammenhaftungen zu verhindern, die eine Gröberkörnigkeit der Probe vortäuschen. Verbackene Mineralien oder Mineralkombinationen werden aus ihren Bindemitteln herausgelöst. Diese bestehen im wesentlichen aus tonigen, hämatitischen, kaolinitischen, kalkigen oder kieseligen Bestandteilen, die verschieden schwer zu beseitigen sind. Für die Auflösung bedient man sich mechanischer oder chemischer Mittel. Die mechanische Auflösung geschieht durch Zerdrücken oder Zerschlagen des Materials (Mörser, Mühlen), wobei eine teilweise Zerstörung der Mineralkörner unvermeidlich ist. Beim Einsatz von Chemikalien sollten keine starken Säuren eingesetzt werden. Bindemittel haben für die klimageomorphologische Deutung von Sedimenten und Böden Indikatorwert. Insofern muß man eventuell vorhandene primäre und sekundäre Bindemittel gelegentlich mitberücksichtigen: Das primäre Bindemittel soll gewöhnlich erhalten, das sekundäre hingegen aufgelöst werden. Solche Doppelverfestigungen können bei mehrmals verlagerten Sedimenten auftreten (siehe Kap. 3.2.2.2).

Reinigung und *Auflösung* verbackenen Materials richten sich nach dem Sedimentcharakter. Vor allem feinkörnige Böden und Sedimente neigen öfter zu stärkeren Verklebungen als grobkörnige. Kiese und Sande sind mit destilliertem Wasser zu waschen. Bei starker Verschmutzung – besonders durch humose Stoffe und Eisenoxid – kann Wasserstoffperoxid (H_2O_2), Soda, schwache Salzsäure oder Essigsäure zugesetzt werden. *Stark verbackene Minerale* werden mit mechanischen – oder wenn dies nicht ausreicht – mit chemischen Mitteln getrennt, wobei eine Verletzung der Minerale, besonders bei chemischen Verfahren, so weit wie möglich zu verhindern ist. Tonige und hämatitische Bindemittel kann man oft durch Zerreiben mit einem Pinsel oder den Fingern unter *destilliertem* Wasser – teils nach längerem Einweichen, teils nach Erwärmen des Wassers – auflösen. Zu harter Ton wäre vorher mit Gummi- oder Holzpistill vorsichtig zu zerkleinern. So lassen sich außer Tonen und Schluffen auch Tonsteine, Mergelsteine, bei nicht zu starker Verhärtung auch Arkosen, Sandsteine und Grauwacken lösen. In hartnäckigen Fällen muß die Probe in mechanischen Schüttlern stundenlang bewegt oder schließlich noch gekocht werden. Um *Koagulation* zu verhindern, erfolgt dies in Ammoniakwasser (0,005–0,01n; humus- und kalkreiche Substrate 0,1n). – Die Tongesteine sind dabei besonders sorgfältig zu behandeln, weil die Partikel unter Säureeinfluß, zum Teil auch schon in kochendem Wasser, zu Veränderungen neigen. Marine Tone müssen beispielsweise zur Vermeidung von Koagulation entsalzt werden. Die Koagulation verändert die kolloidale Zerteilung durch Elektrolyse. Das dadurch verursachte Aneinanderhaften der Teilchen verfälscht das Bild der Kornzusammensetzung. Die Wirkung der Koagulation beginnt wahrnehmbar bei Korngrößen unter 20 µ, am stärksten wirkt sie sich bei Größen unter 1 µ aus. Der Vorgang der Flockung ist unter dem Mikroskop, bei Erfahrung auch mit bloßem Auge feststellbar. Die Gefahr der Koagulierung wird, neben der Entsalzung, herabgemindert durch eine geringere Konzentration der Aufschlämmung und durch chemische Beigaben. Soweit es sich um die Aufteilung von Ton, Illit, Kaolinit, Halloysit, Glimmer, Augit, Hornblende handelt, ist der Aufschlämmung als *Dispergator* Ammoniak, Natriumoxalat oder Natriumpyrophosphat zuzusetzen. Eine Zusammenstellung verschiedener *Dispersionsmittel* bringt E. Köster (1964). Bevorzugt wird, wegen der Vergleichsmöglichkeit und weil das Dispergierungsmittel in die Berechnungen miteingeht, $Na_4P_2O_7$.

Bei *kieseligem Bindemittel* ist die Auflösung vom Grad der Verkieselung abhängig. Ist sie nicht zu stark, hilft wiederum Zerreiben im Mörser. Bei zu starkem Reiben können jedoch Quarzkörner abgerundet und Mineralien wie Feldspat, Glimmer oder Glaukonit beschädigt werden.

Die *Dispergierung* mit $0,2n-Na_4P_2O_7$-Lösung geschieht wie folgt:

vom Feinboden unter 2 mm ∅ werden 10 g in Schüttelflaschen eingewogen und mit 25 ml Dispergierungsmittel versetzt; etwas schwenken; über Nacht stehenlassen *oder* kurz aufkochen, nachdem 200–250 ml aqua dest. dazugegeben wurden; anschließend Flasche bis zur Hälfte weiter auffüllen und auf der Schüttelmaschine 2 Std. schütteln. – Der Dispergator nimmt Einfluß auf die Analysenqualität. Besonders bei ton- und kalkreichen Böden sind u. U. andere oder modifizierte Verfahren einzusetzen (L. Jung & W. Rohmer 1966; K.-H. Pfeffer 1969).

Die *Zerstörung der organischen Substanz* erfolgt nur bei Böden, die über 2% davon enthalten. Man führt sie *vor* der Dispergierung durch. Die 10 g Boden in ein Becherglas geben, darüber 30 ml H_2O_2; Überschäumen durch Zugabe von aqua dest. verhindern (Spritzflasche); über Nacht stehen lassen; verbliebenes H_2O_2 durch Kochen beseitigen; danach quantitatives Umfüllen in Schüttelflasche. Weiteres Vorgehen siehe Dispergierung.

Siebanalyse der Feinsedimente und Böden. Das *Prinzip der Siebung:* die dispergierte und geschüttelte Probe wird quantitativ in einen aufeinandergeschraubten Siebsatz (z. B. 2 mm, 1 mm, 0,5 mm, 0,25 mm, 0,125 mm, 0,09 mm, 0,063 mm; oben größte, unten kleinste Maschenweite. Siebgrößen siehe auch Tab. 11) gespült, der in eine Siebmaschine eingespannt ist.

Tab. 11 Wichtige Siebfraktionen: Gegenüberstellung der deutschen logarithmischen Atterberg-Skala mit der amerikanischen Wentworth-Skala (nach K. H. Sindowski u. a.1961).

ζ	mm	logarithmische Atterberg-Skala	DIN 4022	wichtigste DIN-Siebe	mm ∅	Wentworth-Skala	ASTM-Siebe US-Norm	mm	φ
0	2				2——2		I	2	-1
		I				sehr grober Sand		1,68	
⅛	1,5				1,5		II	1,41	
		II	Grobsand		1,2		III	1,19	
¼	1,1				1——1		IV	1	0
		III					I	0,84	
⅜	0,84				0,75	Grobsand	II	0,71	
		IV			0,6		III	0,59	
½	0,63						IV		
		I			0,5——0,5		I	0,5	+1
⅝	0,47				0,4		II	0,42	
¾	0,36	II	Mittelsand			Mittelsand	III	0,35	
		III			0,3		IV	0,297	
⅞	0,26				0,25 0,25		I	0,25	+2
		IV			0,2		II	0,21	
1	0,2					Feinsand		0,177	
		I			0,15		III		
1⅛	0,15						IV	0,149	
		II	Feinsand		0,12 0,125		I	0,125	+3
1¼	0,11				0,1			0,105	
		III			0,09	sehr feiner Sand	II	0,088	
1⅜	0,084				0,075		III	0,074	
		IV					IV		
1½	0,063				0,06 0,062			0,062	+4

In geomorphologischen Labors wird gewöhnlich 2 min naß gesiebt, wenn der gekoppelte Arbeitsgang (s. u.) durchgeführt wird. Sonst muß man 20–30 min sieben, wobei der Siebvorgang ständig zu beobachten ist. Wasserzugabe erfolgt nach Bedarf. Siebe anschließend quantitativ säubern; einzelne Fraktionen getrennt zum Trocknen in Bechergläser geben (Trockenschrank bei 105 °C); danach Wägung. Andere Möglichkeit: ganzen Siebsatz wie oben trocknen; Siebe rütteln (um die Fraktionen ganz zu verteilen); Fraktionen auswiegen. Becher leer nachwiegen, um Gewichtsdifferenz „voll-leer" zu haben. – In den Siebmaschen verbliebene Körner bei Leeren der Becher mit Pinsel oder Nadel herauslösen. – Da zur Gesamtprobe auch die Feinfraktionen gehören, müssen diese durch Pipettierung extra bestimmt werden (siehe Kap. unten). Beide Arbeitsgänge lassen sich *koppeln,* wenn die Pipettierung zuerst durchgeführt wird und die groben Fraktionen, die sich noch vollständig im Sedimentierzylinder befinden, direkt aus diesem quantitativ in den Siebsatz umgefüllt werden. Ansonsten: Gesamtfeinanteil bestimmen aus Gewichtsdifferenz zwischen Gewicht der Gesamtprobe und Gewicht der Grobfraktionen der Siebung. Hierin ist allerdings der Siebfehler enthalten.

Über dieses allgemeine Prinzip hinaus wären bei der Siebung jedoch noch weitere Details und Möglichkeiten zu beachten. Grundsätzliche Aufgabe einer Feinsedimentsiebung ist, körniges Material auf einem Sieb oder mehreren untereinander befindlichen Sieben verschiedener Maschenweite solange zu bewegen, bis eine Sortierung nach Korngrößen im Bereich von 0,063 bis 2,0 mm erfolgt ist. Die Siebung geschieht durch

(1) Bewegen des Siebsatzes,

(2) Bewegen der Körner im ruhenden Sieb,

(3) Vibrieren der Siebgewebe und Körner.

Der Siebsatz wird manuell oder mechanisch so geschüttelt, daß sich das Siebgut entweder in der Ebene bewegt (Plansiebmaschine) oder senkrecht auf die Siebfläche geworfen wird (Wurfsiebmaschine). Die manuelle Siebung, welche z. B. zur Feinerdegewinnung (unter 2 mm ⌀) führen soll (siehe Kap. 4.1.2), hat in einem bestimmten Rhythmus zu erfolgen, bei welchem Kreisschwingungen in der Ebene und solche senkrecht dazu abwechseln. Bei genügender Ausdauer des Analytikers erbringt diese Siebart gute Ergebnisse. Reihenuntersuchungen erfordern eine gleichmäßige Wiederholung der Perioden. Plansiebmaschinen haben den Nachteil, daß sich das Siebgut lediglich in der Ebene bewegt, bei einigen Sonderkonstruktionen wird der Siebvorgang jedoch unterstützt durch kleine stoßende Bewegungen, die den Körnern so den Durchgang durch das Sieb erleichtern. Bessere Ergebnisse erzielen in bestimmten Zeitabständen zwischengeschaltete manuelle Bewegungen senkrecht zur Siebebene. Eine Verbesserung des Siebergebnisses wird bei beiden Methoden durch Gummiwürfel

(1 cm^3 groß) erreicht, von denen zwei oder drei auf jedes Sieb bis zur Maschenweite 0,2 mm gelegt werden. Durch ihre stoßende und schiebende Bewegung unterstützen sie den Siebvorgang (P. SCHNEIDERHÖHN 1953). Bei den in geomorphologischen Labors seltener eingesetzten Wurfsiebmaschinen wird das Material auf die Siebebene geschleudert, wobei die kräftige Schleuderbewegung den Durchgang erleichtert. Bei kleinen Korngrößen wird dadurch kein gutes Siebergebnis erzielt, weil diesen Körnern die nötige Schleuderkraft fehlt. Nach W. BATEL (^{3}1972) ist die Trennung von grober Körnung beim Wurfsieb sehr gut, und beim Plansieb gut, bei feiner Körnung beim Wurfsieb schlecht und beim Plansieb gut. – Im ruhenden Sieb wird das Material durch einen Luft- oder Wasserstrom bewegt. – Gewöhnlich wird die Naßsiebung nur in Kombination mit elektromechanisch bewegten Sieben durchgeführt, die teils nach dem Wurfsiebprinzip arbeiten, teils nur Plansieben. Das Luftstromprinzip ist weniger gebräuchlich. Naßsiebungen dieser Art haben den Vorteil, schnell abzulaufen. Nach E. KÖSTER (1960, 1964, 1967) werden Genauigkeit der Siebung und schnelle Durchführung erhöht, wenn jedes Sieb für sich – beim größten Maschenabstand beginnend – dem Wasserstrahl ausgesetzt wird. In geomorphologisch-bodenkundlichen Labors ist dieser Aufwand nicht immer erforderlich. Die gewonnenen Werte haben sich bisher, auch im Gegensatz zu K.-H. SINDOWSKI u. a. (1961) und H. FASTABEND (1965), als ausreichend genau erwiesen.

Die *Güte der Siebung* hängt wesentlich von ihrer Dauer ab. Diese ist wieder abhängig von der Bewegungsmechanik, von Form und Härte des Materials, von der Größe des Siebsatzes, der Menge und – bei Trockensiebung – von der Trockenheit des Materials. Da bei zu langer Siebdauer das Korn durch Abrieb in Mitleidenschaft gezogen wird, darf die Siebung nicht zu lange ausgedehnt werden. Hartes Material kann in Siebmaschinen 30 min trocken gesiebt werden. Bei grobem Material oder bei Handsiebung kann diese Zeit kürzer sein. Quarzkörner über 1,5 mm $\varnothing$ sind schon nach ca. 15 min fraktioniert. Es ist daher schwer, Siebzeiten vor Beginn der Siebung festzulegen. Eine Kontrolle erfolgt am besten durch heftiges Stoßen der Siebe auf den Tisch, nachdem das Bodenstück des Siebsatzes entfernt wurde. Dringt bei dieser Gewaltanwendung noch Material durch das unterste Sieb, ist die Siebung fortzusetzen. Für elektrische Naßsiebungen im Rahmen von Feinsedimentanalysen reichen i. a. 2 min Siebzeit aus.

Die günstigste *Form der Mineralkörner* für die Siebung wäre die von Kugeln oder Würfeln. Die Körner haben in der Regel aber verschiedene Achsenlängen, die zu Siebfehlern führen, weil ihr Durchgang von der Lage des Korns beim Auftreffen auf das Siebnetz abhängt. So können längliche oder elliptische Körner auch Maschen passieren, die kleiner als die größte Kornachse sind (sogenannte „verbotene Korngrößen"). In Wurfsieb- und

Vibrationssiebmaschinen ist dies leichter möglich als in Plansiebmaschinen. Der mit der Kornform verbundene Siebfehler kann ± 1% betragen (P. SCHNEIDERHÖHN 1953).

Bei Siebgut mit Mineralien *verschiedener Härte* kommen Verzerrungen der Korngrößenzusammensetzung zustande. Dies ist der Fall, wenn das Probengut Quarze und Schwerminerale neben Mineralien deutlich geringerer Härte enthält. In solchen Fällen nimmt der Feinstmaterialanteil zu. – Daß die Anzahl der Siebe und die *Materialmenge* von Einfluß auf die Siebdauer ist, bedarf keiner Betonung. Vor allen Siebungen ist eine Reinigung bzw. Trennung verklebten Materials vorzunehmen (siehe oben), was normalerweise bei der Vorbereitung der Probe erfolgt. Eine Trockensiebung kann also erst nach gründlicher Trocknung der Probe und der Siebe durchgeführt werden.

Verlustfehler entstehen durch verklemmte Körner im Maschennetz. Gröbere Körner sind durch einen Schlag oder mit der Nadel aus dem Maschennetz zu entfernen. Bei engmaschigen Netzen hilft nur ein intensives Bürsten mit Pinsel-, Stahl- oder Haarbürsten, wobei die Stahlbürste bei Sieben unter 0,2 mm Maschenweite nicht mehr angewandt werden darf. Bei Sieben mit kleinster Maschenweite reicht ein Gummiwischer aus. Besonders wirksam ist die Säuberung mit Hilfe von Preßluft, wobei aber ein Teil des Feinstmaterials verloren gehen kann. Der Verlust ist gering.

Der *Siebfehler* wird mit 1 bis 3% angenommen. Experimentelle Untersuchungen haben ergeben, daß bei Verwendung von Rundlochsieben die ermittelten Korndurchmesser größer sind als bei Verwendung von Maschensieben. Die Umrechnung erfolgt nach den Formeln Maschenabstand = 0,885 × Lochdurchmesser − 0,050 und Lochdurchmesser = 1,13 × Maschenabstand + 0,0565. Eine besonders in der Industrie angewandte Faustregel lautet: Maschenabstand = 0,8 × Lochdurchmesser. Fehler sind möglich durch *zulässige* Maschenfehler im Rahmen der Prüfvorschriften für Siebe (Toleranzvorschriften). Die Maschenfehlergrößen sind international festgelegt. Die Abweichungen sind unvermeidbar, weil die Ursache in der Technik der Siebherstellung liegt. Fehler treten aber schon bei der Aufbereitung der Probe auf, dann auch durch den Mahleffekt beim Sieben, durch zu kurze Siebdauer, nicht ausreichende Bewegungsmechanik und durch Verluste beim Leeren der Siebe. Eine zu große Siebgutmenge kann die Maschen verstopfen, ebenfalls Agglomerierung der Körner. Zu langes Sieben macht die Probe „feinerkörnig", weil zu viele „verbotene Korngrößen" die Maschen passieren. Die Güte der Siebung läßt sich mit folgender Formel errechnen:

$$\eta = \frac{\text{abgesiebte Feinkornmenge}}{\text{zugegebene Feinkornmenge}} \cdot 100\%$$

Spül- und Sedimentieranalyse der Feinsedimente und Böden. Die Siebungen bestimmen die Grobfraktionen nach dem Korndurchmesser. Die Feinfraktionen der Probe werden aufgrund ihres spezifischen Gewichts durch *Schlämmverfahren* ermittelt. Dazu gehören das *Spül-* und das *Sedimentierverfahren*. Ersteres wird in geomorphologischen Labors nicht generell verwandt und ist in verschiedenen Lehrbüchern beschrieben, so daß hier darauf nicht eingegangen zu werden braucht (u. a.: H.-J. FRANZ in: E. HEYER u. a. 1968; K. H. HARTGE 1971; E. KÖSTER 1960, 1964; G. MÜLLER, 1964).

Zentrale Bedeutung in der geomorphologisch-pedologischen Feinsedimentanalyse besitzt das Pipettverfahren, das als *ein* mögliches *Sedimentierverfahren* umfassender anwendbar und genauer ist als die Spülverfahren. Die Methodik der *Pipettanalyse* „beruht darauf, daß man durch mehrere Probenahmen mit einer Pipette unmittelbar über dem absedimentierten Bodensatz nach bestimmten Zeiten untersucht, wie sich die Feststoff-Konzentration einer ursprünglich homogenen Aufschlämmung ändert. Aus der Änderung der Feststoff-Konzentration (Bestimmung des Trockenrückstandes) ergibt sich die Mengenverteilung der einzelnen Kornfraktionen" (G. MÜLLER 1964).

Grundlage der Korngrößenbestimmung im natürlichen Schwerefeld bildet die Fallformel des englischen Physikers G. G. STOKES (1819–1903). Sie bestimmt den Widerstand, der einer fallenden Kugel von bestimmter Größe und einem bestimmten spezifischen Gewicht in einem Medium von bestimmter Dichte entgegengesetzt wird. Diese Formel ermöglicht, aus einer bestimmten Fallzeit den Durchmesser einer auf den Boden eines Gefäßes gesunkenen Kugel zu ermitteln. Da jedoch nicht alle Körper des zu analysierenden Gemisches Kugelform und (als Ausnahmen) das spezifische Gewicht des in die Formel eingesetzten Wertes haben, wird der Begriff des Äquivalentdurchmessers verwandt. Er ist der Durchmesser eines Körpers, der in gleichem Medium und gleicher Zeit die gleiche Strecke fällt, wie eine Kugel von einem bestimmten spezifischen Gewicht (E. KÖSTER 1964).

Die Anwendung der Formel von STOKES setzt voraus die Kenntnis des spezifischen Gewichts des Mediums, in dem der Körper fällt, und die Kenntnis des spezifischen Gewichts der fallenden Teilchen (das zur Separierung kommende Feinmaterial besteht hauptsächlich aus Ton- oder Quarzmineralien mit einem durchschnittlichen spezifischen Gewicht von 2,5–2,65). Die fallenden Teilchen dürfen in der Flüssigkeit nicht gleiten, was durch ihre Form hervorgerufen werden könnte (z. B. Glimmer). Nach E. KÖSTER (1964, 1967) soll die Fallhöhe mindestens 20 cm betragen. Im Labor wird unter Berücksichtigung der dann anderen Fallzeiten jedoch auch mit 5 und 10 cm gearbeitet. Die Ergebnisse sind dann noch genügend genau.

Das Korngemisch der Probe, um ein solches handelt es sich ja immer, trennt sich also auf Grund der verschiedenen Sinkgeschwindigkeiten der verschieden großen Körner. Das Verfahren eignet sich zum Trennen von Korngemischen der Größenordnung zwischen 0,06 bis 0,002 mm. Unter 0,002 mm Korndurchmesser müssen andere Verfahren eingesetzt werden (Abb. 50), weil kleinere Körner durch BROWNsche Bewegungen und Konvektionsströmungen im Absinken gehindert werden. Korngrößen über 0,06 mm sinken hingegen zu schnell ab und lassen sich deswegen nicht mehr mit der Pipette erfassen.

Der Sedimentationsprozeß läuft in einem *Sedimentierzylinder* ab, in welchen die 2 bis 10 g schwere, aufbereitete Probe (siehe Kap. oben) hineingegeben wird. Sedimentzylinder sind hinsichtlich der Apparatur die billigsten und einfachsten Geräte zur Durchführung von Korngrößenermittlungen. Ihr Vorteil ist eine verhältnismäßig einwandfreie Klassifizierung der Proben. Ihr Nachteil sind die u. U. langen Fallzeiten der Feinstfraktionen. Die Separierung mit dem Sedimentzylinder gehört zu den konventionellen unter den verschiedenen Separierungsmethoden. Bei Genauigkeitsuntersuchungen moderner Methoden wird meistens auf sie Bezug

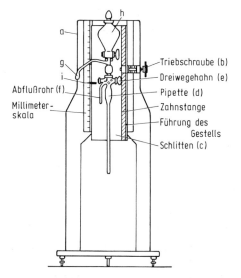

Abb. 71:   *Pipettapparat nach* KöHN *für die Korngrößenanalyse der Teilchen < 0,063 mm* Ø. Geräteteile: a. Gestell mit Millimetereinteilung; b. Triebschraube für den beweglichen Schlitten (c.); d. Pipette; e. Dreiwegehahn; f. Ablaufröhrchen; g. Saugstutzen (hier ohne Mundschlauch); h. Tropftrichter mit aqua dest. zum Nachspülen der Pipette; i. Marke am Schlitten für das Einstellen der Eintauchtiefe der Pipette nach der Skala auf dem Gestell (Entwurf: H. LESER).

genommen. Für den genauen Ablauf des Sedimentationsprozesses ist die Beachtung einiger Regeln erforderlich. Fehler in Sedimentierzylindern treten auf infolge von Temperaturänderungen im tragenden Medium, Konvektionsströme und Koagulation. Temperaturänderungen lassen sich vermeiden durch Benutzung gleichmäßig temperierter Untersuchungsräume oder durch Einstellen der Sedimentierzylinder in ein thermostatgeregeltes Wasserbad. Damit vermeidet man auch die Konvektionsströme. Koagulationen schaltet man durch geeignete Dispergatoren und durch zügige Durchführung der Fraktionierung aus, wobei sich bei Serienanalysen Probleme ergeben können.

Eingesetzt wird das Pipettverfahren nach KÖHN. Dazu bedarf es der Berücksichtigung nachstehender Tabelle:

Tab. 12: Fallzeit kugelförmiger Teilchen unterschiedlicher Größen bei verschiedenen Temperaturen

Korn-größe in mm	Tauch-tiefe der Pipette in cm	Temperaturen der Suspension					
		18°	19°	20°	21°	22°	23°
0,1	20	23″	23″	22″	22″	22″	22″
0,06	15	48″	48″	48″	45″	42″	39″
0,03	15	3′18″	3′12″	3′06″	3′00″	2′54″	2′48″
0,02	15	7′24″	7′12″	7′00″	6′51″	6′42″	6′23″
0,01	10	19′00″	15′50″	18′40″	18′34″	18′28″	18′22″
0,006	5	27′18″	26′40″	26′02″	25′30″	24′58″	24′26″
0,002	5	4h6′54″	4h0′16″	3h53′44″	3h48′42″	3h43′42″	3h38′42″

Gearbeitet wird mit einem Sedimentierzylinder (1000 ml), der mit einem Glas- oder (besser:) Plastikstopfen verschlossen wird. Letzterer verkeilt sich nicht. Die Zylinder werden bei den rationellen Serienmessungen in einer Reihe mit genügend Abstand aufgestellt, so daß der KÖHN-*Pi-pettapparat* (Abb. 71) umgestellt werden kann, ohne daß man die Nachbarzylinder berührt. (Es wird hier von dem abgebildeten Modell der KÖHN-Pipette ausgegangen. Davon gibt es verbesserte Modelle, über die in Spezialarbeiten unterrichtet wird: D. GOETZ 1971; G. STRUNK-LICHTENBERG 1971; H. WERNER 1973). Die Pipette des Geräts faßt 10 ml. Sie besitzt am unteren geschlossenen Ende Horizontalbohrungen, durch welche die Suspension aus mehr oder weniger einer Tiefe einströmen kann. Die Pipette ist mit einem Dreiwegehahn versehen und wird – über einen Schlauch – mit dem Mund betätigt. Der *Analysenablauf* beginnt wie folgt: Vorbereitung der Petrischälchen (Auswiegen für Leergewichte, auf gekennzeichneten Metalltabletts bereitstellen); Sedimentierzylinder mit der Probe auf 1000 ml exakt auffüllen; Festlegen der Fraktionen anhand Tabelle 12 und damit der Zeitabstände für die Schüttelungen (feinste Fraktionen bedürfen keiner Neuaufschüttelung; wenn vorsichtig gearbeitet wird, können bei errechneten Sedimentationszeiten von über 5 min – unter Berücksichtigung eines Zeitabstandes von 1 min zwischen den Aufschüttelungen der Zylinder – aus einer Aufschüttelung mehrere Fraktionen entnommen werden; dadurch wird auch die Gesamtanalysenzeit kürzer); zuerst die Fraktionen mit den kürzesten Fallzeiten entnehmen (erfolgt meist einzeln und direkt nach dem Aufschütteln; schnelles und korrektes Arbeiten erforderlich, weil sehr kurze Sedimentationszeiten). – R. THUN, R. HERRMANN und E. KNICKMANN ([3]1955) geben nachfolgende Handgriffe an (verändert):

(1) Eine Minute *vor* Ablauf der aus der Tabelle entnommenen Wartezeit: Pipette in Suspensionsoberfläche eintauchen, gleiche Höhe einstellen, auf Millimeterskala Stellung ablesen.

(2) Hahn schließen; Pipette auf gewünschte Eintauchtiefe vorsichtig und erschütterungsfrei einstellen.

(3) Sobald Wartezeit beendet, Hahn öffnen und Suspension langsam ansaugen bis Pipette bis *über* den Dreiwegehahn gefüllt ist. Hahn schließen.

(4) Herausheben der (noch) nicht verstellten Pipette aus dem Zylinder; Tropfen am Ansaugstutzen entfernen; überstehende Suspension oberhalb des Hahnes ablaufen lassen (richtige Stellung des Dreiwegehahnes beachten!); Nachspülen aus dem über der Pipette angebrachten Tropfrichter.

(5) Pipette in ausgewogenes Schälchen langsam auslaufen lassen; Durchspülen der Hahnbohrung und der Pipette mit Wasser aus dem Tropfrichter; Spülung ebenfalls in die Schale geben.

(6) Eindampfen des Schaleninhalts über dem Wasserbad *oder* Trocknen im Trockenschrank; Abkühlen im Exsiccator oder direkt im Trockenschrank; bald ausweigen, weil stark hygroskopisch, so daß infolge der geringen Substanzmengen wegen Luftfeuchtigkeitaufnahme große Fehler entstehen können.

Bei der *Berechnung* der Korngrößenanteile nach Gewichtsprozenten muß zum Schluß auch die Menge des Dispergators mitberücksichtigt werden. – Die Pipettmethode arbeitet zwischen den Korngrößen 0,02 und 0,002 mm ∅ am genauesten. Gegen die Obergrenze hin, also gegen 0,06 mm ∅, werden die *Fehler* größer, weil die Teilchen zu rasch sinken und dadurch nicht mehr alle erfaßt werden können. Die Standardabweichung kann hier $\pm$ 6% betragen, während sie im Bereich 0,02 bis 0,002 mm $\varnothing$ $\pm$ 3% beträgt. Daraus wird deutlich, weshalb die Grobfraktionen über 0,06 mm $\varnothing$ (= Sand) mit der Siebanalyse ermittelt werden müssen. Die Pipettanalyse beschränkt sich auf die Schluff- und Tonfraktion, wobei der Ton gewöhnlich nicht weiter unterteilt, sondern in der Fraktion „unter 0,002 mm" zusammengefaßt wird. Mit der „erweiterten Korngrößenanalyse" (H. TRIBUTH 1970, 1972) kann durch Fliehkraftsedimentation eine Separierung in die Korngrößenklassen unter 0,0006, unter 0,0002, unter 0,00006 und unter 0,00002 mm $\varnothing$ erreicht werden. Wie H. TRIBUTH (1970, 1972, 1975) zeigte, ergeben sich durch die Aufgliederung der Tonfraktion pedogenetische Ansprachehilfen.

Fehler können auch durch den *Substratcharakter* auftreten. So weist K.-H. PFEFFER (1969) darauf hin, daß die Korngrößenanalyse von Proben aus dem *Karst* etwas anders als sonst üblich (s. o.) ablaufen muß. Er schlägt folgendes Vorgehen vor:

(1) Probe 2 Tage im Trockenschrank bei 105 °C trocknen; 2 Tage an der Luft stehen lassen, da Proben stark hygroskopisch (Gewichtszunahme 8–15%!); *keine* Humus- und Karbonatzerstörung.

(2) 2,5 g (bei Sand: 5 g) Einwaage; 250 ml 0,004nNa$_4$P$_2$O$_7$; 2 Std. rühren; 2 Std. stehen lassen.

(3) Nasses Absieben (0,1 mm-Sieb; bei hohem Feinstsandgehalt 0,063 mm-Sieb); Siebrückstand bei 105 °C trocknen; Trockensiebung (Siebsatz: 0,6; 0,2 und 0,1 mm).

(4) Suspension (= Fraktionen unter 0,1 mm) über Nacht stehen lassen; dann auf 1000 ml auffüllen (Dispergator: 0,001nNa$_4$P$_2$O$_7$);

(5) Schälchen mit den Einzelfraktionen auf Wasserbad vortrocknen; über Nacht im Trockenschrank bei 105 °C ganz trocknen; auswiegen; Peptisatorabzug 0,67 mg = 0,7 mg.

Eine weitere praktische Methode für schnelle Korngrößenbestimmungen sind *Aräometeranalysen*. Sie ist weit weniger genau als die Pipettanalyse, eignet sich jedoch für Massenbestimmungen der Ton- und Schlufffraktion. Das Prinzip dieser Methode: Bestimmung der Mengenanteile durch Dichteänderungen der Suspension infolge Heraussinkens der einzelnen Kornfraktionen nach bestimmten Zeiten. Die Technik und die dazugehörigen Nomogramme für die Auswertung beschreiben E. SCHLICHTING und H.-P. BLUME (1966), E. SCHULTZE und H. MUHS ([2]1967) sowie F. VERGER (1963). Die Fehlerquellen sind die gleichen wie bei der Pipettanalyse. – Aus den schon lange verwendeten „Sedimentationswaagen" wurden automatische *Korngrößenanalysatoren* für verschiedene (z. T. alle) Korngrößenbereiche unter 0,063 mm ∅ entwickelt, die mit Digitalanzeige arbeiten (z. B. „Sedigraph" oder „Coulter Counter" von COULTER ELECTRONICS).Für die geomorphologische Laborarbeit reicht die Genauigkeit dieser oder ähnlicher Geräte zur Zeit nicht aus. Der Pipettmethode nach KÖHN ist immer noch der Vorzug zu geben.

Mikrometrische und mikroskopische Kornform- und Korngrößenanalysen. Nur der Vollständigkeit halber sollen jene Techniken beschrieben werden, die schon zur Methodik der mineralogischen und petrographischen Gefügekunde überleiten und die innerhalb der Geomorphologie seltener Anwendung finden, weil entweder die Fragestellung dies nicht erfordert oder andere Verfahren bereitstehen bzw. man in methodische und sachliche Dimensionsbereiche hineinkommt, die keine geomorphogenetische Relevanz besitzen. Dazu gehören Verfahren zur direkten Korngrößenbestimmung durch Ausmessung oder auch die Mineralkornformansprache. Letztere verfährt z. T. nach gleichen oder ähnlichen Prinzipien wie die morphometrische und morphoskopische Grobsedimentanalyse bei der Bestimmung von Zurundung, Abplattung oder der allgemeinen Formgestalt. Ausführlich unterrichtet darüber G. MÜLLER (1964).

Eine gute *Längen- und Breitenbestimmung* von Mineralkörnern ist mit der „Mikrolupe zur petrographischen Korngrößenbestimmung" mit zehnfacher Vergrößerung nach G. MÜLLER möglich. Mit einer eingefügten Skala kann man die Größen von runden und unregelmäßig geformten Körnern in zwei Dimensionen bestimmen.

Das Ausmessen *kleiner und kleinster Körner* wird am genauesten mit Hilfe von Mikrometern unter dem Mikroskop oder unter Mikrolupen vorgenommen. Auch hier ist wegen der natürlichen Lagerung des Materials nur eine Ermittlung von Länge und Breite möglich. *Mikrophotographien* gestatten Flächenermittlungen an Vergrößerungen mit Hilfe von Planimetern und Quadrattafeln. Das Auszählen wird erleichtert durch halb- und vollautomatische Zählgeräte. – Mikroskopische Verfahren der Größen- und Formbestimmungen müssen meistens mehrere hundert Exemplare zur Grundlage haben. Daher sind sie zeitraubend. Besonders in der Technik werden häufig nur Stichproben aus dem vorhandenen Material untersucht. Aus deren Zusammensetzung wird auf die Gesamtprobe geschlossen. Dies kann jedoch zu Fehlbestimmungen führen. In den Geowissenschaften wäre die Einsatzfähigkeit des Stichprobenverfahrens jeweils genau zu prüfen. Wird es angewandt, sollten mindestens mehrere Anteile der Probe unter dem Mikroskop untersucht und erst bei Übereinstimmung auf den Gesamtcharakter geschlossen werden. – Mikroskopische Analysen ergeben bei Größenermittlungen meist eine höhere Korngröße als Sieb- oder Sedimentationsanalysen der gleichen Probe. Bei Siebungen liegt dies an der Kornform: langgestreckte Körner können in günstiger Lage (durch Fall von oben) eine Masche passieren, die zwar ihrer Breite, jedoch nicht ihrer Länge entspricht, während die Lage unter dem Mikroskop stets die größte Ausdehnung des Minerals zeigt. Bei Sedimentationsanalysen erfolgt die Fraktionierung nach dem spezifischen Gewicht und erst sekundär nach der Form des Stückes. Daher können hierbei besonders starke Abweichungen in der Größenermittlung vorkommen. Untersuchungen haben ergeben, daß Glimmerminerale, die in der Sedimentationsanalyse Größen zwischen 0,006 und 0,1 mm aufwiesen, mikroskopisch gemessene Größen zwischen 0,03 und 0,1 mm hatten.

Formeigenarten an Mineralkörnern lassen sich unterhalb einer bestimmten Größe nur durch *photographische Aufnahmen* und ihre Vergrößerungen feststellen. Jede Probe muß hundert bis mehrere hundert Körner umfassen. Photographien können gewöhnlich nur zweidimensional ausge-

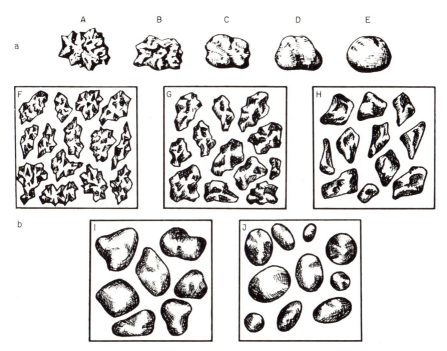

Abb. 72:   *Grundtypen der Kornform gedrungener Körner und fünfklassige Kornformeinteilung:* a. Kornformtypen und ihre Bezeichnungen: A. scharfkantig; B. kantig; C. rundkantig; D. gerundet; E. stark gerundet (nach E. SCHULTZE und H. MUHS ²1967). – b. fünfklassige Kornformeinteilung. Kornformmuster F. – J. werden in Tabelle 13 erläutert (nach T. GUGGENMOOS 1934 und K. EISSELE 1957).

wertet werden. Auch wenn man davon ausgeht, daß sich das Material seinem Schwerpunkt entsprechend lagert, ist nicht bekannt, in welchem Verhältnis der dritte Körperwert (Dicke) zum zweiten (Breite) steht. Aus diesem Grunde haften Auswertungen nach photographischen Aufnahmen und ihren Vergrößerungen stets Mängel an.

Die aussagekräftige *Rundung* der Mineralkörner ist bei einiger Übung am rationellsten immer noch zu schätzen. Gearbeitet wird unter dem Binokular oder einem Mikroskop sowie mit standardisierten Rundungstafeln. Untersucht werden die Korngrößen zwischen 0,3 und 0,6 mm ⌀. Etwa 300 bis 500 Körner sind zu bestimmen.

Unterschieden werden in der Regel fünf Rundungstypen (Abb. 72). Bewährt haben sich die Einteilungen von K. EISSELE (1957), der die Einteilung von T. GUGGENMOOS (1954) präzisiert sowie R. D. RUSSELL und R. E. TAYLOR (1937) (Tab. 13):

Tab. 13: Rundungstypen (nach K. EISSELE (1957), T. GUGGENMOOS (1934) sowie R. D. RUSSELL und R. E. TAYLOR (1937) verändert)

Rundungstyp	GUGGENMOOS (1934); EISSELE (1957)	RUSSELL & TAYLOR (1937)
V	maximal gerundet und poliert: keine Ecken und Kanten, nur *eine* Fläche. Kugel oder Ellipsoid mit gleichmäßiger Krümmung der Oberfläche	gut gerundet (well rounded)
IV	gut gerundet mit beginnender Kugligkeit: wenige Ecken, Kanten und Flächen, mit großem Rundungshalbmesser; Ecken, Kanten und Flächen ineinander übergehend: keine gleichmäßige Krümmung der Oberfläche	gerundet (rounded)
III	angerundet mit beginnender Flächenrundung: Anzahl der Ecken und Kanten stark verringert (Ecken und Kanten in der Projektion ca. 3–6), Flächen noch vorwiegend eben, kleiner Radius der Rundungen	angerundet (subrounded)
II	eckig mit beginnender Kantenrundung: zahlreiche Ecken, Kanten und Flächen, schwach gerundet	eckig (subangular)
I	völlig eckig: zahlreiche scharfe Ecken und Kanten, zahlreiche kleine ebene Flächen	völlig eckig (angular)

K. Eissele (1957) kommt, unter Verbesserung des Ansatzes bei T. Guggenmoos (1934) und F. J. Petitjohn ([2]1957), zu seiner Einteilung auf Grund theoretischer Überlegungen zum Transportverhalten. Dadurch hat seine Rundungstypisierung auch morphodynamische Aussagekraft. Die Transportbeanspruchung beschreibt K. Eissele wie folgt:

Rundungstyp   V : Maximale
Rundungstyp IV : Hohe
Rundungstyp III : Mittlere   Transportbeanspruchung.
Rundungstyp II : Keine oder geringe
Rundungstyp   I : Keine

K. H. Sindowski (u. a. 1961) gibt ein Rechenbeispiel für die Ermittlung des *Rundungswertes* R an, der zwischen 1 (= völlig eckig) und 5 (= völlig rund) liegt:

Tab. 14: Errechnung des Rundungswertes R aufgrund der Bestimmung von fünf Rundungstypen der Mineralkörner

Rundungstyp	Prozent der Rundungstypen	Rechnung
V	5%	5 · 5 = 25
IV	10%	4 · 10 = 40
III	80%	3 · 80 = 240
II	5%	2 · 5 = 10
I	0%	1 · 0 = 0

$$\Sigma = 315 : 100 = 3{,}15 \text{ R-Wert}$$

Dieses Verfahren läßt zwischen den gut gerundeten äolischen und den schlechter gerundeten aquatisch bewegten Mineralkörnern unterscheiden (Abb. 36).

T. Guggenmoos (1934) gibt ebenfalls eine Errechnungsmöglichkeit für den „*Verrundungsfaktor*" an: (IV + V) : (II + I). Für die römischen Zahlen sind die Prozentanteile der entsprechenden Rundungsgruppen einzusetzen. Bei einem Quotienten über 1 überwiegen kantengerundete und gerundete Formen, unter 1 überwiegen kantige und Körner mit beginnender Verrundung. Werden im Diagramm (Abb. 73) die Werte II und IV miteinander verbunden, hat der an der Ordinate erhaltene Winkel eine besondere Bedeutung. Aus der Aufstellung nach Gruppen ergeben sich genetisch interpretierbare Typen:

(1) *Fluviale Sande:* keine deutliche Sonderung; Gruppen I und II herrschen vor; Verrrundungsfaktor $<1, \varphi <90°$.

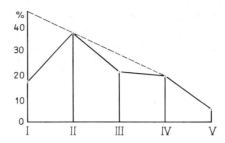

Abb. 73:   *Formdiagramm von äolischem Sand,* der aus pleistozänen Terrassen ausgeweht
wurde: graphische Zusammenstellung der ausgezählten Gruppen (nach E.
Köster 1967).

(2) *Glazigene Sande:* Überzahl der splittrigen und beginnend verrundeten Körner; Verrundungsfaktor $<1, \varphi<90°$.

(3) *Marine Sande:* Grobsonderungen meistens erreicht; bei rezenten Sanden überwiegen I und II; Verrundungsfaktor $<1, \varphi<90°$.

(4) *Binnendünensande:* gute Sichtung in zwei Gruppen: a) Verrundungsfaktor $>1, \varphi>90°$; b) Verrundungsfaktor $<1, \varphi<90°$.

(5) *Flußdünensedimente:* gute Sichtung, Verrundungsfaktor $>1, \varphi>90°$.

(6) *Stranddünensande:* gute Sichtung; gerundete und kantengerundete Stücke überwiegen; Verrundungsfaktor $>1, \varphi>90°$.

(7) *Steppensande:* unvollkommen sortiert; Verrundungsfaktor $<1, \varphi<90°$.

(8) *Wüstensande:* hoher Grad von Sichtung; Verrundungsfaktor $>1, \varphi>90°$.

4.2.2.5 Schwermineralanalyse

Mineralien und Mineralkombinationen sind gegen chemische und physikalische Einwirkungen verschieden empfindlich. Die Empfindlichkeit ergibt sich aus der unterschiedlichen Härte und Spaltbarkeit der Mineralien. Mehrere Spaltbarkeiten im Korn oder Gestein (Feldspat, Hornblende, Glimmer oder Kombinationen aus diesen Mineralien) erschweren Analyse und Vergleich. Daher sollten immer die gleichen Mineralien oder Mineralkombinationen analysiert werden. Besondere Bedeutung kommt den widerstandsfähigen Schwermineralen zu, die stratigraphische, morphogenetische und morphodynamische sowie pedogenetische Schlüsse zulassen. Aus der Schwermineralgarnitur einer Probe kann auf die Verwitterungsintensität bei der Entstehung des Sediments oder seit seiner Ablagerung geschlossen werden. Auch das Ausgangsmaterial einer Bodenbildung kann bestimmt werden (Zusammenhang Boden-Anstehendes): Aufgabe der Schwermineralanalyse ist es, „den Nachweis zu erbringen, daß eine sedimentäre Schicht an verschiedenen Punkten dasselbe Alter besitzt, d. h. daß sie demselben Bildungsvorgang ihre Entstehung verdankt." (C. W. CORRENS 1942).

Tab. 15: Sedimentpetrographisches Arbeitsschema für die Untersuchung von Sanden und Stellung des Ablaufs der Schwermineralanalyse darin (nach K. H. SINDOWSKI u. a. 1961).

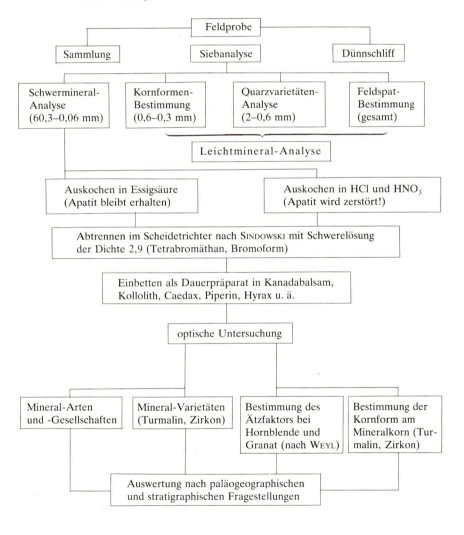

Mineralien mit einer Dichte von unter 2,9 sind *Leichtmineralien* (z. B. Quarz, Feldspat, Glimmer), solche mit größerer Dichte als 2,9 *Schwermineralien.* Letztere werden in sich durch Dichteunterschiede in weitere Gruppen untergegliedert. C. W. CORRENS (1942) und K. H. SIN-DOWSKI (1953) entwickelten Scheidetrichter, mit denen die Schwermineralien in verschieden dichten Schwerelösungen voneinander getrennt werden. K. H. SINDOWSKI (u. a. 1961) gibt den o. a. Arbeitsgang an (Tab. 15), für den sich bei G. MÜLLER (1964) weitere Einzelheiten finden.

Tab. 16: Trennung der Minerale nach ihrer Dichte (nach H. J. FIEDLER u. a. 1965)

Dichte	Minerale	Schwerelösung
unter 2,9	Leichtminerale	Bromoform ($CHBr_3$) $d = 2,89$ Tetrabromäthan
2,9 . . . 3,2	Turmalin, Hornblenden, Andalusit, Diopsid, Apatit	Thouletsche Lösung ($HgJ_2 \cdot 2KJ$) $d = 3,16$
3,2 . . . 3,32	Sillimanit, Augite, Olivin	Methylenjodid (CH_2J_2) $d = 3,32$
3,32 . . . 4,25	Epidot, Titanit, Granat, Spinell, Topas, Disthen, Staurolith, Korund, Rutil	Clericische Lösung Tl-formiatmalonat $d = 4,24$
über 4,25	Zirkon, Monazit, Erz	

Für die optische Bestimmung der fraktionierten Schwermineralien werden vor allem Gelantinepräparate angefertigt, wobei 300 bis 500 transparente Mineralkörner unter dem Polarisationsmikroskop zu untersuchen sind, während opake (nichtdurchsichtige) nicht dazu geeignet sind. Für diese Bestimmung müssen die optischen Eigenschaften der Schwerminerale bekannt sein, die u. a. ausführlich bei H. J. FIEDLER u. a. (1965, S. 222–223) zusammengestellt sind (Kurze Tabelle auch in E. SCHLICHTING und H.-P. BLUME, 1966; ausführliche Mineralbeschreibungen bei W. TRÖGER 1967). Die Ergebnisse stellt man in Kornzahl-Prozenten der Schwermineralfraktion dar.

Die *röntgenographische Schwermineralbestimmung* ist ebenfalls möglich.

4.2.2.6 Tonmineralanalyse

Bei bodengeographischen und paläopedologischen Untersuchungen spielt gelegentlich die *Tonmineralanalyse* eine große Rolle. Die wichtigsten Tonmineralien bzw. Tonmineralgruppen sind Kaolinit, Montmorillonit, Illinit, Vermiculit und Chlorit. Die Kenntnis ihres Vorkommens erlaubt Hinweise auf klimageomorphologische und pedogenetische Prozesse sowie auf die paläoklimatischen Verhältnisse (R. HERBERHOLD 1954). Zur Tonmineralbestimmung gibt es einige einfache chemische Methoden (E. SCHLICHTING und H.-P. BLUME 1966) und die sehr aufwendigen physikalischen Techniken (röntgenographisch, thermoanalytisch, licht- und elektronenoptisch), die innerhalb der Mineralogie und Bodenkunde selbstverständliche, gleichwohl hochspezialisierte Arbeitsweisen sind. Fehlervergleiche zeigen jedoch, daß die Genauigkeit dieser Verfahren doch zu wünschen übrig läßt (E. SCHULTZE und H. MUHS [2]1967).

Prinzip der wichtigen röntgenographischen *Bestimmung* der Tonmineralanteile ist die Tatsache, daß die Wellenlängen der Röntgenstrahlen mit den Abständen der Mineralbausteine korrespondieren – bei den schichtig aufgebauten Tonmineralien mit den Basisabständen der Schichtpakete. Die Reflexe, die beim Auftreffen der Röntgenstrahlen auf die Kristallflächen entstehen, besitzen verschiedene Intensitäten. Sie gelten als Ausdruck der Menge jenes Minerals, auf welches der Reflex zurückgeht. Die tonmineralogische Untersuchung mit der Röntgenanalyse wird für Grob-, Mittel- und Feinton getrennt durchgeführt, weil die o. a. Tonminerale einigermaßen charakteristische Korngrößen besitzen und durch dieses Vorgehen eine differenziertere Ansprache der beteiligten Mineralmengen erleichtert wird (H. TRIBUTH 1970, 1972). Die Röntgenanalyse ist *nicht* quantitativ. Sie erlaubt allenfalls eine relative Abschätzung der Mineralmengen. – Auf die Verfahren zur Bestimmung der an der Tonfraktion beteiligten Mineralien geht H.-J. FIEDLER u. a. (1965) ausführlich ein.

4.2.2.7 Organische Substanzbestimmung

Die *organische Substanz* im Boden wird häufig als „Humus" bezeichnet, der aus einer großen Anzahl komplizierter Einzelverbindungen besteht, vor allem Huminstoffen (R. GANSSEN [2]1972). Sie setzen sich aus den Fulvosäuren und Huminsäuren zusammen. Diese Komplexität hat bislang vereitelt, daß die Bodenkunde zu einer einheitlichen Definition des Begriffes „Humus" gekommen ist. W. LAATSCH ([4]1957) bezeichnet den Humus als die makroskopisch und mikroskopisch strukturlose, frei von Gewebestrukturen erscheinende organische Masse des Bodens. W. KUBIËNA (1948) faßt den Begriff enger, indem er nur die unter den jeweiligen Zersetzungsbedingungen sich als weitgehend resistent erweisenden und daher ansammelnden organischen Bestandteile als Humus anspricht.

Für die *Humusgehaltbestimmung* fehlt eine sichere und leichte Methode. Im Gelände helfen bei der Ansprache die Bodenfarbe, der typische Erdgeruch und bis zu einem gewissen Grade auch der pH-Wert. Bei landschaftsökologischen Untersuchungen und der Identifizierung von Paläoböden reicht in der Regel die Bestimmung der organischen Substanz aus, d. h. der echten Huminstoffe (= Humusstoffe) plus Nichthuminstoffe. Die gängigsten Verfahren zur Bestimmung des Gehaltes an organischer Substanz sind die Bestimmung des Glühverlustes und des Gesamtkohlenstoffes durch nasse Veraschung. – Die Bestimmung der organischen Substanz durch Glühen erbringt nur bei kalk- und tonfreien Proben genaue Resultate, da durch freiwerdende Kohlensäure und freigesetztes Kristallwasser die wahren Gewichtanteile der organischen Substanz an der Bodenprobe verfälscht werden.

Zur *Bestimmung des Glühverlustes* wird die zu untersuchende Substanz in einen gewichtskonstant geglühten, genau ausgewogenen Porzellantiegel (= LG) gegeben. Maximal 5–6 g Material reichen aus. Anschließend bei 105 °C im Trockenschrank eine Stunde trocknen bis zur Gewichtskonstanz (= TG). Die Substanz wird dann möglichst gleichmäßig und langsam bis zur Rotglut erhitzt (500 °C). Wenn die Probe eine weiße, graue oder rotbraune Färbung angenommen hat, ist die organische Substanz verbrannt. Im Exsiccator abkühlen lassen. Danach Auswiegen des Tiegels mit der verglühten Substanz (= GG). Der Glühverlust (= GV) in Prozent errechnet sich dann:

$$GV\% = \frac{TG - GG}{TG - LG} \cdot 100 \cdot$$

Tab. 17: Schwellenwerte für die Bezeichnung der organischen Substanz (nach F. SCHEFFER und P. SCHACHTSCHABEL [8]1973 sowie L. STEUBING 1965; verändert)

Bezeichnung des Bodens nach Gehalt an organischer Substanz	Gehalt an organischer Substanz in %	
	schwere Böden	leichte Böden (Sand)
sehr schwach humos	< 3	< 1
schwach humos	3 – 5	1 – 2
mäßig humos	5 – 10	2 – 4
stark humos	10 – 15	4 – 10
sehr stark humos	15 – 20	10 – 15
anmoorig	20 – 35	15 – 25
Moorerde	35 – 80	25 – 60
Moor	> 80	> 60

4.2.2.8 Zusammenfassung: Methodik der physikalischen Feinsedimentanalysen

Die Methodik der physikalischen Feinsedimentanalysen beruht auf einer Anzahl sedimentologischer und bodenkundlicher Techniken, die unter geomorphologischer, bodengeographischer und landschaftsökologischer Fragestellung angewandt werden. Wie die Schilderung der Arbeitsweisen ergab, handelt es sich um teilweise sehr aufwendige, in jedem Fall aber zeitraubende Techniken, mittels derer oft recht bescheiden anmutende Daten über Einzeleigenschaften und -merkmale der Böden und Feinsedimente gewonnen werden. Wie schon an anderer Stelle gesagt wurde, ist dies keine Flucht in meßtechnische Details, sondern es stellte sich im Laufe der vergangenen Jahre heraus, daß zahlreiche Techniken und Methoden geowissenschaftlicher Nachbardisziplinen erfolgversprechend bei Teilfragestellungen der Physischen Geographie eingesetzt werden können: von der Beschreibung i. e. S. konnte man nun zu einer begründeten Ansprache der Formen und Böden gelangen, indem sicherere Abschätzungen der Genese durch Bestimmung zahlreicher Einzelsachverhalte ermöglicht wurden. Für die physikalisch-feinsedimentologischen Methoden gilt genau wie für die Grobsedimentanalyse, daß die Datenermittlungen nur im Zusammenhang mit gründlicher Geländebeobachtung und Kartierung zu erfolgen haben. Eine isolierte Betrachtung der Ergebnisse wird nicht dem Systemcharakter der Landschaft oder ihrem Teilsystem „Relief" gerecht. Insofern erwecken einzeln geschilderte Methoden einen falschen Eindruck. Sie sind lediglich Mittel zum Zweck. – Die Techniken könnten durch andere ergänzt werden. Man muß sich darüber im klaren sein, daß diese geowissenschaftliche Methodenvielfalt innerhalb der Physischen Geographie kaum Einsatz findet, weil der mikrotechnische Aufwand in keinem Verhältnis zur meist größerräumigen geographischen Fragestellung steht, vielfach die genaue Beobachtung im Gelände die wesentlichen Probleme schon der Lösung sehr nahe bringt und zahlreiche Methoden in Dimensionen hinreichen, die ganz eindeutig außerhalb der geographischen Betrachtungsweisen liegen – auch bei kleinräumig-topologischer Arbeitsweise. Insofern sind die z. T. umfangreichen Methodenbücher der Nachbardisziplinen, gerade im Bereich der physikalischen Untersuchungsmethoden, kein Maßstab für Arbeitsweisen von Geomorphologie, Bodengeographie und Landschaftsökologie oder gar für die Qualität von deren Aussagen.

4.2.3 Chemische Feinsedimentanalysen

Die chemischen Feinsedimentanalysen stehen mit den physikalischen nur insofern im Zusammenhang, als die Ergebnisse beider *gemeinsam* die aussagekräftigsten pedo- oder morphogenetischen Schlüsse zulassen. Ein direkter sachlicher Zusammenhang besteht nicht. Innerhalb der Physischen Geographie spielen die chemischen Analysen eine relativ geringe Rolle. Daher beschränkt sich die Auswahl der hier vorzuführenden Techniken nur auf jene, die häufiger eingesetzt werden und die gleichzeitig für Bodengeographie, Landschaftsökologie und Geomorphologie Bedeutung haben.[30]

4.2.3.1 Kalkgehaltsbestimmung

Der *Kalkgehalt* von Böden stimmt in vielen Fällen mit der Verbreitung bestimmter Pflanzenarten überein. Man spricht von kalkliebenden (azidophilen) oder kalkfliehenden (azidophoben) Pflanzen. Hierfür können auch physikalische Eigenschaften die Ursache sein: Kalkgestein ist wasserdurchlässig, also trocken und warm. Eine Reihe Pflanzen spricht auf diese thermischen und hygrischen Standortbedingungen an und erst in zweiter Linie auf den Kalkgehalt. In der Regel wirkt sich aber der Kalkgehalt als dominierender Faktor aus. Die erwähnte Wirkung kommt nur dem Calciumcarbonat ($CaCO_3$), nicht dem Calciumsulfat ($CaSO_4$) zu.

Kalkhaltiger Boden reagiert *alkalisch*. Zusammenhänge zwischen Kalkgehalt und pH-Wert bestehen, weil die Pflanzen nicht auf den Kalkgehalt, sondern auf die davon abhängige Bodenreaktion ansprechen. Diese hängt sehr von der Verteilung des $CaCO_3$ im Boden, viel weniger vom absoluten Kalkgehalt ab. Weiter wirken Ton-, Wasser- und Humusgehalt auf die Bodenreaktion modifizierend, letzthin auch die Bodenart, so daß zwischen dem pH-Wert und dem Kalkgehalt im Boden keine festen Beziehungen bestehen.

Im *Gelände* bedient man sich einfacher, grober Methoden. So benutzt man einen PASSON-Apparat oder beträufelt die Probe mit verdünnter Salzsäure. Der Grad des Aufbrausens ist ein Maß für die Kalkmenge. Diese Methode wird zur Schnellinformation auch im Labor durchgeführt:

Tab. 18: Beurteilung des Bodens nach dem Kalkgehalt (nach R. FABRY 1950)

Beobachtung	Kalkgehalt	Beurteilung des Bodens
Kein Aufbrausen	$< 0,5\%$	kalkfrei bis kalkarm
Schwaches bis mäßiges, nicht anhaltendes Aufbrausen	$0,5 - 2 \%$	schwach kalkhaltig
Mäßig-starkes, aber nicht anhaltendes Aufbrausen	$2 - 5 \%$	kalkhaltig
Starkes, anhaltendes Aufbrausen	$5 -10 \%$	stark kalkhaltig

[30] Siehe dazu auch Kapitel 4.2.2.

Zur *genaueren Bestimmung* des CaCO₃-Gehaltes wird im Laboratorium die Apparatur nach SCHEIBLER (Abb. 74) verwandt (Prinzip des

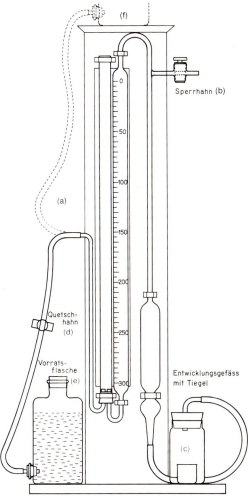

Abb. 74: SCHEIBLER-*Apparatur zur gasvolumetrischen Bestimmung des Kalziumkarbonatgehaltes in Böden und Feinsedimenten.* Geräteteile: a. Kommunizierende Röhren mit Flüssigkeitsfüllung (KCl) und Skala; b. Sperrhahn zum Ablassen von Luft; c. Entwicklungsgefäß mit der Probe und dem Salzsäurebehälter; d. Quetschbahn zum Regulieren der Flüssigkeitssäule; e. Vorratsflasche mit Flüssigkeit zum Regulieren der Flüssigkeitssäulen; f. Abstellpodest für die Vorratsflasche beim Vorbereiten des Geräts für die Messung (Entwurf: H. LESER).

PASSONschen Apparates). Sie beruht auf der Zerstörung des $CaCO_3$ durch HCl. Das entweichende CO_2 wird gasvolumetrisch, unter Berücksichtigung von Luftdruck und Temperatur, bestimmt. Die Apparatur besteht aus einem Entwicklungsgefäß und einer mit Maßeinheiten versehenen U-Röhre. Je nach dem in der Vorprobe (s. o.) ermittelten Kalkgehalt (Gefahr des Überlaufens bei zu plötzlicher Entwicklung!) werden 2 bis 20 g trockenen Bodens in das Entwicklungsgefäß gegeben. In dessen Salzsäurebehälter füllt man 20 ml HCl (10 oder 16%ig; die Wertangaben aus den einzelnen Laboratorien schwanken). Die Wassersäule (1%ige KCl-Lösung) im U-Rohr zu Beginn auf Null einstellen; nach Verschließen des Entwicklungsgefäßes nachstellen; Entwicklungsgefäß ein wenig neigen, so daß HCl allmählich auf die Substanz fließen kann. Gefäß kreisend bewegen, dabei in Stopfennähe anfassen (Erwärmungsgefahr!); gleichzeitig mit anderer Hand Quetschhahn zur Reserveflasche bedienen, um aus der U-Röhre – je nach CO_2-Entwicklung – Wasser abfließen zu lassen, damit in beiden Teilrohren immer gleich hohe Wassersäule steht. Nach etwa 5–10 min ist HCl verbraucht; Entwicklungsgefäß weitere 10 min stehen lassen; Luftdruck und Temperatur notieren; danach erneutes, kurzes Schütteln des Gefäßes und Ablesen der Wassersäulenhöhe.

Zu beachten, daß (1) das Entwicklungsgefäß mit Wasser gut gesäubert und anschließend mit 5%iger NaCl-Lösung ausgespült wurde, (2) daß Luftdruck und Temperatur ständig kontrolliert werden und daß (3) das Entwicklungsgefäß durch die Hand keine Erwärmung erfährt, da das CO_2 sich sonst über Gebühr ausdehnt und das Ergebnis verfälscht wird. Im Entwicklungsgefäß spielt sich folgende chemische Reaktion ab:

$$CaCO_3 + 2HCl \rightarrow CaCl_2 + H_2O + CO_2 \nearrow$$

Mit der Tabelle, die jedem SCHEIBLER-Gerät beiliegt (auch in L. STEUBING 1965, S. 192 oder in H. J. FIEDLER u. a. 1965, S. 52 wiedergegeben) kann die abgelesene Gasmenge (CO_2 in ml) unter Berücksichtigung des herrschenden Luftdrucks und der Temperatur (beide = Faktor F aus der Tabelle) umgerechnet werden: Gasmenge in ml $\cdot$ F = CO_2 in mg/2 g Boden (bzw. pro andere eingewogene Bodenmenge). Da $CaCO_3$ zu 44% aus CO_2 besteht, muß für eine Umrechnung auf kohlensauren Kalk mit dem Faktor

$$\frac{100}{44} = 2{,}273 \text{ multipliziert werden.}$$

Der Kalkgehalt ist für die feinere Kennzeichnung der Bodenart wichtig. Man unterscheidet nach Kalk-, Ton- und Sandgehalt.

Tab. 19: Bodenarten und ihre feinere Unterscheidung nach dem Kalkgehalt

Bodenart	CaCO$_3$-Gehalt in %	übrige, zur Kennzeichnung notwendige Anteile
Kalk	> 90	
Kalkmergel	80 – 90	
Mergelkalk	60 – 80	
Tonmergel	5 – 60	> 40% Ton
Lehmmergel	5 – 60	20 – 40% Ton, übriges: Sand
Sandmergel	5 – 60	< 20% Ton, übriges: Sand

4.2.3 pH-Wert-Messung

Eine wichtige Bodeneigenschaft ist der Grad der Versauerung. Die Bodenreaktion wird als erster Hinweis auf die Nutzbarkeit eines Bodens gewertet.
Die pH-Werte eines Bodens geben seine Wasserstoffionenkonzentration
an. Man stuft die Böden als basisch oder sauer ein:

Tab. 20: Reaktionsbezeichnungen von Böden nach dem pH-Wert (nach E. Mückenhausen 1961 sowie F. Scheffer und P. Schachtschabel [8]1973).

Reaktionsbezeichnung	pH-Wert	Reaktionsbezeichnung	pH-Wert
sehr stark sauer	<4,0	neutral	7,0
stark sauer	4,0–4,9	schwach alkalisch	7,1–8,0
mäßig sauer	5,0–5,9	mäßig alkalisch	8,1–9,0
schwach sauer	6,0–6,9	stark alkalisch	9,1–10,1
neutral	7,0	sehr stark alkalisch	>10,0

Die Bedeutung des pH liegt vor allem in der Beurteilung und
Klassifizierung der allgemeinen Bodeneigenschaften, die wichtige Kriterien
für die Charakterisierung der Standorte darstellen.

Im Gelände sind wieder grobe Methoden anzuwenden, die brauchbare Feldergebnisse liefern: Man bedient sich der *Indikatorpapiere* oder des
Hellige-*Pehameters* mit einer Indikatorlösung. Viel genauer ist die Messung mit einem elektrometrischen Taschenpehameter, dessen Prinzip dem
Laborgerät entspricht: Das *Pehameter* besteht aus einem Voltmeter, dem
ein Elektrodenteil angeschlossen ist. Bei der Publikation von Ergebnissen
sind immer der Gerätetyp und das Fabrikat mit anzugeben. Das Pehameter
besitzt Netzanschluß. Vor dem Meßvorgang: warmlaufen lassen und danach Zeigerkorrektur durchführen. Zeigerkorrektur erübrigt sich bei Digi-

talanzeige, nicht jedoch das Einstellen der Raumtemperatur am Gerät. Vor
der Messung Gerät mit Pufferlösung eichen (z. B. Standardacetat, pH
4,62). – Meßgefäße: im Verhältnis 1 : 2,5 mit ca. 10 g Boden und aqua
dest. gefüllte kleine Bechergläser. Parallel dazu wird die gleiche Probe mit
einer nKCl- oder O,1nKCl-Lösung angesetzt. Die Differenz zwischen
beiden Werten erlaubt eine bessere Beurteilung der pflanzenökologischen
Bedingungen bzw. die Charakterisierung der paläopedologischen Eigenschaften.

Suspensionen am Tag vor der Messung ansetzen und mit einem
Glasstab umrühren. Umrühren am Tag der Messung sowie unmittelbar vor
dem Einsetzen der Elektroden wiederholen. Glaselektroden müssen – je
nach Modell – ständig in einer 5%igen NaCl-Lösung oder in aqua dest.
stehen. Vor und nach dem Messen Elektroden mit aqua dest. oder nKCl aus
einer Spritzflasche abspülen. In die frisch aufgerührte Probe Elektroden
einsetzen, Pehameter einschalten; Ablesung nach 1 min bzw. nach Einspielen der Digitalanzeige auf die Dezimale genau. – Über die Bewertung der
Ergebnisse verschiedener Methoden äußerte sich P. SCHACHTSCHABEL
(1971).

4.2.3.3 Organische Substanzbestimmung

Im Gegensatz zum einfachen Bestimmen der organischen Substanz durch
Ermittlung des Glühverlustes (siehe Kap. 4.2.2.7) erfordern die Verfahren
nach RAUTERBERG und KREMKUS sowie nach SPRINGER und KLEE (R. THUN,
R. HERRMANN und E. KNICKMANN 1955) einen großen Aufwand. Beim
Verfahren nach RAUTERBERG und KREMKUS werden 1–5 g – die Menge
richtet sich nach dem Gehalt an organischer Substanz – lufttrockenen,
abgesiebten Bodens in einen Meßkolben (250 ml) eingefüllt und mit 25 ml
2nKaliumbichromatlösung versetzt (Herstellung: 98,07 g K_2Cr_2O7 in
1 000 ml aqua dest. lösen). Unter Umschütteln (Kühlung!) 40 ml konzen-
trierte H_2SO_4 hinzugeben. Nachdem alle Kolben der Versuchsserie angesetzt sind, diese drei Stunden im Wasserbad erhitzen (Sieden!). Während-
dessen Kolben mehrmals schütteln, um eine vollständige Oxydation der
organischen Substanz zu erreichen. Anschließend: Lösung auf Zimmertem-
peratur abkühlen lassen; mit aqua dest. bis zur 250 ml-Marke des Kolbens
auffüllen; sedimentieren lassen; 10 ml des Überstandes abpipettieren.
Diese 10 ml kommen in einen Erlenmeyer-Kolben (Inhalt: 250 ml) und
werden mit nachstehenden Reagenzien versetzt (1) 25 ml 0,1nEisensulfat-
lösung, (2) 2 ml schwefelsäurehaltiger Phosphorsäre, (3) 8 Tropfen Diphe-
nylaminsulfonsäurelösung. Danach Titration mit 0,1nKaliumbichromatlö-
sung (Herstellung: 4,903 g $K_2Cr_2O_7$ fein zerreiben, bei 160 °C trocknen

und in 1 000 ml aqua dest. lösen. Genaue Einstellung ist wichtig!) bis zum Farbumschlag von Grün zu Violett. Parallel zu diesem Vorgang wird ein Blindversuch, d. h. ohne Boden, aber in gleicher Anordnung durchgeführt. – Die Cr(III)-Bestimmung kann auch kolorimetrisch erfolgen (E. SCHLICHTING und H.-P. BLUME 1966).

Für die Berechnung des Gehaltes an organischer Substanz muß das zur Oxydation der organischen Anteile des Bodens benötigte Kaliumdichromat festgestellt werden. Die Menge der 0,1nKaliumbichromatlösung, die bei der Untersuchung des Bodens mehr gefunden wird als bei dem parallel dazu durchgeführten Blindversuch, entspricht der $K_2Cr_2O_7$-Menge, durch welche die Humusstoffe von $^1/_{25}$ der eingewogenen Bodenmenge oxidiert wurden.

1 ml 0,1n$K_2Cr_2O_7$-Lösung entspricht 0,1 mval O_2 = 0,8 mg O_2, die 0,3 mg C zu binden vermögen. Demnach kann 1 ml 0,1n$K_2Cr_2O_7$-Lösung gleich 0,3 mg C gesetzt werden. Der Gesamtgehalt des Kohlenstoffs in 100 g Boden kann nach der Formel berechnet werden:

$$\frac{0{,}3 \cdot (a-b) \cdot d \cdot 100}{c \cdot e} = \text{mg C in 100 g Boden.}$$

a = ml 0,1nKaliumdichromatlösung bei Versuch mit Bodenlösung,
b = ml 0,1nKaliumdichromatlösung bei Blindversuch,
c = Bodeneinwaage in g,
d = Inhalt des Meßkolbens in ml und
e = ml Bodenlösung, die untersucht wurde.

Eingesetzt in die Formel, ergibt sich die Umschreibung

$$\frac{0{,}3 \cdot (a-b) \cdot 250 \cdot 100}{c \cdot 10} = \frac{30 \cdot (a-b) \cdot 25}{c} = \text{mg C in 100 g Boden,}$$

$$\text{bzw.} \quad \frac{0{,}03 \cdot (a-b) \cdot 25}{c} = \text{\% C in 100 g Boden.}$$

Organische Substanz vermag nun im Durchschnitt 58% Kohlenstoff zu binden: $\frac{100}{58}$ = 1,72. Der Wert des Gesamtkohlenstoffs (in %) muß, um den Gesamtanteil der organischen Substanz des Bodens zu erhalten, daher mit 1,72 multipliziert werden. Organische Substanz in % = C% · 1,72. Das etwas schneller durchzuführende Verfahren (Sieden nur 10 min) nach SPRINGER und KLEE, das im wesentlichen mit den gleichen Geräten, Reagenzien und Formeln arbeitet, wird ausführlich bei L. STEUBING (1965) beschrieben.

4.2.3.4 Aziditätsbestimmungen

Auszugehen ist hier vom *Sorptionsvermögen* des Bodens. Man versteht darunter die Fähigkeit, an den Grenzflächen seiner festen Teilchen Moleküle und Ionen anzulagern. Einen Sonderfall der allgemeinen Sorption stellt der Ionenaustausch dar, d. h. das Vermögen des Bodens, Anionen und Kationen zu sorbieren und dafür andere Ionen an die Bodenlösungen abzugeben.

Die „austauschenden" Stoffe vermögen sowohl Anionen als auch Kationen auszutauschen. Die Vorgänge gleichen sich: Anionen- und auch Kationenaustausch vollziehen sich in äquivalenten Mengen. Konzentration und Eigenschaften der Ionen, Ionenstärke der Lösung und Komplementärionen spielen dabei eine wichtige Rolle. Hier interessieren lediglich die Vorgänge beim Kationenaustausch, der in der Hauptsache durch die Tonminerale, die organische Substanz, weniger durch die amorphe Kieselsäure, Eisen- und Aluminiumoxide und Phosphate bedingt wird. Die Korngrößen unter 2μ, d. h. die Tonfraktion, stellen das Gros der austauschenden Stoffe, in Einzelfällen auch die Schluffraktionen (0,02–0,002 mm Korndurchmesser).

Das *Grundprinzip* besteht im Austausch der Kationen des Bodens, hauptsächlich von Ca-, Mg-, K-, Na-, Al-, Ba- und H-Ionen, weniger oder kaum von (den ökologisch wichtigen) Mn-, Cu- oder Zn-Ionen, die den Ionenbelag des Bodens bilden, gegen ein hydrolytisch spaltbares Salz: Sie sind als austauschbar zu bezeichnen, wenn sie mit Hilfe einer Neutralsalzlösung in wenigen Stunden dem Boden entzogen werden können (F. SCHEFFER und P. SCHACHTSCHABEL [8]1973). Die Summe sämtlicher austauschbarer Metallkationen und H-Ionen wird als *Austausch-, Umtausch- oder Sorptions-Kapazität* (AK- oder T-Wert) bezeichnet, die *Summe der austauschbaren Alkali- und Erdalkaliionen* als S-Wert. Damit verbunden ist der V-Wert oder *Sättigungsgrad*, der den prozentualen Anteil der Summe der Erdalkali- und Alkaliionen (also des S-Wertes) an der Umtauschkapazität, d. h. dem Ionenbelag des Bodens angibt. Die *austauschbaren H-Ionen* eines Bodens werden als (T-S)-Wert zusammengefaßt.

Während der pH-Wert die Konzentration der Wasserstoffionen angibt, mit dem *(T-S)-Wert* die absolut im Boden vorhandene Menge austauschbarer Wasserstoffionen bestimmt. Der Anteil der aktuellen Azidität (pH-Wert) an der Gesamtazidität eines Bodens ist nur gering. Den pH-Wert als Repräsentanten des Basenzustands zu betrachten, entspricht nicht den Voraussetzungen. Man bestimmt daher den (T-S)-Wert direkt (P. PFEFFER 1954, 1958): T stellt die Austauschkapazität dar, der S-Wert die Summe der austauschbaren Alkali- und Erdkaliionen. Die Differenz gibt die sorptiv gebundenen und austauschbaren Wasserstoffionen an.

Bei all den möglichen Versuchen zur Bestimmung dieser Werte (P. PFEFFER 1951, 1954; P. SCHACHTSCHABEL 1951; R. THUN, R. HERRMANN und E. KNICKMANN 1955) ist das Hauptproblem die Wahl des anzuwendenden Austauschers. P. PFEFFER (1954) wies nach, daß die Methode nach VAGELER-ALTEN zur S-Wert-Bestimmung am besten geeignet ist und völlig ausreicht. Die Bestimmung dieses Wertes bildet wichtige Grundlagen einmal bei der Festlegung der Bodenfruchtbarkeit, zum anderen bei der Beschaffung von chemischen Unterlagen für Bodenkartierungen i.w.S. sowie bei der Interpretation und Datierung fossiler Bodenhorizonte.

Wegen der Methodenvielfalt allein bei der Bestimmung der Austauschkapazität muß auf die bodenkundlichen Methodenbücher verwiesen werden. Sie stellen die Analysenabläufe dar und wägen die Methoden gegeneinander ab. Ausführliche allgemeine Schilderungen dazu siehe vor allem bei F. SCHEFFER und P. SCHACHTSCHABEL (^{8}1973); die Techniken finden sich beschrieben bei H. J. FIEDLER u. a. (1965) sowie E. SCHLICHTING und H.-P. BLUME (1966). Neuerdings werden die Techniken der Austauschkapazitätsbestimmung auch etwas vereinfacht (C. W. FRANCIS und D. GRIGAL 1971). – Trotz brauchbarer Ergebnisse wurden die Aziditätsbestimmungen in der Geomorphologie relativ wenig eingesetzt. Dafür sind sie in der Landschaftsökologie und der Bodengeographie umso bedeutender.

4.2.3.5 Eisenbestimmung

Für die Untersuchung rezenter und fossiler Böden spielt das *Eisen* eine große Rolle, weil es relativ oft vorkommt und in spezifischen Formen an bestimmten Substraten auftritt: *Primäreisen* tritt in silikatischer Bindung oder als pyrogenes Oxid (Erz) in kristallinen *Gesteinen* auf. Das *Sekundäreisen* oder *pedogene Eisen* ist in *Böden* vorhanden. Es entstand durch Verwitterung, also Bodenbildungsprozesse, aus Primäreisen bzw. pyrogenen Fe-Verbindungen. Das pedogene Fe kommt als *freies* Fe in Oxid-, Hydroxid bzw. Oxidhydratform vor. Das freie Fe ($= Fe_o$) ist oxalatlöslich (Extraktion mit oxalsaurem NH_4-Oxalat bei pH 3,25, Raumtemperatur und Dunkelheit; Bestimmung kolorimetrisch. Verfahren bei: E. SCHLICHTING und H.-P. BLUME 1966). Das amorphe Fe_o ist mobil und pedogenetisch wichtig. Es geht im Boden sukzessive in kristalline Fe-Verbindungen über, d. h. der Fe_o-Anteil am Boden nimmt mit fortschreitendem Alter ab. – In *Sedimenten* kann sowohl Primär- als auch Sekundäreisen enthalten sein. Beide zusammen bilden das *Gesamteisen* (Fe_t), das durch sedimentologische Prozesse und Verwitterungsvorgänge auch in Böden und Gesteinen auftreten kann. Für die Bestimmung des Fe_t empfiehlt F. HÄDRICH (1970) in Anlehnung an H. J. FIEDLER u. a. (1965) die Alkalikabornatschmelze, für die er eine Arbeitsvorschrift gibt. Böden, Sedimente und Gesteine sind unterschiedlich verwittert bzw. weisen auch unterschiedliche Alter auf. Alter und Verwitterungsgrad müssen sich in unterschiedlichen Mengenverhältnissen der Fe-Fraktionen widerspiegeln. Dazu erfolgt eine Bestimmung der Fe-Anteile des rezenten oder fossilen Boden und der seiner Ausgangssubstrate (Abb. 75). Nach F. Hädrich (1970) genügt es völlig, „jeweils das Gesamteisen und das Sekundäreisen zu bestimmen. Eine Auftrennung des Primäreisens in silikatisch gebundenes und pyrogenes Fe interessiert in diesem Zusammenhang weniger, ebenso eine weitere Fraktionierung des Sekundäreisens . . .". Die Bestimmung der kristallinen Verbindungen des pedogenen Eisens (Fe_d) erfolgt durch Extraktion mit Dithionit-Citrat bei pH 7,3 und Kolorimetrie des Fe (Verfahren bei: E. Schlichting und H.-P. Blume 1966). Als methodische Fehler sind in der Eisenbestimmung enthalten: (1) Fe_d wird dem pedogenen = Sekundäreisen gleichgesetzt. Das gilt eigentlich nur für Böden, deren Ausgangssubstrate möglichst kein oxidisch gebundenes Fe enthalten und die tonarm und arm an organischer Substanz sind. (2) Die Umwandlung von Fe_o zu Fe_d kann durch Staunässe oder organische Verbindungen verzögert werden (P. Fitze 1973). Auf die exakte Bestimmung von Fe_o und Fe_d kommt es aber gerade an, weil das Fe_o-Fe_d-Verhältnis, als Ausdruck des „Aktivitätsgrades der Fe-Oxide", mit zunehmenden Alter des Bodens oder des Sediments kleiner wird.

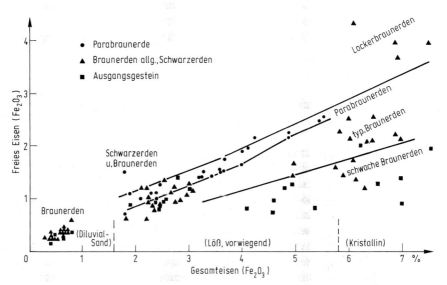

Abb. 75:   *Beziehungen zwischen Gesamteisen und freiem Eisen bei terrestrischen Böden:* für die einzelnen Bodentypen ergeben sich wenigstens teilweise signifikante Gruppierungen der Einzelwerte im Diagramm (nach K. Brunnacker 1970).

4.2.3.6 *Zusammenfassung:* Methodik der chemischen Feinsedimentanalysen

Chemische Analysen werden in der physischgeographischen Methodik relativ wenig angewandt. Dies geht darauf zurück, daß landschaftsökologische und geomorphologische Fragestellungen vorwiegend auf physikalische bzw. im Fall der Landschaftsökologie zusätzlich auch biologische Merkmale der Landschaft ausgerichtet sind. Die nährstoffhaushaltlichen Probleme des Bodens, auf deren Erfassung die meisten chemischen Bodenanalysentechniken abzielen, spielen sich zumeist in Größenordnungen ab, die weit unterhalb der geographischen Betrachtungsebene liegen und für die es in diesen (vergleichsweise großen) Dimensionen andere (z. B. biologische) Kriterien gibt.

In der *Geomorphologie* ist der Einsatz chemischer Analysentechniken noch weniger möglich als in der Landschaftsökologie. Den Geomorphologen interessieren vor allem solche chemischen Boden- und Sedimenteigenschaften, die auf Verwitterungsprozesse, pedogenetische Veränderungen der Substrate sowie i.w.S. paläoökologisch-paläoklimatische Bedingungen Hinweise geben können. Das schließt nicht aus, daß bei besonderen Fragestellungen zahlreiche und auch spezielle chemische Untersuchungen in größerem Umfang durchgeführt werden müssen. Für diesen mehr gelegentlichen Einsatz muß daher auf die Methodenbücher der Bodenkunde, besonders H. J. Fiedler u. a. (1965), E. Schlichting und H.-P. Blume (1966) sowie R. Thun, R. Herrmann und E. Knickmann (1955), verwiesen werden.

4.2.4 Registrieren der Ergebnisse der Feinsedimentanalysen im Laborbuch

Um einwandfreie Ergebnisse zu erzielen, ist ein Höchstmaß an Korrektheit erforderlich. Das gilt für die *Ordnung am Arbeitsplatz*, die präzise *Durchführung der Analysen* und für das *Registrieren der Analysendaten*. Grundsätzlich ist immer ein Protokoll zu führen. Da in der Regel die Bearbeiter eines Problems auch die Analytiker sind, empfiehlt sich die Führung eines persönlichen *Laborbuches*. Einzel- und Zwischenwerte trägt man zunächst in Spezialtabellen mit Raum für Zwischenrechnungen (z. B. für Korngrößen, Kalkgehalt, pH-Wert etc.) ein. Beabsichtigt man, darüberhinaus die Analysendaten längerfristig im großen Rahmen festzuhalten, wäre neben dem persönlichen auch noch ein Laborbuch für das Institut zu führen, wo sämtliche Werte eingetragen werden. Gelegentlich geschieht dies auch auf Lochkarten. Die augenblicklich sich ergebende Mehrarbeit durch das Um-

288

Tab. 21: Kopfleiste eines Protokollbuches für physisch-geographische Laboruntersuchungen.

1	2	3	4	5	Korngröße in mm in % des Feinbodens unter 2 mm								
					6	7	8	9	10	11	12	13	14
Lfd. Nr.	Datum	Profil- Nr. und Name	Horizont- Symbol	Entnahme- tiefe in cm	unter 0,002	0,002–0,006	0,006–0,02	0,02–0,06	0,06–0,12	0,12–0,25	0,25–0,5	0,5–1,0	1,0–2,0

15	16	17	18	pH-Wert in		Hydrolyt. Azidität ml n/10 NaOH 100 g Boden		Austauschazidität ml n/10 NaOH 100 g Boden		25	26	27
				19	20	21	22	23	24			
Boden>2 mm in %	Kennwert des Feinheits-grades (nach Schönhals)	CaCO$_3$-Gehalt in %	Organ. Substanz in % 18/1 18/2	H$_2$O	KCl	y_1	$3y_1$	y_1	$3,5y_1$	S-Wert in mval/100 g Boden	T-Wert g = S + (T-S)-Wert	(T-S)-Wert $6,5y_1$

18/1: Glühverlust 18/2: nasse Veraschung

28	29	30	Zusätzliche Untersuchungsergebnisse (z. B. Fe$_{di}$, Fe$_{ge}$, Ca, Mg, K, Na, NaCl, P$_2$O$_5$, K$_2$O etc.)	Feldbuch-Seite Nr.
V-Wert in %	Poren-volumen in %	Bodenfarben (nach Munsell) 30/1 30/2		

30/1: feucht 30/2: trocken

schreiben in das große Laborbuch ist gering, wenn sie täglich vorgenommen wird. In beiden Laborbüchern sind die Einzelwerte mit einer fortlaufenden *„Labornummer"* zu versehen. Zusätzliche Kennzeichnungen sind vorzunehmen, um die entsprechenden Profile in den Feldbüchern nachschlagen zu können. Dazu leistet auch das Probe-Karteikärtchen (Abb. 48) eine Hilfe, auf der sowohl die wichtigsten Felddaten als auch die Hinweise auf das Feldbuch verzeichnet sind.

Das *Laborbuch* ist mit einem *Kopf* für alle zu erwartenden Werte zu versehen (Tab. 21). Für Ergebnisse von Spezialuntersuchungen sind Leerspalten freizuhalten. Außerdem muß für die Zwischenwerte (z. B. die bei Aziditätsbestimmungen anfallenden y_l-Werte) Raum gelassen werden. Das Format des Laborbuches sollte immer genügend Raum für Spezialergebnisse aufweisen, ohne die Lesbarkeit zu beeinträchtigen. Die Rückseiten dürfen, wie beim Feldbuch, nicht beschrieben werden. Der Einband des Laborbuches muß stabil und am besten mit einer abwaschbaren Klarsichtfolie bezogen sein. – An Kosten scheitert meist die an sich praktische Speicherung von Analysenergebnissen in EDV-Anlagen. Praktische Erfahrungen liegen dazu von W. B. McGILL u. a. (1972) vor.

5. Auswertung und Darstellung der Ergebnisse geomorphologischer Forschungsarbeiten

Im bisherigen Text wurde die Datengewinnung im Feld und im Labor geschildert. Wie bereits das Kapitel 1.1 zeigte, ist damit die geomorphologische Forschungsarbeit jedoch nicht abgeschlossen, sondern im strengen Sinne beginnt sie erst: geschildert wurden Methoden und Techniken sowie deren Einsatzmöglichkeiten unter praktischen Bedingungen. Andeutungsweise – und wenn es nicht zu umgehen war, besonders beim Herausarbeiten der Bedeutung der Arbeitsweisen – fanden sich auch schon Ergebnisse dargestellt. Systematisch wird dies jedoch erst in diesem Kapitel erfolgen.

Es sollte klar sein, daß die unten angeführten Beispiele keinen Ersatz für ein Lehrbuch der Allgemeinen Geomorphologie darstellen. Insofern erfolgt auch keine Abhandlung nach klimageomorphologischen, morphodynamischen oder sonstigen geomorphologischen Prinzipien, sondern lediglich unter dem Aspekt der anfallenden Forschungsergebnisse. Es geht also immer noch um die Schilderung von „Arbeitsweisen" – hier denen der Auswertung und Darstellung.

5.1 Bearbeitung geomorphologischer Analysenergebnisse

Unabhängig von der jeweiligen geographischen Subdisziplin hat die Interpretation der Analysendaten zu allererst *„bodenkundlich"*, d. h. unter Berücksichtigung der pedologisch-sedimentologischen Arbeitsweisen und des Substratcharakters als solchem, zu erfolgen.[31] Ein zweiter Schritt führt zur Interpretation im *geographischen* Sinne. Dabei wird über die lokale sachliche Bezugsbasis hinausgegangen und unter Einbeziehung der auf makroskopischer Beobachtung (einschließlich der Kartierung) beruhenden Befunde die Deutung von Funktion und Genese der Geofaktoren in der Landschaft versucht. Sollte diese Abgrenzung überhaupt erforderlich sein: erst die Fragestellung und die räumliche Problematik entscheidet über die Zuordnung der erarbeiteten Sachverhalte zu einer bestimmten Subdisziplin innerhalb der Geographie – nicht die Analysentechnik und auch nicht das

---

[31] Für die allgemeine Auswertung ist die Lektüre des Buches von G. L. Squires (1971) empfohlen, das zwar auf die Physik bezogen ist, aber zahlreiche meßtechnische und naturwissenschaftliche Auswerteprinzipien vermittelt.

Einzelergebnis aus Grob- oder Feinsedimentanalyse. Eines ist aber sicher: Im Unterschied zu den bisher üblichen Arbeitsweisen kann jetzt bei den Aussagen ein höheres Maß an Wahrscheinlichkeit erwartet werden. Die Analysenwerte dienen ja nicht nur der Bestätigung der makroskopischen Befunde, sondern auch deren Ausweitung in Bereiche, die der Geographie aus technischen und methodischen Gründen bislang verschlossen waren – einfach weil der Forschung auf Basis der ausschließlich visuellen Beobachtung Grenzen gesetzt sind.

Selbstverständlich sind der Auswertung von Ergebnissen pedologisch-sedimentologischer Untersuchungen ebenfalls Grenzen gesetzt, vor allem durch die uneinheitlich angewandten Methoden und mangelnde Standardisierung. Deshalb ist beim Publizieren von Analysendaten nicht nur die Methode, sondern auch der Gerätetyp anzugeben, der wesentlichen Einfluß auf ein Ergebnis haben kann. Neben diesen Äußerlichkeiten spielen für die Qualität der Ergebnisse auch die Wahl der Schwellenwerte, die Dauer der Schüttelungen, Meßdauer, Sieb- und Ansatzzeiten sowie die Verwendung von trockenem oder feuchtem Probengut eine entscheidende Rolle. Man sollte sich daher nicht allein an der bodenkundlich-methodischen Literatur, sondern möglichst an den schon in Betrieb befindlichen physischgeographischen Laboratorien orientieren. Eine kritiklose Übernahme von Methoden ist abzulehnen. Es muß immer geprüft werden, ob die Arbeitstechniken wissenschaftlich einwandfrei zu handhaben sind, ob die Ergebnisse für die jeweilige Fragestellung, d. h. hier geographisch, interpretierbar sind und ob das zu erwartende Ergebnis in einem angemessenen Verhältnis zum Arbeits- und Geräteaufwand steht. Analysendaten sollen also einen konkreten wissenschaftlichen Zweck erfüllen und nicht quantitativer Zierat sein.

Frei soll und muß hingegen die *Interpretation der Ergebnisse* bleiben, für die keine Vorschriften gegeben werden kann, weil dies eine Frage der persönlichen Fertigkeiten und der wissenschaftlichen Redlichkeit des Einzelnen ist. Eines ist jedoch entscheidend: die Interpretation der Ergebnisse hat unter geographischen Gesichtspunkten zu erfolgen. Werden im folgenden Text Interpretationen von Analysendaten gegeben, sollen diese als austauschbare Beispiele verstanden werden. – Beim Ausbau der verfeinerten Methodik von Landschaftsökologie, Bodengeographie und Geomorphologie können künftig am ehesten Fortschritte erzielt werden, wenn man die Methoden möglichst umfassend praktiziert. Dann würde nicht nur das jeweilige Fachgebiet auf eine gesichertere methodische Grundlage gestellt, sondern auch ihre Methodenlehren durch praktische Erfahrung einen weiteren Ausbau erfahren können.

5.1.1 Ausgewählte geomorphologische Interpretationsbeispiele von Analysendaten

Anhand von *Beispielen* aus geomorphologischen Regionalstudien soll die Einsatzmöglichkeit von Daten, vor allem der Feinsedimentanalysen, vorgeführt werden. Dabei zeigen sich gewisse Grenzen der Interpretationsmöglichkeit von Einzeldaten, auf die schon mehrfach hingewiesen wurde. Für die geomorphologische Methodik gilt weiterhin, daß man nur durch den Einsatz einer *größeren* Anzahl von Techniken brauchbare, d. h. genetisch interpretierbare Ergebnisse finden kann (siehe Kap. 1.1 und Abb. 1). Die gewählten Beispiele müssen aus praktischen Gründen knapp dargestellt werden. Sie lassen sich in der zitierten Literatur vertiefen und durch solche aus hier nichtzitierten, aber in den Spezialarbeiten aufgeführten Untersuchungen ergänzen. – Auf die Diagrammdarstellungen wird in Kapitel 5.3.4 eingegangen. Sie stellen ein Arbeitsmittel für die Interpretation dar.

Für die *Interpretation* der Feinsediment-Analysendaten gibt es keine besonderen Regeln, außer die der Beachtung der sachlichen Grenzen (siehe Kap. 5.1). Es wäre höchstens noch einmal zu betonen, daß die geographische Interpretation der Daten im allgemeinen über die in der Bodenkunde, Sedimentologie und Mineralogie hinausgeht, ohne daß damit die disziplinären Kontakte abgewertet werden sollen. Eine engere sachliche Berührung zwischen diesen Disziplinen besteht eigentlich nur bei Bodenkunde und Geographie und sie kommt im bodengeographischen Arbeiten (rezente und vorzeitliche Böden) zum Ausdruck. Grundsätzlich besteht zwischen den disziplinären Einzelinterpretationen der Analysendaten kein Unterschied. Damit zeigt sich einmal mehr die vielseitige Nutzbarkeit der Analysendaten.

Sedimentologische Untersuchungsmethoden erlauben in der *Geomorphologie* nicht nur eine Präzisierung der Aussagen, sondern auch solche, die sonst nicht möglich wären. So wies O. FRÄNZLE (1965 a) einen Löß nach, der völlig abgetragen war: Unter einer spätglazial-holozänen Braunerde auf würmglazialem Löß folgen zwei B-Horizonte (B_1 oben, B_2 unten) eines fossilen Rotlehms des Mindel-Riß-Interglazials. Seine Korngrößenanalysen zeigen einen erheblichen, makroskopisch nicht wahrnehmbaren Lößanteil, der solifluidal dem Rotlehm beigemischt worden sein muß. Da aber der Rotlehm vom Hangendlöß ganz scharf getrennt ist, dürfte die Durchmischung schon vor der Sedimentation des Hangendlösses erfolgt sein. Während nun der Oberteil des Rotlehms (B_1-Horizont) auch andere, durch den Kalk des beigemischten Lösses veränderte pH- und V-Werte aufweist, ist der B_2-Horizont anscheinend unbeeinflußt geblieben – seine Werte entsprechen denen regulärer Rotlehmprofile. Der dem B_1-Horizont beigemischte Löß muß demnach ein älterer Würmlöß sein, der im Profil

makroskopisch nicht mehr wahrnehmbar ist. – Das Beispiel weist auf die
große Bedeutung des stratigraphischen Arbeitens in der Geomorphologie
hin. Dabei geht es vielfach um die Bestimmung der Schichtung, die eine
zentrale Stellung in der Stratigraphie einnimmt – auch im Hinblick auf die
Ausscheidung von rezenten und vorzeitlichen Böden: „Schichtung liegt
dann vor, wenn die vertikale Differenzierung in einem Sediment nicht als
Differenzierung während der Bodenbildung erklärbar ist." (K. STAHR
1975). Solche weitreichenden und makroskopisch oft nicht zu treffenden
Entscheide sind jedoch nur mittels Analysendaten möglich.

Daten von Feinsedimentanalysen sind, auch bei weniger effektvollen
Interpretationen wie den eben gezeigten, von bedeutendem Nutzen. In der
Landschaftsökologie sind sie für die Erfassung abiotischer Geofaktoren-
komplexe wichtig, wobei man sich der bodengeographischen und geomorphologischen Arbeitsweisen bedienen kann, wie H. HUBRICH (1964 a, b)
am Beispiel der Physiotope der Muldenaue demonstrierte. Die natürlichen
Gegebenheiten des Raumes zwangen, die Aussagen vor allem aus den
Untersuchungen des Bodenkomplexes und des Bodenfeuchtehaushaltes zu
beziehen, da die Faktoren Klima und Relief nur wenige oder keine räumlich relevanten Differenzierungen erkennen lassen. Mit Hilfe der Untersuchungen des oberflächennahen Untergrundes und des Wasserhaushaltes
gelang es, die Standortverhältnisse ausreichend zu charakterisieren, so daß
die Gliederung des Arbeitsgebietes durch die Abgrenzung der Physiotope
gegeneinander vorgenommen werden konnte, die von der Ausbildungsform
und Mächtigkeit des Auelehms und der Tiefenlage des Grundwassers
bestimmt waren. In der Arbeit werden z. B. grundwasserfreie Standorte
ausgeschieden, die wiederum in „von sandigem Auelehm beeinflußte Standorte auf Sand", „ auelehmbeeinflußte Standorte auf Sand", „Standorte
auf mächtigerem Auelehm" etc. untergliedert werden. Als Unterteilungs-
kriterien dienten Korngrößenzusammensetzung und chemische Eigenschaften, die Profilentwicklung (Bodentyp) sowie die Mächtigkeit des Substrats.
Hierfür sind natürlich auch andere Feldarbeiten Voraussetzung, wie die
Aufnahme des oberflächennahen Untergrundes in großmaßstäblichen geomorphologischen Karten. Die enge Berührung von Feld- und Labormethoden der Bodengcographie, Landschaftsökologie und Geomorphologie wird
auch an diesem Beispiel deutlich.

5.1.1.1 Grobsedimentanalyse

Ohne im Einzelnen auf die zahlreichen in der Literatur angegebenen
Beispiele für die Anwendung der Grobsedimentanalysen einzugehen (regionale Beispiele für alle Techniken werden zitiert bei G. STÄBLEIN 1970 b),
kann hier generell festgehalten werden, daß Grobsedimentanalysen strati-

graphisch sehr unterschiedlichen Wert besitzen. Dies zeigen die geomorphologischen Studien, die sich mit *pleistozänen Sedimenten* beschäftigen. Sie gelangen allgemein zu guten Ergebnissen, wie die Schutt- und Schotteruntersuchungen von A. HERRMANN (1971), G. LÜTTIG (1958, 1968), K. RICHTER (1933, 1954, 1958) oder anderer Autoren zeigen. Auch bei rezenten und subrezenten Sedimenten aus anderen Klimazonen werden brauchbare Ergebnisse erzielt (L. HEMPEL 1972; U. RUST und F. WIENEKE 1973). – Ausgesprochen *negativ* äußern sich Geomorphologen, die über *tertiäre* Sedimente und Flächenprobleme arbeiteten (z. B. K. HÜSER 1973; K.-H. MÜLLER 1973). Zurundungs-, Abplattungs- und Einregelungsmessungen bringen keine signifikanten Ergebnisse, weil die Zurundungen usw. außerordentlich schlecht sind (Abb. 76). Zwar kann man gewöhnlich schlechte Sortierungen feststellen; dies ist aber das einzig einwandfrei anzusprechende, allgemein auftretende und genetisch zu deutende Merkmal der Grobsedimente. Die oberpliozänen *Fanger* der Glacis, die im ältesten Pleistozän zur Hauptterrasse überformt wurden, lassen nach G. STÄBLEIN (1968) durchaus charakteristische Formmerkmale erkennen, die sie deutlich vom pleistozänen Material abheben. Allerdings sind sie eben auch relativ jung. – Auffällig ist bei tertiären Sedimenten auch die Tatsache, daß sie typischen *Residualcharakter* aufweisen. E. BIBUS (1971) gibt für die pliozänen, also sehr jungen tertiären „Kantkiese" der sogenannten „Flächenterrasse" folgende Zusammensetzung an:

Quarz	94,0%
Quarzit	0,2%
Kieselschiefer	1,4%
Fe-verkittetes Konglomerat	2,0%
Fe-Bröckchen	2,0%
unbestimmbare Gerölle	0,4%

G. STÄBLEIN (1968) kann für die Fanger demgegenüber wesentlich differenziertere Petrogramme angeben, was einerseits mit dem geringen Alter, andererseits mit dem nur kurzen Transportweg (Pfälzer Wald – Pfälzischer Rheintalgrabenrand) zusammenhängen mag.

5.1.1.2 Körnung

Die *Korngrößenanalysen* besitzen grundlegenden Wert für die Interpretation von anderen Feinsediment-Analysendaten, weil an die Körnungseigenschaften eine Reihe physikalischer und chemischer Eigenschaften von rezenten und vorzeitlichen Böden sowie von Feinsedimenten gebunden sind und mit der Korngrößenanalyse auch meist einwandfreie morphogenetische Ansprachen vorgenommen werden können (G. TREMBLAY 1973).

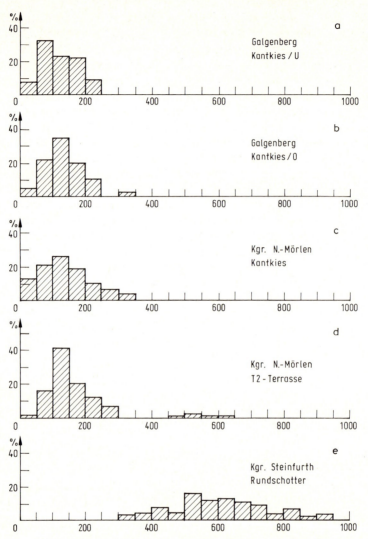

Abb. 76:   *Morphogramme der Zurundungen von pliozänen Kiesen* („Kantkiese", a.–c.):
Die Sedimente weisen eine sehr schlechte Zurundung auf, die gelegentlich auch
von pleistozänen Terrassenschottern erreicht wird (d.). Miozäne „Rundkiese"
(e.) zeigen, infolge eines intensiven und langen intermontanen Transports, eine
sehr gute Zurundung (nach E. Bibus 1971).

Praktisch keine geomorphologische, landschaftsökologische oder bodengeographische Arbeit verzichtet auf die Darstellung der Korngrößen. Sie
werden in Diagrammen wiedergegeben (siehe Kap. 5.3.4), welche einen
raschen und rationellen Vergleich der Daten erlauben. Aufgrund der
Korngrößenspektren der Histogramme lassen sich Leithorizonte ausschei-
den oder Materialgleichheiten bzw. -ungleichheiten ermitteln (Abb. 77).
Auch Einzugsgebiete von Tälern und Flüssen sind auf Grund der Korngrößenzusammensetzung unterscheidbar. Beispiele für die Anwendung der
Korngrößenanalyse liefern viele Arbeiten, u. a. W.-D. BLÜMEL und K.
HÜSER (1974), die für die rationellen Auswertungen der Daten ein AL-
GOL-Computerprogramm „SEDPET" entwickelten. Ein ähnliches Pro-
gramm („GRANUL") erarbeitete L. KING (1974 b). W.-D. BLÜMEL und K.
HÜSER (1974) weisen darauf hin, daß ein Teil der ermittelten Koeffizienten
(z. B. Schiefe-, Sortierungs-, Kurtosiskoeffizient usw.) unbrauchbar ist,
während die Perzentilmaße die Korngrößenzusammensetzung bestätigen,
wie sie sich nach den Gewichtsprozenten – ermittelt aufgrund von Sieb- und
Pipettanalysen – ergeben. Der Medianwert sagt nur über die Grobkörnig-

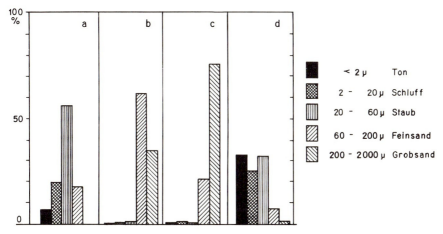

Abb. 77:   *Beispiele von Körnungsdaten für vier genetisch verschiedene Sedimente bzw.*
Paläoböden. Anteile der Korngrößengruppen in Prozent der Feinerde: a.
äolischer Würmlöß (Bötzingen am Kaiserstuhl; Mittelwert aus 23 Proben); b.
Jüngerer Dünensand (Meppen/Ems); c. fluvioglazialer Sand (Nienburg/We-
ser); d. fossile Parabraunerden (Bötzingen am Kaiserstuhl; Mittelwert aus 14
Proben). – Die Diagramme zeigen, daß Feinsedimente und Böden oft charakteristische Korngrößenspektren aufweisen, die wesentlich von den Sedimenta-
tionsvorgängen und/oder den pedogenetischen Prozessen beeinflußt worden
sind (nach F. HÄDRICH 1970).

keit etwas aus, jedoch wenig oder nichts über das morphodynamisch interessante Sedimentationsmilieu.

Die Korngrößenanalysen bei pedogenetisch-geomorphologischen Arbeiten weisen auf stattgehabte Boden- und damit Landschafts*entwicklungsprozesse* hin, denn aus dem Vergleich der Histogramme einzelner Horizonte können Verschiebungen im Korngrößenspektrum ermittelt werden. Generell erfolgt bei Bodenbildungs- und Verwitterungsprozessen eine Verschiebung der primären Korngrößenverteilung der nichtcarbonatischen Feinsubstanz (z. B. von Lössen) zu feineren Korngrößen hin. Nach H. ROHDENBURG und B. MEYER (1966) ändert sich die Korngrößenzusammensetzung der Feinsedimente vom Lößtyp durch eine Abnahme der mengenmäßig vorherrschenden Grobschlufffraktion (0,002–0,063 mm), während vor allem der Anteil der Tonfraktion (unter 0,002 mm), etwas weniger auch der Fein- und Mittelschluffanteil (0,002–0,02 mm), zunimmt. Die Sandfraktionen (über 0,063) verändern sich in nicht aussagekräftigem Umfang. Derartige Interpretationen gehen also über den einfachen Korngrößenvergleich im Hinblick auf das Vorkommen eines nicht mehr visuell nachweisbaren Lößanteils (O. FRÄNZLE 1965 b), die Parallelisierung von Lössen oder das Auseinanderhalten von fossilen Böden (H. LESER 1967 b, 1970) hinaus. Sie müssen dann jedoch erweitert werden durch andere feinsedimentologische Laboranalysen, wie phasenkontrastoptische Glimmerauszählungen oder Eisenoxidbestimmungen, so daß Aussagen über die Intensität der pedogenetischen Verwitterung, die Tonverlagerungsprozesse und die Herkunft des Substrats möglich sind (H. ROHDENBURG und B. MEYER 1966).

Weitere Hinweise auf die Auswertung und Anwendung von Kornanalysen siehe Kapitel 3.2.3 und 4.2.2.4.

5.1.1.3 Schwermineralgehalt

Die sehr aufwendige *Schwermineralanalyse* kann unter bestimmten Voraussetzungen wertvolle Hinweise auf Verwitterungsprozesse, Herkunftsgebiete von Sedimenten oder auch auf die Stratigraphie von Einzelprofilen geben (siehe Kap. 4.2.2.5). W.-D. BLÜMEL und K. HÜSER (1974) weisen daher vor allem auf Schwierigkeiten und Fehler bei der Bestimmung hin, die wesentlich von der Probequalität, d. h. auch dem Erhaltungszustand der Mineralien abhängig ist: „Nachteile der röntgenographischen Bestimmung der Schwerminerale liegen in der oft nur schwer möglichen exakten Zuordnung von Peaks und Impulshäufungen."

Die *Anwendung* der Schwermineralanalyse ist sowohl bei rezenten wie auch bei fossilen Böden und schließlich auch bei Sedimenten und Gesteinen möglich, wie ganz verschieden ausgerichtete Arbeiten zeigen

(z. B. J. EICHLER und J. E. HILLER 1959; A. V. ERFFA 1970; K. HEINE 1970 a; A. SCHRAPS 1966). K. HEINE (1970) setzte die Schwermineralanalyse beispielsweise nur in beschränktem Umfang ein, weil sich aufgrund von Voruntersuchungen herausgestellt hatte, daß durch Verwitterungs- oder Transportprozesse die in seinem Arbeitsgebiet aussagekräftigen vulkanischen Komponenten aus den Terrassensedimenten beseitigt worden waren. Nach K. HÜSER (1973) sind eventuell brauchbare Ergebnisse zu erzielen; sie scheinen aber von räumlich begrenzter Aussage zu sein. Er kann jedenfalls die von J. BIRKENHAUER (1970) gemachten Angaben für sein Gebiet nicht bestätigen. Auch die von T. STRÜBY (1969) an einer eingeengten Fragestellung und auf begrenztem Raum eingesetzte Methodik erbrachte, daß – infolge großer Streuung der Ergebniswerte – „die Schwermineralanalyse die schlechtesten Resultate" zeigte. Bei der Anwendung von Schwermineraluntersuchungen in der Petrographie sind jedoch die Ergebnisse im allgemeinen günstiger, weil dort von anderen Substraten als bei der pedologischen Feinsedimentanalyse ausgegangen wird.

5.1.1.4 Tonmineralgehalt

Wesentlich vielseitiger einsetzbar als die Schwermineralanalyse ist die *Tonmineralanalyse,* von der sich die Geomorphologen klimagenetische Aussagen erhoffen. Allerdings liefern die einzelnen Verfahren (u. a. Röntgenanalyse, Differentialthermoanalyse (DTA), elektronenmikroskopische Analyse) unterschiedliche Ergebnisse, so daß schon aus methodentechnischen Gründen vor Überinterpretieren zu warnen ist. Gleichzeitig nimmt die Qualität des Materials Einfluß auf die Ergebnisse. So konnte A. BRONGER (1970) mit der DTA infolge Homogenität des Ausgangsmaterials für die Böden gute Ergebnisse erzielen, während K. HEINE (1970 a, b, 1971 a, b) für sein Arbeitsgebiet bewußt auf die elektronenmikroskopische Analyse zurückgreift, obgleich auch andere Autoren mit der Röntgenanalyse (C. J. SCHOUTEN 1974) zu regional aussagekräftigen Ergebnissen kommen.

Obwohl H. TRIBUTH (1975) äußert, daß sich „mit Hilfe der Röntgenanalyse . . . Art und Zustand der Tonminerale sehr genau feststellen" lassen, sind die methodischen Probleme schon offenkundig, wenn man die in den Standardwerken (ASTM-Kartei 1966; K. JASMUND 1951; W. TRÖGER 1967; H. URBAN 1954) veröffentlichten *d-Werte* miteinander vergleicht: Bereits die Angaben über die 001-Basisreflexe der hauptsächlichsten Tonminerale stimmen nicht überein. Hinzu kommt, daß sowohl die 001-Basisreflexe als auch die 002-, 003- usw. Nebenlinien der montmorillonitischen, illitischen bzw. glimmerähnlichen oder kaolonitischen Mineralgruppen so dicht beieinander liegen, daß eine eindeutige röntgenanalytische Trennung und Bestimmung nur schwer möglich ist. So lassen sich Halloysite und fireclay-Minerale von Kaoliniten, Vermiculite und Hydromuscovite von Illiten und Nontronite von Montmorilloniten kaum trennen.[32]

Wie bereits angedeutet, beruhen diese Anspracheprobleme auf der Materialbeschaffenheit. Vor allem wiesen K. JASMUND (1951) und W. v. ENGELHARDT (1961) darauf hin. Nach W. v. ENGELHARDT ist lediglich die Kaolinitansprache und deren klimatische Interpretation einigermaßen sicher. Kaolinit entsteht bei saurer Bodenreaktion und hohen Niederschlägen. Als klimazonale Interpretation ergibt sich daraus entweder tropisches Regenwaldklima oder (i. w. S.) feucht-gemäßigtes Klima, unter welchem Podsole entstehen. Die Deutung anderer Tonminerale ist jedoch wesentlich durch Lage und Lagerung der Vorkommen erschwert, daneben durch verschiedene Entstehungsweisen, unterschiedliche Stabilität gegenüber Verwitterungsprozessen, primären Mineralcharakter (so kann Montmorillonit auch primäres Material aus der hydrothermalen Spätphase des Vulkanismus sein), die morphodynamischen Ablagerungs- und Transportbedingungen, die diagenetischen Prozesse (d. h. die Veränderung *nach* der Ablagerung; es sind auch diagenetische Neubildungen, sogar von Kaolinit, möglich) sowie durch den Mischcharakter der meisten Proben. Hinzu kommen spezielle tonmineralogische Eigenschaften, wie die Wechsellagerungsstruktur: K. JASMUND (1951) wies darauf hin, daß Wechsellagerungsminerale einen illitischen Kern haben können, äußerlich aber in Montmorillonit umgewandelt sind: „Die chemischen Analysen und die Pulveraufnahmen entsprechen denen des Illits, während für den Kationenumtausch die wirksame Oberfläche durch die Montmorillonitschicht erhöht ist." Insofern erscheint bei röntgenographischen Tonmineralanalysen für die Geomorphologie ein Beschränken auf die bereits von A. RIVIÈRE (1946) angegebenen charakteristischen Basisinterferenzen für typische Mineral-*gruppen* angezeigt.

Die genetische Interpretation der Ergebnisse ist – wie schon gesagt – von verschiedenen materialmäßigen Voraussetzungen abhängig: Vor allem muß unterschieden werden zwischen Tonmineralien, die herantransportiert wurden und solchen, die infolge Verwitterung neu entstanden sind. Bei letzteren wird außerdem geschieden zwischen denen, die postsedimentär entstanden und solchen, die sich präsedimentär durch Verwitterung auf dem Anstehenden bildeten. – *Ziel* der Tonmineralanalysen ist die Untergliederung von Sedimentationskomplexen, die nicht eindeutig makroskopisch zu trennen sind, die Ausscheidung von Horizonten der Böden (E. A.

---

[32] Die Erfahrungen verdanke ich Angaben des Kollegen K. HÜSER–Karlsruhe, dem für zahlreiche Gespräche über dieses Thema hiermit herzlich gedankt sei.

NIEDERBUDDE 1975), die Ermittlung des Ausgangsmaterials sowie die Ausscheidung von Paläoböden (F. SCHEFFER, B. MEYER und E. KALK 1958). Aus diesen Erkenntnissen ergeben sich Hinweise auf die klimatischen und sedimentologischen Bedingungen zur Zeit der Entstehung der Tonmineralien, auf Verwitterungs- und Umlagerungsprozesse, auf die Bodenbildungsfaktoren sowie auf die morphodynamischen Verhältnisse. Dazu muß die Art der Tonminerale, ihr Kristallisationszustand sowie ihr relativer Anteil an der Tonfraktion bekannt sein (K. HEINE 1970 a; F. SCHEFFER, H. FÖLSTER und B. MEYER 1961). Gute röntgenanalytische Ergebnisse in diesem Sinne erzielten W.-D. BLÜMEL und K. HÜSER (1974) bzw. A. BRONGER (1970) mit der DTA. Fehldeutungen aus derartigen Analysen resultieren daraus, daß die Minerale vielfach nicht sauber auskristallisiert sind, Schichtsilikate verschiedentlich Wechsellagerungsstrukturen bilden und manche Tonminerale grundsätzlich nicht voneinander unterschieden werden können (siehe oben). K. HEINE (1970 a) zeigt an einem konkreten Beispiel, daß der für seine Untersuchungen wesentliche Halloysit (Hinweis auf Material aus dem Gebiet des tertiären basaltischen Vulkanismus in pleistozänen Flußsedimenten) nur elektronenmikroskopisch von dem gleichzeitig auftretenden Kaolinit aufgrund seiner anderen Form unterscheidbar war (siehe dazu auch K. WADA und S. AOMINE 1973). Auch gewisse Äquivalente der Chlorite (= Minerale der Bertheringruppe) sind röntgenographisch ebenfalls nicht von Kaolinit unterscheidbar (W. v. ENGELHARDT 1961).

Problematisch bleibt dann erst recht die Frage nach der *Intensität* von Verwitterungsbildungen und Böden, die aus der rein qualitativen Tonmineralanalyse nicht bestimmbar ist. A. BRONGER (u. a. 1970) versucht eine „relativ-quantitative Abschätzung des Tonmineralbestandes". Dadurch ist bei einfach zusammengesetzten Proben, mit nur wenigen Tonmineralarten, eine näherungsweise Mengenbestimmung möglich. Vorausgesetzt sind jedoch für bestimmte Tonmineralgruppen spezielle Vorbehandlungsmethoden. Danach werden gewisse Basisreflexe nach ihrer Intensität gegliedert und die Tonmineralanteile in Prozent der Summe der Montmorillonit-Vermiculit-Illit-Kaolinit-Chlorit-(Bodenchlorit)-Gehalte ausgedrückt.

Die tonmineralogische Zusammensetzung der einzelnen (und verschieden alten) Sedimente kann äußerst kompliziert sein, was sich auch auf die Pedogenese auswirkt. Daher sollte die Interpretation tonmineralogischer Untersuchungen von Böden und Sedimenten mit größter Vorsicht erfolgen. Im *überregionalen Vergleich* kommt eine Komplizierung durch rezente und vorzeitliche Verwitterungsprozesse hinzu. Seit dem Tertiär wirkten ganz unterschiedliche Klimaverhältnisse in einundderselben Landschaft. Die damals schon vorhandenen Sedimente haben auf diese Weise vielfach wechselnden Einflüssen unterlegen, die sich in den Böden und

Sedimenten nicht immer eindeutig trennen lassen. Im Rheinischen Schiefergebirge sind z. B. tertiäre Kaolinite nachweisbar, die meist mit Illiten gemeinsam und zu gleichen Teilen vorkommen (K. Heine 1970 a; K. Hüser 1972, 1973). Die pleistozänen Sedimente weisen bei gleichen Tonmineralanteilen eine Illitdominanz auf, bei gleichzeitigem Vorkommen von Montmorillonit. In den Extremen Kaolinitdominanz-Illitdominanz soll sich eine Altersabfolge ausdrücken: mit zunehmend geringerem Alter der Verwitterungsprodukte erscheint ein höherer Illitanteil. Diese Sequenz wird z. B. von J. Birkenhauer (1970) zur Grundlage seiner Datierungen gemacht. Dem widersprechen Autoren wie E. Bibus (1971) oder K. Hüser (1973). Gerade die zuletzt zitierte methodenkritische Arbeit zeigt, daß keine Verallgemeinerungen tonmineralogischer Untersuchungsergebnisse vorgenommen werden dürfen – gleich welchen erdgeschichtlichen Zeitabschnitt sie betreffen. Es stellte sich heraus, daß selbst *zeitgleiche* Proben infolge fehlender Horizontkorrelation (d. h. zum Beispiel unterschiedlicher Lage im Profil) *keine* vergleichbare Tonmineralgarnitur (etwa Montmorillonit-Kaolinit-Verhältnis) aufweisen (E. Bibus 1971; F. J. Eckhardt 1960).

5.1.1.5 Kalkgehalt

Ein wesentliches pedo- und morphogenetisches Kriterium ist der *Kalkgehalt* (siehe Kap. 4.2.3.1). Dabei ist zwischen gleichmäßig im Boden verteilten *primären* und ungleichmäßig und stellenweise sogar stark angereicherten *sekundären* $CaCO_3$-Gehalt zu unterscheiden. Beide Formen sind auch makroskopisch (Lupe!) bestimmbar: Der in Körnchen vorliegende primäre Kalk wird beim Beträufeln mit verdünnter Salzsäure aufgelöst – die Partikel zersetzen sich (Aufbrausen). Sekundärer Kalk, in Form von kleinen, feinen Häuten um andere, stabile Minerale gehüllt, verschwindet ebenfalls unter leichtem Aufbrausen, die Mineralkörner bleiben aber erhalten.

E. W. Guenther (1961) unterscheidet beim $CaCO_3$-Gehalt des Lösses, der häufig wichtige fossile Böden enthält (verändert):

(1) *Primär (syngenetisch) eingelagerter Kalk:*
  a) In Kornform eingelagert. In nicht oder nur wenig verwitterten Lössen als graue bis weißliche, kantengerundete Körnchen zu finden.
  b) Organischer Kalk, der in Form der Lößschneckenschalen zu finden ist. Diese können noch vollständig vorliegen, ebenso aber völlig zerstört oder aufgelöst sein.
(2) *Sekundär (epigenetisch) ausgeschiedener Kalk tritt auf:*
  a) Als Kalkhäutchen, die die Mineralkörner umkleiden.

b) Als weißer Kalk, der in Hohlräumen (Schwundrissen, Wurzelröhren, Porenraum) des Lösses ausgeschieden ist. Er liegt in mehr oder weniger gut ausgebildeten Kristallen vor (Pseudomycel = faserartige Kalkeinlagerungen, Kalkröhrchen, Überzüge). Diese Formen des sekundär ausgeschiedenen Kalkes finden sich häufig ober- oder unterhalb von Verwitterungshorizonten, also fossilen Böden im Löß.

c) In Form von Kalkkonkretionen („Lößkindel"). Diese können ganze Horizonte bilden und sogar zu Kalkbänken zusammentreten.

Im Zusammenhang mit diesen Kalkformen stehen die Vorgänge der sogenannten *„Auswaschung"* und der *Neubildung* des Kalkes. Beide geben Hinweise auf die Klimaverhältnisse bzw. den Einfluß dieser auf die Bodenbildungen oder die Bodentypenwandlung. Das Niederschlagwasser kann mit Kohlendioxid Kohlensäure bilden, die das Calciumcarbonat im Ausgangsgestein löst, so daß es schließlich nur noch in Spuren bzw. überhaupt nicht mehr im Boden zu finden ist:

$$CaCO_3 + H_2O + CO_2 \rightleftharpoons Ca(HCO_3)_2.$$

Das bei dieser Reaktion entstandene leichtlösliche Calciumbicarbonat wird in der Regel im Unterboden unter Ausscheidung von CO_2 *ausgefällt.* Diese Vorgänge bezeugen ein humides, kühles oder gemäßigtes Klima. Durch das Niederschlagswasser erfolgt eine Auswaschung des Bodens, die sich z. B. bei der Rendzinabildung (= Boden auf Kalkstein in kühl-gemäßigten, humiden Klimaten) in der Ausfällung eines krustigen Materials im liegenden C_1-Horizont oder in der Bildung von Lößkindeln im C-Horizont von Böden auf Löß seinen Ausdruck finden kann. Ausfällungen weisen auf eine absteigende Tendenz des Niederschlagswassers – in Form der Bodenfeuchte – und damit auf kühl-gemäßigte, humide Klimabedingungen. Die *„Entkalkung"* eines Horizontes wird in der Paläopedologie als ein erster Hinweis auf einen fossilen Boden gewertet. Ebenso kann sich natürlich auch oberflächlich Kalk anreichern, indem durch aufsteigende Bodenwasserbewegungen $CaCO_3$ an der Erdoberfläche als Kruste ausgeschieden wird. Generell braucht das nicht zu stimmen, wie H. ROHDENBURG und U. SABELBERG (1969) zeigten. Sie erklären Kalkkrusten in heute semihumiden Mediterranlandschaften als Ca-Horizonte entkalkter Böden. Gleiche Beobachtungen legte D. WERNER (1971) aus Nordwest-Argentinien vor.

Je nach $CaCO_3$-Form kann auf die postsedimentären Verhältnisse des Wasserhaushaltes im Boden geschlossen werden, ebenso auf die Bedingungen bei der Sedimentation. Geringe oder fehlende Kalkgehalte weisen in der Regel auf Verwitterung oder Abtragung bzw. Durchbewegung des Solums infolge Transportes durch Solifluktion oder Wasser hin. Fossile Böden können aber auch unter einer mächtigen Lößdecke relativ hohe Kalkgehalte aufweisen, z. B. die fossilen Schwarzerden und Parabraunerden des Rhein-Main-Gebietes (2–7% $CaCO_3$) (H. Leser 1967 b, 1970; E. Schönhals 1950). Noch höhere Gehalte finden sich in den dort schwach ausgebildeten Interstadialböden (Frosttundrengleyen, Braunerden und Steppenböden). Sie wurden aus dem Hangendlöß durch eine abwärts gerichtete Bodenwasserbewegung „aufgekalkt". Weist der obere Horizont eines fossilen Bodens einen deutlich geringeren Kalkgehalt als sein Liegendes auf, ist die Annahme berechtigt, daß die ursprünglichen Verhältnisse durch die Fossilisation konserviert wurden.

Der Kalkgehalt des Lösses läßt auch enge Bindungen an die Herkunftsgebiete der Schmelzwässer erkennen. Kalkreiche Gebiete liefern Lösse mit höheren Kalkgehalten. 40% und mehr konnten von G. H. Gouda (1962) in dem aus dem Schweizer Jura stammenden Löß nachgewiesen werden. Auch die Lösse der Alpenvorländer sind kalkreicher als jene des Norddeutschen Tieflandes, da sich beim Durchfließen der Kalkalpen das mitgeführte Material um solches aus Kalk ergänzte (O. Fränzle 1965 a; zahlreiche weitere Beispiele bei E. W. Guenther 1961).

5.1.1.6 pH-Wert

Im Zusammenhang mit dem $CaCO_3$-Gehalt eines Bodens steht der *pH-Wert* (siehe Kap. 4.2.3.2). E. Mückenhausen (1959) weist am Beispiel mittelrheinischer Lösse darauf hin, daß bei Auswaschung der Karbonate die Verwitterungsintensität an den pH-Kurven abschätzbar ist, deutet aber gleichzeitig die Gefahr der Fehlinterpretation durch postsedimentäre Aufkalkung an. – Aus hohen pH-Werten kann eine geringe Auswaschung des Bodens erschlossen werden. – Gerade bei dem pH-Wert muß jedoch betont werden, daß er nur zusammen mit anderen Analysendaten aussagekräftig ist. Er spielt in der Bodengeographie und der Landschaftsökologie eine größere Rolle als in der Paläopedologie und Quartärgeomorphologie, für die F. Hädrich (1970) die Bestimmung des pH-Wertes als „unnötigen Ballast" bezeichnete, wenn die Proben karbonathaltig, ansonsten salzfrei sind. Auch bei karbonatfreien fossilen Böden sieht F. Hädrich nur eine eingeschränkte Aussagekraft des pH, weil er nur die aktuellen, nicht jedoch die vorzeitlichen Aziditätsverhältnisse ausdrückt.

5.1.1.7 Verschiedene chemische Eigenschaften

Eine aussagekräftige *Kombination* des pH-Wertes ist die mit dem V-Wert (siehe Kap 4.2.3.4). Der V-Wert gibt den prozentualen Anteil der basisch reagierenden Erdkali- und Alkali-Ionen an der Umtauschkapazität an.

Tab. 22: Korrelation zwischen pH- und V-Wert (nach P. SCHACHTSCHABEL 1951).

pH-Wert	4	5	6	7
V-Wert	25%	50–60%	75–80%	100%

Liegen die V-Werte unter 50–60%, werden nicht nur die Pflanzen, sondern auch die Böden selbst geschädigt. Die höchst sorptionsfähigen Tonminerale Illit, Montmorillonit und Glimmer zerfallen, während die sorptionsschwächeren Kaolinminerale sich anreichern. Wie H. NEUMEISTER (1964) zeigte, stehen jedoch bei den mitteldeutschen Aueböden V-Werte von 60–80% pH-Werten von nur 4,5–4,9 gegenüber. Auch in zahlreichen Lößprofilen des Rheinhessischen Tafel- und Hügellandes lagen die V-Werte bei einem pH-Wert von um 7,5 bis 8 bei 80% (H. LESER 1967 b). O. FRÄNZLE (1965 a) weist beispielsweise mit Hilfe der Kombination Lößfraktion, pH-Wert und V-Wert die kryoturbate Durchmischung des oberen fgB-Horizontes eines Ferretto unter einer Braunerde auf Löß nach. Der höhere pH- und V-Wert des fgB deuten auf die sekundäre Aufkalkung des Ferretto hin. Die in dem schweren, zähen Ton des Ferretto nachgewiesene Lößkomponente von 24,5% bekräftigt ebenfalls die Deutung des fgB als kryoturbate Durchmischungszone.

Tab. 23: Analysenwerte von B-Horizonten zum Hinweis auf unterschiedlich verlaufene Pedogenese (nach O. FRÄNZLE 1965 a).

Horizonte	Lößfraktion	pH-Wert	V-Wert
B(B)	32,9%	6,3	68,5%
fgB	24,5%	6,4	69,9%
fBg	29,0%	6,1	58,5%

Bei der Analyse einer spätglazial-holozänen Parabraunerde-Braunerde wird festgestellt, daß der primäre Kalk vollständig entfernt worden ist, die basisch reagierenden Metallkationen nach dem pH-Wert von 6,9 und dem V-Wert von 86% erst zu 14% gegen H-Ionen ausgetauscht wurden. O. FRÄNZLE (1965 a) schließt, da eine sekundäre Aufkalkung nicht in Frage kommt, daß der Hangendlöß ein junges und primär kalkreiches Sediment sein muß, bei welchem die seit der Sedimentation verstrichene Verwitterungsdauer die Entbasung bislang nur wenig vorantreiben konnte.

Daneben lassen aber die pH- und V-Werte auch *großräumige Differenzierungen* erkennen. So sind am südlichen Alpenrand West-Ost-Unterschiede festzustellen. Die Ursachen liegen in der stärkeren Durchfeuchtung im Westen sowie in den Liefergebieten des Lösses um Iseo- und Gardasee in den südlichen Kalkalpen. Ausnahmen gibt es jedoch auch hier: Findet man die Bedingungen durchbrochen, so bestehen die Ursachen in der unterschiedlichen Verwitterungsdauer:

Tab. 24: West-Ost-Unterschiede der Bodentypen am Alpensüdrand, ausgedrückt durch pH- und V-Werte (nach O. FRÄNZLE 1965 a)

Bodentypen	Osten Braunerden	Westen Pseudogleye, Parabraunerden
pH-Werte	7	3,5
V-Werte	85–90%	20%

Ähnlich dem pH-Wert gilt auch für die Basensättigung (V-Wert), daß die Aussage bei karbonathaltigen Proben eingeschränkt ist, weil „die Austauschkörper praktisch vollständig mit Alkali- und Erdalkalikationen abgesättigt sind" (F. HÄDRICH 1970).

Die Bestimmung der *Austauschkapazität* (T-Wert) erbringt zahlreiche geomorphologische und pedologische verwertbare Ergebnisse. Die Untersuchung praktisch aller Proben ist nützlich, also auch karbonathaltiger – sofern sie Tonminerale und organische Substanz enthalten, also kationenaustauschfähig sind. Der T-Wert läßt, über den Zusammenhang zwischen Gesamtaustauschkapazität und Korngröße (H. TRIBUTH 1970), z. B. Rückschlüsse auf die Zusammensetzung der Tonmineralgarnitur zu. Auch hier ist zu beachten, daß die Tonsubstanz gerade in jüngeren Lössen verändert sein kann. E. MÜCKENHAUSEN (1959) zeigte am Beispiel des Würm-Lösses von Kärlich bei Koblenz, daß junge Bims- und Tuffeinwehungen die Mineralzusammensetzung des Lösses verändern. – Man kann den T-Wert zur *groben* Bestimmung der Tonmineralgarnitur heranziehen, wenn die Sorptionsträger auf die Tonmineralfraktion beschränkt bleiben. Es muß aber beachtet werden, daß die T-Werte unterschiedlich ausfallen, jenachdem ob die Bestimmung an der Feinerde oder an der Tonsubstanz (unter 0,002 mm $\varnothing$) durchgeführt wurde. Die Gleichung

$$T_{Ton} : T_{Boden} = 100 : Tongehalt_{Boden}$$

erlaubt die Austauschkapazität der Tonsubstanz zu bestimmen. Dieser Wert läßt über die *grob* zu ermittelnde Tonmineralzusammensetzung (Montmorillonit 80–150 mval; Illit 20–50 mval; Kaolinit 3–15 mval) klimatische Rückschlüsse zu, weil unter bestimmten Verwitterungsbedingungen charakteristische Tonmineralgruppen und -garnituren entstehen. Dabei gelten jedoch weiterhin die in Kapitel 5.1.1.4 (Tonmineralgehalt) geäußerten Vorbehalte.

Tab. 25: Klimatische Interpretation der Tonminerale Kaolinit, Montmorillonit und Illit

Tonminerale	Vegetationsbedingungen	Besonderheiten der Ausbildung
Kaolinit	feucht-warm, tropisch; Regenwald	in tieferen Bodenschichten saures Milieu
	feucht-gemäßigt, kühl; Wald	saures Milieu
Montmorillonit	semiarid, subtropisch; Trockenwälder und Savannen	
	gemäßigt; Steppen	basische Muttergesteine wirken fördernd
Illit	kühl-gemäßigt, feucht	mäßig saures Milieu

Weitere *Interpretationen:* Ein niedriger T-Wert spricht bei niedrigem S-Wert und geringem Tongehalt (dieser als Ausdruck einer nur schwachen Verwitterungsintensität) für primäre Kalkarmut oder Kalkfreiheit. Ein niedriger T-Wert und Tongehalt weisen im allgemeinen auf eine nur wenig fortgeschrittene Verwitterung hin, außerdem besteht ein Zusammenhang mit der Entwicklungstiefe sowie mit dem Alter des Bodens (Abb. 78).

Auch die Kombination mehrerer Analysen, wie von S-, T- und V-Wert mit dem pH-Wert, lassen weitreichende Interpretationen zu. Durch die größere Zahl der Analysen werden die Aussagekraft und der Wahrscheinlichkeitsgrad der an sich labilen Einzelanalysendaten erhöht. – Niedrige pH-, S- und V-Werte zeigen, daß die basisch reagierenden Alkali- und Erdalkalikationen praktisch ausgewaschen sind. Weiter bedeuten ein sehr niedriger S- und ein relativ hoher T-Wert, daß die Tonminerale sich abbauen und die organische Substanz die hohe Sorptionskapazität verursacht.

Auch die *Eisenbestimmung* (siehe Kap. 4.2.3.5) bringt für die Ansprache rezenter und vorzeitlicher Böden gute Ergebnisse (K. BRUNNACKER 1970; P. FITZE 1973; F. HÄDRICH 1970; O. KHONDARY EISSA 1968), weil die terrestrischen Böden „mit zunehmendem Gehalt am Gesamteisen ein Auffächern des Freien Eisens in Abhängigkeit vom Bodentyp" zeigen (K.

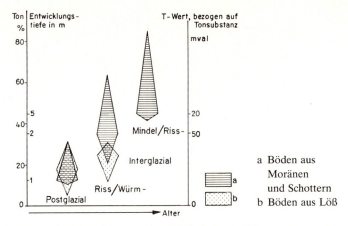

Abb. 78:   *Abhängigkeit des Tongehaltes, der Entwicklungstiefe der Böden und der Aus-
            tauschkapazität vom Alter der Bodenbildung.* Beispiel: Oberitalienische subre-
            zente und fossile Böden auf Moränen, Schottern und Lössen. – Die Höhe der
            Rhomben kennzeichnet die Variationsbreite des Tongehaltes. Die breiteste
            Stelle markiert die häufigsten Werte (nach O. FRÄNZLE 1965 a).

BRUNNACKER 1970). Fossile Böden zeigen höhere Eisenwerte als ihr Ausgangsmaterial. Sie entstehen durch Verwitterungsprozesse, bei welchen sich
Mineralien umwandeln und anreichern können. Möglicherweise stammt
das Eisen jedoch auch aus höheren, heute abgetragenen Böden, bei deren
Entstehung Ton, organische Substanz und/oder Eisen verlagert worden ist.
F. HÄDRICH (1970) stellt, genau wie P. FITZE (1973) fest, „daß die Zunah-
me an Gesamt- und Dithioniteisen beim Vergleich von Lössen und zugehörigen Paläoböden um so größer sein muß, je intensiver die Bodenbildung
und Tonverlagerung, mit der die Eisenverlagerung gekoppelt war, abgelau-
fen ist bzw. je länger die Bodenbildungsphase gedauert hat." (Abb. 79).

5.1.1.8 Gehalt an organischer Substanz

Wie der $CaCO_3$-Gehalt gehört auch der *„Humusgehalt"* zu den wichtigsten
Indizien der Paläopedologie und der Quartärgeomorphologie. Auch in der
Bodengeographie und Landschaftsökologie dienen seine Werte zur Kennzeichnung der Böden. Die Bestimmung des Gehaltes an organischer Substanz ermöglicht eine einwandfreie Ansprache eines Horizontes als Boden.
Methodische Probleme gibt es durch die Tatsache, daß die ursprüngliche
organische Substanz verändert wurde. Auch rezente Einflüsse, durch tief-
reichende Wurzeln, sind möglich. Wegen zahlreicher Fehlermöglichkeiten

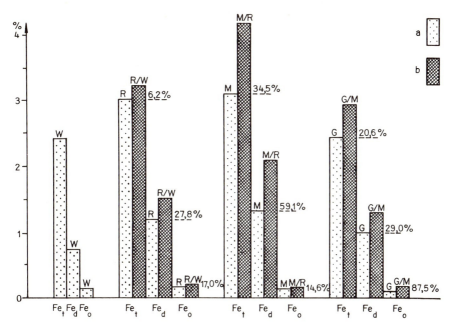

Abb. 79:   *Lösse, fossile Böden und Eisengehalte:* Mittlere Fe_t-, Fe_d- und Fe_o-Gehalte
verschiedener Substrate aus Lößaufschlüssen (Bötzingen am Kaiserstuhl) und
der pedogenetisch bedingte mittlere prozentuale Zuwachs dieser Stoffe in den
Paläoböden gegenüber den zugehörigen Lössen. Beispiel: Bötzingen am Kaiserstuhl. a. Lösse des Würm, Riß, Mindel und Günz (?); b. fossile Parabraunerden des Riß/Würm, Mindel/Riß und Günz/Mindel (?) (nach F. HÄDRICH 1970).

sollte die Glühverlustbestimmung bei Paläoböden nicht eingesetzt werden.
– Immerhin lassen sich charakteristische Gehalte an organischer Substanz
erkennen: während die interglazialen Böden Mitteleuropas, z. B. der oft als
Parabraunerde ausgebildete Eem-Boden, Humusgehalte von 3–5% aufweisen, sind interstadiale Braunerden oder braunerdenartige Bodenbildungen fast ohne Gehalt an organischer Substanz. Die würmzeitlichen Steppenböden („Humuszonen") weisen 1–3% auf. Sofern die organische Substanz nur in geringer Menge vorkommt, erscheint sie nicht einmal makroskopisch.

H. NEUMEISTER (1964) zieht den Gehalt an organischer Substanz zur
Untergliederung des Auelehms im Pleiße- und Elstergebiet heran. Er
stellte beim älteren Auelehm in der Regel höhere Werte fest als beim
jüngeren. Beispiele für die Verwendung des Humusgehaltes bei der Ausscheidung fossiler Böden finden sich in zahlreichen quartärgeomorphologi-

schen Arbeiten: O. Fränzle (1965 a), G. H. Gouda (1962), E. Mückenhausen (1959), E. Schönhals (1950), E. Schönhals, H. Rohdenburg und
A. Semmel (1964), H. Zakosek (1962) u. a.

5.1.1.9 Zusammenfassung: Methodik der Auswertung geomorphologischer Analysendaten

Während die geomorphologischen Feldmethoden infolge ihrer gröberen,
aber meist eng raumbezogenen Ergebnisse geomorphogenetischen Interpretationen direkt zur Verfügung stehen, ist dies bei den Analysendaten
nur selten der Fall. Schon die Dimension der Ergebnisse erfordert dies: Bei
der Untersuchung von Böden und Feinsedimenten handelt es sich um
Teilaspekte der Morphogenese, meist um solche der Pedogenese, die nur in
indirektem Zusammenhang mit der Gesamtlandschaftsentwicklung stehen
und die oft nur lokalen Aussagewert haben. Hinzu kommen zahlreiche
aussagerelativierende methodentechnische Fehlermöglichkeiten. Sie hängen einmal mit dem Analysenprozeß selbst zusammen, z. B. ob er mehr
oder weniger exakt abgewickelt werden kann. Dann gibt es auch Fehlermöglichkeiten, die im Substratcharakter selber, den ablaufenden chemischen oder physikalischen Prozessen oder in gerätetechnischen Problemen
begründet sind.

Aus diesen Bemerkungen darf nun nicht der Schluß gezogen werden,
daß mit den verfeinerten Arbeitsweisen der Geomorphologie keine korrekten Ergebnisse zu erzielen seien. Das Problem löst sich durch die *Dimen-
sionsfrage.* Sobald *zahlreiche,* eventuell mit kleinen technischen Meßfehlern
versehene Daten lokalen Bezugs vorliegen, wird durch die Menge einerseits
und die Einordnung dieser Daten in den geomorphogenetischen Kontext
der Landschaft (der sich im Gefüge der Landformen repräsentiert) andererseits durch die Überführung der Daten in eine andere Dimension die
Fehlergröße verringert und in manchen Fällen sogar der Fehler eliminiert.
Die Analysendaten zeigen jedoch auch, daß nun geowissenschaftliche
Aussagebereiche erschlossen sind, in denen Geomorphologie, Bodengeographie oder Landschaftsökologie bislang nur auf Vermutungen angewiesen waren. Entsprechend dem Systemgedanken des *ökologischen Ansatzes*
vollziehen sich die Landschaftsentwicklungsprozesse ja nicht in irgendwel-
chen imaginären Dimensionen, sondern „vor Ort" und kleinräumig, jedoch
insgesamt gesehen – und das ist dann eine Frage des Betrachtungs- und
damit Arbeitsmaßstabs – auch mit großräumigen Konsequenzen. Auf die
zuletzt genannten hatte gerade die Geomorphologie bisher fast ausschließlich abgezielt. Sie war jedoch nicht in der Lage, alle Prozesse in ihrem
Ablauf zu deuten, weil die Betrachtungsdimension zu grob war. Die Laboranalysendaten erschließen nun auch solche Bereiche, die aus methodischen

und technischen Gründen dem Geomorphologen lange Zeit unzugänglich waren.

5.1.2 Ausgewählte Beispiele geomorphologischen Arbeitens

Um die Grundprinzipien geomorphologischen Arbeitens vorzuführen, sollen ausgewählte geomorphologische Erscheinungen, Formen und Formengruppen auf die Möglichkeit der Anwendung der Methoden geprüft werden. Wie schon mehrfach betont wurde, kann nur die *Kombination von Beobachtung, Messung und Laboranalysentechnik* zum Erkennen der vorzeitlichen und rezenten geomorphodynamischen Prozesse führen. Die Komplexität der Reliefformen erfordert nicht nur eine umfassende „Betrachtung" im strengen Sinne des Wortes auf sämtliche Wechselbeziehungen hin, sondern auch die komplexe Anwendung von sedimentologischen, pedologischen und anderen Arbeitsweisen. Dadurch, daß viele Formen einen hochgradig polygenetischen Charakter aufweisen und die Formungsprozesse oft nur aus pedogenetischen Indizien erschließbar sind, kann mit *einer* Methode allein *nicht* mehr gearbeitet werden. Vielmehr muß der gesamte Fächer geomorphologischer, pedologischer und sedimentologischer Arbeitsweisen daraufhin geprüft werden, welche Techniken und Methoden an dieser oder jener Form im einzelnen anzuwenden sind. Dieses Vorgehen setzt sowohl die Kenntnis der allgemeinen und speziellen geomorphologischen Arbeitsweisen voraus als auch die Kenntnis der allgemeinen geomorphologischen Begriffe, um erste Ansprachen – rein morphographisch und frei von genetischer Spekulation – vornehmen zu können.

5.1.2.1 Marine Terrassen

Die Erforschung *mariner Terrassen* erfolgt im Zusammenhang mit der der Küstenentwicklung. Unter diesem Aspekt ist die Erforschung mariner Terrassen mit Hilfe einer großen Zahl geomorphologischer Arbeitsweisen möglich, die selbstverständlich auch an anderen Formen eingesetzt werden können. Das Zusammenwirken von mehreren verspricht auch hier den größten Erfolg. Eine Zusammenarbeit mit anderen Disziplinen ist oft erforderlich. Über neuere Methoden der Küstengeomorphologie und der Topographie und Geomorphologie des Meeresbodens referiert ausführlich K. H. PAFFEN (1964). Einzelangaben lassen sich auch folgenden Arbeiten entnehmen: D. KELLETAT (1973), C. A. M. KING (²1972), J. A. STEERS (1971), N. STEPHENS und F. M. SYGNE (1966), P. D. TRASK (1968), V. P. ZENKOVICH (1967).

Auf Schwankungen des Meeresspiegels weisen die *Küstenterrassen* hin. Daß mit Erkennen der Terrassenform noch nicht viel über die Küstenentwicklung bekannt zu sein braucht, verdeutlicht eine Gleichung, die D. HAFEMANN (1960) für den eustatischen Meeresspiegelanstieg der Nordsee gibt, der gleich sein soll dem relativen Meeresspiegelanstieg minus Landsenkung durch Krustenbewegung minus Sackung minus Gezeitenerhöhung.

Grundlage küstenmorphologischer Arbeit ist die Feststellung der *Niveaus*. Weitere Beobachtungen haben deren Sedimentdecke bzw. ihren sedimentologischen Aufbau zum Ziel. In erster Linie müssen die Gerölle nach den bekannten Methoden untersucht werden, schließlich folgen *sedimentologische Arbeiten* in Aufschlüssen. Mit Hilfe von Sondierungen und Bohrungen lassen sich Mächtigkeitswerte gewinnen. Bohrungen ermöglichen auch Probenahmen zur weiteren Verwendung: Zunächst ist eine genauere stratigraphische Arbeit möglich (die bei vorhandenen Aufschlüssen auch am Hang der einzelnen Terrassenniveaus durchgeführt werden kann), die als Voraussetzung für die richtige Einordnung der Proben und der zu erwartenden Meßdaten anzusehen ist. Morphogenetischer Charakter und Eigenschaften der Sedimente sind an der Probe selbst durch grobsedimentologische sowie Korngrößen- und chemische Analysen zu ermitteln. Die Bohrkerne liefern auch Faunenreste, z. B. Mollusken, sowie Torfe und Hölzer. An diesem organischen Material können [14]*C-Datierungen* vorgenommen werden, deren Wert mit teils berechtigten Argumenten von manchen Autoren bezweifelt wird (u. a. R. J. RUSSEL 1964). Bei solchen Datierungen ist auf eine große Anzahl Proben zu achten, da Verunreinigungen rasch Meßfehler verursachen. Auf methodische Probleme der ^{14}C-Datierung geht M. A. GEYH (1971) ein, Daten gibt W. F. LIBBY (1969) an.[33] Wie H. GRAUL (1960) bemerkt, gibt die Datierung bei terrestrischen Bildungen das Höchstalter des Meeresspiegels in der Höhe des jeweiligen Fundes an, die Datierung mariner Mollusken jedoch das Mindestalter des Meeresspiegels in Fundhöhe. Höchst aussagekräftig sind auch *Pollenanalysen* der Torfe. Sie erbringen eindeutige klima- und florengeschichtliche Hinweise, die im Zusammenhang mit ^{14}C-Datierungen und sedimentologisch-stratigraphischen Untersuchungen gesicherte Ergebnisse versprechen. – Wertvolle Ergänzungen erbringen *historische und siedlungsgeographische Untersuchungen* (A. BANTELMANN 1961; E. PONGRATZ 1974; F. VOSS 1968; E. WERTH 1954). Wichtig ist die genaue topographische Lage der Siedelplätze. Sie ist durch Karten und Pläne, Urkunden und Feldforschung (Einmes-

---

[33] Weitere wichtige Übersichtsarbeiten zur Geochronologie, die auch für die folgenden Kapitel Bedeutung besitzen: W. GENTNER und H. J. LIPPOLT ([2]1969), I. U. OLSSON (1970), W. SIMON und H. J. LIPPOLT ([3]1967).

sung!) zu ermitteln. Auch Grabungen können Aufschlüsse bringen: Gebäudereste, Keramik- und Münzfunde sowie andere Spuren menschlicher Siedlung sind vom Ur- und Frühgeschichtler meist gut zu datieren. Zuverlässige Angaben dieser Art vermögen die geomorphologische Küstenforschung ebenso zu stützen, wie letztere die Arbeiten anderer Disziplinen. Besonders sind die genauen Höhenlagen der Funde von Bedeutung, wobei beachtet werden muß, daß Höhenlagen ausgegrabener Bauwerke nur Mindestwerte des Meeresspiegels darstellen. Auch langzeitige Pegelbeobachtungen lassen Berechnungen über Küstenbewegungen zu. Bei Verwendung solcher Werte ist jedoch größte Vorsicht geboten (D. HAFEMANN 1955). Aussagen über Meeresspiegelschwankungen und Temperaturverhältnisse der Vorzeit sind auch durch Bestimmung der Ansatztiefen rezenter Korallenbauten möglich (D. BIEWALD 1964; E. WERTH 1953).

Änderungen im Verlauf der Küstenlinie und in der Höhenlage von Terrassenniveaus mit ihren Sedimenten sind auch sehr leicht durch tektonische Einflüsse möglich. Viele der o. a. Methoden setzten daher einen stabilen Untergrund voraus. Gleiche Wirkung wie tektonisch bedingte Senkungen erzielen die nicht selten auftretenden großräumigen Sackungen, die sich vor allem in jungen Sedimenten des Küstensaumes vollziehen. Gerade auf diesen liegen aber z. B. im Bereich der Nordseeküste die vor- und frühgeschichtlichen Siedlungen (D. HAFEMANN 1960), deren Höhenlage als wichtiges Kriterium der Meeresspiegelschwankungen dient. Die spontan auftretenden Setzungen wurden zeitweise auch durch Landgewinnungsmaßnahmen (Eindämmung und Entwässerung) belebt.

5.1.2.2 Fluviale Terrassen

Fluviale Terrassen sind beim Einschneiden des Flusses erhalten gebliebene Reste alter Talböden. Auch Schwemmfächer können durchnagt und zu einer Terrassenlandschaft umgestaltet werden. Ähnlich den marinen Terrassen müssen bei den Flußterrassen die einzelnen Reste nach der *Höhenlage* in ein System eingeordnet werden. Je nach Größe des Flußgebietes werden die Terrassenreste soweit wie möglich flußauf- bzw. flußabwärts verfolgt, bei kleinen Flüssen vollständig von der Quelle bis zur Mündung. Bei großen Flüssen und Strömen ist das kaum möglich und auch nicht immer sinnvoll, weil durch lokale Tektonik o. ä. die Akkumulations- und Erosionsbedingungen flußabschnittsweise grundlegend anders sein können. Das beste Beispiel dafür sind die verschiedenen Terrassensysteme des Rheins zwischen dem Binger Loch und den Niederlanden.

Wichtige Hilfsmittel bei der Bestimmung der Terrassenniveaus bilden die Schotter, Kiese und Sande, welche die Terrassenkörper selbst aufbauen oder als Streu auf Felsterrassen oder Hangschultern liegen (J. R. L. ALLEN

1965). Die Aufschlußarbeit muß mit der Klärung der Lagerungsverhältnisse und der petrographischen Zusammensetzung der *Sedimente* beginnen. Einregelungsmessungen und Gesteinszählungen erbringen Hinweise auf Transportrichtungen und Herkunftsgebiete. Zurundungsmessungen geben Auskunft über das Transportagens (fluvialer Transport oder glazifluviale oder solifluidale Umlagerung). Außerdem sagt der Zurundungsgrad etwas über die Entfernung zum Liefergebiet und über die Transportgeschwindigkeiten aus. Allerdings müssen die methodischen Probleme der morphometrischen Grobsedimentanalysen jeweils mit in Rechnung gestellt werden. Überprägungen der frischen Schotter können andere Klimabedingungen anzeigen, ebenso Bindemittel der Grobkomponenten und der Verfestigungsgrad. Von nicht zu unterschätzender Bedeutung sind die *Decksedimente,* im ehemaligen Periglazialgebiet Europas häufig Lösse, deren Fossil- und Bodeninhalt Rückschlüsse auf den Landschaftszustand zur Zeit der Sedimentation bzw. Bodenbildung zuläßt, also weit über das hinausgeht, was der Geomorphologe im einfachsten Fall von ihnen erwartet: eine Datierungshilfe für die Landformen. Klare Verhältnisse finden sich zumeist nur auf jüngeren Terrassen. Auf älteren Terrassen wurden die Decksedimente durch morphodynamische Prozesse der Folgezeit (Periglazialklima mit Solifluktion, neuerlicher Erosion, Rutschungen etc.) oft abgetragen. Dabei konnten die Terrassen so zerstört werden, daß ihnen ihr typischer Habitus fehlt. Die Terrasse kann aber auch noch im Anstehenden als Original- oder als ein erniedrigtes Niveau vorhanden sein. Schotter sind dann selten zu finden, zumeist wurden sie bei Denudationsprozessen weggeführt bzw. verwitterten in situ. Die große Zahl der Möglichkeiten des Erhaltungsgrades gestaltet die Arbeit mit älteren Terrassenresten äußerst schwierig. Bei fehlenden Decksedimenten, grundsätzlich aber bei fehlenden Schotterkörpern, sollten Datierungen unterlassen und nur relative Einstufungen vorgenommen werden. Es kommt nämlich hinzu, daß die älteren Terrassen durch tektonische Verstellungen häufig aus ihrem Niveau gebracht, während die jüngeren nur verbogen wurden oder gar unbeeinflußt blieben. Lokale Senkungen in einem Flußgebiet können beachtliche Einflüsse auf die Terrassenbildung und -erhaltung zeitigen.

Eindeutige *Alterseinstufungen* sind mit Bodenanalysen der Decksedimente sowie morphometrischen Schotteranalysen, Geröllauszählungen (z. B. Auszählungen der Quarze und ihrer Varietäten; allerdings nicht immer anwendbar, wie K. KAISER (1961) ausdrücklich betont. Ähnlich die Bestimmung des Windkantergehaltes, die H. SCHULZ (1965) und H. BRAMER (1957/58) empfehlen) und paläontologischen (einschließlich palynologischen) Untersuchungen im Sedimentkörper zu erzielen. Verwendet man Faunenfunde aus Terrassenschottern, dann muß bedacht werden, daß Kaltfaunen erst in Warmzeiten fossil werden können bzw. umgekehrt

Warmfaunen in Kaltzeiten. Faunen sind deshalb nur als *zusätzliches* Kriterium zu Datierungen heranzuziehen. – Die Analyse der Schotter braucht jedoch nicht allein morphoskopisch und morphometrisch zu erfolgen, die Sedimente aus dem Terrassenkörper können auch auf ihren Schwermineralgehalt hin untersucht werden. Verwitterungsgrad und Mineralgesellschaften sind Indikatoren für Klima und Herkunftsgebiet. Sehr sichere klimatische Hinweise erbringen Pollenanalysen (A. A. MANTAN, Ed. 1968; H. STRAKA 1975), Florenbestimmungen und Frostbodenerscheinungen (Eiskeile; Kryoturbationen; eingefrorene Blöcke). Einwandfreie Terrassendatierungen erlauben Vulkanausbrüche (z. B. Durchschießen der Rheinterrassen am Rodderberg bei Bonn; G. BARTELS und G. HARD 1973). Vulkanite, die bei Ausbrüchen in der Umgebung verbreitet werden, wie die der Eifel im Rheintal, lassen Zusammenhänge mit den Terrassensystemen erkennen (J. FRECHEN und H. HEIDE 1969). Kalium-Argon-Datierungen erbrachten, wobei auf flammenphotometrischen bzw. massenspektrometrischen Wege der K- und Ar-Gehalt bestimmt wurde, absolute Zahlen für das Alter der Rheinterrassen (J. FRECHEN und H.-J. LIPPOLT 1965; P. M. HURLEY 1966).[34]

Wie schon bei ^{14}C-Datierungen erwähnt wurde, die auch bei Flußterrassenuntersuchungen eingesetzt werden können, sofern organisches Material (z. B. Holz) vorliegt, ist bei allen Untersuchungen zu beachten: Es muß eine möglichst *große Anzahl Messungen* durchgeführt werden, um den statistischen Prinzipien Genüge zu tun. Erst Serienuntersuchungen von Profilreihen versprechen eine ausreichend genaue Basis. Einzelprofile oder gar Einzelproben besitzen für die Vertiefung des makroskopisch-visuell gewonnenen Beobachtungsmaterials nur selten Wert.

5.1.2.3 Anthropogene Terrassen

Den durch natürliche Prozesse entstandenen Terrassen, etwa fluvialen oder marinen, sind solche gegenüberzustellen, die durch die Tätigkeit von Mensch oder Tier entstanden sind. In ihrem Erscheinungsbild gleichen sie oft fluvialen Terrassen (L. HEMPEL 1954). Zahlreiche Übergänge zwischen natürlichen und künstlichen Formen komplizieren die Verhältnisse. Zunächst kann man die Terrassen bewußt angelegt haben, um am Hang flache Stellen für die Beackerung zu schaffen. „Natürliche" Terrassenkanten können aber eine Verschärfung und die Hänge der Terrassen Versteilungen erfahren, wenn die Terrassenoberfläche beackert wird. Lesesteinwälle können ebenso den Ansatz zur künstlichen und quasinatürlichen Hangterras-

---

[34] Siehe auch Anm. 33.

sierung bilden, wie Ackergrenzen, bewußtes Aufpflügen von Material oder kleine natürliche Gefällsversteilungen, auf die bei der Beackerung in irgendeiner Weise Rücksicht genommen wird. – In Steinbruch- und Bergbaugebieten werden oft Halden aufgeschüttet, die gleichfalls einen terrassenartigen Habitus aufweisen können.

Die Erforschung anthropogener Terrassen ist besonders im Zusammenhang mit Untersuchungen der Bodenerosionsvorgänge von Belang. Selten sind in anthropogenen Terrassen Aufschlüsse zu finden. Sie bilden aber die Voraussetzung für geomorphologische Forschung an anthropogenen Formen, da äußerlich nur Größe und Gestalt erfaßbar sind. Gewöhnlich sind diese Terrassen mit Hecken oder Gras bewachsen. Für die Arbeit erweisen sich Grabungen am zweckmäßigsten. Sie müssen quer zur Längserstreckung des Hochraines, des Lesesteinwalles oder einer anderen Stufenform verlaufen. Bohrungen und Sondierungen sind nur im Notfall anzuwenden, weil allein die Beobachtung des Aufbaus an einer größeren Profilwand alle bei einer anthropogenen Terrasse auf engstem Raum rasch wechselnden Einzelheiten wahrnehmen läßt. Bodenfarbenänderungen, Lagerung des Materials sowie die Durchwurzelung des Substrats sind erst dann korrekt zu erfassen. Gerade diese Beobachtungen sind nämlich von Bedeutung für die Ansprache der Genese anthropogener Hangterrassierungen. Vertiefungen der Beobachtung werden durch die Bestimmung des Feinerdeanteils und durch Analysendaten der Feinsedimente möglich (z. B. Korngrößen, pH- und Kalkgehalt). Ihre Werte sind aber nur aussagekräftig, wenn die Proben im Aufschluß an repräsentativen Stellen entnommen sind und nicht durch Zufall mit Hilfe einer Bohrung gewonnen wurden. Während pH- und $CaCO_3$-Werte sonst allein im Zusammenhang mit anderen Daten aussagekräftige Ergebnisse erbringen, lassen im Fall der anthropogenen Terrassen ihre durch willkürliche und spontane Materialumlagerungen auf kleinstem Raum erfolgten Änderungen wichtige Schlüsse auf Dauer und Art der Materialänderung zu. Vorausgesetzt ist eine hohe Dichte der entnommenen Proben. – Auch pflanzensoziologische Untersuchungen können hier, trotz des sonst kleinen Anwendungsbereiches dieser Methode innerhalb der Geomorphologie, mit Erfolg eingesetzt werden. Tiefere und stark differenzierte Materialänderungen werden von ihnen allerdings nicht widergespiegelt. An Halden und anderen größeren, vom Menschen geschaffenen Formen besitzt die pflanzensoziologische Methode – bei Anwendung in Oberflächennähe – beachtliche Aussagekraft.

5.1.2.4 Schichtstufenflächen

Bei großmaßstäblichem Arbeiten im Schichtstufenland wird der Schwerpunkt, neben einer gründlichen morphographisch-morphogenetischen Kartierung, vor allem auf petrographisch-sedimentologischen Untersuchungen beruhen. Die kleinstmaßstäbliche Arbeit, die für die Einordnung der Einzelbefunde in die überregionalen Verhältnisse notwendig ist, wird vor allem Beschäftigung mit der topographischen und geologischen Karte bedeuten. Neigungswinkel- oder Höhenschichtenkarten von Meßtischblättern oder der Topographischen Karte 1 : 50 000 für das gesamte Arbeitsgebiet oder Teile davon sind für die Auffindung von Niveaus von Bedeutung, diese wiederum dienen als Bezugspunkte für die sedimentologische Arbeit. Grundsätzlich ist zuerst der Großbau zu klären, um dann zur Beantwortung von Detailfragen überzugehen. Der Vergleich von Neigungswinkel- bzw. Höhenschichtenkarte und geologischer Karte kann im Schichtstufenland zahlreiche grundsätzliche Zusammenhänge finden helfen.

Grundlage geomorphologischen Arbeitens im Schichtstufenland ist auch im Gelände die Erkundung der *Niveauverhältnisse* im Hinblick auf die Ausscheidung von Flächensystemen (H. Dongus 1962). Damit verbunden sind Untersuchungen an den eingeschalteten Talungen, die zusammen mit den Flächen in mehreren Reliefgenerationen vorliegen können (H. Dongus 1972). Methoden der Neigungs- (Talböden, Flächen, Gehänge) und Streckenmessung werden eingesetzt. Wichtig sind die Gefällsverhältnisse, die über vorzeitliche Fließ- und Abdachungsrichtungen Auskunft geben können. Liegt das Schichtstufenland in stark wasserdurchlässigem und/oder klüftigem Gestein, sind Altformen häufig durch die fehlende fluviale Erosion konserviert. Schotter erweisen sich als Hilfe beim Niveauvergleich und bei der Flächendatierung. Nicht nur ihre Lage ist entscheidend, sondern auch ihre petrographische Zusammensetzung. Verfestigungsart, Verwitterungsgrad (Rindenbildung), Abplattungs- und Zurundungsgrad sowie Schichtung und Lagerung geben Hinweise auf Transportmedien und Klimaeinwirkung im Laufe der jüngeren Erdgeschichte, die bei der Schichtstufenlandforschung meist auch die jüngeren Abschnitte des Tertiärs umfaßt. Morphometrische Grobsedimentanalysen müssen hier in großer Zahl durchgeführt werden, um aussagekräftige Werte zu gewinnen.

In verkarsteten Schichtstufenländern bilden Klüfte, Dolinen und andere Hohlformen „*Sedimentfallen*": Auf der Oberfläche nicht mehr anzutreffende Sedimente können in ihnen u. U. noch nachgewiesen werden. Bekannt sind terra rossa- und terra fusca-Vorkommen in Spalten und Dolinen der mitteleuropäischen Kalkgebiete. Darin finden sich häufig auch Bohnerztone und Bohnerze sowie Faunenreste, die zur klimatischen Deutung und Datierung herangezogen werden können. Alle diese Ablagerungen und fossilen Böden lassen sich selbstverständlich petrographisch und sedimentologisch untersuchen. Ton- und Schwermineraluntersuchungen versprechen ebenfalls einige Erfolge.

Neben diesen Füllungen kommen häufig auch jüngere *Decksedimente* vor, die entweder in situ entstanden sind oder herantransportiert wurden. Im zuletzt genannten Fall können sie syn- oder postsedimentär verwittern oder auch keine derartigen Einflüsse zeigen. Ihre Verbreitung ist durch Kartierungen des oberflächennahen Untergrundes (im Zusammenhang mit der regulären geomorphologischen Kartierung) erfaßbar. Da solche Dekken häufig Differenzierungen in sich aufweisen (fossile Böden oder Bodenreste, Schichtung, Steingehalt, Steinbeschaffenheit usw.) und ihre Lage zu den verschiedenen Reliefgenerationen in Beziehung gesetzt werden kann, bilden sie Kriterien für Alter und Genese. Höchst bedeutsam für die Morphogenese der Schichtstufen sind die *Hangschuttbildungen,* die sowohl an der Stufenstirn als auch in den Tälern und an Erhebungen (Kuppen, Reste höherer Stufen) der Stufendachfläche auftreten können. Bohrungen sind hier kaum angebracht; nur Schürfungen (Gräben) erlauben einen guten Einblick in den Materialaufbau. Bei Anlage in Gefällsrichtung kann man ganze Profilserien über den Hang hinweg aufnehmen, die auch ungestörte Probenahmen ermöglichen. Korngrößenwerte und chemische Eigenschaften des Materials geben neben Einregelungs- und Zurundungsmessungen über Transport, Zeitpunkt der Akkumulation und Mechanismus der Hangentwicklung Auskunft.

5.1.2.5 Rumpfflächen

Das *Rumpfflächenproblem* wird aus methodischer Sicht seit geraumer Zeit wieder lebhaft diskutiert (K. HÜSER 1973; R. KÄUBLER 1966; H. RICHTER 1963). Nachteilig bemerkbar machen sich bei Bearbeitung der dabei auftretenden Fragen die unterschiedlichen Methoden, die verwendet werden, wie die literatur- und methodenkritische Übersicht K. HÜSERS (1973) zeigte. Wenig förderlich war, daß bei Ausscheidung der Rumpfflächen den topographischen Karten zuviel Aufmerksamkeit geschenkt wurde (L. HEMPEL 1957), obwohl Methoden bereitstehen, die dem Objekt angemessener sind. Die infolge zu intensiver Kartenbenutzung ausgeschiedenen „künstlichen" Niveaus, eine willkürliche Wahl der Schwellenwerte bei deren Abgrenzung untereinander und die Nichtbeachtung geologisch-tektonischer Merkmale des Reliefs führten in eine methodische Sackgasse. Die Feldarbeit wird beim Studium der Rumpfflächen häufig zu leicht genommen. Bei der visuellen Ausscheidung der Flächen unterliegt man oft *optischen Täuschungen,* die sich auf Grund des Standpunktes und perspektivischer Verkürzung, der Vegetationsbedeckung und der Beleuchtungsverhältnisse einstellen. Rumpfflächen erfordern nicht nur Beobachtung und Übersichtskartierung vom erhöhten Standpunkt aus, sondern auch eine Begehung jeder vermeintlich morphogenetisch relevanten Fläche, und zwar mit der großmaßstäblichen geologischen Karte in der Hand. Tektonik und Gesteinsverhältnisse müssen unbedingt mitberücksichtigt werden. So wird es möglich, nur „wahre", also morphodynamisch relevante Flächen auszuscheiden, die nicht auf gesteins- oder tektonikbedingte Niveaus zurückgehen und die auch als „Fläche" (also „Flachform") beim direkten Begehen im Gelände erscheinen. Aufgefundene, morphogenetisch aussageverdächtige Flächenreste wären dann zu vermessen und in großmaßstäblichen Karten, möglichst 1 : 25 000 oder größer, einzutragen. Nimmt man ohnehin die reguläre geomorphologische Kartierung vor (1 : 10 000 oder 1 : 25 000; siehe Kap. 3.3), erübrigt sich die gesonderte Aufnahme. – Besondere Beachtung ist den Rändern der Flächen zu schenken: Gehen sie über Gehänge in die nächsten Flächen über, brechen sie gegen den Hang hin ab oder schalten sich weitere Hangknicke am Gehänge zwischen den Flächen ein. Die Höhenlage, bzw. die Spanne, innerhalb derer sich die Fläche befindet, ist genau zu bestimmen.

Wenn die Flächen auf diese Weise morphographisch erfaßt sind, sollte man sich hüten, gleich eine Alterseinstufung vorzunehmen, nur weil mehrere Niveaus übereinander angetroffen wurden. Der zweite Schritt wäre, die Genese mit Hilfe von *Sedimenten* zu deuten. Jüngere Decksedimente, deren Mächtigkeit und Auflagerungsfläche im Aufschluß oder durch Bohrungen ermittelt werden, sowie Spaltenfüllungen finden sich bei derartigen Flächen meist häufiger als (aussagearme) Restgerölle oder flächenhaft verbreitete Verwitterungstone. Die Gerölle sind ggf. morphometrisch und petrographisch zu untersuchen. Wichtig sind Zählungen der Geröllzusammensetzung und die Überprüfung ihrer Verwitterungsmerkmale (Rinden, Krusten, Verbackung, Klüftigkeit), letztere möglichst in Dünnschliffuntersuchungen – obwohl diese als geomorphologische Methode kaum angewandt werden. Schotteranalysen erbringen bei tertiären Geröllen i. a. keine brauchbaren Ergebnisse, was H. RICHTER (1963) auf die besonderen Bedingungen bei der Sedimentation im Tertiär zurückführt. Ergiebiger sind Korngrößenmessungen und Korngestaltbestimmungen an Feinsedimenten sowie Schwermineralanalysen. Sie geben über das Herkunftsgebiet Auskunft. Die Tone müssen mineralogisch untersucht werden, da erst über sie – in Zusammenschau mit den übrigen Beobachtungen – eine eindeutigere klimatische und morphodynamische Aussage möglich wird. – Selten oder gar nicht beachtet werden bei Rumpfflächenuntersuchungen die Einflüsse der nachfolgenden erdgeschichtlichen Epochen. Zwar stellt man in der Regel niveaumäßig den Anschluß an die pleistozänen Flußterrassen her (soweit das räumlich möglich und sachlich erwünscht ist), doch wird die Frage nach den Wirkungen des Periglazialklimas in Mittelgebirgshöhen, in denen sich die Rumpfflächen Mitteleuropas befinden, kaum gestellt. Solange keine Klarheit darüber geschaffen wird, welche pleistozänen Abtragungsbeträge durch periglazialklimatische Wirkungen in den verschiedenen Höhenstufen der Mittelgebirge zustande kamen, werden Überlegungen zum Tertiärklima und den in seinem Gefolge auftretenden Abtragsleistungen stark spekulativen Charakter tragen. Zwar muß immer wieder versucht werden, die oft nur in Resten (Talverschüttungen, Klüfte, Vorland etc.) vorkommenden Sedimente gründlich zu untersuchen, doch haben zahlreiche moderne Arbeiten zur Rumpfflächenproblematik des Rheinischen Schiefergebirges gezeigt, daß – trotz moderner Arbeitsweisen – regional sehr unterschiedliche Ergebnisse gewonnen werden. Daher kann man von einer einheitlichen Linie in der Deutung der tertiären Morphogenese dieses klassischen Gebietes der Rumpfflächenforschung auch heute noch nicht reden.

5.1.2.6 Paläoböden

Als Zeitmarken in Decksedimenten auf den Reliefformen spielen die Paläoböden eine große Rolle, weil sie – entsprechend dem „*ökologischen*

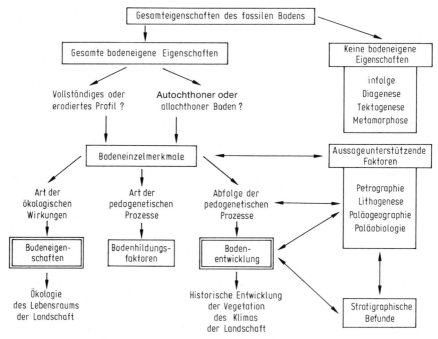

Abb. 80:   *Methodik der Erforschung und Interpretation von fossilen Böden* unter pedologischen, paläoökologischen und geomorphologischen Gesichtspunkten (nach G. Roeschmann 1971).

Ansatz" und dem *„Prinzip der Korrelate"* – Auskunft über die vorzeitlichen ökologischen und damit auch landschaftsgenetischen Bedingungen geben können (siehe Kap. 1.1). Ein gutes Beispiel geomorphologisch-paläoökologischer Interpretation in diesem Sinne lieferte S. Z. RÓZYCKI (1969). – In grundlegenden Darstellungen haben J. FINK (1968, 1973), M. A. GEYH, J.-H. BENZLER und G. ROESCHMANN (1971), W. KUBIËNA (1959) und G. ROESCHMANN (1975) sowie zahlreiche praktische Arbeiten gezeigt, daß bei aller Skepsis gegenüber vorzeitlichen Bodenbildungen (O. SEUFFERT 1967) diese Methodik einen hohen Sicherheitsgrad in der Aussage hat. Bei einer kritischen Auswahl der Methoden, die F. HÄDRICH (1970) und G. ROESCHMANN (1975) diskutierten, lassen sich für zahlreiche Landschaftsformen und Sedimente durch die Böden genauere Aussagen über die Morphogenese machen. Fast alle quartärgeologischen und -geomorphologischen und viele tertiärgeomorphologischen Arbeiten enthalten dazu Beispiele (u. a. D. H. YAALON Ed., 1971). Wie ausdrücklich von vielen Autoren vermerkt wird (u. a. J. FINK 1968; F. HÄDRICH 1970; K. HEINE 1971 a, 1972; H. LESER 1966 a), kann man nur durch eine Kombination der pedologisch-sedimentologischen Arbeitsweisen *und* der Feldbeobachtungen zu gesicherten morphogenetisch relevanten Aussagen gelangen, so daß die Bedenken O. SEUFFERTS (1967) weitgehend entfallen (Tab. 26). Die Absicherung findet auch durch ständige Erweiterung des Methodenkatalogs statt. Neuerdings werden Aminosäuren (K. M. GOH 1971) und Paläomagnetismus zur Ansprache und Gliederung von Paläobodenprofilen verwandt, ebenso die erweiterte Korngrößenanalyse der Tonfraktion. „Die differenzierte Verschiebung des Korngrößenspektrums innerhalb der Tonfraktion läßt Überlagerungen und Schichtgrenzen sehr gut erkennen. Damit gewinnt die granulometrische Analyse der Tonfraktion gleichzeitig die Bedeutung eines diagnostischen Kriteriums bei der Ansprache von Paläoböden und -horizonten, deren genetische Deutung allein aufgrund morphologischer Kriterien Schwierigkeiten bereitet." (H. TRIBUTH 1975).

W. KUBIËNA (1959) wies auf die *Veränderung* von vorzeitlichen (fossilen und reliktischen) Böden und Bodensedimenten durch Restitution, Transformation und Diagenese hin. Dadurch wird die Ansprache, auch bei Einsatz von Labortechniken, erschwert. Dazu muß noch hervorgehoben werden, daß die meisten chemischen Eigenschaften der fossilen und der rezenten Böden sich nicht unterscheiden, daß jedoch zwischen ihren physikalischen Eigenschaften erhebliche Unterschiede bestehen (L. J. BUSHNE, J. B. FEHRENBECHER und B. W. RAY 1970). – Folgende Grundprinzipien haben sich für das Arbeiten ergeben: für vorzeitliche Böden muß mit einer ähnlich zeitlich und räumlich differenzierten Genese wie bei rezenten Böden gerechnet werden. Dies zeigen nicht nur *polygenetische Profile,* sondern auch mikroanalytisch nachweisbare pedogenetische Einzelmerk-

Tab. 26: Tertiäre und quartäre Reliefgenerationen und fossile Böden in der Marburger Landschaft und deren chemische und physikalische Eigenschaften (nach K. HEINE 1972).

Reliefgenerationen		T1 u. T2	T3	T4	T5	T6	Trogterr.	Verebnungen
Tongehalt in % am Gesamtsediment		<1	>1,5–1	10–20	20–30	–	–	>30
CaCO$_3$-Gehalt in %		–	–	–	–	–	–	–
Organ. Subst. in %		–	–	–	–	–	–	–
pH-Wert in H$_2$O		7–6	7–6	6	6–5	–	–	5–4
Hydrol. Azid. {ml n/10 NaOH	y$_1$	3,5	4	9	15	–	–	18
Aust. Azid. {50 g Boden	y$_1$	–	0,2	4	14	–	–	4
mval/100 g S		(10)	15	15	12	–	–	5
Boden T		(50)	45	55	95	–	–	15
T–S		(45)	30	40	85	–	–	10
V		(35)	37	30	10	–	–	25
Bodenfarbe (feucht)		grau bis braun 10YR 5/2	braun bis rotbraun 7.5YR 5–6/6	gelblich-rot 5YR 4/5	5YR 5–6/8	–	–	rot 2.5YR 4/6
Entwicklungstiefe in m		–	2–2,5 >3	30	>7	–	–	?
Tonminerale*		H, Q, I (K, M, V)	H, I, Q (K, M)	I. K. H. O	K, I, Q (H)	–	–	K (Q, I)
Zeit der Bodenbildung		Holozän	Eem	Holstein (+ Eem?)	Cromer + Holstein (+ Eem?)	–	–	Jungtertiär (Mio-Pliozän)
Bodentyp		keine Bodenbildung	Braunerde	braunlehmartiger gelblich-roter Interglazialboden				Roterde

* H = Hydroglimmer, I = Illit, K = Kaolinit, M = Montmorillonit, Q = Quarz, V = Vermiculit (+ Clorit)
In Klammern: Nebenbestandteile

male wie Verbraunung, Entkalkung oder Podsolierung. Solche Merkmale
lassen, etwa unter Einsatz der bodenmikromorphologischen und -morpho-
metrischen Analyse (W. BECKMANN 1964, 1971; W. KUBIËNA Ed., 1967),
makroskopisch nicht mehr nachweisbare pedoökogenetische Prozesse re-
konstruieren. Neben Bodenbildungen aus dem Übergang vom Spät- zum
Postglazial kennt man auf Grund zahlreicher Belege die eemzeitlichen
Parabraunerden und verschiedene würmstadiale Bodenbildungen. Böden
aus der Zeit *vor* dem letzten Interglazial sind relativ selten, weil sie durch
Abtragungsprozesse (periglaziale Bedingungen, allgemeiner aquatischer
Abtrag, Bodenerosion etc.) zerstört wurden. Schon das vorletzte (Mindel-
Riß- bzw. Holstein-)Interglazial ist durch Böden weniger genau als das
Eem belegt. Zumindest sind tiefgründige, oft rote Verwitterungsbildungen
(„Feretto") bekannt, unter denen sich z. T. mächtige Ca-Anreicherungen
befinden. Noch ältere Pleistozänböden sind sowohl stratigraphisch als auch
paläogeographisch schwer einzuordnen. K. BRUNNACKER (1962) wies sogenannte „Riesenböden" nach, die wahrscheinlich prägünzzeitliches Alter
haben (K. BRUNNACKER 1964). – Die Ansprache präpleistozäner fossiler
Böden ist fragwürdig, weil sie von den Geologen z. T. als autochthone
Substrate betrachtet werden. Die Deutungen der Klimaabschnitte des
Tertiärs gehen bei den verschiedenen Autoren weit auseinander, so daß
auch bei der Ansprache der tertiären „Böden" Einheitlichkeit nur schwer
zu erzielen ist. Immerhin lassen tonmineralogische Untersuchungen erkennen, daß eine Abfolge vom Kaolinit über Montmorillonit zum Illit zu
bestehen scheint, wobei Kaolinit ±Miozän bis Pliozän, Montmorillonit
±Oberpliozän und Illit ±Pleistozän entspricht. Im Einzelnen ergeben sich
jedoch – über diese grobe Verallgemeinerung hinaus – wesentlich differenziertere Verteilungen. Der Wert dieser „Böden" bzw. Sedimente besteht
vor allem darin, daß sie zusammen mit den Landformen, nach dem „Prinzip
der Korrelate", verfeinerte Ansprachen der Morphogenese erlauben.

Problematisch wird die *Datierung* der Böden selber. Für jüngere,
d. h. subrezente bis pleistozäne Böden, besteht die Möglichkeit der absoluten ^{14}C-Datierung. Allerdings ergeben sich schon bei Böden aus dem
Übergang Spätglazial-Holozän Ansprache- und Einordnungsschwierigkei-
ten (H. ROHDENBURG und B. MEYER 1968). Absolute Datierungen können
gelegentlich gute Ergebnisse bringen (H. W. SCHARPENSEEL, M. A. TAMERS
und F. PIETIG 1968 a, b; H. W. SCHARPENSEEL und F. PIETIG 1969). Kritisch
äußern sich dazu jedoch M. A. GEYH (1970) und R. LÜDERS u. a. (1970)
sowie, im Zusammenhang mit siedlungs- und agrargeschichtlichen Untersuchungen, G. NIEMEIER (1972). Auch in anderen Klimazonen sind ^{14}C-Da-
tierungen zusammen mit palynologischen, paläontologischen, geomorphologischen und prähistorischen Arbeiten angestellt worden, die aber
ebenfalls zu keinen absolut einwandfreien Datierungsproblemlösungen

führten (M. A. GEYH und D. JÄKEL 1974). Unter diesen können *relative* Datierungen von Böden, wie sie K. METZGER (1968) durchführte, nur mit ganz großem Vorbehalt betrachtet werden, worauf auch K. BRUNNACKER (1970) verweist. Nach Verbesserungen der Methode kommt jedoch H. EICHLER (1970) zu einer etwas günstigeren Einschätzung. – Biologische Methoden liefern, durch ihre enge Bindung an stratigraphische Aufnahmen, meist recht gute Daten. Dazu gehört sowohl die Pollenanalyse (R. HALLIK 1967; H. STRAKA 1975) als auch die Dendrochronologie (B. BANNISTER 1969).

5.1.2.7 Zusammenfassung: Geomorphologisches Arbeiten am Objekt

Unabhängig von der Einzelform oder der Formengruppe sowie dem spezifischen Prozess, der zu deren Ausbildung führte, müssen die geomorphologischen Arbeitsweisen gesehen werden. Die Einzelbeispiele genetischer Formtypen wurden angeführt um zu zeigen, daß keine formspezifische Methode zur Ansprache der Formgestalt oder der vorzeitlichen bis rezenten morphodynamischen Prozesse existiert, sondern daß aus einem Methodenkatalog eine Anzahl geeigneter Verfahren ausgewählt wird, um die Formen morphographisch zu erfassen, genetisch zu deuten und die Prozesse ggf. zu datieren. Aus der Fülle der Ansatz- und Arbeitsmöglichkeiten geht hervor, daß kein Generalrezept für die geomorphologische Feldforschung und die fortführende Laborarbeit existiert. Selbst die konkreten Arbeitshinweise für Flußterrassen oder Rumpfflächen können nicht überall in der vorgegebenen Form und Abfolge eingesetzt werden. Der Geomorphologe muß am jeweiligen Objekt prüfen, welche Methode und welche Arbeitstechniken zu verwenden sind, um einwandfreie Ergebnisse zu erhalten (Abb. 81).

Die Arbeitsbeispiele zeigen immer drei Schritte der geomorphologischen Forschung: (1) morphographische Bestandsaufnahme, (2) morphogenetisch-prozessuale Deutung und (3) morphochronologische Bestimmung von Formen und Prozessen. Auch wenn die Teilschritte bei der praktischen Arbeit gelegentlich ineinander übergehen, sollte doch darauf geachtet werden, daß kein Schritt unterrepräsentiert bleibt. Bekanntlich wurde die morphographische Bestandsaufnahme in der Vergangenheit zu sehr als etwas Zweitrangiges behandelt. Dies führte zu zahlreichen Fehlschlüssen in der morphogenetisch-morphochronologischen Bestimmung von Formen und Prozessen. – Grundsätzlich wäre also immer der in Abb. 1 gegebene Arbeitsablauf einzuhalten. Gleichzeitig ist bei der Wahl der Methoden kritisch vorzugehen. Dies zeigt wohl das Beispiel „Paläoböden" am deutlichsten, das ja ohnehin nur im Zusammenhang mit den übrigen, vorher beschriebenen geomorphologischen Objekten sinnvoll angegangen

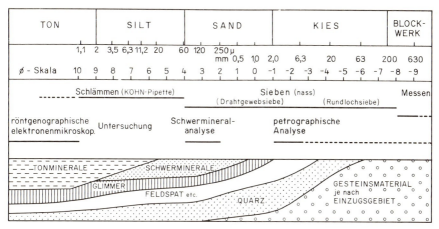

TON	SILT	SAND	KIES	BLOCK-WERK

Abb. 81:   *Beispiel für den Einsatz der sedimentologisch-pedologischen Methodik im Rahmen geomorphologischer Forschungen an klastischen Sedimenten.* – Abgesehen von der räumlich-lokalen Fragestellung erfordern die sehr verschiedenartig zusammengesetzten Sedimente des Untersuchungsgebietes den Einsatz zahlreicher Arbeitsweisen. Die Analysenergebnisse werden jedoch erst im Zusammenhang mit der Reliefformen-Bestandsaufnahme, unter dem Aspekt des „Prinzips der Korrelate", geomorphologisch-geographische Relevanz erlangen (nach K. Heine 1970).

werden kann. Aus der Sicht der klassischen Physischen Geographie erscheint die Paläoboden-Methodik extrem naturwissenschaftlich-exakt. In Wirklichkeit weist sie ebensoviele Schwächen auf wie andere Methoden. Ihre volle Bedeutung gewinnen alle Methoden und Techniken, gleich ob sie kompliziert oder einfach sind, erst im sachlichen und methodischen Kontext.

5.2 Aufbau und Gliederung geomorphologischer Texte

Manche geomorphologische Untersuchungen sind für viele Interessierte nur bedingt nutzbar, weil die Arbeiten genaueste Ortskenntnis voraussetzen, über die gewöhnlich – außer dem Autor – niemand verfügt. Diesem Umstand ist leicht abzuhelfen: zunächst muß eine *Gliederung* des Stoffes in einen sachlichen und einen regionalen Teil vorgenommen werden, die inhaltlich so strukturiert sein müssen, daß mühselige Sucharbeit entfällt. Sodann sollte der regionale Teil in knappen Charakterisierungen der Örtlichkeiten ein einigermaßen abgerundetes Bild von der Landschaft und von den geomorphologisch entscheidenden Einzellokalitäten (Aufschlüsse,

Aussichtspunkte etc.) vermitteln. Die gelegentlich bis zur Verschlüsselung gehende Kennzeichnung der Lokalitäten oder auch die vom Autor nicht mitgelieferte Einordnung in den größeren räumlichen Zusammenhang erschweren gründliche Lektüre und Nachvollziehen der Gedankengänge. – Unerläßlich ist auch die Schilderung der im Feld und Labor angewandten *Methoden*. Erst sie ermöglicht, den Genauigkeitsgrad der Arbeit voll und ganz zu werten und gegebenenfalls die Methoden an anderen Objekten einzusetzen oder zu verbessern. – Als Zusammenfassung der Arbeit und gleichzeitig als Hilfsmittel zu ihrem Studium müssen *Karten* vorgelegt werden. Die durch ihre Aufnahme anfallende scheinbare Mehrarbeit zahlt sich auch für den Autor schon bei der Auswertung und Ausarbeitung seiner Felderbegnisse aus, abgesehen von der Landeskenntnis, die er bei ihrer Erarbeitung erlangt. Kartenskizze und vollständige Themakarten sollten jedoch für eine geographische Studie selbstverständlich sein.

Folgender Aufbau einer geomorphologischen Studie ist denkbar, wobei man sich auch an der Gliederung der Erläuterungen von geomorphologischen Karten orientieren kann (siehe Kap. 3.3.2.5):

1. Einführung in das sachliche Problem („Themenstellung"; Einordnung der Arbeit in die Thematik der Allgemeinen Geomorphologie)
2. Angewandte Untersuchungsmethoden und Analysentechniken
3. Regionaler Teil
    3.1 Abgrenzung und Gliederung des Arbeitsgebietes (Begründung der Wahl)
    3.2 Faktoren, die für die Reliefentwicklung von Ausschlag sind (Gestein, tektonische Verhältnisse, Wasserhaushalt, Pflanzenwelt usw.)
    3.3 Reliefzustand und seine Entwicklung
        Morphographische Verhältnisse
        Morphometrische Verhältnisse
        Beobachtungen zum gestellten sachlichen Problem (einschließlich Literatur-, Karten- und Laborarbeit)
        Schlußfolgerungen zum gestellten sachlichen Problem (auf Grund des dargelegten Materials der regionalen Analyse)
        Morphogenetische Probleme
        Morphochronologische Probleme
        (Beweisführung erfolgt mit Hilfe von Karten, Diagrammen, Zeichnungen, Bildern und Analysendaten)
    3.4 Gedanken zum sachlichen Problem unter überregionalen Gesichtspunkten mit Berücksichtigung des neu gewonnenen regionalen Materials

5.3 Graphische Darstellungen in geomorphologischen Arbeiten

Für die graphische Darstellung geomorphologischer Untersuchungsergebnisse bieten sich zahlreiche Möglichkeiten an. Die Auswahl wird sich nach den gewonnenen Ergebnissen und nach dem Ziel der Arbeit richten. Während Profile, Blockbilder, Fotografien usw. nicht immer in der endgültigen Veröffentlichung erscheinen werden, wird eine geomorphologische Karte zum Grundbestand einer jeden Studie gehören. Sie ist das wichtigste graphische Darstellungsmittel bei der Wiedergabe von Ergebnissen.

5.2.1 Profile

Bei den Profilerstellungen im Rahmen geomorphologischer Arbeiten kann zwischen Geländeprofilen, die der allgemeinen Reliefübersicht dienen, und den pedologisch-sedimentologischen Profilen von Aufschlüssen, Baugruben, Schürfgräben usw. unterschieden werden. Inhaltlich haben beide Profiltypen unterschiedliche Darstellungsziele und -methoden.

5.3.1.1 Geländeprofile

Jede geomorphologische Studie und Karte sollte durch Geländeprofile ergänzt werden. Hierbei kann es sich um solche handeln, die – nach Art der Profile in geologischen Karten – das gesamte Blatt schneiden. Die Profillinie wird so gelegt, daß die wichtigsten Merkmale des Reliefs im Untersuchungsgebiet zum Ausdruck kommen. Aus diesem Grund darf die Profillinie auch geknickt sein. Ihr Verlauf ist auf der Karte einzuzeichnen, ebenso eventuelle Knickstellen. Eine Kennzeichnung der Himmelsrichtungen ist gleichfalls erforderlich. Aussagekräftiger kann eine Profilserie, mit hintereinander gestaffelten Profilen sein, wobei vom Winkel, entlang dessen die

Profilbasislinien angeordnet werden, die Dichte der Aufeinanderfolge der Profile abhängt (G. FREBOLD 1951).

Ein Geländeprofil wird entweder direkt der geomorphologischen Karte entnommen oder der topographischen Karte gleichen Maßstabs. Werden über die reine Profillinie hinaus noch Substrat oder geomorphologische Erscheinungen bzw. Formen eingetragen, so dürfen nur die schon in der geomorphologischen Karte verwendeten Signaturen und Farben angewandt werden, um die gleichen Inhalte nicht mit verschiedenen Darstellungselementen auszudrücken.

5.3.1.2 Aufschluß- und Bodenprofile

Für die im Rahmen geomorphologischer Arbeiten grundlegende pedologisch-sedimentologische Profilaufnahme gibt es gewisse Standarddarstellungsweisen, von denen hier die Methode G. HAASE (1964) empfohlen werden soll, die sich an international verwendeten Zeichen orientiert. Die Darstellungsform wird bei Profilen in der Bodenkunde, Geomorphologie und Landschaftsökologie eingesetzt. Diese Legende zur Darstellung von Sediment- und *Bodenprofilen* (Abb. 82) ist nach dem Baukastenprinzip aufgebaut, d. h. universell verwendbar, weil je nach lokalen Verhältnissen der gerade vorliegende Bodentyp durch die Kombination von Einzelsignaturen dargestellt wird. Beispielsweise werden Ranker, Parabraunerde, Gley oder andere Böden mit den gleichen Signaturen, aber in unterschiedlichen Zusammensetzungen, dargestellt. Der Vorteil dieser Methode besteht auch darin, daß sie quasiquantitativ ist: zumindest die grobe räumliche Verteilung der Korngrößen wird direkt dargestellt. Weitere quantitative Einzelangaben sind möglich. Der Nachteil der Darstellung liegt für manchen Betrachter in der zu starken Abstraktion von der Wirklichkeit. Um solchen Schwierigkeiten abzuhelfen, kann zusätzlich ein wirklichkeitsnah gezeichnetes Profil neben die abstrakte Darstellung gesetzt werden (Abb. 83). Beide Wiedergabemöglichkeiten erreichen im Nebeneinander ein Optimum, weil bei der abstrakten Methode gewisse äußerliche Merkmale des Profils (Farbe, Strukturierung) verloren gehen. – Jeder Profilskizze wird eine *Profilbeschreibung* beigegeben. Sie umfaßt das im Gelände aufgenommene Beobachtungsmaterial. Die Profilbeschreibung könnte in Kurzfassung z. B. so gestaltet sein:

Profil Nr. 84, Ziegelwerk Kleiner, östlich Abenheim/Rheinhessen, 99 m NN, Talauenrand.

1. A   0–20 cm   Dunkelbrauner bis gelblicher (10 YR 4/4) humoser Horizont. Locker. Einzelne kleine Quarze. Krümel- bis Bröckelgefüge. Wurmlöcher.

2. AB_v 20–25 cm Dunklerer, noch humoser, etwas blasserer Horizont mit Kalkröhrchen. Einschwemmungen von oben. Subpolyedergefüge.

3. f_1A 25–60 cm Dunkler, gelblichbrauner (10 YR 3/4) Horizont. Schwach ausgebildetes Subpolyedergefüge. Kompakt. Tonhäutchen auf Spalten und Rissen. Etwas porös. Pseudomycel und kleine Kalkröhrchen. Zahlreiche Wurmröhren.

4. usw.

Abb. 82: *Legende für die standardisierte Aufnahme von Bodenprofilen* (nach G. Haase 1964).

1. Organische Bodenkomponente
a. unzersetzte Streu

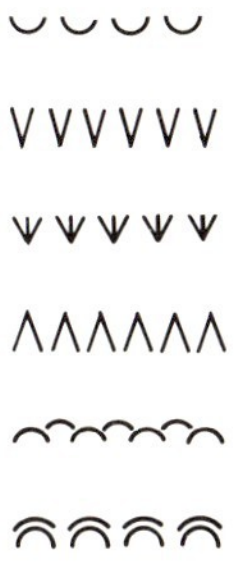

⌣ ⌣ ⌣ ⌣ Laubstreu

V V V V V V Streu vorwiegend von: Riedgräsern

v v v v v Süßgräsern

∧∧∧∧∧∧ Trockengräsern

⌢⌢⌢⌢ lose }
                         } Streu
⌒⌒⌒⌒ lagige }

b. Auflagehumus und Humus im Mineralboden

Rohhumus Moder Mull

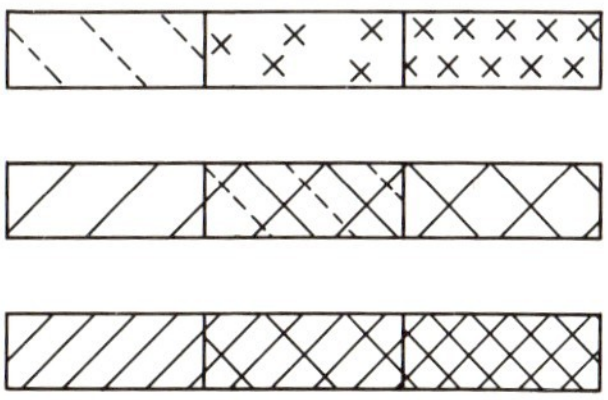

1. stark humos

2. humos   im Mineralboden

3. schwach humos

c. Anmoor

schwach anmoorig

2. Anorganische Bodenkomponente

⬭ ⬭   Steine (fest-verwittert)

Kies (20–2 mm)

Grus (20–2 mm)

Grobsand I und II(2–0,5 mm)

Mittelsand (0,5–0,2 mm)

Feinsand I und II (0,2–0,05/0,06 mm)

Staub bzw. Staubsand (0,05/0,06–0,02 mm)

Grobschluff (0,02–0,02 mm)

Mittel- u. Feinschluff (0,01–0,002 mm)

Rohton (< 0,002 mm)

durch Variieren der Punkt-Strich-Verteilung erfolgt die Darstellung von *Mischbodenarten,* wie z. B.
tonige Lehme,
schluffige Lehme,
lehmige Sande,
sandige Kiese,
etc.

Bei *Kalkböden:* Verdoppelung der Punkt- und Strichsignaturen

Zum Beispiel:

kalkreicher Staub bzw. Staubsand

kalkreicher Feinsand

Kalkbrocken (fest – angewittert)

Die *Lagerung* der mineralischen Bodenteilchen wird durch die Abstände der Signaturen markiert:

weite } Abstände der Signaturen = { lockere
enge }   { dichte   Lagerung der Bodenteile

3. Bodendynamik

Т Т Т Т   Verbraunung, B_v- oder (B)-Horizont

Lessivierung, A_3 oder A_l, Tonverarmungshorizont

Lessivierung, B_t, Tonanreicherungshorizont

Pseudovergleyung; g_o, Rostfleckung, vor allem infolge Oxydation des Eisens

Pseudovergleyung; g_o, einzelne Rostflecken

~ ~
~ ~   Vergleyung; Gr, Reduktionshorizont
~ ~

⌒ ///// ⌒   Vergleyung; Gr + o, Reduktions-Oxydationshorizont

‖ ‖ ‖ ‖ ‖
 ‖ ‖ ‖ ‖   Kalkanreicherung; Ca, S, Kalkausscheidungen diffuser Art

⟋ ⟅   Kalkanreicherung; Ca, S, mycelartiger Kalkflaum

◇ ◇   Kalkanreicherung; Ca, S, Kalkkonkretionen, Bieloglaska, Lößkindel

Je nach der Dichte der Signatur: die Stärke der Erscheinung

4. Sonstige Zeichen zur Bodendynamik

⌇   Bodenleben, Wurmgänge

⊘   Krotowinen, Gänge von Bodenwühlern

✳ ✳   Konkretionen, vor allem von Eisen und Mangan (bei Pseudogley)

ᴵₗₗₗₗₗᴵᴵᴵᴵᴵ   Rostbänder, z. T. mit Tonanreicherung

ᵥ̄ᵥ̄   bändchenartige Toneinschlämmungen (B_{Bd}, Bändchen-B_t)

⊛ ⊛   Tonkonkretionen

| ǀ | Senkrechte Klüfte und Risse

\/   Spalten

ᴨᴛᴛᴨ   Krusten

⸂⸃   Wurzelbahnen
⸂

ᴗᴗᴗ   Wurzelfilz unter der Grasnarbe

Je nach der Dichte der Signatur: die Stärke der Erscheinung

5. Bodenwasserhaushalt

          Schwankungsbereich des Grund- bzw. Stauwassers

          mittlerer Grundwasserstand bzw. häufig auftretende Obergrenze des über-
          sättigten Staunässehorizonts

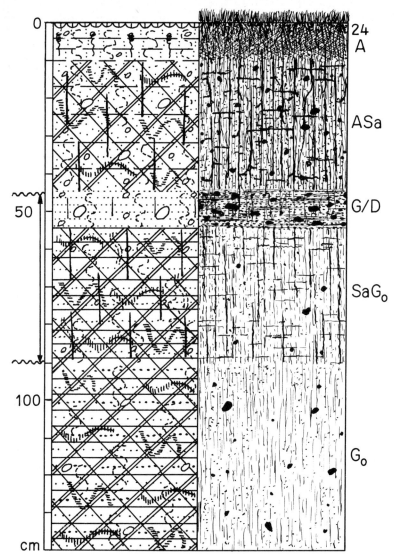

Abb. 83:   *Abstrakte und wirklichkeitsnahe, nach Legende in Abb. 82 gezeichnete Boden-*
           profildarstellung. Beispiel: Grundwasserbeeinflußter Aueboden auf der Insel-
           terrasse des Auob, Raum Haruchas-Süd/Westliche Kalahari (Aufnahme und
           Entwurf: H. LESER 07. 11. 1967).

Ausführliche *Profilbeschreibungen* legt man am besten nach dem Muster an, das die *Deutsche Bodenkundliche Gesellschaft* für die Beschreibung neuer Bodentypen abfordert. Die standardisierte Form soll die Ausarbeitung und Konkretisierung einer Bodensystematik in der BRD ermöglichen (H. BLUME 1975). Bei Befolgen des Musters werden auch die geomorphologisch-pedologischen Arbeiten transparenter, weil sie dann miteinander besser vergleichbar sind.

Eine andere Darstellungsmöglichkeit bilden die *Aufschlußprofile*, welche meist mit individuellen Techniken wiedergegeben werden. Man kann Aufschlußprofile nebeneinander setzen, wenn die *Entwicklungsreihe* eines Aufnahmepunktes dargestellt werden soll, sofern sich dies aus den Aufschlußverhältnissen ableiten läßt. Andererseits können bei rasch fortschreitendem Abbau, wie es in Löß-, Sand- und Kiesgruben oft der Fall ist, durch mehrere Profilaufnahmen der gesamten Aufschlußwand die räumlichen Verhältnisse von Lagerung, Schichtung und Abfolge der Sedimente dargestellt werden. Die Profile stellt man dann untereinander oder verarbeitet sie zu einem Raumbild (siehe Kap. 5.3.2). Außerdem können Einzelprofile von Bohrungen usw., die nebeneinander aufgenommen wurden und so die Sedimentabfolge an einem Hang oder in einer Talaue veranschaulichen, in Säulenform nebeneinander gestellt werden. Sie könnte man auch schematisch aufreihen, über ein vereinfachtes Profil der gesamten Aufnahmestrecke stellen und dort den Aufnahmepunkt kennzeichnen (Abb. 84) oder auch als Profilsäulen in eine Karte hineinsetzen.

Sammelprofile, die über die sedimentologischen und paläopedologischen Verhältnisse bestimmter Räume Auskunft geben (z. B. Würmlöß-Gliederung Nordhessens und des Rhein-Main-Gebietes von E. SCHÖNHALS, H. ROHDENBURG und A. SEMMEL 1964) erfordern genaue Kenntnisse der örtlichen und der überregionalen Verhältnisse. Zahlreiche Einzelaufnahmen sind notwendig, um zu solch einer allgemeinen Aussage zu kommen. Derartige Sammelprofile wären dann lokalen Einzelprofilen gegenüberzustellen, um deren Stratigraphie zu widerlegen oder zu bestätigen (Abb. 85).

5.3.2 Blockbilder und Reliefs

Aus einer Profilserie lassen sich sehr leicht *Blockbilder* ableiten. Sie basieren entweder auf topographischen Karten, wenn allein die Geländegestalt gezeigt werden soll, oder auf geologisch-sedimentologischen Profilaufnahmen, wenn – über die Reliefformen hinaus – Aussagen über den oberflächennahen Untergrund oder die Genese der Formen beabsichtigt sind. Die große Zahl von Beispielen anschaulicher Blockbilder von H. CLOOS, F. FI-

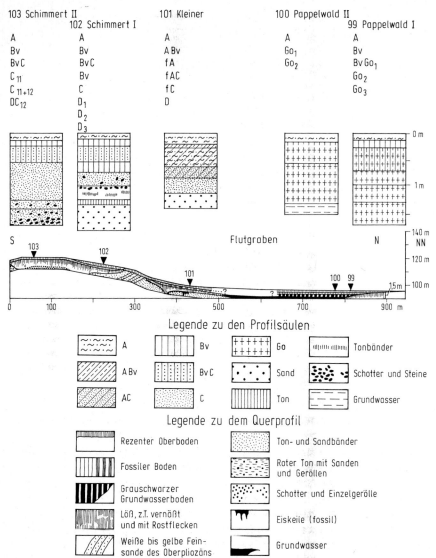

Abb. 84:   *Beispiele für Bodenprofildarstellungen in Verbindung mit einem pedologisch-se-*
           dimentologischen Geländeprofil. Gegenüber der größermaßstäblichen Profil-
           darstellung in Abbildung 83 wurden die Profilsäulen verkleinert. Beispiel:
           Ausschnitt aus dem Riedelland im Südosten des Rheinhessischen Tafel- und
           Hügellandes, Flutgrabental und Teil des Pfeddersheim-Mörstädter Riedels,
           nordwestlich von Worms am Rhein (Aufnahme: H. LESER
           31. 08. 1963–04. 09. 1963).

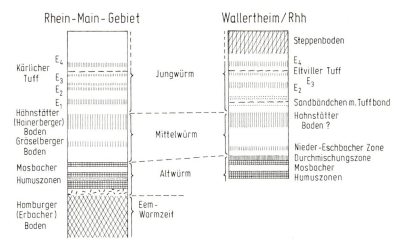

Abb. 85:   *Sammelprofil des Rhein-Main-Gebietes nach* E. SCHÖNHALS, H. RHODENBURG
              und A. SEMMEL *(1964) und des damit korrespondierenden Belegprofiles Wallert-*
              heim/Rheinhessen. Lösse, fossile Böden und Tuffe lassen sich korrelieren.
              Dadurch wird die überregionale Stratigraphie abgesichert. Eine absolute Iden-
              tität zwischen dem Sammelprofil und dem Einzelprofil kann jedoch nicht
              erwartet werden, weil infolge der topologischen und chorologischen Differen-
              zierungen der paläoökologischen Verhältnisse jeder Standort auch in der
              Vorzeit seine eigenen landschaftlichen Merkmale aufwies. Allerdings müssen
              mindestens die Grundzüge der Boden- und Sedimentsequenz in den Profilen
              übereinstimmen (nach H. LESER 1970).

SCHER[35], E. IMHOF, P. VOSSELER, G. WAGNER und P. WURSTER, die in vielen
Publikationen wiedergegeben sind, erübrigt ein näheres Eingehen auf diese
Frage. Über ihre Konstruktion gibt u. a. G. FREBOLD (1951) erschöpfend
Auskunft. Eine neue und vor allem schnelle Methode zur Anfertigung von
Blockbildern durch fotografische Grundrißverzerrung schlägt A. G. BEN-
ZING (1962) vor.

Reliefs dienen vor allem als Anschauungsmaterial. Sie werden auf der
Basis von Höhenschichtenkarten angefertigt und gegebenenfalls mit den
Farben der geologischen oder geomorphologischen Karte versehen. Heute
werden diese handgefertigten Reliefs, von denen E. IMHOF oder P. VOSSE-
LER zahlreiche meisterhafte herstellten, meist durch maschinell hergestellte
Pappmaché- oder Kunststoffreliefs ersetzt, die mit einem topographischen
Aufdruck der amtlichen Karten versehen sind. Schöne Beispiele davon
stammen aus älterer deutscher und neuerer amerikanischer Produktion.

[35] In: A. BANTELMANN 1967.

Bei Blockbildern und Reliefs werden ebenso wie bei Profilen *Über-höhungen* erforderlich, um der Darstellung eine ausreichende Anschaulich-keit zu vermitteln. Der Grad der Überhöhung muß gut erkennbar angege-ben sein, um sofort falsche Vorstellungen über die Höhenverhältnisse auszuschalten. Auch in der Überhöhung sollten die wahren Proportionen der Landschaftsformen gewahrt bleiben: Hügelländer dürfen nicht wie Hochgebirge erscheinen oder umgekehrt. Sowohl bei der Wahl des Über-höhungsbetrages als auch bei der Zeichnung von Blockbildern bzw. der Anfertigung von Reliefs bedarf es künstlerischen Fingerspitzengefühls und wissenschaftlicher Redlichkeit. Durch unsachgemäßen Einsatz der Darstel-lungsmittel können gerade bei Profilen, Reliefs und Blockbildern leicht falsche Wirkungen zustande kommen, so daß ihr eigentlicher didaktischer Zweck verfälscht wird.

5.3.3 Bilder

Fotografien und *Landschaftsskizzen* (siehe Kap. 3.4 und 3.5) müssen für die Publikation sorgfältig ausgewählt und kommentiert werden. Ein Stichwort oder ein Satz genügen nicht als Bildunterschrift. Dem Betrachter wird so eine u. U. einseitige bis falsche Auslegung des Bildinhalts überlassen. Der Inhalt ist vielmehr ausführlich zu erläutern und zu deuten (ein gutes Beispiel: Tafelteil bei H. LOUIS [3]1968). Das Bild kann – aber es braucht nicht unbedingt – mit dem Text im Zusammenhang stehen; andererseits kann es für den Text eine unentbehrliche Ergänzung sein. Während man aus Fotos Ausschnittvergrößerungen herstellen oder einzelne Fotos zu Panoramabildern zusammenkleben kann, sollten Landschaftsskizzen mög-lichst in Originalgröße publiziert werden. Durch Vergrößerung verlieren sie meist an Wirkung. Positiv hingegen macht sich eine ganz geringe Verkleine-rung bemerkbar, deren Ausmaß aber der Autor selbst bestimmen sollte.

Weitere Darstellungsmöglichkeiten bilden Kombinationen von Fotos und Skizzen. Auf dem Foto können mit schwarzer oder weißer Tusche Profilkennzeichnungen (Schichtglieder, Mächtigkeitszahlen, Horizontsym-bole), geologische Linien, Terrassen- oder Rumpfflächenniveaus, Umrisse von Eiskeilen oder Kryoturbationen usw. eingetragen werden. Das Foto verliert dadurch keineswegs an Wert, sondern Anschauung und Hineinden-ken in die dargestellten Objekte werden erleichtert. Die andere Möglich-keit wäre die Gegenüberstellung von terrestrischem Foto und Luftbild oder von Foto, Luftbild und Skizze. Dies kann im gleichen Maßstab erfolgen, so daß die schon genannten Sachverhalte und Daten, die auch in die Fotogra-fie selbst eingetragen werden können, direkt neben dieser in einer Skizze erscheinen. Ähnlich kann mit Landschaftsbildern verfahren werden. Durch die Trennung von Fotografie und Skizze wird der dokumentarische Charakter beider noch unterstrichen. – Gelegentlich versieht man Fotos auch mit beschrifteten oder bezeichneten Deckblättern. – Es sei noch einmal daran erinnert, daß bei Bilddokumenten Maßstabsangaben und Hinweise auf technische Daten ebenso erforderlich sind wie bei allen anderen wissenschaftlichen Darstellungsmethoden.

5.3.4 Tabellen, Diagramme, Kurven, Kennziffern

Die Daten der Grob- und Feinsedimentanalysen sowie sonstiger Zählungen und Erhebungen mit Zahlenwerten (z. B. beim morphographischen Arbeiten) können in Tabellen, Diagrammen und/oder Kurven dargestellt werden. Im Prinzip ähneln oder gleichen sich die Darstellungen, z. B. „Histogramm" der Grobsedimentanalyse und „Granulogramm" der Feinsedimentanalyse. Ziel solcher Darstellungen ist die Herausarbeitung von Charakteristika oder Signifikanzen. Auch diese Tabellen, Diagramme und Kurven dienen letztlich der Beantwortung morphogenetischer Fragen. Sie sollten, genau wie die Analysenergebnisse selber, daher keinen Selbstzweck verfolgen (wenn von methodischen Fragestellungen einmal abgesehen wird, innerhalb derer es durchaus um die Darstellungsform „an sich" gehen darf).

Die geringste Bedeutung und auch die bescheidenste Aussagekraft haben *Tabellen*. Sie vermitteln über eine Fülle von Daten eine erste Übersicht. Meist dienen sie jedoch dazu, Diagramme und Kurven vorbereitend zu erarbeiten. – Sieb-, Sedimentations-, Formbestimmungs- und andere Tabellen enthalten eine Zusammenstellung der Meßwerte nach Gruppen. Damit geben sie eine Übersicht über die Wertverteilung innerhalb einer Einzelanalyse. Für Vergleiche bei Reihenanalysen sind sie jedoch meistens zu unübersichtlich. In Einzelfällen lassen sich jedoch schon aus ihnen Werte ermitteln, die dem Vergleich bei Reihenuntersuchungen dienen, z. B. HESEMANN-Zahl, NPM-Zahl, TGZ-Wert.

Am weitesten verbreitet sind die *Diagramme*, die z. T. gekoppelt mit Kurvendarstellungen auftreten. In ihnen werden die Ergebnisse der Grob- und Feinsedimentanalysen von einer oder mehreren Proben übersichtlich dargestellt, so daß vor allem der Vergleich erleichtert wird. In der Granulometrie ermöglichen sie auch die Ermittlung von *Kennziffern*.

Am aussagekräftigsten sind die *Kurvendiagramme*. Sie können in vier verschiedenen Maßstäben gebracht werden: im natürlichen, im halblogarithmischen, im doppellogarithmischen Maßstab und auf Wahrscheinlichkeitspapier. Die Ordinate enthält im linearen oder logarithmischen Maßstab die Prozentanteile (Gewichts- oder Stückzahlprozente) und die Abszisse Intervalle, die je nach Methode Korngrößenklassen, Rundungsklassen oder sonstige Einteilungen in linearem oder logarithmischem Maßstab darstellen. Die Verbindung der abgesetzten Punkte geschieht durch Geraden oder (eleganter) durch Kurven. Bei den Kurven ist es jedoch zweckmäßig, die wahren, gemessenen Punkte kenntlich zu machen. – Für die Darstellung von Korngrößenintervallen hat der lineare Maßstab geringen Wert. Bei Formuntersuchungen wird der lineare Maßstab jedoch verwendet. Halblogarithmische Diagramme haben in der Abszisse eine logarithmische, in der Ordinate eine lineare Unterteilung. Doppellogarithmische Diagramme haben in Ordinate und Abszisse eine logarithmische Unterteilung.

Eine Verfeinerung der doppellogarithmischen Darstellung ist durch das *Wahrscheinlichkeitspapier* möglich, bei dem die Abszissenachse logarithmisch und die Ordinatenachse nach dem GAUSSschen Integral unterteilt ist. Die Darstellung auf Wahrscheinlichkeitspapier hat den Vorteil, eine Normalverteilung als angenäherte Gerade erscheinen zu lassen, so daß Sedimentationsänderungen leicht zu erkennen sind. Gleichkornsprünge (also Gemische mit extrem starkem Vorkommen einer Fraktion) weisen sich durch einen zwischen Anfangs- und Endgeraden liegenden Steilanstieg

Tab. 27: Anstiegswinkel und Kurvenverlauf von Proben rezenter Sande, dargestellt auf Wahrscheinlichkeitspapier (nach K. H. SINDOWSKI 1958).
F = flach, G = gerade, S = steil, KV = konkav, KX = konvex, M = mäßig

Typ	Kurve/Anstiegswinkel	Sand
1	FG = flach–gerade /15–25°	Reliktsande
2	SG = steil–gerade /60–65°	Strandsande
3	SG–FG = steil–gerade />60° und flaches Umbiegen zum Feineren	Strandsande
4	SG–KX = steil–gerade />60° und Übergang in die flachkonvexe Form	Wattsande
5	MG–KX = mäßig–steil, gerade /um 50° und Übergang in die flach–konvexe Form	Schelfsande
6	SG–KX–SG = steil–gerade Anfangskurve, konvexer Zwischenteil und steil–gerader Endteil	Seegatt-Sande
7	MG–KV–SG = mäßig–steil gerade Anfangskurve, konkaver Zwischenteil und steilgerader Endteil	Prielsande
8	FG–SG = flach–gerade Anfangskurve mit steil–geraden Hauptteil	Schelfsande
9	KV–MG–KX = konkav mit mäßig geradem Mittelteil und konvexem Endteil	Flußsande
10	konvex–konkav–konvex	Wattsande

aus. Kornausfall (also Fehlen oder geringes Vorkommen einer Fraktion) repräsentiert sich in einem zwischen Anfangs- und Endgerade fast waagerechten Verlauf der Kurve. (Im Säulendiagramm ist eine derartige Verteilung an der Mehrgipfeligkeit erkennbar). K. H. SINDOWSKI (1957) entwickkelte aus der Summenlinie auf Wahrscheinlichkeitspapier einen typischen Kurvenverlauf für rezente Sande (Tab. 27 und Abb. 86).
In der Fein- und Grobsedimentanalyse spielen drei Diagramm- und Kurvendarstellungen die Hauptrolle: Histogramm (siehe unten), Häufigkeits-

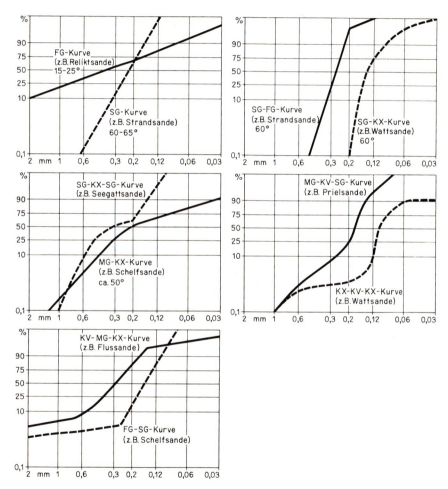

Abb. 86: *Kurvenverläufe rezenter mariner Sande, dargestellt auf Wahrscheinlichkeitspapier.* Erläuterung der Abkürzungen im Text (nach K. H. SINDOWSKI 1958).

oder Kornverteilungskurve und Kornsummenkurven (Abb. 87). Bei allen wird (meistens) auf der Abszisse die Korngröße (in Durchmessermillimeter) in logarithmischer Einteilung dargestellt, während auf der Ordinate in linearem Maßstab die Kornhäufigkeit (in Gewichtsprozent) erscheint. Über rechnerische Probleme und Darstellungsmöglichkeiten von Korngrößenanalysen unterrichtet E. WALGER (1964).

Die *Kornverteilungskurve* wird durch eine Linie dargestellt, welche die in der Mitte der Intervalle auf der Abszisse abgesetzten Werte der Ordinate miteinander verbindet. Zur Kurvenkonstruktion benötigt man eine möglichst große Anzahl von Korngrößenintervallen. Die Kornverteilungskurve gibt über die häufigsten bzw. geringsten Korngrößengruppen, die Sortierung (durch die Verteilungsbreite) sowie die Symmetrieeigenschaften Aufschluß.

Die *Kornsummenkurve* wird durch Addition der Fraktionsprozente gebildet. Bei der diagrammatischen Darstellung enthält jeweils der höchste Fraktions-Summenwert in der Abszisse alle unter diesem liegende Prozentanteile. Die Darstellung der Kornsummenkurve ist unabhängig von den gewählten Korngrößenintervallen. – Der Verlauf der Summenkurve ist ein Charakteristikum der Kornzusammensetzung. Aus ihrer Breite ist die

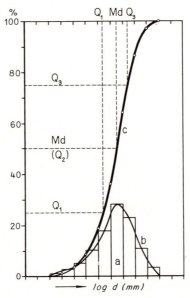

Abb. 87:   *Grundformen der Darstellung granulometrischer Analysenergebnisse:* a. Histogramm; b. Häufigkeitskurve; c. Summenkurve. Außerdem sind in dem Diagramm die Linien für die Quartilmaße angegeben (nach G. MÜLLER 1964).

Verteilung des Materials erkennbar. Große Breite kennzeichnet ein Gemisch von vielen Korngrößen, kleine Breite kennzeichnet ein gut sortiertes Gemisch oder ein Restsediment. Dünensande und fluviatile Sande z. B. haben, gleichmäßigen Strömungsverlauf vorausgesetzt, meistens eine geringe Diagrammbreite.

Wesentlich einfacher sind die *Histogramme* und *Historiogramme* (Abb. 59), welche die Veränderung von Meßwerten innerhalb einer Strecke oder Tiefe zeigen. „Im Histogramm wird die Häufigkeit des Auftretens einer bestimmten Korngröße als Funktion des gewählten Korngrößenbereiches dargestellt, wobei die Fläche jeder einzelnen Stufe der Kornmenge in der entsprechenden Kornklasse proportional ist" (G. MÜLLER 1964). Die Histogramme sind Säulen-, Rechteck- oder Stufendiagramme. Sie enthalten in der Ordinate in linearem Maßstab die Prozentanteile (Gewichtsprozente oder Stückzahlprozente) und in der Abszisse lineare oder logarithmische Intervalle, die je nach Methode Korngrößen, Rundungsklassen o. ä. wiedergeben. – Formuntersuchungen werden im linearen Maßstab dargestellt, Korngrößenuntersuchungen im linearen oder halblogarithmischen Maßstab. Da die Darstellung im linearen Maßstab nicht den meistens angewandten logarithmischen Intervallen entspricht, ist sie bei Korngrößendarstellungen unzweckmäßig.

Ebenfalls einfach sind die *Formdiagramme,* die mit Hilfe von verschieden auftretenden Punktwolken Unterschiede in der Sedimentation angeben. Die an den beiden Dreieckseiten abzutragenden Werte können Einzel- oder Verhältniswerte sein. Andere Formdiagramme zeigen die Verteilung von Rundungen und erlauben Vergleiche zwischen verschiedenen Ablagerungen (Abb. 88).

Dreieckdiagramme geben Mengenverhältnisse in drei Komponenten wieder und ermöglichen damit die Darstellung von Reihenuntersuchungen und die Unterscheidung verschiedengenetischer Typen (Abb. 89).

Kreis-, Zehneck- und Vieleckdiagramme vermitteln lediglich ein Bild von der Zusammensetzung des Materials, wobei günstigenfalls zwei oder mehr Diagramme vereinigt werden können. Ihr Aufbau erfolgt im Uhrzeigersinn mit Ausnahme des Vielstoffdiagramms nach SPOERLE, in dem die Werte der Intervalle abwechselnd links und rechts der Mittelachse abgetragen werden auf Strahlen, die den Kreis je nach Anzahl der Intervalle aufteilen. – Eine interessante *Quadratmethode* zur Darstellung von Korngrößen- und Schotteranalysen verwendet O. LEIBLE (1973). Sie erlauben ein sofortiges Erkennen der Korngrößen- und Mineralverteilungen. Außerdem wird durch ihre Anordnung der räumliche Vergleich erleichtert.

Die Programme GRANUL (L. KING 1974 b) und SEDPET (W. BLÜMEL und K. HÜSER 1974) vereinfachen das Darstellungsverfahren, weil durch die EDV-mäßige Aufbereitung der Daten die Ergebnisse der Körnungs-

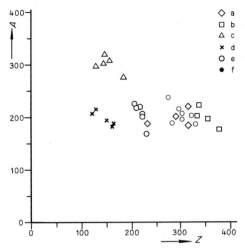

Abb. 88:   *Formdiagramm des Zusammenhangs von Abplattungsindex (A) und Zurun-*
             dungsindex (Z) mit Mittelwerten von Proben genetisch verschiedener Grobsedi-
             mente: a. Fußflächen-Fanger; b. fluviale Schotter; c. glazifluviale Schotter; d.
             Frostschutt-Brandungsgerölle; e. arktische Brandungsgerölle; f. mediterrane
             Brandungsgerölle (nach G. STÄBLEIN 1970 b).

analysen rasch und vielseitig dargestellt werden können, einschließlich
einer Reihe von Kennzahlen (s. u.). Histogramm und Kornsummenkurve
finden sich in einem Diagramm vereinigt (Abb. 90).

    Kurvendarstellungen sind auch von anderen physikalischen und che-
mischen Analysenergebnissen möglich. Solche Kurven haben lediglich
Schaubildcharakter, erfüllen aber ihren Zweck – Übersicht über die Analysendaten zu schaffen – vollkommen. Die Darstellung kann im einfachen
Kurvenbild erfolgen, wobei man die Kurven von Korngrößen, pH, $CaCO_3$
usw. einer Probe nebeneinanderstellt und in der Vertikalen die Probenab-
folge, entsprechend den wahren Profilverhältnissen, zum Ausdruck bringt
(Abb. 91). Der Vorteil liegt im überschaubaren Neben- und Nacheinander
der Werte für die Interpretation und den Vergleich. Es sollte selbstverständlich sein, daß die Diagramme immer ausreichend mit Profilname und
-nummer, Maßeinheiten und Maßstabsleisten gekennzeichnet sind. Außerdem kann man kombinierte Darstellungen herstellen, indem neben die
schematische Zeichnung des Profils das Diagramm mit den Korngrößen-,
pH-, $CaCO_3$- u. a. Kurven stellt. Dabei müssen die Höhenmaßstäbe der
schematischen Profilsäule am Rande und die der Kurven übereinstimmen.

    Kennzahlen ermöglichen Vergleiche von Korngemischproben unter-
einander und mit empirischen Werten. Man verwendet sie sowohl für

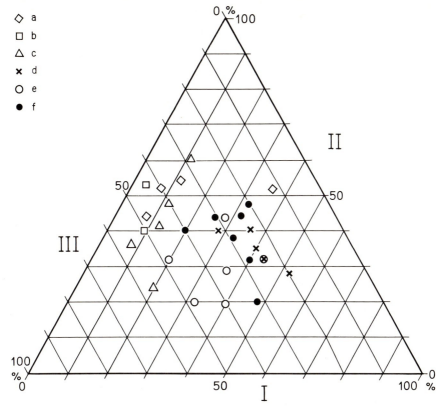

Abb. 89:   *Situmetrischer Vergleich genetisch verschiedener Proben im Prozentdreieck:*
Aufgrund der Punktlage in den einzelnen Sektoren ist, bei bekannter Transportrichtung, auf die Genese des Grobsediments zu schließen. Wie das Prozentdreieck zeigt, ergibt sich keine absolut charakteristische Lage für bestimmte
Grobsedimenttypen. Daraus ist der Schluß zu ziehen, daß die situmetrischen
Bestimmungen allein keine Aussagekraft besitzen, sondern nur im Zusammenhang mit anderen Beobachtungen eingesetzt werden können, wenn es um die
genetische Einordnung von Grobsedimenten geht. Grobsedimenttypen: a. Fußflächen-Fanger; b. fluviale Schotter; c. glazifluviale Schotter; d. Frostschutt-
Brandungsgerölle; e. arktisches Brandungsgerölle; f. mediterrane Brandungsgerölle (nach G. STÄBLEIN 1970 b).

morphometrische als auch für granulometrische Analysen. Die einfachsten
Kennzahlen bei morphometrischen Auswertungen sind die HESEMANN-
Zahl, NPM-Zahl, Flintkoeffizient, sowie sonstige Wertzahlen aus der
Formbestimmung von Grobsedimentkomponenten oder Mineralkörnern.

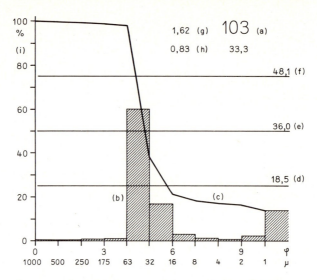

Abb. 90:   *Kurvenausdruck des Programms* GRANUL (L. KING 1974 b): a. Probenummer;
            b. Säulendiagramm (Histogramm) des Prozentanteils der einzelnen Korngrö-
            ßenklassen. Korngrößenverteilung in der WENWORTH-Skala; c. Summenkurve
            zu b; d.–f.: Quartilmaße d. Q_1; e. Q_2 = Md; f. Q_3; g. Sortierungskoeffizient So;
            h. Symmetriekoeffizient Sk; i. Prozentskala der Ordinate. – Erklärung der
            Quartilmaße und der Koeffizienten erfolgt im Text (Entwurf: H. LESER).

Folgende Kennzahlen werden am häufigsten verwandt und meist
auch in den Diagrammen mitdargestellt:

Mittlerer Durchmesser (x̄). Er wird bestimmt durch Multiplikation der
Gewichts- oder Stückzahl-Anteile der Fraktionen mit dem Durchschnitts-
wert des Intervalls und Division der addierten Produkte durch die Gesamt-
Stück- oder Gewichtszahl in %.

Median, Zentralwert (M, Md oder Qe). Er bezeichnet die durchschnittliche Korngröße, bei welcher 50% des Kornmaterials gröber und
50% kleiner als die durchschnittliche Korngröße ist. *Md* ist der Kornsum-
menkurvenlinie zu entnehmen (Schnittpunkt mit der 50%-Linie). Der
Median hat besondere Bedeutung beim Vergleich von Sedimenten verschiedener genetischer Werte. – Der Medianwert Q_2 gehört mit Q_1 und Q_3
zu den *Quartil*maßen, bei denen (entsprechend dem *Md*) ein oder drei
Viertel der Korngrößen kleiner bzw. größer als die durch diese Punkte
gekennzeichneten Korngrößen sind. – Eine ähnliche Charakterisierung ist
durch die *Percentilmaße* (P_1–P_{100}) möglich. P_{60} gibt beispielsweise jene
Korngröße an, bei der vom Korngemisch 60% kleiner und 40% größer als
sie selbst sind.

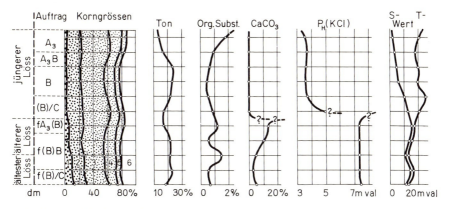

Abb. 91: *Graphische Darstellung der Analysenergebnisse zum Vergleich von chemischen*
und physikalischen Feinsedimentanalysen eines Lößprofils mit fossilen Böden.
Durch das vertikale Nebeneinander der chemischen und physikalischen Sedi-
ment- und Bodendaten, was der regulären Profilabfolge entspricht, und dem
horizontalen Vergleich der Kurven werden Konvergenzen oder Divergenzen im
Sedimentcharakter deutlich. Sie weisen auf genetische Besonderheiten im
Profil hin. Die Analysendatenvergleiche erbringen auch Hinweise auf Merkmale, die im Geländeprofil makroskopisch-visuell nicht wahrnehmbar waren (nach
O. Fränzle 1965 a).

Sortierungskoeffizient (So). Er ist Ausdruck der Zahl der an einem
Korngemisch beteiligten Korngrößenklassen. Er wird berechnet

$$So = \sqrt{\frac{Q_3/Q_1}{4}}$$

Setzt sich die Probe aus nur einer Korngröße zusammen, so ist *So*
= 1. Mit der Zahl der am Gemisch beteiligten Korngrößenklassen wird *So*
größer.

Schiefekoeffizient (Sk). Er gibt die Asymmetrie der Sortierung an, die
dadurch zustande kommt, daß im gröberen oder feinkörnigeren Bereich der
Summenkurve eine größere oder kleinere Zahl von Korngrößenklassen
auftreten können. *Sk* wird berechnet:

$$Sk = \frac{Q_1 \cdot Q_3}{(Md)^2}$$

Kurtosiskoeffizient (β). Der Koeffizient will gröbere und feinere
Anteile des Korngemisches berücksichtigen; dies geschieht durch Verwendung der Quartilmaße Q_1 und Q_3 sowie der Percentilmaße P_{90} und P_{100}.

Eine normale Korngrößenkurve hat einen Kurtosiskoeffizienten von 0,263.
Berechnung des Koeffizienten:

$$\beta = \frac{Q_3 - Q_1}{2(P_{90} - P_{10})} \quad .$$

Md und *So* stehen zueinander in Beziehung und charakterisieren die
Sedimentationsbedingungen, die auch durch *Sk* ausgedrückt werden. Außerdem bestehen zwischen *Md* und *Sk* Beziehungen, die ebenfalls Rückschlüsse auf die Sedimentationsbedingungen durch Sedimentanalysenver-
gleich zulassen. Insgesamt sind die Kennzahlen als Interpretationshilfen für
die Sedimentgenese geeignet.

5.3.5 Geomorphologische Karten

Ziel der geomorphologischen Forschungsarbeit ist eine *raumbezogene* geo-
morphographische und geomorphogenetische Aussage. Als geographischer
Subdisziplin besteht für die Geomorphologie quasi die Verpflichtung, ihre
Ergebnisse in Karten niederzulegen, weil mit der Karte eine sehr rationelle
Darstellungsform für geowissenschaftliche Sachverhalte gegeben ist (siehe
Kap. 3.3). Schon an anderer Stelle wurde festgestellt (H. LESER 1968 b;
1974 a), daß die Geomorphologie sich selbst viele Chancen dadurch nahm,
weil sie nur schwer zu umfassenden und aufeinander abgestimmten Kartendarstellungen fand. Geomorphologische Forschungsarbeit für Wissenschaft
und Praxis kann durch vollständige Karten gelähmt oder blockiert werden.
Insofern ist die Forderung berechtigt, jeder geomorphologischen Studie
eine inhaltlich umfassende, im Maßstab dem Thema angemessene geomorphologische Karte beizugeben, die vom Autor wie vom Leser als regulärer
Bestandteil der Studie und nicht nur als Illustrierung verstanden wird.
        H. KUGLER (1974 b) zeigte, daß geomorphologische Karten nach
neun Gesichtspunkten gegliedert werden können:
        (1) Zweckorientierung
        (2) Aktualitätsgrad
        (3) Inhaltsumfang bzw. Objektkomplexität
        (4) Geomorphologischer Abstraktionsgrad
        (5) Kartographischer Synthesegrad
        (6) Kartenmaßstäbe
        (7) Kartographische Darstellungsweisen bzw. -methoden
        (8) Kartentechnische Herstellungsform
        (9) Form der Informationsgewinnung.
        Aus praktischen Gründen sollen daraus nur einige Aspekte der
geomorphologischen Karte hervorgehoben werden – vor allem solche, die

unmittelbar mit den geomorphologischen Arbeitsweisen und der Forschung zusammenhängen. Es sind dies *Maßstab* und *Karteninhalt*. Bevor darauf eingegangen wird (siehe Kap. 5.3.5.1 und 5.3.5.2), müssen noch Bemerkungen zur Bedeutung sowie zu Zweck und Ziel geomorphologischer Karten folgen.

Die *geomorphologische Karte* ist selbständiges Mittel geographischer Untersuchung (A. I. Spiridonow 1956 b). Sie muß möglichst umfassend, d. h. konkret, genau und vollständig sein. Sie darf nicht nur den Tatsachenschatz eines speziellen Untersuchungsthemas darstellen, sondern hat *alle* Formen und geomorphologischen Erscheinungen (z. B. Löß- oder Solifluktionsdecken, die ja keine „Formen" sind) wiederzugeben, damit das in der geomorphologischen Studie behandelte Spezialthema verständlich wird und räumlich eingeordnet werden kann.

Eine wesentliche Voraussetzung für korrekte Aufnahme und daraus resultierende Interpretation bildet die *topographische Unterlage* der geomorphologischen Karte. Grundsätzlich muß sie enthalten: vollständiges Gewässernetz, Verkehrswege[36], Siedlungen und (mindestens bis zum Maßstab von 1 : 200 000) Isohypsen. Bei Maßstäben über 1 : 200 000 empfiehlt sich als Arbeitsunterlage die Übernahme der gesamten Situation in Grau- oder Braundruck. Auch für die Publikation genügt keineswegs der orohydrographische Druck, in welchen vielleicht noch Ortsgrundrisse und Ortsnamen sowie einzelne Höhenkoten nachgetragen wurden. Bei Maßstäben kleiner als 1 : 200 000 muß erwogen werden, ob die Isohypsen für die Darstellung geomorphologischer Sachverhalte noch eine sinnvolle Unterlage bilden oder nicht. Die anderen Inhaltselemente sollten aber in der Karte erscheinen, um den geomorphologischen Inhalt richtig lokalisieren zu können. Wie bei allen anderen thematischen Karten gilt auch hier: Die geomorphologische Karte kann nicht besser sein als ihre topographische Unterlage. Diese hat bekanntlich nicht nur bei Aufnahme oder Entwurf der Karte eine wichtige Aufgabe zu erfüllen, sondern sie soll auch beim Lesen der Karte den Zusammenhang zwischen geomorphologischen Verhältnissen und den übrigen Landschaftselementen herstellen.

Es ist allgemein bekannt, daß die von der Geomorphologie erarbeiteten *Ergebnisse* in Form von textlichen Darstellungen nur bedingt nutzbar sind. Das gilt sowohl für den Praktiker, z. B. Agrarökologen, Planer, Bautechniker usw., als auch für den Länderkundler, dem eine Karte über einen kleinen, ihm unbekannten Raum mehr sagen kann, als eine textliche Detailstudie. Das gilt nicht zuletzt auch für den Geomorphologen selber,

---

[36] Je nach geomorphologischem Karteninhalt kann auch erforderlich werden, die Situation etwas zu entlasten. Dafür kommt in Mitteleuropa das meist sehr dichte und das Thema belastende Wegenetz in Frage.

dessen Theorien mit der Karte auf eine konkretere, weil quasi quantitative und räumliche Bezugsbasis gestellt werden. Dazu sind jedoch Vereinheitlichungen in Inhalt und Form notwendig. Um besser miteinander vergleichbaren geomorphologischen Karten näher zu kommen, beschäftigt sich seit Jahren eine Kommission der *Internationalen Geographen-Union* (IGU) mit Fragen von Aufnahme, Darstellung, Inhalt, Formensystematik, Kartenklassifikation und Anwendung geomorphologischer Karten in der Praxis für unterschiedliche Maßstabsgruppen. In die gleiche Richtung zielt das GMK-Projekt zur Schaffung einer Geomorphologischen Karte 1 : 25 000 (GMK 25) der Bundesrepublik Deutschland und von Karten aus der Gruppe der Übersichtsmaßstäbe (D. BARSCH 1976; H. LESER 1976 b).

Die *Anwendung* geomorphologischer Karten ist in vielen Fachbereichen möglich. Die großmaßstäblichen geomorphologischen Karten, ihre Teilinhalte und eventuell daraus abgeleitete Bewertungskarten können innerhalb folgender Fachbereiche eingesetzt werden[37]:

(1) *Geomorphologische Grundlagenforschung i. w. S.*
Geomorphographie
Geomorphogenetik
Geomorphochronologie
Rezente Morphodynamik
Regionale Geomorphologie

(2) *Geographische Teilgebiete*
Geographische Landschaftsforschung (Landschaftsökologie)
Regionale Geographie
Hydrogeographie
Geländeklimatologie
Bodengeographie
Vegetationsgeographie
Siedlungsgeographie

(3) *Geowissenschaftliche Nachbardisziplinen, Land- und Forstwirtschaft, Umweltschutz*
Forst- und agrarökologische Standortkunde
Ingenieurgeologie und Bauwesen
Landschafts- und Naturschutz
Regionalplanung
Geologie und Quartärgeologie
Bodenkunde und Bodenschutz
Geodäsie, Topographie und Kartographie
Verkehrswesen
Klimatologie

---

[37] Eine Begründung für einzelne Anwendungsbereiche findet sich bei H. LESER (1974 a).

Grundlagen für die *Anwendung* bilden nicht nur Teilinhalte der großmaßstäblichen geomorphologischen Karte (siehe Kap. 3.3.2), sondern auch die Erkenntnis von den geomorphologischen Raumeinheiten (Morphotopen usw.), welche die Grundlage für das räumlich-funktionale Muster vieler landschaftlicher Erscheinungen sind, was sich am augenfälligsten im Catena-Prinzip manifestiert.

Durch die Zusammenhänge zwischen Geofaktoren und Relief läßt sich über die Erfassung des Aufbaus und des Verbreitungsmusters der Morphotope oder heterogener geomorphologischer Raumeinheiten die Existenz, Verbreitung und Funktion landschaftshaushaltlicher Erscheinungen i. w. S. erklären. Diese Erkenntnis ist nicht nur für Geographie oder Geomorphologie selber wichtig, sondern auch für zahlreiche Nachbarwissenschaften, die bei ihren Arbeiten für Forschung und Praxis entweder vom geographischen (oder gleich vom geomorphologischen) Ansatz ausgehen.

In der *Geomorphologie* wird durch die großmaßstäbliche Aufnahme auch das theoretische Fundament verbessert, indem man durch die Karte zahlreiche Hypothesen auf ihre Brauchbarkeit hin prüfen kann. Dies wird besonders der Geomorphogenetik neue Impulse verleihen und damit auch deren Verwendungsfähigkeit in den geowissenschaftlichen Nachbardisziplinen steigern, wo man die Genese der Landformen teilweise als direkte Erklärung benötigt. Noch umfangreicher ist das Anwendungsfeld der morphographischen Daten – vor allem beim Vorliegen von weiteren, auf den Spezialkarten aufbauenden kleinermaßstäblichen geomorphologischen Karten. Über die morphographischen Daten und die Aufnahme und Darstellung des Aufbaus und der Zusammensetzung des oberflächennahen Untergrundes sind praxisnahe Anwendungsfelder erreicht, in denen die Geomorphologie nicht nur als Datenlieferant schlechthin aufzutreten braucht, sondern wo sie auch selbst aktiv an der Lösung praktischer Probleme mitwirken kann.

5.3.5.1 Maßstabsklassen geomorphologischer Karten

„Die Wahl des Maßstabes ist zweck- und objektbedingt" (H. KUGLER 1974 b). Der Zweck bestimmt Kartenformat, äußerliche Wirkung (z. B. Fern- oder Nahwirkung von Wand- oder Handkarte) und inhaltliche Detaillierung. Das Objekt bestimmt – infolge seiner natürlichen Differenziertheit der Reliefeigenschaften und/oder des Umfangs des darzustellenden Gebiets – die Maßstabsgröße.

Die *Klassifikation* geomorphologischer Karten nach dem *Maßstab* schließt sich an die der topographischen Karte an. Die bisher vorliegenden Versuche führten jedoch zu sehr heterogenen Ergebnissen: Begriffe und Schwellenwerte der Maßstabsgruppen sind bei den einzelnen Autoren nicht immer einheitlich gewählt, abgesehen von logisch-inhaltlichen Inkonsequenzen. Die von H. Kugler (1974 b) vorgenommene Klassifikation (Tab. 28) weicht von der hier früher gegebenen Einteilung (H. Leser 1968 b) ab und versucht, inhaltlich wertneutrale Begriffe zu verwenden, weil Termini wie „Plankarte" oder „Spezialkarte" auf Karteninhalte abgestellt sind.

5.3.5.2 Geomorphologische Kartentypen

Unter dem Aspekt der Detailliertheit des geomorphologischen Karteninhalts läßt sich folgende grobe *Klassifikation geomorphologischer Karten* geben, die Begriffe aus der Allgemeinen Kartographie aufgreift, wo durch die Bezeichnung ein gewisser Inhaltsumfang (bis hin zur Kartenform, soweit diese mit dem Inhalt verbunden ist) ausgedrückt wird:

$$>1 : \quad 10\,000 \text{ Geomorphologische Plankarten}$$
$$< 1 : \quad 10\,000{-}1 : \quad 25\,000 \text{ Geomorphologische Grundkarten}$$
$$< 1 : \quad 25\,000{-}1 : \quad 75\,000 \text{ Geomorphologische Detailkarten}$$
$$< 1 : \quad 75\,000{-}1 : \quad 500\,000 \text{ Geomorphologische Übersichtskarten}$$
$$< 1 : \quad 500\,000{-}1 : 1\,000\,000 \text{ Geomorphologische Generalkarten}$$
$$< 1 : 1\,000\,000 \qquad\qquad \text{Geomorphologische Globalkarten}$$

Aus feldgeomorphologischer Sicht stellt sich noch die Frage der *„Originalkarte"*, d. h. der „Aufnahmekarte", welcher die „Ableitungskarte" („Folgekarte") gegenübersteht. Erfahrungsgemäß können geomorphologische Karten bis zum Maßstab 1 : 200 000 noch Aufnahmekarten sein. 1 : 200 000 stellt dabei jedoch schon einen Grenzfall dar, während Karten bis 1 : 75 000 oder 1 : 100 000 absolut original aufgenommen werden können. Unter 1 : 200 000 kann nur noch von Nicht-Originalkarten = Ableitungskarten gesprochen werden. Damit ist kein Qualitätsurteil über Inhalt und Form der Folgekarten gefällt, sondern nur die Grenze einer im Gelände noch sinnvoll durchzuführenden echten Kartierungsarbeit – die eben keine Kompilierung ist – markiert worden.

Die Frage der geomorphologischen *Kartentypen* kann jedoch auch von grundsätzlichen inhaltlichen Unterschieden her angegangen werden. Dies ist ein Problem, das solange besteht wie es geomorphologische Karten gibt. Es muß aber betont werden, daß es sich bei den damit verbundenen Einteilungs- und Gliederungsproblemen wenigstens teilweise um Scheinprobleme handelt, die sich meist von selbst lösen, sobald eine umfassende geomorphologische Kartierung im Sinne der GMK 25 BRD (H. Leser und G. Stäblein 1975) erfolgt. Weil aber die Mehrzahl der bisher vorliegenden geomorphologischen Karten nach diesen älteren inhaltlichen Prinzipien definiert und entwickelt wurde, muß diese Einteilung hier neuerlich aufgegriffen werden.

Tab. 28: Klassifikation geomorphologischer Karten nach dem Kartenmaßstab im Vergleich zu Einteilungen thematischer Karten durch andere Autoren (nach H. KUGLER 1974 b).

	LOUIS 1956	ARNBERGER 1966	IMHOF 1972	CUENIN 1972	SCHTSCHUKIN 1960	SALISTSCHEW 1966, 1967	Vorschlag für Ordnung geom. Karten
$1:10^2$			1:500	Sehr große			Großmaßstäbige Karten (Detailkarten) sehr
$1:10^3$							
1:10	Plan-karten	Plan-karten	Pläne	Maßstäbe	Groß-maßstäbige Karten	Groß-maßstäbige Karten	
$1:10^4$	1:10 000	1:10 000	1:20 000 Detail-karten	1:10 000 / Große Maßst. 1:25 000 Mittlere Maß-stäbe			
	1:25 000 Spezial-K. 1:50 000	Groß-maßst. Karten					
$1:10^5$	1:100 000	1:100 000		1:100 000	1:100 000		1:100 000
	Übers.-K. 1:200 000	Mittel-maßst. Karten	1:200 000 Über-sichts-karten	Kleine Maßstäbe 1:500 000	1:200 000 Mittel-maßstä-bige K.	1:200 000 Mittel-maßstä-bige Karten	Mittel-maßst. K. 1:1 000 000 (hrsk.)
$1:10^6$	1:250 000 General-K. 1:1 000 000	1:1 000 000	1:1 000 000		1:1 000 000		
	Regio-nal- u. Länderk. 1:10 000 000	Klein-maßst. Karten	Länder-, Erd-teil-	Sehr kleine Maßstäbe	Klein-maß-stäbige Karten	Klein-maß-stäbige Karten	Sehr klein-maßstab. Karten (Übersic) 1:1 000 000
$1:10^7$	1:20 000 000 Erdteil-K.		karten				

Mit der Entwicklung der Geomorphologie und den sich ständig verbessernden topographischen Karten sowie deren verstärkten Einsatzes in der Geomorphologie entstanden zunächst *morphometrische* (L. NEU-MANN 1886) und *morphographische* (N. CREUTZBURG 1922; H. LEHMANN 1941) Karten. Dabei wurden die Begriffe anders definiert: vor allem die seinerzeitigen „morphographischen" Karten würde man heute allenfalls als morphographisch-morphogenetische Karte bezeichnen. Später, mit dem weiteren Ausbau der Geomorphologie in Richtung prozessualer Betrachtung und „Korrelate" kamen auch *morphogenetische, morphochronologische* und *aktualgeomorphologische* Karten auf. Die drei zuletzt genannten Kartentypen hatten in S. PASSARGES „Morphologischem Atlas" (1914; 1920) frühe Vorläufer, wobei S. PASSARGE (1933) als einer der wenigen Geomorphologen schon einen Zusammenhang zwischen geographisch-geomorphologischer Aufnahme und praktischer Fragestellung – hier der geologischen Kartierung – herausarbeitete. Heute werden mustergültige Blätter ähnlicher Art in zahlreichen Ländern hergestellt. Für Beispiele muß auf bibliographische Angaben bei H. LESER und G. STÄBLEIN (1975), H. KUGLER (1974 b), H. LESER (1967 a, 1968 b, 1972, 1974 a, 1975 a, b) und J. TRICART (1972 b) verwiesen werden. – Je nach zugrundeliegendem Kartierungssystem können auch morphographische und morphogenetische mit morphochronologischen Angaben vereinigt werden. Vor allem mit Kleinerwerden des Maßstabes wird man meist dieser Kombinationsmethode folgen, um ein Mehrblattsystem zu vermeiden. In großen Maßstäben (bis etwa 1 : 50 000) bietet sich aber das Mehrblattsystem geradezu an, weil bei einer großmaßstäblichen genauen Aufnahme soviel Material anfällt, daß es kaum in *einer* Karte dargestellt werden kann. Im Hinblick auf die praktische Nutzanwendung großmaßstäblicher geomorphologischer Karten ist das Mehrblattsystem sogar empfehlenswert. Es erleichtert besonders dem Nichtgeomorphologen die Auswertungsarbeit, da er gewöhnlich nur einen Teil des Karteninhaltes für seine Spezialzwecke benötigt.

Morphometrische Karten. Aufgabe der *geomorphometrischen Karte* ist es, die Formen zahlenmäßig zu erfassen und darzustellen (H. ANNAHEIM 1956). Die Zahlen gewinnt man, je nach Kartenmaßstab, entweder durch Messungen im Gelände oder auf der Karte (siehe Kap. 2.22 und 3.32). N. KREBS (1930) nennt als wichtigste morphometrische Begriffe, deren Inhalte auch in Karten darstellbar sind: mittlere Höhen, mittlere Kamm- und Sattelhöhen, relative Höhen („Reliefenergie"), mittlere Böschungswinkel, typische Böschungswinkel, hypsographische Kurven. Die meist auf rechnerischem Wege ermittelten Zahlenwerte lassen sich auf verschiedene Weise darstellen: Kurven- (N. KREBS 1922), Felder- (H. SCHREPFER und H. KALLNER 1930) und Kreismethode (W. THAUER 1955) sind die gebräuchlichsten

Systeme der Reliefenergiekarten. Hinzu müßte man noch die Karten nach der Methode H. KUGLER (1964) rechnen (siehe unten). – Über morphometrische Karten in geomorphologischen Untersuchungen und landeskundlichen Abhandlungen referiert H. WALDBAUR (1952). Auch C. FREY (1965) orientiert über die Morphometrie als geographische Untersuchungsmethode. Wie er ausführt, erlauben die morphometrischen Daten die Erfassung von Landschaftseinheiten und einen auf Zahlen basierenden Vergleich, der zu neuen Erkenntnissen führen kann. Wie H. BOESCH (1945) jedoch betont, enthalten morphometrische Karten vielfach nur eine Umsetzung des Inhaltes topographischer Karten, grundsätzlich neue Erkenntnisse sind daher von ihnen nicht zu erwarten – es sei denn, man geht mit den Daten in einen völlig anderen (kleineren) Maßstab hinein.

Morphographische Karten sind genau genommen von morphometrischen Karten nicht zu trennen, da einerseits exakte Morphographie ohne Messung nicht möglich ist, andererseits morphometrische Karten auf ihre Art „reliefbeschreibend" sind. – Morphographische und morphometrische Angaben sind Grundlagen für die Abfassung geomorphologischer Studien. Die Darstellung morphometrischer Daten in Karten erleichtert ihr Studium und ihre Anwendung. Bei „reinen" morphometrischen Karten auf topographischer Grundlage muß aber erwogen werden, ob ihr Nutzeffekt in angemessenem Verhältnis zum Arbeitsaufwand steht, zumal die morphometrischen Angaben heute nur noch einen Teilinhalt komplexer geomorphologischer Karten darstellen. Die Gefahr, sich in Manipulationen mit Zahlen zu verlieren, ist sehr groß. Morphometrische Karten im klassischen Sinne gibt es kaum noch; morphometrische Angaben haben aber entweder als Arbeitshilfe oder auch als Teil von anderen geomorphologischen Kartentypen (z. B. farbiger oder in einfarbigen Rastern gestufter Unterdruck der Böschungswinkel) eine große Bedeutung. Dies zeigen vor allem die geomorphologischen Karten H. KUGLERS (1964, 1965, 1968, 1974 b) und die nach dieser Methode angefertigte Karte H. LESERS (1975 b), wo quantifizierte „morphographische" und echte morphometrische Kennzeichnungen den Karteninhalt bestimmen, so daß eine Zuordnung im Sinne der traditionellen Einteilung hinfällig wird.

Morphographische und morphographisch-morphometrische Karten. Werden Formen und Formenkomplexe allein unter habituellen und räumlichen Aspekten, d. h. nach ihrer Formgestaltung und Lage innerhalb eines Untersuchungsgebietes dargestellt, so spricht man von *morphographischen Karten* (H. ANNAHEIM 1956; H. KUGLER 1968). War bis vor einigen Jahrzehnten „die objektiv beste morphographische Karte einfach eine gute topographische Karte mit wohlgeratener Darstellung von Höhen und Formen" (H. WALDBAUR 1958) – und zwar in größeren Maßstäben bis etwa 1 : 50 000 –, so gilt dieser Satz heute nicht mehr, weil moderne morphographisch ausgerichtete Karten völlig andere Inhalte aufweisen als die topographischen Karten (H. LESER 1972, 1975 a, b). Das Postulat konnte nur solange gültig sein, als die geomorphologischen Karten vorwiegend (und meist sehr schlecht) aus topographischen abgeleitet wurden und die Kartierung im Gelände nicht in der systematischen Form erfolgte, wie es heute allgemein üblich sein sollte (H. LESER und G. STÄBLEIN 1975). – H. LEHMANN (1941) beklagte die Tatsache, daß bei der Scheidung und Definition der in morphographischen Karten darzustellenden Typen ein nicht ausschaltbares subjektives Element auftritt, wobei die sogenannten „morphographischen" Karten inhaltlich den morphogenetischen stark angenähert waren. Wie spätere Arbeiten zeigten, können auch gute – weitgehend objektive – stark morphographisch orientierte Karten in großen Maßstäben geschaffen werden (z. B. E. HELBLING 1952; O. WITTMANN 1965). Daß dabei immer noch Inhaltselemente auftauchen, die schon morphogenetischen oder morphochronologischen Charakter aufweisen, liegt an der Konzeption: Das mußte solange der Fall sein, als die Formen durch Komplexsignaturen dargestellt und nicht in ihre Bestandteile (Reliefelemente) aufgelöst wurden (siehe Kap. 3.3).

Die seinerzeit von H. WALDBAUR (1952, 1958) und H. LEHMANN (1941) gemachten Einschränkungen für kleinmaßstäbliche Karten gelten natürlich für solche großen Maßstäbe erst recht. Daran setzte auch die moderne Geomorphologische Kartographie mit ihrer Kritik an. – Die gelegentlich immer wieder hervorgeholte von H. GIERLOFF-EMDEN (1953 b) und E. RAISZ (u. a. 1956) geschilderte und durch LOBECK und RAISZ entwickelte Methode kleinmaßstäblicher morphographischer Erdteil- und Länderkarten in Maulwurfshügelmanier steht heute völlig außer Diskussion und soll hier nur der Vollständigkeit halber erwähnt werden.

Mit Entwicklung neuer Methoden zur Erfassung des Reliefs durch H. RICHTER (1962), H. KUGLER (1964, 1965, 1968), F. GRIMM, G. HAASE, H. KUGLER, M. LAUCKNER und H. RICHTER (1964), P. GÖBEL, H. LESER und G. STÄBLEIN (1973) bzw. H. LESER und G. STÄBLEIN (1975) kann eine objektivierte Aufnahme der Formen durch die Auflösung in Reliefelemente erfolgen und *jede* Erscheinung des Reliefs kartiert werden. Dadurch, daß es gelang, dieses System sowohl für große (1 : 10 000 und 1 : 25 000) als auch für kleine Maßstäbe (1 : 500 000 und 1 : 750 000; H. KUGLER 1974 b) einzusetzen, werden viele der in zahlreichen älteren Arbeiten erhobenen Forderungen erfüllt. Darüber hinaus können bei der Methode H. KUGLER mit den *gleichen* Signaturen und Farben die Inhalte in *allen* Maßstäben dargestellt werden. Für die Konzeption des GMK-Projekts gilt das teilweise auch. Groß- und kleinmaßstäbliche geomorphologische Karten dieser Art sind also direkt miteinander vergleichbar. Wie H. KUGLER (1965) ausführte, werden die Signaturen ähnlich einem Baukastensystem verwendet, indem „der Aufbau des Reliefs aus seinen Bauteilen, vorrangig den Reliefelementen, wiederholt" wird.

Wie das weniger flexible, weil von einer anderen morphographischen Konzeption ausgehenden IGU-System (N. V. BASHENINA u. a. 1968) zeigte, haben in der wissenschaftlichen und außerwissenschaftlichen Praxis nur noch solche Kartierungssysteme eine Chance, die auf dem Baukastenprinzip basieren. Dies ist gerade bei morphographischen und morphographisch-morphometrischen Karten eine Notwendigkeit, weil sich in ihnen (1) viele und (2) sehr verschiedenartige Inhalte vereinigt finden, die bei sehr unterschiedlichen praktischen Gelegenheiten eingesetzt werden sollen. Diese „Teilinhaltskonzeption", die sich mit dem Baukastenprinzip der Legende verbindet, hat auch den Vorteil, daß auf rationelle Weise Auszüge von Teilinhalten mechanisch hergestellt werden können, die dann auch für den Nichtgeomorphologen leicht „lesbar" sind.

Morphogenetische Karten. Über die Definition des Begriffes *„morphogenetische Karte"* gehen die Meinungen auseinander. Ursprünglich wurde darunter die Darstellung der Formen nach ihrem Habitus und ihrer Entstehungsweise (H. ANNAHEIM 1956) verstanden. Das würde aber bedeuten, daß zahlreiche traditionell als morphographische klassifizierte Karten (z. B. E. HELBLING 1952; O. WITTMANN 1956) als morphogenetische zu bezeichnen wären. Der Begriff „morphographische Karte" wird besser auf solche beschränkt, deren Inhalte ein Zerlegen in Reliefelemente erkennen lassen und bei denen die für morphogenetische Karten wesentliche prozessuale Kennzeichnung noch stark im Hintergrund steht. Alle Karten, in denen teilweise oder ganz die rezenten und/oder vorzeitlichen Prozesse der Formbildung dargestellt sind, müßten jedoch – je nach ihren Inhalten – als morphographisch-morphogenetische bzw. morphogenetische bezeichnet werden. Leider wurden bisher dem allgemeinen Begriff „geomorphologische Karten" verschiedene Typen zugeordnet, ohne daß man einheitlichen Richtlinien folgte. So wurde von J. F. GELLERT, R. SACHSE und E. SCHOLZ (1960) eine »Morphogenetische Übersichtskarte 1 : 200 000" entwickelt, die in Anbetracht der Datierungsschwierigkeiten von Formen und der Problematik der Prozeßansprache später in „Geomorphologische Übersichtskarte 1 : 200 000" (H.-J. FRANZ und E. SCHOLZ 1965) umbenannt wurde.

Nach H. KUGLER (1965) ist auch eine morphogenetische Ausgabe seines vorwiegend morphographisch-rezentmorphodynamischen Kartenblattes möglich. Zum Unterschied zu diesem erfolgt keine flächige Neigungsdarstellung in Farben, keine Eintragung der Grenzlinien zwischen den Arealen gleichen Gesteinsmaterials und keine Wiedergabe der Festgesteine. Die morphogenetischen Angaben sind durch die enge Verbindung der Morphogenese zu Bau und Gestalt des heutigen Reliefs mit den morphographischen Angaben sachlich verknüpft und ohne diese nicht verständlich. Darauf beruht auch die Konzeption der französischen Karten (J. TRICART 1972 a, b) und die des GMK-Projekts (H. LESER und G. STÄBLEIN 1975). In ihnen wird als Darstellungsprinzip verfolgt, mit den Farben die Genese der Formelemente bzw. Formen und des oberflächennahen Untergrundes anzugeben. Diesen Farben sind die hauptsächlichsten morphogenetischen Prozesse zugeordnet. Auch in der internationalen Diskussion ist man jetzt endgültig zu der Auffassung gelangt, die genetischen Typen der Formen durch Farben wiederzugeben.

H. KUGLER (1964, 1965) schlägt eine starke Aufschlüsselung der holozänen Prozesse (= „rezente Morphodynamik") vor, während die genetischen Angaben für das Pleistozän und Tertiär stärker zusammengefaßt werden sollten. Das ist aus methodischen Gründen verständlich, weil bei der Kennzeichnung vorzeitlicher morphodynamischer Prozesse mit deren höherem Alter die Unsicherheit in der Ansprache zunimmt. Durch Verwendung von Vollfarben für Linien- und Punktsignaturen und Strichrastern für Flächen wird nicht nur eine größere Plastik und Anschaulichkeit im Kartenbild erzielt, sondern es werden auch die genetischen und strukturellen Leitlinien graphisch herausgearbeitet.

Morphochronologische Karten. Man spricht von *morphochronologischen Karten,* wenn die Landschaftsformen und formbildenden Prozesse nach ihrem Alter in Karten dargestellt werden. Nach H. KUGLER (1968) handelt es sich bei der morphochronologischen Karte um einen Subtyp der morphogenetischen Karten. Morphochronologische Angaben sind in noch höherem Maße als es bei den morphogenetischen Karten der Fall ist vom augenblicklichen Wissensstand abhängig. Die formenbildenden Prozesse können nach dem „Prinzip der Korrelate" noch einigermaßen sicher bestimmt werden. Ihr Alter hingegen läßt sich relativ mit höherer Wahrscheinlichkeit, absolut jedoch nur ganz grob angeben. Insofern ist auch vertretbar, daß die wenigen gesicherten morphochronologischen Angaben entweder in der morphographischen oder in der morphogenetischen Karte miterscheinen, so daß keine eigene Karte für dieses Thema erforderlich ist. Empfehlenswert ist einmal die Kombination der formenbildenden Prozesse mit der zeitlichen Einordnung der Vorgänge. Diese Kombination kann in der Legende ausgedrückt werden oder auch durch Abstufungen der Farben für die Prozesse. Die zweite Möglichkeit besteht darin, *alle* Formen entsprechend ihrem vermeintlichen oder tatsächlichen Alter zu kolorieren, wie es in den früheren Detailkarten des Systems J. TRICART (z. B. J. TRICART 1965) und teilweise auch in den polnischen Karten der Maßstäbe bis etwa

1 : 50 000 (1 : 75 000) erfolgte. Auch die Übersichtskarten nach dem System J. TRICART, das im übrigen ein Baukastensystem mit morphographisch-morphogenetischen Bestandteilen darstellt, verfahren nach diesem Prinzip, ebenso die „Morphogenetische Karte" 1 : 200 000 von J. GELLERT u. a. (1960). Bei diesem Vorgehen stellen sich viele Schwierigkeiten ein. Deshalb versuchen einige Autoren, das inhaltliche Schwergewicht auf die Darstellung des *geologischen Alters der Gesteine,* auf welchem die Formen entwickelt sind, zu verlegen. Dann kann aber nicht mehr vom Alter der Formen bzw. vom Alter oder der zeitlichen Abfolge der formbildenden Prozesse gesprochen werden. Diese Karten sind dann auch keine geomorphologischen mehr, sondern inhaltlich schon stark geologisch gewichtet. Die im Mittel- und Hochgebirge vorliegenden extrem polygenetischen Formen lassen im übrigen keine einwandfreie Anwendung dieses Prinzips zu (H. LESER 1966 b). Auch J. F. GELLERT u. a. (1960) rückten von diesem Prinzip ab. In ihrer „Geomorphologischen Übersichtskarte" 1 : 200 000 werden nur noch als gesichert anzusehende Datierungen vorgenommen (würm- und rißeiszeitliche Moränen, Sander, Dünen usw.), die in Form von Buchstabensymbolen in die Karte eingetragen sind (H.-J. FRANZ und E. SCHOLZ 1965). Die schon bei dem relativ einfach aufgebauten, weil ziemlich jungen Relief des Norddeutschen Tieflandes schwierigen Datierungen sind in Landschaften mit einem differenzierten Altrelief noch um ein vieles unsicherer. Unter diesen methodischen Aspekten sollten *morphochronologische* Karten nur Reliefgenerationen darstellen und sich gleichzeitig in ganz kleinen Maßstäben (Generalkarten) bewegen. In ganz großen Maßstäben ist eine Datierung jeder Form und jeder geomorphologischen Erscheinung nur bei kleinen und kleinsten Untersuchungsarealen möglich, wenn eine absolute und/oder relative Datierung *jeder* Form versucht und *alle* vorzeitlichen Prozesse erforscht wurden. Allein bei diesen Voraussetzungen wären echte morphochronologische Karten möglich. Die mittleren Maßstäbe erlauben morphochronologische Karten nur, wenn hinlänglich große Gebiete vollständig untersucht sind und die Datierungen für alle Formen und alle aufgespürten vorzeitlichen morphodynamischen Vorgänge dem Zweck entsprechend genau vorgenommen werden können. Sind diese Bedingungen nicht erfüllt, wird das Ergebnis eine morphogenetische Karte sein.

Aktualgeomorphologische Karten. Die Eigenschaften und Merkmale des Reliefs (Tab. 1) und die rezente Formungsdynamik mit ihren Erscheinungen und Formen sind voneinander nicht zu trennen, gleichgültig, ob es sich durch die vom Menschen geschaffenen oder ausgelösten Prozesse oder um solche natürlicher Art handelt. Für die räumliche Einordnung der aktualgeomorphologischen Prozesse reichen topographische Angaben nicht aus;

vielmehr muß die rezente Morphodynamik auch kartographisch unmittelbar in den sachlichen Kontext eingebunden sein: die rezenten Formen und
Prozesse sind daher am zweckmäßigsten zusammen mit den morphographischen Verhältnissen darzustellen, wie es die Methode H. KUGLER (1964,
1965) oder die GMK-Konzeptionen vorsehen (P. GÖBEL, H. LESER und G.
STÄBLEIN 1973; H. LESER und G. STÄBLEIN 1975).

   Hinweise auf Aufnahme und Wiedergabe der aktuellen Formungsdynamik finden sich in der Legendendarstellung (Abb. 42). Kartiert werden
die Formelemente, deren Gestaltung unter rezenten Bedingungen erfolgte.
Dazu kommen rezente Kleinst- und Kleinformen sowie die rezentmorphodynamischen Vorgänge (Prozesse), soweit sie kartographisch darstellbar
oder auf sonst eine Weise bestimmbar sind. Wie schon die Karten H.
KUGLERS (1964, 1965) zeigten, werden rezente Formen und Vorgänge mit
roter Farbe in die morphographischen Karten eingetragen, um die Bedeutung hinsichtlich Aktualität und Wirksamkeit zu unterstreichen. Auch die
Legende zur GMK 25 BRD sieht orangerot als Farbe für aktuelle Prozesse
vor. Diese Auffassung schließt wenigstens ursächlich an Gedanken der
schweizerischen Geomorphologen an, die Erosionsformen (allgemein) in
roter Farbe darzustellen. Erfolgt eine Trennung der rezenten Formen und
der sie verursachenden Vorgänge in natürliche und anthropogene, so stellt
man letztere schwarz oder braun und erstere rot dar.

   Spezielle aktualgeomorphologische Karten haben nicht immer die
von ihnen erhoffte sachliche Wirkung, weil der Karteninhalt vom übrigen
Formenschatz und den Verhältnissen des oberflächennahen Untergrundes
getrennt dargestellt wird. Dadurch bleiben die Ursachen für die rezente
Morphodynamik uneinsichtig. Allenfalls im Zusammenhang mit einem
Mehrblattsystem oder als Auszug aus einer vollständig vorhandenen großmaßstäblichen geomorphologischen Karte erscheint die isolierte Darstellung der aktuellen Formen und Formungsprozesse gerechtfertigt. Für
solche *Sonderkarten* wäre zudem ein sachlich ausgefeilteres Darstellungssy-
stem erforderlich als es bis heute üblich ist, wo mit den „gewöhnlichen"
Signaturen und Symbolen (Abb. 42) die rezente Morphodynamik dargestellt wird. Hier erscheinen *spezielle Zeichen,* die auch Auskunft über die
Intensität der Prozesse und die Ausmaße der Formen geben, zweckmäßi-
ger. Dann lassen sich auch Karten der Bodenerosions*gefahr*, wie sie in
kleinem Maßstab von G. RICHTER (1965) vorgelegt wurden, auch für große
Maßstäbe herstellen. Einen Ansatz dazu zeigen u. a. H. HURNI (1975) und
R.-G. Schmidt (1973, zit. in H. LESER 1974 c). Dies wäre im Hinblick auf
Planungsarbeiten besonders in den Gruppen der Übersichts- und Detail-
karten erforderlich. Solche Karten gehen jedoch schon in den Bereich der
Auswertungs- und Bewertungskarten über und gehören somit zu einem
anderen als dem hier gestellten Thema (H. LESER 1974 c).

Angewandt-geomorphologische Karten. Bereits in der Einleitung (siehe Kap. 1) und ausführlicher an anderen Stellen (H. LESER 1973, 1974 a, b, 1976 a) war dargelegt worden, daß zwischen der geomorphologischen oder sonstigen physischgeographischen Grundlagenforschung und der praktischen Anwendung ihrer Ergebnisse kein Widerspruch zu bestehen braucht. Dies gilt auch für die geomorphologischen Karten, die aber bestimmten Konzeptionen folgen müssen, um auch für Nachbarwissenschaftler und Praktiker interessant zu sein. Wie H. KUGLER (1965) in einer Übersichtstabelle zeigte, sind vor allem die morphographischen und rezentmorphodynamischen Angaben einschließlich der Verhältnisse des oberflächennahen Untergrundes für den Nichtgeomorphologen von Belang. Relativ weit hinten rangieren die morphogenetischen Ergebnisse, welche die verwandten Geowissenschaften interessieren.

Für die *Anwendung* können demnach einerseits die geomorphologischen Karten vom Typ der Methode H. KUGLER herangezogen werden und teilweise auch solche vom Typ des GMK-Projekts (das ja eine viel weitergespannte als nur diese spezielle Zielsetzung verfolgt). Ansonsten müssen spezielle *Kartenauszüge* aus der vollständigen geomorphologischen Karte gewonnen werden, sofern ihre Legende im Baukastensystem angelegt ist oder es sind gesonderte Karten mit einer „*straffen Zweckbindung*" (H. KUGLER 1974 b) zu schaffen. Solche Karten werden im Inhalt an ihren speziellen Zielen orientiert sein, so daß sich hier keine generellen Richtlinien geben lassen. Für ihre Herstellung sind zwei Inhaltsschwerpunkte erkennbar:

(1) geoökologisch-geomorphologische Spezialkarte
(2) technisch-geomorphologische Spezialkarte.

Beide werden inhaltlich (nach H. KUGLER 1974 b) morphoskulpturell, aktualdynamisch oder morphoskulpturell-dynamisch orientiert sein. Sie müssen zudem teilanalytisch bis analytisch sein und können sowohl als Reliefmerkmals- als auch als Reliefeinheitskarten vorliegen. Meist wird es sich um große bis mittlere Maßstäbe handeln. Die technisch-geomorphologischen Karten sind auch als teilsynthetische Karten verwendbar.

Zu betonen wäre jedoch, daß die *allgemein-komplexgeomorphologischen Karten*, wie man sie in der wissenschaftlichen (gegenüber der „praktischen" oder „angewandten") Geomorphologie zum überwiegenden Teil herstellt, aus Inhalts- und Formgründen in der Praxis nur z. T. oder gar nicht anwendbar sind. Denn die allgemeine komplexgeomorphologische Karte ist „durch die Fülle von Analogie- und Homologieformen und die begrenzte Informationskapazität der Karte und ihrer Speicherelemente, der Zeichen, nur durch starke Reduzierung der verwendeten dynamisch-genetischen und skulpturellen Reliefmerkmale bei der Generalisierung und als synthetische Karte der Reliefeinheiten" zu erreichen und demzufolge in ihrer Aussage- und Anwendungsfähigkeit stark eingeschränkt (H. KUGLER 1974 b).

5.3.5.3 Geomorphologische Atlanten

Frühe Beispiele *geomorphologischer Atlanten* lieferten S. PASSARGE (1914) und C. RATHJENS (siehe dazu S. PASSARGE 1920). Neuere Formen sind die Mehrblattsysteme geomorphologischer Karten, wie sie von verschiedenen Autoren veröffentlicht wurden. Zusammen mit anderen Karten des gleichen Untersuchungsgebietes – bei gleichem Maßstab – kann eine morphographische Karte beispielsweise nicht nur besser verstanden und interpretiert werden, sondern es lassen sich Aussagen gewinnen, die aus dem Inhalt eines komplexen Einzelblattes nicht zu erschließen wären. Die z. T. eingeengten Inhalte der komplexgeomorphologischen Karten weisen auf die Notwendigkeit geomorphologischer Atlanten hin. – Dem geomorphologischen Atlas kommt über seine rein wissenschaftlichen Ziele auch erhebliche praktische Bedeutung zu. Die Einzelblätter sind für eine große Anzahl von Nachbardisziplinen (Landschaftsökologie, Bodenerosionsforschung, Planungswesen, Forst- und Agrarökologie usw.) von großem Wert. Durch die zahlreichen getrennten Aussagen über ein bestimmtes Gebiet kann jeder Disziplin ein entsprechendes Blatt geliefert werden, dessen Inhalt klar und übersichtlich auch dem Nichtgeomorphologen verständlich ist, weil ein Einlesen in eine zumeist kompliziert erscheinende komplexe geomorphologische Grund- oder Detailkarte erspart bleibt.

Für die Zusammenstellung von Kartenthemen eines geomorphologischen Atlas ist keine Regel aufstellbar. Die Themenwahl richtet sich immer nach Zweck und Ziel des Atlas' sowie nach der Gebietsgröße. Als Beispiele soll hier auf die Themen der klassischen Arbeit S. PASSARGES (1914) und der neueren, stark unter praktischen Aspekten stehenden A. I. SPIRIDONOWS (1956) verwiesen werden. Zum Themenminimum gehören Morphographie, rezente Morphodynamik, Morphogenese und Morphochronologie.

Falls nicht alle Karten der umfangreicheren Themenkataloge S. PASSARGES oder A. I. SPIRIDONOWS für das gesamte Arbeitsgebiet erstellbar sind – PASSARGES Arbeit läßt bei einem relativ kleinen Gebiet schon großen Zeitaufwand erkennen –, wäre eine Auswahl repräsentativer Areale vollständig zu bearbeiten. Der Aufbau eines solchen Atlas' wird selbstverständlich je nach Themenstellung und Gebiet unterschiedlich geraten. Der Inhalt sollte durch ausreichende topographische Unterlagen, Profile, Bilder und Landschaftsskizzen ergänzt werden. Ebenso wie jeder geomorphologischen Karte eine Erläuterung beigegeben wird, muß der gesamte Atlasinhalt durch Texte erklärt werden, um die Möglichkeit zu bieten, ihn inhaltlich voll auszuschöpfen. – Als Atlas kann natürlich auch eine repräsentative

Auswahl von Kartenblättern bezeichnet werden, die man nach einheitlicher Legende im gleichen Maßstab kartiert hat. Dies würde für die 30 Musterblätter des GMK-Projekt gelten.

5.3.6 Zusammenfassung: Methodik der graphischen Darstellung geomorphologischer Sachverhalte

Geomorphologische Forschungsergebnisse lassen sich, wie Kapitel 5.3 zeigen sollte, auf sehr vielfältige Weise graphisch darstellen. Aus den Möglichkeiten ragen drei besonders heraus: Profile, Diagrammkurven und Karten. Sie weisen gleichzeitig auf die moderne Konzeption der Geomorphologie hin, die vom *„ökologischen Ansatz"* ausgeht und dem *„Prinzip der Korrelate"* folgt. Die aus methodischen Gründen quantitativen oder quasiquantitativen Ergebnisse können nicht mehr allein auf konventionelle Art in bildhaften Darstellungen wiedergegeben werden, sondern erfordern neue oder zumindest differenziertere Darstellungsweisen als bisher. – Die *Profildarstellungen* werden durch das pedologisch-sedimentologische Arbeiten nötig, ebenso die *Diagrammkurven*, die z. T. schon mechanisch – durch EDV-Printer – hergestellt werden. Sie sind, viel mehr als die direkt an die makroskopisch-visuellen Feldaufnahmen anschließenden Profildarstellungen, Ausdruck quantitativen Arbeitens. Sowohl Profile als auch Diagramme können aber – wenigstens teilweise – vom „geographischen Ansatz" der Geomorphologie wegführen. Auf die Gefahr des Selbstzwecks gewisser Methoden und Darstellungsweisen war daher mehrfach hingewiesen worden. Der dann vielleicht nicht beachtete räumlich-geographische Ansatz wird graphisch durch die Kartendarstellungen repräsentiert. Karten und Kartierungen führen von der Arbeit am Einzelprofil und der punktuellen Aussage weg und zum flächenhaften, raum-zeitlichen Arbeiten hin, durch das sich die Geographie von den Nachbardisziplinen unterscheidet. Aber auch die Karten können nicht mehr in konventioneller Weise angefertigt werden, sondern in sie müssen jene Grundsätze eingehen, die auch zum quantitativen Arbeiten mit Profilen und Laboranalysendaten Anlaß gaben. Daher enthalten die modernen Konzeptionen geomorphologischer Karten zahlreiche quantitative Elemente. Gleichzeitig erfordern sie Aufnahme- und Darstellungstechniken, die stärker an jene der geowissenschaftlichen Nachbardisziplinen anschließen. – Die geomorphologische Karte ist das wichtigste Arbeits- und Darstellungsmittel des Geomorphologen, weil es ihm einerseits die Möglichkeit zu einer flächendeckenden, quasiquantitativen Aussage gibt und andererseits die konkrete Verbindung zu Nachbardisziplinen und Interessierten an der Geomorphologie herstellt. – Wegen der allgemeinen Bedeutung von Karte, Profil und Diagrammen ist auf dem

Sektor der Darstellungsmethodik eine genauso gründliche Forschungsarbeit notwendig wie auf anderen Gebieten der Geomorphologie. Gerade die
„Geomorphologische Kartographie", die sich innerhalb der vergangenen
vier Jahrzehnte als Spezialgebiet der Geomorphologie herausgebildet hat,
beweist, welche vielfältigen darstellungsmethodischen Probleme zu lösen
waren und immer noch zu lösen sind.

6. Geomorphologische Methodik – Bedeutung und Anwendungsgrenzen

Die geomorphologische Methodik hat hauptsächlich während der sechziger Jahre den wohl grundlegendsten Wandel ihrer Geschichte durchgemacht, nachdem sich seit den vierziger Jahren sehr allmählich die Arbeitsweisen änderten. Mit Beginn der sechziger Jahre wird in den physischgeographischen Subdisziplinen ein Berühren der Arbeitsweisen und Methodiken der Nachbardisziplinen der Physischen Geographie erkennbar. Diese auch in umgekehrter Richtung verlaufende und sich intensivierende Kontaktnahme führte in der Geomorphologie dazu, daß sich die heutigen Arbeitsweisen und die von vor einigen Jahrzehnten allenfalls noch in den Grundzügen gleichen: Gleich geblieben ist das visuell-makroskopische Beobachten im Felde und die großräumige Ansprache der Reliefgenese. Als Ursache für diesen Wandel muß die allgemeine Entwicklung des Wissenschafts- und Methodenverständnisses angeführt werden, die von den mehr starren, auf Abgrenzung der wissenschaftlichen Disziplinen bedachten Vorstellungen zu einer aufgelockerteren, nachbarlichen Kontaktaufnahme und Zusammenarbeit führte.

In der neuen *geomorphologischen Methodik* sind zwei Grundprinzipien enthalten, die ansatzweise und gelegentlich schon früher beachtet wurden, die aber lange keine Selbstverständlichkeiten waren: der *ökologische Ansatz* und das *Prinzip der Korrelate*. Bei beiden wird von einer systemhaften Betrachtung des Reliefs und seiner Entwicklung ausgegangen, was als logische Konsequenz die o. e. verstärkte Beachtung der Arbeitstechniken und Methoden der Nachbarwissenschaften durch die Geomorphologie hatte. Dies läßt insgesamt von einem *„geomorphologischen Ansatz"* sprechen, der das System Relief als Teilsystem des landschaftlichen Ökosystems begreift. Es ist in seiner Entwicklung und Beschaffenheit der Formgestalt regelhaft und den allgemeinen physikalischen Gesetzen der Natur unterstellt. Das Relief ist gleichzeitig Regulator für bestimmte Teile des Landschaftshaushaltes und seiner Systemelemente und insofern wesentlich für dessen Kennzeichnung. Daraus folgert, daß über den geomorphologischen Ansatz auch die geomorphologische Methodik ein vielfältig gestaltetes Anwendungsfeld besitzt. Sie ist keineswegs nur auf die Geomorphologie selber beschränkt, sondern läßt sich in anderen Bereichen der Physischen Geographie und in den geowissenschaftlichen Nachbardisziplinen einsetzen. Dies erfolgt unabhängig von der Tatsache, daß die einzelnen

Arbeitstechniken ohnehin unter sehr verschiedenen fachspezifischen Fragestellungen, innerhalb verschiedener disziplinärer Methodiken, anwendbar waren oder es noch sind.

Das *Objekt* der Geomorphologie ist das Relief. Wie andere Geofaktoren weist auch das Relief Kontinuumcharakter auf. Dieser ist aus methodischen und arbeitstechnischen Gründen außerordentlich beachtenswert: wegen des Kontinuumcharakters geographischer und anderer geowissenschaftlicher Erscheinungen entfällt innerhalb gewisser Maßstabsbereiche eine mathematisch oder physikalisch exakte „Abgrenzung", die für viele erdwissenschaftliche Fragestellungen von Belang ist. Das daraus resultierende Dilemma ist keineswegs geographie- oder geomorphologiespezifisch, sondern besteht für alle raumwissenschaftlich arbeitenden Disziplinen. Das Objekt „Relief" ist jedoch auf Grund verschiedener Arbeitsweisen der Geomorphologie innerhalb eines gewissen Maßstabrahmens von geowissenschaftlich relevanten Größenordnungen exakt beschreibbar. Diese „neue Beschreibung" erfolgt mit Hilfe der sogenannten *„neueren Arbeitsweisen"*, wozu auch die modernen Kartierungstechniken gehören. Hieran zu wirken ist wesentliche Aufgabe der Geomorphologie: auf die in o. e. Dimensionen genaue Beschreibung des Reliefs warten sowohl geographische Fachbereiche als auch verschiedene Nachbardisziplinen der Geographie. Neben diesen hier dem Begriff „Geomorphographie" subsummierten räumlich-habituellen *Aspekten* wäre noch der *genetisch-chronologische Aspekt* zu nennen, der lange Zeit die Geomorphologie so dominierte, daß bestimmte Selbstverständlichkeiten der (z. B. kartographischen) Bestandsaufnahme etwas in den Hintergrund der Forschungsarbeit gerieten. Die Lösung genetisch-chronologischer Fragen wird jedoch nicht allein von der Geomorphologie betrieben, sondern auch von verschiedenen geowissenschaftlichen Nachbargebieten, besonders der Quartärgeomorphologie und der Pedologie, sofern letztere raumbezogen arbeitet. Auf den Gebieten der „Geomorphogenetik" und der „Geomorphochronologie" wird zwar weitgehend disziplinär geforscht, jedoch unter interdisziplinären Fragestellungen. Daher ist in diesen Bereichen die Geomorphologie methodisch und technisch auch stärker dem Einfluß der Nachbarwissenschaften ausgesetzt, was bei der konkreten geomorphologischen Forschungsarbeit vermehrt zu berücksichtigen wäre. Die letzthin auf die Klärung genetisch-chronologischer Fragen abzielende geomorphologische Methodik muß sich jedoch darüber im klaren sein, daß sie auch mit Hilfe der sogenannten „modernen Methoden" – übrigens genausowenig wie ihre geowissenschaftlichen Nachbardisziplinen – eine endgültige Klärung prozessualer Fragen, sofern sie vorzeitlich orientiert sind, herbeiführen kann (bei Jetztzeitlichen ist das wegen der zahlreichen aktuell relevanten Randbedingungen unter einem großen Arbeitsaufwand durchaus möglich). Hier liegt eine methodische

Grenze, die für alle historisch arbeitenden Geowissenschaften gilt: diese Grenze kann zwar immer weiter in Richtung einer höheren Wahrscheinlichkeit des Ergebnisses hinausgeschoben werden, eine definitive Feststellung von vorzeitlichem Alter und Prozeß wird aber versagt bleiben müssen.

Beachtlich erscheint, daß die Geomorphologie – trotz dieser der Sache immanenten Schwierigkeiten – in der Lage war, mit gewissen methodischen und arbeitstechnischen Entwicklungen in den Nachbardisziplinen Schritt zu halten und sich zu einer modernen geowissenschaftlichen Disziplin zu formieren. Die Vielseitigkeit der Methoden und die theoretisch interessanten Ergebnisse aus den Forschungen der sechziger und siebziger Jahre beweisen die Lebenskraft der Geomorphologie und die Relevanz ihrer Ergebnisse. Dieser Fortschritt war nur möglich, weil sich die Geomorphologen intensiv um die Weiterentwicklung ihrer Methodik bemüht haben. Auch der künftige Erfolg geomorphologischer Arbeiten für Wissenschaft und Praxis wird entscheidend von den eingesetzten Arbeitsweisen und dem Stand der geomorphologischen Methodik abhängen.

Literaturverzeichnis

Angesichts der Fülle methodisch bedeutsamer Literatur der Geomorphologie, die auch in der für die Geomorphologie vielen wichtigen Arbeiten der geowissenschaftlichen Nachbardisziplinen begründet liegt, konnten in das Literaturverzeichnis nur diejenigen Arbeiten aufgenommen werden, die im vorliegenden Band (mindestens einmal, meist jedoch mehrfach) zitiert wurden. Bei der Auswahl der zitierten Literatur bemühte sich der Verfasser um Repräsentativität. Auch eine Reihe älterer Arbeiten sollte, und zwar nicht nur der Vollständigkeit halber, zitiert werden. Eine Notwendigkeit besteht einerseits dadurch, daß in diesen Arbeiten frühzeitig wichtige, noch heute gültige Gedanken geäußert wurden. Eine andere Notwendigkeit waren die zahlreichen Halb- oder Falschzitate (selbst neuerer Arbeiten!) in den unterschiedlichsten Publikationen. Sie ließen es geraten erscheinen, die vollständige Literaturangabe in diesem Buch zu bringen. Mit wenigen Ausnahmen wurden alle Zitate anhand der Originalarbeiten überprüft. Sollten sich trotzdem noch Fehler eingeschlichen haben, bittet der Autor um einen Hinweis.

Es kann beim vorgegebenen Umfang dieses Buches nicht ausbleiben, daß zahlreiche, sicherlich *auch* wichtige Arbeiten nicht zitiert wurden. Nur zu einem geringeren Teil dürften sie dem Verfasser tatsächlich entgangen sein. Der größte Teil mußte bewußt weggelassen werden. Wenn im vorliegenden Literaturverzeichnis manchmal trotzdem scheinbar „Doppelzitate" gebracht werden, z. B. Zeitschriftenaufsatz mit Referatcharakter *und* dazugehörige Originalarbeit, so wurde dies an der Zugänglichkeit gemessen, die für Zeitschriften i. a. größer ist als für Bücher oder Reihentitel. Aus Platzgründen wurde auf eine Kommentierung der einzelnen Literaturzitate verzichtet. Die Wertung ist meist aus dem Textteil ersichtlich, wo das jeweilige Zitat gerade erscheint. – Umlaute (ä, ö, ü) wurden wie die Vokale a, o und u eingeordnet.

Abkürzungen im Literaturverzeichnis

BDL   = Berichte zur deutschen Landeskunde
FDL   = Forschungen zur deutschen Landeskunde
Pet. Mitt.   = Petermanns Geographische Mitteilungen
Rev. géom. dyn. = Revue de géomorphologie dynamique

ALESTALO, J.: Dendrochronological interpretation of geomorphic processes. = Fennia, 105 (1971), 140 S.

ALLEN, J. R. L.: A review of the origin and characteristics of recent alluvial sediments. In: Sedimentology, 5 (1965), S. 89–191.

ALTERMANN, M. (u. a.): Beitrag zum Inhalt und zur Darstellung von Bodenkarten. In: Thaer-Arch., Bd. 14 (1970), S. 425–431.

ALTERMANN, M.: Die Bodenkarte der Umgebung von Halle (S) – Inhalt, Darstellung und Auswertungsmöglichkeiten. In: Pet. Mitt., 116 (1973), S. 315–318.

AMERICAN SOCIETY FOR TESTING AND MINERALS (ASTM): Index (Inorganic) to the Powder Diffraction File. Philadelphia 1966, 683 S. (dazu 6 weitere Bände mit Datenkarten).

ANDREAS, G.: Geoelektrische Sondierungen zum Nachweis der sommerlichen Auftautiefe in der Arktis (Blomstrandhalbinsel – Westspitzbergen). In: Wiss. Ztschr. TU Dresden, 15 (1966), S. 923–927.

ANDRES, W.: Morphologische Untersuchungen im Limburger Becken und in der Idsteiner Senke. = Rhein-Main. Forsch., H. 61 (1967), 88 S.

ANNAHEIM, H.: Zur Frage der geomorphologischen Kartierung. In: Pet. Mitt., 100 (1956), S. 315–319.

ARNBERGER, E.: Handbuch der thematischen Kartographie. Wien 1966, 554 S.

BACHMANN, F.: Fossile Strukturböden und Eiskeile auf jungpleistozänen Schotterflächen im nordostschweizer. Mittelland. Zürich 1966, 176 S.

BACHMANN, G., F. REUTER & A. THOMAS: Ingenieurgeologische Kartierung. = Wiss.-Techn. Informationsdienst des Zentr. Geol. Instituts, 4 (1963), Sonderheft 4, 36 S. [+ 7 S. Anhang].

BAGNOLD, R. A.: The physics of blown sand and desert dunes. London [2]1965, 265 S.

BAILLY, F.: Die Problematik der Reinheit von Kartiereinheiten, dargestellt an einem Beispiel aus der hannoverschen Lößbörde. In: Mitt. Dt. Bodenkdl. Ges., Bd. 16 (1972), S. 71–78.

BANNISTER, B.: Dendrochronology. In: Science in Archaeology (Ed. by D. BROTHWELL & E. HIGGS), Bristol [2]1969, S. 191–205.

BANTELMANN, A.: Aufgaben und Arbeitsmethoden der Marschenarchäologie in Schleswig-Holstein. In: BDL, Bd. 27 (1961), S. 240–252.

BANTELMANN, A: Die Landschaftsentwicklung an der schleswig-holsteinischen Westküste, dargestellt am Beispiel Nordfriesland. Eine Funktionschronik durch fünf Jahrtausende. Neumünster 1967, 97 S.

BARTELS, G. & G. HARD: Rodderbergtuff im rheinischen Quartärprofil. Zur zeitlichen Stellung des Rodderberg-Vulkanismus. In: Catena, 1 (1973), S. 31–56.

BARSCH, D.: Studien und Messungen an Blockgletschern in Macun, Unterengadin. In: Ztschr. f. Geom., Suppl.-Bd. 8 (1969), S. 11–30.

BARSCH, D. (Ed.): GMK-Schwerpunktprogramm: Geomorphologische Detailkartierung in der Bundesrepublik Deutschland. Mitteilungen. Heidelberg 1975 ff.

BARSCH, D.: Das GMK-Schwerpunktprogramm der DFG: Geomorphologische Detailkartierung in der Bundesrepublik Deutschland. In: Ztschr. f. Geom., N. F. 20 (1976), S. 488–498.

BARSCH, H. & BRUNNER: Vergleichende Untersuchungen zur morphometrischen Analyse fluvialer Gerölle. In: Report VIth Int. Congr. Quaternary, Warsaw 1961, Vol. III: Geom. Section, Lódź 1963, S. 21–38.

BASHENINA, N. V. u. a.: Project of the unified key to the detailed geomorphological map of the world. = Folia geographica, Ser. Geogr.-phys., Vol. II, Kraków 1968, 40 S. + 23 Bll Legende.

BATEL, W.: Einführung in die Korngrößenmeßtechnik. Korngrößenanalyse, Kennzeichnung von Korngrößenverteilungen, Oberflächenbestimmung, Probenahme, Staubmeßtechnik. Berlin–New York–Heidelberg [3]1971, 214 S.

BAUER, F.: Kalkabtragungsmessungen in den österreichischen Kalkhochalpen. In: Erdkunde, XVIII (1964), S. 95–102.

BAUER, L. & W. TILLE: Die Sinkstoffführung der Fließgewässer des Unstrutgebietes. In: Pet. Mitt., 110 (1966), S. 97–110.

BECKMANN, W.: Zur Ermittlung des dreidimensionalen Aufbaues der Bodenstruktur mit Hilfe mikromorphometrischer Methoden. In: Soil micromorphology, Amsterdam 1964, S. 429–439.

BECKMANN, W.: Die Mikromorphologie des Bodens bei physisch-geographischen Untersuchungen in Südindien. In: Hamb. Geogr. Studien, H. 24 (1971) = A. Kolb-Festschr., S. 235–242.

BEHRENS, H., H. BERGMANN & H. MOSER u. a.: Study of the discharge of alpine glaciers by means of environmental isotopes and dye tracers. In: Ztschr. f. Gletscherkde. u. Glazialgeol., VII (1971), S. 79–102.

BENTZ, A. (Ed.): Lehrbuch der Angewandten Geologie. 1. Band. Allgemeine Methoden: Kartierung, Petrographie, Paläontologie, Geophysik, Bodenkunde. Stuttgart 1961, 1071 S.

BENTZ, A. & H. J. MARTINI (Ed.): Lehrbuch der Angewandten Geologie. 2. Band, Teil II. Geowissenschaftliche Methoden. 2. Teil: Hydrogeologie, Ingenieur-, Talsperren- und Wasserbaugeologie, Mathematische Verfahren, Bohrprobenbearbeitung, Luftbildgeologie, Vermessung. Stuttgart 1969, 794 S. (= S. 1357–2151).

BENZING, A. G.: Vereinfachtes Blockbild-Zeichnen. In: Geogr. Taschenb. 1962/63, Wiesbaden 1962, S. 317–320.

BESCHEL, R.: Flechten als Altersmaßstab rezenter Moränen. In: Ztschr. f. Gletscherkde. u. Glazialgeol., I (1950), S. 152–161.

BESCHEL, R.: Lichenometrie im Gletschervorfeld. In: Jahrb. z. Schutze der Alpenpflanzen und -tiere, 22 (1957), S. 164–185.

BEURLEN, K. & W. WETZEL: Geschiebeforschung und regionale Erdgeschichte auf Grund von Beispielen aus der Geologie Schleswig-Holsteins. In: Ztschr. f. Geschiebeforsch., 13 (1937), S. 88–100.

BIBUS, E.: Zur Morphologie des südöstlichen Taunus und seines Randgebietes. = Rhein-Main. Forsch., H. 74 (1971), 279 S.

BIEWALD, D.: Die Ansatztiefe der rezenten Korallenriffe im Indischen Ozean. In: Ztschr. f. Geom., N. F., 8 (1964), S. 351–361.

BIEWALD, D.: Zum Problem der Ansatztiefe tropischer Korallenriffe. In: Mitt. Österr. Geogr. Ges., Bd. 116 (1974), S. 291–317.

BIRKENHAUER, J.: Der Klimagang im Rheinischen Schiefergebirge und in seinem näheren und weiteren Umland zwischen dem Mitteltertiär und dem Beginn des Pleistozäns. Ein Beitrag zur Frage von „Tropenklima und Mittelgebirgsmorphologie". In: Erdkunde, Bd. XXIV (1970), S. 268–284.

BIROT, P.: Les Méthodes de la Morphologie. Paris 1955, 175 S.

BLENK, M.: Studien über die Periglazial-Erscheinungen in Mitteleuropa: Morphologie des nordwestlichen Harzes und seines Vorlandes. = Göttinger Geogr. Abh., H. 24 (1960), 144 S. (a).

BLENK, M.: Ein Beitrag zur morphometrischen Schotteranalyse. In: Ztschr. f. Geom., N. F. 4 (1960), S. 202–242 (b).

BLENK, M.: Eine kartographische Methode der Hanganalyse, erläutert an zwei Beispielen: NW-Harz und Salinastal, Kalifornien. In: Nachr. Akad. d. Wiss. in Gött., II. Math.-phys. Kl., Göttingen 1963, S. 29–44.

BLUM, W. E. & P. BURWICK: Zur morphometrischen Ansprache von Schotterprofilen. In: Ber. Naturf. Ges. Freiburg i. Br., Bd. 61/62 (1971/72), S. 93–104.

BLUME, H.-P.: Stauwasserböden. Vergleichende Untersuchungen über Entstehung und Standorteigenschaften von Waldböden mit und ohne Wasserstau und zugleich ein Beitrag zur Kenntnis der Böden Baden-Württembergs, Ostholsteins sowie der Dänischen Inseln. = Arb. Landw. Hochschule Hohenheim, H. 42 (1968), 242 S.

BLUME, H.-P.: Vorschlag des Arbeitskreises für Bodensystematik zur Unterrichtung über neue Bodentypen, dargestellt am Beispiel eines konkretionsreichen Pseudogleys. In: Mitt. Dt. Bodenkdl. Ges., Bd. 22 (1975), S. 645–654.

BLÜMEL, W.-D. & K. HÜSER: Jüngere Sedimente in der südlichen Vorderpfalz. Ein weiterer Beitrag zur Pleistozänstratigraphie des Oberrheingrabens. In: Karlsruher Geogr. Hefte, 6 (1974), S. 29–69.

BLÜTHGEN, J.: Das Diapositiv als geographisches Hilfsmittel. In: Geogr. Taschenbuch 1951/52, Stuttgart 1951, S. 387–395.

BOBEK, H.: Luftbild und Geomorphologie. In: Luftbild und Luftbildmessung, Nr. 20, Berlin 1941, S. 8–161.

BOESCH, H.: Morphologische Kartierung. In: Schweizer Geograph, 22 (1945), S. 55–65.

BOESCH, H.: Neuere Beiträge zur Morphologie des schweizerischen Mittellandes. In: Publ. Serv. géol. du Luxembourg, XIV (1964), S. 101–112.

BÖGLI, A.: Kalklösung und Karrenbildung. In: Ztschr. f. Geom., N. F. Suppl. 2 (1960), S. 4–21.

BÖGLI, A.: Karstdenudation – das Ausmaß des korrosiven Kalkabtrages. In: Regio basiliensis, 12 (1971), S. 352–361.

BORTENSCHLAGER, S.: Neue pollenanalytische Untersuchungen von Gletschereis und gletschernahen Mooren in den Ostalpen. In: Ztschr. f. Gletscherkde. u. Glazialgeol., VI (1970), S. 107–118.

BRAMER, H.: Zur Frage der Windkanter. In: Wiss. Ztschr. E.-M.-Arndt-Univ. Greifswald, Math.-Nat. Rh. 3/4, 7 (1957/58), S. 257–265.

BRAMER, H.: Methodische Ergänzungen zur morphometrischen Gesteinsanalyse. In: Geogr. Ber., H. 23 (1962), S. 221–224.

BREMER, H.: Flußerosion an der oberen Weser. Ein Beitrag zu den Problemen des Erosionsvorganges, der Mäander und der Gefällskurve. = Göttinger Geogr. Abh., H. 22 (1959), 192 S.

BRENNER, D.-C.: Schutthalden Alpen-Arktis. In: Geogr. Helvet., 26 (1971), S. 129–139.

BRINKMANN, R.: Abriß der Geologie. 2. Bd.: Historische Geologie. Stuttgart [8]1959, 360 S.

BRINKMANN, R.: Abriß der Geologie. 1. Bd.: Allgemeine Geologie. Stuttgart [9]1961, 280 S.

BRINKMANN, R. (Hrsg.): Lehrbuch der Allgemeinen Geologie, Bd. I, Stuttgart 1964, 520 S., Bd. II: Tektonik, Stuttgart 1972, 579 S., Bd. III: Stuttgart 1967, 630 S.

BRONGER, A. Zur Mikromorphologie und zum Tonmineralbestand von Böden ungarischer Lößprofile und ihre paläoklimatische Auswertung. In: Eiszeitalter u. Gegenwart, 21 (1970), S. 122–144.

BRONGER, A.: Zur quartären Klimageschichte des Karpatenbeckens auf bodengeographischer Grundlage. In: Verh. Dt. Geogr. Tag, Bd. 37 (1969), Wiesbaden 1970, S. 233–247.

BROOKFIELD, M.: Dune trends and wind regime in Central Australia. In: Ztschr. f. Geom., Suppl. 10 (1970), S. 121–153.

BRUNNACKER, K.: Pleistozäne Böden im nördlichen Oberschwaben. In: H. Graul. Eine Revision der pleistozänen Stratigraphie des schwäbischen Alpenvorlandes; Pet. Mitt., 106 (1962), S. 255–259.

BRUNNACKER, K.: Grundzüge einer quartären Bodenstratigraphie in Süddeutschland. In: Eiszeitalter u. Gegenwart, 15 (1964), S. 224–228.

BRUNNACKER, K.: Grundzüge einer Löß- und Bodenstratigraphie am Niederrhein. In: Eiszeitalter u. Gegenwart, 18 (1967), S. 142–151.

BRUNNACKER, K.: Kriterien zur relativen Datierung quartärer Paläoböden? Bemerkungen auf Grund einer Arbeit von K. METZGER. In: Ztschr. f. Geom., N. F. 14 (1970), S. 354–360.

BRUNNER, H. & H.-J. FRANZ: Arbeitsmethoden in der Glazialmorphologie (Teil 1). Mit besonderem Bezug auf die Verhältnisse im Norddeutschen-Flachland). In: Geogr. Ber., H. 17, 1960, S. 259–280.

BRUNNER, H. & H. J. FRANZ: Arbeitsmethoden in der Glazialmorphologie (Teil 2). In: Geogr. Ber., H. 18, 1961, S. 44–66.

BÜDEL, J.: Morphogenes des Festlandes in Abhängigkeit von den Klimazonen. In: Die Naturwissenschaften, 48 (1961), S. 313–318.

BÜDEL, J.: Das natürliche System der Geomorphologie mit kritischen Gängen zum Formenschatz der Tropen. = Würzb. Geogr. Arb., H. 34 (1971), 152 S.

BURK, K.: Das geographische Feldbuch. In: Geogr. Anz., 19 (1918), S. 153–156.

BUSHNE, L. J., J. B. FEHRENBACHER & B. W. RAY: Paläoböden und angrenzende rezente Böden in West Illinois. In: Proc. Soil Sci. Soc. America, 34 (1970), S. 665–669.

CAILLEUX, A.: Distinction des galets marin et fluviatiles. In: Bull. Soc. géol. France, Ser. 5, 15 (1945), S. 375–404.

CAILLEUX, A.: Morphoskopische Analyse der Geschiebe und Sandkörner und ihre Bedeutung für die Paläoklimatologie. In: Geol. Rdsch., Bd. 40 (1952), S. 11–19.

CAILLEUX, A.: Application à la géographie des méthodes d'étude des sables et des galets. = Universidade do Brasil; Curso de altos estudos geograficos, 2, Rio de Janeiro 1961, 151 S.

CAILLEUX, A. & J. TRICART: Initations à l'étude des sables et galets. Paris [2]1963–1965, 3 Bde., 369–194–202 S.

CANNEL, G. C. & C. W. ASBELL: Der Einfluß der Bodenprofilvariation auf die Veränderung der Neutronenmessung. In: Soil Sci., 117 (1974), S. 124–127.

CARSTENS, H. (u. a.): Arbeitsmethoden und Arbeitstechniken. Überlegungen zur Verwendung der Begriffe in der Geographie. In: Geogr. Rdsch., 27 (1975), S. 303–305.

CHARLIER, R. H.: Quantitative analysis, geometrics and morphometrics. In: Ztschr. f. Geom., N. F. 12 (1968), S. 375–387.

CLARKE, J. I.: Morphometry from Maps. In: Essays in Geomorphology, London 1966, S. 235–274.

CLOSS, H. (u. a.): Methoden der angewandten Geophysik. In: Lehrb. d. Angew. Geol., Bd. I, Stuttgart 1961, S. 422–956.

CORBEL, J.: L'érosion terrestre, étude quantitative. Methodes – Techniques – Résultats. In: Ann. Géogr., 73 (1964) 398, S. 385–412.

CORRENS, C. W.: Zur Methodik der Schwermineraluntersuchung. In: Ztschr. f. Angew. Min., 3 (1942), S. 1–11.

CORTE, A. E. & A. O. POULIN: Field experiments on freezing and thawing at 3350 meters in the Rocky Mountains of Colorado, USA. In: Research methods in pleist. geom., Geographical Publ. No. 2 Norwich 1972, S. 1–26.

CREUTZBURG, N.: Methodik morphologischer Kartendarstellung in einem zentralalpinen Gebiet. Begleitwort zur morphologischen Karte des Ankogel-Hochalmspitzgebiets. In: Pet. Mitt., 68 (1922), S. 2–3.

CROZIER, M. J.: Techniques for the morphometric analysis of landslips. In: Ztschr. f. Geom., N. F. 17 (1973), S. 78–101.

CURL, R. L.: Die Ableitung der Fließgeschwindigkeit in Höhlen aus den Fließfacetten. In: Mitt. Verb. Dt. Höhlen- u. Karstf., 21 (1975), S. 49–55.

DAVIDSSON, J.: Littoral processes and morphology on Scanian flatcoasts. Particularly the Peninsula of Falsterbo. = Lund Studies in Geogr., Ser. A, N 23, Lund 1963, 232 S.

DE BOER, G. & A. P. CARR: Early Maps as Historical evidence for coastal change. In: Geogr. Journ., 135 (1969), S. 17–39.

DE CASSAN, N.: Vermessung bei geologischer Geländearbeit. In: Lehrb. d. Angew. Geol., Bd. II, 2. Teil, Stuttgart 1969, S. 2020–2122.

DEGENS, E. T.: Geochemie der Sedimente. Stuttgart 1968, 271 S.

DEMEK, J. & J. KUKLA (Ed.): Periglazialzone, Löß und Paläolithikum der Tschechoslowakei. Brno 1969, 156 S. u. Beilagenmappe.

DESDOIGTS, J.-Y.: Intérêt de l'observation aérienne dans les recherches littorales. In: Rev. géom. dyn., XXII (1973), S. 2–14.

DE VEER, A. A.: Kameterras en smeltwaterdal in de omgeving van Holten (Overijssel). In: Boor en Spade, XVI (1968), S. 74–78.

DE VEER, A. A.: Geomorfologische verschijnseken bij het front van de Sioralik-gletsjer in Zuidwest-Groenland. In: Kon. Nederlands Aardrijkskundig Genootschap, Geogr. Tijdschrift, N. R., VI (1972), S. 58–63.

DOHR, D.: Applied Geophysics. = Geology of Petroleum, Bd. 1, Stuttgart 1974, 272 S.

DOMOGALLA, P. G. MAIR & R. G. SCHMIDT: Ein Beitrag zur quantitativen Erfassung des Reliefs für die Darstellung in geomorphologischen Karten. Methode zur Bestimmung von Wölbungsradien. In: Kartogr. Nachr., 24 (1974), S. 99–104.

DONGUS, H.: Alte Landoberflächen der Ostalb. = FDL, Bd. 134, Bad Godesberg 1962, 71 S.

DONGUS, H.: Einige Bemerkungen zur Frage der obermiozän-unterpliozänen Reliefplombierung im Vorland der Schwäbischen Alb und des Rieses. In: BDL, Bd. 46 (1972), S. 1–28.

DURY, G. H.: Relation of morphometry to runoff frequency. In: R. J. CHORLEY (Ed.), Introduction to fluvial processes, London 1971, S. 177–188.

DYLIK, J.: Dynamical Geomorphology, its Nature and Methode. = Bull. Soc. Sc. et Lettres de Łódź, Classe III, Vol. VIII, No. 12, Łódź 1957, 42 S.

ECKHARDT, F. J.: Die Veränderung eines devonischen Tonschiefers durch Mineralumwandlung infolge tertiärer Zersetzung. In: Ztschr. Dt. Geol. Ges., 112 (1960), S. 188–196.

EICHLER, H.: Das präwürmzeitliche Pleistozän zwischen Riß und oberer Rottum. Ein Beitrag zur Stratigraphie des nordöstlichen Rheingletschergebietes. = Heidelberger Geogr. Arb., H. 30 (1970), 128 S.

EICHLER, J. & J. E. HILLER: Schwermineraluntersuchungen an einem Stufensandsteinprofil bei Stuttgart. In: Jh. Ver. vaterl. Naturkde. Württ., 114 (1959), S. 43–71.

EINSELE, G.: Schrägschichtung im Raumbild und einfache Bestimmung der Schüttungsrichtung. In: N. Jahrb. Geol. Paläontol., Mh., 1960, S. 546–559.

EISSELE, K.: Kritische Betrachtungen einer Methode zur Bestimmung des Rundungsgrades von Sandkörnern. In: Neues Jb. Geol. Paläont., Mh., 1957, S. 410–419.

ELLENBERG, L.: Versuch der numerischen Erfassung des Reliefcharakters. In: Geogr. Helvet., 24 (1969), S. 13–15.

ENGELHARDT, W. v.: Neuere Ergebnisse der Tonmineralforschung. In: Geol. Rdsch., Bd. 51 (1961), S. 457–477.

ENGELHARDT, W. v.: Sedimentpetrologie Teil III: Die Bildung von Sedimenten und Sedimentgesteinen. Stuttgart 1973, 378 S.

ERFFA, A. v.: Schwermineraluntersuchungen an rezenten und pleistozänen Sedimenten im Flußgebiet der Lahn bei Gießen. In: Ber. Oberhess. Ges. Nat.-u. Heilkde. zu Gießen, N. F., Naturwiss. Abt., Bd. 37 (1970), S. 35–43.

ERGENZINGER, [P. J.]: KUGLER, H.: Die geomorphologische Reliefanalyse etc. [= Besprechung] In: Ztschr. f. Geom., N. F. 10 (1966), S. 208–210.

FABRY, R.: Bodenuntersuchungen im Gelände. München 1950, 258 S.

FALKE, H.: Die Geologische Karte. Auslegung und Ausdeutung einer geologischen Karte. Berlin-New York 1975, 208 S.

FASTABEND, H.: Die Korngrößenzusammensetzung von Böden und ihre

Bestimmung. In: Sonderheft zur Ztschr. Landw. Forschung, 19 (1965), S. 1–4.

FELBER, H.: Altersbestimmungen nach der Radiokohlenstoffmethode an Fossilfunden aus dem Bänderton von Baumkirchen (Inntal, Tirol). In: Ztschr. f. Gletscherkde. u. Glazialgeol., VII (1971), S. 25–29.

FEZER, F.: Die Verwendung des Luftbildes in der Geomorphologie. In: Bildmess. u. Luftbildwesen, 37 (1969), S. 161–165.

FEZER, F.: Photo Interpretation Applied to Geomorphology. A Review. In: Photogrammetria, 27 (1971), S. 7–53.

FEZER, F.: Karteninterpretation. = Das Geogr. Seminar, Praktische Arbeitsweisen, Braunschweig 1974, 149 S.

FIEDLER, H. J. & H. SCHMIEDEL: Methoden der Bodenanalyse. Band 1. Feldmethoden. Dresden 1973, 239 S.

FIEDLER, H. J. (u. a.): Die Untersuchung der Böden. Bd. 2. Die Untersuchung der chemischen Bodeneigenschaften im Laboratorium. Die Ermittlung der mineralogischen Zusammensetzung. Dresden-Leipzig 1965, 256 S.

FINK, J.: Paläopedologie, Möglichkeiten und Grenzen ihrer Anwendung. In: Ztschr. Pflanzenern. u. Bodenkde., 121 (1968), S. 19–33.

FINK, J.: Internationale Lößforschungen. Bericht der INQUA-Lößkommission. In: Eiszeitalter u. Gegenwart, 23/24 (1973), S. 415–426.

FINKE, L.: Die Verwertbarkeit der Bodenschätzungsergebnisse für die Landschaftsökologie, dargestellt am Beispiel der Briloner Hochfläche. = Bochumer Geogr. Arb., H. 10 (1971), 84 S.

FINSTERWALDER R.: Die zahlenmäßige Erfassung des Gletscherrückganges an Ostalpengletschern. In: Ztschr. f. Gletscherkde. u. Glazialgeol., II (1953), S. 189–239.

FINSTERWALDER, R.: Neue Ergebnisse der Eishaushaltsmessungen an Gletschern. In: Mitt. Geogr. Ges. München, Bd. 45 (1960), S. 147–151.

FISCHER, K.: Zur Anwendung der morphometrischen Schotteranalyse bei Untersuchungen in Alpentälern. In: Ztschr. f. Geom., N. F. 10 (1966), S. 1–10.

FITZE, P.: Erste Ergebnisse neuerer Untersuchungen des Klettgauer Lösses. In: Geogr. Helvet., 28 (1973), S. 96–102.

FLEGEL, R.: Zur Methodik der Untersuchungen über die Bodenerosion. In: Geogr. Berichte, H. 10/11 (1959), S. 39–45.

FLEMMING, W. G. & R. A. LEONARD: Wasser-Sediment-Teiler für Abflußproben mit grobkörnigen Sedimenten. In: Proc. Soil Sci. Soc. America, 37 (1973), S. 961–963.

FLOHR, E. F.: Bodenzerstörung durch Frühjahrsstarkregen im nordöstlichen Niedersachsen (Kreis Lüchow-Dannenberg und westliche Nachbarschaft). = Göttinger Geogr. Abh., H. 28 (1962), 119 S.

FORD, D. G.: Research methods in karst geomorphology. In: Research methods in geom., 1st Guelph symp. in geom., 1969, S. 23–47.

FÖRTSCH, O. & H. VIDAL: Seismo-Glaziologische Untersuchungen im oberen Fischbachtal (Amberger Hütte, Stubaier Alpen). In: Ztschr. f. Gletscherkde. u. Glazialgeol., V (1968), S. 61–88.

FRANCIS, C. W. & D. F. GRIGAL: Eine schnelle und einfache Methode zur Bestimmung der Austauschkapazität von Böden und Tonen unter Verwendung von ^{85}Sr. In: Soil Sci. 112 (1971), S. 17–21.

FRANKE, H. W.: Karstgeographische Ortung mit dem Geosonar. Bemerkungen zu den Ausführungen von P. HENNE und B. KRAUTHAUSEN. In: Mitt. Verband Dt. Höhlen- und Karstforscher, 13 (1967), S. 25–26.

FRANKE, H. W. & M. A. GEYH: Isotopenphysikalische Analysenergebnisse von Kalksinter. Überblick zum Stand der Deutbarkeit. In: Die Höhle, 21 (1970), S. 1–9.

FRANKE, H. W. & M. A. GEYH: Praxis der ^{14}C-Tropfsteindatierung. In: Mitt. Verb. Dt. Höhlen- u. Karstf., 18 (1972), S. 91–95.

FRANZ, H.-J. & E. SCHOLZ: Die Blätter „Potsdam" und „Berlin-Süd" der geomorphologischen Übersichtskarte der Deutschen Demokratischen Republik Maßstab 1 : 200 000. In: Geogr. Ber., H. 34 (1965), S. 17–30.

FRÄNZLE, O.: Die pleistozäne Klima- und Landschaftsentwicklung der nördlichen Po-Ebene im Lichte bodengeographischer Untersuchungen. = Akad. d. Wiss. u. d. Lit., Abh. d. Math.-nat. Kl., Jg. 1965, Nr. 8 Wiesbaden 1965, 144 S (a).

FRÄNZLE, O.: Klimatische Schwellenwerte der Bodenbildung in Europa und den USA. In: Die Erde, 96 (1965), S. 86–104 (b).

FREBOLD, G.: Profil und Blockbild. Eine Einführung in ihre Konstruktion und das Verständnis topographischer und geologischer Karten. Braunschweig 1951, 111 S.

FRECHEN, J. & H. HEIDE: Tephrostratigraphische Zusammenhänge zwischen der Vulkantätigkeit im Laacher See-Gebiet und der Mineralführung der Terrassenschotter am unteren Mittelrhein. In: Decheniana, Bd. 122 (1969), S. 35–74.

FRECHEN, J. & H. J. LIPPOLT: Kalium-Argon-Daten zum Alter des Laacher Vulkanismus, der Rheinterrassen und der Eiszeiten. In: Eiszeitalter u. Gegenwart, 16 (1965), S. 5–30.

FREY, C.: Morphometrische Untersuchungen der Vogesen. = Basler Beitr. z. Geogr. u. Ethnologie, Geogr. Rh., H. 6, Basel 1965, 150 S.

FRÖLICH, F. (u. a.): Geomagnetische Instrumente und Meßmethoden. = Geomagnetismus und Aeronomie, Bd. II, Leipzig 1960, 648 S.

FÜCHTBAUER, H. & G. MÜLLER: Sediment-Petrologie. Teil II: Sedimente und Sedimentgesteine. Stuttgart 1970, 726 S.

FURRER, G.: Die Höhenlage von subnivalen Bodenformen. = Habil.-Schr. Phil. II Univ. Zürich 1965, 77 S.

FURRER, G.: Bewegungsmessungen auf Solifluktionsdecken. In: Ztschr. f. Geom., N. F. Suppl. 13 (1972), S. 87–101.

FURRER, G. & F. BACHMANN: Die Situmetrie (Einregelungsmessung) als morphologische Untersuchungsmethode. In: Geogr. Helvet., 23 (1968), S. 1–14.

FURRER, G. & G. DORIGO: Abgrenzung und Gliederung der Hochgebirgsstufe der Alpen mit Hilfe von Solifluktionsformen. In: Erdkunde, Bd. XXVI (1972), S. 98–107.

FURRER, G. & R. FREUND: Beobachtungen zum subnivalen Formenschatz am Kilimandjaro. In: Ztschr. f. Geom., N. F. Suppl. 16 (1973), S. 180–203.

GANSSEN, R.: Bodenbenennung, Bodenklassifikation und Bodenverteilung in geographischer Sicht. In: Die Erde, 92 (1961), S. 281–295.

GANSSEN, R.: Wichtige Bodenbildungsprozesse typischer Erdräume in schematischer Darstellung. In: Die Erde, 95 (1964), S. 16–25.

GANSSEN, R.: Grundsätze der Bodenbildung. Ein Beitrag zur theoretischen Bodenkunde. = B. I.-Hochschultaschenb., Nr. 327, Mannheim 1965, 135 S.

GANSSEN, R.: Wesen und Aufgaben der Bodengeographie und ihre Stellung im Rahmen der Geowissenschaften. In: Geoforum, 1 (1970), S. 77–93.

GANSSEN, R.: Bodengeographie mit besonderer Berücksichtigung der Böden Mitteleuropas. Stuttgart ^{2}1972, 325 S.

GELLERT, J. F., R. SACHSE & E. SCHOLZ: Konzeption und Methodik einer morphogenetischen Karte der Deutschen Demokratischen Republik. In: Geogr. Ber., H. 14 (1960), S. 1–19.

GENTNER, W. & H. J. LIPPOLT: The Potassium-Argon Dating of Upper Tertiary and Pleistocene Deposits. In: Science in Archaeology (Ed. by D. BROTHWELL & E. HIGGS); Bristol ^{2}1969, S. 72–84.

GERLACH, T.: On the placement of stakes for measuring downhill creep. In: Rev. géom. dyn., XVII (1967), S. 167–168 (a).

GERLACH, T.: Hillslope troughs for measuring sediment mouvement. In: Rev. géom. dyn. XVIII (1967), S. 173 (b).

GERSON, R. & A. YAIR: Geomorphic evolution of some small desert watersheds and certain palaeoclimatic implications (Santa Katherina area, southern Sinai) In: Ztschr. f. Geom., N. F. 19 (1975), S. 66–82.

GERSTENHAUER, A.: Der Einfluß des CO_2-Gehaltes der Bodenluft auf die Kalklösung. In: Erdkunde, Bd. XXVI (1972), S. 116–120.

GERSTENHAUER, A. & K.-H. PFEFFER: Beiträge zur Frage der Lösungsfreudigkeit von Kalkgesteinen. = Abh. z. Karst- u. Höhlenkunde, Rh. A – Speläologie, H. 2, München 1966, 46 S.

GEYER, O. F.: Grundzüge der Stratigraphie und Facieskunde. 1. Paläontologische Grundlagen. I. Das geologische Profil. Stratigraphie und Geochronologie. Stuttgart 1973, 279 S.

GEYH, M. A.: Möglichkeiten und Grenzen der Radiokohlenstoff-Altersbestimmung von Böden. I. Methodische Probleme. In: Mitt. Dt. Bodenkdl. Ges., Bd. 10 (1970), S. 239–241.

GEYH, M. A.: Die Anwendung der ^{14}C-Methode. Entnahme, Auswahl und Behandlung von ^{14}-C-Proben sowie die Auswertung und Verwendung von ^{14}-C-Ergebnissen. = Clausthaler Tekton. Hefte 11, 1971, 118 S.

GEYH, M. A. & B. SCHILLAT: Messungen der Kohlenstoffisotopenhäufigkeit von Kalksinterproben aus der Langenfelder Höhle. In: Mitt. Verband Dt. Höhlen- u. Karstforscher, 13 (1967), S. 42–54.

GEYH, M. A. & D. JÄKEL: Spätpleistozäne und holozäne Klimageschichte der Sahara aufgrund zugänglicher ^{14}C-Daten. In: Ztschr. f. Geom. N. F., 18 (1974), S. 82–98.

GEYH, M. A., J.-H. BENZLER & G. ROESCHMANN: Problems of dating pleistocene and holocene soils by radiometric methods. In: Paleopedology – Origin, Nature and Dating of Paleosols, Jerusalem 1971, S. 63–75.

GIERLOFF-EMDEN, H.-G.: Flußbettveränderungen in rezenter Zeit. Ein Beitrag zur Morphologie der Flußsohle von Flachlandflüssen am Beispiel der Elbe. In: Erdkunde, VII (1953), S. 298–306 (a).

GIERLOFF-EMDEN, H.-G.: Die Bedeutung morphographischer Karten für die Geographie. In: Die Erde, 1953, S. 265–275 (b).

GIERLOFF-EMDEN, H.-G.: Luftbild und Küstengeographie am Beispiel der deutschen Nordseeküste. = Landeskundl. Luftbildauswertung im mitteleuropäischen Raum, H. 4, Bad Godesberg 1961, 117 S.

GIERLOFF-EMDEN, H.-G.: Anwendung von Multispektralaufnahmen des ERTS-Satelliten zur kleinmaßstäbigen Kartierung der Stockwerke amphibischer Küstenräume am Beispiel der Küste von El Salvator. In: Kartogr. Nachr., 24 (1974), S. 54–76.

GIERLOFF-EMDEN, H.-G. & H. SCHROEDER-LANZ: Luftbildauswertung. Bd. I. Grundlagen. = B. I.-Hochschultaschenbücher, 358/358 a, Mannheim, 1970, 154 S.

GIERLOFF-EMDEN, H.-G. & U. RUST: Verwertbarkeit von Satellitenbildern für geomorphologische Kartierungen in Trockenräumen (Chihuahua, New Mexiko, Baja California). Bildinformation und Geländetest. = Münchener Geogr. Abh., Bd. 5 (1971), 97 S.

GIERLOFF-EMDEN, H.-G. & H. SCHROEDER-LANZ: Luftbildauswertung III. = B. I.-Hochschultaschenbücher, Bd. 368 a/b, Mannheim 1971, S. 305–499.

GILEWSKA, S.: Different Methods of showing the Relief on the Detailed

Geomorphological Maps. In: Ztschr. f. Geom., N. F. 11 (1967), S. 481–490.

GÖBEL, P., H. LESER & G. STÄBLEIN: Geomorphologische Kartierung. Richtlinien zur Herstellung geomorphologischer Karten 1 : 25 000. Marburg 1973, 25 S.

GOETZ, D.: Erfahrungen mit dem verbesserten Gerät zur Korngrößenbestimmung nach der Pipettmethode von Köhn. In: Ztschr. Pflanzenern. u. Bodenkde., 130 (1971), S. 82–83.

GOGUEL, J.: A propos de la mésure des galets et de la définition des indices. In: Rev. géom. dyn., 3 (1953), S. 115–120.

GOH, K. M.: Aminosäuregehalt als Indikator für Paläoböden in Bodenprofilen in Neuseeland. In: Geoderma, 7 (1972), S. 33–46.

GÖHREN, H. & H. LAUCHT: Entwicklung eines Geräts zur Dauermessung suspendierter Feststoffe. In: Dt. Gewässerkdl. Mitt., 16 (1972), S. 79–85.

GOUDA, G. H.: Untersuchungen an Lössen der Nordschweiz. In: Geogr. Helvet., XVII (1962), S. 137–220.

GRAF, K.: Vergleichende Betrachtungen zur Solifluktion in verschiedenen Breitenlagen. In: Ztschr. f. Geom., N. F. Suppl. 16 (1973), S. 104–154.

GRAUL, H.: Der Verlauf des glazialeustatischen Meeresspiegelanstieges, berechnet an Hand von C^{14}-Datierungen. In: Verh. Dt. Geogr. Tag, Bd. 32 (1959), Wiesbaden 1960, S. 232–242.

GRAULICH, J. M.: Sédimentologie des poudingues gedinniens au pourtour du massiv de Stavelot. In: Ann. Soc. Géol. Belg. Bull., 74 (1951), S. 163–186.

GREGORY, K. J. & D. E. WALLING: Drainage Basin. Form and Process. A Geomorphological Approach. London 1973, 472 S.

GRIPP, K. & E. EBERS: Die Grenze von Inn- und Chiemseegletscher und die glazialmorphologische Kartenanalyse. In: Pet. Mitt., Erg.-H. 262. Gotha 1957, S. 227–239.

GRIMM, F. (u. a.): Empfehlung für den Inhalt und die Bearbeitung einer Geomorphologischen Grundkarte im Maßstab 1 : 10 000. In: Pet. Mitt., 108 (1964), S. 150–157.

GROSSE, B.: Die Bodenerosion in Deutschland und ihre Kartierung als Grundlage für eine systematische Bekämpfung. In: Ztschr. f. Raumforsch., 1950, S. 40–51.

GROSSE, B.: Die Bodenerosion in Westdeutschland. Ergebnisse einiger Kartierungen. In: Mitt. Inst. f. Raumforsch., H. 11, Bad Godesberg 1955, 35 S.

GROSSE, H.-D.: Anwendung der Luftbildmessung im Braunkohlenbergbau. In: Vermessungstechnik, 2 (1954), S. 236–238.

GUENTHER, E. W.: Sedimentpetrographische Untersuchungen von Lössen. Zur Gliederung des Eiszeitalters und zur Einordnung paläolithischer Kulturen. Teil I: Methodische Grundlagen mit Erläuterungen an Profilen. = Fundamenta. Monographien zur Urgeschichte, Hrsg. v. H. Schwabedissen. Rh. B., Bd. 1, Köln–Graz 1961, 91 S.

GUGGENMOOS, T.: Über Korngrößen- und Kornformenverteilung von Sanden verschiedener geologischer Entstehung. In: Neues Jb. f. Min., Geol., Paläont., Abh., 72. Beil.-Bd., Abt. B, 1934, S. 429–487.

GUY, M.: Bearbeitung von Photographien und Methoden der Auswertung. In: Geoforum, 3 (1970), S. 47–62.

GWINNER, M. P.: Geometr. Grundlagen d. Geologie. Stuttgart 1965, 154 S.

HAASE, G.: Die Auswertung der Ergebnisse der Bodenschätzung für geographische Heimatforschung. In: Geogr. Ber., H. 3 (1956), S. 205–228.

HAASE, G.: Hanggestaltung und ökologische Differenzierung nach dem Catena-Prinzip. In: Pet. Mitt., 105 (1961), S. 1–8 (a).

HAASE, G.: Landschaftsökologische Untersuchungen im Nordwest-Lausitzer Berg- und Hügelland. = Diss. Univ. Leipzig 1961, 439 S. [+ 22 S. Lit.] u. Tabellenband (b).

HAASE, G.: Zur Anlage von Standortaufnahmekarten bei landschaftsökologischen Untersuchungen. In: Geogr. Ber., H. 33 (1964), S. 257–272 (a).

HAASE, G.: Die Gliederung der Pedosphäre in regionalgeographischer Sicht. Beiträge zu Theorie und Methodik der regionalen Bodengeographie. = Habil.-Schr. TU Dresden 1969, 404 S. + unnum. Lit.-Verz.

HAASE, G.: Der Inhalt mittelmaßstäbiger Bodenkarten und seine Darstellungsmöglichkeiten. In: Pet. Mitt., 115 (1971), S. 225–235.

HAASE, G.: Zur Ausgliederung von Raumeinheiten der chorischen und der regionischen Dimension – dargestellt an Beispielen aus der Bodengeographie. In: Pet. Mitt., 117 (1973), S. 81–90.

HABETHA, E.: Ingenieurgeologie. In: Lehrb. d. Angew. Geol., Bd. II, 2. Teil, Stuttgart 1969, S. 1547–1758.

HADLEY, R. F.: On the use of holes filled with colored grains. In: Rev. géom. dyn., XVII (1967), S. 158–159.

HÄDRICH, F.: Zur Anwendbarkeit einiger bodenkundlicher Untersuchungsmethoden in der paläopedologischen und quartärgeologischen Forschung unter besonderer Berücksichtigung der Untersuchung von Proben aus Lößaufschlüssen. In: Ber. Natuf. Ges. Freiburg i. Br., 60 (1970), S. 103–137.

HAEBERLI, W.: Untersuchungen zur Verbreitung von Permafrost zwischen Flüelapass und Piz Grialetsch (Graubünden). = Mitt. d. Versuchsanstalt f. Wasserbau, Hydrologie und Glaziologie, Nr. 17, Zürich 1975, 221 S.

HAFEMANN, D.: Zur Frage der jungen Niveauveränderungen an den Küsten der Britischen Inseln. = Akad. Wiss. u. Lit. Mainz, Abh. d. Math.-nat. Kl. Jg. 1954, Nr. 7, Wiesbaden 1955, 62 S.

HAFEMANN, D.: Die Frage des eustatischen Meeresspiegelanstiegs in historischer Zeit. In: Verh. Dt. Geogr. Tag, Bd. 32 (1959), Wiesbaden 1960, S. 218–231.

HALLIK, R.: Problematik bei der Interpretation von Pollendiagrammen des Quartärs. In: Fundamenta, Rh. B., Bd. 2 (1967), Frühe Menschheit und Umwelt, Teil II, S. 28–29.

HANISCH, H.-H. (u. a.): Internationales Symposium Hydrometrie Koblenz 1970 – 3. Teilbericht. In: Dt. Gewässerkdl. Mitt., 15 (1971), S. 29 bis 36.

HANUS, H., A. SÜSS & G. SCHURMANN: Einfluß von Lagerungsdichte, Ton- und Schluff- sowie Humusgehalt auf die Wassergehaltsbestimmung mit Neutronensonden. In: Ztschr. Pflanzenern. u. Bodenkde., 132 (1972), S. 4–16.

HARD, G.: Exzessive Bodenerosion um und nach 1800. Zusammenfassender Bericht über ein südwestdeutsches Testgebiet. In: Erdkunde, Bd. XXIV (1970), S. 290–308.

HARD, G.: Die Geographie. Eine wissenschaftstheoretische Einführung. = Sammlung Göschen, Bd. 9001, Berlin–New York 1973, 318 S.

HARRISON, W.: Prediction of beach changes. In: Progr. in geogr., 2, London 1970, S. 207–235.

HARTGE, K. H.: Die Bestimmung von Porenvolumen und Porengrößenverteilung. In: Ztschr. f. Kulturtechn. u. Flurbereinigg., 6 (1965), S. 193–206.

HARTGE, K. H.: Die physikalische Untersuchung von Böden. Eine Labor- und Praktikumsanweisung. Stuttgart 1971, 168 S.

HASSENPFLUG, W.: Messungen zur Bodenumlagerung in der Knicklandschaft Schleswig-Holsteins. In: Schr. Naturw. Ver. Schlesw.-Holst., Bd. 39 (1969), S. 29–39.

HASSENPFLUG, W.: Studien zur rezenten Hangüberformung in der Knicklandschaft Schleswig-Holsteins. = FDL, Bd. 198, Bonn–Bad Godesberg 1971, 161 S.

HASSENPFLUG, W. & G. RICHTER: Formen und Wirkungen der Bodenspülung und -verwehung im Luftbild. = Landeskundliche Luftbildauswertung im mitteleuropäischen Raum, H. 10, Bonn–Bad Godesberg 1972, 85 S.

HAURI, H. (u. a.): Eduard Imhof – Werk und Wirken. Zürich 1970, 94 S.

HEINE, K.: Fluß- und Talgeschichte im Raum Marburg. Eine geomorphologische Studie. = Bonner Geogr. Abh., H. 42 (1970), 195 S. (a).

HEINE, K.: Einige Bemerkungen zu den Liefergebieten und Sedimentationsräumen der Lösse im Raum Marburg/Lahn auf Grund tonmineralogischer Untersuchungen. In: Erdkunde, Bd. XXIV (1970), S. 180–194 (b).

HEINE, K.: Fossile Bodenbildungen auf quartären Flußschottern an der Mittellahn und ihre Bedeutung für die Terrassenstratigraphie. In: Eiszeitalter u. Gegenwart, 22 (1971), S. 17–22 (a).

HEINE, K.: Das Elektronenmikroskop im Dienste geomorphologischer Forschung. In: Ztschr. f. Geom., N. F. 15 (1971), S. 339–347 (b).

HEINE, K.: Die Bedeutung pedologischer Untersuchungen bei der Trennung von Reliefgenerationen. In: Ztschr. f. Geom., Suppl. 14 (1972), S. 113–137.

HELBLING, E.: Morphologie des Sernftales. In: Geogr. Helvet., 7 (1952), S. 89–141.

HEMPEL, L.: Die Entstehung einiger anthropogen bedingter Oberflächenformen und ihre Ähnlichkeit mit natürlichen Formen. In: „Ergebnisse u. Probleme moderner geogr. Forschung. Hans Mortensen zu seinem 60. Geburtstag", = Veröff. Akad. f. Raumforschg. u. Landesplanung, Abhandlungen Bd. 28, Bremen-Horn 1954, S. 119–126.

HEMPEL, L.: Möglichkeiten und Grenzen der Auswertung amtlicher Karten für die Geomorphologie. In: Verh. Dt. Geogr. Tag, Würzburg 1957, Bd. 31, Wiesbaden 1958, S. 270–279.

HEMPEL, L.: Über die Aussagekraft von Regelungsmessungen in Mediterrangebieten geprüft an konvergenten Oberflächenformen. In: Ztschr. f. Geom., N. F. 16 (1972), S. 301–314.

HENNE, P. & B. KRAUTHAUSEN: Eine seismische Methode zur Ortung geologischer Feinstrukturen des Untergrundes. = Abh. z. Karst- u. Höhlenkunde, Rh. A-Speläologie, H. 1, München 1966, 16 S.

HENNINGSEN, D.: Paläogeographische Ausdeutung vorzeitlicher Ablagerungen. = B. I.-Hochschultaschenbücher, 839/839 a, Mannheim 1969, 184 S.

HERBERHOLD, R.: Über die Zusammensetzung und die Eigenschaften von Tonkolloiden in Abhängigkeit von den Entstehungs- und Umweltbedingungen. In: Notizbl. hess. L.-Amt Bodenforsch., 82 (1954), S. 269–302.

HERRMANN, A.: Neue Ergebnisse zur glazialmorphogenetischen Gliederung des Obereider-Gebietes. Ein Beitrag zur Eisrandlagengliederung in Schleswig-Holstein. In: Schr. Naturw. Verein Schlesw.-Holst., Bd. 41 (1971), S. 5–41.

HESEMANN, J.: Wie sammelt und verwertet man kristalline Geschiebe? In: Sitzungsber. Preuss. Geol. L.-Anst., H. 5 (1930), S. 188–196 (a).

HESEMANN, J.: Statistische Geschiebeuntersuchungen. In: Ztschr. f. Geschiebeforsch., 6 (1930), S. 158–162 (b).

HESEMANN, J.: Quantitative Geschiebebestimmungen im norddeutschen Diluvium. In: Jb. Preuss. Geol. L.-Anst., 51 (1931), S. 714–758.

HESEMANN, J.: Die bisherigen Geschiebezählungen aus dem norddeutschen Diluvium im Diagramm. In: Ztschr. f. Geschiebeforsch., 8 (1932), S. 164–175.

HEUBERGER, H.: Gletschergeschichtliche Untersuchungen in den Zentralalpen zwischen Sellrain und Ötztal. = Wiss. Alpenvereinshefte, H. 20 (1966), 126 S.

HEUBERGER, H.: Roland Beschel und die Lichenometrie. In: Ztschr. f. Gletscherkde. u. Glazialgeol., VII (1971), S. 175–184.

HEYER, E. (u. a.): Arbeitsmethoden in der physischen Geographie. Berlin 1968, 284 S., Beiheft: Berlin 1967, 63 S.

HINRICH, H.: Geschiebebetrieb und Geschiebefracht des Rheins im Abschnitt Freistett-Worms in den Jahren 1968–1971. In: Dt. Gewässerkd. Mitt., 16 (1972), S. 29–41.

HINRICH, H.: Der Geschiebetrieb beobachtet mit Unterwasserfernsehkamera und aufgezeichnet durch Unterwasserschallaufnahmegeräte. In: Die Wasserwirtschaft, 63 (1973), S. 111–114.

HOCHSTEIN, M.: Elektrische Widerstandsmessungen auf dem grönländischen Inlandeis. = Exp. glaciolog. int. au Groenland 1957–1960, Vol. 8, No. 3, Kopenhagen 1965, 39 S.

HOFMANN, W.: Geländeaufnahme – Geländedarstellung. = Das Geogr. Seminar, Prakt. Arbeitsweisen, Braunschweig 1971, 102 S.

HOFMANN, W. & H. LOUIS (Ed.): Landformen im Kartenbild. Topographisch-geomorphologische Kartenproben 1 : 25 000. Braunschweig 1969–1975.

HOINKES, H.: Methoden und Möglichkeiten von Massenhaushaltsstudien auf Gletschern. Ergebnisse der Meßreihe Hintereisferner (Ötztaler Alpen) 1953–1968. In: Ztschr. f. Gletscherkde. u. Glazialgeol., VI (1970), S. 37–90.

HOINKES, H. & H. LANG: Der Massenhaushalt von Hintereis- und Kesselwandferner (Ötztaler Alpen) 1957/58 und 1958/59. In: Archiv f. Met., Geophysik, Bioklim., Ser. B, Bd. 12 (1962), S. 284–320.

HORIKAWA, K. & H. W. SHEN: Sand movement by wind action – on the characteristics of sand. = B.E.B. Tech. Memo. 119, Washington 1960, 51 S.

HORMANN, K.: Morphometrie der Erdoberfläche. = Schr. Geogr. Inst. Univ. Kiel, Bd. 36 (1971), 189 S.

HUBRICH, H.: Die Bedeutung äolischer Decken für die ökologische Differenzierung von Standorten in Nordwest-Sachsen. In: Pet. Mitt., 108 (1964), S. 31–44 (a).

HUBRICH, H.: Die Physiotope der Muldenaue zwischen Püchau und Gruna. In: Wiss. Veröff. Dt. Inst. f. Länderkunde, N. F. 21/22 (1964), S. 177–218 (b).

HUCKE, K. & E. VOIGT: Einführung in die Geschiebeforschung (Sedimentärgeschiebe). Oldenzaal 1967, 132 S. + 50 Tafeln.

HUECK, K.: Eine biologische Methode zum Messen der erodierenden Tätigkeit des Windes und des Wassers. In: Ber. Dt. Bot. Ges., Bdä LXIV (1951), S. 53–56.

HURLEY, P. M.: K-Ar Dating of Sediments. In: Potassium Argon Dating, ed. by O. A. Schaeffer & J. Zähringer, = W. Gentner-Festschr., Berlin–Heidelberg–New York 1966, 234 S., S. 134–151.

HURNI, H.: Bodenerosion im Semien-Äthiopien. In: Geogr. Helvet., 30 (1975), S. 157–168.

HÜSER, K.: Geomorphologische Untersuchungen im westlichen Hintertaunus. = Tüb. Geogr. Studien, H. 50 (1972), 184 S.

HÜSER, K.: Die tertiärmorphologische Erforschung des Rheinischen Schiefergebirges. Ein kritischer Literaturbericht. = Karlsruher Geogr. Hefte, H. 5 (1973), 135 S.

HÜSER, K.: Gedanken zum Objekt und zur Methodik der heutigen Geomorphologie. In: Karlsruher Geogr. Hefte, 6 (1974), S. 9–27.

HÜTT, W.: Landschaftsphotographie. Ein Beitrag zu ihrer Geschichte und ihrer Theorie. Halle 1963, 151 S.

ILLIES, H.: Die Schrägschichtung in fluviatilen und litoralen Sedimenten, ihre Ursachen, Messung und Auswertung. In: Mitt. Geol. Staatsinst. Hamburg, Bd. 19 (1949), S. 89–109.

ILLIES, H.: Die paläogeographische Auswertung der Schrägschichtung. In: Geol. Rdsch., Bd. 39 (1951), S. 234–237.

ILLIES, H.: Die morphogenetische Analyse fluviatiler und fluvoglazialer Aufschüttungslandschaften. In: Neues Jb. Geol. Paläontd., Mh., 1952, S. 385–401.

ILLNER, K.: Zur Frage der Bodenabspülung. In: Dt. Gartenbau, 4 (1955), S. 97–98.

IMHOF, E.: Kartographische Geländedarstellung. Berlin 1965, 425 S.

IMHOF, E.: Gelände und Karte. Erlenbach–Zürich und Stuttgart ³1968, 259 S.

IMHOF, E.: Die Großen Kalten Berge von Szetschuan. Ergebnisse, Forschungen und Kartierungen im Minya-Konka-Gebirge. Zürich 1974, 227 S.

INGLE JR., J. C.: The movement of beach sand. An analysis using fluorescent grains. = Developments in sedimentology, 5, Amsterdam/London/New York 1966, 221 S.

JAHN, A. & M. CIELIŃSKA: The Rate of Soil Movement in the Sudety Mountains. In: Abh. Akad. Wiss. Göttingen, Math.-phys. Kl., 3. F., Nr. 29, Göttingen 1974, S. 86–101.

JANKE, R. R.: Morphographische Darstellungsversuche in verschiedenen Maßstäben. In: Kartogr. Nachr., 19 (1969), S. 145–151.

JASMUND, K.: Die silicatischen Tonminerale. = Monographien zur „Angew. Chemie" und „Chemie-Ingenieur-Technik", Nr. 60, Weinheim 1951, 142 S.

JOCHIMSEN, M.: Ist die Größe des Flechtenthallus wirklich ein brauchbarer Maßstab zur Datierung von glazialmorphologischen Relikten? In: Geogr. Annaler, 48 A (1966), S. 157–164.

JOHNSON, J. P.: Some Problems in the Study of Rock Glaciers. In: Research in polar and alpine geom., 3rd Guelph symp. on geom., 1973, S. 84–94.

JOHNSSON, G.: Glacialmorfologiska studier i södra Sverige. Med särskild hänsyn till glaciala riktningselement och periglaciala frostfenomen. = Medd. från Lunds universitets geografiska institution, avh. 31, Lund 1956, 407 S.

JORDAN, E.: Landschaftshaushaltsuntersuchungen im Bereich der nördlichen Lößgrenze im Raume Gleidingen/Oesselse bei Hannover. = Diss. TU Hannover 1974, 231 S. (= Jahrb. Geogr. Ges. Hannover, Sonderheft 9, Hannover 1976, 231 S. + Kartenband).

JOPLING, A. V.: Some techniques used in the hydraulic interpretation of fluvial and fluvio-glacial deposits. In: Research methods in geom., 1st Guelph symp. on geomorph., 1969, S. 93–116.

JUNG, L.: Die Bodenerosion in den mittelhessischen Landschaften. In: Mitt. Dt. Bodenkdl. Ges., Bd. 17 (1973), S. 63–72.

JUNG, L. & W. ROHMER: Vergleichende Untersuchungen über die Eignung von Natriumpyrophosphat und Calgon zur Dispergierung von $CaCO_3$-haltigen sowie tonreichen Böden. In: Ztschr. f. Kulturtech. u. Flurbereinigg., 7 (1966), S. 268–273.

KAISER, K. H.: Geologische Untersuchungen über die Hauptterrasse in der Niederrh. Bucht. = Sonderveröff. Geol. Inst. Köln, H. 1 (1956), 68 S.

KAISER, K.: Gliederung und Formenschatz des Pliozäns und Quartärs am Mittel- und Niederrhein sowie in den angrenzenden Niederlanden unter besonderer Berücksichtigung der Rheinterrassen. In: Köln und die Rheinlande, Festschr. z. 33. Dt. Geogr. Tag, Wiesbaden 1961, S. 236–278.

KÄSS, W.: Erfahrungen bei Färbversuchen mit Uranin. In: Steir. Beitr. Hydrogeol., N. F., 1965, S. 21–65.

KÄSS, W.: Karsthydrologische Untersuchungen im Bereich der Donauversickerungen zwischen Immendingen und Fridingen. In: Mitt. Verband Dt. Karst- u. Höhlenforscher, 16 (1970), S. 11–12.

KÄSS, W. (Red.): 2. Internationale Fachtagung zur Untersuchung unterirdischer Wasserwege mittels künstlicher und natürlicher Markierungsmittel,

Freiburg i. Br. 1970: Vorträge, Diskussionen und Beiträge. = Geol. Jahrb., Rh. C (Hydrologie, Ingenieurgeologie), H. 2, Hannover 1972, 382 S.

KÄUBLER, R.: Zur regionalen Rumpftreppendarstellung vom Lausitzer Gebirge bis zum Thüringer Wald und Harz. Ein kritischer Beitrag. In: Hercynia, N. F. 3 (1966), S. 1–13.

KELLER, R., G. LUFT & G. MORGENSCHWEIS: Das hydrologische Versuchsgebiet Ostkaiserstuhl. Studien zum Wasserhaushalt 1970–1972. In: Freiburger geogr. Mitt., 1973/1, S. 171–180.

KELLETAT, D.: Die Veränderung der Gletscher als Problem der Hochgebirgskartographie. In: Kartogr. Nachr., 22 (1972), S. 11–18.

KELLETAT, D.: Küstenmorphologische Untersuchungen auf dem Peloponnes. Bericht über bisherige Feldarbeiten, vorläufige Ergebnisse und verbleibende Probleme. In: Die Erde, 104 (1973), S. 49–65.

KHONDARY EISSA, O.: Feinstratigraphische und pedologische Untersuchungen an Lößaufschlüssen im Kaiserstuhl (Südbaden). = Freiburger Bodenkdl. Abh., 2 (1968), 149 S.

KING, C. A. M.: Techniques in geomorphology. London 1966, 342 S.

KING, C. A. M.: Beaches and Coasts. London ^{2}1972, 570 S.

KING, L.: Studien zur postglazialen Gletscher- und Vegetationsgeschichte des Sustenpaßgebietes. = Basler Beitr. z. Geogr., H. 18 (1974), 125 S. (a).

KING, L.: Programm „GRANUL". Basel 1974, 17 S. (Als Mskr. vervielfältigt) (b).

KING, L. & R. LEHMANN: Beobachtungen zur Ökologie und Morphologie von Rhizocarpon geographicum (L.) DC. und Rhizocarpon alpicola (Hepp.) Rabenh. im Gletschervorfeld des Steingletschers. In: Ber. Schweiz. Bot. Ges., 83 (2) (1973), S. 139–147.

KING, N. J. & R. F. HADLEY: Measuring hillslope erosion. In: Rev. géom. dyn., XVII (1967), S. 165–166.

KINZL, H.: Gletschermessungen mit der Kamera am Unteraargletscher (Schweiz). In: Ztschr. f. Gletscherkde. u. Glazialgeol., VII (1971), S. 219.

KLIEWE, H.: Relief, Reliefenergie und Glaziärgenese des Spätglazials im Kartenbild. In: Geogr. Berichte, H. 16 (1960), S. 139–151.

KLINK, H.-J.: Naturräumliche Gliederung des Ith-Hils-Berglandes. Art und Anordnung der Physiotope und Ökotope. = FDL, Bd. 159, Bad Godesberg 1966, 257 S.

KOEPF, H.: Die Kennzeichnung des Bodengefüges im Felde. In: Ztschr. f. Kulturtechn. u. Flurbereinigg., 4 (1963), S. 93–101.

KOHL, F. (Red.): Die Bodenkarte 1 : 25 000. Anleitung und Richtlinien zu ihrer Herstellung bearbeitet von der Arbeitsgemeinschaft Bodenkunde. = Arb.-Gemeinsch. Bodenkunde, Hannover [2]1971, 169 S.

KOITZSCH, R. (u. a.): Vermessungskunde für Kartographen sowie alle ingenieurtechnischen Mitarbeiter des Karten- und Vermessungswesens. I. = Pet. Mitt., Erg.-H. 263, Gotha 1957, 271 S.

KOLP, O.: Farbsandversuche mit luminiszenten Sanden in Buhnenfeldern. Ein Beitrag zur Hydrographie der ufernahen Meereszone. In: Pet. Mitt., 114 (1970), S. 81–102.

KONZEWITSCH, N.: La forma de los clastos. = Servocio de Hidrografia Neval, Buenos Aires 1961, zit. in: E. KÖSTER & H. LESER, 1967.

KOPP, D.: Richtlinien zur Standortsbeschreibung. Potsdam 1965, 86 S.

KOSACK, H.-P.: Luftkrokieren. Ein Beitrag zur Frage geographischer Kartierungsmethoden, dargestellt am Beispiel Nordgriechenlands. In: Stuttg. Geogr. Studien, Bd. 69, = Hermann-Lautensach-Festschrift, Stuttgart 1957, S. 83–90 (a).

KOSACK, H.-P.: Kartographische Ergebnisse von Luftkrokierungen in Nordgriechenland. Die morphologische Karte. In: Kartogr. Studien (Haack-Festschr.), Gotha 1957, S. 287–301, = Pet. Mitt. Erg. H. 264 (b).

KÖSTER, E.: Mechanische Gesteins- und Bodenanalyse. Leitfaden der Granulometrie und Morphometrie. München 1960, 171 S.

KÖSTER, E.: Möglichkeiten und Grenzen granulometrischer und morphometrischer Untersuchungsmethoden in der geographischen und geologischen Forschung. In: Pet. Mitt., 106 (1962), S. 111–115.

KÖSTER, E.: Granulometrische und morphometrische Meßmethoden an Mineralkörnern, Steinen und sonstigen Stoffen. Stuttgart 1964, 336 S.

KÖSTER, E. & H. LESER: Geomorphologie I: Labormethoden. = Das Geogr. Seminar. Praktische Arbeitsweisen. Braunschweig 1967, 131 S.

KREBS, N.: Eine Karte der Reliefenergie Süddeutschlands. In: Pet. Mitt., 68 (1922), S. 49–53.

KREBS, N.: Maß und Zahl in der Physischen Geographie. In: Pet. Mitt., Erg. H. 209, 1930, S. 9–16 (= Hermann-Wagner-Gedächtnisschrift).

KRCHO, J.: Morphometric analysis of relief on the basis of geometric aspect of field theory. In: Acta geogr. Univ. Comenianae, Geogr.-phys. Nr. 1, Bratislava 1973, S. 7–233.

KRONBERG, P.: Photogeologie. Eine Einführung in die geologische Luftbildauswertung. = Clausthaler Tekton. Hefte, 6 (1967), 235 S.

KROPATSCHEK, E.: Die Geodäsie im Dienste der Gletscherforschung. In: Arb. Geogr. Inst. Univ. Salzburg, Bd. 3 (1973), Festschr. H. Tollner, S. 275–290.

KRUMMSDORF, A. & W.-D. BEER: Möglichkeiten der morphologisch-pflanzensoziologischen Erosionsansprache. In: Wiss. Ztschr. KMU Leipzig, Math.-nat. Rh., 11 (1962), S. 315–324.

KRUMBEIN, W. C.: Measurement and geological significance of shape and roundness of sedimentary particles. In: Journ. Sed. Petrol., 11 (1941), S. 64–72.

KRYGOWSKA, L. & B. KRYGOWSKI: The dynamics of sedimentary environments in the light of histogram types of grain abrasion. In: Geogr. Polonica, 14 (1968), S. 87–92.

KUBIAK, TH. & A. CALLIEUX: Nature pétrographique des galets de la côte du Pays de Retz et de Vendée. In: Bull. de la soc. geol. et min. de Bretagne 1960, Nouvelle Série, Fasc. 2, 1962, S. 1–60.

KUBIËNA, W.: Entwicklungslehre des Bodens. Wien 1948, 215 S.

KUBIËNA, W.: Bestimmungsbuch und Systematik der Böden Europas. Illustriertes Hilfsbuch zur leichten Diagnose und Einordnung der wichtigsten europäischen Bodenbildungen unter Berücksichtigung ihrer gebräuchlichsten Synonyme. Stuttgart 1953, 392 S.

KUBIËNA, W.: Prinzipien und Methodik der paläopedologischen Forschung im Dienste der Stratigraphie. In: Ztschr. Dt. Geol. Ges., 111 (1959), S. 643–652.

KUBIËNA, W. L. (Ed.): Die mikromorphometrische Bodenanalyse. Stuttgart 1967, 196 S.

KUBIËNA, W. L., W. BECKMANN & E. GEYGER: Zur Methodik der photogrammetrischen Strukturanalyse des Bodens. In: Ztschr. Pflanzenern., Dgg., Bodenkde., 92 (1961), S. 116–126.

KUENEN, P. H.: Experimental abrasion of pebbles; rolling by current. In: Am. Journ. Geol., 64 (1956), S. 336–368.

KUGLER, H.: Zur Erfassung und Klassifikation geomorphologischer Erscheinungen bei der ingenieurgeologischen Spezialkartierung. In: Ztschr. f. angew. Geol., H. 11, Berlin 1963, S. 591–598.

KUGLER, H.: Die geomorphologische Reliefanalyse als Grundlage großmaßstäbiger geomorphologischer Kartierung. In: Wiss. Veröff. Dt. Inst. f. Länderkunde, N. F. 21/22, Leipzig 1964, S. 541–655.

KUGLER, H.: Aufgabe, Grundsätze und methodische Wege für großmaßstabiges geomorphologisches Kartieren. In: Pet. Mitt., 109 (1965), S. 241–257.

KUGLER, H.: Einheitliche Gestaltungsprinzipien und Generalisierungswege bei der Schaffung geomorphologischer Karten verschiedener Maßstäbe. In: Neef-Festschr./Landschaftsforschung, = Pet. Mitt. Erg.-H. 271 (1968), S. 259–279.

KUGLER, H.: Geomorphologische Karten als Beispiel thematisch-kartographischer Modellierung territorialer Phänomene. In: Wiss. Ztschr. Univ. Halle, XXIII (1974), S. 65–71 (a).

KUGLER, H.: Das Georelief und seine kartographische Modellierung. = Dissertation B, Martin Luther-Universität Halle-Wittenberg 1974, 517 S. (Masch.-Schr. in 3 Bdn. u. 1 Ktn.-Bd.) (b).

KUHLMANN, H.: Quantitative measurements of aeolian sand transport. In: Geografisk Tidsskrift, Bd. 57 (1958), S. 51–74.

KUHLMANN, H.: On Identification of Blown Sand. An example from the salt-marsh area at Tonder. In: Geografisk Tidsskrift, Bd. 58 (1959), S. 182–195.

KUKAL, Z.: Geology of Recent Sediments. London–New York 1971, 490 S.

KULS, W.: Neue Wege der Geomorphologie. In: Geogr. Rdsch., 11 (1959), S. 457–465.

KURON, H. & L. JUNG: Untersuchungen über Bodenerosion und Bodenerhaltung im Mittelgebirge als Grundlage für Planungen bei Flurbereinigungsverfahren. In: Ztschr. f. Kulturtechnik, 2 (1961), S. 129–145.

KURON, H., L. JUNG & H. SCHREIBER: Messungen von oberflächlichem Abfluß und Bodenabtrag auf verschiedenen Böden Deutschlands. (Arbeit des Ausschusses für Bodenerosion im Kuratorium für Kulturbauwesen 1951–1955). Gießen 1955. = Schriftenreihe d. Kuratoriums f. Kulturbauwesen, H. 5, Hamburg 1956, 88 S.

KÜSTER, F. W., A. THIEL & K. FISCHBECK: Logarithmische Rechentafeln für Chemiker, Pharmazeuten, Mediziner und Physiker. Berlin–New York [101]1972, 313 S.

LAATSCH, W.: Dynamik der mitteleuropäischen Mineralböden. Dresden u. Leipzig [4]1957, 280 S.

LANDSBERG, S. Y.: The orientation of dunes in Britain and Denmark in relation to the wind. In: Geogr. Journ., 122 (1956), S. 176–189.

LARSEN, V.: Runoff studies from the Mitluagkat Gletcher in SE-Greenland during the late summer 1958. In: Geografisk Tidsskrift, Bd. 58 (1959), S. 54–65.

LAUCKNER, M.: Landschaftsökologische Untersuchungen im nordwestsächsischen Raum. In: Wiss. Veröff. Dt. Inst. f. Länderkunde, N. F. 21/22 (1964), S. 133–176.

LAUTERBACH, R.: Mikromagnetik – ein Hilfsmittel geologischer Erkundung. In: Wiss. Ztschr. KMU Leipzig, 3 (1953/54), S. 223–238 (a).

LAUTERBACH, R.: Quartärgeologie und Mikromagnetik. In: Wiss. Ztschr. KMU Leipzig, 3 (1953/54), S. 281–289 (b).

LAUTERBACH, R.: Geophysikalisch-geologisches Kartieren. In: Wiss. Ztschr. KMU Leipzig, Math.-nat. Rh., 5 (1955/56), S. 515–521.

LAUTERBACH, R. (Hrsg.): Geophysik und Geologie. Beiträge zur Synthese zweier Wissenschaften. Folge 1. Leipzig (1959), 118 S.

LEHMANN, H.: Aufgaben und Methoden morphographischer Karten. In: Jb. d. Kartographie I (1941), S. 109–133.

LEIBLE, O.: Korngrößen- und Mineralverteilung im Rheintalschotter zwischen Basel und Mannheim. In: Dt. Gewässerkdl. Mitt., 17 (1973), S. 83–85.

LEOPOLD, L. B., M. G. WOLMAN & J. P. MILLER: Fluvial Processes in Geomorphology. San Francisco–London 1964, 522 S.

LESER, H.: Pedologisch-sedimentologische Untersuchungen als geomorphologische Methode. In: Forschungen u. Fortschritte, 40 (1966), S. 296–300 (a).

LESER, H.: Geomorphologische Übersichtskarte des Rheinhessischen Hügellandes. – Geomorphologische Einheiten und Gliederung einer oberrheinischen Landschaft. In: BDL, Bd. 36 (1966), S. 65–88 (b).

LESER, H.: Geomorphologische Spezialkarte des Rheinhessischen Tafel- und Hügellandes (Südteil). Mit einem Abriß der Geschichte der geomorphologischen Spezialkarte. In: Erdkunde, XXI (1967), S. 161–168 (a).

LESER, H.: Beobachtungen und Studien zur quartären Landschaftsentwicklung des Pfrimmgebietes (Südrheinhessen). = Arb. z. rhein. Landeskde., H. 24, Bonn 1967, 422 S. (b).

LESER, H.: Geomorphologie II: Geomorphologische Feldmethoden. = Das Geogr. Seminar. Praktische Arbeitsweisen, Braunschweig 1968, 106 S. (a).

LESER, H.: Geomorphologische Karten im Gebiet der Bundesrepublik Deutschland nach 1945. In: Ber. z. dt. Landeskunde, Bd. 39 (1968), S. 101–121 (b).

LESER, H.: Die fossilen Böden im Lößprofil Wallertheim (Rheinhessischen Tafel- und Hügelland). In: Eiszeitalter u. Gegenwart, 21 (1970), S. 108–121.

LESER, H.: Inhalt und Form als Problem groß- und kleinmaßstäbiger geomorphologischer Karten. In: Kartogr. Nachr., 22 (1972), S. 156–165.

LESER, H.: Zum Konzept einer Angewandten Physischen Geographie. In: Geogr. Ztschr., 61 (1973), S. 36–46.

LESER, H.: Geomorphologische Karten im Gebiet der Bundesrepublik Deutschland nach 1945 (II. Teil). Zugleich ein Bericht über die Aktivitäten des Arbeitskreises „Geomorphologische Karte der BRD". In: Catena, 1 (1974), S. 297–326 (a).

LESER, H.: Angewandte Physische Geographie und Landschaftsökologie als Regionale Geographie. In: Geogr. Ztschr., 62 (1974), S. 161–178 (b).

LESER, H.: Thematische und angewandte Karten in Landschaftsökologie und Umweltschutz. In: Verh. d. Dt. Geographentages, Bd. 39, Wiesbaden 1974, S. 466–480 (c).

LESER, H.: Informationstheorie und Geomorphologische Kartographie. Zur informationslogischen Begründung von morphographischen Aufnahme- und Darstellungsmethoden. In: Kartogr. Nachr., 25 (1975), S. 54–62 (a).

LESER, H.: Bemerkungen zur geomorphologischen Kartierung 1:25000 in der Bundesrepublik Deutschland am Beispiel des Blattes 7520 Mössingen (Kreis Tübingen; Baden-Württemberg). In Erdkunde, 29 (1975), S. 166–173 (b).

LESER, H.: Landschaftsökologie. = UTB 521, Stuttgart 1976, 432 S. (a).

LESER, H.: Das GMK-Projekt. Bericht über die Arbeiten an geomorphologischen Karten der BRD. In: Kartogr. Nachr., 26 (1976), S. 169–177 (b).

LESER, H. (Ed.): Methodisch-geomorphologische Probleme der ariden und semiariden Zone Südwestafrikas. = Veröffentlichungen des 1. Basler Geomethodischen Colloquiums. = Mitt. der Basler Afrika Bibliographien, Vol. 15, Basel 1976, 156 S. (c).

LESER, H. & G. STÄBLEIN: Geomorphologische Kartierung. Richtlinien zur Herstellung geomorphologischer Karten 1:25000. = Berliner Geogr. Arb., Sonderheft, Berlin 1975, 39 S.

LIBBY, W. F.: Altersbestimmung mit der C^{14}-Methode. = BI-Hochschultaschenbücher, 403/403 a, Mannheim–Zürich 1969, 205 S.

LIEBEROTH, I.: Die Bodenformen der landwirtschaftlich genutzten Standorte in der Deutschen Demokratischen Republik. In: Sitzungsberichte Dt. Akad. Landwirtschaftswissenschaften zu Berlin, Bd. XV, H. 18 (1966), S. 56–78.

LIEBEROTH, I.: Bodenkunde – Bodenfruchtbarkeit. Berlin [2]1969, 336 S.

LIEBEROTH, I. (u. a.): Hauptbodenformenliste mit Bestimmungsschlüssel für die landwirtschaftlich genutzten Standorte der DDR. Eberswalde 1971, 71 S.

LIST, F. K., D. HELMCKE & N. W. ROLAND: Vergleich der geologischen Information aus Satelliten- und Luftbildern sowie Geländeuntersuchungen im Tibesti-Gebirge (Tschad). In: Bildmess. u. Luftbildwesen, 42 (1974), S. 117–122.

LOUIS, H.: Die Maßstabsklassen der Geländekarte und ihr Aussagewert. In: Geogr. Taschenbuch 1958/59, Wiesbaden 1958, S. 527–534.

LOUIS, H.: Allgemeine Geomorphologie. = Lehrb. d. Allg. Geogr., Bd. I, Berlin [3]1968, 522 S.

LOUIS, H., W. HOFMANN & G. NEUGEBAUER: Einführung in das Kartenprobenwerk. – Geomorphologische Übersichtskarte des westlichen Mitteleuropa 1:1000000 mit Erläuterungen. = Landformen im Kartenbild. Topographisch-Geomorphologische Kartenproben 1:25000, Braunschweig 1974, 22 S.

LÜDERS, R. (u. a.): Möglichkeiten und Grenzen der Radiocarbon-Altersbestimmung von Böden. II. Probleme der bodengenetischen Auswertung. In: Mitt. Dt. Bodenkdl. Ges., Bd. 10 (1970), S. 242–245.

LUDWIG, A. & S. HEERDT: Die Geschiebeforschung als Hilfsmittel für die

Pleistozänstratigraphie und die Bedeutung der Geschiebe für die Erforschung der Geologie des Ostseeuntergrundes (Tagungsber.). In: Ber. dt. geol. Wiss., A, 14 (1969), S. 215–218.

LÜTTIG, G.: Eine neue, einfache geröllmorphometrische Methode. In: Eiszeitalter u. Gegenwart, 7 (1956), S. 13–20.

LÜTTIG, G.: Methodische Fragen der Geschiebeforschung. In: Geol. Jahrb., 75 (1958), S. 361–418.

LÜTTIG, G.: Die Aufgaben des Geschiebeforschers und Geschiebesammlers. In: Lauenburgische Heimat, N. F. 45 (1964), S. 6–26.

LÜTTIG, G.: Ist die Reliefenergie ein Maß für das Alter der Endmoränen? In: Eiszeitalter u. Gegenwart, 19 (1968), S. 197–202 (a).

LÜTTIG, G.: Probleme und Möglichkeiten der geologischen Kartierung und der Darstellung von Löß und ähnlichen Sedimenten in Niedersachsen. In: Beih. Ber. d. Naturhist. Ges. Hannover, H. 5 (1968), S. 285–298 (b).

MACHANN, R. & A. SEMMEL: Historische Bodenerosion auf Wüstungsfluren deutscher Mittelgebirge. In: Geogr. Ztschr., 58 (1970), S. 250–266.

MANTAN, A. A. (Ed.): Proceedings of the Second International Conference on Palynology, Utrecht 1966. Vol. IV: Quaternary palynology and actuopalynology. = Review of Palaeobotany and Palynology, Special Volume 4, 1968, 336 S.

MARSAL, D.: Statistische Methoden für Erdwissenschaftler. Stuttgart 1967, 152 S.

MARTENS, R.: Quantitative Untersuchungen zur Gestalt, zum Gefüge und Haushalt der Naturlandschaft (Imoleser Subapennin). Unterlagen und Beiträge zur allgemeinen Theorie der Landschaft I. = Hamb. Geogr. Studien, H. 21 (1968), 251 S.

MATHEWS, H. L. (u. a.): Anwendung multispektraler Remote-Sensing-Techniken in der Bodenoberflächenkartierung von Südost-Pennsylvania. In: Proc. Soil Sci. Soc. America, 37 (1973), S. 88–93.

MAULL, O.: Handbuch der Geomorphologie. Wien [2]1958, 600 S.

MAYER, L.: Ausrüstung und Geländeerfahrung bei der alpinen Gletscherforschung. In: Geogr. Taschenb. 1964/65, Wiesbaden 1964, S. 332–339.

MAYR, F.: Überlegungen zum Begriff Relief. In: Ztschr. f. Geom., N. F. 17 (1973), S. 385–404.

McGILL, W. B. (u. a.): Installation von Klein-Computern zur sofortigen Auswertung von Analysendaten laborüblicher Meßeinrichtungen. In: Canad. J. Soil Sci., 52 (1972), S. 285–287.

McKEE, E. D.: Dune Structures. = Sedimentology, 7 (1966), Nr. 1, 70 S.

MEIER, M. F.: Some Glaciological Interpretations of Remapping Programs on South Cascade, Nisqually, and Klawatti Glaciers, Washington. In: Can. Jorn. of Earth Sc., 3 (1966), S. 811–818.

MEIER, P.: Numerische Methoden der Relieferfassung. In: Georg. Helvet., 24 (1969), S. 146–151.

MEREK, E. L. & G. C. CARLE: Die Bestimmung der Bodenfeuchte durch Extraktion und Gaschromatographie. In: Soil Sci., 117 (1974), S. 120–123.

MESSERLI, B.: Tibesti – Zentrale Sahara. Möglichkeiten und Grenzen einer Satellitenbildinterpretation. In: Jahresber. Georgr. Ges. Bern, Bd. II (1967/69), S. 139–152.

MESSERLI, B. & M. ZURBUCHEN: Blockgletscher im Weißmies und Aletsch und ihre photogr. Kartierung. In: Die Alpen, 3 (1968), S. 1–13.

METZ, B. & H. NOLZEN: Zur Methodik glazialmorphologischer Feldarbeit – eine Arbeitsexkursion in das hintere Stubai/Tirol. In: Mitt. geogr. Fachsch. Freiburg, N. F. 1971 (1), S. 61–83.

METZGER, K.: Physikalisch-chemische Untersuchungen an fossilen und relikten Böden im Nordgebiet des alten Rheingletschers. = Heidelberger Geogr. Arb., H. 19 (1968), 99 S.

MEYERINK, A. M. J.: ITC-Textbook of photointerpretation. Vol. VII: Use of aerial photographs in geomorphology. 3. Photointerpretation in hydrology, a geomorphological approach. Delft 1970, 142 S.

MEYNEN, E. & J. SCHMITHÜSEN (Ed.): Handbuch der naturräumlichen Gliederung Deutschlands. Bad Godesberg 1953–1962, 2 Bd., 1339 S.

MILLER, E.: Programm zur Berechnung des Geschiebetransportvermögens nach der Formel von Meyer-Peter-Müller. In: Dt. Gewässerkdl. Mitt., 16 (1972), S. 42–46.

MILLER, V. C.: Aerial photographs and land forms (photogeomorphology). In: Aerial surveys and integrated studies, = Natural resources research, VI, Paris 1968, S. 41–69.

MILTHERS, K.: Stenene og det danske landskab. København 1962, 46 S.

MILTHERS, V.: Die Verteilung skandinavischer Leitgeschiebe im Quartär von Westdeutschland. = Abh. Preuß. Geol. Landesanst., N. F. 156 (1934), 74 S.

MIOTKE, F.-D.: Karstmorphologische Studien in der glazialüberformten Höhenstufe der „Picos de Europa", Nordspanien. = Jahrb. Geogr. Ges. Hannover, Sonderheft 4 (1968), 161 S.

MIOTKE, F.-D.: Die Messung des CO_2-Gehaltes der Bodenluft mit dem Dräger-Gerät und die beschleunigte Kalklösung durch höhere Fließgeschwindigkeiten. In: Ztschr. f. Geom., N. F. 16 (1972), S. 93–102.

MIOTKE, F.-D.: Der CO_2-Gehalt der Bodenluft in seiner Bedeutung für die aktuelle Kalklösung in verschiedenen Klimaten. In: Abh. Akad. Wiss. Göttingen, Math.-phys. Kl., 3. F., Nr. 29, Göttingen 1974, S. 51–67.

MORTENSEN, H.: Neues über den Bergsturz südlich der Mackenröder Spitze und über die holozäne Hangformung an Schichtstufen im mitteleuropäischen Klimabereich. In: Ztschr. f. Geom., N. F. Suppl. 1 (1960), S. 114–124.

MORTENSEN, H.: Abtragung und Formung. In: Neue Beitr. z. Int. Hangforsch., = Nachr. Akad. Wiss. Gött., II. Math.-phys. Kl., Göttingen 1963, S. 17–27.

MORTENSEN, H.: Eine einfache Methode der Messung der Hangabtragung unter Wald und einige bisher damit gewonnene Ergebnisse. In: Ztschr. f. Geom., N. F. 8 (1964), S. 213–222.

MORTENSEN, H. & J. HÖVERMANN: Der Bergrutsch an der Mackenröder Spitze bei Göttingen. Ein Beitrag zur Frage der klimatisch bedingten Hangentwicklung. In: Premier rapport de la comm. pour l'étude des versants. Préparé pour le Congr. Int. de Géogr., Rio de Janeiro 1956, Amsterdam 1956, S. 149–155.

MORTENSEN, H. & J. HÖVERMANN: Filmaufnahmen der Schotterbewegungen im Wildbach. In: Pet. Mitt. Erg.-H. 262, Gotha 1957, S. 43–52.

MÜCKENHAUSEN, E.: Die stratigraphische Gliederung des Löß-Komplexes von Kärlich im Neuwieder Becken. In: Fortschr. Geol. Rheinld. u. Westf., Bd. 4 (1959), S. 283–300.

MÜCKENHAUSEN, E.: Bodenkundliche Untersuchungsmethoden. In: Lehrb. d. Angew. Geol., Bd. I, Stuttgart 1961, S. 957–1057.

MÜCKENHAUSEN, E.: Entstehung, Eigenschaften und Systematik der Böden der Bundesrepublik Deutschland. Frankfurt a. M. 1962, 142 S. mit 60 Profiltafeln im Anhang.

MÜCKENHAUSEN, E.: Form, Entstehung und Funktion des Bodengefüges. In: Ztschr. Kulturtechn. Flurbereinig., 4 (1963), S. 102–114.

MÜCKENHAUSEN, E.: Bodenkunde und ihre geologischen, geomorphologischen, mineralogischen und petrologischen Grundlagen. Frankfurt (Main) 1975, 632 S.

MÜCKENHAUSEN, E. & H. ZAKOSEK: Das Bodenwasser. In: Notizbl. hess. L.-Amt Bodenforsch., 89 (1961), S. 400–414.

MÜHLFELD, R.: Anleitung für die geologische Auswertung von Luftbildern und die Planung photogeologischer Arbeiten. Hannover 1964, 64 S.

MÜHLFELD, R.: Die geologische Auswertung von Luftbildern und die Planung photogeologischer Arbeiten. In: Lehrb. d. Angew. Geol., Bd. II, 2. Teil, Stuttgart 1969, S. 1985–2019.

MÜLLER, F., I. CAFLISCH & G. MÜLLER: Das Schweizer Gletscherinventar als ein Beitrag zum Problem der Gletscher-Klima-Beziehung. In: Geogr. Helvet., 28 (1973), S. 103–110.

MÜLLER, G.: Methoden der Sedimentuntersuchungen. = Sediment-Petrologie, Teil I, Stuttgart 1964, 303 S.

MÜLLER, K.-H.: Zur Morphologie des zentralen Hintertaunus und des

Limburger Beckens. Ein Beitrag zur tertiären Formengenese. = Marburger Geogr. Schr., H. 58 (1973), 112 S.

MUNDSCHENK, H.: Methodische Beiträge zur quantitativen Erfassung von Sedimentbewegungen, Teil I. In: Dt. Gewässerkdl. Mitt., 15 (1971), S. 149–154.

MUNDSCHENK, H.: Methodische Beiträge zur quantitativen Erfassung von Sedimentbewegungen, Teil II. In: Dt. Gewässerkdl. Mitt., 16 (1972), S. 164–170.

MUNSELL COLOR COMPANY INC.: Soil Color Charts. Baltimore (Maryland) 1954.

NEEF, E.: Der Bodenwasserhaushalt als ökologischer Faktor. In: BDL, Bd. 25 (1960), S. 272–282.

NEEF, E.: Die Stellung der Landschaftsökologie in der physischen Geographie. In: Geogr. Ber., H. 25 (1962), S. 349–356.

NEEF, E.: Topologische und chorologische Arbeitsweisen in der Landschaftsforschung. In: Pet. Mitt., 107 (1963), S. 249–259 (a).

NEEF, E.: Dimensionen geographischer Betrachtung. In: Forsch. u. Fortschr., 37 (1963), S. 361–363 (b).

NEEF, E.: Zur großmaßstäbigen landschaftsökologischen Forschung. In: Pet. Mitt., 108 (1964), S. 1–7.

NEEF, E.: Der Physiotop als Zentralbegriff der Komplexen Physischen Geographie. In: Pet. Mitt., 112 (1968), S. 15–23.

NEEF, E.: Zu einigen Fragen der vergleichenden Landschaftsökologie. In: Geogr. Ztschr., 59 (1970), S. 161–175 (b).

NEEF, E., G. SCHMIDT & M. LAUCKNER: Landschaftsökologische Untersuchungen an verschiedenen Physiotopen in Nordwestsachsen. = Abh. d. Sächs. Akad. d. Wiss. zu Leipzig, Math.-nat. Kl., Bd. 47, H. 1, Berlin 1961, 112 S.

NEUMANN, L.: Orometrie des Schwarzwaldes. = Geogr. Abh., Bd. I, H. 2, Wien 1886, 50 S.

NEUMANN-MAHLKAU, P.: Korngrößenanalyse grobklastischer Sedimente mit Hilfe von Aufschluß-Photographien. In: Sedimentology, 9 (1967), S. 245–261.

NEUMAYER G. v. (Ed.): Anleitung zu wissenschaftlichen Beobachtungen auf Reisen, Band I: Geographische Ortsbestimmung, Gelände-Aufnahme, Geologie, Erdbeben, Erdmagnetismus, Meteorologie, Meeresforschung und Gezeitenkunde, Astronomie usw. Hannover [3]1906, 842 S.

NEUMEISTER, H.: Beiträge zum Auelehmproblem des Pleiße- und Elstergebietes. In: Wiss. Veröff. d. Dt. Inst. f. Länderkunde, N. F. 21/22, Leipzig 1964, S. 65–132.

NIEDERBUDDE, E. A.: Tonminerale in Bodenlandschaften. In: Mitt. Dt. Bodenkdl. Ges., Bd. 22 (1975), S. 673–678.

NIEMEIER, G.: Die Problematik der Altersbestimmung von Plaggenböden. Möglichkeiten und Grenzen von archäologischen und C14-Datierungen. In: Erdkunde, Bd. XXVI (1972), S. 196–208.

OLSSON, I. U. (Ed.): Radiocarbon Variations and Absolute Chronology. = Nobel-Symposium 12, Stockholm-New York 1970, 653 S.

OYAMA, M. & H. TAKEHARO: Revised Standard Soil Color Charts. Tokio 1967, 63 S., 12 Farbtafeln.

PACHUR, H.-J.: Untersuchungen zur morphoskopischen Sandanalyse. = Berl. Geogr. Abh., H. 4 (1966), 35 S.

PACHUR, H.-J.: Beobachtungen über die Bearbeitung von feinkörnigen Sandakkumulationen im Tibesti-Gebirge. In: Berl. Geogr. Abh., H. 5 (1967), S. 23–25.

PAFFEN, K. H.: Maritime Geographie. Die Stellung der Geographie des Meeres und ihre Aufgaben im Rahmen der Meerforschung. In: Erdkunde, XVII (1964), S. 39–62.

PANNEKOEK, A.: Generalized contour maps, summit level maps and streamline surface maps as geomorphological tools. In: Ztschr. f. Geom., N. F. 11 (1967), S. 169–182.

PASSARGE, S.: Morphologischer Atlas. Lieferung I: Morphologie des Meßtischblattes Stadtremda. = Mitt. Geogr. Ges. Hamburg, Bd. 28 (1914), 221 S.

PASSARGE, S. (Ed.): Morphologischer Atlas. Lieferung II: C. Rathjens: „Morphologie des Meßtischblattes Saalfeld". Hamburg 1920, 92 S.

PASSARGE, S.: Landschaftliche Charakteristik der Rhön im Bereich der Meßtischblätter Klein Sassen, Gersfeld, Hilders und Sondheim sowie ihre Bedeutung für die geologische Landesaufnahme. In: Mitt. Geogr. Ges. Hamburg, Bd. 43 (1933), S. 163–266.

PELISEK, J.: Earth translocation on mountain slopes, due to human activities, and its measurement. In: Rev. géom. dyn., XVII (1967), S. 163–164.

PENCK, A.: Morphologie der Erdoberfläche. Stuttgart 1894, 2 Bde., 471 u. 696 S.

PETTIJOHN, F. J.: Sedimentary rocks. New York [2]1957, 718 S.

PETTIJOHN, F. J. & P. E. POTTER: Atlas and glossary of primary sedimentary structures. Berlin/Göttingen/Heidelberg/New York 1964, 370 S.

PETTIJOHN, F. J., POTTER, P. E. & R. SIEVER: Sand and Sandstone. Berlin/Heidelberg/New York 1972, 620 S.

PFEFFER, K.-H.: Erfahrungsbericht über Korngrößenbestimmungen von Verwitterungsresiduen aus Karstgebieten. In: Notizbl. hess. L.-Amt Bodenforsch., 97 (1969), S. 275–282.

PFEFFER, P.: Über einige methodische Erfahrungen bei der Untersuchung hessischer Boden auf Korngrößenzusammensetzung, Basensättigungszu-

stand und Gehalt an Sesquioxyden. In: Notizbl. hess. L.-Amt Bodenforsch., (VI) 2 (1951), S. 138–159.

PFEFFER, P.: Kritischer Überblick über die Methoden zur Bestimmung des
Basensättigungszustandes der Böden. In: Notizbl. hess. L.-Amt Bodenforsch., 82 (1954), S. 303–316.

PFEFFER, P.: Zur Bestimmung des austauschbaren Wasserstoffes
(T-S)-Wert der Böden insbesondere durch seine Ermittlung aus Neutra-
lisationskurven. In: Notizbl. hess. L.-Amt Bodenforsch., 86 (1958),
S. 382–391.

PICARD, K.: Die Auswertung von Kreuzschichtung in fluvialen Sedimenten.
In: Geol. Rdsch., Bd. 41 (1953), S. 268–276.

PIELSTICKER, K.-H.: Jahresschichten in Anschliffproben von Höhlensinter.
In: Mitt. Verb. Dt. Höhlen- u. Karstf., 16 (1970), S. 45–48.

PILLEWIZER, W.: Bewegungsstudien an Karakorumgletschern. In: Pet. Mitt.,
Erg.-H. 262, Gotha 1957, S. 53–60 (a).

PILLEWIZER, W.: Untersuchungen an Blockströmen der Ötztaler Alpen. In:
Abh. Geogr. Inst. FU Berlin, Bd. 5 (1957), S. 37–50 (b).

PILLEWIZER, W.: Die Bewegung der Gletscher und ihre Wirkungen auf den
Untergrund. In: Ztschr. f. Geom., Suppl.-Bd. 8 (1969), S. 1–10.

PITTY, A. F.: A Scheme for Hillslope Analysis. I. Initial considerations and
calculations. = Univ. of. Hull, Occ. Papers in Geogr., No. 9 (1969),
76 S.

PONGRATZ, E.: Zur Frage des Meeresspiegelanstieges in historischer Zeit,
Ergebnisse aus Latium (Tyrrhenisches Meer). In: Mitt. Österr. Geogr.
Ges., Bd. 116 (1974), S. 318–329.

POSER, H. & J. HÖVERMANN: Untersuchungen zur pleistozänen Harzverglet-
scherung. In: Abh. Braunschweig. Wiss. Ges., 3 (1951), S. 61–115.

POSER, H. & J. HÖVERMANN: Beiträge zur morphometrischen und morphologischen Schotteranalyse. In: Abh. Braunschweig. Wiss. Ges., IV
(1952), S. 12–36.

POTTER, P. E. & F. J. PETTIJOHN: Paleocurrents and Basin Analysis. Berlin-
Göttingen-Heidelberg 1963, 296 S.

POUQUET, J.: Géomorphologie et ére spatiale. In: Ztschr. f. Geom., N. F. 13
(1969), S. 414–471.

PREUL, F.: Das Aufstellen von Schichtenverzeichnissen, Gewinnung, Behandlung und allgemeine Bearbeitungen von Bohrproben. In: Lehrb. d.
Angew. Geol., Bd. II, 2. Teil, Stuttgart 1969, S. 1945–1984.

PRIESNITZ, K.: Lösungsraten und ihre geomorphologische Relevanz. In:
Abh. Akad. Wiss. Göttingen, Math.-phys. Kl., 3. F., Nr. 29, Göttingen
1974, S. 68–85.

RAISZ, E.: Landform maps. In: Pet. Mitt., 100 (1956), S. 171–172.

RAPP A.: Recent development of mountain slopes in Kärkevagge and sourroundings, Northern Scandinavia. In: Geogr. Annaler, 42 (1960), S. 65–200.

RAPP, A.: On the measurements of solifluction movements. In: Rev. géom. dyn., XVII (1967), S. 162–163.

RASMUSSON, G.: Sandstorm effects on arable land an seen on air photos. A study of a wind eroded area in the Vomb Valley, Scania, Sweden. = Lund Studies, Ser. C, Nr. 3 (1962), 24 S.

RAVETZ, J. R.: Die Krise der Wissenschaft. Probleme der industrialisierten Forschung. = Innovation Luchterhand, Neuwied-Berlin 1973, 496 S.

REICHELT, G.: Untersuchungen zur Deutung von Schuttmassen des Süd-schwarzwaldes durch Schotteranalysen. In: Beitr. Naturkdl. Forsch. i. Südwestdeutschland, XIV (1955), S. 32–42.

REICHELT, G.: Über Schotterformen und Rundungsanalyse als Feldmetho-de. In: Pet. Mitt., 105 (1961), S. 15–24.

REINWARTH, O. & G. STÄBLEIN: Die Kryosphäre – das Eis der Erde und seine Untersuchung. = Würzb. Geogr. Arb., H. 36 (1972), 71 S.

RENGER, M.: Die Ermittlung der Porengrößenverteilung aus der Körnung, dem Gehalt an organischer Substanz und der Lagerungsdichte. In: Ztschr. Pflanzenern. u. Bodenkde., 130 (1971), S. 53–67.

REUTER, G.: Gelände- und Laborpraktikum der Bodenkunde. Berlin [2]1967, 126 S.

RICHTER, G.: Bodenerosion. Schäden und gefährdete Gebiete in der Bundesrepublik Deutschland. = FDL, Bd. 152, Bad Godesberg 1965, 592 S.

RICHTER, G.: Quantitative Untersuchungen zur rezenten Auelehmablage-rung. In: Verh. Dt. Geogr. Tag, Bd. 37 (1969), Wiesbaden 1970, S. 413–427.

RICHTER, G.: Zur Erfassung und Messung des Prozeßgefüges der Bodenab-spülung im Kulturland Mitteleuropas. In: Abh. Akad. Wiss. Göttingen, Math.-phys. Kl., 3. F., Nr. 29, Göttingen 1974, S. 372–385.

RICHTER, G.: Der Aufbau der Forschungsstelle Bodenerosion und die ersten Messungen in Weinbergslagen. = Forschungsstelle Bodenerosion Uni Trier, H. 1, Trier 1975, 17 S.

RICHTER, H.: Die Arbeit mit dem Bohrstock. In: Geogr. Ber., H. 4, 1957, S. 35–45.

RICHTER, H.: Eine neue Methode der großmaßstäbigen Kartierung des Reliefs. In: Pet. Mitt., 106 (1962), S. 309–312.

RICHTER, H.: Das Vorland des Erzgebirges. Die Landformung während des Tertiärs. In: Wiss. Veröff. Dt. Inst. f. Länderkunde N. F. 19/20, Leipzig 1963, S. 5–231.

RICHTER, H.: Der Boden des Leipziger Landes. In: Wiss. Veröff. d. Dt. Inst. f. Länderkde., N. F. 21/22, Leipzig 1964, S. 19–64.

RICHTER, H. (u. a. Ed.): Periglazial – Löß – Paläolithikum im Jungpleistozän der Deutschen Demokratischen Republik. = Pet. Mitt., Erg.-H. Nr. 274, Gotha-Leipzig 1970, 422 S.

RICHTER, H., G. HAASE & H. BARTHEL: Sediment- und Bodenbildung am Nordrand Zentralasiens. In: Nova Acta Leopoldina, N. F., Nr. 176, Bd. 31 (1966), S. 201–220.

RICHTER, K.: Die Bewegungsrichtung des Inlandeises, rekonstruiert aus den Kritzen und Längsachsen der Geschiebe. In: Ztschr. f. Geschiebeforsch. u. Flachlandgeol., 8 (1932), S. 63–66.

RICHTER, K.: Gefüge und Zusammensetzung des norddeutschen Jungmoränengebietes. = Abh. Geol. Pal. Inst. Univ. Greifswald, H. 11 (1933), 63 S.

RICHTER, K.: Geröllmorphometrische Studien in den Mittelterrassenschottern bei Gronau an der Leine. In: Eiszeitalter u. Gegenwart, 4/5 (1954), S. 216–220.

RICHTER, K.: Bildungsbedingungen pleistozäner Sedimente Niedersachsens auf Grund morphometrischer Geschiebe- und Geröllanalysen. In: Ztschr. Dt. Geol. Ges., 110 (1958), S. 400–435.

RICHTER, K.: Die geologische Geländeaufnahme. In: Lehrb. d. Angew. Geol., Bd. 1, Stuttgart 1961, S. 1–160.

RICHTER, K.: Konnektierungsmöglichkeit niedersächsischer Flugsandrhythmen. In: Mitt. Geol. Inst. T. U. Hannover, 3 (1966), S. 46–50.

RICHTHOFEN, F. v.: Führer für Forschungsreisende. Anleitung zu Beobachtungen über Gegenstände der physischen Geographie und Geologie. Berlin 1886, 745 S.

RIEDEL, W.: Bodengeographie des kastilischen und portugiesischen Hauptscheidegebirges. = Mitt. Geogr. Ges. Hamburg, Bd. 62 (1973), 161 S.

RIVIÈRE, A.: Méthode simplifiée de diagnose roentgénographique des argiles. Application à l'étude des bravaisites (Illites). Leur évolution géologique. In: Bull. Soc. géol. France, 16 (1946), S. 463–469.

ROBINSON, A. H. W.: The use of the sea bed drifter in coastal studies with particular reference to the Humber. In: Ztschr. f. Geom., Suppl. 7 (1968), S. 1–23.

ROESCHMANN, G.: Problems concerning investigations of paleosols in older sedimentary rocks, demonstrated by the example of Wurzelböden of the carboniferous system. In: Paleopedology – Origin, Nature and Dating of Paleosols, Jerusalem 1971, S. 311–320.

ROESCHMANN, G.: Zur Problematik der Reinheit von Kartiereinheiten auf Bodenkarten aus der Sicht der systematischen bodenkundlichen Landesaufnahme. In: Mitt. Dt. Bodenkdl. Ges., Bd. 16 (1972), S. 79–88.

ROESCHMANN, G.: Zur Untersuchungsmethodik, pedogenetischen Deutung und Datierung fossiler Sandböden des Pleistozäns in Norddeutschland. In: Mitt. Dt. Bodenkdl. Ges., Bd. 22 (1975), S. 581–590.

ROHDENBURG, H.: Hangpedimentation und Klimawechsel als wichtigste Faktoren der Flächen- und Stufenbildung in den wechselfeuchten Tropen. In: Ztschr. f. Geom., N. F. 14 (1970), S. 58–78.

ROHDENBURG, H.: Einführung in die klimagenetische Geomorphologie anhand eines Systems von Modellvorstellungen am Beispiel des fluvialen Abtragungsrelief. Gießen [2]1971, 350 S.

ROHDENBURG, H. & B. MEYER: Zur Feinstratigraphie und Paläopedologie des Jungpleistozäns nach Untersuchungen an südniedersächsischen und nordhessischen Lößprofilen. In: Mitt. Dt. Bodenkdl. Ges., Bd. 5 (1966), S. 1–137.

ROHDENBURG, H. & B. MEYER: Zur Datierung und Bodengeschichte mitteleuropäischer Oberflächenböden (Schwarzerde, Parabraunerde, Kalksteinbraunlehm): Spätglazial oder Holozän? In: Gött. Bodenkdl. Ber., 6 (1968), S. 127–212.

ROHDENBURG, H. & U. SABELBERG: „Kalkkrusten" und ihr klimatischer Aussagewert – Neue Beobachtungen aus Spanien und Nordafrika. In: Gött. Bodenkdl. Ber., 7 (1969), S. 3–26.

ROYSE, CH. F.: An introduction to sediment analysis. Tempe 1970, 180 S.

RÓŻYCKI, S. Z.: Climatostratigraphy and its Application with Pleistocene of Middle Poland as Example. In: Geogr. Polonica, 17 (1969), S. 7–39.

RUCHIN, L. B.: Grundzüge der Lithologie, Lehre von den Sedimentgesteinen. Berlin 1958, 806 S.

RUDBERG, S.: On the use of test pillars. In: Rev. géom. dyn., XVII (1967), S. 164–165.

RUSSEL, R. J.: Techniques of eustasy studies. In: Ztschr. f. Geom., N. F. 8 (1964), S. 25–42.

RUSSEL, R. D. & R. E. TAYLOR: Roundness and shape of Mississipi River sands. In: Journ. Geol., 45 (1937), S. 225–267.

RUST, U. & F. WIENEKE: Die Rundungsgradanalyse nach Reichelt als Feldmethode in Trockengebieten. In: Pet. Mitt., 117 (1973), S. 118–123.

RUTHERFORD, G. K.: Pedological methods as a vital tool in geomorphological research: an example from S. E. Ontario. In: Research methods in geom., 1st Guelph symp. on geom., 1969, S. 73–91.

RYBAR, J.: On movement measured by survey of a déforming hole. In: Rev. géom. dyn., XVII (1967), S. 159.

SADOWNIKOW, J. F.: Bodenkundliche Untersuchungen sowie deren Auswertung durch Bodenkarten. Berlin 1958, 110 S.

SAVIGEAR, R. A. G.: A technique of morphological mapping. In: Ann. Ass. Am. Geogr., 55 (1965), S. 514–538.

SCHACHTSCHABEL, P.: Die Bestimmungen von S-Wert, T-Wert und Sättigungsgrad. In: Ztschr. Pflanzenern., Düng. Bodenkde., 23 (98) (1951), S. 7–20.

SCHACHTSCHABEL, P.: Methodenvergleich zur pH-Bestimmung von Böden. In: Ztschr. Pflanzenern. u. Bodenkde., 130 (1971), S. 37–43.

SCHAMP, H.: Die geologischen Übersichtskarten Deutschlands. In: Geogr. Taschenbuch 1960/61, Wiesbaden 1960, S. 181–191.

SCHAMP, H.: Ein Jahrhundert amtliche geologische Karten. Verzeichnis der amtlichen Geologischen Karten Deutschland. = BDL, Sonderheft 4, Bad Godesberg 1961, 536 S.

SCHARPENSEEL, H. W., M. A. TAMERS & F. PIETIG: Altersbestimmung von Böden durch die Radiokohlenstoffdatierungsmethode. I. Methode und vorhandene ^{14}C-Daten. In: Ztschr. f. Pflanzenern., Düngung, Bodenkde., Bd. 119 (1968), S. 34–44 (a).

SCHARPENSEEL, H. W., M. A. TAMERS & F. PIETIG: Altersbestimmung von Böden durch Radiokohlenstoffdatierungsmethode. II. Eigene Datierungen. In: Ztschr. Pflanzenern. u. Bodenkde., Bd. 119 (1968), S. 44–52 (b).

SCHARPENSEEL, H. W. & F. PIETIG: Altersbestimmung von Böden durch die Radiokohlenstoffdatierungsmethode. III. Böden mit B_t-Horizonten und fossile Schwarzerden. In: Ztschr. f. Pflanzenern. u. Bodenkunde, Bd. 122 (1969), S. 145–151.

SCHEFFER, F., H. FÖLSTER & B. MEYER: Zur Diagnostik und Systematik von Dreischicht-Tonmineralen in Böden und pedogenen Sedimenten. In: Chemie der Erde, 21 (1961), S. 210–238.

SCHEFFER, F., B. MEYER & E. KALK: Mineraluntersuchungen am Würmlöß südniedersächsicher Lößfluren als Voraussetzung für die Mineralanalyse verschiedener Lößbodentypen. In: Chemie der Erde, 19 (1958), S. 338–360.

SCHEFFER, F. & P. SCHACHTSCHABEL: Lehrbuch der Bodenkunde. Stuttgart ^{8}1973, 448 S.

SCHEIDEGGER, A.: Theoretical Geomorphology. Berlin–Heidelberg–New York ^{2}1970, 435 S.

SCHICK, P. A.: Gerlach troughs-overland flow traps. On the construction of troughs. In: Rev. géom. dyn., XVII (1967), S. 170–172 (a).

SCHICK, P. A.: Fluorescent sand. In: Rev. géom. dyn., XVII (1967), S. 183 (b).

SCHICK, P. A.: Bedload trap. In: Rev. géom. dyn., XVII (1967), S. 182 (c).

SCHICK, P. A.: Suspended sampler. In: Rev. géom. dyn., XVII (1967), S. 181–182 (d).

SCHICK, A. P. & D. SHARON: Geomorphology and climatology of arid watersheds. Jerusalem 1974, 161 S.

SCHLICHTING, E. & H.-P. BLUME: Bodenkundliches Praktikum. Eine Einführung in pedologisches Arbeiten für Ökologen, insbesondere Land- und Forstwirte, und für Geowissenschaftler. Hamburg u. Berlin 1966, 209 S.

SCHMID J.: Der Bodenfrost als morphologischer Faktor. Eine analytisch-morphogenetische Untersuchung der Frostbildungsvorträge im winterkalten und humiden Klimabereich und Erörterung der Frostphänomene überhaupt. Heidelberg 1955, 144 S.

SCHMIDT, R.-G.: Beitrag zur quantitativen Erfassung der Bodenerosion. Untersuchungen und Messungen in der „Rheinschlinge" zwischen Rheinfelden und Wallbach (Schweiz). In: Regio basiliensis, XVI (1975), S. 79–85.

SCHMIDT-EISENLOHR, W. F.: Geologie. = Das Geogr. Seminar, Praktische Arbeitsweisen, Braunschweig 1966, 144 S.

SCHMITHÜSEN, J.: Vegetationsforschung und ökologische Standortslehre in ihrer Bedeutung für die Geographie der Kulturlandschaft. In: Ztschr. d. Ges. f. Erdkde., Bln., 1942, S. 113–157.

SCHMITHÜSEN, J.: Was verstehen wir unter Landschaftsökologie. In: Verh. d. Dt. Geographentages, Bd. 39, Wiesbaden 1974, S. 409–416.

SCHMITT, O.: Zur Kartierung und quantitativer Erfassung von Abspülschäden durch Bodenerosion. In: Notizbl. hess. L.-Amt. f. Bodenforsch., 83, Wiesbaden 1955, S. 246–256.

SCHNEIDER, A.: Flußumlegung im Prättigau (Kanton Graubünden), seismisch untersucht. In: Geogr. Helvet., 28 (1973), S. 118–120.

SCHNEIDER, S.: Landschafts- und Fernaufnahmen mit der Kleinbildkamera. In: Georgr. Taschenbuch 1951/52, Stuttgart 1951, S. 385–387.

SCHNEIDER, S.: Braunkohlenbergbau über Tage im Luftbild dargestellt am Beispiel des Kölner Braunkohlenreviers. = Landeskundl. Luftbildauswertung im mitteleuropäischen Raum, H. 2, Remagen 1957, 62 S.

SCHNEIDER, S.: Luftbild und Luftbildinterpretation. = Lehrb. d. Allg. Geogr., Bd. XI, Berlin–New York 1974, 530 S.

SCHNEIDERHÖHN, P.: Untersuchungen zur Siebanalyse von Sanden und die Darstellung ihrer Ergebnisse. In: N. Jb. f. Min., Abh., 85 (1953), S. 141–202.

SCHNEIDERHÖHN, P.: Eine vergleichende Studie über Methoden zur quantitativen Bestimmung von Abrundung und Form an Sandkörnern (im Hinblick auf die Verwendbarkeit an Dünnschliffen). In: Heidelberger Beitr. Miner. Petrogr., 4 (1954), S. 172–191.

SCHÖNHALS, E.: Über einige wichtige Lößprofile und begrabene Böden im Rheingau. In: Notizbl. hess. L.-Amt Bodenforsch., (VI) 1 (1950), S. 244–259.

SCHÖNHALS, E., H. ROHDENBURG & A. SEMMEL: Ergebnisse neuerer Untersuchungen zur Würmlöß-Gliederung in Hessen. In: Eiszeitalter u. Gegenwart, 15 (1964), S. 199–206.

SCHOUTEN, C. J.: The application of a micro densitometer to clay mineralogy in a geomorphological investigation in Southern France. In: Catena, 1 (1974), S. 257–271.

SCHRAPS, A.: Schwermineraluntersuchungen an quartären Sanden im Bereich der Ostfriesischen Inseln Baltrum, Langeoog und Spiekeroog. = Mitt. Geol. Inst. TU Hannover, H. 4 (1966), 149 S.

SCHREPFER, H. & H. KALLNER: Die maximale Reliefenergie Westdeutschlands. In: Pet. Mitt., 76 (1930), S. 225–227.

SCHROEDER, D.: Bodenkunde in Stichworten. Kiel 1969, 144 S.

SCHROEDER-LANZ, H.: Morphologie des Estetales. Ein Beitrag zur Morphogenese der Oberflächenformen im nördlichen Grenzgebiet zwischen Stader Geest und Lüneburger Heide. = Hamburger Geogr. Studien, H. 18 (1964), 180 S.

SCHROEDER-LANZ, H.: Erfahrungen bei der Herstellung von Moränenkatastern im Hochgebirge mit Hilfe der Luftbildauswertung gezeigt am Beispiel von Gletschervorfeldern in Jotunheimen/Norwegen. In: Bildmess. u. Luftbildwesen, 38 (1970), S. 164–171.

SCHULZ, G.: Der charakteristische Höhenlinienverlauf obsequenter und resequenter Täler im Bereich der Ausstrichslinien geologischer Schichten an Schichtkammhängen. In: Kartogr. Nachr., 24 (1974), S. 5–15.

SCHULZ, H.: Über neuere quantitative Forschungsmethoden in der Geomorphologie. In: Geogr. Ber., H., 1 (1956), S. 53–64.

SCHULTZE, E. & H. MUHS: Bodenuntersuchungen für Ingenieurbauten. Berlin–Heidelberg–New York ²1967, 722 S.

SCHUMM, S. A.: Erosion measured by Stakes. In: Rev. géom. dyn., XVII (1967), S. 161–162.

SCHWARZBACH, M.: Das Klima der Vorzeit. Eine Einführung in die Paläoklimatologie. Stuttgart ³1974, 380 S.

SCHWEIKLE, V.: Terminologie der Bodenphysik. In: Mitt. Dt. Bodenkdl. Ges., Bd. 22 (1975), S. 707–724.

SCHWEISSTHAL, R.: Geländeaufnahme mit einfachen Hilfsmitteln. Frankfurt a. M. 1966, 78 S.

SCHWEIZER, G.: Untersuchungen zur Physiogeographie von Ostanatolien und Nordwestiran. Geomorphologische, klima- und hydrogeographische Studien im Vansee- und Rezaiyehsee-Gebiet. = Tübinger Geogr. Studien, H. 60 (= Sonderband 9) (1975), 145 S.

SCHWIDEFSKY, K. & F. ACKERMANN: Photogrammetrie. Grundlagen, Verfahren, Anwendungen. Stuttgart ⁷1976, 385 S.

SEGUIN, M. K.: The Use of Geophysical Methods in Permafrost Investigation. In: Geoforum, 18 (1974), S. 55–67.

SEIBERT, P.: Die Vegetationskarte als Hilfsmittel zur Kennzeichnung rutschgefährdeter Hänge. In: Pflanzensoziologie und Landschaftsökologie, Den Haag 1968, S. 324–335.

SEMMEL, A. (Ed.): Das Eiszeitalter im Rhein-Main-Gebiet. Bericht über den Forschungsstand und Exkursionsführer anläßlich der 17. wissenschaftlichen Tagung der Deutschen Quartärvereinigung in Hofheim am Taunus vom 20. 9. bis 24. 9. 1974. = Rhein-Main. Forsch., H. 78 (1974), 215 S.

SEPPÄLÄ, M.: Some Quantitative Measurements of the Present-day Deflation on Hietatievat, Finnish Lapland. In: Abh. Akad. Wiss. Göttingen, Math.-phys. Kl., 3. F., Nr. 29, Göttingen 1974, S. 208–220.

SERAPHIM, E. TH.: Grobgeschiebestatistik als Hilfsmittel bei der Kartierung eiszeitlicher Halte. In: Eiszeitalter u. Gegenwart, 17 (1966), S. 125–130.

SEUFFERT, O.: Die Aussagekraft vorzeitlicher Bodenbildungen als Klima- und Zeitindices. In: Eiszeitalter u. Gegenwart, 18 (1967), S. 169–175.

SIMON, W. & H. J. LIPPOLT: Geochronologie als Zeitgerüst der Phylogenie. In: Die Evolution der Organismen, hrsg. v. G. HEBERER, Bd. I, Stuttgart 1967, S. 161–237.

SINDOWSKI, K. H.: Zwei neue Scheidetrichter für die gravimetrische Abtrennung von Mineral- und Kohlenarten-Gemischen. In: Erdöl u. Kohle, 6 (1953), S. 24–25.

SINDOWSKI, K.-H.: Korngrößen- und Kornformen-Auslese beim Sandtransport durch Wind (nach Messungen auf Norderney). In: Geol. Jb., 71 (1956), S. 517–526.

SINDOWSKI, K.-H.: Die synoptische Methode des Kornkurvenvergleiches zur Ausdeutung fossiler Sedimentationsräume. In: Geol. Jahrb., 73 (1957) 1958, S. 235–275.

SINDOWSKI, K.-H. (u. a.): Mineralogische, petrographische und geochemische Untersuchungsmethoden. In: Lehrb. d. Angew. Geol., Bd. I, Stuttgart 1961, S. 161–278.

SLUPETZKY, H.: Die hochalpinen Forschungen in der Granatspitz- und westlichen Glocknergruppe in den Hohen Tauern. In: Mitt. Österr. Geogr. Ges., Bd. 109 (1967), S. 88–99.

SOONS, J. M.: Factors involved in soil erosion in the Southern Alps, New Zealand. In: Ztschr. f. Geom., N. F., 15 (1971), S. 460–470.

SPIRIDONOW, A. I.: Über den Gegenstand und die wichtigsten Methoden der Geomorphologie. In: Geomorph. Probleme, Gotha 1956, S. 9–26 (a).

SPIRIDONOW, A. I.: Geomorphol. Kartographie. Berlin 1956, 160 S. (b).

SQUIRES, G. L.: Meßergebnisse und ihre Auswertung. Eine Anleitung zum praktischen naturwissenschaftlichen Arbeiten. Berlin–New York 1971, 240 S.

STÄBLEIN, G.: Reliefgenerationen der Vorderpfalz. Geomorphologische Untersuchungen im Oberrheingraben zwischen Rhein und Pfälzer Wald. = Würzburger Geogr. Arb., H. 23 (1968), 191 S.

STÄBLEIN, G.: Untersuchung der Auftauschicht über Dauerfrostboden in Spitzbergen. In: Eiszeitalter u. Gegenwart, 21 (1970), S. 47–57 (a).

STÄBLEIN, G.: Grobsediment-Analyse als Arbeitsmethode der genetischen Geomorphologie. = Würzb. Geogr. Arb., H. 27 (1970), 203 S. (b).

STÄBLEIN, G.: Ergebnisse statistischer Optimierungsverfahren bei Meßdaten der Grobsediment-Analyse für eine morphogenetische Interpretation. In: Ztschr. f. Geom., N. F. Suppl. 14 (1972), S. 92–104.

STAHR, K.: Qualitative und quantitative Erfassung von Schichtgrenzen. In: Mitt. Dt. Bodenkdl. Ges., Bd. 22 (1975), S. 633–644.

STEERS, J. A. (Ed.): Introduction to Coastline Development. London 1971, 229 S.

STEHLIK, O.: On methods of measuring sheet wash and rill erosion. In: Rev. géom. dyn., XVII (1967), S. 176.

STEHLIK, O.: Geographical regionalization of soil erosion in the Czech Sozialist Republic. – Methods of elaboration. = Studia geographica, 13, Brno 1970, 42 S.

STEINER, D.: Beobachtungen über die Verwendbarkeit des Luftbildes bei der geomorphologischen Kartierung in einem Wüstengebiet (Südtunesien). In: Vierteljahresschr. Naturforsch. Ges. Zürich, 108 (1963), S. 197–215.

STEPHENS, N. & F. M. SYNGE: Pleistocene Shorelines. In: Essays in Geomorphology, London 1966, S. 1–51.

STEUBING, L.: Pflanzenökologisches Praktikum. Methoden und Geräte zur Bestimmung wichtiger Standortfaktoren. Berlin/Hamburg 1965, 262 S.

STOCKER, E.: Bewegungsmessungen und Studien an Schrägterrassen an einem Hangausschnitt in der Kreuzeckgruppe (Kärnten). In: Arb. Geogr. Inst. Univ. Salzburg, Bd. 3 (1973), Festschr. H. Tollner, S. 193–203.

STONE, R. O. (u. a.): Geomorphic analysis of orbital photographs of the Northern Gulf of California. In: Ztsch. f. Geom., N. F. Suppl. 18 (1973), S. 156–174.

STRAHLER, A. N.: Quantitative slope analysis. In: Bull. Geol. Soc. Am., 67 (1956), S. 571–596.

STRAKA, H.: Pollen- und Sporenkunde. Eine Einführung in die Palynologie. = Grundbegriffe der modernen Biologie, Bd. 13, Stuttgart 1975, 238 S.

STRAYLE, G.: Karsthydrologische Untersuchungen auf der Ebinger Alb (Schwäbischer Jura). In: Jh. geol. L.-Amt Baden Württ., 12 (1970), S. 109–206.

STRÜBY, T.: Untersuchungen zur Verwitterung auf Würmterrassen im Raf-
zerfeld. = Diss. Univ. Zürich 1969, 55 S.

STRUNK-LICHTENBERG, G.: Ein verbessertes Gerät zur Korngrößenbestimmung nach der Pipettmethode von Köhn. In: Ztschr. Pflanzenern. u.
Bodenkde., 128 (1971), S. 60–62.

STÜBNER, K.: Das Luftbild im Dienste geomorphologischer Feinanalyse,
insbesondere der Bodenerosionsforschung. = Diss. Univ. Jena 1953,
126 S.

SÜSS, A. & G. SCHURMANN: Erfahrungen bei der Messung von Bodendichte
und Bodenfeuchte mit Hilfe der Sondenmethode. In: Mitt. d. Dt. Bodenkdl. Ges., Bd. 7 (1967), S. 160–171.

SWEETING, M. M.: Some factors in the absolute denudation of limestone
terrains. In: Erdkunde, XVII (1964), S. 92–95.

SWEETING, M. M.: Denudation in limestone regions: A symposium – introduction. In: Geogr. Journ., 131 (1965), S. 34–37.

SWEETING, M. M.: Karstlandforms. London 1972, 362 S.

SZÁDECZKY-KARDOSS, E. v.: Die Bestimmung des Abrollungsgrades. In:
Zbl. Min. Geol. Paläont., B. 1933, S. 389–401.

SZUPRYCZYNSKI, J.: Relief of marginal zone of glaciers and types of deglacia-
tion of Southern Spitzbergen glaciers. = Geogr. studies, No. 39, Warsza-
wa 1963, 162 S.

TALLMAN, A. M.: Resistivity methodology for permafrost delineation. In:
Research in polar and alpine geom. 3rd Guelph symp. on geom. 1973,
Geographical Publ. No. 3, Norwich 1973, S. 73–83.

THAUER, W.: Neue Methoden der Berechnung und Darstellung der Reliefenergie. In: Pet. Mitt., 99 (1955), S. 8–13.

THUN, R., R. HERRMANN & E. KNICKMANN: Die Untersuchung von Böden.
= Handb. d. landwirtschaftlichen Versuchs- und Untersuchungsmethodik (Methodenbuch), hrsg. v. R. HERRMANN, 1. Bd., Radebeul–Berlin
³1955, 271 S.

TILLE, W.: Ergebnisse von Sinkstoffmessungen an thüringischen Fließge-
wässern. In: Wiss. Ztschr. Fr. Schiller-Univ. Jena, 14 (1965), S.
107–132.

TILLE, W.: On mapping of river bank conditions. In: Rev. géom. dyn., XVII
(1967), S. 179.

TIPPNER, M.: Beitrag zur Ermittlung von Gesetzmäßigkeiten der Geschie-
bebewegung im Oberrhein zwischen Freistett und Worms. In: Dt. Gewässerkdl. Mitt., 16 (1972), S. 98–104.

TÖPPLER, J.: Massenermittlung im Braunkohlentagebau mittels terrestrischer Stereophotogrammetrie. In: Vermessungstechnik, 5 (1957), S.
107–113.

TRASK, P. D.: Recent Marine Sediments. New York–London 1968 (reprint of 2nd ed. 1955), 736 S.

TREMBLAY, G.: Caractéristique sédimentologiques de dépôts morainiques et fluvioglaciares dans la région Saguenay-Lac-Saint-Jean, Quebéc, Canada. In: Ztschr. f. Geom., N. F. 17 (1973), S. 405–427.

TRIBUTH, H.: Die Bedeutung der erweiterten Tonfraktionierung für die genauere Kennzeichnung des Mineralbestandes und seiner Eigenschaften. In: Ztschr. Pflanzenern. u. Bodenkde., 126 (1970), S. 117–134.

TRIBUTH, H.: Bedeutung und Methode der erweiterten Korngrößenanalyse. In: Mitt. Dt. Bodenkdl. Ges., Bd. 15 (1972), S. 11–17.

TRIBUTH, H.: Röntgenographische und granulometrische Untersuchungen an Lößböden und der Versuch einer genetischen Interpretation. In: Mitt. Dt. Bodenkdl. Ges., Bd. 22 (1975), S. 669–672.

TRICART, J.: Le taux de concentration en quartz dans diverses formations glaciaires de Fennoscandie. In: Geogr. Ann., XLII (1960), S. 202–206.

TRICART, J.: Principes et méthodes de la géomorphologie. Paris 1965, 496 S.

TRICART, J.: Normes pour l'etablissement de la carte géomorphologique détaillée de la France: classification codée, critères d'identification et légende pratique (1/20 000, 1/25 000, 1/50 000). In: Mém. et. doc., 12 (1972), S. 37–105 (a).

TRICART, J. (u. a.): Cartographie géomorphologique. = Mémoires et documents, 1971. Nouvelle série, Vol. 12, Paris 1972, 267 S. + 1 Ktnbd. (b).

TRICART, J. & P. MACAR (Ed.): Field Methods for the Study of Slope and Fluvial Processes. A Contribution to the International Hydrological Decade. In: Rev. géom. dyn., XVII (1967), S. 147–188.

TRÖGER, W. E.: Optische Bestimmung der gesteinsbildenden Minerale. Teil II: Textband. Stuttgart 1967, 822 S.

TROLL, C.: Die geographische Landschaft und ihre Erforschung. In: Studium generale, III (1950), S. 163–181.

TROLL, C.: Landschaftsökologie. In: Pflanzensoziologie und Landschaftsökologie, Den Haag 1968, S. 1–21.

TROLL, C.: Inhalt, Probleme und Methoden geomorphologischer Forschung (mit besonderer Berücksichtigung der klimatischen Fragestellung). In: Beih. Geol. Jb., 80 (1969), S. 225–257.

TROLL, C.: Landscape Ecology (Geoecology) and Biogeocenology – A Terminological Study. In: Geoforum, 8 (1971), S. 43–46.

TROLL, C. & E. SCHMIDT-KRAEPELIN: Das neue Delta des Rio Sinu an der Karibischen Küste Kolumbiens. Geographische Interpretation und kartographische Auswertung von Luftbildern. In: Erdkunde, XIX (1965), S. 14–23.

UGGLA, H. & A. NOZYNSKI: Der Deflameter – ein neues Gerät zur Winderosionsforschung. In: Zeszyty naukowe skoly rolniczej w Olsztynie, 13 (1962), S. 567–570.

URBAN, H.: Röntgenkartei zur Bestimmung von Ton- und Sedimentmineralen. = Opuscula Mineralogica et Geologica, Teil V, Kettwig (Ruhr) 1954, 37 S. u. 50 Diagramme auf Tafeln.

VALETON, I.: Beziehungen zwischen petrographischer Beschaffenheit, Gestalt und Rundungsgrad einiger Flußgerölle. In: Pet. Mitt., 99 (1955), S. 13–17.

VAN DORSSER, H. J. & A. I. SALOMÉ: Different methods of detailed geomorphological mapping. In: Geografisch Tijdschrift, VII (1973), S. 71–74.

VANMAERCKE-GOTTIGNY, M. C.: De Geomorfologische Kaart van het Zwalmbekken. = Verh. Koninkl. Vlaamse Acad. Wetensch., Letteren en schone Kunsten van Belgre, Kl. d. Wetensch., Jg. XXIX (1967), Nr. 99, 94 S.

VATAN, A.: Manuel de sédimentologie. Paris 1967, 397 S.

VERGER, F.: Les techniques d'analyse granulométrique. = Mém. et. doc., tome IX, fasc. 1, Paris 1963, 64 S.

VERSTAPPEN, H. TH.: ITC-Textbook of photo-interpretation. Vol. VII: Aerial photographs in geology and geomorphology. 1. Fundamental of photo geology/geomorphology. Delft 1963, 47 S. (a).

VERSTAPPEN, H. TH.: ITC-Textbook of photo-interpretation. Vol. VII: Aerial photographs in geology and geomorphology. 2. Fundamentals of photo geology/geomorphology. Delft 1963, 55 S. (b).

VERSTAPPEN, H. Th.: Geomorphology in Delta Studies. = Publ. of the ITC, Ser. B, No. 24, Delft 1964, 24 S.

VERSTAPPEN, H. TH.: Interpretation of some aerial thermographs of an estuarine environment. = Publ. of the ITC, Ser. B., No. 65, Enschede 1972, 42 S.

VERSTAPPEN, H. Th. & R. A. VAN ZUIDAM: ITC System of Geomorphological Survey. = ITC Textbook of Photo-Interpretation, Vol. VII: Use of aerial photographs in geomorphology, Delft 1968, 49 S.

VERSTAPPEN, H. Th. & R. A. VAN ZUIDAM: Die Anwendung der Satellitenphotographie auf geowissenschaftliche Probleme – Ein geomorphologisches Beispiel aus der zentralen Sahara. In: Geoforum, 2 (1970), S. 33–47.

VILLINGER, E.: Karsthydrologische Untersuchungen auf der Reutlinger Alb (Schwäbischer Jura). In: Jh. geol. L.-Amt Bad.-Württ., Bd. 11 (1969), S. 201–277.

VINK, A. P. A.: Aerial photographs and the soil sciences. In: Aerial surveys and integrated studies. = Natural resources research, VI, Paris 1968, S. 81–141.

VORNDRAN, G.: Untersuchungen zur Aktivität der Gletscher – dargestellt an Beispielen aus der Silvrettagruppe. = Schr. Geogr. Inst. Univ. Kiel, Bd. XXIX, H. 1, Kiel 1968, 129 S.

VOSS, F.: Junge Erdkrustenbewegungen im Raume der Eckernförder Bucht. In: Mitt. Geogr. Ges. Hamburg, Bd. 57 (1968), S. 95–189.

VOSSMERBÄUMER, H.: Meßnetz-Anwendung bei Geröll-Analysen. In: Ztschr. f. Geom., N. F. 13 (1969), S. 512–521.

WADA, K. & S. AOMINE: Bodenentwicklung auf vulkanischem Ausgangsmaterial während des Quartärs. In: Soil Sci., 116 (1973), S. 170–177.

WADELL, H.: Volumen, shape and roundness of rock particles. In: Am. Journ. Geol., 40 (1932), S. 443–451.

WALDBAUR, H.: Die Reliefenergie in der morphologischen Karte. In: Pet. Mitt., 96 (1952), S. 156–167.

WALDBAUR, H.: Zur Karte „Landformen im mittleren Europa" 1 : 2 000 000. In: Wiss. Veröff. Dt. Inst. f. Länderkde., N. F. 15/16, Leipzig 1958, S. 133–177.

WALGER, E.: Zur Darstellung von Korngrößenverteilungen. In: Geol. Rdsch., Bd. 54 (1964), S. 976–1002.

WALTER, W.: Dünenstudium im Schwanheimer Wald bei Frankfurt. Über den Einfluß elektrischer Raumladungen bei Flugsanden und ihre Bedeutung für die Dünenbildung. = Rhein-Main, Forsch., H. 28 (1950), 13 S.

WALTER, W.: Neue morphologisch-physikalische Erkenntnisse über die Flugsande und Dünen. = Rhein-Main. Forsch., H. 31 (1951), 34 S.

WEISE, O. R.: Zur Bestimmung der Schuttmächtigkeit auf Flußflächen durch Refraktions-Seismik. In: Ztschr. f. Geom., N. F. Suppl. 14 (1972), S. 54–65.

WEISSE, R.: Gesteinskunde und Gesteinsansprache für Geographen. Für das Fernstudium verfaßt. = Lehrbriefe für das Fernstudium der Lehrer, Berlin 1968, 248 S.

WENTWORTH, C. K.: A laboratory and field study of cobble abrasion. In: Am. Journ. Geol., 27 (1919), S. 507–521.

WENTWORTH, C. K.: A method for measuring and plotting the shapes of pebbles. In: US Geol. Surv. Bull, 730 C (1922), S. 91–114.

WERNER, D.: Böden mit Kalkanreicherungs-Horizonten in NW-Argentinien. Ein Beitrag zur Genese der Kalkkrusten. I. Mitteilung: Diskussion des Kalkkrusten-Problems allgemein. In: Gött. Bodenkdl. Ber., 19 (1971), S. 167–181.

WERNER, D. J.: Interpretation von ökologischen Karten am Beispiel des Ätna. In: Erdkunde, Bd. XXVII (1973), S. 93–105.

WERNER, H.: Ein vollautomatisches Pipettiergerät für die Korngrößenbestimmung nach Köhn. In: Ztschr. Pflanzenern. u. Bodenkde., 134 (1973), S. 52–56.

WERTH, E.: Die eustatischen Bewegungen des Meeresspiegels während der Eiszeit und die Bildung der Korallenriffe. = Akad. Wiss. u. Lit. Mainz, Abh. d. Math.-nat. Kl. Jg. 1952, Nr. 8, Wiesbaden 1953, 142 S.

WERTH, E.: Die Litorinasenkung und die steinzeitlichen Kulturen im Rahmen der isostatischen Meeresspiegelschwankungen des nordeuropäischen Postglazials. = Akad. Wiss. u. Lit. Mainz, Abh. d. Math.-nat. Kl. Jg. 1954, Nr. 8, Wiesbaden 1954, 256 S.

WIEFEL, H.: Allgemeines zur stratigraphischen Gliederung und faziellen Analyse der Periglazialbildungen im Mittelgebirgsraum der DDR. In: Pet. Mitt., 113 (1969), S. 30–36.

WIENEKE, F.: Kurzfristige Umgestaltung an der Alentejoküste nördlich Sines am Beispiel der Lagoa de Melides, Portugal (Schwallbedingter Transport an der Küste). = Münchner Geogr. Abh., Bd. 3 (1971), 151 S.

WIENEKE, F. & U. RUST: Das Satellitenbild als Hilfsmittel zur Formulierung geomorphologischer Arbeitshypothesen. Beispiel: Zentrale Namib, Südwestafrika. = Wiss. Forsch. in SWA, 11. Folge, Windhoek 1972, 16 S.

WILHELM, F.: Hydrologie. Glaziologie. = Das Geographische Seminar, Braunschweig 1966, 143 S.

WILHELM, F.: Schnee- und Gletscherkunde. = Lehrb. d. Allg. Geogr., Bd. 3, Teil 3, Berlin–New York 1975, 434 S.

WILHELMY, H.: Kartographie in Stichworten. Kiel 1966, 388 S.

WILLIAMS, P. W.: Illustrating morphometric analysis of karst with examples from New Guinea. In: Ztschr. f. Geom., N. F., 15 (1971), S. 40–61.

WITTMANN, O.: Geologische und geomorphologische Untersuchungen am Tüllinger Berg bei Lörrach. In: Jh. geol. Landesamt Bad.-Württ., 7 (1965), S. 513–552.

WOLDSTEDT, P.: Das Eiszeitalter. Grundlinien einer Geologie des Quartärs. 3 Bde. Stuttgart 1958–1965. 1. Bd. Die allgemeinen Erscheinungen des Eiszeitalters. Stuttgart [3]1961, 374 S. 2. Bd.: Europa, Vorderasien und Nordafrika im Eiszeitalter. Stuttgart [2]1958, 438 S. 3. Bd.: Afrika, Asien, Australien und Amerika im Eiszeitalter. Stuttgart [2]1965, 328 S.

WOLDSTEDT, P. & K. DUPHORN: Norddeutschland und angrenzende Gebiete im Eiszeitalter. Stuttgart [3]1974, 500 S.

WRAGE, W.: Luftbild und Wattforschung. Neue Studien über den Formenschatz des Nordseewattes zwischen Trischen und Friedrichskoog (Dieksand). In: Pet. Mitt., 102 (1958), S. 6–12.

WRIGHT, R. L.: An examination of the value of site analysis in field studies in tropical Australia. In: Ztschr. f. Geom., N. F., 17 (1973), S. 156–184.

YAALON, D. H. (Ed.): Paleopedology. Origin, Nature and Dating of Paleosols. Papers of the Symposium on the Age of Parent Materials and Soils. Amsterdam 1970. Jerusalem 1971, 320 S.

YAIR, A. & M. KLEIN: The influence of surface properties on flow and erosion processes on debris covered slopes in an arid area. In: Catena, 1 (1973), S. 1–18.

YATSU, E. J.: Landform material science-rock control in geomorphology. In: Research methods in geom., 1st Guelph symp. on geom., 1969, S. 49–56.

YOUNG, A.: Slope profile analysis. In: Ztschr. f. Geom., N. F., Suppl. 5, Berlin 1964, S. 17–27.

ZAKOSEK, H.: Zur Genese und Gliederung der Steppenböden im nördlichen Oberrheintal. = Abh. hess. L.-Amt Bodenforsch., H. 37, Wiesbaden 1962, 46 S.

ZÁRUBA, Q. & V. MENCL: Ingenieurgeologie. Berlin–Prag 1961, 606 S.

ZENKOVICH, V. P.: Processes of coastal development. Edinburgh–London 1967, 738 S.

ZINGG, T.: Beitrag zur Schotteranalyse. Die Schotteranalyse und ihre Anwendung auf die Glattalschotter. In: Schweiz. Min. Petr. Mitt., 15 (1935), S. 39–140.

ZUBER, E.: Pflanzensoziologische und ökologische Untersuchungen an Strukturrasen (besonders Girlandenrasen) im Schweizerischen National-park. In: Ergebn. d. wiss. Unters. i. schweiz. Nationalpark, Bd. XI, Liestal 1968, S. 79–157.

Literaturnachtrag

Nach Abschluß des Manuskriptes zugänglich gewordene Literatur (im Text noch nicht zitiert).

BRÜMMER, G. & D. SCHROEDER: Bestand, Umwandlung und Neubildung von Tonmineralen in küstennahen Sedimenten der Nordsee. In: Ztschr. Pflanzenern. u. Bodenkde., 1976/1, S. 91–106.

BRUNS, E. (Ed.): Meeresgrund- und Küstenforschung im Bereich der Ost- und Nordsee. Teil IV: Stechrohrproben, Submarine Uferterrassen, Eustatik, Isostasie. = Beiträge zur Meereskunde, H. 35, Berlin 1976, 50 S.

DEMEK, J. (Ed.): Handbuch der geomorphologischen Detailkartierung. Wien 1976, 463 S.

DUBOIS, J. M. M.: Cartographie géomorphologique détaillé en morphologie glaciaire. Secteur de Bury, Comté de Compton, Québec. In: Research methods in pleist. geom., 2nd Guelph symp. on geom. 1971, Geogr. Publ. No. 2, Norwich 1972, S. 256–265.

FORD, D. C., THOMPSON, P. & H. P. SCHWARCZ: Dating cave calcite deposits by the uranium disequilibrium method: some preliminary results from Crowsnest Pass, Alberta. In: Research methods in pleist. geom., 2nd Guelph symp. on geom. 1971, Geogr. Publ. No. 2, Norwich 1972, S. 247–255.

GEBHARDT, H.: Bildung und Eigenschaften amorpher Tonbestandteile in Böden des gemäßigt-humiden Klimabereichs. In: Ztschr. Pflanzenern. u. Bodenkde., 1976/1, S. 73–89.

GOUDIE, A.: The geomorphic and resource significance of calcrete. In: Progress in geogr., 5, London 1973, S. 77–118.

HARRIS, S. A.: Preliminary observations on downslope movement of soil during the fall in the Chinook Belt of Alberta. In: Research methods in pleist. geom., 2nd Guelph symp. on geom. 1971, Geogr. Publ. No. 2, Norwich 1972, S. 275–285.

JAUHIAINEN, E.: Morphometric analysis of drumlin fields in northern Central Europe. In: Boreas, 4 (1975), S. 219–230.

KLIEWE, H.: Spätglaziale Marginalzonen auf der Insel Rügen – Untersuchungsergebnisse und Anwendungsbereiche. In: Pet. Mitt., 119 (1975), S. 261–269.

MESSERLI, B. u. a.: Die Schwankungen des unteren Grindelwaldgletschers seit dem Mittelalter. Ein interdisziplinärer Beitrag zur Klimageschichte. In: Ztschr. f. Gletscherkunde u. Glazialgeol., Bd. XI (1975), S. 3–110.

MÖLLER, H.-W.: Durchlässigkeit von Lockersedimenten. Methodik und Kritik. = Schriftenreihe des Vereins f. Wasser-, Boden- und Lufthygiene, H. 36 (1972), 49 S.

PARK, D. W.: Flußmorphologie im Süßwasserbereich der Unterelbe (Elbe km 650–670). = Hamburger Geogr. Studien, Sonderheft, Hamburg 1974, 152 S.

PASCHAI, A.: Quantitative Untersuchungen zur Winderosion in Dünenfeldern am Beispiel von Khuzestan/Südiran. In: Marb. Geogr. Schr., H. 62 (1974), S. 67–91.

REYNOLDS, S. G.: Soil property variability in slope studies: suggested sampling schemes and typical required samples sizes. In: Ztschr. f. Geom., N. F. 19 (1975), S. 191–208.

SCHACHTSCHABEL, P. (u. a.): Lehrbuch der Bodenkunde. Stuttgart ⁹1976, 394 S.

SCHWERTMANN, U.: Tonmineralbildung und -umbildung in Böden des gemäßigt-humiden Klimas. Vorwort. In: Ztschr. Pflanzenern. u. Bodenkde., 1976/1, S. 1.

SPIRIDONOV, A. I.: Geomorfologičeskoje kartografirovanie. Moskva 1975, 182 S. (russ.).

TAYLOR, J. A.: Chronometers and chronicles: a study of plaeo-environments in west central Wales. In: Progress in geogr., 5, London 1973, S. 247–334.

THOM, B. G.: The dilemma of high interstadial sea levels during the last glaciation. In: Progress in geogr., 5, London 1973, S. 167–246.

VOSSMERBÄUMER, H.: Granulometrie quartärer äolischer Sande in Mitteleuropa – ein Überblick. In: Ztschr. f. Geom., N. F. 20 (1976), S. 78–96.

8. Register

8.1. Autorenregister

8.2. Sachregister

Nicht oder nur in Ausnahmefällen aufgenommen in das Sachregister wurden »Relief«, »Geomorphologie«, topographische Bezeichnungen, allgemeingeomorphologische und morphographisch-morphogenetische Grundbegriffe (Terrasse, Moräne etc.) sowie allgemeine Materialbezeichnungen (Sand, Ton etc.).